计算机基础与实训教材系列

中文版 Illustrator CC 2015平面设计实用教程

李静 编著

清华大学出版社
北京

内 容 简 介

本书由浅入深、循序渐进地介绍了Adobe公司矢量图形创作软件——中文版Illustrator CC 2015的操作方法和使用技巧。全书共分9章，分别介绍了Illustrator CC 2015基础知识，矢量图形的绘制与编辑，图形对象的编辑和管理，图形对象的颜色填充与描边，文本的创建与编辑，图表的创建和编辑，图层和蒙版的使用，混合与封套效果的运用，艺术效果与样式的运用等内容。

本书内容丰富、结构清晰、语言简练、图文并茂，具有很强的实用性和可操作性，是一本适合于大中专院校、职业学校及各类社会培训学校的优秀教材，也是广大初、中级电脑用户的自学参考书。

本书对应的电子教案、实例源文件和习题答案可以到http://www.tupwk.com.cn/edu网站下载。

图书在版编目(CIP)数据

中文版Illustrator CC 2015平面设计实用教程 / 李静 编著. —北京：清华大学出版社，2016
(计算机基础与实训教材系列)
ISBN 978-7-302-45331-4

Ⅰ. ①中…　Ⅱ. ①李…　Ⅲ. ①平面设计—图形软件—教材　Ⅳ. ①TP391.412

中国版本图书馆CIP数据核字(2016)第260870号

责任编辑：胡辰浩　袁建华
装帧设计：孔祥峰
责任校对：成凤进
责任印制：何　芊

出版发行：清华大学出版社
网　　址：http://www.tup.com.cn，http://www.wqbook.com
地　　址：北京清华大学学研大厦A座　　**邮　　编**：100084
社 总 机：010-62770175　　**邮　　购**：010-62786544
投稿与读者服务：010-62776969，c-service@tup.tsinghua.edu.cn
质 量 反 馈：010-62772015，zhiliang@tup.tsinghua.edu.cn
课 件 下 载：http://www.tup.com.cn，010-62781730
印 装 者：北京鑫海金澳胶印有限公司
经　　销：全国新华书店
开　　本：190mm×260mm　　**印　　张**：19.25　　**字　　数**：505千字
版　　次：2016年12月第1版　　**印　　次**：2016年12月第1次印刷
印　　数：1～3500
定　　价：39.00元

产品编号：068310-01

编审委员会

计算机基础与实训教材系列

丛书序

计算机已经广泛应用于现代社会的各个领域，熟练使用计算机已经成为人们必备的技能之一。因此，如何快速地掌握计算机知识和使用技术，并应用于现实生活和实际工作中，已成为新世纪人才迫切需要解决的问题。

为适应这种需求，各类高等院校、高职高专、中职中专、培训学校都开设了计算机专业的课程，同时也将非计算机专业学生的计算机知识和技能教育纳入教学计划，并陆续出台了相应的教学大纲。基于以上因素，清华大学出版社组织一线教学精英编写了这套“计算机基础与实训教材系列”丛书，以满足大中专院校、职业院校及各类社会培训学校的教学需要。

一、丛书书目

本套教材涵盖了计算机各个应用领域，包括计算机硬件知识、操作系统、数据库、编程语言、文字录入和排版、办公软件、计算机网络、图形图像、三维动画、网页制作以及多媒体制作等。众多的图书品种可以满足各类院校相关课程设置的需要。

⊙ 已出版的图书书目

《计算机基础实用教程（第三版）》	《Excel 财务会计实战应用（第三版）》
《计算机基础实用教程(Windows 7+Office 2010 版)》	《Excel 财务会计实战应用（第四版）》
《新编计算机基础教程（Windows 7+Office 2010）》	《Word+Excel+PowerPoint 2010 实用教程》
《电脑入门实用教程（第三版）》	《中文版 Word 2010 文档处理实用教程》
《电脑办公自动化实用教程（第三版）》	《中文版 Excel 2010 电子表格实用教程》
《计算机组装与维护实用教程（第三版）》	《中文版 PowerPoint 2010 幻灯片制作实用教程》
《中文版 Office 2007 实用教程》	《Access 2010 数据库应用基础教程》
《中文版 Word 2007 文档处理实用教程》	《中文版 Access 2010 数据库应用实用教程》
《中文版 Excel 2007 电子表格实用教程》	《中文版 Project 2010 实用教程》
《中文版 PowerPoint 2007 幻灯片制作实用教程》	《中文版 Office 2010 实用教程》
《中文版 Access 2007 数据库应用实例教程》	《Office 2013 办公软件实用教程》
《中文版 Project 2007 实用教程》	《中文版 Word 2013 文档处理实用教程》
《网页设计与制作(Dreamweaver+Flash+Photoshop)》	《中文版 Excel 2013 电子表格实用教程》
《ASP.NET 4.0 动态网站开发实用教程》	《中文版 PowerPoint 2013 幻灯片制作实用教程》
《ASP.NET 4.5 动态网站开发实用教程》	《Access 2013 数据库应用基础教程》
《多媒体技术及应用》	《中文版 Access 2013 数据库应用实用教程》

(续表)

《中文版 Office 2013 实用教程》	《中文版 Photoshop CC 图像处理实用教程》
《AutoCAD 2014 中文版基础教程》	《中文版 Flash CC 动画制作实用教程》
《中文版 AutoCAD 2014 实用教程》	《中文版 Dreamweaver CC 网页制作实用教程》
《AutoCAD 2015 中文版基础教程》	《中文版 InDesign CC 实用教程》
《中文版 AutoCAD 2015 实用教程》	《中文版 Illustrator CC 平面设计实用教程》
《AutoCAD 2016 中文版基础教程》	《中文版 CorelDRAW X7 平面设计实用教程》
《中文版 AutoCAD 2016 实用教程》	《中文版 Photoshop CC 2015 图像处理实用教程》
《中文版 Photoshop CS6 图像处理实用教程》	《中文版 Flash CC 2015 动画制作实用教程》
《中文版 Dreamweaver CS6 网页制作实用教程》	《中文版 Dreamweaver CC 2015 网页制作实用教程》
《中文版 Flash CS6 动画制作实用教程》	《Photoshop CC 2015 基础教程》
《中文版 Illustrator CS6 平面设计实用教程》	《中文版 3ds Max 2012 三维动画创作实用教程》
《中文版 InDesign CS6 实用教程》	《Mastercam X6 实用教程》
《中文版 CorelDRAW X6 平面设计实用教程》	《Windows 8 实用教程》
《中文版 Premiere Pro CS6 多媒体制作实用教程》	《计算机网络技术实用教程》
《中文版 Premiere Pro CC 视频编辑实例教程》	《Oracle Database 11g 实用教程》
《中文版 Illustrator CC 2015 平面设计实用教程》	《中文版 AutoCAD 2017 实用教程》

二、丛书特色

1. 选题新颖，策划周全——为计算机教学量身打造

本套丛书注重理论知识与实践操作的紧密结合，同时突出上机操作环节。丛书作者均为各大院校的教学专家和业界精英，他们熟悉教学内容的编排，深谙学生的需求和接受能力，并将这种教学理念充分融入本套教材的编写中。

本套丛书全面贯彻“理论→实例→上机→习题”4 阶段教学模式，在内容选择、结构安排上更加符合读者的认知习惯，从而达到老师易教、学生易学的目的。

2. 教学结构科学合理、循序渐进——完全掌握“教学”与“自学”两种模式

本套丛书完全以大中专院校、职业院校及各类社会培训学校的教学需要为出发点，紧密结合学科的教学特点，由浅入深地安排章节内容，循序渐进地完成各种复杂知识的讲解，使学生能够一学就会、即学即用。

对教师而言，本套丛书根据实际教学情况安排好课时，提前组织好课前备课内容，使课堂教学过程更加条理化，同时方便学生学习，让学生在学习完后有例可学、有题可练；对自学者而言，可以按照本书的章节安排逐步学习。

3. 内容丰富，学习目标明确——全面提升“知识”与“能力”

本套丛书内容丰富，信息量大，章节结构完全按照教学大纲的要求来安排，并细化了每一章内容，符合教学需要和计算机用户的学习习惯。在每章的开始，列出了学习目标和本章重点，便于教师和学生提纲挈领地掌握本章知识点，每章的最后还附带有上机练习和习题两部分内容，教师可以参照上机练习，实时指导学生进行上机操作，使学生及时巩固所学的知识。自学者也可以按照上机练习内容进行自我训练，快速掌握相关知识。

4. 实例精彩实用，讲解细致透彻——全方位解决实际遇到的问题

本套丛书精心安排了大量实例讲解，每个实例解决一个问题或是介绍一项技巧，以便读者在最短的时间内掌握计算机应用的操作方法，从而能够顺利解决实践工作中的问题。

范例讲解语言通俗易懂，通过添加大量的“提示”和“知识点”的方式突出重要知识点，以便加深读者对关键技术和理论知识的印象，使读者轻松领悟每一个范例的精髓所在，提高读者的思考能力和分析能力，同时也加强了读者的综合应用能力。

5. 版式简洁大方，排版紧凑，标注清晰明确——打造一个轻松阅读的环境

本套丛书的版式简洁、大方，合理安排图与文字的占用空间，对于标题、正文、提示和知识点等都设计了醒目的字体符号，读者阅读起来会感到轻松愉快。

三、读者定位

本丛书为所有从事计算机教学的老师和自学人员而编写，是一套适合于大中专院校、职业院校及各类社会培训学校的优秀教材，也可作为计算机初、中级用户和计算机爱好者学习计算机知识的自学参考书。

四、周到体贴的售后服务

为了方便教学，本套丛书提供精心制作的 PowerPoint 教学课件(即电子教案)、素材、源文件、习题答案等相关内容，可在网站上免费下载，也可发送电子邮件至 wkservice@vip.163.com 索取。

此外，如果读者在使用本系列图书的过程中遇到疑惑或困难，可以在丛书支持网站(http://www.tupwk.com.cn/edu)的互动论坛上留言，本丛书的作者或技术编辑会及时提供相应的技术支持。咨询电话：010-62796045。

前言

中文版 Illustrator CC 2015 是由 Adobe 公司推出的一款应用于出版、多媒体和在线图像标准矢量插画绘制的软件。其可以为线稿提供较高的精度和控制，适合各种复杂项目的应用。同时新版本加快了软件运行速度，使设计者的创作方式更加流畅自然，并且还可以连接桌面和移动应用程序，让设计师可以随时随地创作出优异的作品。

本书从教学实际需求出发，合理安排知识结构，从零开始、由浅入深、循序渐进地讲解 Illustrator CC 2015 的基本知识和使用方法，本书共分 9 章，主要内容如下：

第 1 章介绍了 Illustrator CC 2015 工作界面，文档的基础操作，辅助工具的使用以及文档的显示、查看等内容。

第 2 章介绍了 Illustrator CC 2015 中图形对象绘制工具的使用方法，以及编辑图形对象工具与命令的应用方法。

第 3 章介绍了 Illustrator CC 2015 中图形对象的编辑与管理的方法及技巧。

第 4 章介绍了 Illustrator CC 2015 中图形对象填充与描边设置的方法及技巧。

第 5 章介绍了 Illustrator CC 2015 中文本对象的创建与编辑的方法及技巧。

第 6 章介绍了 Illustrator CC 2015 中图表对象的创建与编辑的方法，以及个性化设置的方法与技巧。

第 7 章介绍了 Illustrator CC 2015 中图层与蒙版的运用方法及技巧。

第 8 章介绍了 Illustrator CC 2015 中混合对象和封套效果的运用方法及技巧。

第 9 章介绍了 Illustrator CC 2015 中效果、样式的运用方法，以及外观属性设置的方法与技巧。

本书图文并茂，条理清晰，通俗易懂，内容丰富，在讲解每个知识点时都配有相应的实例，方便读者上机实践。同时在难于理解和掌握的部分内容上给出相关提示，让读者能够快速地提高操作技能。此外，本书配有大量综合实例和练习，让读者在不断的实际操作中更加牢固地掌握书中讲解的内容。

为了方便老师教学，我们免费提供本书对应的电子教案、实例源文件和习题答案，您可以到 http://www.tupwk.com.cn/edu 网站的相关页面上进行下载。

除封面署名的作者外，参加本书编写的人员还有陈笑、曹小震、高娟妮、李亮辉、洪妍、孔祥亮、陈跃华、杜思明、熊晓磊、曹汉鸣、陶晓云、王通、方峻、李小凤、曹晓松、蒋晓冬、邱培强等。由于作者水平所限，本书难免有不足之处，欢迎广大读者批评指正。我们的邮箱是 huchenhao@263.net，电话是 010-62796045。

作　者

2016 年 8 月

推荐课时安排

章　名	重点掌握内容	教学课时
第 1 章　初识 Illustrator CC 2015	1. 矢量图和位图的区别 2. Illustrator CC 2015 工作界面的介绍 3. 文档的基本操作 4. 文档的显示、查看 5. 标尺、参考线和网格的使用	3 学时
第 2 章　图形的绘制和编辑	1. 认识路径和锚点 2. 绘制线段和网格 3. 绘制基本图形 4. 使用【钢笔】工具 5. 手绘图形 6. 编辑锚点 7. 编辑路径	5 学时
第 3 章　图形对象的编辑、管理	1. 对象的编辑 2. 使用【路径查找器】面板 3. 对象的对齐和分布 4. 调整对象排列顺序 5. 编组对象 6. 控制对象	4 学时
第 4 章　颜色填充与描边	1. 颜色填充 2. 渐变填充 3. 图案填充 4. 渐变网格填充 5. 编辑描边	4 学时
第 5 章　文本的创建与编辑	1. 创建文本 2. 选择文本 3. 设置字符格式 4. 设置段落格式 5. 串接文本 6. 图文混排 7. 将文本转化为轮廓	4 学时

(续表)

章 名	重 点 掌 握 内 容	教 学 课 时
第 6 章 图表的创建与编辑	1. 创建图表 2. 编辑图表 3. 自定义图表	3 学时
第 7 章 图层和蒙版的使用	1. 图层的使用 2. 剪切蒙版 3. 使用【透明度】面板 4. 不透明蒙版	3 学时
第 8 章 使用混合与封套效果	1. 混合效果的使用 2. 封套扭曲效果的使用	2 学时
第 9 章 效果和样式的使用	1. 应用效果 2. Illustrator 效果 3. 应用样式 4. 外观属性	4 学时

注：1. 教学课时安排仅供参考，授课教师可根据情况作调整。

2. 建议每章安排与教学课时相同时间的上机练习。

目 

CONTENTS

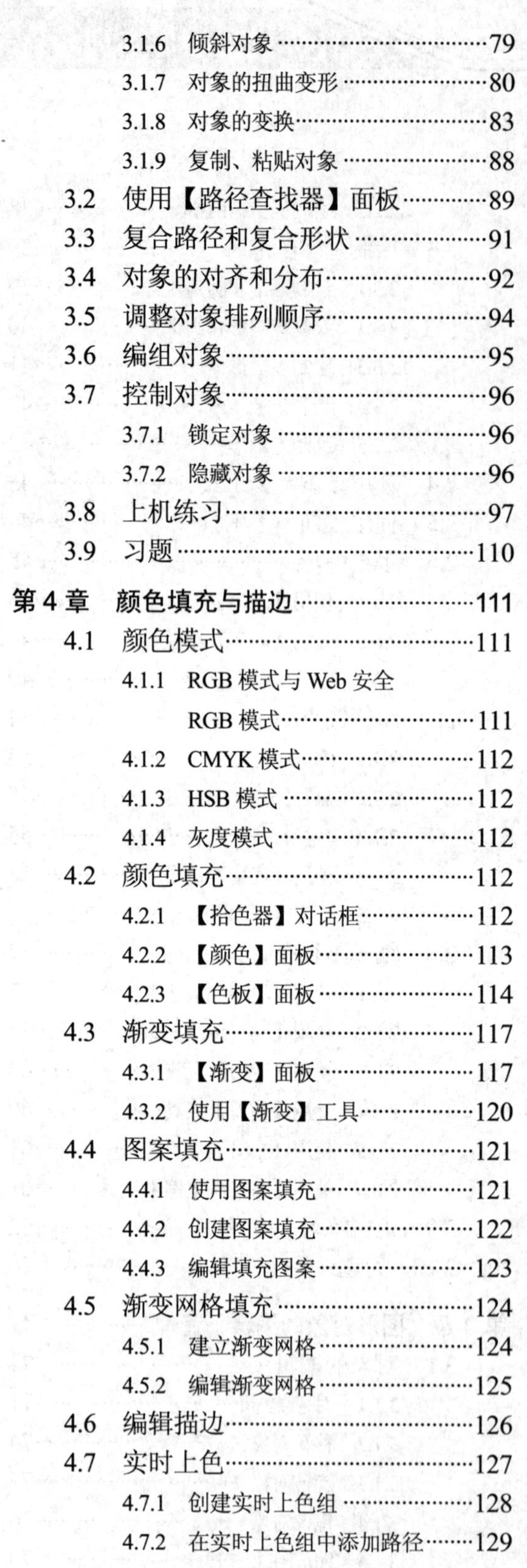

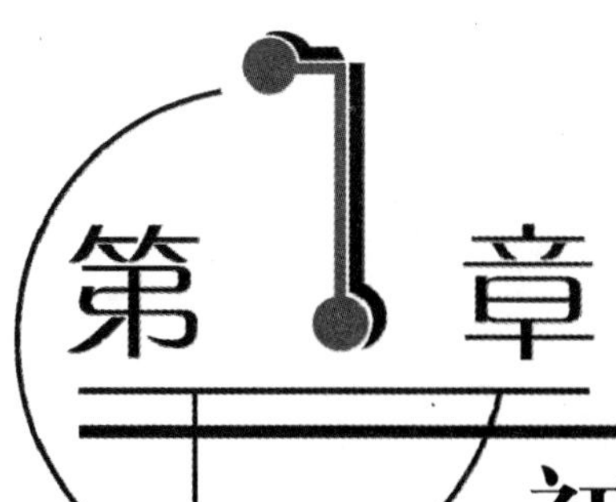

第1章 初识 Illustrator CC 2015

学习目标

Illustrator 是由 Adobe 公司发开的一款经典的矢量图形软件。自推出以来，一直以强大的功能和人性化的界面深受设计师的喜爱，广泛应用于出版、多媒体和在线图像等领域。通过使用它，用户不但可以方便地制作出各种形状复杂、色彩丰富的图形和文字效果，还可以在同一版面中实现图文混排，甚至可以制作出极具视觉效果的图表。

本章重点

- Illustrator CC 2015 工作界面的介绍
- 文档的基本操作
- 文档的显示、查看
- 标尺、参考线和网格的使用

1.1 矢量图和位图的区别

在计算机中，图像都是以数字的方式进行记录和存储的。其类型大致可分为矢量图像和位图图像两种。这两种图像类型有着各自的优缺点。在处理编辑图像文档时，这两种类型图像经常会交叉使用。

矢量图像也可以叫做向量式图像。顾名思义，它是以数学式的方法记录图像的内容。其记录的内容以线条和色块为主，由于记录的内容比较少，不需要记录图像中每一个点的颜色和位置等，所以它的文件容量比较小。这类图像最大的优点就是在进行放大、旋转、变形等操作时，不易失真，精确度较高，所以在一些专业的图形软件中应用较多。如图 1-1 所示为矢量图像在不同显示比例下的显示状态。

矢量图像的缺点是无法表现细微的颜色变化和细腻的色调过渡效果，而且由于不同软件的存储方法不同，在不同软件之间的转换编辑也有一定的困难。

图 1-1　矢量图

位图图像是由许多点组成的，其中每一个点即为一个像素，而每一像素都有明确的颜色。Photoshop 和其他绘画及图像编辑软件产生的图像基本上都是位图图像。

位图图像与分辨率有着密切的关系，如果在屏幕上以较大的倍数放大显示，或以过低的分辨率进行打印，图像会出现锯齿状的边缘，丢失画面细节。如图 1-2 所示为位图图像在不同比例下的显示状态。但是，位图图像弥补了矢量图像的某些缺陷，它能够制作出颜色和色调变化更为丰富的图像，同时可以很容易地在不同软件之间进行交换，但位图文件容量较大，对内存和硬盘的要求较高。

图 1-2　位图

1.2　Illustrator CC 2015 工作界面的介绍

Illustrator 是 Adobe 公司开发的一款基于矢量绘图的平面设计软件。Illustrator 具有强大的绘图功能，其提供的多种绘图工具，可以使用户根据需要自由使用。例如，使用相应的几何形工具可以绘制简单几何形；使用【铅笔】工具可以进行徒手绘画；使用【画笔】工具可以模拟各种毛笔的效果；使用【钢笔】工具可以绘制复杂的图形等。用户使用绘图工具绘制出基本图形后，利用 Illustrator 完善的编辑功能还可以对图形进行编辑、组织、排列以及填充等操作。除此之外，Illustrator 还提供了丰富的滤镜和效果命令，以及强大的文字与图表处理功能。通过这些命令功能可以为图形对象添加一些特殊的视觉效果，使绘制的图形更加生动，从而增强作品

的表现力。

Illustrator 的工作区是创建、编辑处理图形和图像的操作平台，它由菜单栏、工具箱、属性栏、面板、绘图窗口、状态栏等部分组成的。在 Illustrator CC 2015 应用程序中，打开任意图形图像文档，都会显示如图 1-3 所示的标准工作区界面。

图 1-3　Illustrator CC 2015 工作区

1.2.1　菜单栏及其快捷方式

Illustrator CC 2015 应用程序的菜单栏包括了如图 1-4 所示的【文件】、【编辑】、【对象】、【文字】、【选择】、【效果】、【视图】、【窗口】和【帮助】9 组命令菜单项。单击任何一项菜单项，在弹出的下拉菜单中选择所需命令，即可执行相应的操作。

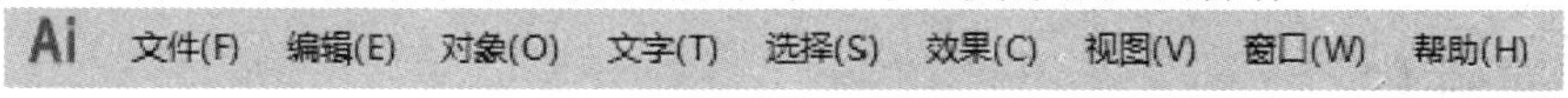

Ai　文件(F)　编辑(E)　对象(O)　文字(T)　选择(S)　效果(C)　视图(V)　窗口(W)　帮助(H)

图 1-4　菜单栏

用户只要单击其中一个菜单，随即会出现相应的命令菜单列，如图 1-5 所示。在弹出的菜单列中，如果命令显示为浅灰色，则表示该命令目前状态为不可执行；菜单命令右侧的字母组合代表该命令的键盘快捷键，按下该快捷键即可快速执行该命令；若该命令右侧的键盘快捷键后带有省略号，则表示执行该命令后，工作区中会打开相应的设置对话框。

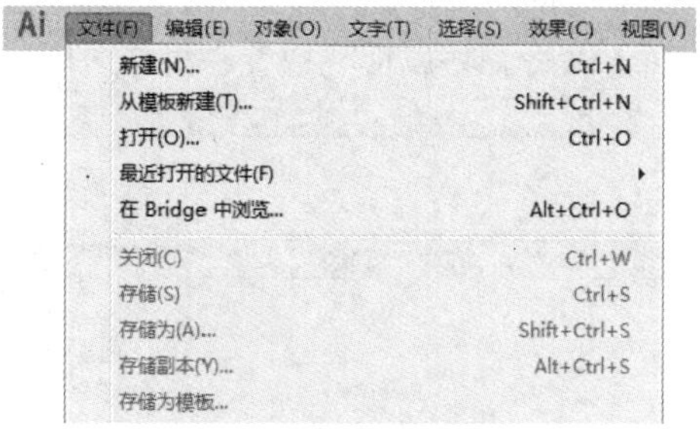

Ai　文件(F)　编辑(E)　对象(O)　文字(T)　选择(S)　效果(C)　视图(V)

新建(N)...	Ctrl+N
从模板新建(T)...	Shift+Ctrl+N
打开(O)...	Ctrl+O
最近打开的文件(F)	▸
在 Bridge 中浏览...	Alt+Ctrl+O
关闭(C)	Ctrl+W
存储(S)	Ctrl+S
存储为(A)...	Shift+Ctrl+S
存储副本(Y)...	Alt+Ctrl+S
存储为模板...	

图 1-5　命令菜单列

提示

有些命令只提供了快捷键字母，要通过快捷键方式执行命令，可以按下 Alt 键+主菜单的字母，再按下命令后的字母，执行该命令。

1.2.2 工具箱

在 Illustrator CC 2015 中，工具箱是非常重要的功能组件。它包含了 Illustrator 中常用的绘制、编辑、处理的操作工具，例如【钢笔】工具、【选择】工具、【自由变换】工具、【网格】工具等。用户需要使用某个工具时，只需单击该工具即可。

由于工具箱大小的限制，许多工具并未直接显示在工具箱中，而隐藏在工具组中。在工具箱中，如果某一工具的右下角有黑色三角形，则表明该工具属于某一工具组，工具组中的其他工具处于隐藏状态。将鼠标移至该工具图标上单击即可打开隐藏工具组；单击隐藏工具组后的小三角按钮即可将隐藏工具组分离出来，如图 1-6 所示。

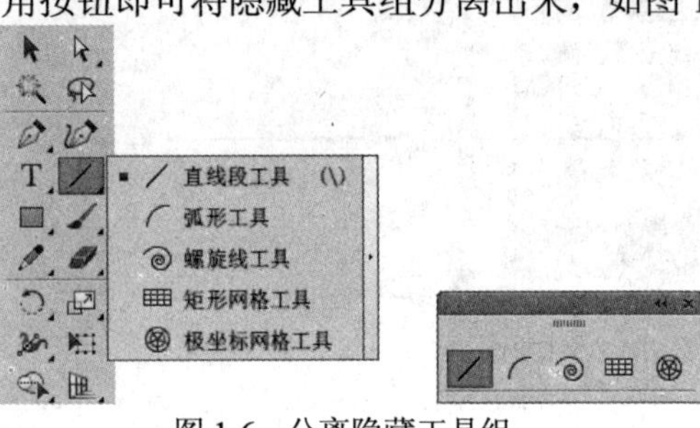

图 1-6　分离隐藏工具组

提示

如果觉得通过将工具组分离出来选取工具太过麻烦，那么只要按住 Alt 键，在工具箱中单击工具图标就可以进行隐藏工具的切换。

提示

工具箱可以折叠显示或展开显示。单击工具箱顶部的◀◀图标，可以将其折叠为单栏显示；单击▶▶图标，可以还原为双栏显示。将光标放置在工具箱顶部，然后按住鼠标左键拖动，还可以将工具箱设置为浮动状态。

1.2.3 属性栏

Illustrator 中的属性栏用来辅助工具箱中工具或菜单命令的使用，对图形或图像的编辑修改起着重要的作用，灵活掌握属性栏的基本使用方法有助于帮助用户快速地进行编辑操作。

通过属性栏可以快速地访问、修改与所选对象相关的选项，如图 1-7 所示。默认情况下，属性栏停放在菜单栏的下方。用户也可以通过单击属性栏最右侧的【属性栏菜单】按钮，在弹出的如图 1-8 所示的下拉菜单中选择【停放到底部】命令，将属性栏放置在工作区的底端。

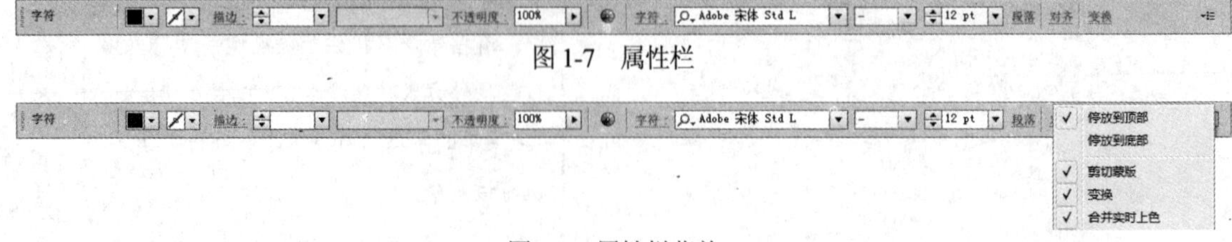

图 1-7　属性栏

图 1-8　属性栏菜单

当属性栏中的文本为蓝色且带下划线时，用户可以单击文本以显示相关的面板或对话框，如图 1-9 所示。例如，单击【描边】链接，可显示【描边】面板。单击属性栏或对话框以外的任何位置以将其关闭。

图 1-9　链接相关面板

1.2.4　面板

要完成图形对象的绘制，面板的应用是不可或缺的。Illustrator CC 2015 提供了数量众多的面板，其中常用的面板有图层、画笔、颜色、描边、渐变、透明度等，可以帮助用户控制和修改图形。

在 Illustrator 中常用的面板以堆栈和图标的形式放置在工作区的右侧，用户可以通过单击面板的名称标签，或右上角【展开面板】按钮来显示面板，如图 1-10 所示。

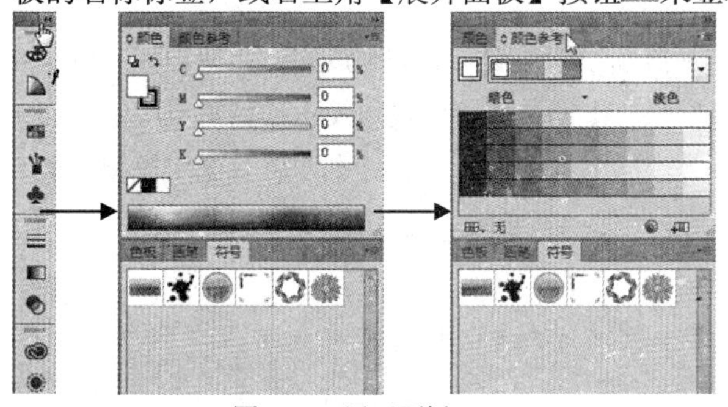

图 1-10　展开面板

知识点

按键盘上的 Tab 键可以隐藏或显示工具箱、属性栏和常用命令面板。用户也可以按 Shift+Tab 键只隐藏或显示常用命令面板。

在面板的使用过程中，用户可以根据个人需要对面板进行自由的移动、拆分、组合、折叠等操作。将鼠标移动到面板标签上单击并按住向后拖动，即可将选中的面板放置到面板组的后方，如图 1-11 所示。将鼠标放置在需要拆分的面板标签上单击并按住拖动，当出现蓝色突出显示的放置区域时，则表示拆分的面板将放置在此区域，如图 1-12 所示。

如果要组合面板，可以将鼠标放置在面板标签上单击并按住拖动至需要组合的面板组中释放即可，如图 1-13 所示。同时，用户也可以根据需要改变面板的大小，单击面板标签旁的按钮，或双击面板标签，可显示或隐藏面板选项，如图 1-14 所示。

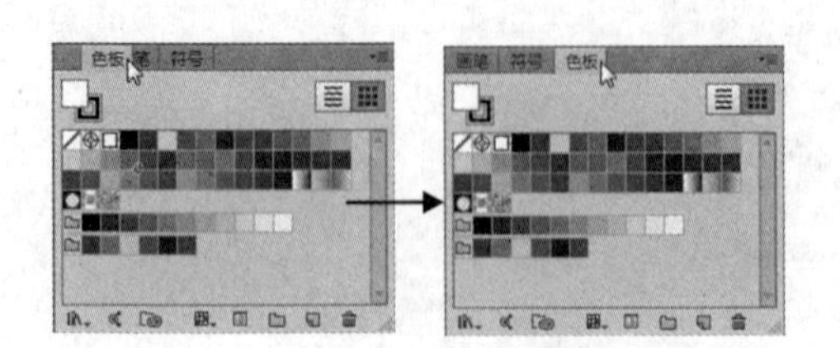

图 1-11　移动面板

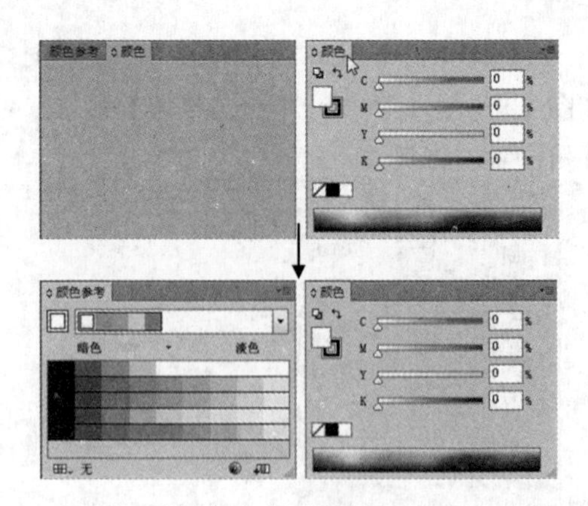

图 1-12　拆分面板

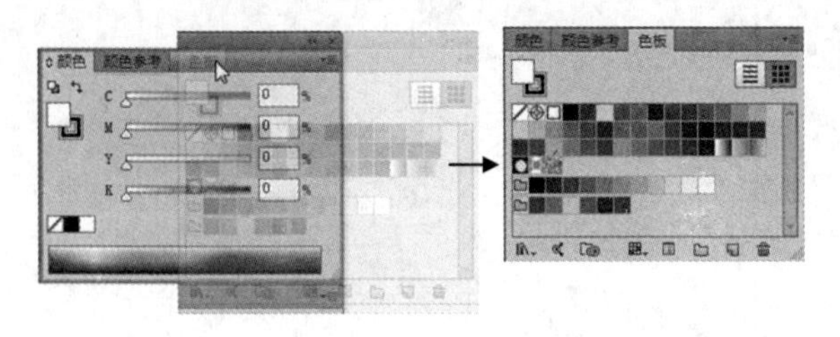

图 1-13　组合面板

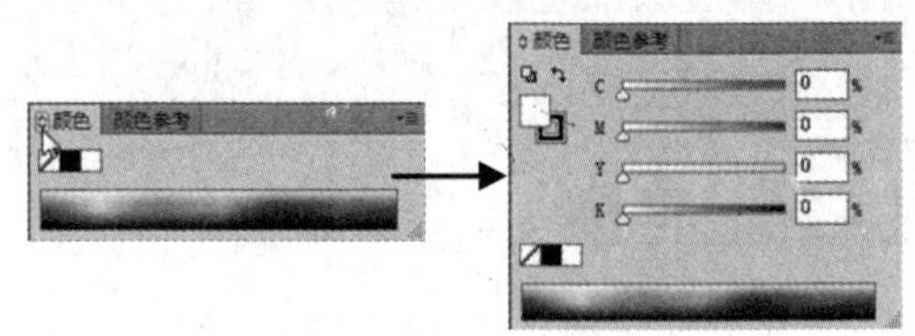

图 1-14　显示隐藏面板选项

1.2.5　状态栏

状态栏位于工作区中绘图窗口的底部，用于显示诸如当前图像的缩放比例、文件大小以及有关当前使用工具的简要说明等信息。在状态栏最左端的数值框中输入显示比例数值，然后按下 Enter 键，或单击数值框右侧的▼按钮，从弹出的列表中选择显示比例即可改变绘图窗口的显示比例，如图 1-15 所示。在状态栏中，单击显示选项右侧的▶按钮，从弹出的菜单中可以选择状态栏将显示的说明信息，如图 1-16 所示。

图 1-15　通过状态栏设置显示比例

图 1-16　状态栏显示说明信息

状态栏中间一栏用于显示当前文档的画板数量，同时可以通过单击【上一项】按钮◀、【下一项】按钮▶、【首项】按钮⏮、【末项】按钮⏭来切换画板，或直接单击数值框右侧的▼按钮，直接选择画板，如图 1-17 所示。

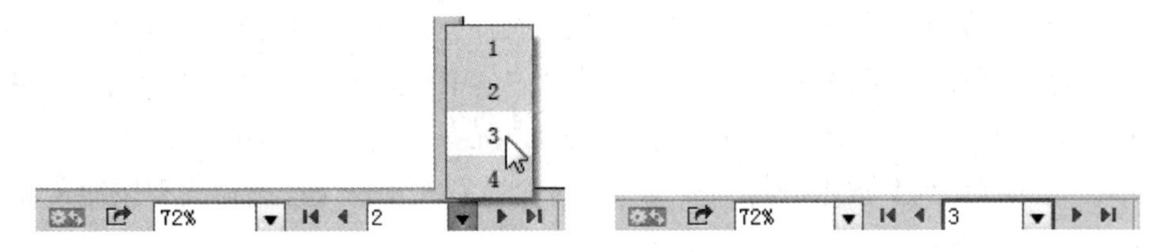

图 1-17　通过状态栏切换画板

1.3　文档的基本操作

用户在学习使用 Illustrator CC 2015 绘制图形之前，应该需要了解关于 Illustrator 文件基本操作，如文件的新建、打开、保存、关闭、置入、导出、以及页面的设置等操作。熟悉并掌握了这些基本操作后，用户可以更好地进行设计与制作。

1.3.1　新建文档

在 Illustrator 中需要制作一个新文档时，可以使用【新建文档】命令新建一个空白文档，也可以使用【从模板新建】命令新建一个包含基础对象的文档。

1. 使用【新建】命令

选择菜单栏中的【文件】|【新建】命令，在打开的如图 1-18 所示的【新建文档】对话框中进行参数设置，即可创建新文档。单击【新建文档】对话框中【高级】选项右侧的▶按钮可以对文档的颜色模式、栅格效果和预览模式等进行设置，如图 1-19 所示。

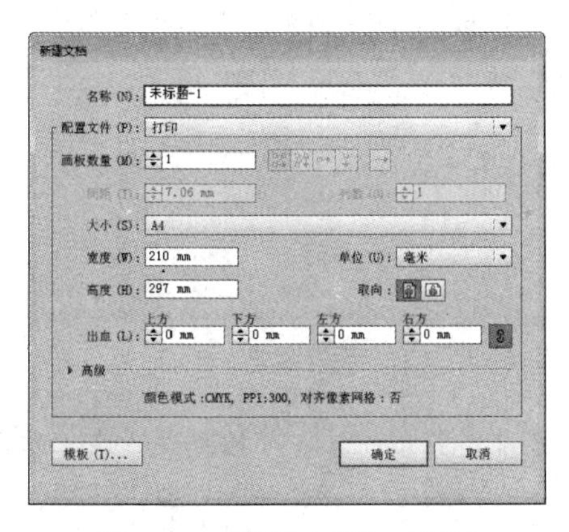

图 1-18　【新建文档】对话框

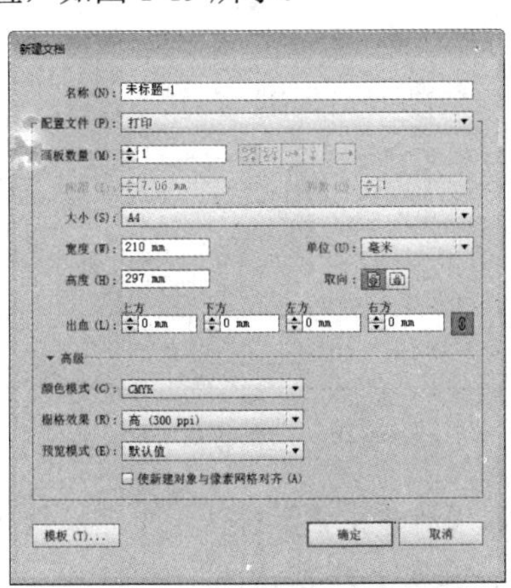

图 1-19　显示【高级】选项

在【新建文档】对话框中，【画板数量】右侧的按钮用来指定文档画板在工作区中的排列顺序。

- 单击【按行设置网格】按钮在指定数目的行中排列多个画板。从【行】菜单中选择行数。如果采用默认值，则会使用指定数目的画板创建尽可能方正的外观。
- 单击【按列设置网格】按钮在指定数目的列中排列多个画板。从【列】菜单中选择列数。如果采用默认值，则会使用指定数目的画板创建尽可能方正的外观。
- 单击【按行排列】按钮将画板排列成一个直行。单击【按列排列】按钮将画板排列成一个直列。
- 单击【更改为从右到左布局】按钮按指定的行或列格式排列多个画板，但按从右到左的顺序显示它们。

知识点

【新建文档】对话框中的【间距】数值用于指定画板之间的默认间距。此设置同时应用于水平间距和垂直间距。

【例 1-1】在 Illustrator CC 2015 中创建空白文档。

(1) 启动 Illustrator CC 2015，选择菜单栏中的【文件】|【新建】命令，或按 Ctrl+N 键，打开【新建文档】对话框。在对话框的【名称】文本框中输入“苹果手机移动端 UI”，在【配置文件】下拉列表中选择【设备】选项，如图 1-20 所示。

(2) 在对话框的【大小】下拉列表中选择【iPhone 5S】选项，在【画板数量】数值框中输入 6，单击【按行设置网格】按钮，设置【间距】数值为 50px，设置【列数】数值为 3，如图 1-21 所示。

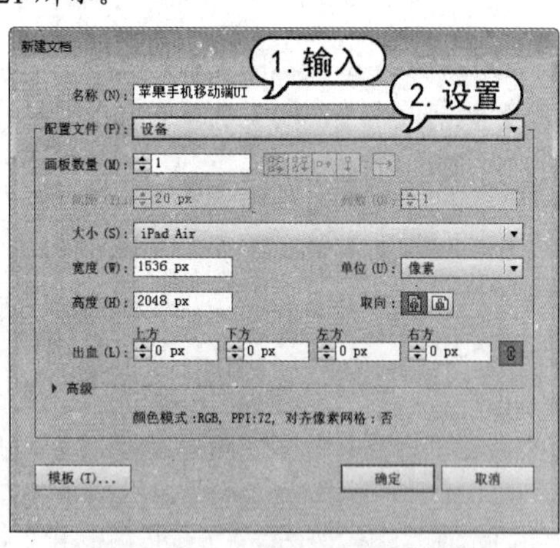

图 1-20　设置新建文档

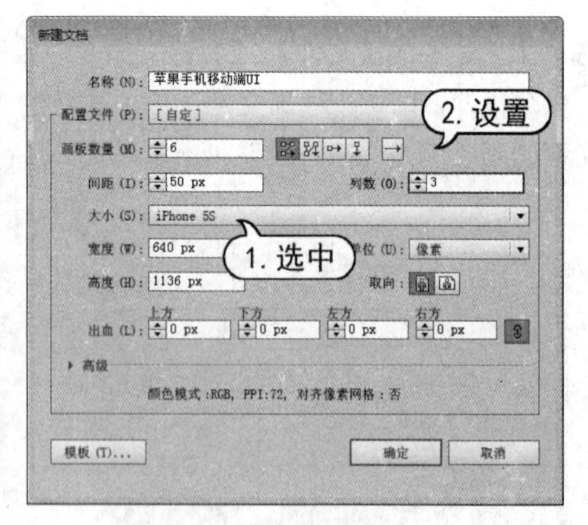

图 1-21　设置画板

(3) 在【新建文档】对话框中完成设置后，单击【确定】按钮，即可按照设置在工作区中创建文档，如图 1-22 所示。

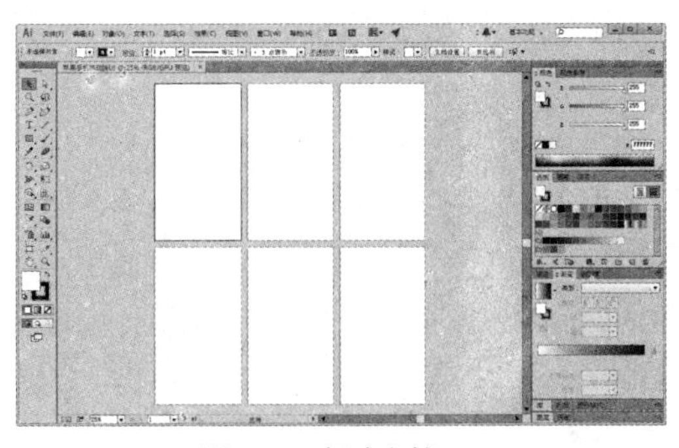

图 1-22　新建文档

提示

在对话框中，用户还可以通过单击【模板】按钮，打开【从模板新建】对话框，选择预置的模板样式新建文档。

2. 从模板新建

选择【文件】|【从模板新建】命令或使用快捷键 Shift+Ctrl+N 键，打开【从模板新建】对话框。在对话框中选中要使用的模板选项，即可创建一个模板文档，如图 1-23 所示。在该模板文档的基础上通过修改和添加新元素，最终得到一个新文档。

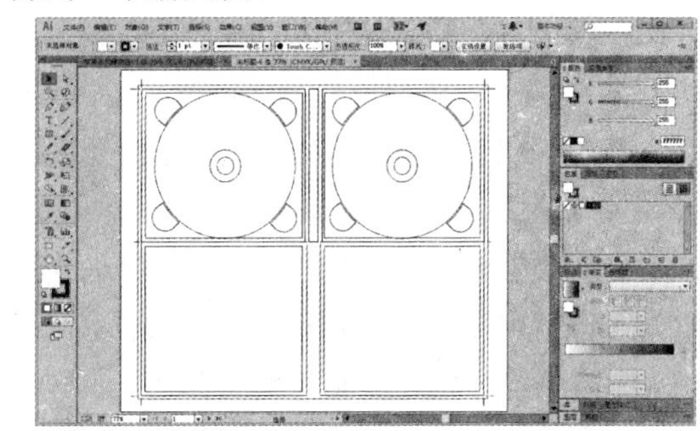

图 1-23　从模板新建文档

1.3.2　打开文档

要对已有的文件进行处理就需要将其在 Illustrator 中打开。选择【文件】|【打开】命令，或按快捷键 Ctrl+O 键，在打开的【打开】对话框中选中需要打开的文档，然后单击【打开】按钮，或双击选择需要打开的文档名称，即可将其打开，如图 1-24 所示。

图 1-24　打开图像

1.3.3 恢复、关闭文档

选择【文件】|【恢复】命令或使用快捷键 F12，可以将文件恢复到上次存储的版本。但如果已关闭文件，再将其重新打开，则无法执行此操作。

要关闭文档可以选择菜单栏中的【文件】|【关闭】命令，或按快捷键 Ctrl+W 键，或直接单击文档窗口右上角的【关闭】按钮☒，即可关闭文档。

1.3.4 存储文档

要存储图形文档可以选择菜单栏中的【文件】|【存储】、【存储为】、【存储副本】或【存储为模板】命令。

- 【存储】命令用于保存操作结束前未进行过保存的文档。选择【文件】|【存储】命令或使用快捷键 Ctrl+S 键，打开【存储为】对话框。
- 【存储为】命令可以对编辑修改后，保存时又不想覆盖原文档的文档进行另存。选择【文件】|【存储为】命令或使用快捷键 Shift+Ctrl+S 键，打开【存储为】对话框。
- 【存储副本】命令可以将当前编辑效果快速保存并且不会改动原文档。选择【文件】|【存储副本】命令或使用快捷键 Ctrl+Alt+S 键，打开【存储副本】对话框。
- 【存储为模板】命令可以将当前编辑效果存储为模板，以便其他用户创建、编辑文档。选择【文件】|【存储为模板】命令，打开【存储为】对话框。

【例 1-2】在 Illustrator CC 2015 中，使用【存储为】命令将修改过的图形文件进行另存。

(1) 选择菜单栏中的【文件】|【从模板新建】命令，在打开的【从模板新建】对话框中选择“技术”文件夹中的“名片”文件，然后单击【新建】按钮从模板新建文件，如图 1-25 所示。

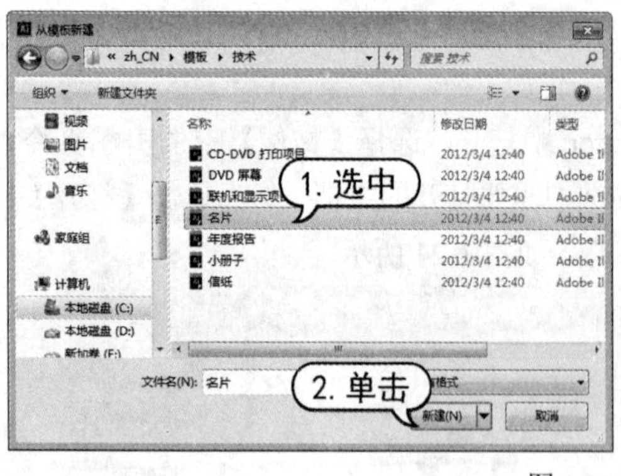

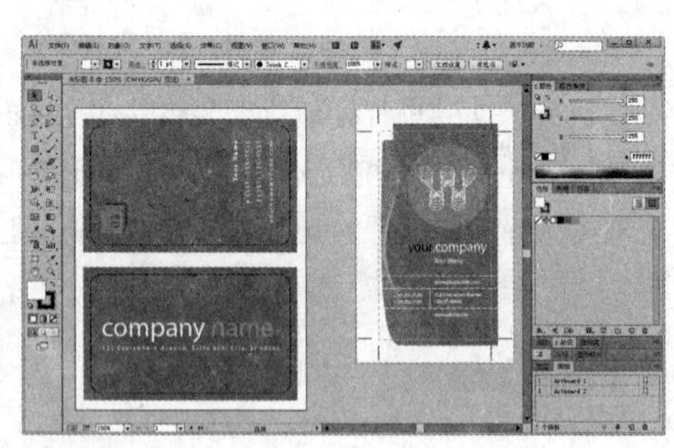

图 1-25　新建文档

(2) 在【画板】面板中，双击 Artboard 1 画板，在绘图窗口中显示该画板内容，如图 1-26 所示。

(3) 使用工具箱中的【选择】工具选中名片底图对象，并在【颜色】面板中设置填充颜色

为 R:20 G:130 B:130，如图 1-27 所示。

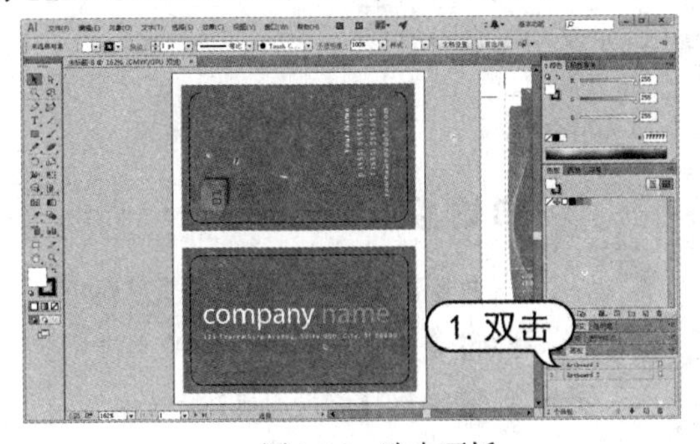

图 1-26　选中画板

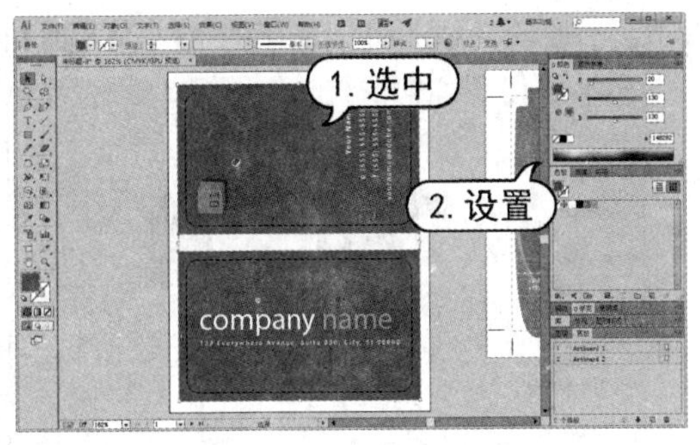

图 1-27　调整对象

(4) 选择菜单栏中的【文件】|【存储为】命令，打开【存储为】对话框。在【保存在】下拉列表框中选择文件夹保存。在【文件名】文本框中，将文件名称更改为“名片 副本”，保存类型选择【Adobe Illustrator (*.AI)】。设置完成后，单击【保存】按钮，弹出【Illustrator 选项】对话框，这里使用默认设置，再单击【确定】按钮，即可将修改后的文档另存，如图 1-28 所示。

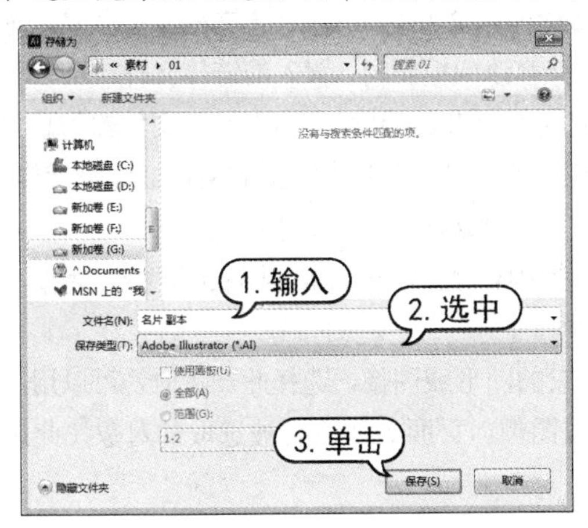

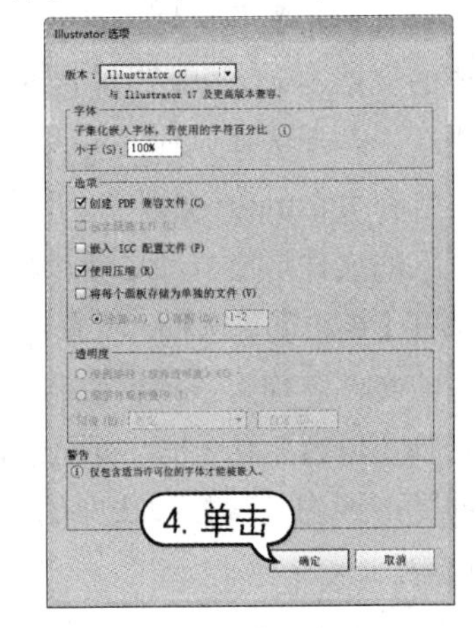

图 1-28　另存文档

1.3.5　置入、导出文件

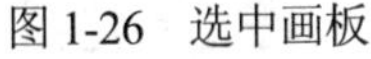

Illustrator CC 2015 具有良好的兼容性，利用 Illustrator 的【置入】与【导出】命令，可以置入多种格式的图形图像文档为 Illustrator 所用，也可以将 Illustrator 的图形文档以其他的图像格式导出为其他应用程序所用。

1. 置入文件

置入文件是为了把其他应用程序中的文件输入到 Illustrator 当前编辑的绘图文档中。置入的文档可以嵌入到 Illustrator 绘图文档中，成为当前文档的构成部分；也可以与 Illustrator 绘图文档建立链接，减小文档大小。在 Illustrator 中，选择【文件】|【置入】命令，或按 Shift+Ctrl+P

键打开如图 1-29 所示的【置入】对话框。在对话框中选择所需的文档，然后单击【置入】按钮，或双击所需要的文档即可把选择的文件置入到 Illustrator 文件中。

图 1-29 【置入】对话框

知识点

选中【置入】对话框中的【显示导入选项】复选框，置入文档时会打开文档格式相应的【导入选项】对话框。

- 选择【链接】复选框，被置入的图形或图像文件与 Illustrator 文档保持独立，最终形成的文档不会太大，当链接的原文件被修改或编辑时，置入的链接文件也会自动修改更新。若不选择此项，置入的文件会嵌入到 Illustrator 文档中，该文件的信息将完全包含在 Illustrator 文档中，形成一个较大的文件，并且当链接的文件被编辑或修改时，置入的文件不会自动更新。默认状态下，此选项处于被选择状态。
- 选择【模板】复选框，将置入的图形或图像创建为一个新的模板图层，并用图形或图像的文件名称为该模板命名。
- 选择【替换】复选框，页面中有被选取的图形或图像，选择此选项时，可以用新置入的图形或图像替换被选取的原图形或图像。页面中如没有被选取的对象，此选项不可用。

【例 1-3】在 Illustrator 中置入 EPS 格式文件。

(1) 在 Illustrator CC 2015 中，选择【文件】|【打开】命令，打开一幅图形文档，如图 1-30 所示。

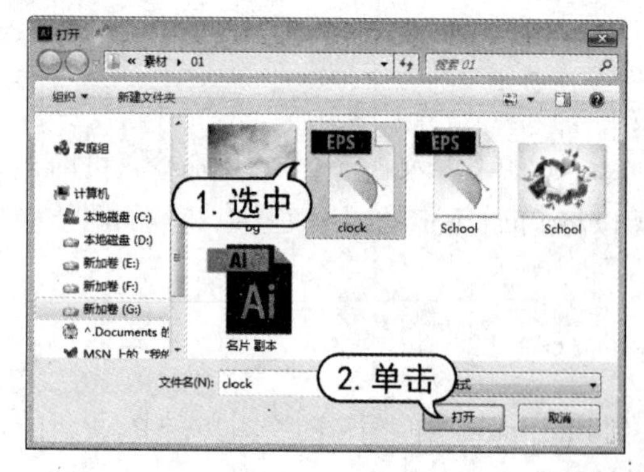

图 1-30 打开文档

(2) 选择【文件】|【置入】命令，打开【置入】对话框。在对话框中，选择要置入的图形文件，然后单击【置入】按钮，即可将选取的文件置入到页面中，如图 1-31 所示。

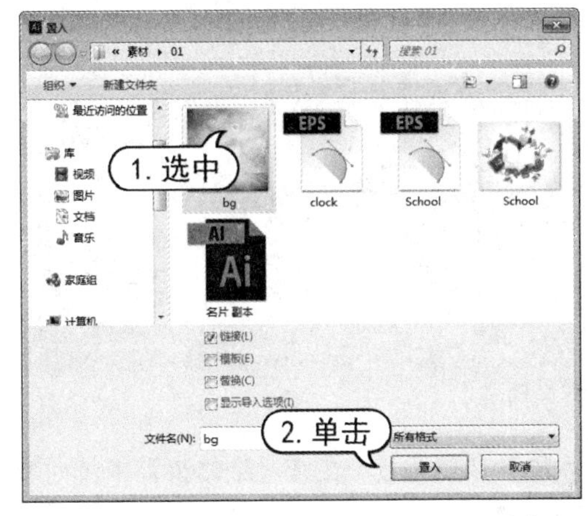

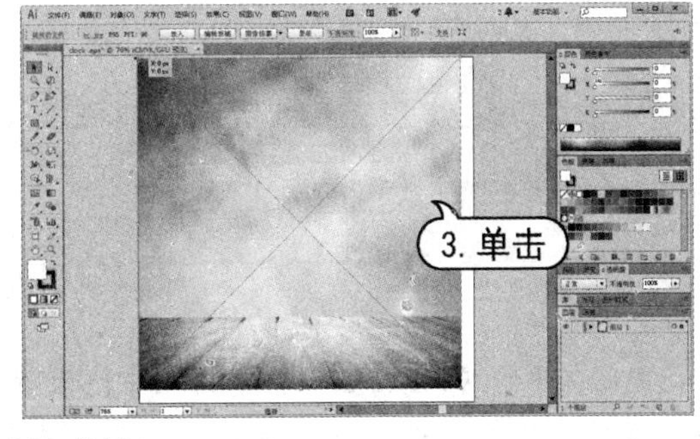

图 1-31　置入文档

(3) 将光标移动并放置在置入图像边框上，当光标变为双向箭头时，可以按住鼠标并拖动放大或缩小图像，并按 Ctrl+[键将置入图像后移一层，如图 1-32 所示。设置完成后，单击控制面板上的【嵌入】按钮，即可将图像嵌入到文档中。

图 1-32　放大图像

2. 导出文件

有些应用程序中不能打开 Illustrator 所创建的图形文档。在这种情况下，可以在 Illustrator 中把图形文档导出为其他应用程序可以支持的文件格式，这样就可以在其他应用程序中打开这些文档了。在 Illustrator 中，选择【文件】|【导出】命令，打开【导出】对话框。在对话框中设置好文件名称和文件格式后，单击【保存】按钮即可导出文件。

【例 1-4】在 Illustrator 中选择并打开图形文档，然后将文档以 JPEG 格式导出。

(1) 选择菜单栏中的【文件】|【打开】命令，打开【打开】对话框。在【打开】对话框中选择 01 文件夹下的文档，单击【打开】按钮，如图 1-33 所示。

(2) 选择菜单栏中的【文件】|【导出】命令，打开【导出】对话框。在对话框的【组织】表中选择导出文件的存放位置。在【文件名】文本框中重新输入文件名称。【保存类型】下拉

列表框中选择 JPEG(*.JPG)格式，然后单击【导出】按钮，如图 1-34 所示。

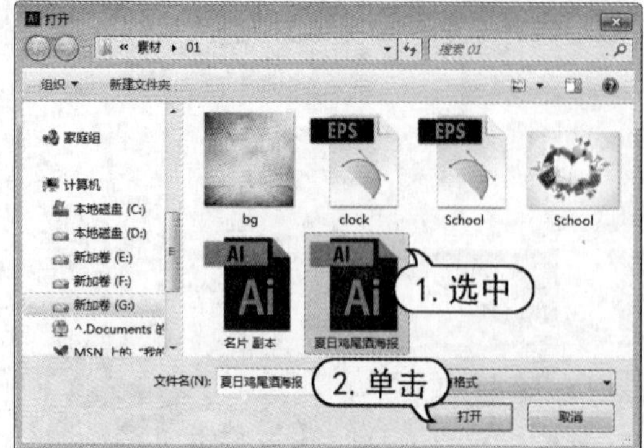

图 1-33　打开图像文档

(3) 在打开的【JPEG 选项】对话框中，设置【品质】数值为 5，在【消除锯齿】下拉列表中选择【优化图稿(超像素取样)】选项，然后单击【确定】按钮，如图 1-35 所示。

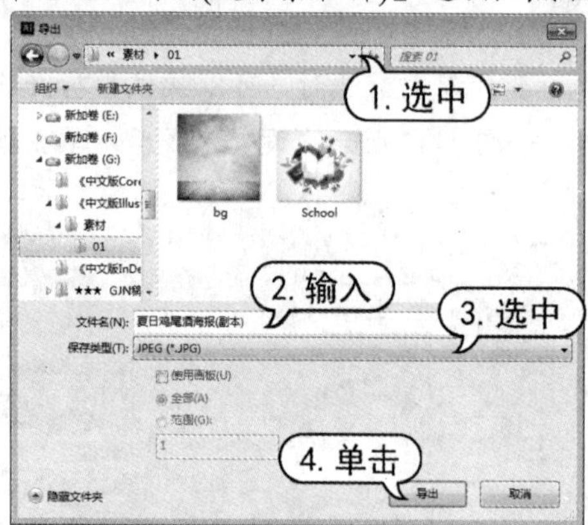

图 1-34　设置【导出】对话框

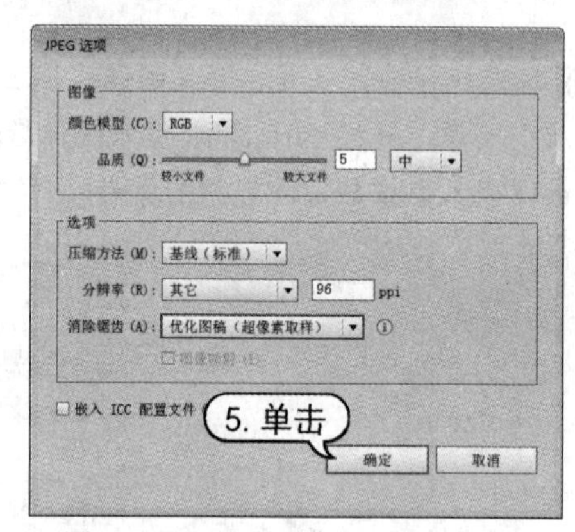

图 1-35　设置【JPEG 选项】对话框

1.3.6　使用文档设置

选择【文件】|【文档设置】命令，或单击控制面板中的【文档设置】按钮，在打开的【文档设置】对话框的【常规】设置选项中可以随时更改文档的默认设置选项，如度量单位、透明度和叠印选项等参数，如图 1-36 所示。

- 在【单位】下拉列表中选择不同的选项，定义调整文档时使用的单位。
- 在【出血】选项组的 4 个文本框中，设置上方、下方、左方、和右方文本框中的参数，重新调整出血线的位置。通过单击【连接】按钮，可以统一所有方向的出血线的位置。
- 通过单击【编辑画板】按钮，可以对文档中的画板进行重新调整。
- 选中【以轮廓模式显示图像】复选框时，文档将只显示图像的轮廓线，从而节省计算的时间。
- 选中【突出显示替代的字形】复选框时，将突出显示文档中被代替的字形。

- 在【网格大小】下拉列表中选择不同的选项，可以定义透明网格的大小。
- 在【网格颜色】下拉列表中选择不同的选项，可以定义透明网格的颜色，如果列表中的选项都不是要使用的，可以单击右侧的两个颜色色板，在打开的【颜色】对话框中进行设置，重新定义自定义的网格颜色。
- 如果计划在彩纸上打印文档，则选中【模拟彩纸】复选框。
- 在【预设】下拉列表中选中不同的选项，可以定义导出和剪贴板透明度拼合器的设置。

在【文档设置】对话框的上部单击【文字】按钮，可以显示【文字】设置选项，如图 1-37 所示。

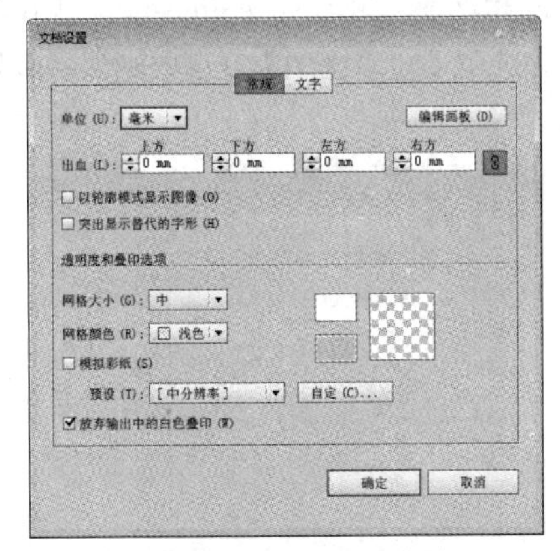

图 1-36　【常规】选项

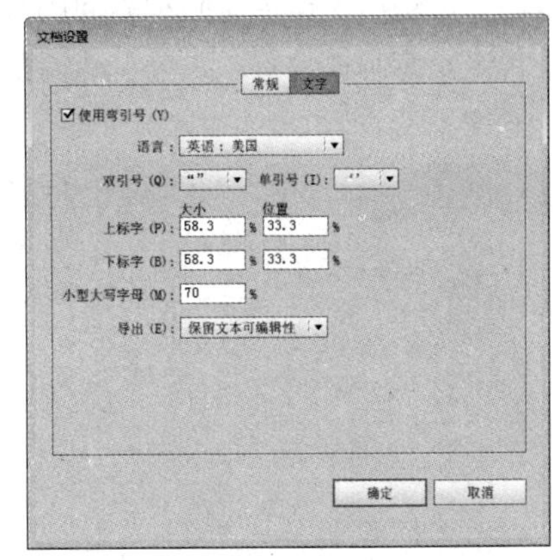

图 1-37　【文字】选项

- 当选中【使用弯引号】复选框时，文档将采用中文中的引号效果，并不是使用英文中的直引号，反之则效果相反。
- 在【语言】下拉列表中选择不同的选项，可以定义文档中文字的检查语言规则。
- 在【双引号】和【单引号】下拉列表中选择不同的选项，可以定义相应引号的样式。
- 在【上标字】和【下标字】两个选项中，调整【大小】和【位置】中的参数。从而定义相应角标的尺寸和位置。
- 在【小型大写字母】文本框中输入相应的数值，可以定义小型大写字母占原始大写字母尺寸的百分比。
- 在【导出】下拉列表中选择不同的选项，可以定义导出后文字的状态。

1.3.7　使用画板

在 Illustrator 中，画板表示包含可打印图稿的区域，可以将画板作为裁剪区域以满足打印或置入的需要。每个文档可以有 1～100 个画板。用户可以在新建文档时指定文档的画板数，也可以在处理文档的过程中随时添加和删除画板。

1. 使用【画板】工具

在 Illustrator 中，可以创建大小不同的画板，并且使用【画板】工具可以调整画板大小，还可以将画板放在屏幕上任何位置，甚至可以使它们彼此重叠。双击工具箱中的【画板】工具，或单击【画板】工具，然后单击属性栏中的【画板选项】按钮打开如图 1-38 所示的【画板选项】对话框，在该对话框中进行相应的画板参数的设置。

- 【预设】选项组：用于指定画板尺寸。用户可以在【预设】下拉列表中选择预设的画板大小，如图 1-39 所示。也可以在【宽度】和【高度】选项中指定画板大小。【方向】选项用于指定横向和纵向的页面方向。X 和 Y 选项用于根据 Illustrator 工作区标尺来指定画板位置。如果手动调整画板大小，选中【约束比例】复选框则保持画板长宽比不变。

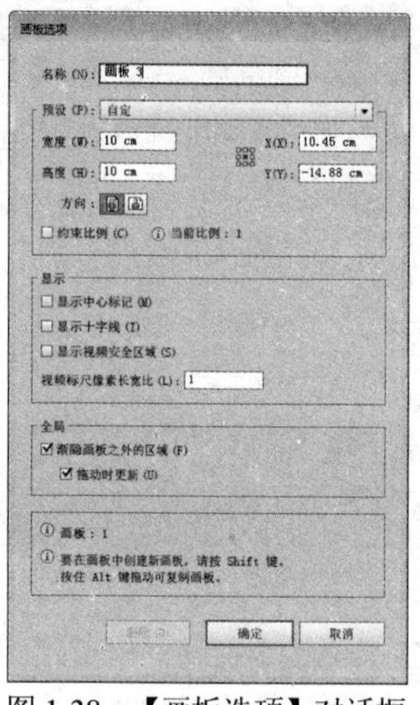

图 1-38 【画板选项】对话框

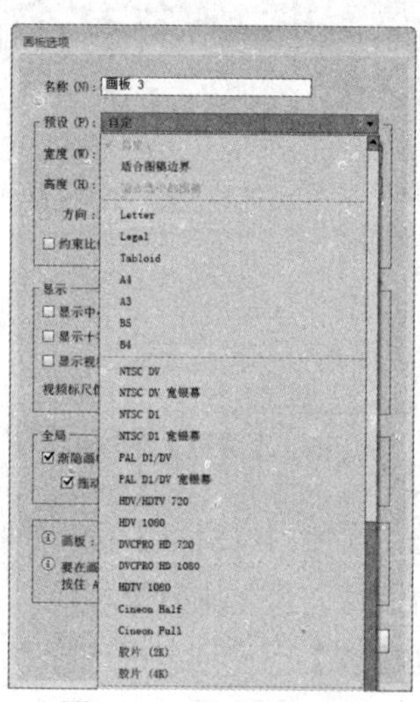

图 1-39 【预设】选项

- 【显示】选项组：用于设置画板显示效果。【显示中心标记】选项用于显示画板中心标记。【显示十字线】选项用于显示通过画板每条边中心的十字线。【显示视频安全区域】选项用于显示参考线，这些参考线表示位于可查看的视频区域内的区域。用户需要将必须能够查看的所有文本和图稿都放在视频安全区域内。【视频标尺像素长宽比】选项用于指定画板标尺的像素长宽比。【显示】选项组如图 1-40 所示。
- 【全局】选项组：在如图 1-41 所示的【全局】选项组中，选中【渐隐画板之外的区域】复选框，当【画板】工具处于现用状态时，显示的画板之外区域比画板内的区域暗。选中【拖动时更新】复选框在拖动画板以调整其大小时，使画板之外的区域变暗。

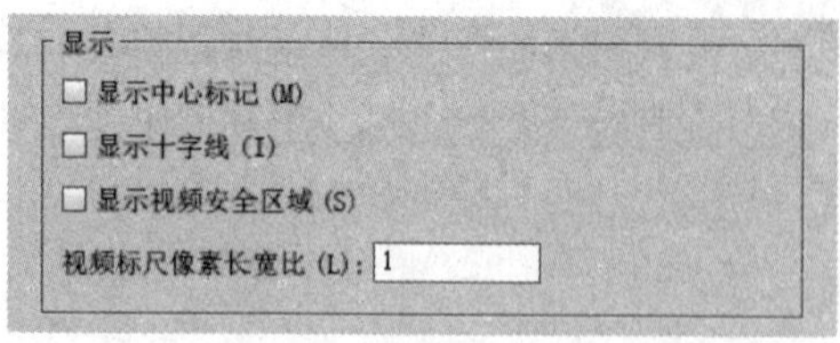

图 1-40 【显示】选项组

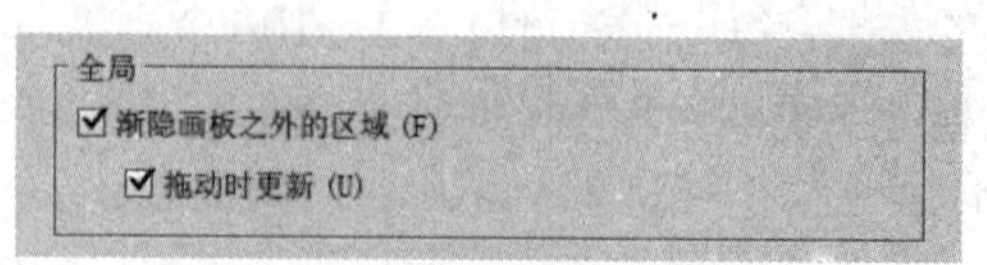

图 1-41 【全局】选项组

【例 1-5】在 Illustrator 中创建新画板。

(1) 选择菜单栏中的【文件】|【打开】命令，打开【打开】对话框。在【打开】对话框中选择 01 文件夹下的文档，单击【打开】按钮，如图 1-42 所示。

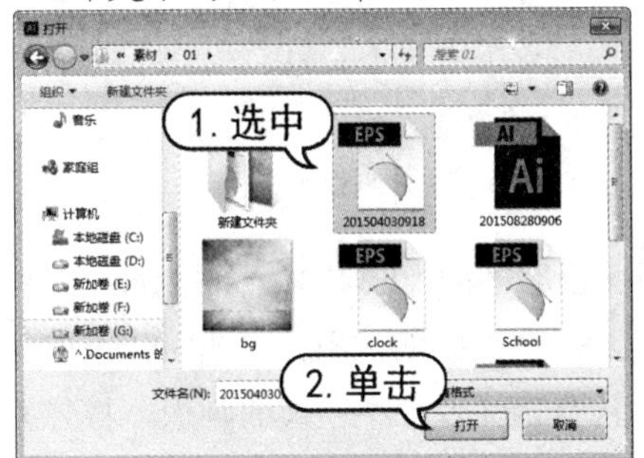

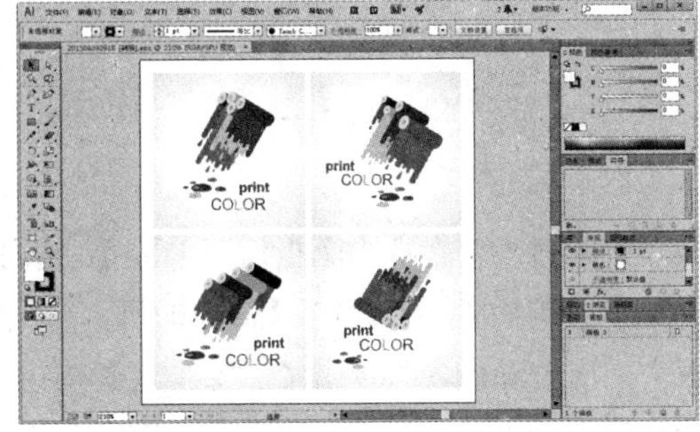

图 1-42　打开文档

(2) 单击【画板】工具，然后在属性栏上单击【新建画板】按钮，然后在页面中需要创建画板的位置单击，即可创建新画板。创建成功后要退出画板编辑模式，可单击工具箱中的其他工具或按 Esc 键即可，如图 1-43 所示。

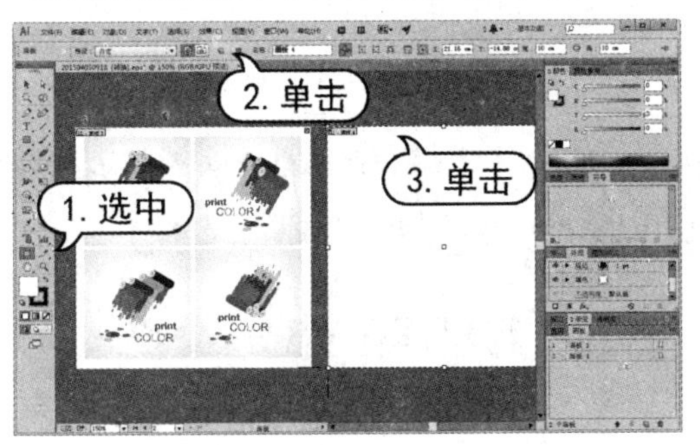

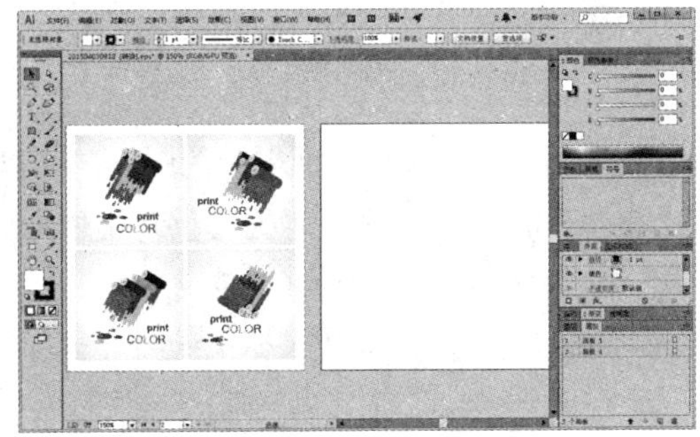

图 1-43　新建画板

知识点

要在现有画板中创建画板，可以按住 Shift 键并使用【画板】工具拖动。要复制带内容的画板，可选择【画板】工具，单击选项栏上的【移动/复制带画板的图稿】按钮，按住 Alt 键然后拖动。

2. 使用【画板】面板

在【画板】面板中可以对画板进行添加、重新排序、重新排列、删除面板、重新编号、在多个画板之间进行选择和导航等操作。选择【窗口】|【画板】命令，打开如图 1-44 所示的【画板】面板。

单击【画板】面板底部的【新建画板】按钮，或从【画板】面板菜单中选择【新建画板】命令即可新建面板，如图 1-45 所示。

选择要复制的一个或多个画板，将其拖动到【画板】面板的【新建面板】按钮上，即可快速复制一个或多个画板。或选择【画板】面板菜单中的【复制画板】命令即可，如图 1-46 所示。

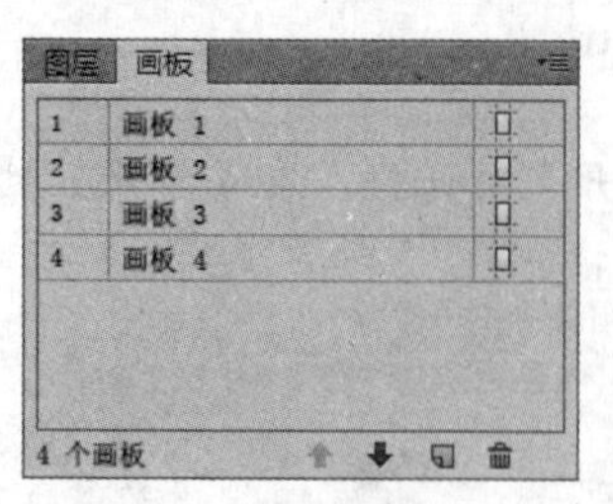

图 1-44　【画板】面板

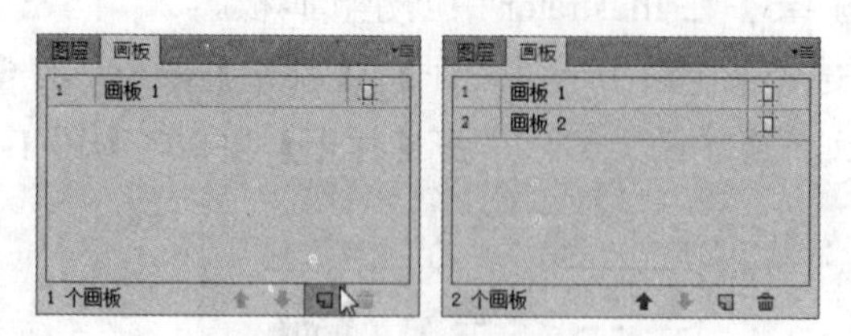

图 1-45　新建画板

如果要删除画板，在选中画板后，单击【画板】面板底部的【删除画板】按钮，或选择【画板】面板菜单中的【删除画板】命令即可。若要删除多个连续的画板，按住 Shift 键单击【画板】面板中列出的画板，再单击【删除画板】按钮。若要删除多个不连续的画板，按住 Ctrl 键并在【画板】面板上单击画板，再单击【删除画板】按钮，如图 1-47 所示。

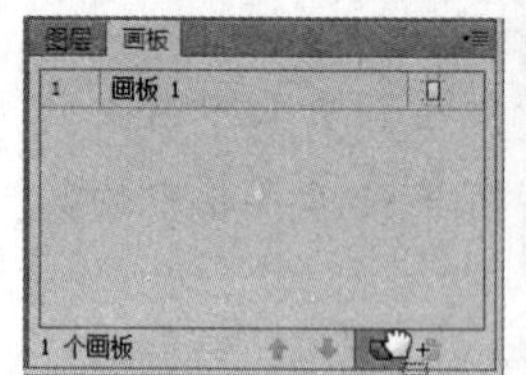

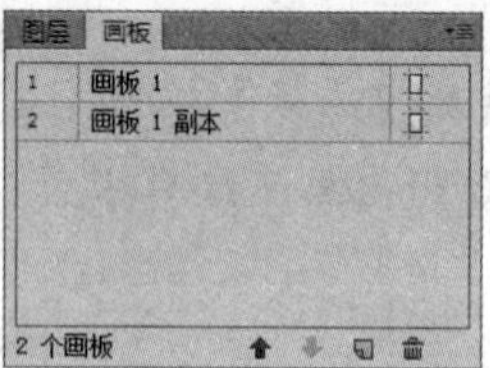
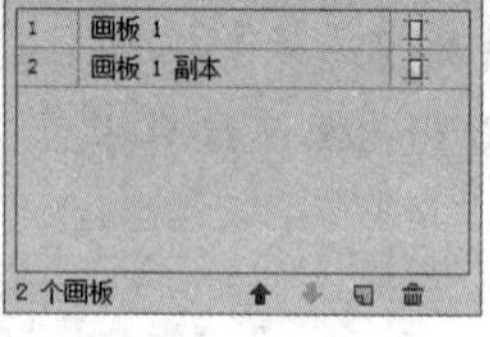

图 1-46　复制画板

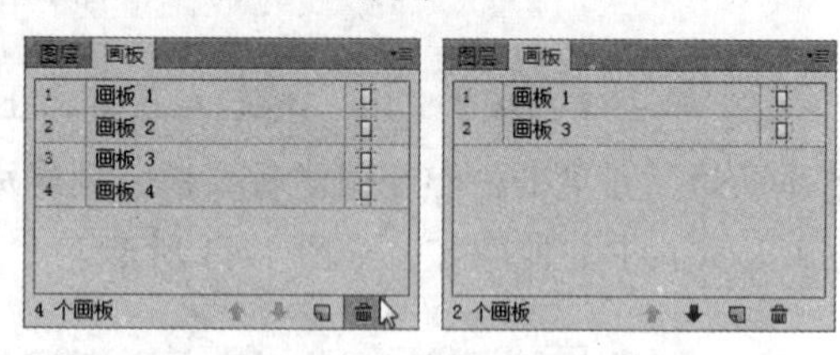

图 1-47　删除画板

若要重新排列【画板】面板中的画板，可以选择【画板】面板菜单中的【重新排列画板】命令，在打开的如图 1-48 所示的【重新排列画板】对话框中进行相应的设置。

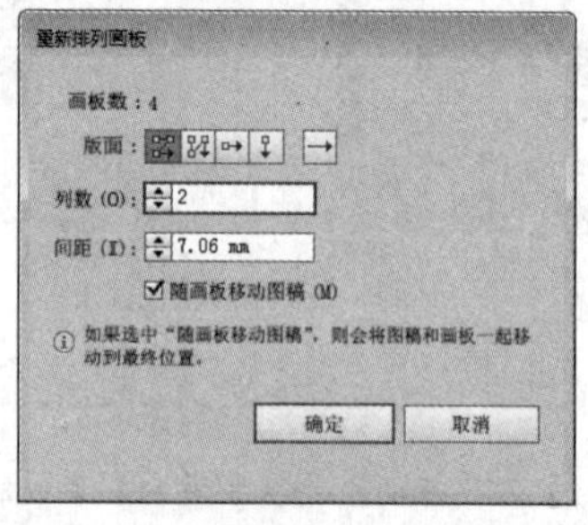

图 1-48　【重新排列画板】对话框

知识点

在【重新排列画板】对话框中，选中【随画板移动图稿】复选框，在更改画板位置时同时移动图稿。

1.4　文档的显示和查看

在 Illustrator 中，用户可以根据编辑处理的需要选择文档的显示模式，还可以使用多种方法查看图形文档中的对象。

1.4.1　选择视图模式

单击工具箱底部的【切换屏幕模式】按钮，在弹出的下拉菜单中可以选择屏幕显示

模式。

- 正常屏幕模式：在标准窗口中显示图稿，菜单栏位于窗口顶部，工具箱和面板堆栈位于两侧，如图 1-49 所示。
- 带有菜单栏的全屏幕模式：在全屏窗口中显示图稿，在顶部显示菜单栏，工具箱和面板堆栈位于两侧，隐藏系统任务栏，如图 1-50 所示。

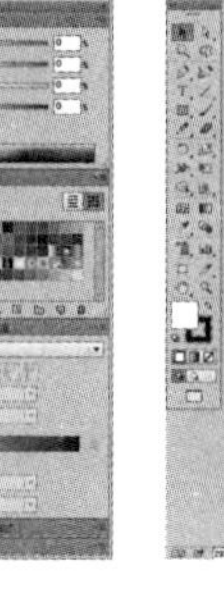

图 1-49　正常屏幕模式　　　　图 1-50　带有菜单栏的全屏幕模式

- 全屏模式：在全屏窗口中只显示图稿，如图 1-51 所示。在【全屏模式】状态下，按下键盘上的 Tab 键可显示隐藏的菜单栏、属性栏、工具箱和面板堆栈。再次按下 Tab 键可再次将其隐藏。还可以通过将鼠标移至工作区的边缘处稍作停留，即可显示隐藏的工具箱或面板堆栈。

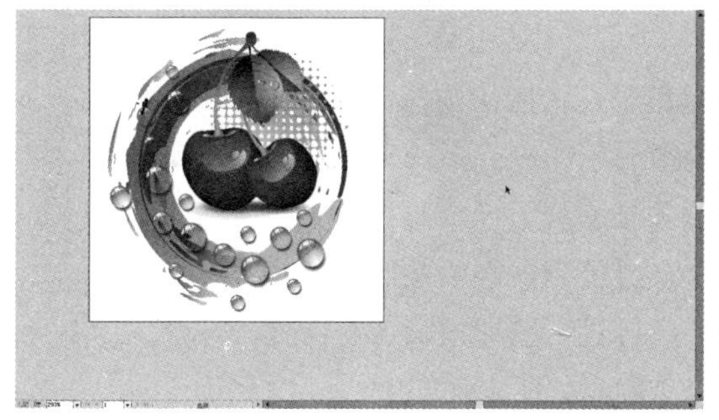

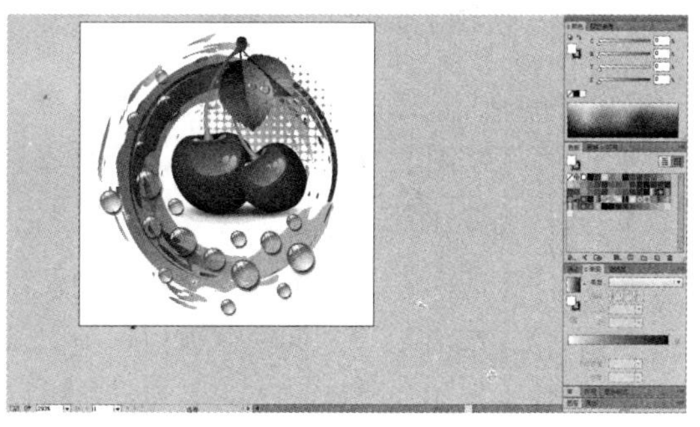

图 1-51　全屏模式

提示

在【带有菜单栏的全屏幕模式】和【全屏模式】下，按键盘上 Esc 键可以返回【正常屏幕模式】。

1.4.2　文档的显示状态

在 Illustrator 中，图形对象有两种显示状态，一种是 GPU 预览显示，另一种是轮廓显示。在 GPU 预览显示的状态下，图形文档中会显示出全部的色彩、描边，文本、置入图像等构成信息。而选择【视图】|【轮廓】命令，或按快捷键 Ctrl+Y 键可将当前所显示的图形以无填充、无颜色、无画笔效果的轮廓线条状态显示，如图 1-52 所示。利用此种显示模式，可以加快显示速度。如果想返回预览显示状态，选择【视图】|【GPU 预览】命令，或再次按快捷键 Ctrl+Y

即可。

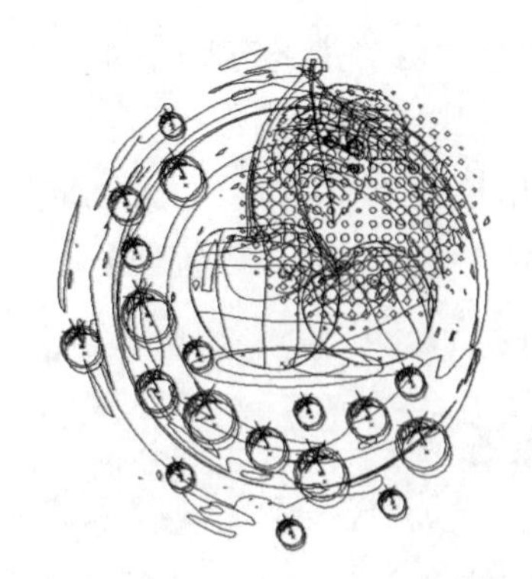

图 1-52　设置图像显示效果

1.4.3　查看文档

使用 Illustrator 打开多个文件时，选择合理的查看方式可以更好地对图像进行浏览或编辑。查看方式有多种，用户可以通过【视图】命令，或【缩放】工具、【抓手】工具，或【导航器】面板进行查看。

1. 使用【视图】命令

在 Illustrator CC 2015 中的【视图】菜单中，提供了几种图像浏览的方式。

- 选择【视图】|【放大】命令，即可放大图像显示比例到下一个预设百分比。
- 选择【视图】|【缩小】命令，可以缩小图像显示到下一个预设百分比。
- 选择【视图】|【画板适合窗口大小】命令，可将当前画板按照屏幕尺寸进行缩放。
- 选择【视图】|【全部适合窗口大小】命令，可查看窗口中的所有内容。
- 选择【视图】|【实际大小】命令，可以以 100%比例显示文件。

提示

使用键盘快捷键也可以快速地放大或缩小窗口中的图形。按 Ctrl++键可以放大图形，按 Ctrl+-键可以缩小图形。按 Ctrl+0 键可以使画板适合窗口显示。

2. 使用工具浏览

在 Illustrator CC 2015 中提供了两个用于浏览视图的工具，一个是用于图像缩放的【缩放】工具，另一个是用于移动图像显示的【抓手】工具。

选择工具箱中的【缩放】工具在工作区中单击，即可放大图像。按住 Alt 键再使用【缩放】工具单击，可以缩小图像。用户也可以选择【缩放】工具后，在需要放大的区域拖动出一个虚线框，然后释放鼠标即可放大选中的区域，如图 1-53 所示。

在放大显示的工作区域中观察图形时，经常还需要观察文档窗口以外的视图区域。因此，

需要通过移动视图显示区域来进行观察。如果需要实现该操作，用户可以选择工具箱中的【抓手】工具，然后在工作区中按下并拖动鼠标，即可移动视图显示画面，如图 1-54 所示。

图 1-53　放大图像

图 1-54　移动显示区域

3. 使用【导航器】面板

在 Illustrator 中，通过【导航器】面板，用户不仅可以很方便地对工作区中所显示的图形对象进行移动观察，还可以对视图显示的比例进行缩放调节。通过选择菜单栏中的【窗口】|【导航器】命令，即可显示或隐藏【导航器】面板。

【例 1-6】在 Illustrator 中，使用【导航器】面板改变图形文档显示比例和区域。

(1) 选择【文件】|【打开】命令，在打开的【打开】对话框中选中一个图形文档，然后单击【打开】按钮将其在 Illustrator 中打开。选择菜单栏中的【窗口】|【导航器】命令，可以在工作区中显示【导航器】面板，如图 1-55 所示。

(2) 在【导航器】面板底部【显示比例】文本框中直接输入数值 150%，按 Enter 键应用设置，改变图像文件窗口的显示比例，如图 1-56 所示。

图 1-55　打开【导航器】面板

图 1-56　输入显示比例

(3) 单击选中【显示比例】文本框右侧的缩放比例滑块，并按住鼠标左键进行拖动至适合位置释放左键，以调整图像文件窗口的显示比例。向左移动缩放比例滑块时，可以缩小画面的显示比例；向右移动缩放比例滑块，可以放大画面的显示比例，如图 1-57 所示。在调整画面显示时，【导航器】面板中的红色矩形框也会同时进行相应的缩放。

(4) 【导航器】面板中的红色矩形框表示当前窗口显示的画面范围。当把光标移动至【导航器】面板预览窗口中的红色矩形框内，光标会变为手形标记，按住并拖动手形标记，即可通过移动红色矩形框来改变放大的图像文件窗口中显示的画面区域，如图 1-58 所示。

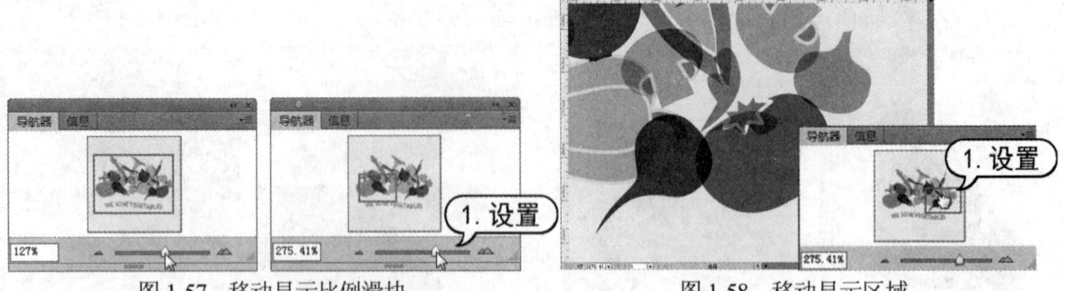

图 1-57　移动显示比例滑块　　　　图 1-58　移动显示区域

1.5　标尺、参考线和网格的使用

通过使用标尺、参考线、网格，用户可以更精确地放置对象，用户也可以通过自定义标尺、参考线和网格为绘图带来便利。

1.5.1　标尺

在工作区中，标尺由水平标尺和垂直标尺两部分组成。通过使用标尺，用户不仅可以很方便地测量出对象的大小与位置，还可以结合从标尺中拖动出的参考线准确地创建和编辑对象。

1. 使用标尺

在默认情况下标尺处于隐藏状态，选择【视图】|【标尺】|【显示标尺】命令或按快捷键 Ctrl+R，可以在工作区中显示标尺，如图 1-59 所示。如果要隐藏标尺，可以选择【视图】|【标尺】|【隐藏标尺】命令或按快捷键 Ctrl+R。

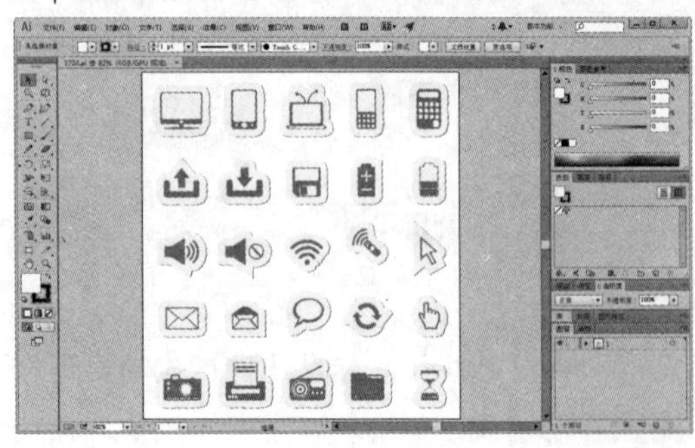
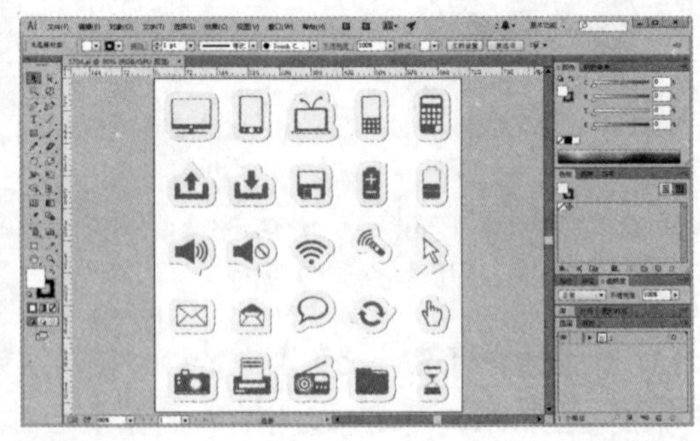

图 1-59　显示标尺

在 Illustrator 中包含全局标尺和画板标尺两种标尺。全局标尺显示在绘图窗口的顶部和左侧，默认标尺原点位于绘图窗口的左上角。而画板标尺的原点则位于画板的左上角，并且在选中不同画板时，画板标尺也会发生变化。若要在画板标尺和全局标尺之间切换，选择【视图】|

【标尺】|【更改为全局标尺】命令或【视图】|【标尺】|【更改为画板标尺】命令即可。默认情况下显示画板标尺。全局标尺和画板标尺如图 1-60 所示。

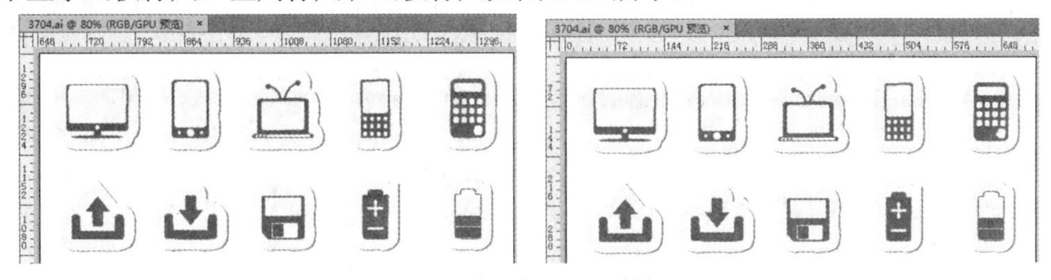

图 1-60　全局标尺、画板标尺

2. 更改标尺原点

在每个标尺上显示 0 的位置称为标尺原点。要更改标尺原点，将鼠标指针移到标尺左上角，然后将鼠标指针拖到所需的新标尺原点处。当进行拖动时，窗口和标尺中的十字线会指示不断变化的全局标尺原点，如图 1-61 所示。要恢复默认标尺原点，双击左上角的标尺相交处即可。

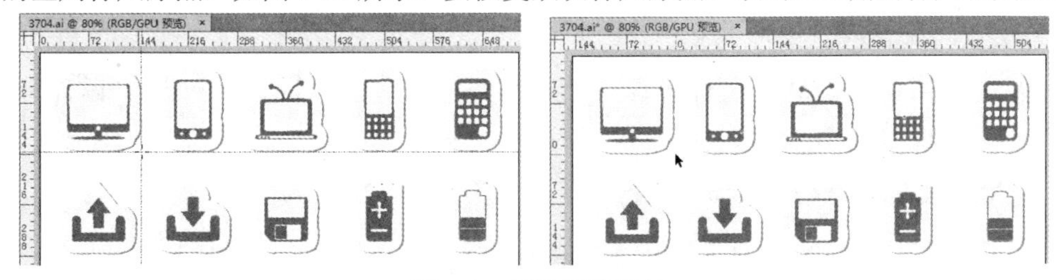

图 1-61　更改标尺原点

3. 更改标尺单位

在标尺中只显示数值，不显示数值单位。如果要调整标尺单位，可以在标尺上任意位置单击鼠标右键，在弹出的快捷菜单中选择要使用的单位选项，标尺的数值会随之发生变化，如图 1-62 所示。

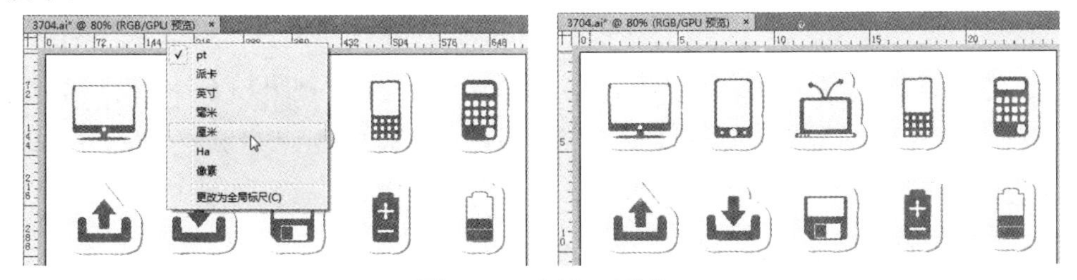

图 1-62　更改标尺单位

1.5.2　参考线

参考线可以帮助对齐文本和图形对象。可以创建垂直或水平的标尺参考线，也可以将矢量图形转换为参考线对象。

1. 创建参考线

要创建参考线，只需将光标放置在水平或垂直标尺上，按住鼠标左键，从标尺上拖动出参考线到画板中即可，如图 1-63 所示。

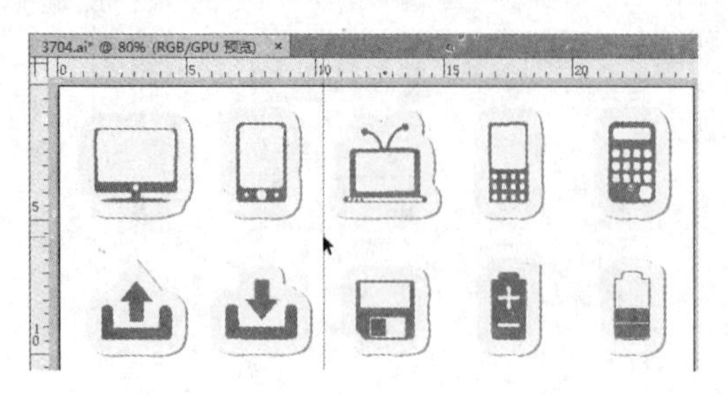
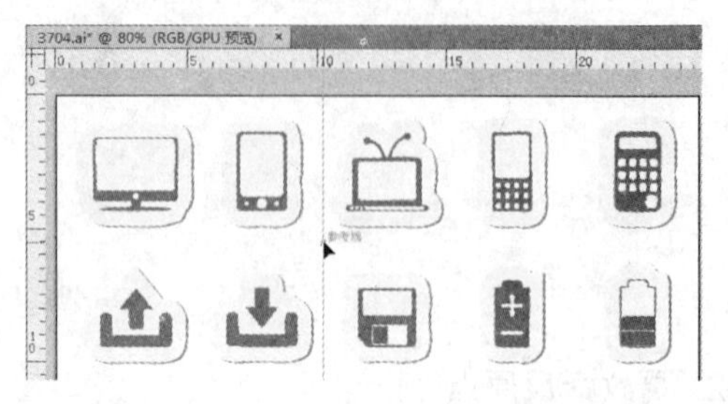

图 1-63　创建参考线

要将矢量图形转换为参考线对象，可以在选中矢量对象后，选择【视图】|【参考线】|【建立参考线】命令，或按快捷键 Ctrl+5 键，将矢量对象转换为参考线，如图 1-64 所示。

图 1-64　建立参考线

2. 释放参考线

释放参考线就是将参考线转换为路径状态。选中参考线后，选择【视图】|【参考线】|【释放参考线】命令即可。需要注意的是，在释放参考线前需确定参考线没有被锁定。释放标尺参考线后，参考线变为无填充色，无描边色的路径，用户可以任意改变它的填充色和描边色。

3. 锁定参考线

在图形文档编辑过程中，锁定参考线可以防止被移动。选择【视图】|【参考线】|【锁定参考线】命令，即可锁定参考线。重新选择此命令，取消命令前的✔，可解除参考线的锁定。

1.5.3　智能参考线

智能参考线是创建或操作对象、画板时显示的临时对齐参考线，如图 1-65 所示。通过对齐和显示 X、Y 位置和偏移值，这些参考线可帮助用户参照其他对象或画板来对齐、编辑和变换对象或画板。选择【视图】|【智能参考线】命令，或按快捷键 Ctrl+U 键，即可启用智能参考线功能。用户可以通过设置【智能参考线】首选项来指定显示的智能参考线和反馈的信息，如图 1-66 所示。在【对齐网格】或【像素预览】选项打开时，无法使用【智能参考线】选项。

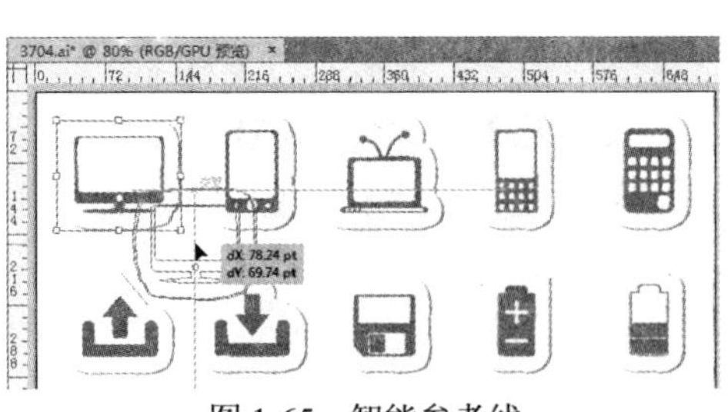

图 1-65　智能参考线

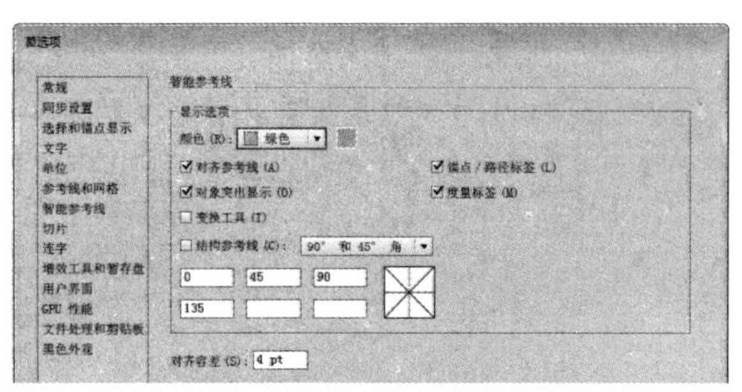

图 1-66　【智能参考线】首选项

1.5.4　网格

网格对于图像的放置和排版非常有用，在输出或印刷时是不可见的。在创建和编辑对象时，用户还可以通过选择【视图】|【显示网格】命令，或按 Ctrl+ "键在文档中显示网格，如图 1-67 所示。如果要隐藏网格，选择【视图】|【隐藏网格】命令隐藏网格。网格的颜色和间距可通过【首选项】|【参考线和网格】命令进行设置。

提示

在显示网格后，选择菜单栏中的【视图】|【对齐网格】命令后，当在创建和编辑对象时，对象能够自动对齐网格，以实现操作的准确性。想要取消对齐网格的效果，只需再次选择【视图】|【对齐网格】命令即可。

图 1-67　显示网格

【例 1-7】在 Illustrator 中显示并设置网格。

(1) 选择【文件】|【打开】命令，在打开的【打开】对话框中选择一个图形文档，然后单击【打开】按钮将该文档在 Illustrator 中打开，如图 1-68 所示。

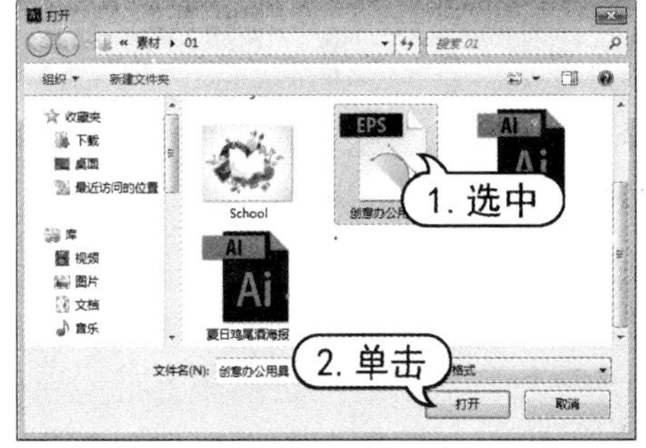

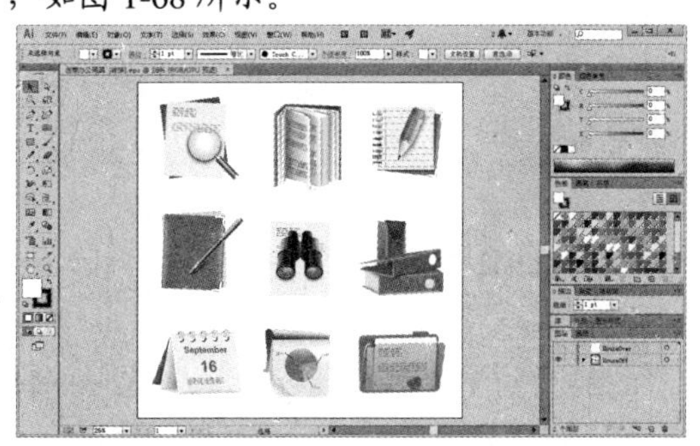

图 1-68　打开图形文档

(2) 选择菜单栏中的【视图】|【显示网格】命令，或者按下 Ctrl+" 键，即可在工作区中显

示网格，如图 1-69 所示。

(3) 选择菜单栏中的【编辑】|【首选项】|【参考线和网格】命令，在打开的【首选项】对话框的【参考线和网格】选项中，设置与调整网格参数。在【颜色】下拉列表中选择【自定】选项，打开【颜色】对话框。在【基本颜色】选项组中选择桃红色，然后单击【确定】按钮关闭【颜色】对话框，将网格颜色更改为桃红色，如图 1-70 所示。

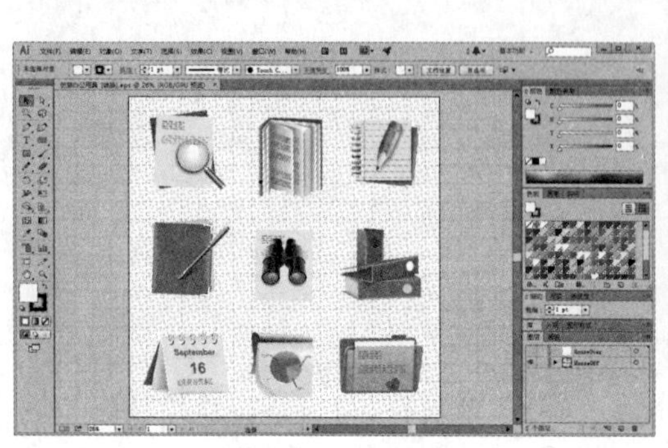

图 1-69　显示网格

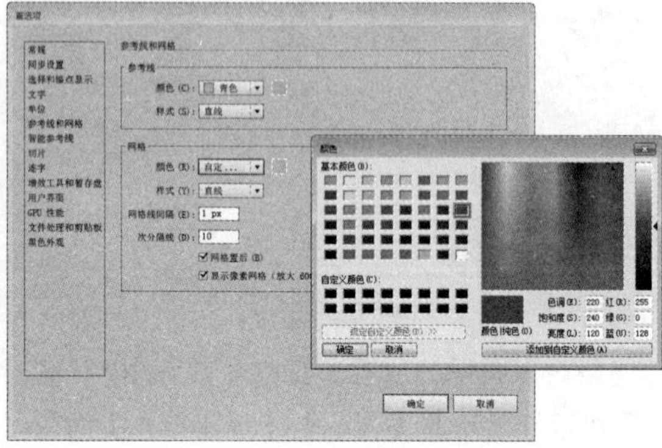

图 1-70　设置网格颜色

知识点

【首选项】对话框的【样式】选项可以设置网格显示样式，将网格线设置为直线或点线。

(4) 【首选项】对话框中的【网格线间隔】文本框用于设置网格线之间的间隔距离。【次分隔线】文本框用于设置网格线内再分割网格的数量。设置【网格线间隔】数值为 1000px，【次分隔线】数值为 10，取消选中【网格置后】复选框，然后单击【确定】按钮即可将所设置的参数应用到文件中，如图 1-71 所示。

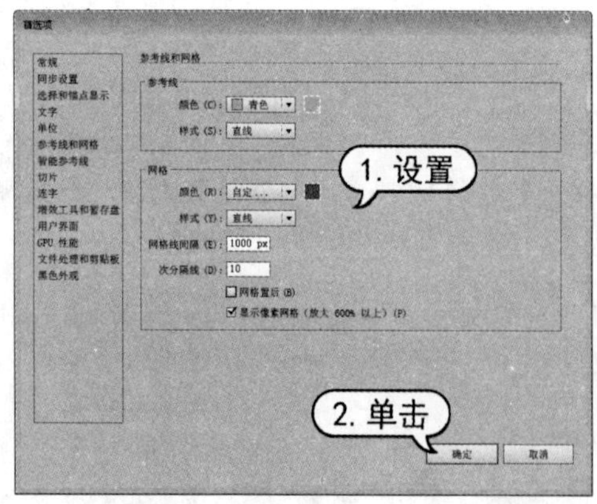

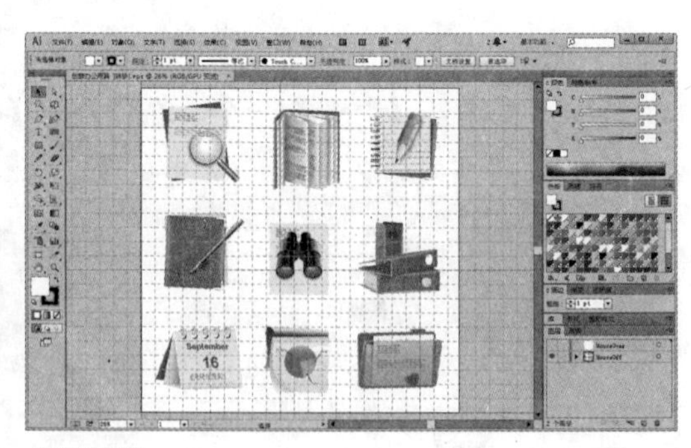

图 1-71　设置网格

知识点

【网格置后】复选框用于设置网格线是否显示于页面的最底层。默认状态为选中该复选框。

1.6　上机练习

本章的上机练习部分通过制作名片模板文件的综合实例操作，使用户更好地掌握本章所学的 Illustrator 基础文档操作知识。

(1) 选择【文件】|【新建】命令，打开【新建文档】对话框。在对话框的【名称】文本框中输入“商业名片模板”，设置【画板】数量为 2，单击【按列排列】按钮，单击【单位】按钮，从弹出的列表中选择【毫米】选项，设置【宽度】数值为 90mm，【高度】数值为 55mm，然后单击【确定】按钮新建空白文档，如图 1-72 所示。

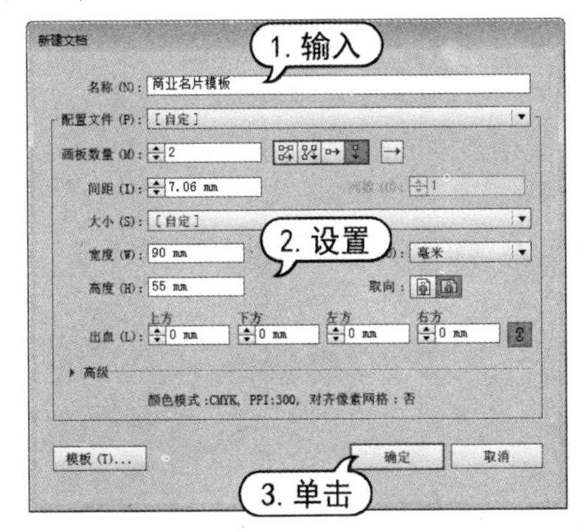

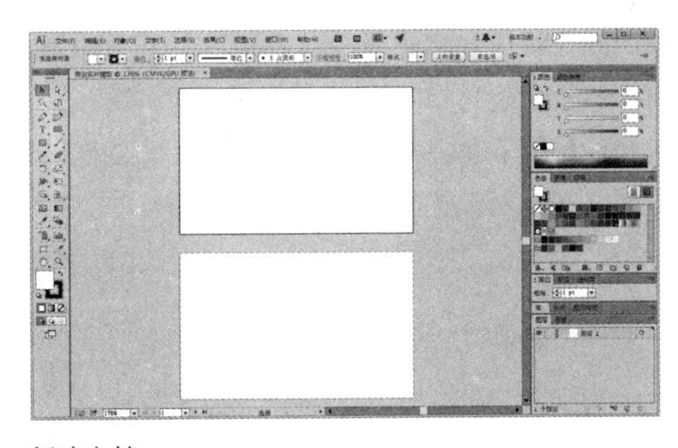

图 1-72　新建文档

(2) 在【画板】面板中，双击【画板 1】将画板 1 显示在绘图窗口中。选择【矩形】工具在画板左上角单击，打开【矩形】对话框。在对话框中，设置【宽度】数值为 90mm，【高度】数值为 55mm，然后单击【确定】按钮创建矩形，如图 1-73 所示。

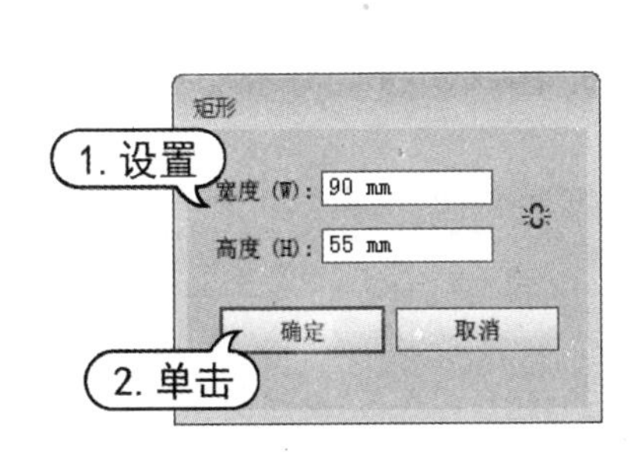

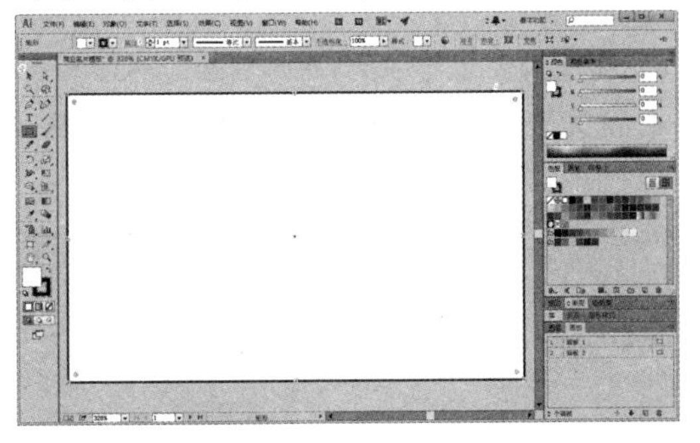

图 1-73　绘制矩形

(3) 将刚创建的矩形描边色设置为无，打开【渐变】面板，单击渐变填色框，再单击【反向渐变】按钮，然后选中左侧色标，并设置色标颜色为 K=21，如图 1-74 所示。

(4) 选择【文件】|【置入】命令，打开【置入】对话框。在对话框中，选中所需要的图像文档，然后单击【置入】按钮，如图 1-75 所示。

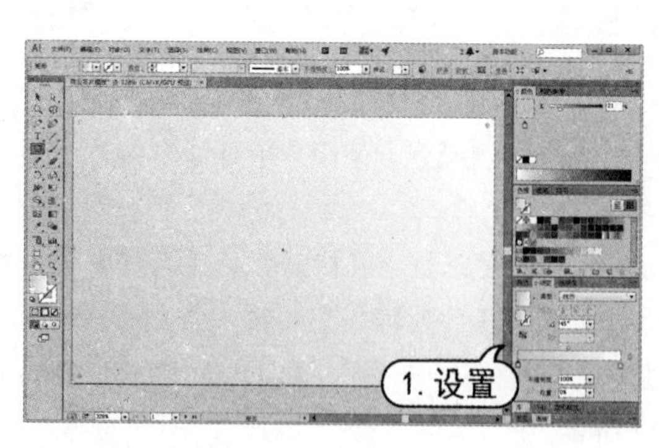

图 1-74 填充图形

图 1-75 置入图像文档

(5) 在画板的左上角单击置入的图像，并在属性栏中单击【变换】选项链接，打开【变换】面板。在面板中，选中左上角参考点，然后设置【宽】数值为 90mm，【高】数值为 55mm，如图 1-76 所示。

(6) 打开【透明度】面板，单击【混合模式】按钮，从弹出的列表中选择【正片叠底】，并设置【不透明度】数值为 30%，如图 1-77 所示。

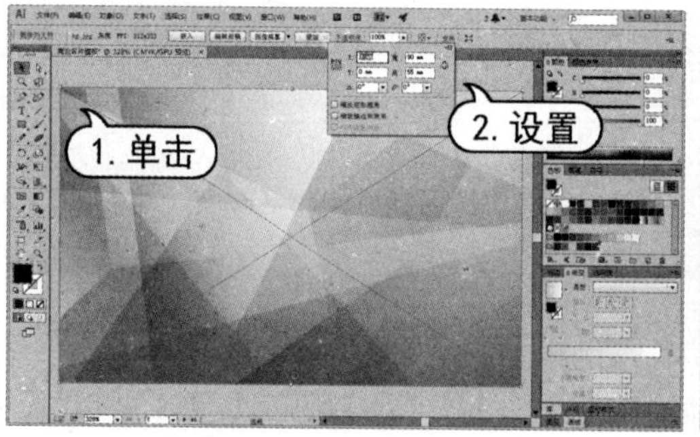

图 1-76 设置参数

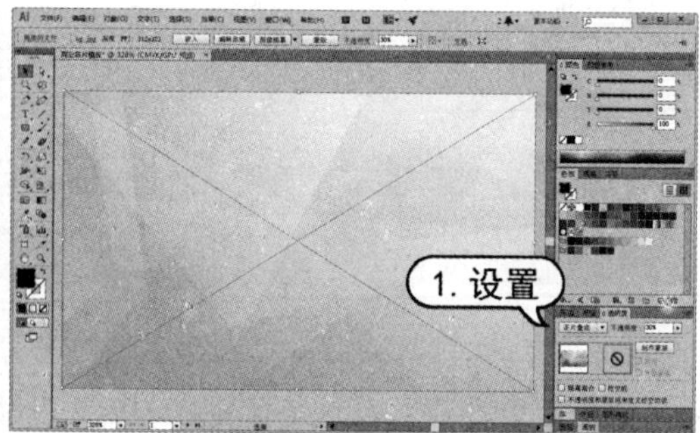

图 1-77 设置不透明度

(7) 使用【选择】工具选中步骤(2)中绘制的矩形和步骤(4)中置入的图像，按 Ctrl+G 键进行编组。按 Ctrl+C 键复制编组后的对象，在【画板】面板中双击【画板 2】，将画板 2 显示在绘图窗口中，并按 Ctrl+F 键粘贴，如图 1-78 所示。

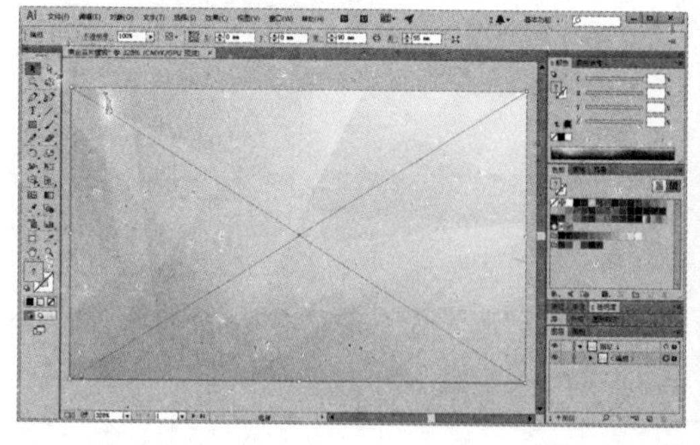

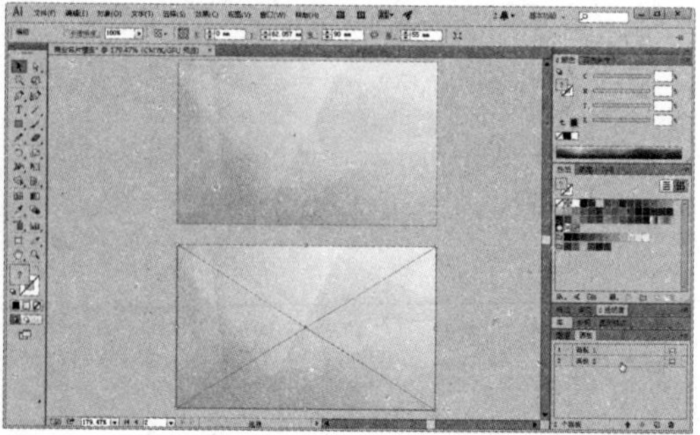

图 1-78 编辑画板 2

(8) 在【图层】面板中，单击锁定【图层 1】，然后单击【创建新图层】按钮，新建【图层

2】，如图 1-79 所示。

(9) 选择【文件】|【置入】命令，打开【置入】对话框。在对话框中，选中所需要的图像文档，然后单击【置入】按钮，如图 1-80 所示。

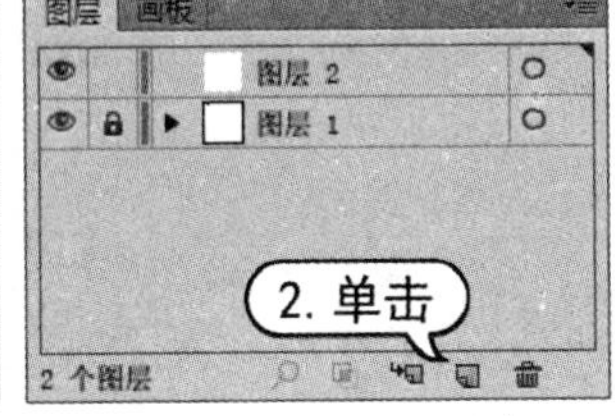

图 1-79　新建图层

图 1-80　置入图形文档

(10) 在画板 2 中单击置入的图形文档，然后在属性栏中单击对齐选项按钮，从弹出的列表中选择【对齐画板】选项，并单击【水平居中对齐】和【垂直居中对齐】按钮，如图 1-81 所示。

(11) 按 Ctrl+C 键复制步骤(9)中置入的图形，选中画板 1 并按 Ctrl+F 键粘贴图形。使用【选择】工具调整复制图形的位置，然后将光标放置在图形控制边框上，当光标变为双向箭头时按住鼠标拖动缩小图形，如图 1-82 所示。

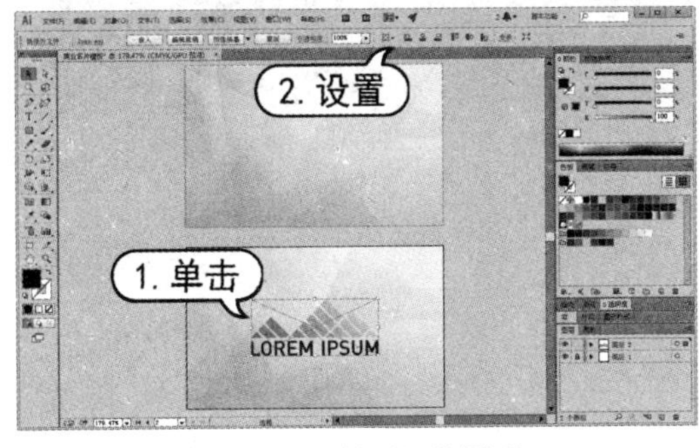

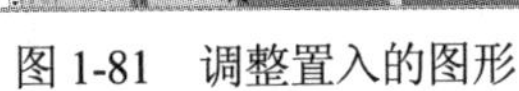

图 1-81　调整置入的图形

图 1-82　复制、调整图形

(12) 选择【文字】工具在画板 1 中单击，在属性栏中单击填充设置，从弹出的【色板】面板中单击 C=100 M=100 Y=25 K=25 色板，单击【设置字体系列】按钮，从弹出的列表中选择 Arial 字体，设置【字体大小】数值为 18pt，然后输入文字内容，如图 1-83 所示。

(13) 使用【文字】工具在画板 1 中单击并拖动创建文本框，在属性栏中单击填充设置，从弹出的【色板】面板中单击 C=0 M=0 Y=0 K=70 色板，设置【字体大小】数值为 10pt，然后输入文字内容，如图 1-84 所示。

(14) 选择【文件】|【存储为模板】命令，打开【存储为】对话框。在对话框中选择存储模板的位置，并单击【保存】按钮。

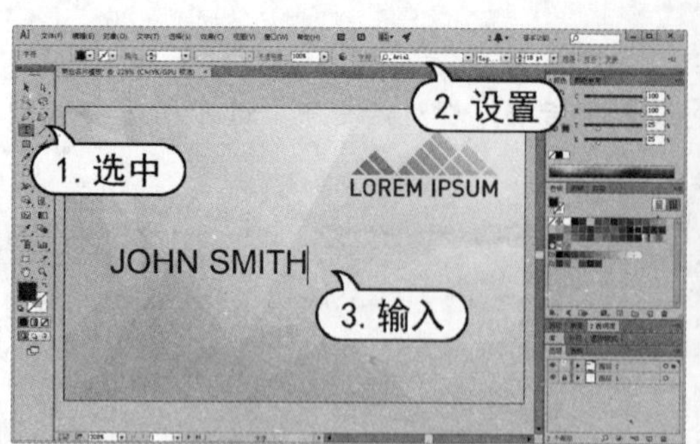

图 1-83　输入文字

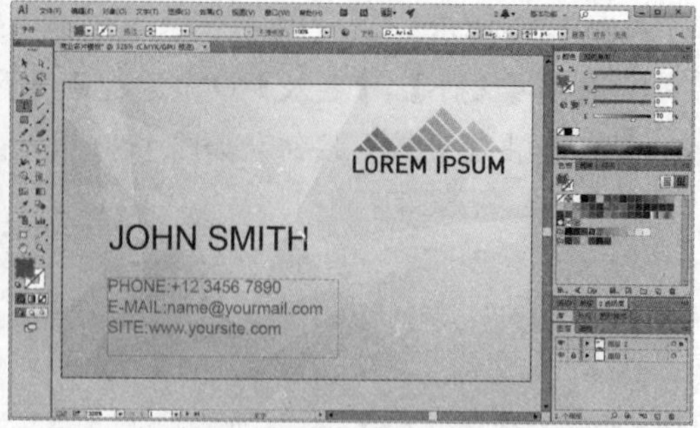

图 1-84　输入文字

1.7 习题

1. 在 Illustrator CC 2015 中，根据个人需要自定义工作区。
2. 在 Illustrator CC 2015 中，绘制如图 1-85 所示的名片效果，并将其存储为模板文档。

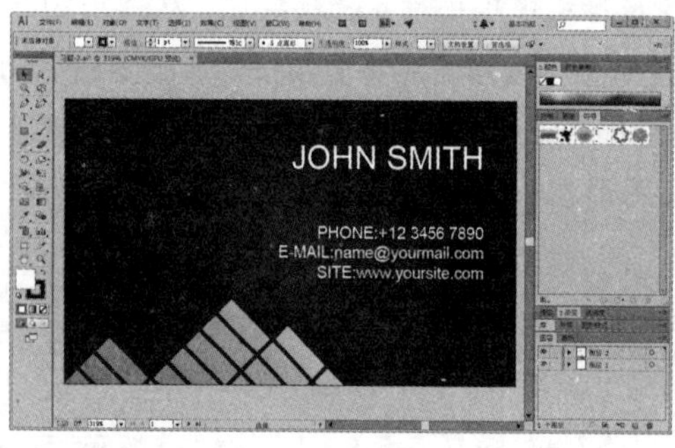

图 1-85　名片模板

第2章 图形的绘制和编辑

学习目标

绘制、编辑图形是 Illustrator 中重要的操作功能。Illustrator 为用户提供了多种图形绘制工具，通过使用这些工具能够方便地绘制出直线线段、弧形线段、矩形、椭圆形等各种规则或不规则的矢量图形。熟练掌握这些工具的操作方法，对后面章节中复杂图形对象的绘制操作有很大的帮助。

本章重点

- 绘制线段和网格
- 绘制基本图形
- 编辑锚点
- 编辑路径

2.1 认识路径和锚点

在图形软件中，绘制图形是最基本的操作。Illustrator 中所有的图形都是由路径构成的，绘制矢量图形就是创建和编辑路径的过程。因此，了解路径的概念以及熟练掌握路径的绘制和编辑技巧对快速、准确地绘制矢量图至关重要。

路径是使用绘图工具创建的任意形状的曲线，使用它可勾勒出物体的轮廓，所以也称之为轮廓线。为了满足绘图的需要，路径分为开放路径和封闭路径。开放路径就是路径的起点与终点不重合，封闭路径是一条连续的、起点和终点重合的路径，如图 2-1 所示。

一条路径是由锚点、线段、控制柄和控制点组成的，如图 2-2 所示。路径中可以包含若干直线或曲线线段，如图 2-3 所示。为了更好地控制路径形状，可以通过移动线段两端的锚点变换线段的位置或改变路径的形状。

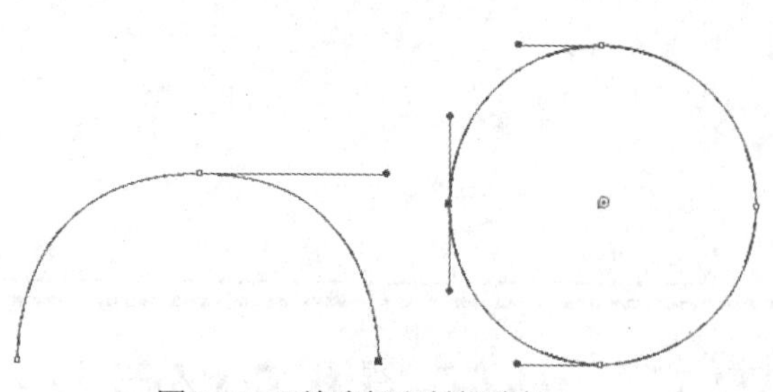

图 2-1　开放路径和封闭路径

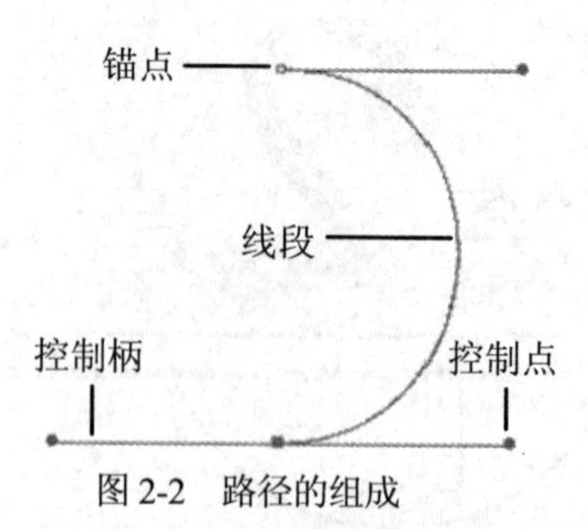

图 2-2　路径的组成

- 锚点：是指各线段两端的方块控制点，它可以决定路径的起始和结束位置。锚点可分为【角点】和【平滑点】两种，如图 2-4 所示。
- 线段：是指两个锚点之间的路径部分，所有的路径都以锚点起始和结束。线段分为直线段和曲线段两种。
- 控制柄：在绘制曲线路径的过程中，锚点的两端会出现带有锚点控制点的直线，也就是控制柄。使用【直接选取】工具在已绘制好的曲线路径上单击选取锚点，则锚点的两端会出现控制柄，通过移动控制柄上的控制点可以调整曲线的弯曲程度。

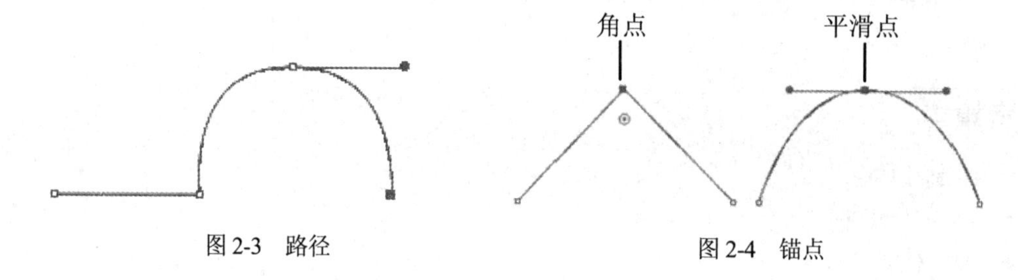

图 2-3　路径　　　　图 2-4　锚点

2.2　绘制线段和网格

Illustrator CC 2015 中提供了多种绘制线段和网格的工具，可以绘制直线、弧线、螺旋线、网格等各种线段效果。

2.2.1　绘制直线

使用【直线段】工具可以直接绘制各种方向的直线。【直线段】工具的使用非常简单，选择工具箱中的【直线段】工具，在画板上单击并按照所需的方向拖动鼠标即可形成所需的直线，如图 2-5 所示。

用户也可以通过【直线段工具选项】对话框来创建直线。选择【直线段】工具，在希望线段开始的位置单击，打开【直线段工具选项】对话框，如图 2-6 所示。在对话框中，【长度】选项用于设定直线的长度，【角度】选项用于设定直线和水平轴的夹角。当选中【线段填色】

复选框时，将会以当前填充色对生成的线段进行填色。

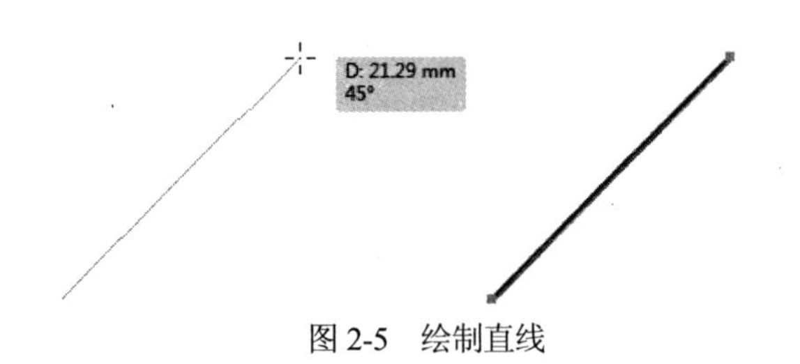

图 2-5　绘制直线

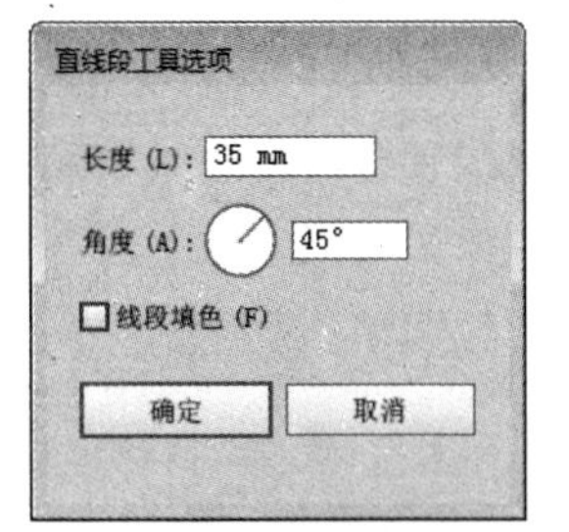

图 2-6　【直线段工具选项】对话框

提示

在绘制直线的过程中，按住键盘上的空格键，可以随鼠标的移动改变绘制直线的位置。

2.2.2　绘制弧线

【弧形】工具可以用来绘制各种曲率和长短的弧线。用户可以直接选择该工具后在画板上拖动，或通过【弧线段工具选项】对话框来创建弧线，绘制的弧线如图 2-7 所示。

选择【弧形】工具后在画板上单击，打开【弧线段工具选项】对话框，如图 2-8 所示。在对话框中可以设置弧线段的长度、类型、基线轴以及斜率的大小。

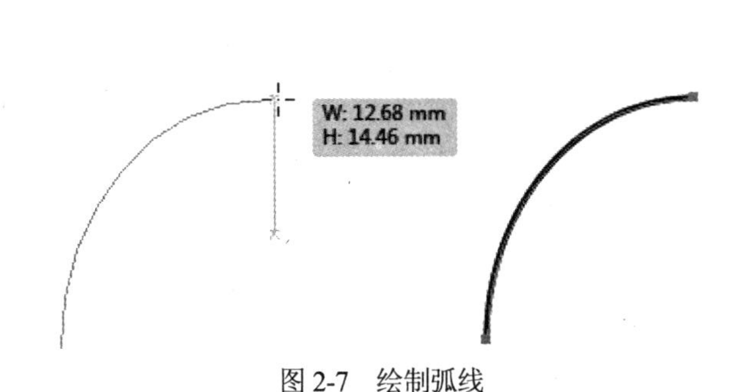

图 2-7　绘制弧线

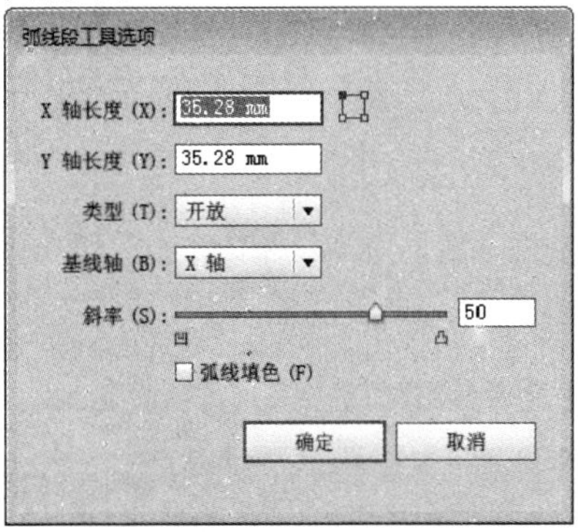

图 2-8　【弧形段工具选项】对话框

提示

【弧形】工具在使用过程中,按住鼠标左键拖动时按住 Shift 键可以得到 X 轴、Y 轴长度相等的弧线；按住键盘上的 C 键可以改变弧线的类型，也就是在开放路径和闭合路径之间切换；按住键盘上的 F 键可以改变弧线的方向。按住键盘上的 X 键可令弧线在凹、凸曲线之间切换；在按住鼠标左键拖动的过程中按住键盘上的空格键，可随鼠标的移动改变弧线的位置；在按住鼠标左键拖动的过程中，按键盘上的↑键可增大弧线的曲率半径，按键盘上的↓键可减小弧线的曲率半径。

- 【X 轴长度】和【Y 轴长度】是指形成弧线基于两个不同坐标轴的长度。
- 【类型】是指弧线的类型，包括开放弧线和闭合弧线。
- 【基线轴】可以用来设定弧线是以 X 轴，还是 Y 轴为中心。
- 【斜率】实际上就是曲率的设定，它包括两种表现手法，即【凹】和【凸】的曲线。
- 当【弧线填色】复选框为选中状态时，将会以当前填充色对生成的线段进行填色。

2.2.3 绘制螺旋线

【螺旋线】工具可用来绘制各种螺旋形状。可以直接选择该工具后在画板上拖动，也可以通过【螺旋线】对话框来创建螺旋线，绘制的螺旋线如图 2-9 所示。选择【螺旋线】工具后在画板中单击鼠标，打开【螺旋线】对话框，如图 2-10 所示。在对话框中，【半径】用于设定从中央到外侧最后一个点的距离；【衰减】用来控制涡形之间相差的比例，百分比越小，涡形之间的差距越小；【段数】可用来调节螺旋内路径片段的数量；在【样式】选项中可选择顺时针或逆时针涡形。

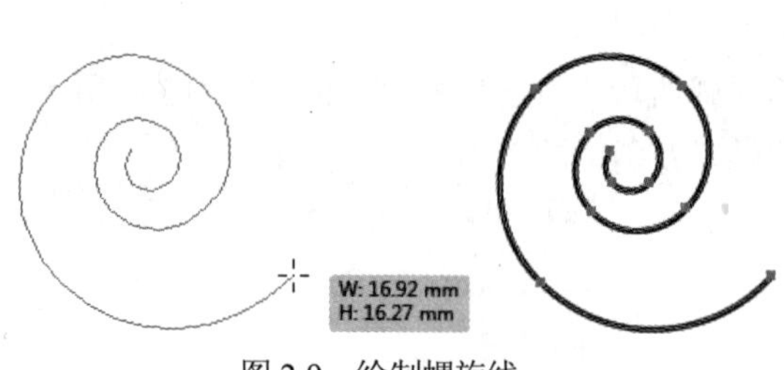

图 2-9 绘制螺旋线

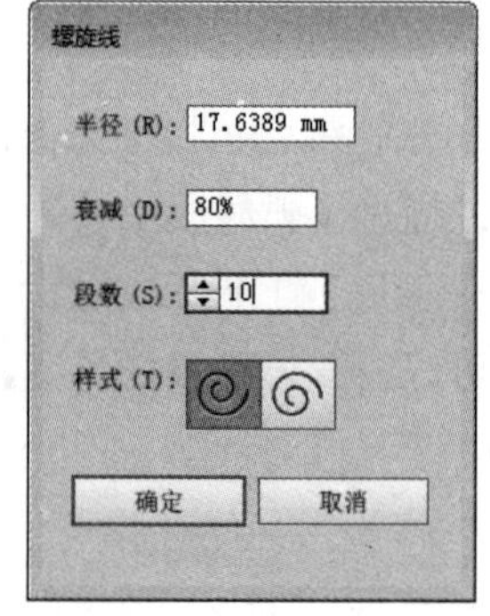

图 2-10 【螺旋线】对话框

提示

【螺旋线】工具在使用过程中按住鼠标左键拖动的同时可旋转涡形；在按住鼠标左键拖动的过程中按住 Shift 键，可控制旋转的角度为 45° 的倍数。在按住鼠标左键拖动的过程中按住 Ctrl 键可保持涡形线的衰减比例；在按住鼠标左键拖动的过程中按住键盘上的 R 键，可改变涡形线的旋转方向；在按住鼠标左键拖动的过程中按住键盘上的空格键，可随鼠标拖动移动涡形线的位置。在按住鼠标左键拖动的过程中，按住键盘上的 ↑ 键可增加涡形线的路径片段的数量，每按一次，增加一个路径片段；反之，按键盘上的 ↓ 键可减少路径片段的数量。

2.2.4 绘制矩形网格

【矩形网格】工具用于制作矩形内部的网格。用户可以直接选择该工具后在画板上拖动，

也可以通过【矩形网格工具选项】对话框来创建矩形网格，绘制的矩形网格如图 2-11 所示。选择【矩形网格】工具后在画板中单击鼠标，打开【矩形网格工具选项】对话框，如图 2-12 所示。

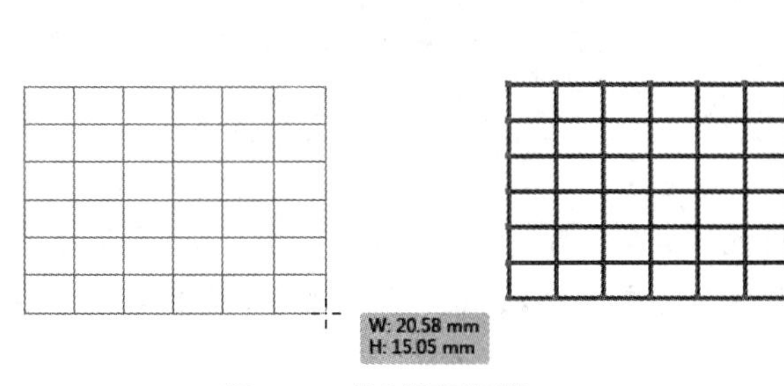

图 2-11　绘制矩形网格

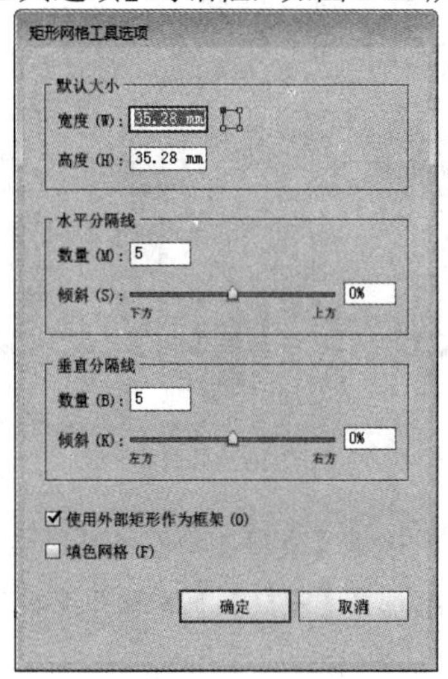

图 2-12　【矩形网格工具选项】对话框

其中，【宽度】和【高度】用来指定矩形网格的宽度和高度，通过按钮可以用鼠标选择基准点的位置。【数量】是指矩形网格内横线(竖线)的数量，也就是行(列)的数量，【倾斜】表示行(列)的位置。当数值为 0%时，线和线之间的距离均等。当数值大于 0%时，就会变成向上(右)的行间距逐渐变窄的网格。当数值小于 0%时，就会变成向下(左)的行间距逐渐变窄。选中【使用外部矩形作为框架】复选框，得到的矩形网格外框为矩形，否则，得到的矩形网格外框为不连续的线段。选中【填色网格】复选框，将会以当前填色对生成的线段进行填色。

提示

在拖动的过程中按住键盘上的 C 键，竖向的网格间距逐渐向右变窄；按住 V 键，横向的网格间距就会逐渐向上变窄；在拖动的过程中按住键盘上的↑和→键，可以增加竖向和横向的网格线；按↓和←键可以减少竖向和横向的网格线。在拖动的过程中按住键盘上的 X 键，竖向的网格间距逐渐向左变窄；按住 F 键，横向的网格间距就会逐渐向下变窄。

【例 2-1】使用【矩形网格】工具制作课程表。

(1) 选择【文件】|【打开】命令，打开图像文件。并在【图层】面板中，单击【创建新图层】按钮新建【图层 2】，如图 2-13 所示。

(2) 选择【矩形网格】工具，在画板中单击，打开【矩形网格工具选项】对话框。在对话框中，设置【宽度】数值为 200mm，【高度】数值为 130mm，水平分隔线【数量】为 6，垂直分隔线【数量】为 5，并选中【填色网格】复选框，单击【确定】按钮，如图 2-14 所示。

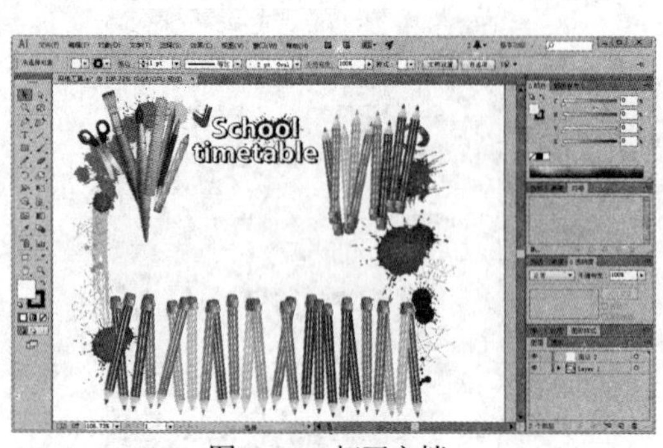

图 2-13　打开文档

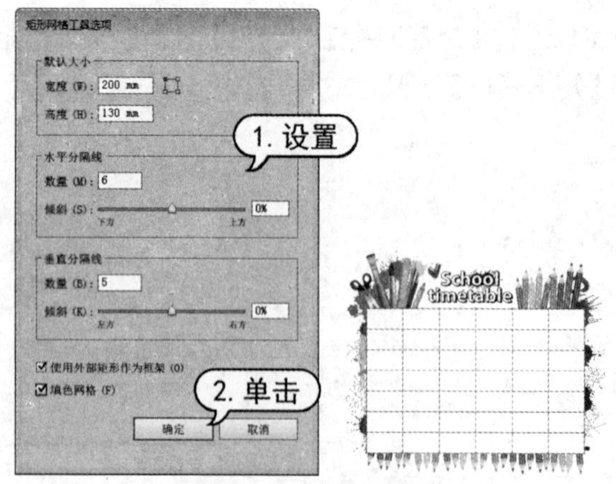

图 2-14　绘制矩形网格

(3) 选择【直接选择】工具，在属性栏中设置【边角】数值为 10mm，如图 2-15 所示。

(4) 选择【窗口】|【路径查找器】命令，打开【路径查找器】面板，并单击【分割】按钮，如图 2-16 所示。

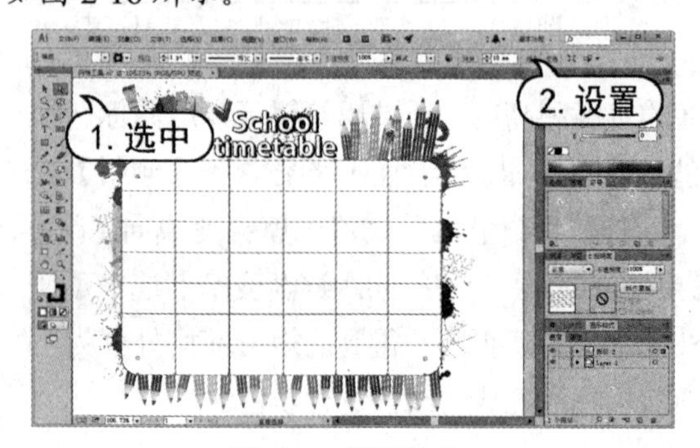

图 2-15　设置边角

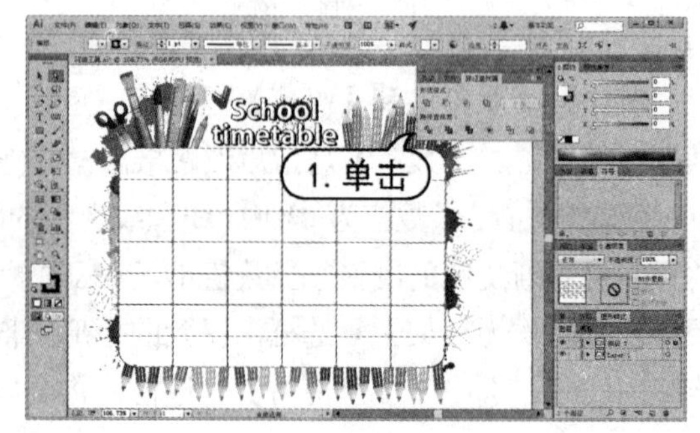

图 2-16　分割图形

(5) 使用【直接选择】工具选中第 5 行矩形格，在【路径查找器】面板中单击【联集】按钮，如图 2-17 所示。

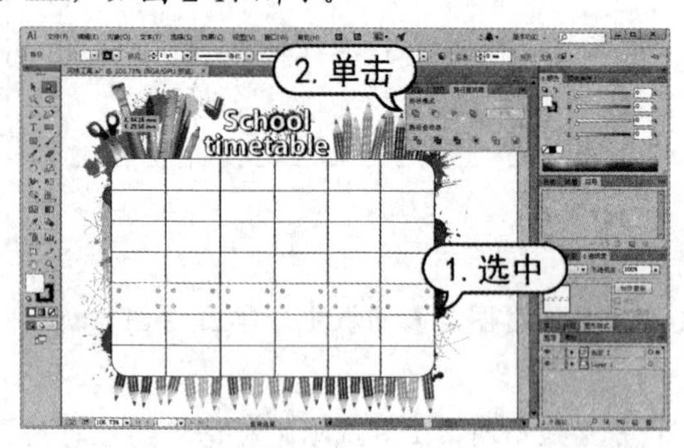

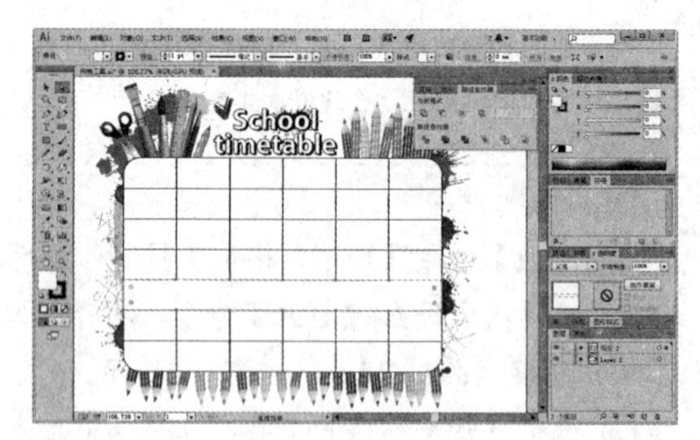

图 2-17　合并图形

(6) 选择【文字】工具在合并的矩形格中单击，并在属性栏中设置字体系列为黑体，字体大小为 22pt，然后输入文字内容。输入结束后，使用【选择】工具调整文字位置，如图 2-18 所示。

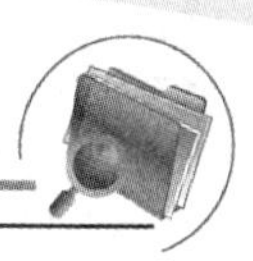

(7) 使用【直接选择】工具选中左侧第一列矩形格，在【路径查找器】面板中单击【联集】按钮。并在【颜色】面板中设置填色为 C=20 M=4 Y=15 K=0，如图 2-19 所示。

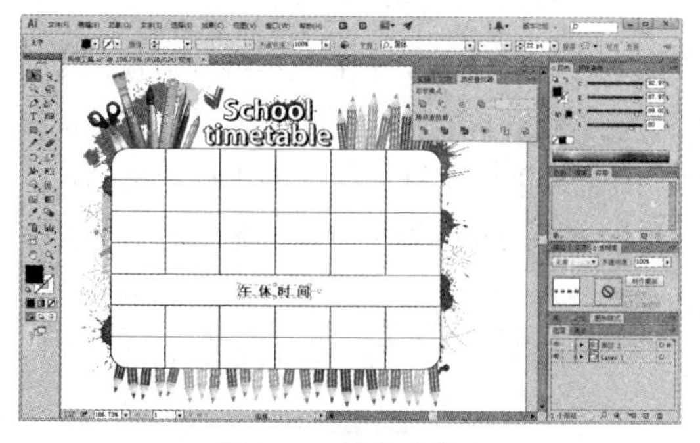

图 2-18　输入文字

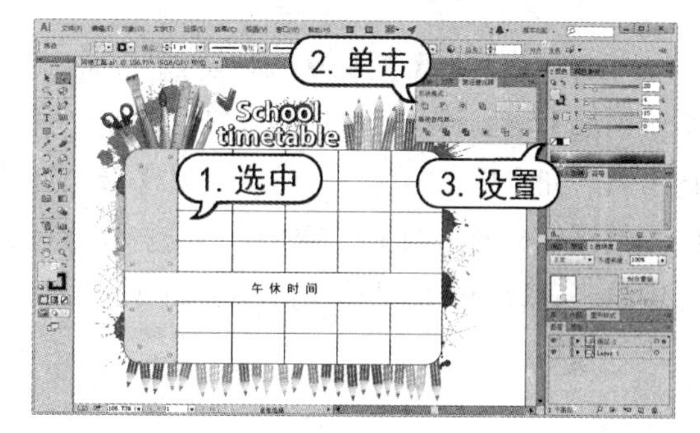

图 2-19　合并、填充图形

(8) 使用步骤(6)的操作方法在刚合并的矩形格中输入文字内容，并在控制栏中设置字体大小为 15pt，如图 2-20 所示。

(9) 使用【直接选择】工具选中第一行矩形格，并在【颜色】面板中设置填色为 C=7 M=16 Y=2 K=0，如图 2-21 所示。

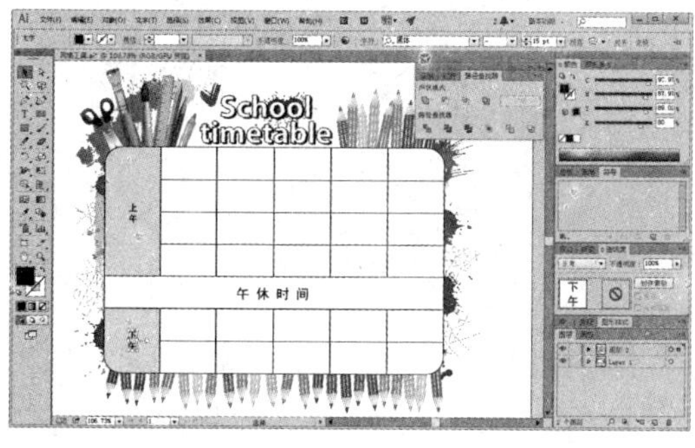

图 2-20　输入文字

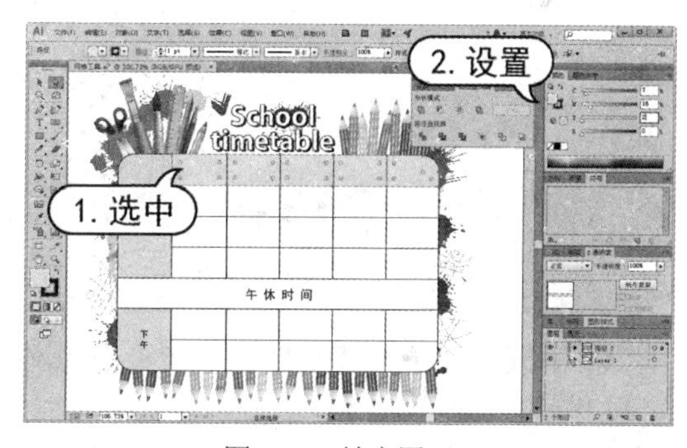

图 2-21　填充图形

(10) 选择【文字】工具在第一行矩形格中输入文字内容，如图 2-22 所示。

(11) 使用【选择】工具选中第一行矩形格中的文字，然后在【对齐】面板中单击【垂直居中对齐】按钮和【水平居中分布】按钮，结果如图 2-23 所示。

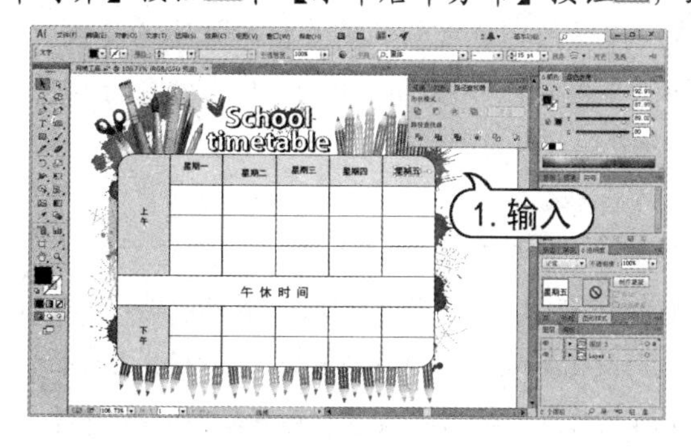

图 2-22　输入文字

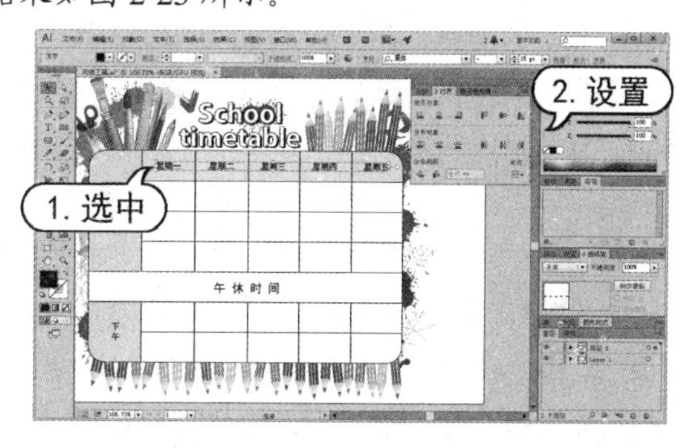

图 2-23　对齐文字

2.2.5 绘制极坐标网格

【极坐标网格】工具可以绘制同心圆，或照指定的参数绘制确定的放射线段。使用【极坐标网格】工具可以绘制诸如标靶、雷达图形等。和矩形网格的绘制方法类似，可以直接选择该工具后在画板上拖动，也可以通过【极坐标网格工具选项】对话框来创建极坐标网格图形，绘制的极坐标网格如图 2-24 所示。选择【极坐标网格】工具后在画板中单击鼠标，打开【极坐标网格工具选项】对话框，如图 2-25 所示。

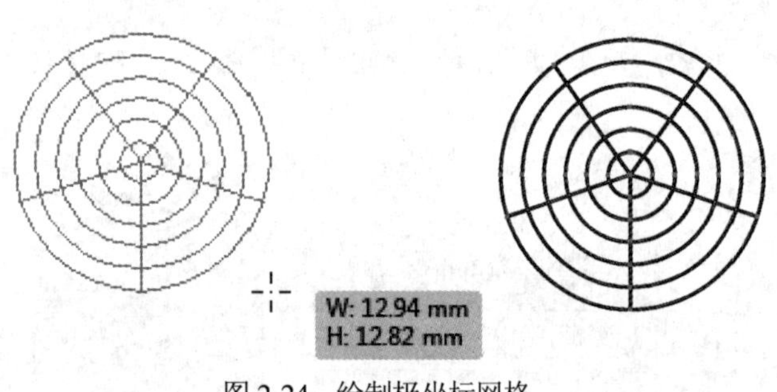

图 2-24　绘制极坐标网格

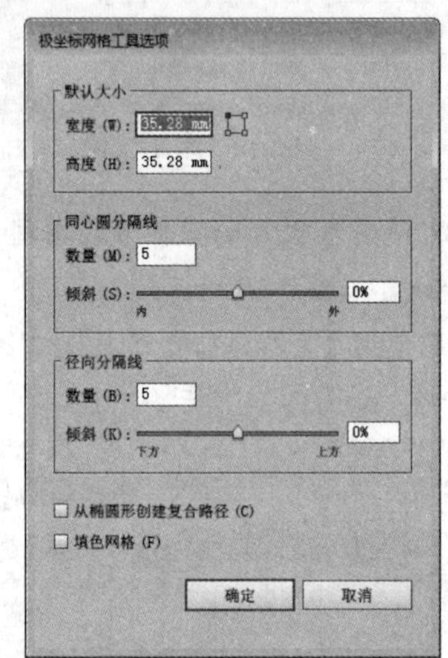

图 2-25　【极坐标网格工具选项】对话框

其中，【宽度】和【高度】是指极坐标网格的水平直径和垂直直径，通过按钮可以用鼠标选择基准点的位置。【同心圆分隔线】选项组中的【数量】是指极坐标网格内圆的数量，【倾斜】表示圆形之间的径向距离。当数值为 0%时，线和线之间的距离均等。当数值大于 0%时，就会变成向外的间距逐渐变窄的网格。当数值小于 0%时，就会变成向内的间距逐渐变窄的网格。【径向分割线】选项组中的【数量】是指极坐标网格内放射线的数量，【倾斜】表示放射线的分布。当数值为 0%时，线和线之间是均等分布的。当数值大于 0%时，就会变成顺时针方向之间变窄的网格。当数值小于 0%时，就会变成逆时针方向逐渐变窄的网格。选中【从椭圆形创建复合路径】复选框，可以将同心圆转换为独立复合路径并每隔一个圆填色。选中【填色网格】复选框，将会以当前填色对生成的线段进行填色。

提示

在拖动过程中按住键盘上的 C 键，圆形之间的间隔向外逐渐变窄；在拖动的过程中按住键盘上的 X 键，圆形之间的间隔向内逐渐变窄；按住 F 键，放射线的间隔就会按逆时针方向逐渐变窄；按键盘上的↑键可增加圆的数量，每按一次，增加一个圆；按键盘上的↓键可以可减少圆的数量。按键盘上的→键可增加放射线的数量，每按一次，增加一条放射线；按键盘上的←键可减少放射线的数量。

2.3 绘制基本图形

在 Illustrator CC 2015 中提供了绘制基本图形的多种工具，可以绘制常用的矩形、圆形、多边形、星形等。

2.3.1 绘制矩形和圆角矩形

矩形是几何图形中最基本的图形。用户可以使用【矩形】工具和【圆角矩形】工具绘制矩形和圆角矩形。

1. 绘制矩形、正方形

要绘制矩形可以选择工具箱中的【矩形】工具，把鼠标指针移动到绘制图形的位置，单击鼠标设定起始点，以对角线方式向外拉动，直到得到理想的大小为止，然后再释放鼠标即可创建矩形，如图 2-26 所示。

如果想准确地绘制矩形，可选择【矩形】工具，然后在画板中单击鼠标，打开【矩形】对话框，在其中可以设置需要的【宽度】和【高度】即可创建矩形，如图 2-27 所示。

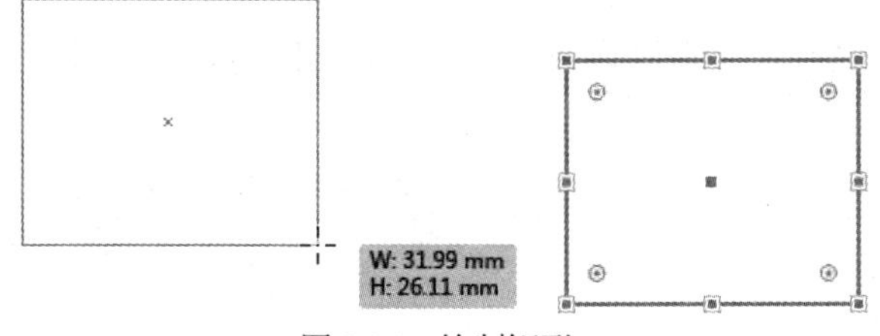

图 2-26　绘制矩形

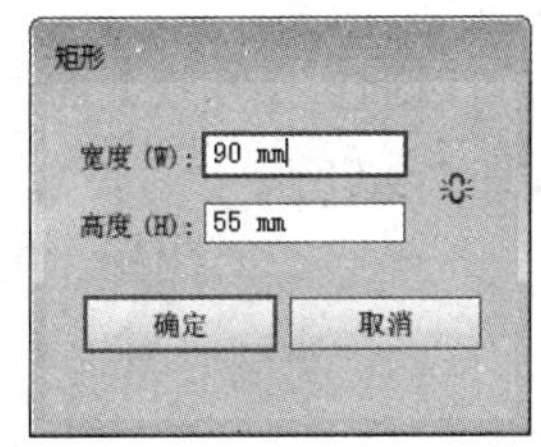

图 2-27　【矩形】对话框

提示

如果按住 Alt 键时按住鼠标左键拖动绘制图形，鼠标的单击点即为矩形的中心点。如果单击画板的同时按住 Alt 键，但不移动，可以打开【矩形】对话框。在对话框中输入长、宽值后，将以单击面板处为中心向外绘制矩形。

在使用【矩形】对话框时输入相等的长、宽值，或者在按住 Shift 键的同时绘制图形，即可绘制正方形。另外，如果要以为中心点为起始点绘制一个正方形，则需要同时按住 Alt+Shift 键，直到绘制完成后再释放鼠标。

2. 绘制圆角矩形

选择【圆角矩形】工具之后，在画板上单击鼠标，在打开的【圆角矩形】对话框中多出一个【圆角半径】的选项，输入的半径数值越大，得到的圆角矩形的圆角弧度越大；半径数值越小，得到的圆角矩形的圆角弧度越小，如图 2-28 所示。当输入的数值为 0 时，得到的是矩形。

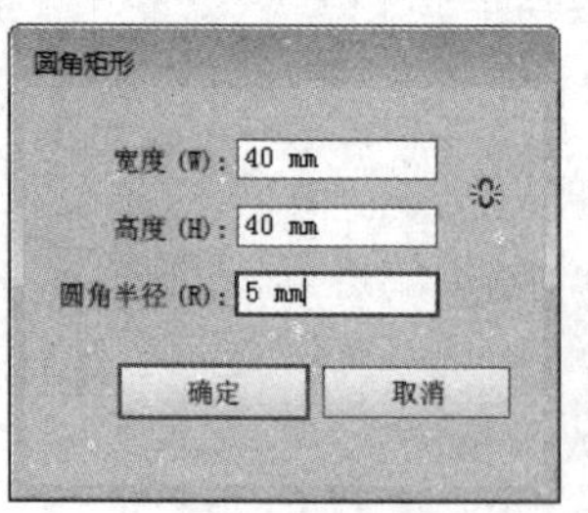

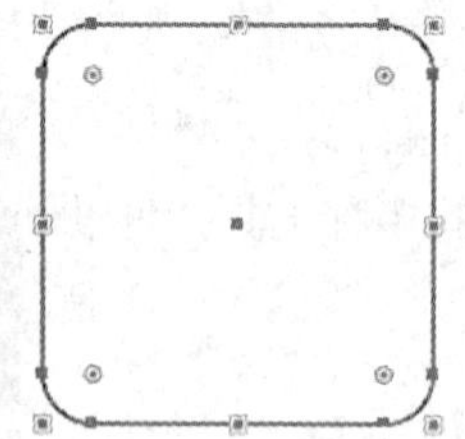

图 2-28　绘制圆角矩形

提示

图形绘制完成后，除了路径上有相应的锚点外，图形的中心点在默认状态下会有显示，用户可以通过【属性】面板中的【显示中心点】和【不显示中心点】按钮来控制。

要创建圆角矩形，还可以在使用【矩形】工具绘制矩形后，将鼠标光标移至形状构件上，当光标变为形状时，按住鼠标拖动，即可设置圆角效果，如图 2-29 所示。

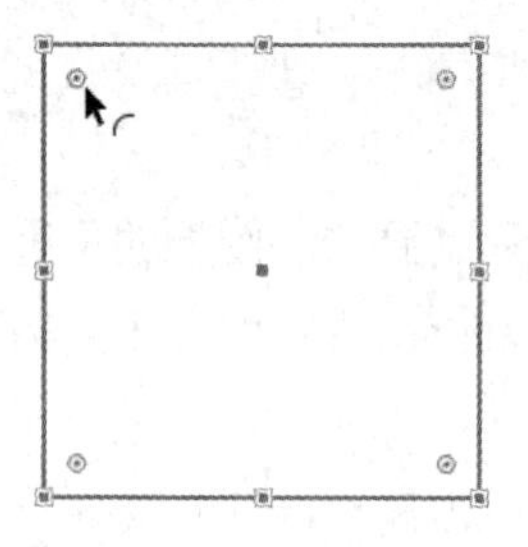

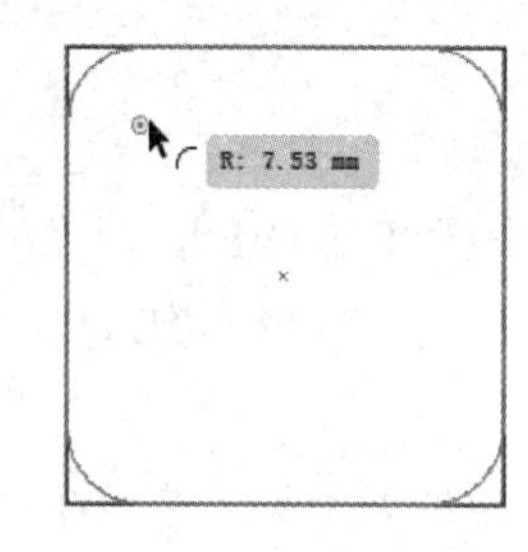

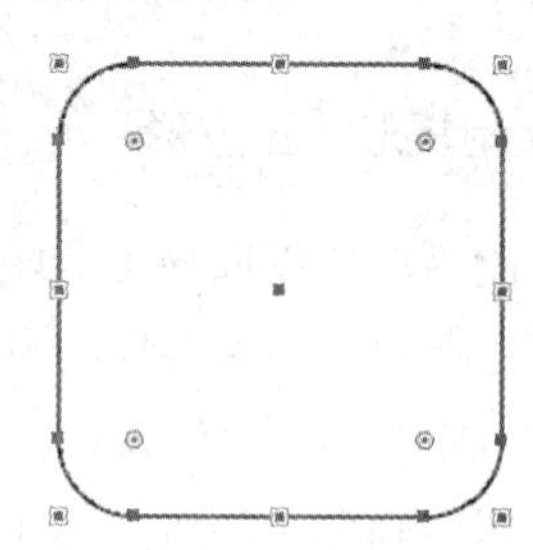

图 2-29　调整矩形边角

用户也可以通过【变换】面板中的【矩形属性】重新设置矩形大小，并可以为矩形设置圆角效果，如图 2-30 所示。

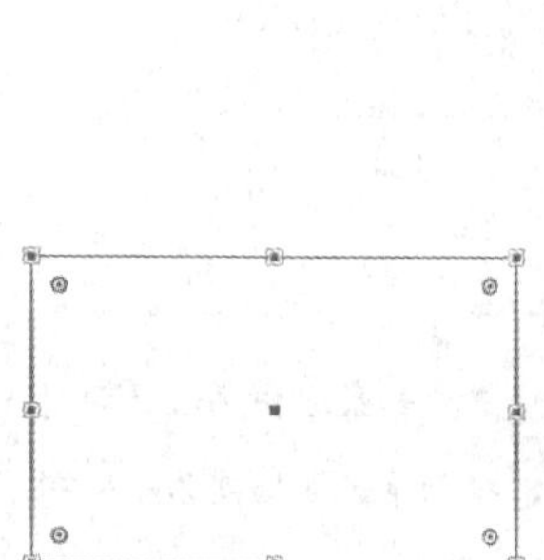

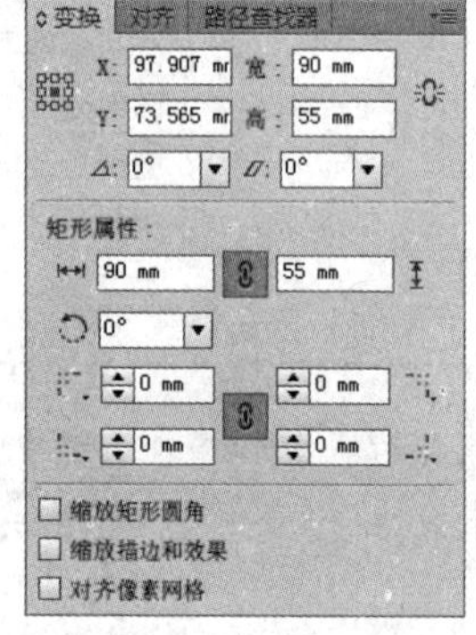

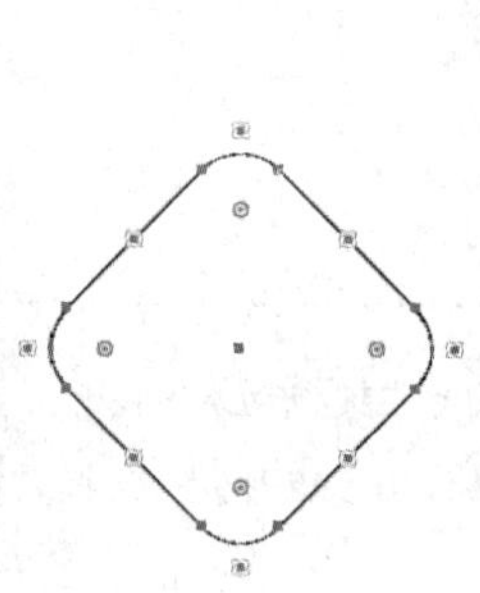

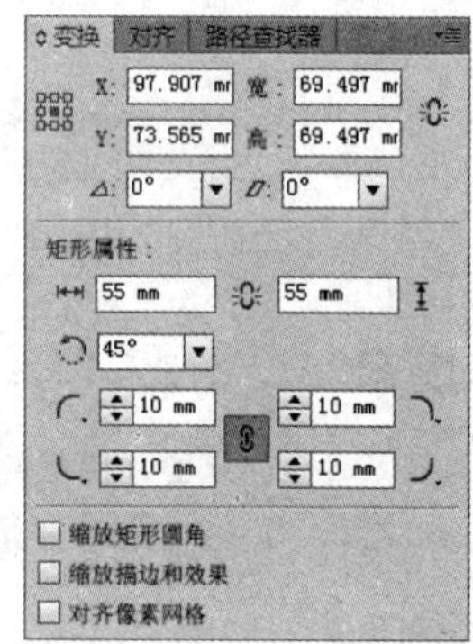

图 2-30　设置矩形属性

2.3.2　绘制椭圆形和圆形

使用【椭圆】工具可以在文档中绘制椭圆形或者圆形图形。其绘制方法与矩形的绘制方法基本上是相同的。用户可以使用【椭圆】工具通过拖动鼠标的方法绘制椭圆图形，也可以通过【椭圆】对话框来精确地绘制椭圆图形，绘制的椭圆形如图 2-31 所示。对话框中【宽度】和【高度】的数值指的是椭圆形的两个不同直径的值。

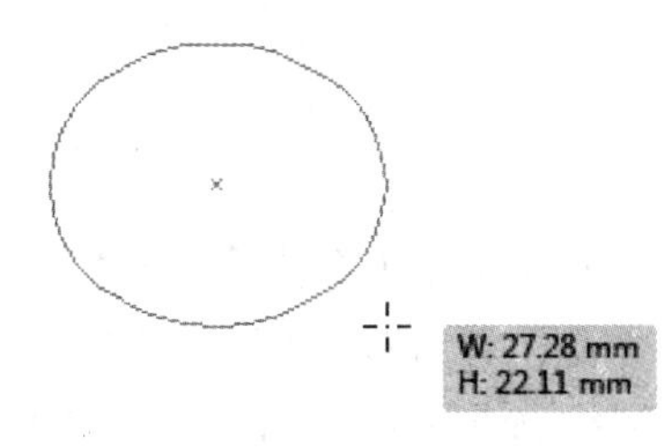

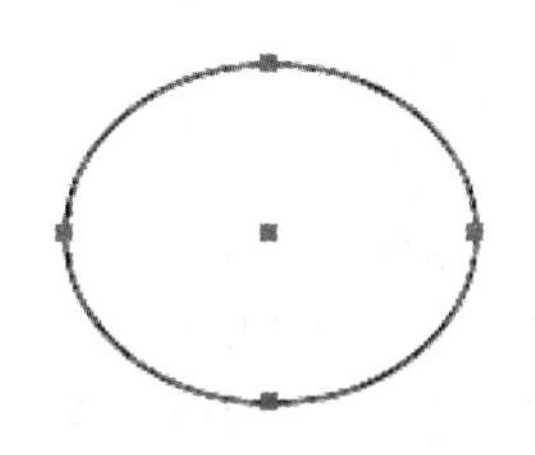

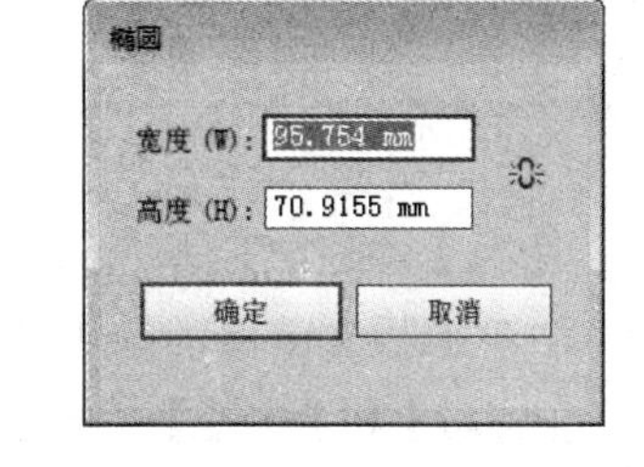

图 2-31　绘制椭圆形

2.3.3　绘制多边形

【多边形】工具用于绘制多边形。在工具箱中选择【多边形】工具，在画板中单击，即可通过【多边形】对话框创建多边形，如图 2-32 所示。

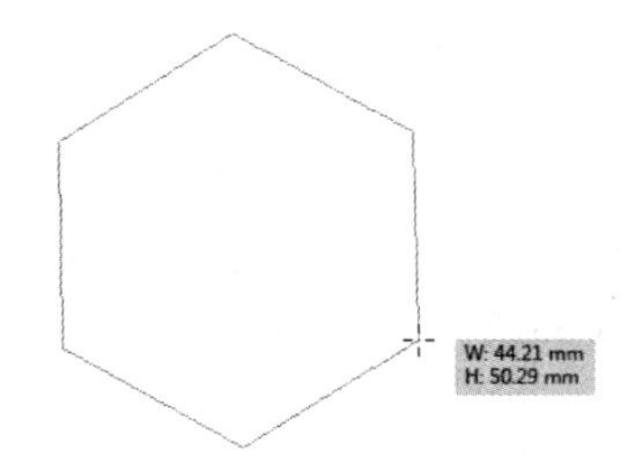

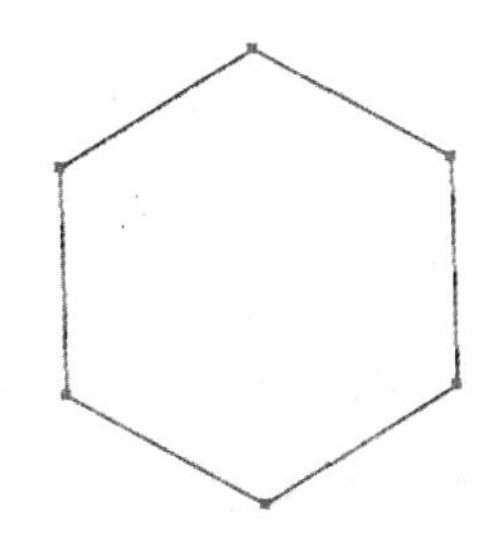

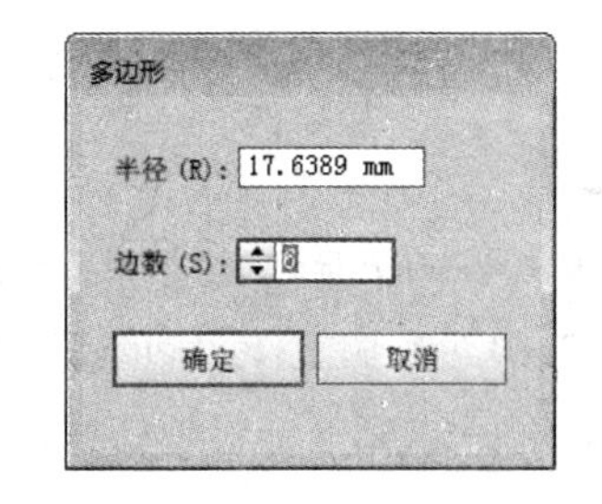

图 2-32　绘制多边形

在【多边形】对话框中，可以设置【边数】和【半径】，半径是指多边形的中心点到角点的距离，同时鼠标的单击位置成为多边形的中心点。多边形的边数最少为 3，最多为 1000；半径数值的设定范围为 0~2889.7791mm。

提示

在按住鼠标拖动绘制的过程中，按键盘上的↑键可增加多边形的边数；按↓键可以减少多边形的边数。系统默认的边数为 6。如果绘制时，按住键盘上的~键可以绘制出多个多边形，如图 2-33 所示。

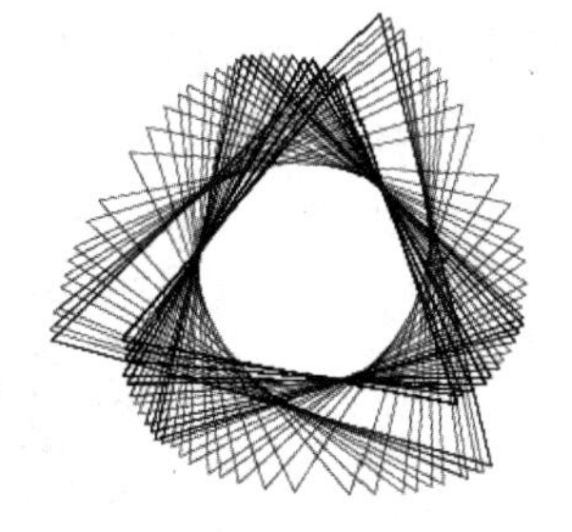

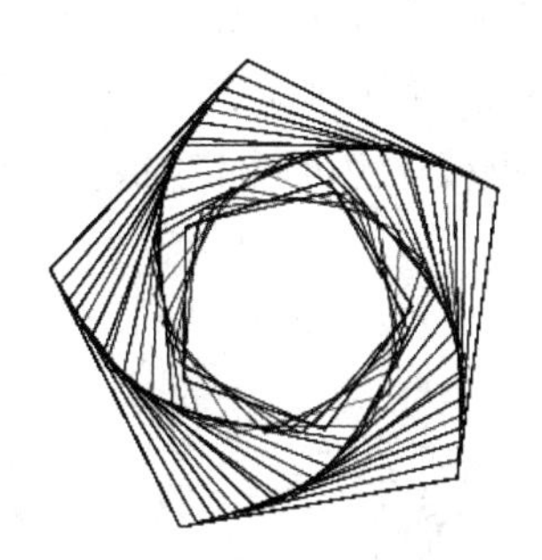

图 2-33　绘制多个多边形

2.3.4 绘制星形

使用【星形】工具，可以在画板中绘制不同形状的星形图形。在工具箱中选择【星形】工具，在画板上单击，打开如图 2-34 所示的【星形】对话框。在这个对话框中可以设置星形的【角点数】和【半径】。此处有两个半径值，【半径 1】代表凹处控制点的半径值，【半径 2】代表顶端控制点的半径值。

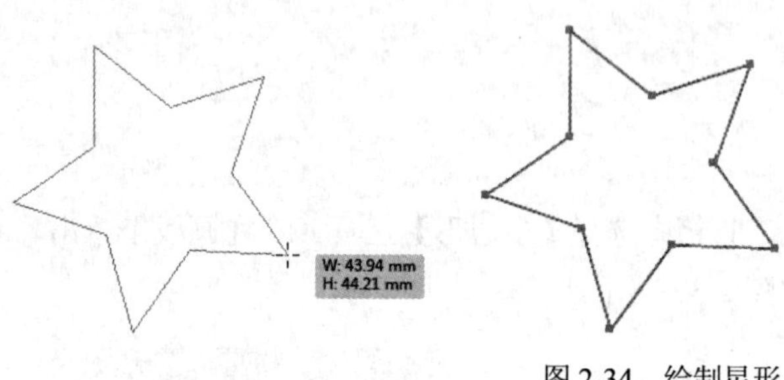

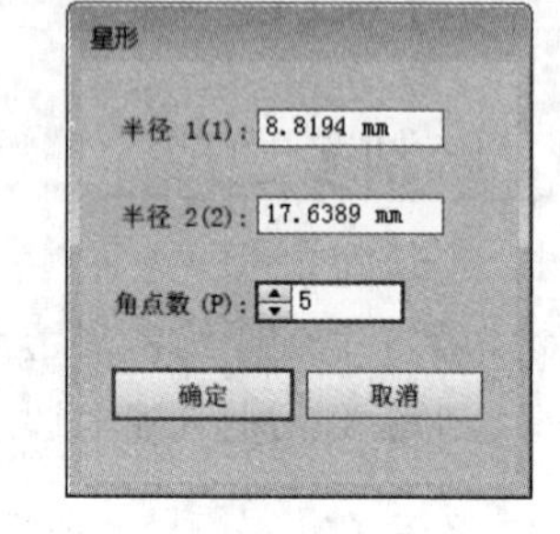

图 2-34　绘制星形

提示

当使用拖动光标的方法绘制星形图形时，如果同时按住 Ctrl 键，可以在保持星形的内切圆半径不变的情况下，改变星形图形的外切圆半径大小；如果同时按住 Alt 键，可以在保持星形的内切圆和外切圆的半径数值不变的情况下，通过按下↑或↓键调整星形的尖角数。

2.3.5 绘制光晕形

使用【光晕】工具，用户可以在文档中绘制出具有光晕效果的图形。该图形具有明亮的居中点、晕轮、射线和光圈，如果在其他图形对象上应用该图形，将获得类似镜头眩光的特殊效果。选择【光晕】工具，按住 Alt 键在希望出现光晕中心手柄的位置单击，即可创建默认光晕，如图 2-35 所示。

选择【光晕】工具，按住鼠标左键放置光晕的中心手柄，然后拖动鼠标设置中心、光晕的大小，并旋转射线角度。在拖动的过程中按住 Shift 键可以将射线限制在设置的角度。按键盘上的↑键或↓键可以添加或减少射线，如图 2-36 所示。

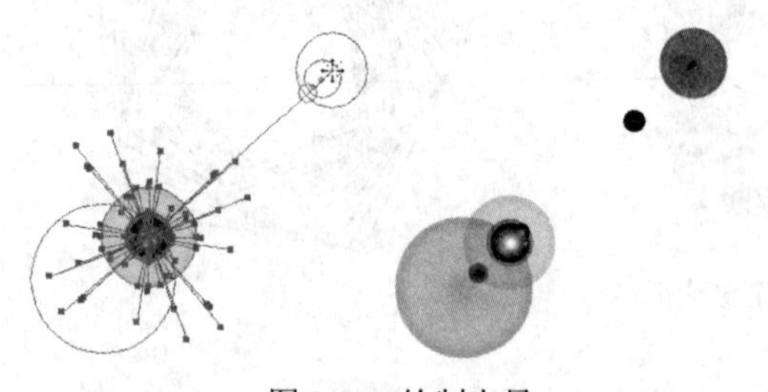

图 2-35　绘制光晕

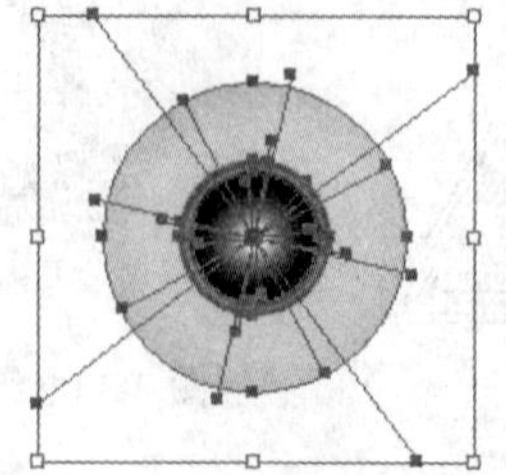

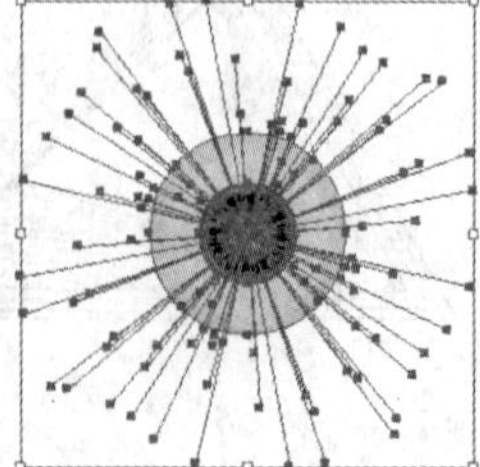

图 2-36　添加射线

按住 Ctrl 键可以保持光晕的中心位置不变。当中心、光晕和射线达到所需要的效果时释放鼠标。再次按住鼠标左键并拖动为光晕添加光环，并放置末端手柄。释放鼠标前，按↑键或↓键可以添加或减少光环，按~键可以随机放置光环，如图 2-37 所示。当末端手柄达到所需位置时释放鼠标。光晕中的每个元素将以不同的透明度设置填充颜色。

用户也可以使用【光晕工具选项】对话框来创建光晕。使用【光晕】工具在希望放置光晕中心手柄的位置单击，打开如图 2-38 所示的【光晕工具选项】对话框。在打开的对话框中选择下列任一选项，然后单击【确定】按钮即可创建光晕。

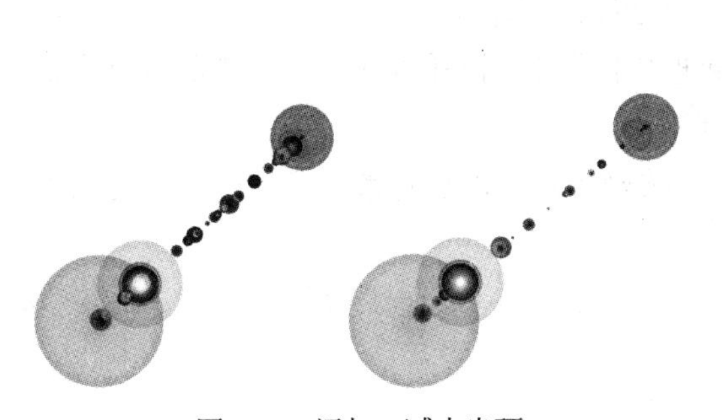

图 2-37　添加、减少光环

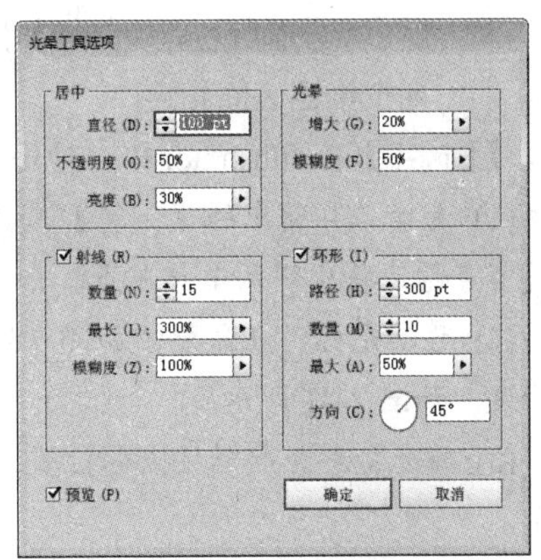

图 2-38　【光晕工具选项】对话框

- 在【居中】选项组中指定光晕中心的直径、不透明度和亮度。
- 在【光晕】选项组中指定光晕的【增大】数值作为整体大小的百分比，然后制定光晕的【模糊度】数值，0%为锐利，100%为模糊。
- 如果希望光晕包含射线，选中【射线】复选框，并指定射线的数量、最长的射线(作为射线平均长度的百分比)和射线的模糊度。
- 如果希望光晕包含光环，选中【环形】复选框并指定光晕中心点与最远的光环中心点之间的路径距离、光环数量、最大的光环(作为光环平均大小的百分比)和光环的方向。

2.4　使用【钢笔】工具

【钢笔】工具是 Illustrator 中非常重要的工具。它可以绘制直线和平滑的曲线，而且可以对线段进行精确控制。使用【钢笔】工具绘制路径时，属性栏中包含多个用于锚点编辑的按钮，如图 2-39 所示。

图 2-39　锚点编辑按钮

- 【将所有锚点转换为尖角】按钮：选中平滑锚点，单击该按钮即可转换为尖角点。
- 【将所选锚点转换为平滑】按钮：选中尖角锚点，单击该按钮即可转换为平滑点。

- 【显示多个选定锚点的手柄】按钮：当该按钮处于选中状态时，被选中的多个锚点的手柄都将处于显示状态。
- 【隐藏多个选定锚点的手柄】按钮：当该按钮处于选中状态时，被选中的多个锚点的手柄都将处于隐藏状态。
- 【删除所选锚点】按钮：单击该按钮即可删除选中的锚点。
- 【连接所选终点】按钮：在开放路径中，选中不连接的两个端点，单击该按钮即可在两点之间建立路径进行连接。
- 【在所选锚点处剪切路径】按钮：选中锚点，单击该按钮即可将所选的锚点分割为两个锚点之间相连。

【例 2-2】在 Illustrator 中，使用【钢笔】工具绘制封闭路径。

(1) 选择工具箱中的【钢笔】工具，在文档中按下鼠标左键并拖动鼠标，确定起始节点。此时节点两边将出现两个控制点，如图 2-40 所示。

(2) 移动光标，在需要添加锚点处单击左键并拖动鼠标可以创建第二个锚点，控制线段的弯曲度，如图 2-41 所示。

(3) 将光标移至起始锚点的位置，当光标显示为时，单击鼠标左键封闭图形，如图 2-42 所示。

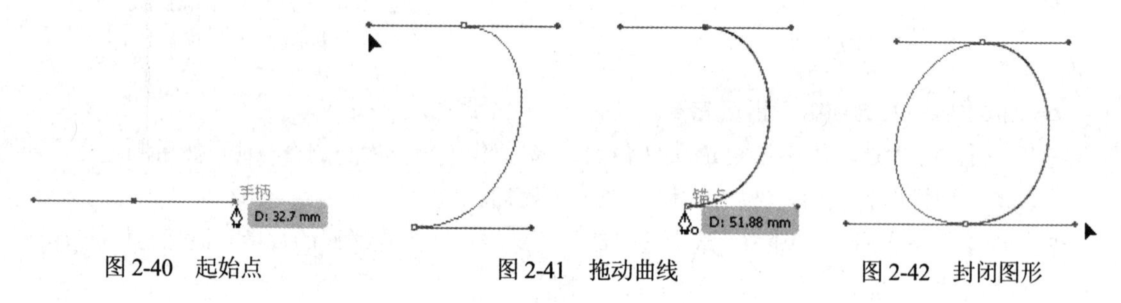

图 2-40　起始点　　图 2-41　拖动曲线　　图 2-42　封闭图形

2.5 使用【曲率】工具

【曲率】工具可简化路径的创建，使绘图变得简单、直观。使用该工具可以创建路径，还可以切换、编辑、添加或删除平滑点或角点，无须在不同的工具之间来回切换，即可快速准确地处理路径。

选择【曲率】工具，在画板上设置两个点，然后查看橡皮筋预览，即根据鼠标悬停位置显示生成路径的形状，如图 2-43 所示。

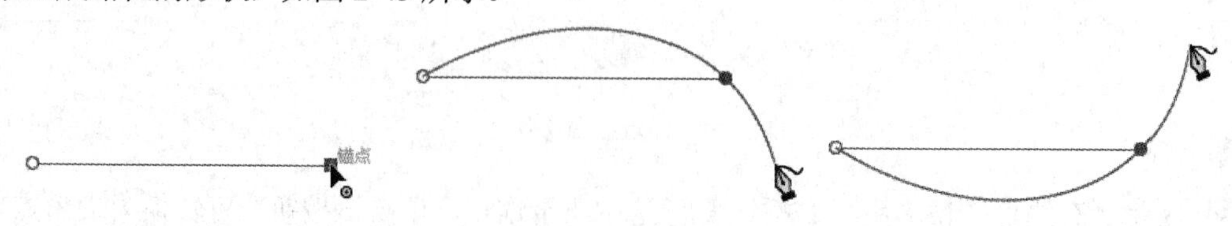

图 2-43　查看橡皮筋预览

使用【曲率】工具在画板上单击即可创建一个平滑点，如图 2-44 所示。若要创建角点，可以在单击创建点的同时双击鼠标或按 Alt 键，如图 2-45 所示。双击路径或形状上的点，可以将其在平滑点或角点之间切换。绘制完成后，按 Esc 键可以停止绘制。

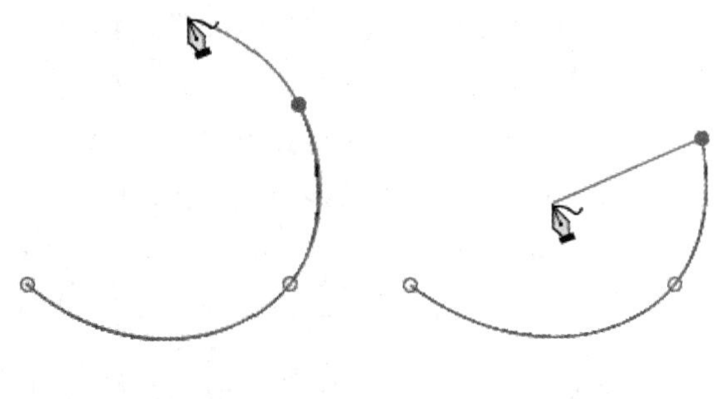

图 2-44　创建平滑点　　　　图 2-45　创建角点

知识点

默认情况下，工具中的橡皮筋功能已打开。若要关闭，选择【编辑】|【首选项】|【选择和锚点显示】命令，打开【首选项】对话框，取消选中【为以下对象启用橡皮筋】选项中的【钢笔工具】或【曲率工具】选项。

2.6 手绘图形

【画笔】工具是一个自由的绘图工具，用于为路径创建特殊效果的描边。并且 Illustrator 中预设的画笔库和画笔的可编辑性使矢量绘图变得更加简单、更加有创意。

2.6.1 使用【画笔】工具

用户可以将画笔描边用于现有路径，也可以使用【画笔】工具直接绘制带有画笔描边的路径。【画笔】工具多用于绘制徒手画和书法线条，以及路径图稿和路径图案的创建。

在工具箱中选择【画笔】工具，然后在【画笔】面板中选择一个画笔样式，直接在画板上按住鼠标左键并拖动绘制一条路径，如图 2-46 所示。此时，【画笔】工具显示为✎*，表示正在绘制一条任意形状的路径。

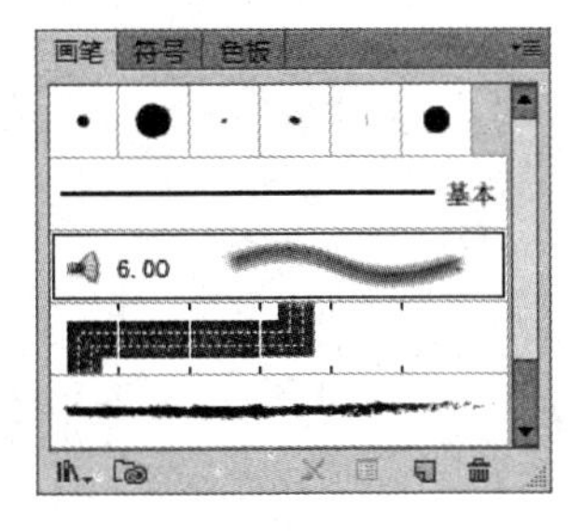

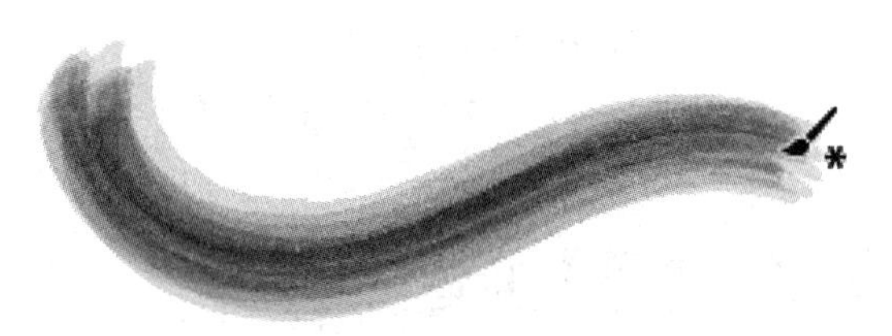

图 2-46　使用【画笔】工具

双击工具箱中的【画笔】工具，可以打开如图 2-47 所示的【画笔工具选项】对话框。在该对话框中设置的数值可以控制所画路径的节点数量以及路径的平滑度。

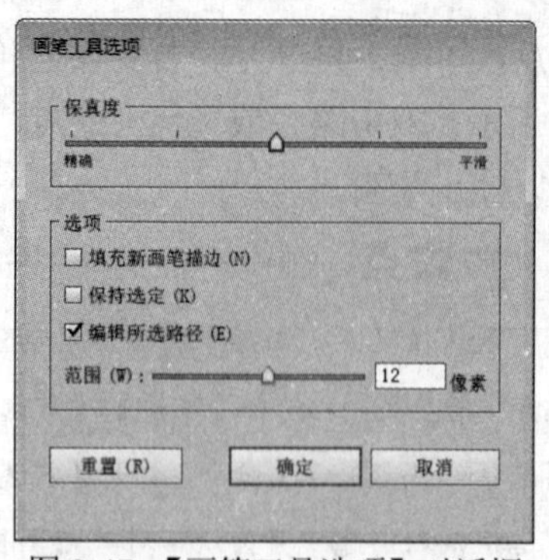

图 2-47 【画笔工具选项】对话框

知识点

使用【画笔】工具在页面上绘画时，拖动鼠标后按住键盘上的 Alt 键，在【画笔】工具的右下角会显示一个小的圆环，表示此时所画的路径是闭合路径。停止绘画后路径的两个端点就会自动连接起来，形成闭合路径。

- 【保真度】：向右拖动滑块，所画路径上的节点越少；向左拖动滑块，所画路径上的锚点越多。
- 【填充新画笔描边】：选中该复选框，则使用画笔新绘制的开放路径将被填充颜色。
- 【保持选定】：用于使新画的路径保持在选中状态。
- 【编辑所选路径】：选中该复选框则表示路径在规定的像素范围内可以编辑。
- 【范围】：当【编辑所选路径】复选框被选中时，【范围】选项则处于可编辑状态。【范围】选项用于调整可连接的距离。
- 单击【重置】按钮可以恢复初始设置。

选择【画笔】工具后，用户还可以在如图 2-48 所示的属性栏中对画笔描边颜色、粗细、不透明度等参数进行设置。单击【描边】链接或【不透明度】链接，可以弹出下拉面板设置具体参数。

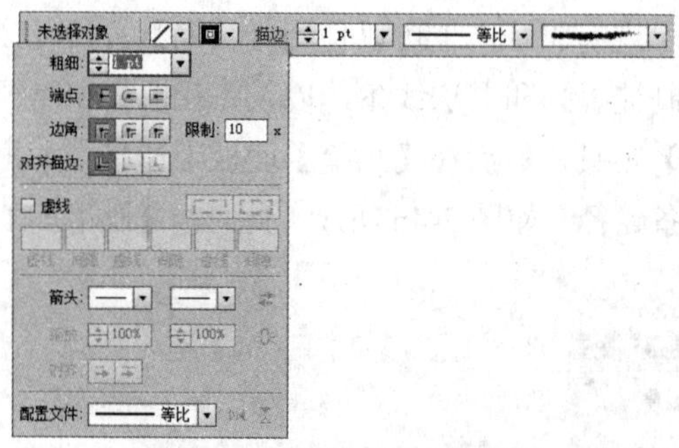

图 2-48 【画笔】工具属性栏

2.6.2 使用【画笔】面板

Illustrator 提供了书法画笔、散点画笔、毛刷画笔、艺术画笔和图案画笔 5 种类型的画笔，并为【画笔】工具提供了一个专门的【画笔】面板，该面板为绘制图像增加了更大的便利性、随意性和快捷性。选择【窗口】|【画笔】命令，或按键盘快捷键 F5 键，打开如图 2-49 所示的【画笔】面板。使用【画笔】工具时，首先需要在【画笔】面板中选择一个合适的画笔。

单击面板菜单按钮，用户还可以打开如图 2-50 所示的面板菜单，通过该菜单中的命令进行新建、复制、删除画笔等操作，并且可以改变画笔类型的显示，以及面板的显示方式。

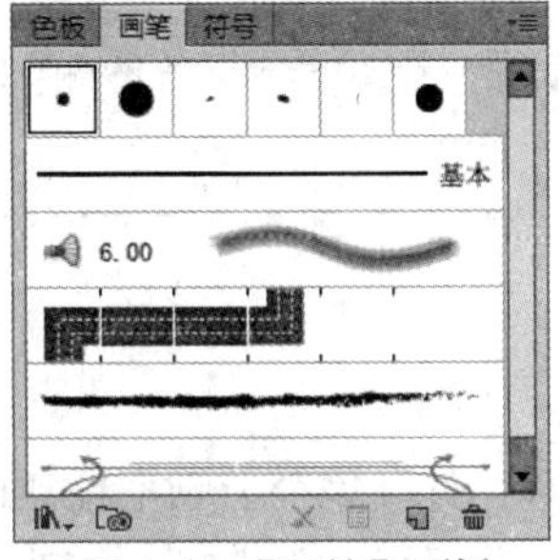

图 2-49 【画笔】面板

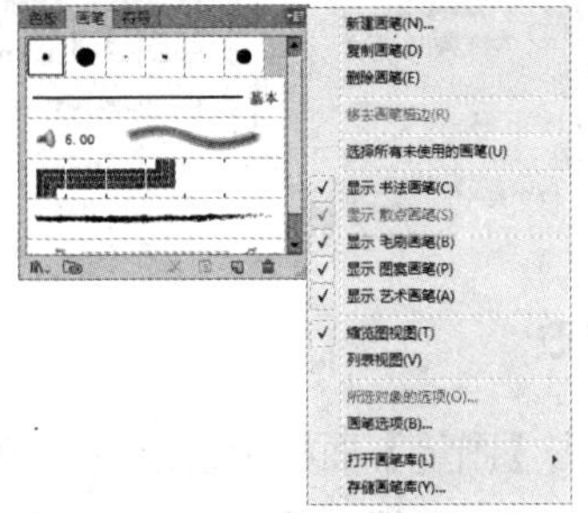

图 2-50 【画笔】面板菜单

在【画笔】面板底部有 6 个按钮，其功能如下。

- 【画笔库菜单】按钮：单击该按钮可以打开画笔库菜单，从中可以选择所需要的画笔类型。
- 【库面板】按钮：单击该按钮可以打开【库】面板。
- 【移去画笔描边】按钮：单击该按钮可以将图形中的描边删除。
- 【所选对象的选项】按钮：单击该按钮可以打开画笔选项窗口，通过该窗口可以编辑不同的画笔形状。
- 【新建画笔】按钮：单击该按钮可以打开【新建画笔】对话框，使用该对话框可以创建新的画笔类型。
- 【删除画笔】按钮：单击该按钮可以删除选定的画笔类型。

1. 使用画笔库

画笔库是 Illustrator 自带的预设画笔的合集。选择【窗口】|【画笔库】命令，然后从子菜单中选择一种画笔库打开。也可以使用【画笔】面板菜单来打开画笔库，从而选择不同风格的画笔库，如图 2-51 所示。

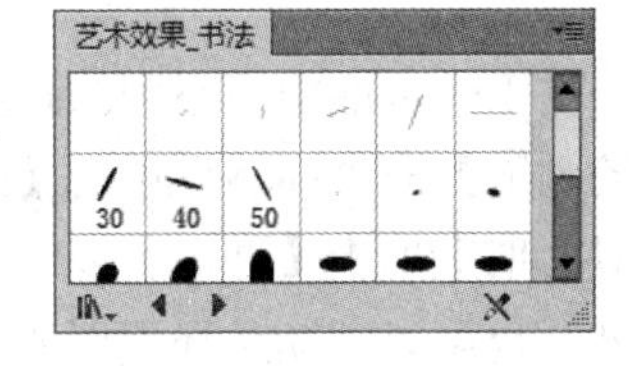

图 2-51　选择画笔库

如果想要将某个画笔库中的画笔样式复制到【画笔】面板，可以直接将画笔样式拖到【画笔】面板中，或者单击该画笔样式即可。如果想要快速地将多个画笔样式从画笔库面板复制到【画笔】面板中，可以在【画笔库】面板中按住 Ctrl 键添加选所需要复制的画笔，然后在画笔库的面板菜单中选择【添加到画笔】命令即可，如图 2-52 所示。

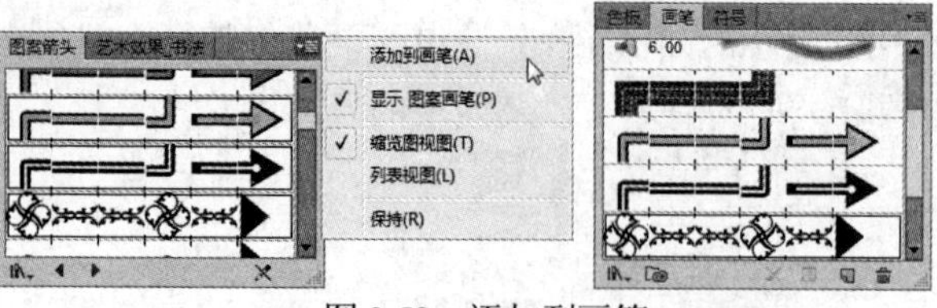

图 2-52　添加到画笔

> **提示**
>
> 要在启动 Illustrator 时自动打开画笔库，可以在画笔库面板菜单中选择【保持】命令。

2. 画笔的修改

使用鼠标双击【画笔】面板中要进行修改的画笔样式，打开该类型画笔样式的画笔选项对话框。此对话框和新建画笔时的对话框相同，只是多了一个【预览】选项。修改对话框中各选项的数值，通过【预览】选项可进行修改前后的对比。设置完成后，单击【确定】按钮，如果在工作页面上有使用此画笔样式绘制的路径，会打开如图 2-53 所示的提示对话框。

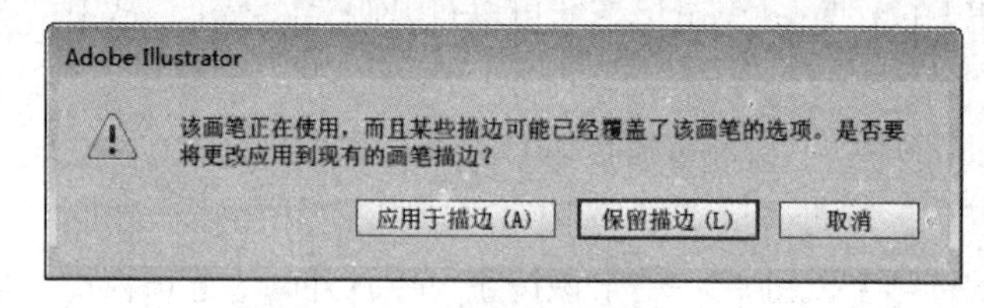

图 2-53　提示对话框

- 单击【应用于描边】按钮表示把改变后的画笔应用到路径中。
- 对于不同类型的画笔，单击【保留描边】按钮的含义也有所不同。在书法画笔、散点画笔以及图案画笔改变后，在打开的提示对话框中单击此按钮，表示对页面上使用此画笔绘制的路径不做改变，而以后使用此画笔绘制的路径则使用新的画笔设置。在艺术画笔改变后，单击此按钮表示保持原画笔不变，产生一个新设置情况下的画笔。
- 单击【取消】按钮表示取消对画笔所做的修改。

如果需要修改用画笔绘制的线条，但不更新对应的画笔样式，选择该线条，单击【画笔】面板中的【所选对象的选项】按钮。根据需要设置打开的【描边选项】对话框，然后单击【确定】按钮即可。

3. 删除画笔

对于在工作页面中用不到的画笔样式，可将其删除。在【画笔】面板菜单中选择【选择所有未使用的画笔】命令，然后单击【画笔】面板中的【删除画笔】按钮，在打开的如图 2-54 所示的提示对话框中单击【确定】按钮就可以删除这些无用的画笔样式。

当然，也可以手动选择无用的画笔样式进行删除。若要连续选择几个画笔样式，可以在选取时按住键盘上的 Shift 键；若选择的画笔样式在面板中不同的部分，可以按住键盘上的 Ctrl 键逐一选择。

如删除在工作页面上正在使用的画笔样式，删除时会打开如图 2-55 所示的提示对话框。

- 单击【扩展描边】按钮表示删除画笔后，使用此画笔绘制的路径会自动转变为画笔的原始图形状态。

- 单击【删除描边】按钮表示从路径中移走此画笔绘制的颜色，代之以描边框中的颜色。
- 单击【取消】按钮表示取消删除画笔的操作。

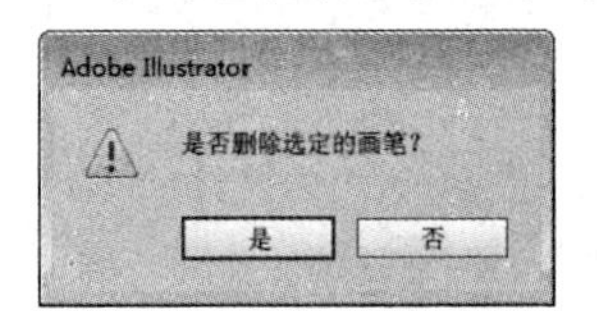

图 2-54　提示对话框

图 2-55　提示对话框

4. 移除画笔描边

选择一条使用画笔样式绘制的路径，单击【画笔】面板菜单按钮，在菜单中选择【移去画笔描边】命令，或者单击【移去画笔描边】按钮 ✕ 即可移除画笔描边，如图 2-56 所示。在 Illustrator 中，还可以通过选择【画笔】面板或属性栏中的基本画笔来移除画笔描边效果。

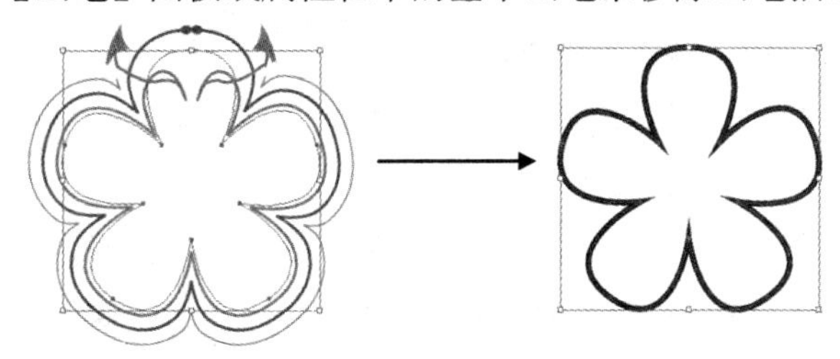

图 2-56　移除画笔

2.6.3　创建画笔

如果 Illustrator 提供的画笔不能满足要求，用户还可以创建自定义的画笔。在【画笔】面板菜单中选择【新建画笔】命令或单击面板底部的【新建画笔】按钮，打开如图 2-57 所示的【新建画笔】对话框。在此对话框中可以选择一个画笔类型，然后单击【确定】按钮，可以打开相应的画笔选项对话框。在画笔选项对话框中设置好参数，单击【确定】按钮即可完成自定义画笔的创建。

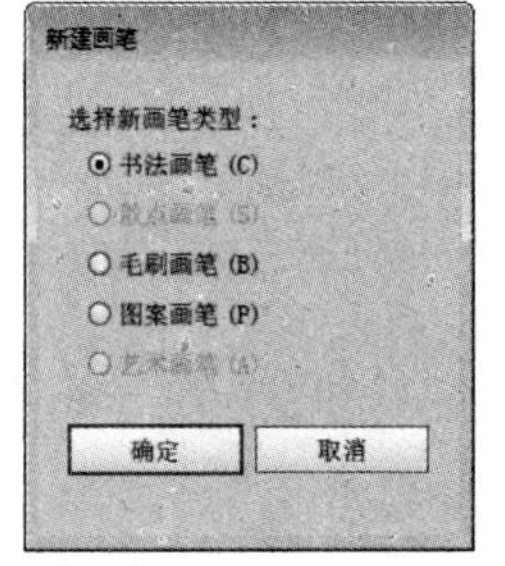

图 2-57　【新建画笔】对话框

知识点

如果要新建的是散点画笔和艺术画笔，在选择【新建画笔】命令之前必须有被选中的图形，若没有被选中的图形，在对话框中这两项均以灰色显示，不能被选中。

1. 新建书法画笔

在【新建画笔】对话框中选中【书法画笔】单选按钮后，单击【确定】按钮，打开如图 2-58 所示的【书法画笔选项】对话框。

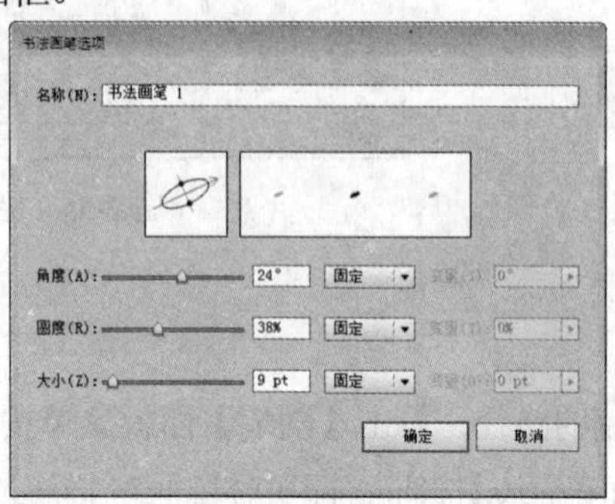

图 2-58 【书法画笔选项】对话框

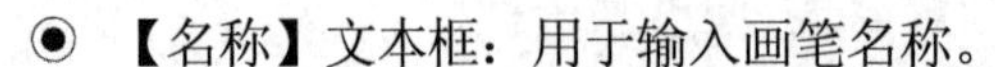

- 【名称】文本框：用于输入画笔名称。
- 【角度】选项：如果要设定旋转的椭圆形角度，可在预览窗口中拖动箭头，也可以直接在角度文本框中输入数值。
- 【圆度】选项：如果要设定圆度，可在预览窗口中拖动黑点往中心点或往外以调整其圆度，也可以在【圆度】文本框中输入数值。数值越高，圆度越大。
- 【大小】选项：如果要设定大小，可拖动大小滑杆上的滑块，也可在【大小】文本框中输入数值。

书法画笔设置完成后，就可以在【画笔】面板中选择刚设置的画笔样式进行路径的勾画。此时还可以使用【描边】面板中的【粗细】选项来设置画笔样式描边路径的宽度，但其他选项对其不再起作用。路径绘制完成后，同样可以对其中的节点进行调整。

2. 新建散点画笔

在新建散点画笔之前，必须在页面上选中一个图形对象，且此图形对象中不能包含使用画笔效果的路径、渐变色和渐变网格等。

选择好图形对象后，单击【画笔】面板下方的【新建画笔】按钮，然后在打开的对话框中选中【散点画笔】单选按钮，单击【确定】按钮后打开如图2-59所示的【散点画笔选项】对话框。

- 【名称】文本框：用于设置画笔名称。
- 【大小】选项：用于设置作为散点的图形大小。
- 【间距】选项：用于设置散点图形之间的间隔距离。
- 【分布】选项：用于设置散点图形在路径两侧与路径的远近程度。该值越大，对象与路径之间的距离越远。
- 【旋转】选项：用于设置散点图形的旋转角度。
- 【旋转相对于】选项：其中包含两个选项，即【页面】和【路径】选项。选择【页面】选项表示散点图形的旋转角度相对于页面，0° 指向页面的顶部；选择【路径】选项，表示散点图形的旋转角度相对于路径，0° 指向路径的切线方向。

◉ 【方法】选项：可以在其下拉列表中选择上色方式，如图 2-60 所示。【无】选项表示使用画笔画出的颜色和画笔本身设定的颜色一致。【色调】选项使用工具箱中显示的描边颜色，并以其不同的浓淡度来表示画笔的颜色。【淡色和暗色】选项表示使用不同浓淡的工具箱中显示的描边和阴影显示用画笔画出的路径。该选项能够保持原来画笔中的黑色和白色不变，其他颜色以浓淡不同的描边表示。【色相转换】选项表示使用描边代替画笔的基准颜色，画笔中的其他颜色也发生相应的变化，变化后的颜色与描边的对应关系和变化前的颜色与基准颜色的对应关系一致。该项保持黑色、白色和灰色不变。对于有多种颜色的画笔，可以改变其基准色。

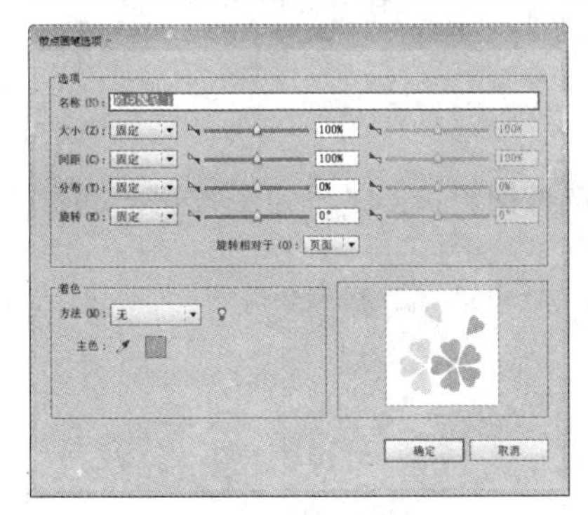

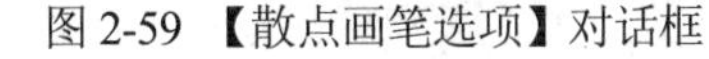

图 2-59 【散点画笔选项】对话框

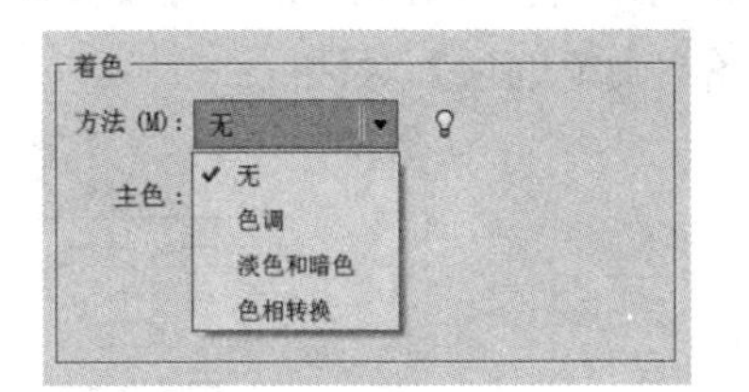

图 2-60 【方法】选项

◉ 【主色】选项：默认情况下是待定义图形中最突出的颜色，也可以进行改变。用【吸管】工具从待定义的图形中吸取不同的颜色，则颜色显示框中的颜色也随之变化。设定完基准颜色之后，图形中其他颜色就和改颜色建立了一种对应关系，选择不同的涂色方法、不同的描边颜色，使用相同的画笔画出的颜色效果可能不同。

以上各项设置完成后，单击【确定】按钮，就完成了新的散点画笔的设置，这时在【画笔】面板中就增加了一个散点画笔。

3. 新建毛刷画笔

使用毛刷画笔可以创建自然、流畅的画笔描边，模拟使用真实画笔和纸张绘制效果。可以从预定义库中选择画笔，或从提供的笔尖形状创建自己的画笔。还可以设置其他画笔的特征，如毛刷长度、硬度和色彩不透明度。在【新建画笔】对话框中选中【毛刷画笔】单选按钮，单击【确定】按钮，打开如图 2-61 所示的【毛刷画笔选项】对话框。在【形状】下拉列表中，可以根据绘制的需求选择不同形状的毛刷笔尖形状，如图 2-62 所示。

通过鼠标使用毛刷画笔时，仅记录 X 轴和 Y 轴的移动。其他的输入，如倾斜、方位、旋转和压力保持固定，从而产生均匀一致的笔触。通过绘图板设备使用毛刷画笔时，Illustrator 将对光笔在绘图板上的移动进行交互式跟踪。它将记录在绘制路径的任一点输入的其方向和压力的所有信息。Illustrator 还可提供光笔 X 轴位置、Y 轴位置、压力、倾斜、方位和旋转上作为模型的输出。

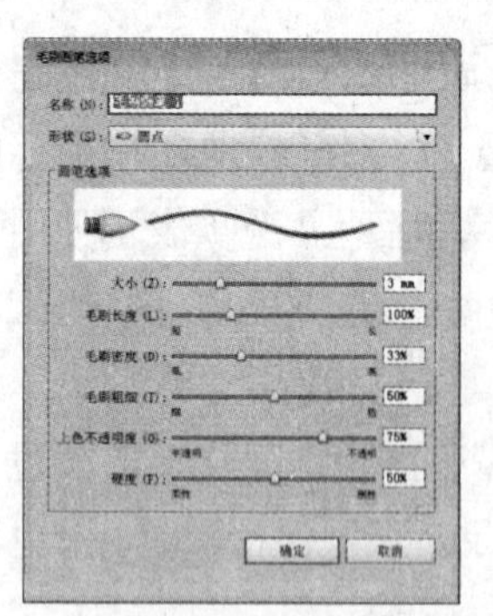
图 2-61 【毛刷画笔选项】对话框

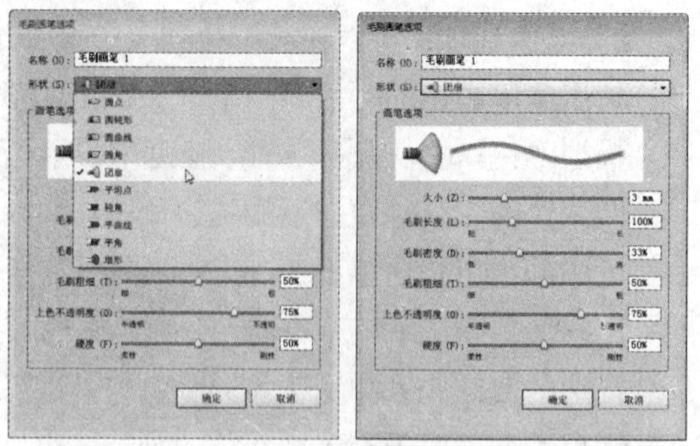
图 2-62 选择毛刷笔尖形状

4. 新建图案画笔

在【新建画笔】对话框中选中【图案画笔】单选按钮，单击【确定】按钮，打开如图 2-63 所示的【图案画笔选项】对话框。

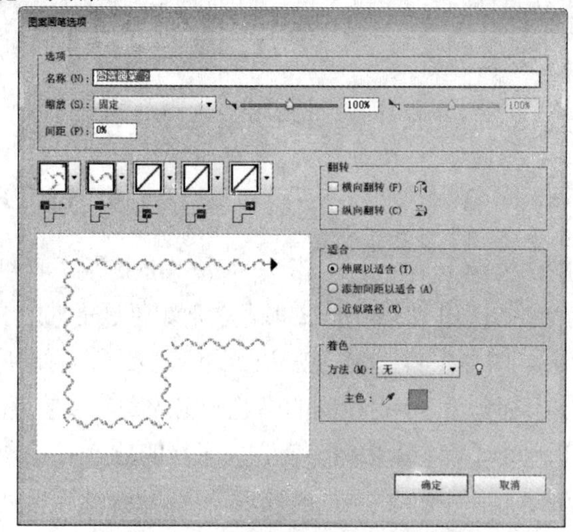

图 2-63 【图案画笔选项】对话框

- 【名称】文本框：用于设置画笔名称。
- 【缩放】选项：用来设置图案的大小。数值为 100%时，图案的大小与原始图形相同。
- 【间距】数值框：用来设置图案单元之间的间隙，当数值为 100%时，图案单元之间的间隙为 0。
- 【翻转】选项：用于设置路径中图案画笔的方向。【横向翻转】表示图案沿路径方向翻转，【纵向翻转】表示图案在路径的垂直方向翻转。
- 【适合】选项：用于表示图案画笔在路径中的匹配。【伸展以适合】选项表示把图案画笔展开以与路径匹配，此时可能会拉伸或缩短。【添加间距以适合】选项表示增加图案画笔之间的间隔以使其与路径匹配。【近似路径】选项仅用于矩形路径，不改变图案画笔的形状，使图案位于路径的中间部分，路径的两边空白。

◉ 在【选项】设置区下方有 5 个小方框，分别代表 5 种图案，从左到右依次为【边线拼贴】、【外角拼贴】、【内角拼贴】、【起点拼贴】和【终点拼贴】。如果在新建画笔之前在页面中选中了图形，那么选中的图形就会出现在左边第一个小方框中。

【例 2-3】在 Illustrator 中，创建自定义图案画笔。

(1) 打开图形文档，在工具箱中选择【选择】工具框选图形，如图 2-64 所示。

(2) 单击【画笔】面板中的【新建画笔】按钮，在打开的【新建画笔】对话框中选中【图案画笔】单选按钮，单击【确定】按钮，如图 2-65 所示。

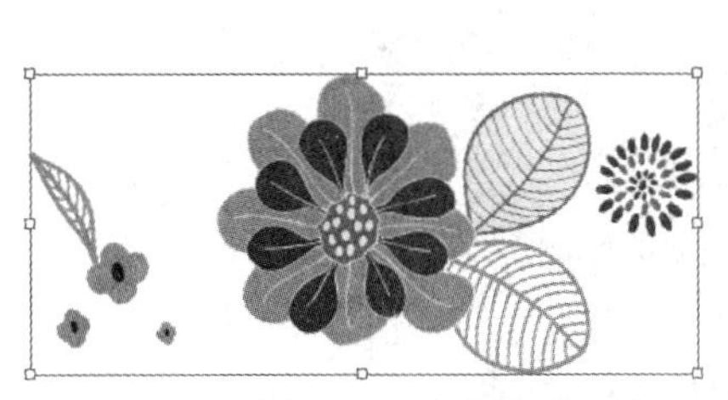

图 2-64　选中图形

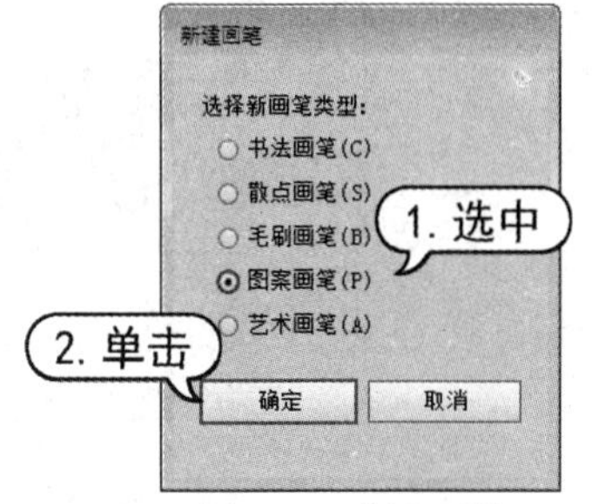

图 2-65　新建画笔

(3) 在打开的【图案画笔选项】对话框中，设置【缩放】的【最小值】数值为 50%，【间距】数值为 10%，单击【确定】按钮，如图 2-66 所示。

(4) 选择【画笔】工具在文档中拖动绘制路径即可应用刚创建的图案画笔，如图 2-67 所示。

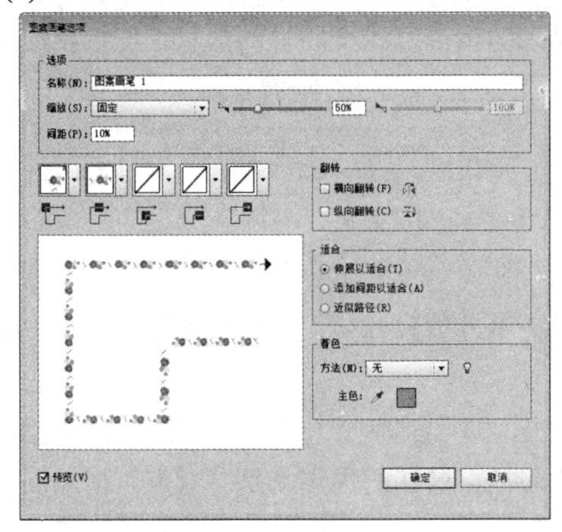

图 2-66　设置画笔

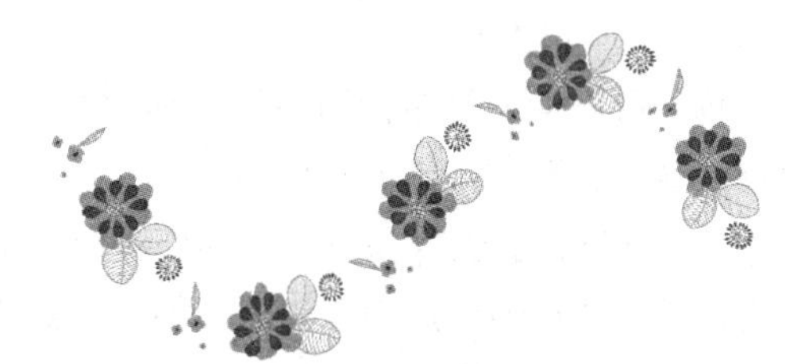

图 2-67　使用画笔

5. 新建艺术画笔

和新建散点画笔类似，在新建艺术画笔之前，必须先选中文档中的图形对象，并且此图形对象中不包含使用画笔设置的路径、渐变色以及渐层网格等。在【新建画笔】对话框中选中【艺术画笔】单选按钮，单击【确定】按钮，打开如图 2-68 所示的【艺术画笔选项】对话框。

编辑艺术画笔的方法与前面几种画笔的编辑方法基本相同。不同的是艺术画笔选项窗口的右边有一排方向按钮，选择不同的按钮可以指定艺术画笔沿路径的排列方向。←指定图稿的左

边为描边的终点；→指定图稿的右边为描边的终点；↑指定图稿的顶部为描边的终点；↓指定图稿的底部为描边。

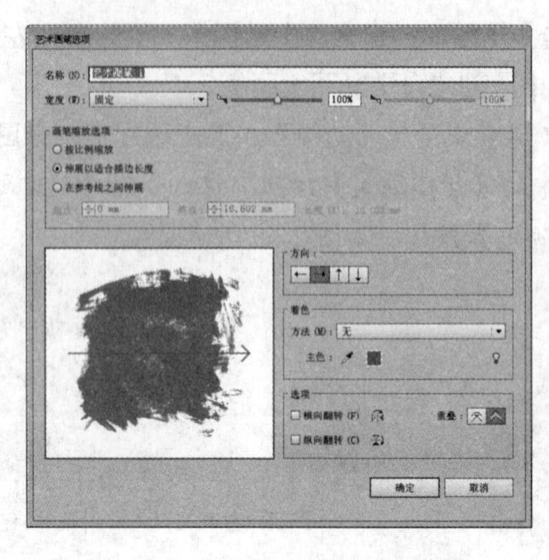

图 2-68 【艺术画笔选项】对话框

2.7 编辑锚点

路径绘制完成后，可以随时通过锚点编辑工具来编辑锚点改变路径的形状，使绘制的图形更加符合要求。

2.7.1 添加锚点

添加锚点可以增加对路径的精确控制，也可以扩展开放路径。但不要添加过多锚点，较少锚点的路径更易于编辑、显示和打印。

使用【添加锚点】工具在路径上的任意位置单击，即可增加一个锚点，如图 2-69 所示。如果是直线路径，增加的锚点就是角点；如果是曲线路径，增加的锚点就是平滑点。增加额外的锚点可以更好地控制路径形状。

如果要在路径上均匀地添加锚点，可以选择菜单栏中的【对象】|【路径】|【添加锚点】命令，原有的两个锚点之间就增加了一个锚点，如图 2-70 所示。

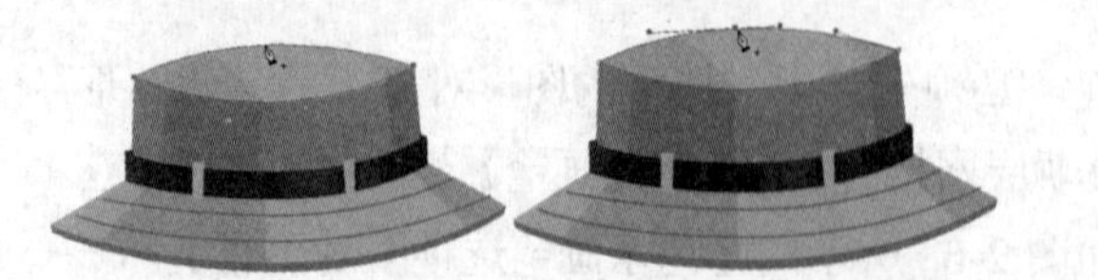

图 2-69 使用【添加锚点】工具

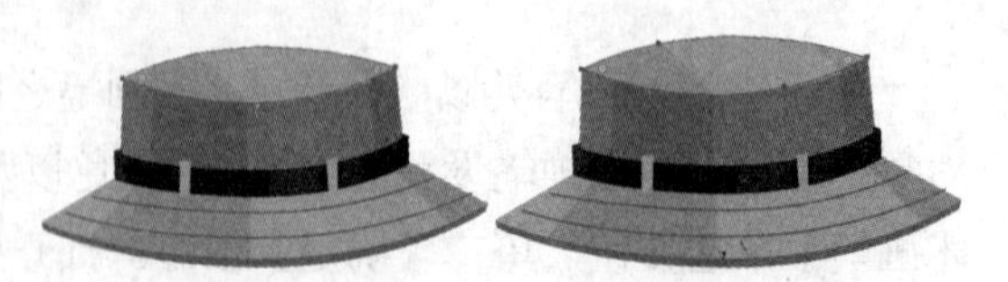

图 2-70 应用【添加锚点】命令

2.7.2　删除锚点

在绘制曲线时，曲线上可能包含多余的锚点，这时删除一些多余的锚点可以降低路径的复杂程度，在最后输出文档的时候也会减少输出的时间。

使用【删除锚点】工具在路径锚点上单击，即可将锚点删除，如图 2-71 所示。也可以直接单击属性栏中的【删除所选锚点】按钮，或选择【对象】|【路径】|【移去锚点】命令来删除所选锚点。删除锚点后，图形会自动调整形状，不会影响路径的开放或封闭属性。

在绘制图形对象的过程中，无意间单击【钢笔】工具后又选取另外的工具，会产生孤立的游离锚点。游离的锚点会让线稿变得复杂，甚至减慢打印速度。要删除这些游离点，可以选择【选择】|【对象】|【游离点】命令，选中所有游离点。再选择【对象】|【路径】|【清理】命令，将打开如图 2-72 所示的【清理】对话框，选中【游离点】复选框，单击【确定】按钮将删除所有的游离点。选中游离点后，用户也可以直接按键盘上的 Delete 键删除游离点。

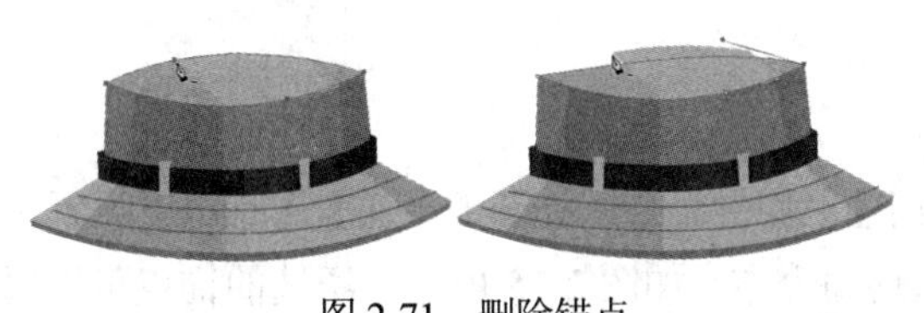

图 2-71　删除锚点

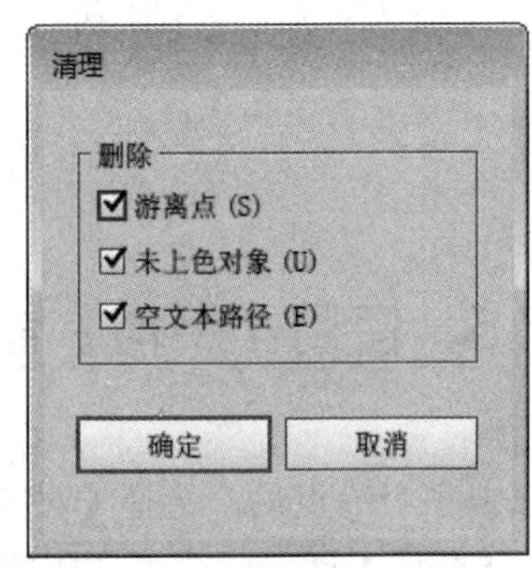

图 2-72　【清理】对话框

2.7.3　转换锚点

使用【转换锚点】工具在曲线锚点上单击，可将曲线变成直线点，然后按住鼠标左键并拖动，就可从角点拉出控制柄，也就是将其转化为平滑点。锚点改变之后，曲线的形状也相应地发生变化，如图 2-73 所示。

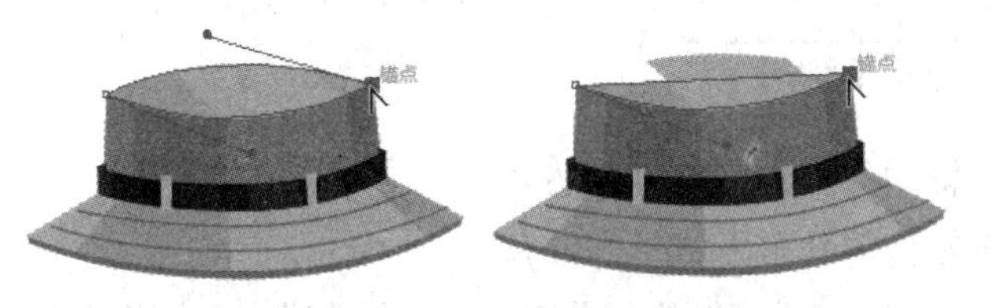

图 2-73　转换锚点

> **知识点**
>
> 在使用【钢笔】工具绘图时，无需切换到【锚点】工具来改变锚点的属性，只需按住 Alt 键，即可将【钢笔】工具直接切换到【锚点】工具。

2.7.4 使用【连接】命令

通过连接锚点可以将开放路径的两个端点连接起来，形成闭合路径，也可以连接两条开放路径的任意两个端点，将它们连接在一起。要想连接端点，先选择需要连接的端点，再使用属性栏上的【连接所选终点】按钮，或单击鼠标右键，在弹出的快捷菜单栏中选择【连接】命令将端点进行连接，如图 2-74 所示。

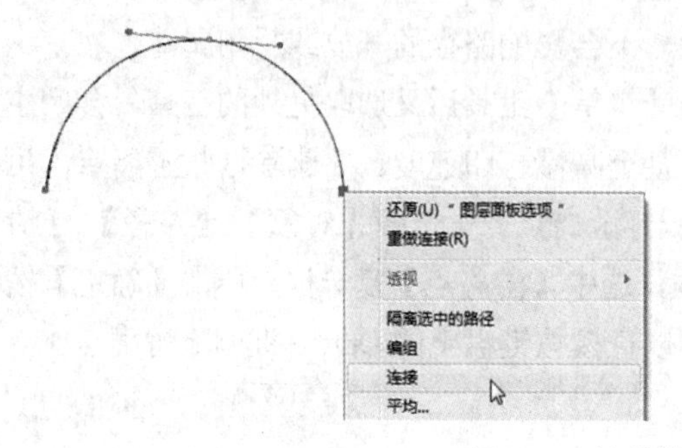

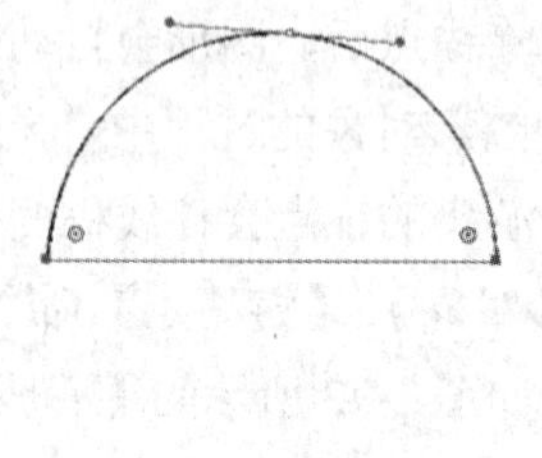

图 2-74　连接端点

2.7.5 使用【平均】命令

选中多个锚点后，选择【对象】|【路径】|【平均】命令，打开【平均】对话框。设置选项并单击【确定】按钮，可以让所选的多个锚点均匀分布，如图 2-75 所示。所选的锚点可以属于同一路径，也可分属不同的路径。

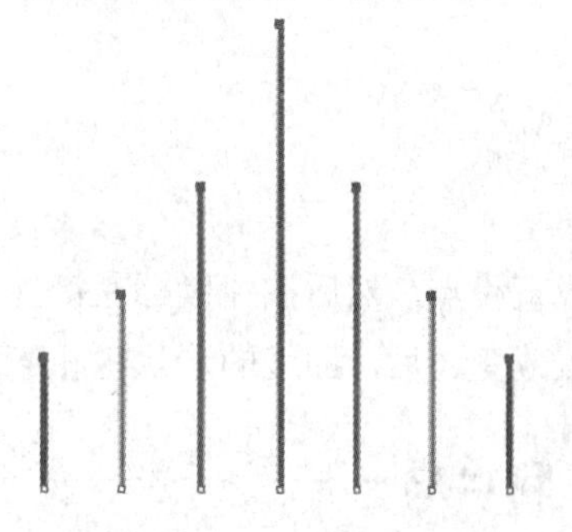

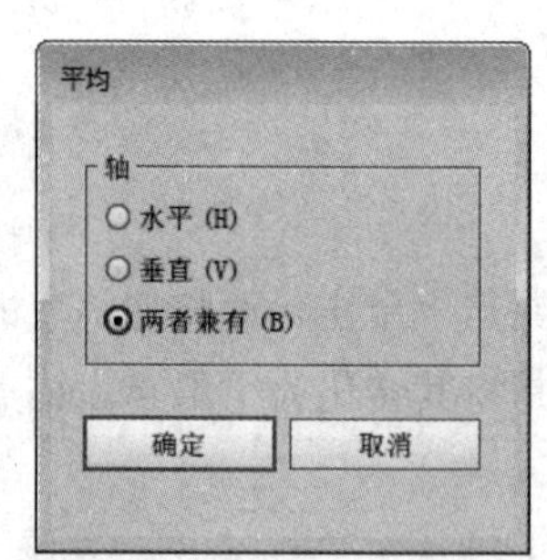

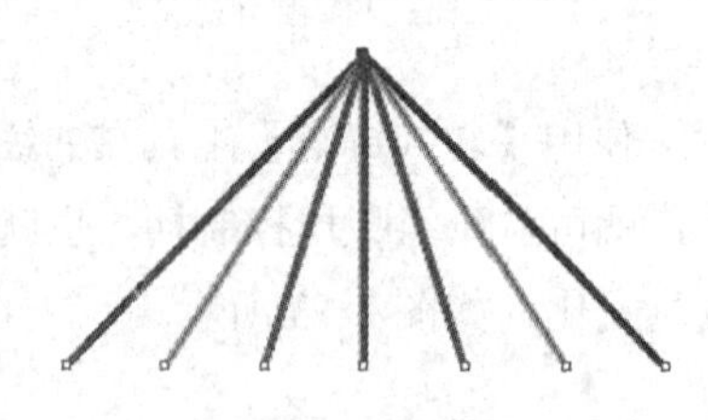

图 2-75　使用【平均】命令

- 水平：将选择的锚点沿同一水平轴均匀分布，如图 2-76 所示。
- 垂直：将选择的锚点沿同一垂直轴均匀分布，如图 2-77 所示。
- 两者兼有：将选择的锚点沿同一水平轴和垂直轴均匀分布，此时所选锚点将被集中到一个点上。

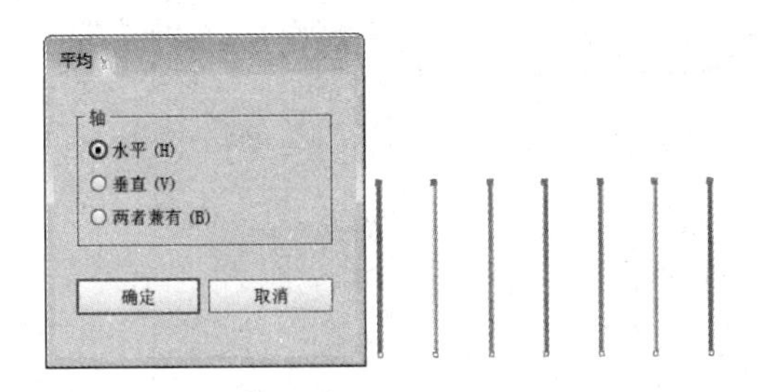

图 2-76　水平分布

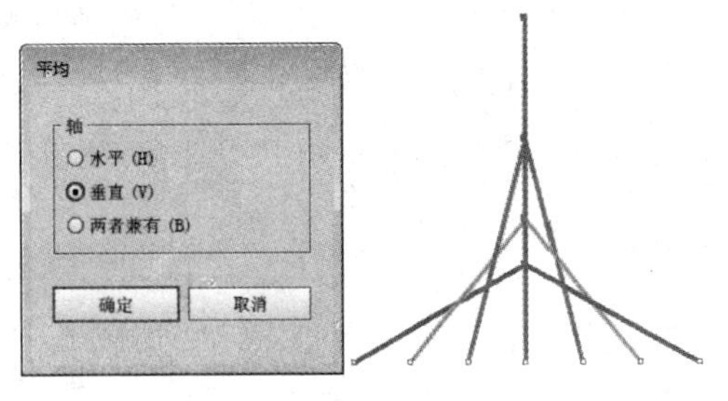

图 2-77　垂直分布

2.8　编辑路径

路径绘制完成后，用户还可以通过相关命令对其进行偏移、平滑和简化等处理，也可以擦除或删除路径。

2.8.1　使用【轮廓化描边】命令

图形对象的描边部分不能填充渐变色。如果要在一条路径上添加渐变色或其他的特殊填充方式，可以使用【轮廓化描边】命令将描边转换为形状。选中需要进行轮廓化的路径对象，选择【对象】|【路径】|【轮廓化描边】命令，此时该路径对象将转换为路径形状，此时即可对路径进行形态的调整以及渐变、图案的填充，如图 2-78 所示。

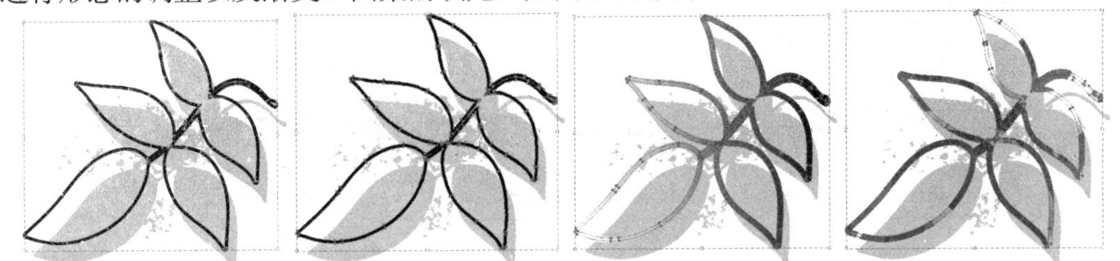

图 2-78　轮廓化描边

2.8.2　使用【偏移路径】命令

【偏移路径】命令可以使路径偏移以创建出新的路径副本，可以用于创建同心图形。选中需要进行偏移的路径，选择【对象】|【路径】|【偏移路径】命令，打开【偏移路径】对话框。然后设置偏移路径选项，设置完成后，单击【确定】按钮进行偏移，如图 2-79 所示。

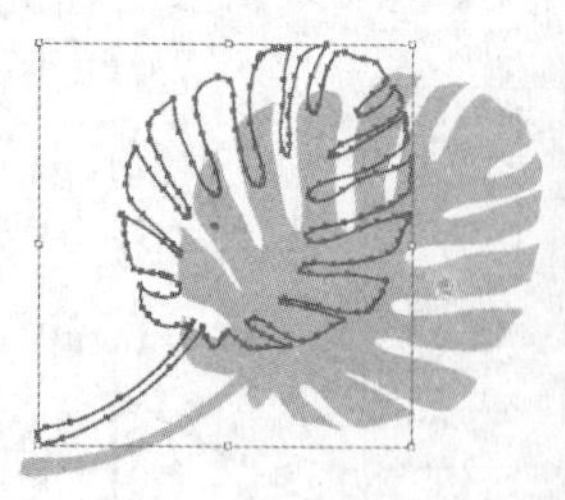

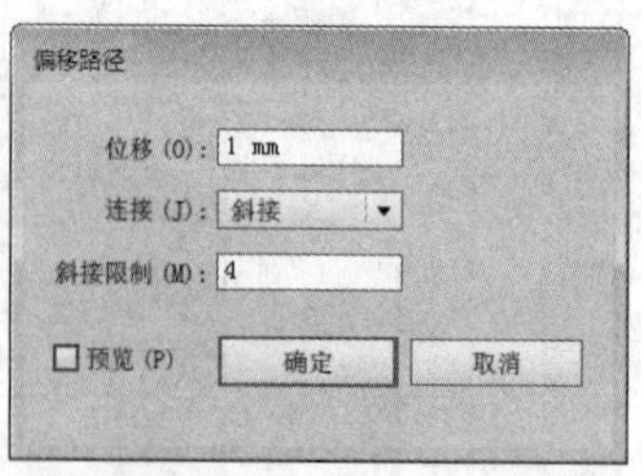

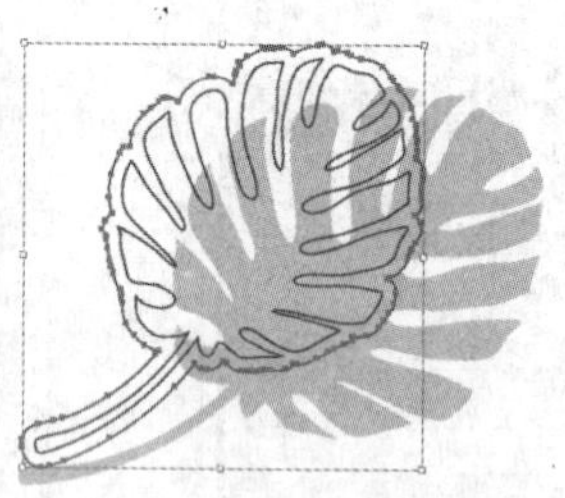

图 2-79　偏移路径

【例 2-4】使用【路径偏移】命令制作按钮效果。

(1) 在新建文档中，选择【圆角矩形】工具在画板中单击，打开【圆角矩形】对话框。在对话框中设置【宽度】数值为 98mm，【高度】数值为 16mm，【圆角半径】数值为 8mm，然后单击【确定】按钮，如图 2-80 所示。

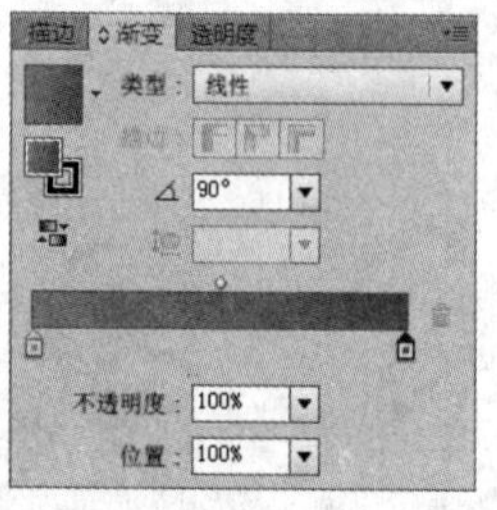

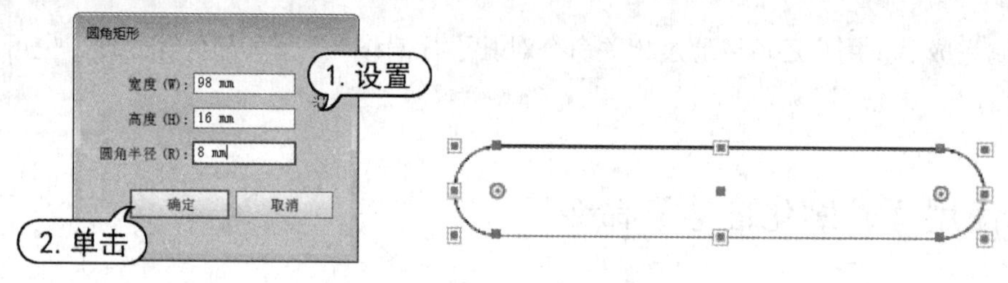

图 2-80　绘制圆角矩形

(2) 打开【渐变】面板，单击渐变填色框，设置【角度】数值为 90°，渐变填色为 C=0 M=65 Y=90 K=0 至 C=5 M=95 Y=100 K=0，渐变效果如图 2-81 所示。

图 2-81　设置填色

(3) 在【描边】面板中，设置【粗细】数值为 2pt。在【渐变】面板中单击【描边】框，再单击渐变填色框，然后单击【反向渐变】按钮，如图 2-82 所示。

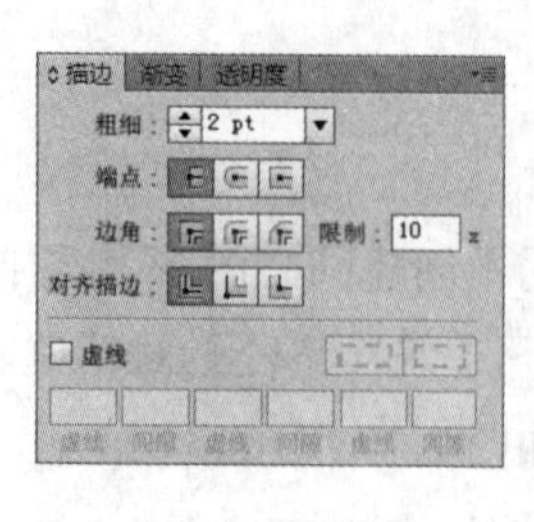

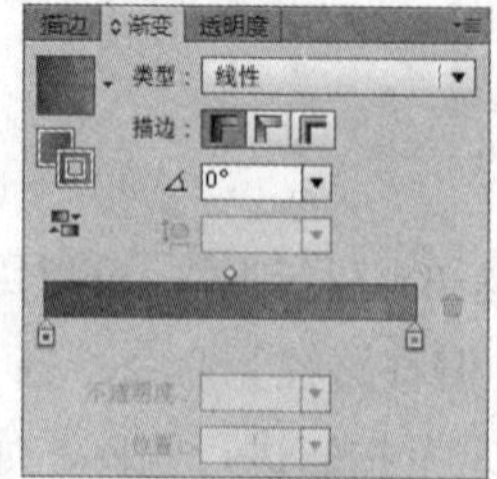

图 2-82　设置描边色

(4) 选择工具箱中的【钢笔】工具，绘制如图 2-83 所示的图形对象，并将其描边色设置为

无，在【渐变】面板中单击渐变填色框，再单击【反向渐变】按钮，效果如图 2-83 所示。

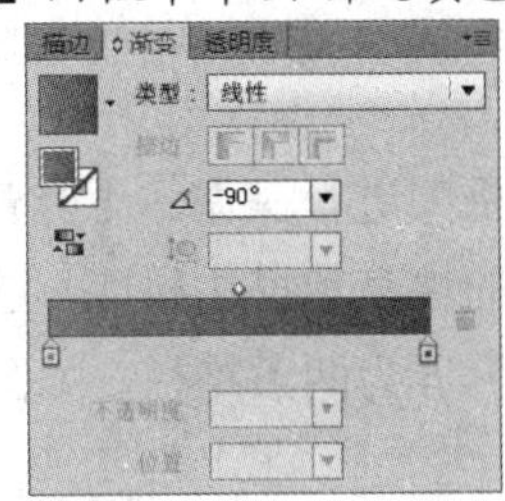

图 2-83　绘制图形

(5) 选择【对象】|【路径】|【偏移路径】命令，打开【偏移路径】对话框，设置【位移】数值为 1.2mm，并在【颜色】面板中设置填充色为白色，结果如图 2-84 所示。

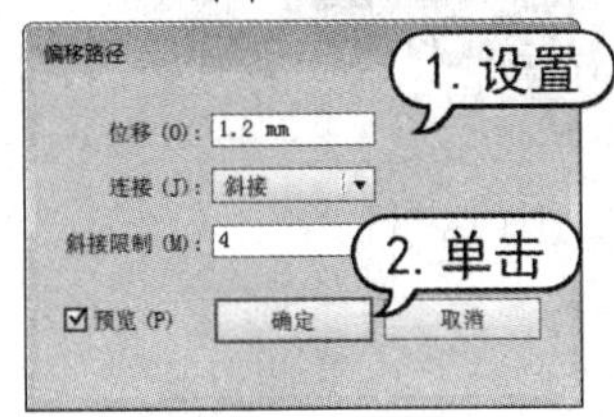

图 2-84　偏移路径

(6) 选择【椭圆】工具绘制椭圆形，并在【颜色】面板中设置颜色为 C=35 M=100 Y=100 K=0，并按 Ctrl+[键两次排列图形，结果如图 2-85 所示。

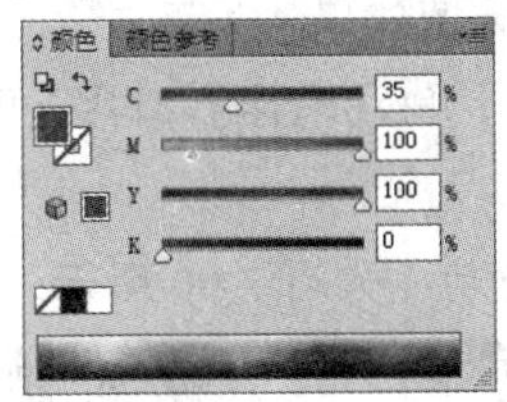

图 2-85　排列图形

(7) 选择【文字】工具，并在属性栏中设置字体颜色为白色、字体样式为 Arial Bold、字体大小为 30pt，然后输入文字，如图 2-86 所示。

(8) 使用【选择】工具选中文字，按 Ctrl+C 键复制，按 Ctrl+B 键将复制的文字粘贴下一层，并在【颜色】面板中设置字体颜色为 C=35 M=100 Y=100 K=0。然后按键盘上的方向键调整文字位置，如图 2-87 所示。

图 2-86　输入文字

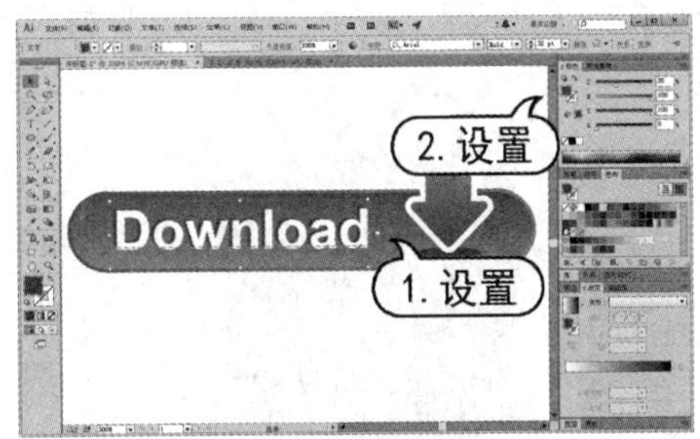

图 2-87　复制字体

2.8.3 使用【剪刀】工具

使用【剪刀】工具可以针对路径、图形框架或空白文本框架进行操作。【剪刀】工具可以将一条路径割为两条或多条路径，并且每个部分都具有独立的填充和描边属性。选中将要进行剪切的路径，在要进行剪切的位置上单击，即可将一条路径拆分为两条路径，如图 2-88 所示。

图 2-88 使用【剪刀】工具

2.8.4 使用【刻刀】工具

使用【刻刀】工具可以将一个图形对象以任意的分隔线划分为多个独立的构成部分。

【例 2-5】 在 Illustrator 中，使用【刻刀】工具调整图像效果。

(1) 选择【文件】|【打开】命令，打开图形文档。并使用【选择】工具选中要划分的路径，如图 2-89 所示。

(2) 选择【刻刀】工具在打开的图形文档中单击并拖动，如图 2-90 所示。

图 2-89 选中图形

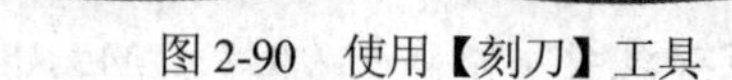

图 2-90 使用【刻刀】工具

(3) 选择【渐变】工具，调整划分后的图形对象的填充效果，如图 2-91 所示。

提示

使用【刻刀】工具的同时按 Shift 键或 Alt 键可以以水平直线、垂直直线或斜 45° 的直线分割对象。

图 2-91 使用【刻刀】工具

2.8.5　使用【平滑】工具

【平滑】工具是一种路径修饰工具，可以使路径快速平滑，同时尽可能地保持路径的原来形状。双击工具箱中的【平滑】工具，打开【平滑工具选项】对话框。在对话框中，可以设置【平滑】工具的平滑度。向右拖动滑块，对路径的改变就越大；向左拖动滑块，对路径的改变就越小。

【例 2-6】在 Illustrator 中，使用【平滑】工具平滑处理路径。

(1) 选择菜单栏中的【文件】|【打开】命令打开图形文档，并使用【选择】工具选中要进行平滑处理的路径，如图 2-92 所示。

(2) 双击工具箱中的【平滑】工具，打开【平滑工具选项】对话框。在该对话框中，向右拖动滑块，然后单击【确定】按钮，如图 2-93 所示。

图 2-92　选中路径

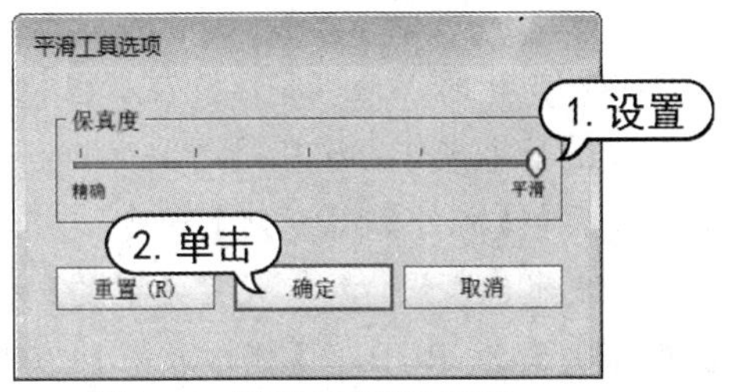

图 2-93　设置【平滑】工具

(3) 在路径对象中需要平滑处理的位置外侧按下鼠标左键并由外向内拖动，然后释放左键，即可对路径对象进行平滑处理，如图 2-94 所示。

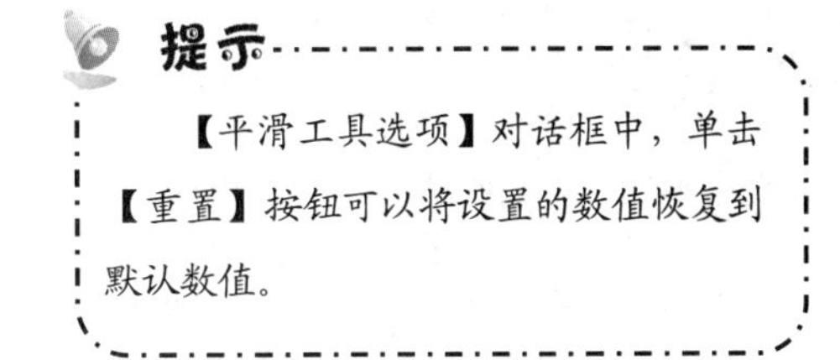

提示

【平滑工具选项】对话框中，单击【重置】按钮可以将设置的数值恢复到默认数值。

图 2-94　平滑路径

2.8.6　使用【路径橡皮擦】工具

使用【路径橡皮擦】工具可以擦除开放路径或闭合路径的任意一部分，但不能在文本或渐变网格上使用。在工具箱中选择【路径橡皮擦】工具，然后沿着要擦除的路径拖动【路径橡皮擦】工具。擦除后自动在路径的末端生成一个新的锚点，并且路径处于被选中的状态，如图 2-95 所示。

图 2-95　使用【路径橡皮擦】工具

2.9　上机练习

本章的上机练习通过制作洗发水包装的综合实例，使用户更好地掌握本章所介绍的图形绘制、编辑的基本操作方法和技巧。

(1) 选择【文件】|【新建】命令，打开【新建文档】对话框。在对话框【名称】文本框中输入“洗发水包装设计”，设置【宽度】和【高度】数值为 150mm，单击【高级】选项，设置【颜色模式】为 RGB，【栅格效果】为【高(300ppi)】，然后单击【确定】按钮，如图 2-96 所示。

(2) 选择【视图】|【显示网格】命令，在新建文档中显示网格，如图 2-97 所示。

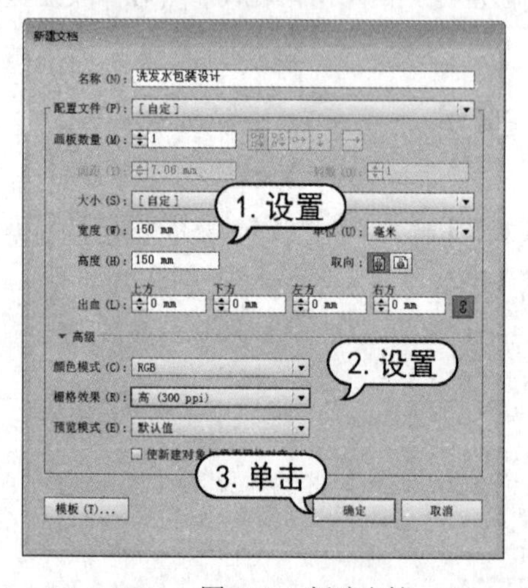

图 2-96　新建文档

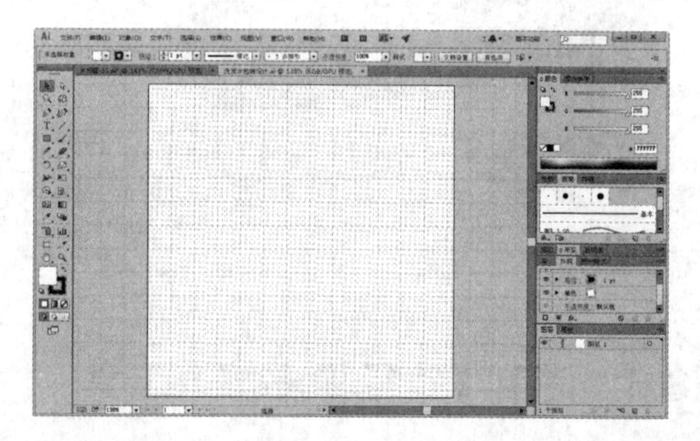

图 2-97　显示网格

(3) 选择【矩形】工具，依据网格线绘制如图 2-98 所示的矩形。

(4) 使用【自由变换】工具，在显示的浮动工具条中单击【透视扭曲】工具，然后使用工具调整矩形底部透视效果，如图 2-99 所示。

(5) 选择【曲率】工具在图形四边分别单击并拖动鼠标，调整图形形状，如图 2-100 所示。

(6) 使用【矩形】工具在画板中绘制如图 2-101 所示的矩形。

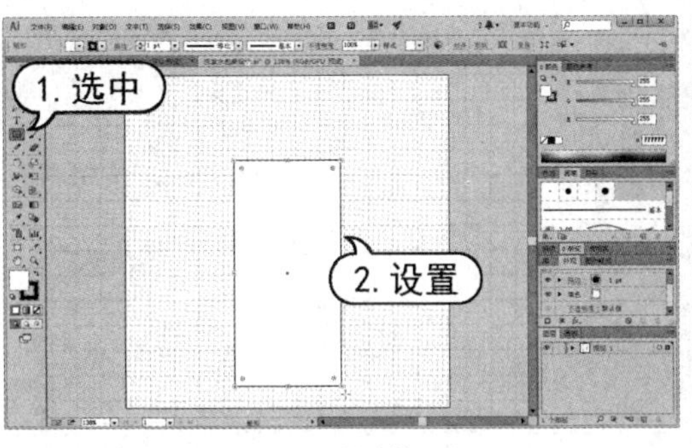

图 2-98　绘制矩形

图 2-99　使用【自由变换】工具

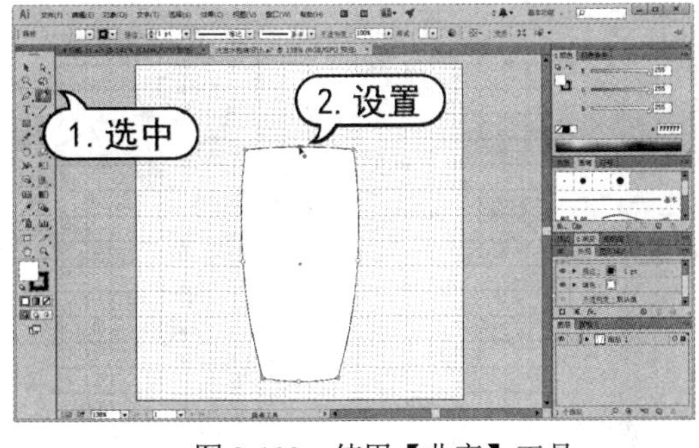

图 2-100　使用【曲率】工具

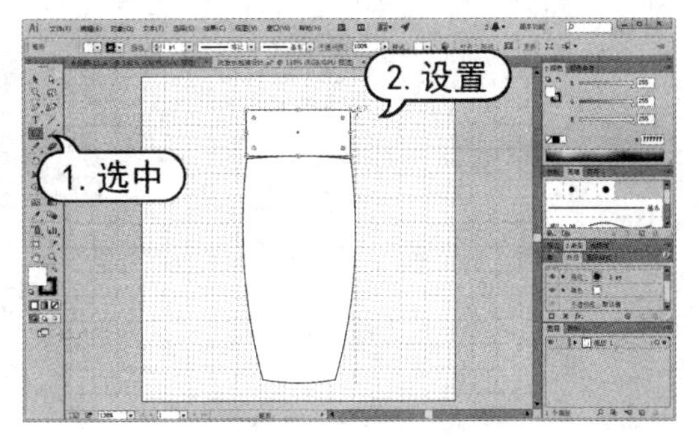

图 2-101　绘制矩形

(7) 使用【自由变换】工具，在显示的浮动工具条中单击【透视扭曲】工具，然后使用工具调整矩形顶部透视效果，如图 2-102 所示。

(8) 选择【曲率】工具在图形四边分别单击并拖动鼠标，调整图形形状，如图 2-103 所示。

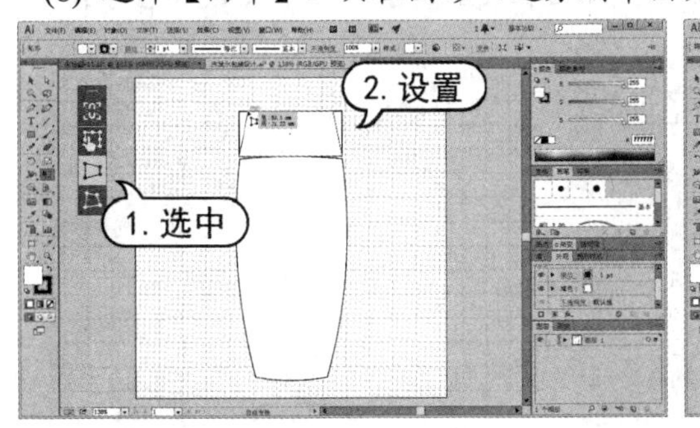

图 2-102　使用【自由变化】工具

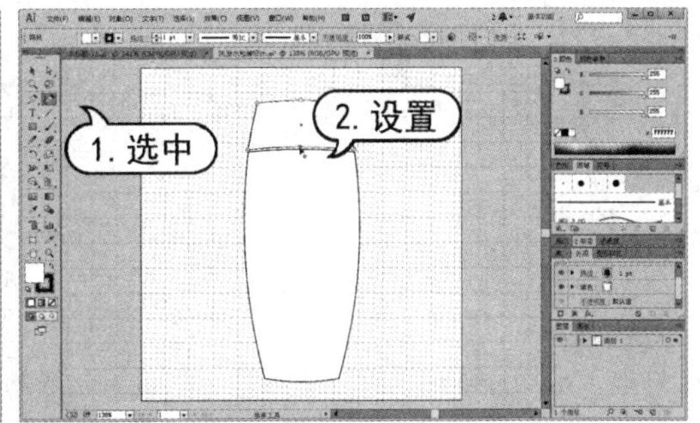

图 2-103　使用【曲率】工具

(9) 使用步骤(6)至步骤(8)的操作方法，绘制并编辑图形，如图 2-104 所示。

(10) 选择【网格】工具在步骤(5)中创建的对象上单击创建网格点，如图 2-105 所示。

(11) 使用【直接选择】工具选中网格中的锚点，然后在【颜色】面板中设置颜色为 R=198 G=198 B=206，如图 2-106 所示。

(12) 使用【直接选择】工具选中网格中的锚点，然后在【颜色】面板中设置颜色为 R=234 G=234 B=236，如图 2-107 所示。

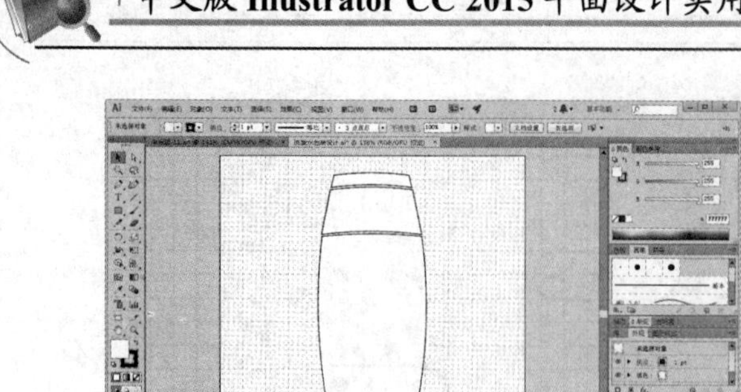

图 2-104　绘制图形

图 2-105　使用【网格】工具

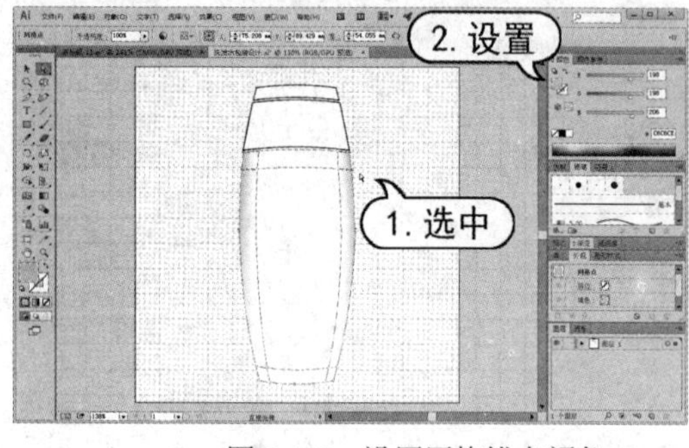

图 2-106　设置网格锚点颜色

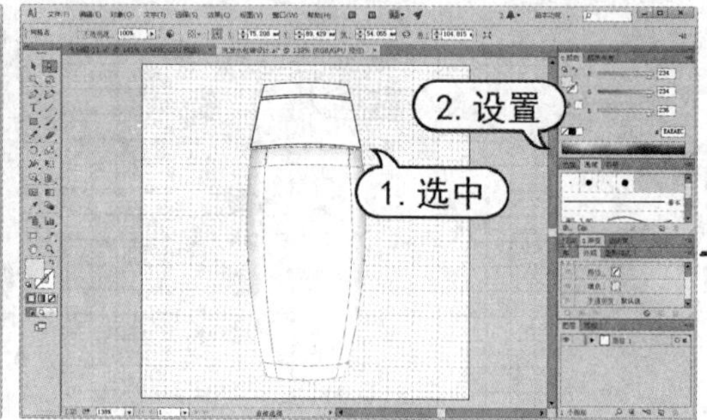

图 2-107　设置网格锚点颜色

(13) 使用【直接选择】工具选中网格中的锚点，然后在【颜色】面板中设置颜色为 R=154 G=153 B=167，如图 2-108 所示。

(14) 使用【直接选择】工具选中网格中的锚点，然后在【颜色】面板中设置颜色为 R=221 G=221 B=221，如图 2--109 所示。

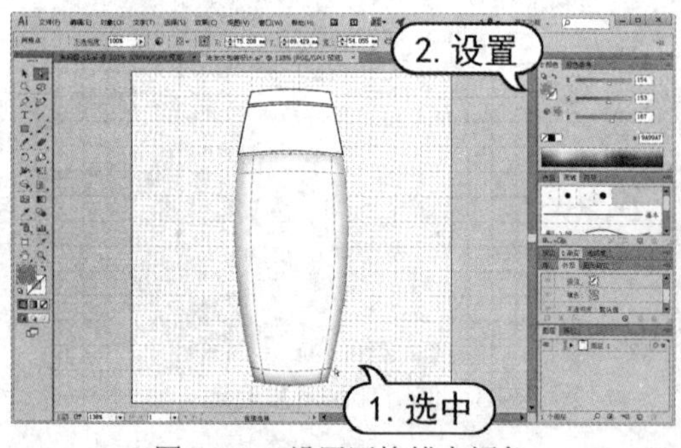

图 2-108　设置网格锚点颜色

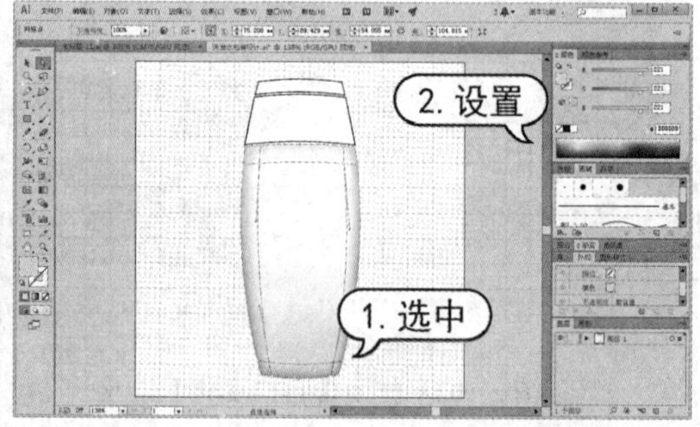

图 2-109　设置网格锚点颜色

(15) 使用【直接选择】工具调整网格锚点的控制柄，调整网格渐变效果，如图 2-110 所示。

(16) 使用【钢笔】工具绘制如图 2-111 所示的形状，并填充白色。

(17) 使用【钢笔】工具绘制如图 2-112 所示的形状，并填充颜色为 R=226 G=226 B=227。

(18) 使用【选择】工具选中步骤(16)和步骤(17)中绘制的图形，并按 Ctrl+G 键进行编组。在编组后的图形对象上右击鼠标，从弹出的菜单中选择【变换】|【对称】命令。在打开的【镜像】对话框中，选中【垂直】单选按钮，然后单击【复制】按钮，如图 2-113 所示。

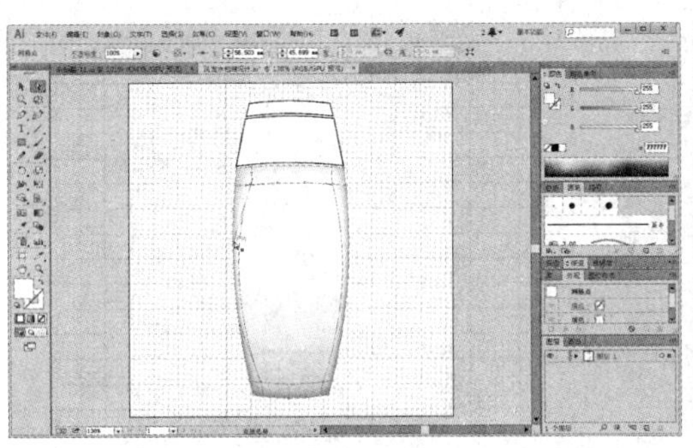

图 2-110　调整网格渐变效果

图 2-111　绘制图形

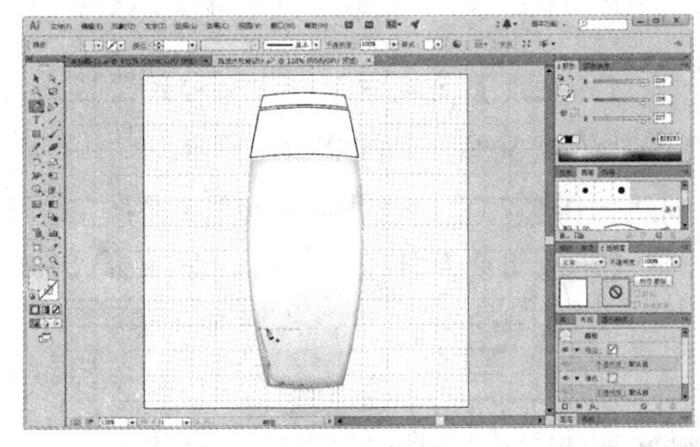

图 2-112　绘制图形

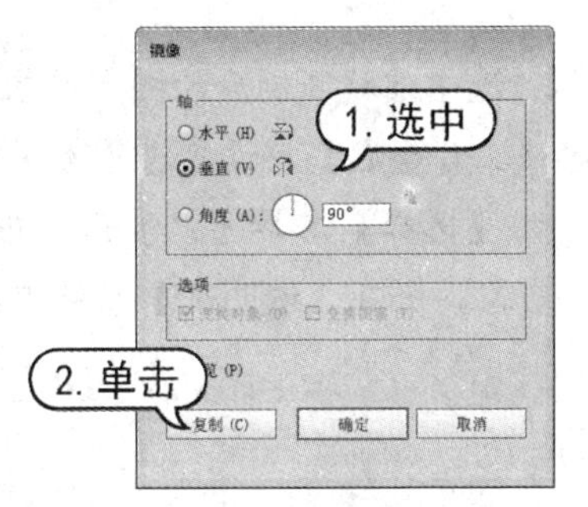

图 2-113　镜像对象

(19) 使用【选择】工具调整镜像复制后的图形对象的位置，然后选中步骤(5)和步骤(18)中绘制的图形，按 Ctrl+G 键进行编组，如图 2-114 所示。

(20) 使用【选择】工具选中步骤(8)中创建的图形对象，将其描边色设置为无，在【渐变】面板中将填充色设置为 R=135 G=189 B=67 至 R=208 G=214 B=47 至 R=104 G=168 B=71 至 R=135 G=189 B=67 的渐变，如图 2-115 所示。

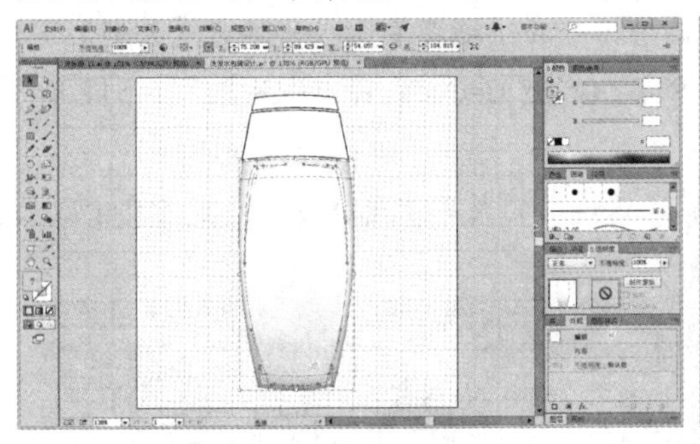

图 2-114　编组对象

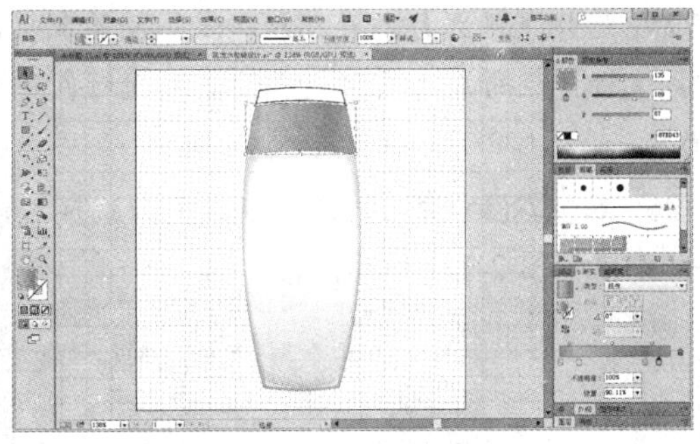

图 2-115　设置渐变填充

(21) 使用【选择】工具选中步骤(9)中创建的图形对象，选择【吸管】工具单击步骤(8)创建的图形对象，复制其填充属性，如图 2-116 所示。

(22) 使用【选择】工具选中步骤(8)中创建的图形对象，单击鼠标右键，从弹出的菜单中选择【变换】|【缩放】命令。在打开的【比例缩放】对话框中设置【等比】数值为 95%，然后单击【复制】按钮，如图 2-117 所示。

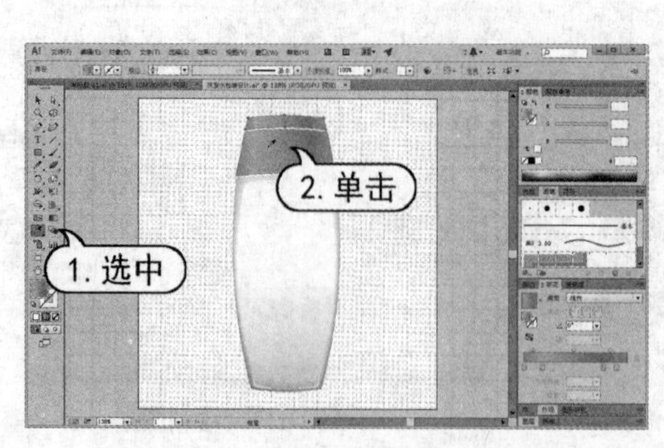

图 2-116　复制填充属性

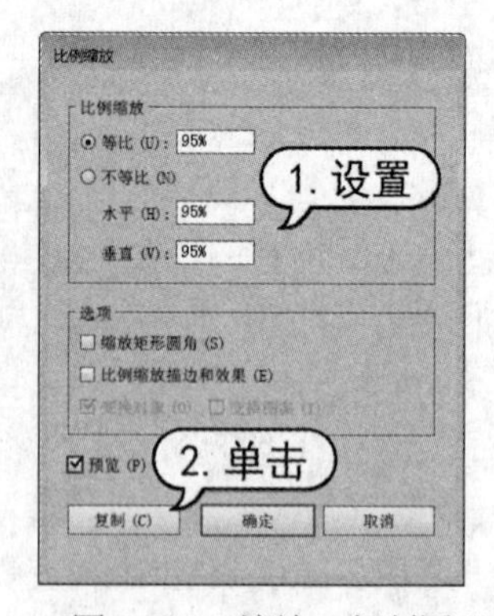

图 2-117　缩放、复制图形

(23) 保持选中缩放复制后的图形对象，在【透明度】面板中单击混合模式按钮，从弹出的列表中选择【正片叠底】，设置【不透明度】数值为 50%，如图 2-118 所示。

(24) 使用【选择】工具选中步骤(9)中创建的图形对象，使用步骤(22)至步骤(23)的操作方法缩放复制对象，并在【透明度】面板中设置【不透明度】数值为 30%，如图 2-119 所示。

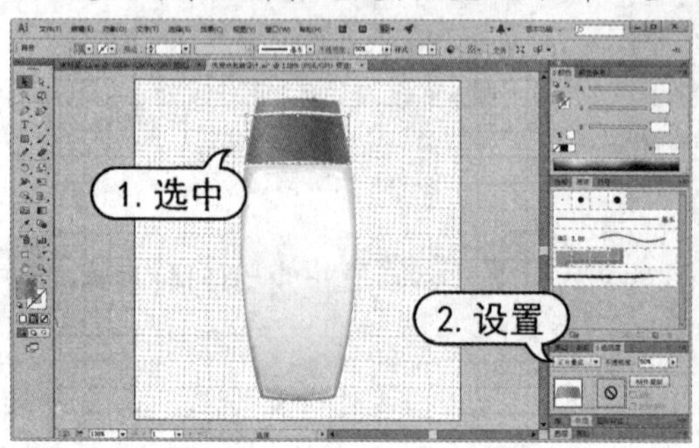

图 2-118　设置复制图形

图 2-119　复制并设置图形

(25) 选择【椭圆】工具在画板上拖动绘制椭圆形，并在【渐变】面板中单击【类型】下拉按钮，选择【径向】选项，然后设置渐变颜色为 R=47 G=68 B=34 至 R=47 G=112 B=54，如图 2-120 所示。

(26) 在步骤(25)绘制的椭圆形上单击鼠标右键，从弹出的菜单中选择【排列】|【置于底层】命令，结果如图 2-121 所示。

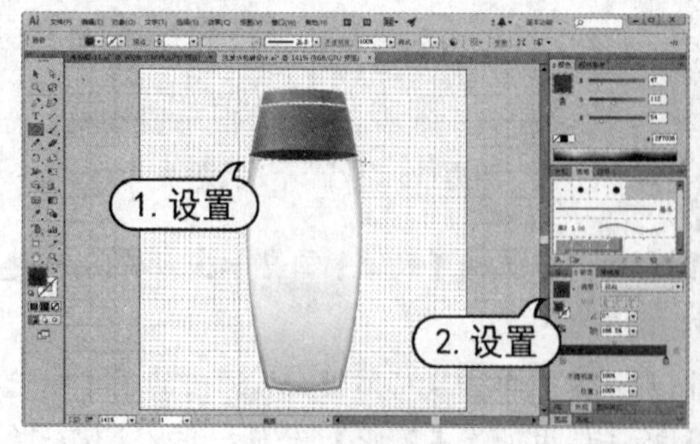

图 2-120　绘制图形

图 2-121　排列图形

(27) 使用【钢笔】工具绘制如图 2-122 所示的图形。

(28) 使用【钢笔】工具绘制如图 2-123 所示的图形，并在【渐变】面板中单击【类型】下拉按钮，选择【线性】选项，然后设置渐变颜色为 R=68 G=154 B=55 至 R=133 G=191 B=35 至 R=68 G=154 B=55。

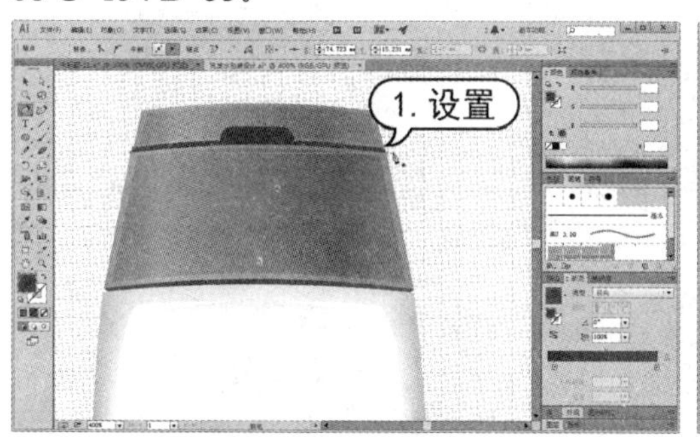

图 2-122　绘制图形

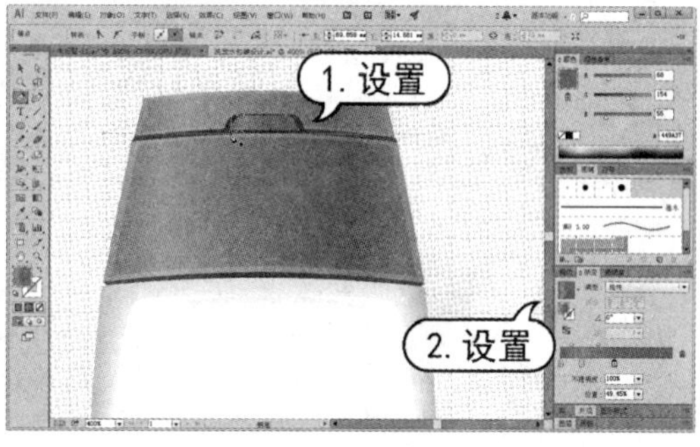

图 2-123　绘制图形

(29) 选择【椭圆】工具在画板上拖动绘制椭圆形，并在【渐变】面板中单击【类型】下拉按钮，选择【径向】选项，设置渐变颜色为 R=185 G=185 B=184 至 R=255 G=255 B=255，然后按 Shift+Ctrl+[键将其置于底层，如图 2-124 所示。

(30) 在【图层】面板中锁定【图层 1】，单击【创建新图层】按钮新建【图层 2】，如图 2-125 所示。

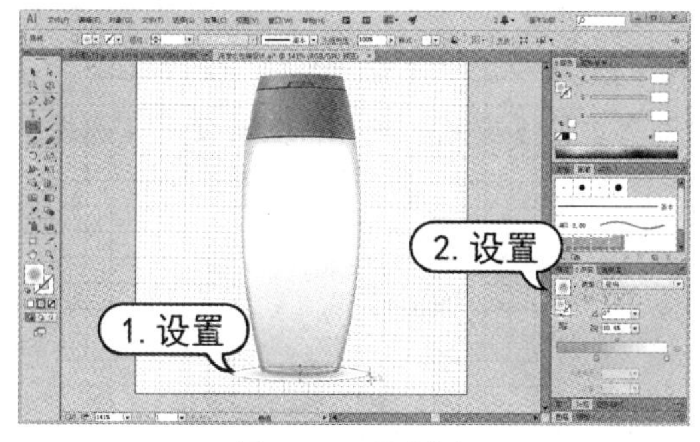

图 2-124　绘制图形

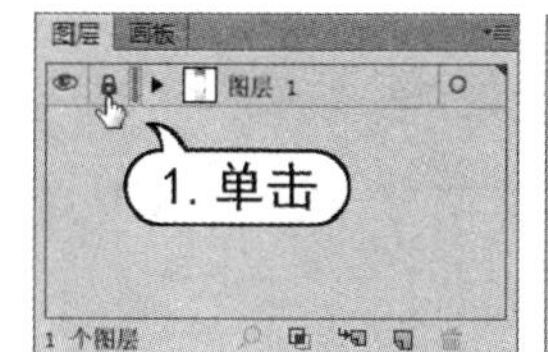

图 2-125　新建图层

(31) 选择【钢笔】工具绘制曲线，并在【颜色】面板中设置描边色为 R=141 G=196 B=72，如图 2-126 所示。

(32) 在【画笔】面板中单击【画笔库菜单】按钮，从弹出的菜单中选择【箭头】|【箭头_标准】命令。在打开的【箭头_标准】面板中，单击【箭头 1.06】画笔样式，如图 2-127 所示。

(33) 复制曲线路径，在【颜色】面板中设置描边色为 R=105 G=169 B=72，并使用【直接选择】工具调整曲线形状，如图 2-128 所示。

(34) 使用【选择】工具选中步骤(31)至步骤(33)创建的对象，按 Ctrl+G 键进行编组。然后在编组对象上单击鼠标右键，从弹出的菜单中选择【变换】|【对称】命令。在打开的【镜像】对话框中，选中【水平】单选按钮，再单击【复制】按钮，如图 2-129 所示。

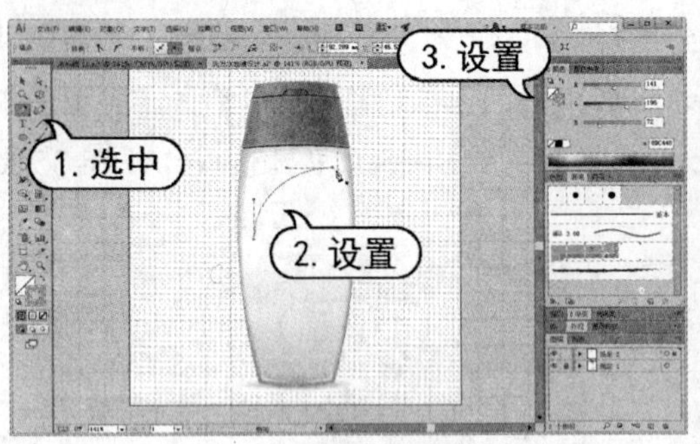

图 2-126　绘制曲线

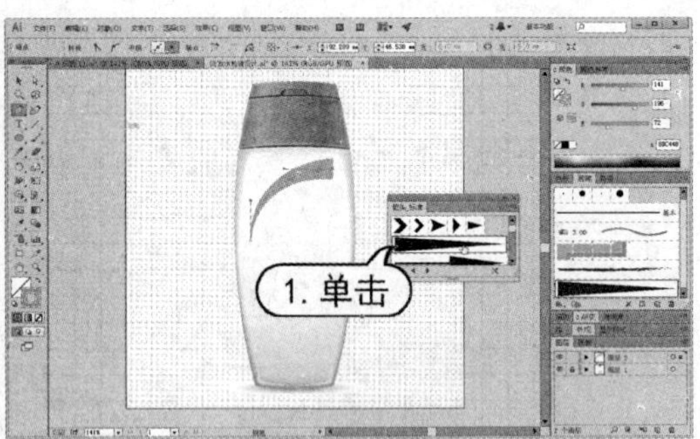

图 2-127　应用画笔样式

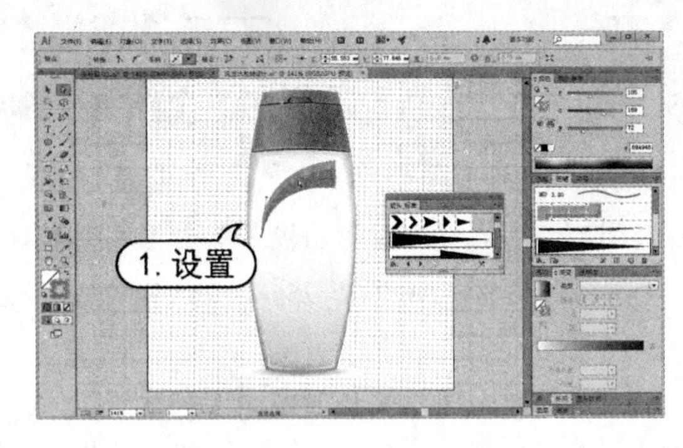

图 2-128　复制并调整曲线

图 2-129　镜像复制对象

(35) 在镜像复制的对象上单击鼠标右键，从弹出的菜单中选择【变换】|【对称】命令。在打开的【镜像】对话框中，选中【垂直】单选按钮，再单击【确定】按钮。然后使用【选择】工具调整编组对象的位置，如图 2-130 所示。

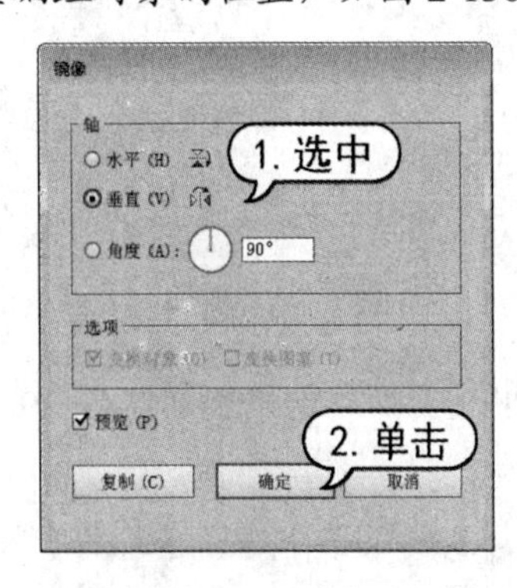

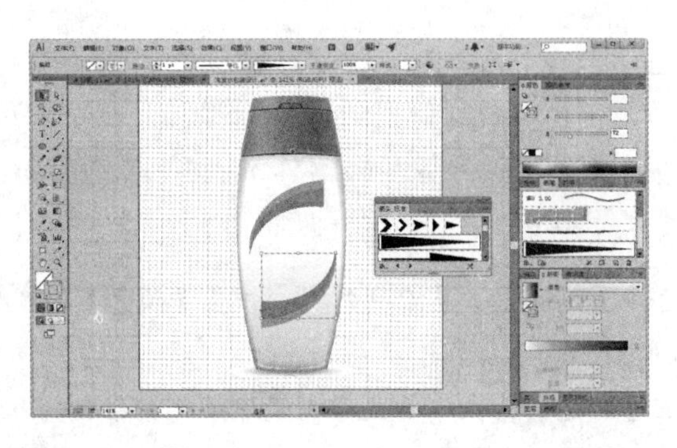

图 2-130　镜像对象

(36) 选择【文件】|【置入】命令，打开【置入】对话框。在对话框中，选中所需要的图形文档，单击【置入】按钮。在画板中单击置入图形，并调整其大小及位置，如图 2-131 所示。

(37) 选择【文字】工具在画板中单击，在选项栏中单击【设置字符系列】下拉按钮，从弹出的列表中选择 Futura Md BT Medium，设置【字体大小】数值为 23pt，在【颜色】面板中设置字体颜色为 R=10 G=90 B=48，然后输入文字内容，如图 2-132 所示。

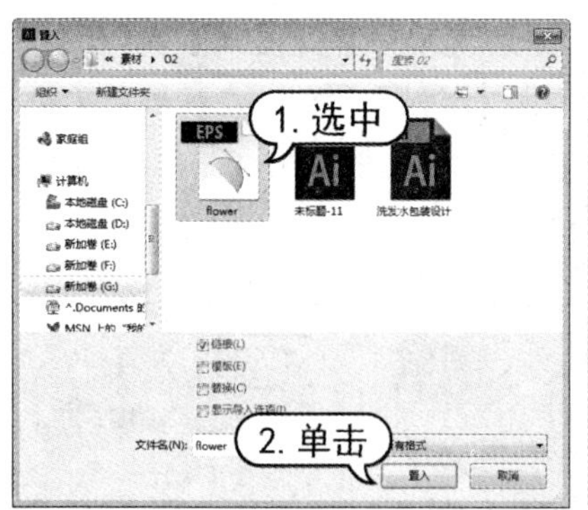

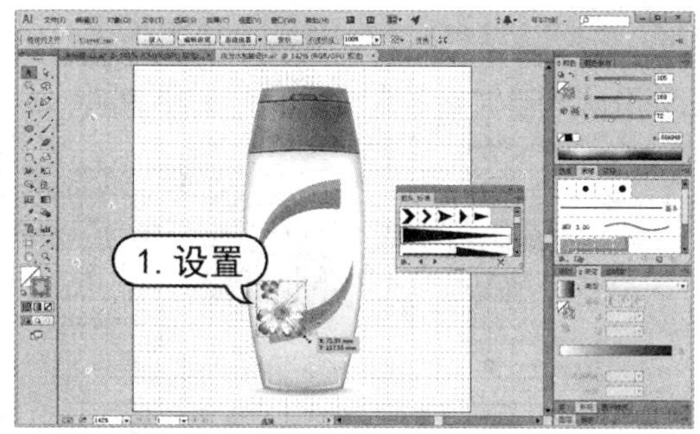

图 2-131　置入图形

(38) 使用【文字】工具在画板中单击，在选项栏中单击【设置字符系列】下拉按钮，从弹出的列表中选择方正粗倩简体，设置【字体大小】数值为 25pt，在【颜色】面板中设置字体颜色为 R=10 G=90 B=48，然后输入文字内容，如图 2-133 所示。

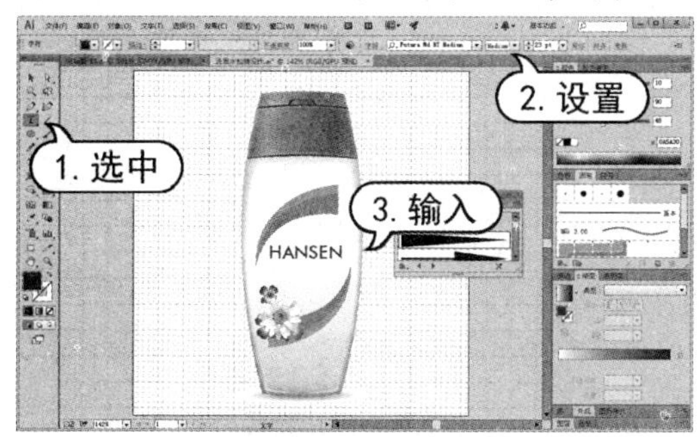

图 2-132　输入文字

图 2-133　输入文字

(39) 使用【文字】工具在画板中单击，在选项栏中单击【设置字符系列】下拉按钮，从弹出的列表中选择黑体，设置【字体大小】数值为 10pt，在【颜色】面板中设置字体颜色为 R=10 G=90 B=48，然后输入文字内容，如图 2-134 所示。

(40) 使用【文字】工具在画板中单击，在选项栏中单击【设置字符系列】下拉按钮，从弹出的列表中选择 Arial，设置【字体大小】数值为 16pt，在【颜色】面板中设置字体颜色为 R=10 G=90 B=48，然后输入文字内容，如图 2-135 所示。

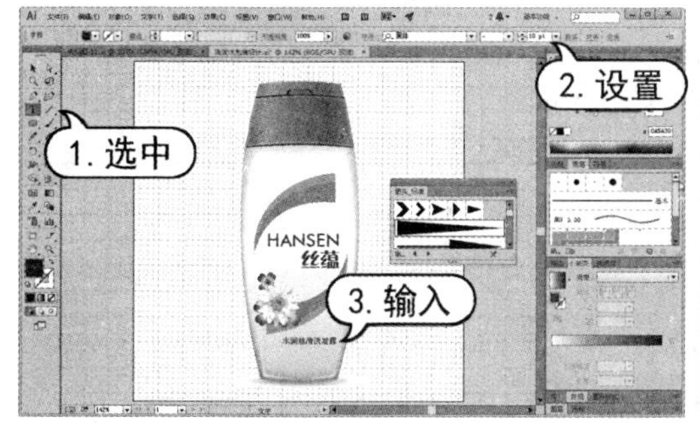

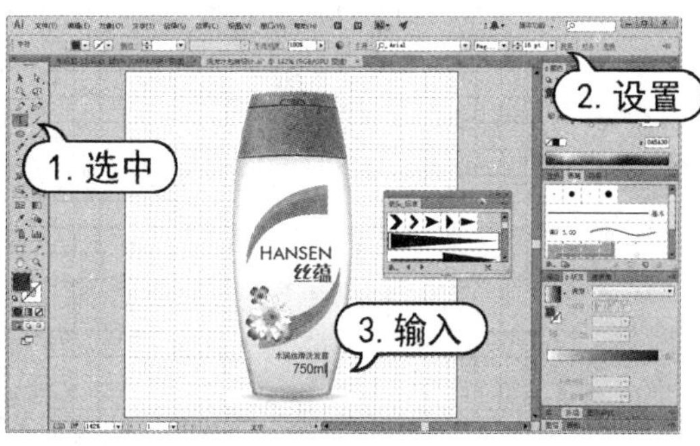

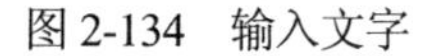

图 2-134　输入文字

图 2-135　输入文字

(41) 在【图层】面板中，选中并解锁【图层 1】。选择【文件】|【置入】命令，打开【置入】对话框。在对话框中，选中所需要的图形文档，单击【置入】按钮。在画板中单击置入的图形，按 Shift+Ctrl+[键将其置于底层，并调整其大小及位置，如图 2-136 所示。

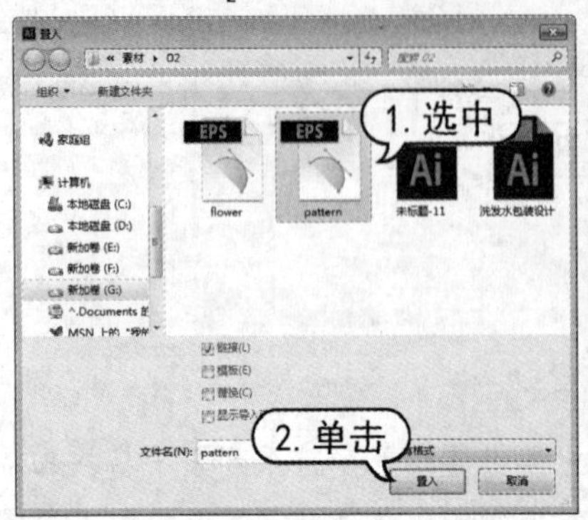

图 2-136　置入并调整图像

2.10　习题

1. 新建图形文档，并在文档中绘制如图 2-137 所示的图标效果。
2. 新建图形文档，并在文档中绘制如图 2-138 所示的包装效果。

图 2-137　图标效果

图 2-138　包装效果

第3章 图形对象的编辑、管理

学习目标

Illustrator 中提供了很多方便对象编辑、管理的工具及命令。用户不仅可以根据需要选择、显示、隐藏、组织对象，以及调整、排列、分布对象等，还可以通过相应的工具及命令对对象进行各种变换操作。

本章重点

- 对象的编辑
- 使用【路径查找器】面板
- 对象的对齐和分布
- 控制对象

3.1 对象的编辑

在 Illustrator 中，对象的编辑操作包括移动、旋转、镜像、缩放、倾斜和变形等。用户除了可以使用菜单中的变换命令和【变换】面板之外，工具箱中还提供了【旋转】工具、【比例缩放】工具、【镜像】工具、【倾斜】工具以及【自由变换】工具等。

3.1.1 对象的选取

在进行编辑操作前都必须选择图形对象，以指定后续操作所针对的对象。因此，Illustrator 提供了多种选取相应图形对象的方法。熟悉图形对象的选择方法才能提高图形编辑操作的效率。

在 Illustrator 的工具箱中有 5 个选择工具，分别是【选择】工具、【直接选择】工具、【编组选择】工具、【魔棒】工具和【套索】工具，它们分别代表不同的功能，并且在不同的情况

下使用。

1. 【选择】工具

使用【选择】工具选择图形有两种方法，一种是使用【选择】工具在路径或图形的任何一处单击，即可将整条路径或者图形选中；另一种是使用【选择】工具在画板中单击并按住鼠标左键拖动一个矩形框框选部分图形，也可将图形选中，如图 3-1 所示。使用【选择】工具选中图形后，就可以拖动鼠标移动图形的位置，还可以通过选中对象的矩形定界框上的控制点缩放、旋转图形。当【选择】工具在未选中图形对象或路径时，光标显示为形状。当使用【选择】工具选中图形对象或路径后，光标变为形状。当【选择】工具靠近一个锚点时，光标显示为形状。

图 3-1　选择图形

2. 【直接选择】工具

【直接选择】工具可以选取成组对象中的一个对象、路径上任何一个单独的锚点或某一路径上的线段，在大部分情况下【直接选择】工具用来修改对象的形状。

当【直接选择】工具放置在未被选中图形或路径上时，光标显示为形状；当【直接选择】工具放置在已被选中的图形或路径上时，光标变为形状。

使用【直接选择】工具选中一个锚点后，这个锚点以实心正方形显示，其他锚点空心正方形显示。如果被选中的锚点是平滑点，则平滑点的控制柄及相邻锚点的控制柄也会显示出来。使用【直接选择】工具拖动控制柄及锚点就可改变曲线形状及锚点位置，也可以通过拖动线段改变曲线形状，如图 3-2 所示。

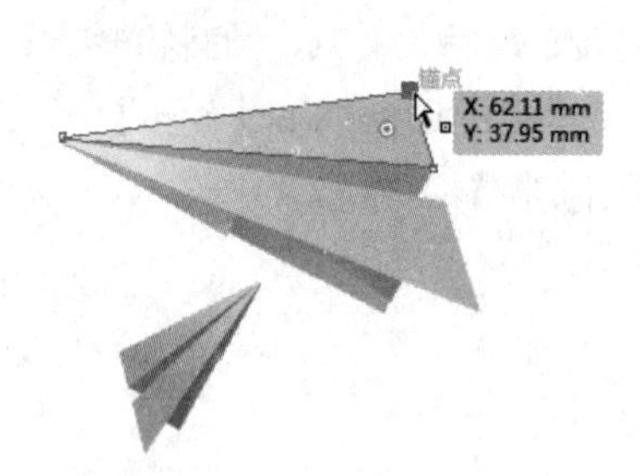

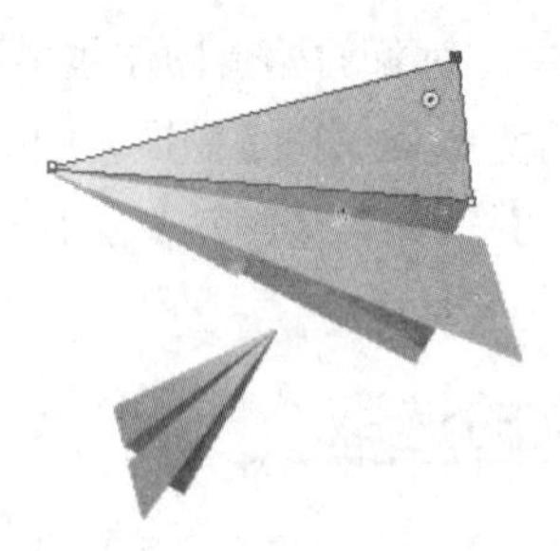

图 3-2　使用【直接选择】工具

3. 【编组选择】工具

有时为了绘制图形方便，会把几个图形进行编组，如果要移动一组图形对象，只需用【选

择】工具选择任意图形，就可以把这一组图形都选中。如果这时要选择其中一个图形，则需要使用【编组选择】工具。在成组的图形中，使用【编组选择】工具单击可选中其中的一个图形，双击鼠标即可选中这一组图形。如果图形是多重成组图形，则每多单击鼠标一次，就可多选择一组图形，如图 3-3 所示。

图 3-3　使用【编组选择】工具

4. 【魔棒】工具

使用【魔棒】工具可以方便地选取具有某种相同或相近属性的对象。对于位置分散的具有某种相同或相近属性的对象，使用【魔棒】工具能够单独选取目标的某种属性，从而使整个具有某种相同或相近的属性的对象全部选中，如图 3-4 所示。该工具的使用方法与 Photoshop 中的【魔棒】工具的使用方法相似，用户利用这一工具可以选择具有相同或相近的填充色、边线色、边线宽度、透明度或者混合模式的图形。

双击【魔棒】工具，可以打开如图 3-5 所示的工具面板，在其中可以设置选取属性。

图 3-4　使用【魔棒】工具

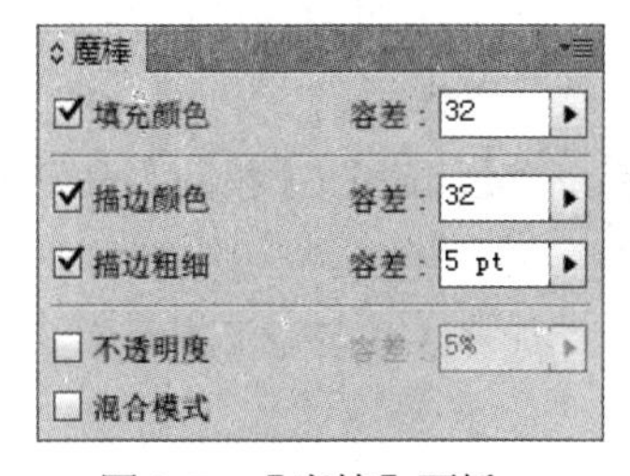

图 3-5　【魔棒】面板

- 【填充颜色】：以填充色为选择基准，其中【容差】的大小决定了填充色选择的范围，数值越大选择范围就越大，反之，范围就越小。
- 【描边颜色】：以边线色为选择基准，其中【容差】的作用同【填充颜色】中【容差】的作用相似。
- 【描边粗细】：以边线色为选择基准，其中【容差】决定了边线宽度的选择范围。
- 【不透明度】：以透明度为选择基准，其中【容差】决定了透明程度的选择范围。
- 【混合模式】：以相似的混合模式作为选择的基准。

5. 【套索】工具

【套索】工具可以通过自由拖动的方式选取多个图形、锚点或者路径片段。使用【套索】

工具勾选完整的一个对象，整个图形即被选中。如果只勾选部分图形，则只选中被勾选的局部图形上的锚点，如图 3-6 所示。

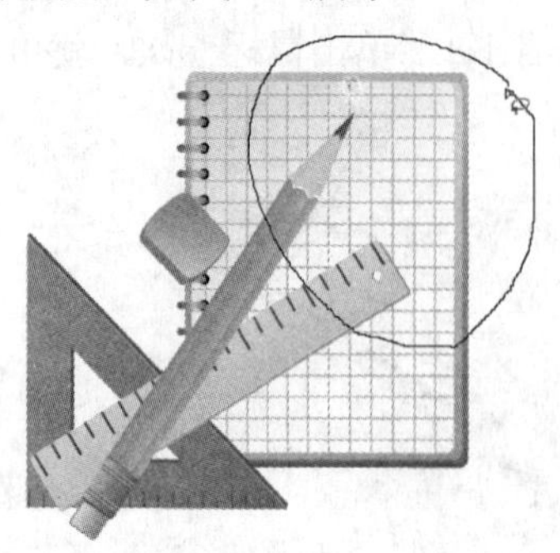
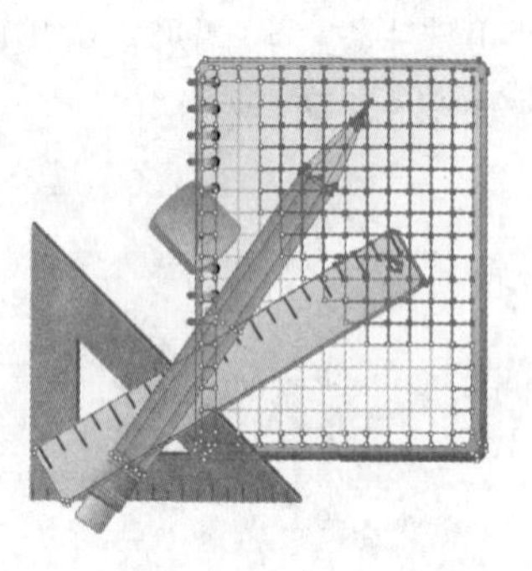

图 3-6　使用【套索】工具

6. 菜单中的选取命令

【选择】菜单下有多个不同的选择命令，如图 3-7 所示。

- 【全部】命令用于全选所有页面内的图形。
- 【现用画板上的全部对象】命令用于选择当前使用页面中的全部图形对象。
- 【取消选择】命令用于取消对页面内的图形的选择。
- 【重新选择】命令用于选择执行【取消选择】命令前的被选择的图形。
- 【反向】命令用于选择当前被选择图形以外的图形。
- 当图形被堆叠时，可通过【选择】|【上方的下一个对象】命令选择当前图形紧邻的上面的图形；选择【选择】|【下方的下一个对象】命令可选择当前图形紧邻的下面的图形。

选择【选择】|【相同】命令或使用属性栏中的【选择类似的对象】，可以自定义根据对象填充色、描边色、描边粗细等属性选择对象。单击属性栏中【选取类似的对象】按钮右侧的，弹出如图 3-8 所示的下拉列表选择对象属性。

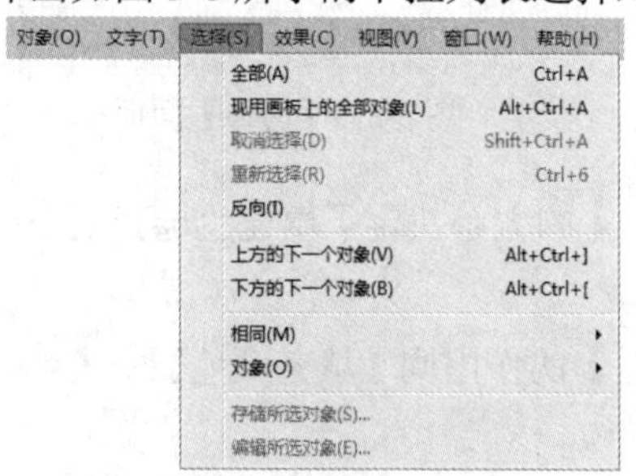

图 3-7　【选择】菜单

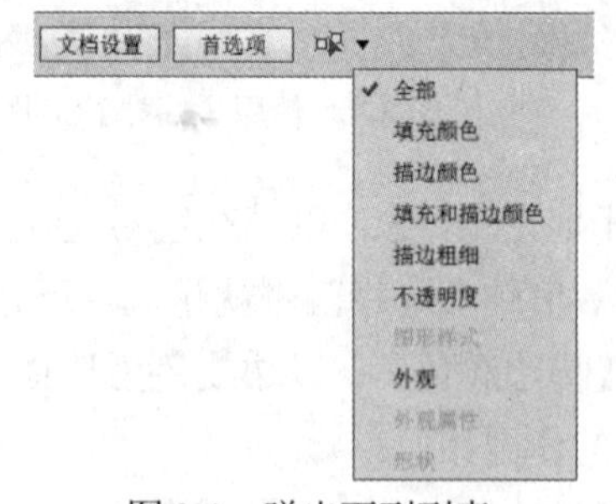

图 3-8　弹出下列列表

3.1.2　移动对象

在 Illustrator 中想要移动对象非常简单，可以使用【选择】工具移动对象，也可以通过【移

动】命令精确移动对象。单击工具箱中的【选择】工具，选中要进行移动的对象，(可以选择单个对象，也可以选择多个对象)，直接拖动到要移动的位置即可，如图 3-9 所示。

如果要微调对象的位置，可以单击工具箱中的【选择】工具选中需要移动的对象，通过按键盘上的上、下、左、右方向键进行调整。在移动的同时按住 Alt 键，可以对相应的对象进行复制。

选择【对象】|【变换】|【移动】命令，或按 Shift+Ctrl+M 键，或双击工具箱中的【选择】工具，在弹出的如图 3-10 所示的【移动】对话框中设置相应的参数，单击【确定】按钮，可以精确地移动对象。

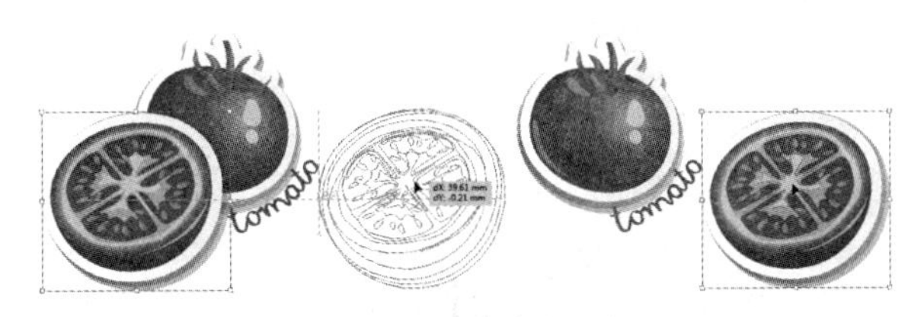

图 3-9　移动图形对象

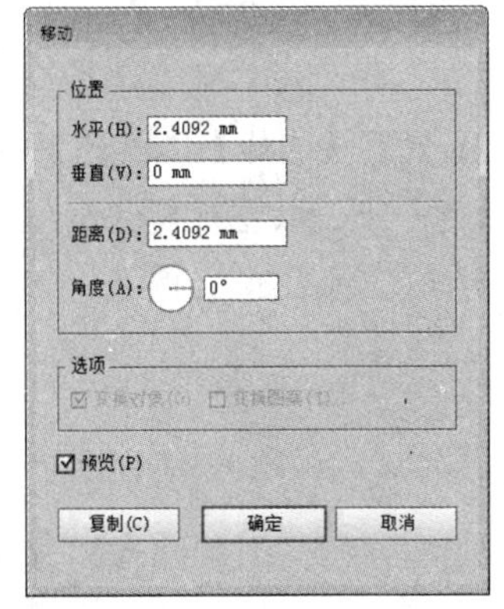

图 3-10　【移动】对话框

- 【水平】选项：在该文本框中输入相应数值，可以定义对象在画板上水平方向的定位位置。
- 【垂直】选项：在该文本框中输入相应数值，可以定义对象在画板上垂直方向的定位位置。
- 【距离】选项：在该文本框中输入相应数值，可以定义对象移动的距离。
- 【角度】选项：在该文本框中输入相应数值，可以定义对象移动的角度。
- 【选项】选项：当对象中填充为图案时，可以通过选中【变换对象】和【变换图案】复选框，定义对象移动的部分。
- 【预览】选项：选中该复选框，可以在进行最终的移动操作前查看相应的效果。
- 【复制】选项：单击该按钮，可以将移动的对象进行复制。

3.1.3　旋转对象

在 Illustrator 中，用户可以直接使用【旋转】工具旋转对象，还可以使用【对象】|【变换】|【旋转】命令，或双击【旋转】工具，打开【旋转】对话框准确设置旋转选中对象的角度，并且可以复制选中对象。

【例 3-1】在 Illustrator 中，使用工具或命令旋转选中的图形对象。

(1) 在工具箱中选择【选择】工具，单击选中需要旋转的对象，然后将光标移动到对象的定界框手柄上，待光标变为弯曲的双向箭头形状时，拖动鼠标即可旋转对象，如图 3-11 所示。

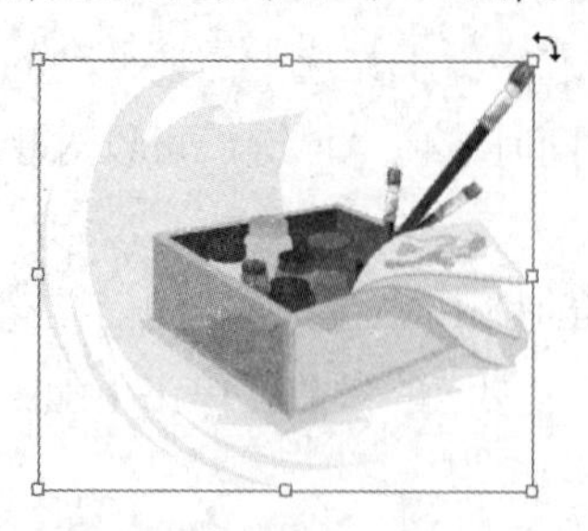
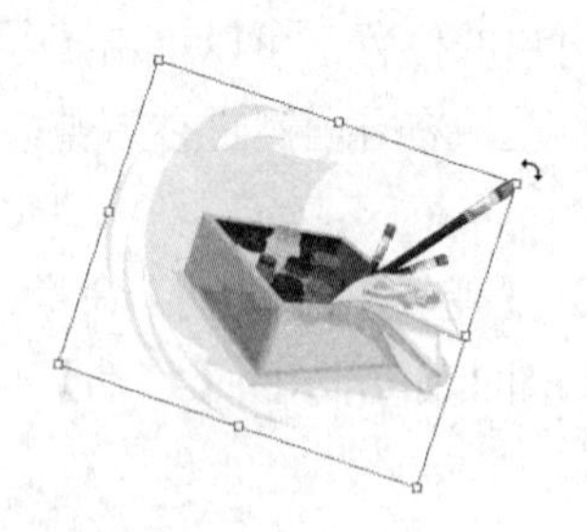

图 3-11　使用【选择】工具旋转对象

(2) 使用【选择】工具选中对象后，选择工具箱中的【旋转】工具，然后单击文档窗口中的任意一点，以重新定位参考点，将光标从参考点移开，并拖动光标作圆周运动，如图 3-12 所示。

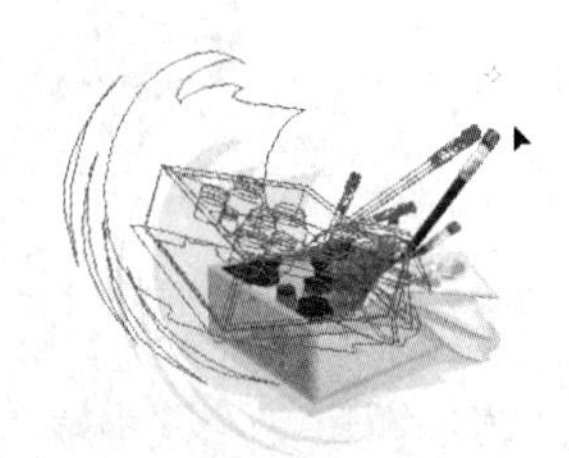

图 3-12　使用【旋转】工具

(3) 选择对象后，选择菜单栏中的【对象】|【变换】|【旋转】命令，或双击【旋转】工具打开【旋转】对话框，在【角度】文本框中输入旋转角度 45°。输入负角度可顺时针旋转对象，输入正角度可逆时针旋转对象。单击【确定】按钮，或单击【复制】按钮以旋转并复制对象，如图 3-13 所示。

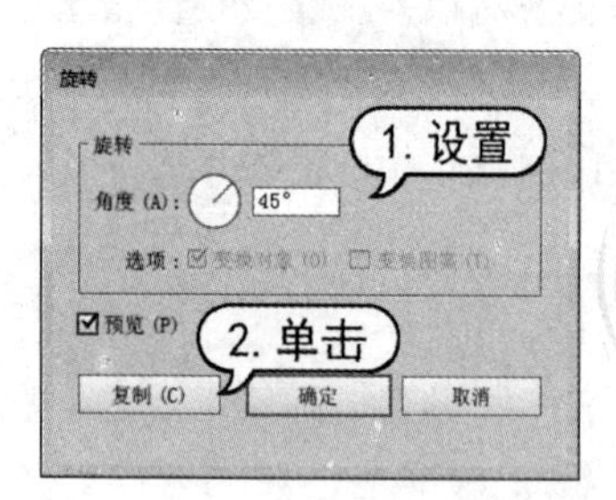

图 3-13　设置【旋转】对话框

提示

如果对象包含图案填充，同时选中【变换图案】复选框以旋转图案。如果只想旋转图案，而不想旋转对象，取消选择【变换对象】复选框。

3.1.4　镜像对象

使用【镜像】工具可以按照镜像轴旋转图形。选择图形后，使用【镜像】工具在页面中

单击确定镜像旋转的轴心，然后按住鼠标左键拖动，图形对象就会沿对称轴做镜像旋转。也可以按住 Alt 键在页面中单击，或双击【镜像】工具，打开【镜像】对话框精确定义对称轴的角度镜像对象。

【例 3-2】在 Illustrator 中，使用工具和命令镜像翻转对象。

(1) 选择菜单栏中的【文件】|【打开】命令，在【打开】对话框中选择打开图形文档。

(2) 选择工具箱中的【选择】工具，单击选中图形对象，然后选择【自由变换】工具，拖动定界框的手柄，使其越过对面的边缘或手柄，直至对象位于所需的镜像位置，如图 3-14 所示。若要维持对象的比例，在拖动角手柄越过对面的手柄时，按住 Shift 键。

图 3-14　使用【自由变换】工具翻转对象

(3) 使用【选择】工具选择对象后，选择工具箱中的【镜像】工具，在文档中任何位置单击，以确定轴上的参考点。当光标变为黑色箭头时，即可拖动对象进行翻转操作，如图 3-15 所示。按住 Shift 键拖动鼠标，可限制角度保持 45°。当镜像轮廓到达所需位置时，释放鼠标左键即可。

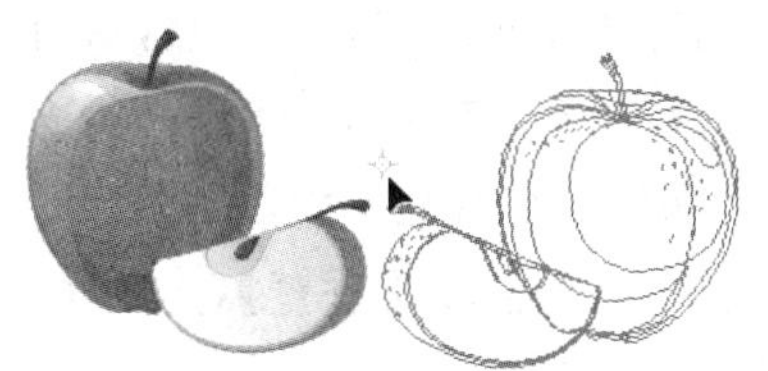

图 3-15　使用【镜像】工具

(4) 使用【选择】工具选择对象后，接着选择【镜像】工具，在文档中任何位置单击，以确定轴上的参考点，再次单击以确定不可见轴上的第二个参考点，所选对象会以所定义的轴为轴进行翻转，如图 3-16 所示。

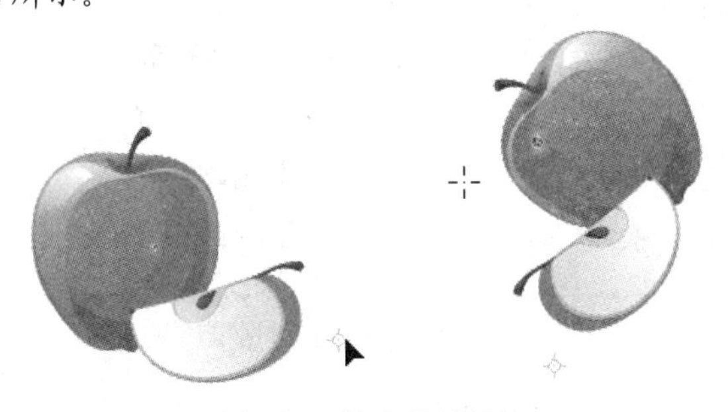

图 3-16　按定义轴翻转

(5) 使用【选择】工具选择对象后，右击鼠标，在弹出的菜单中选择【变换】|【对称】命

令，在打开的【镜像】对话框中输入角度 80°，单击【复制】按钮，即可将所选对象进行镜像并复制，如图 3-17 所示。

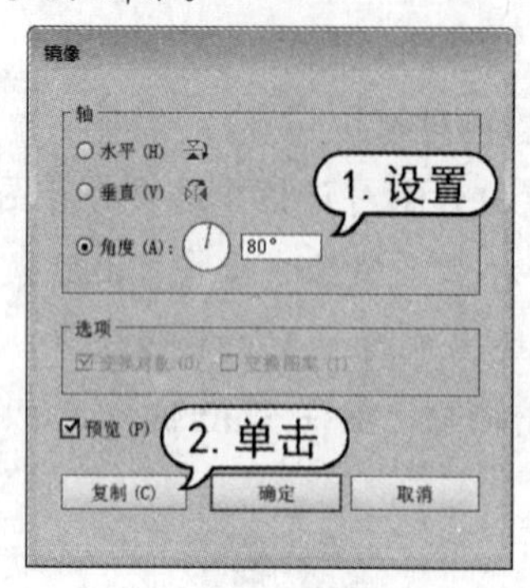

图 3-17　使用【对称】命令

3.1.5　缩放对象

【比例缩放】工具可随时对 Illustrator 中的图形进行缩放，用户不但可以在水平或垂直方向放大和缩小对象，还可以同时在两个方向上对对象进行整体缩放，其操作方法与【旋转】工具类似。

如果要精确控制缩放的角度，在工具箱中选择【比例缩放】工具后，按住 Alt 键，然后在画板中单击鼠标，或双击工具箱中的【比例缩放】工具，打开【比例缩放】对话框，如图 3-18 所示。当选中【等比】单选按钮时，可在【比例缩放】文本框中输入百分比。当选中【不等比】单选按钮时，在下面会出现两个选项，可分别在【水平】和【垂直】文本框中输入水平和垂直的缩放比例。如果选中【预览】复选框就可以看到页面中图形的变化。

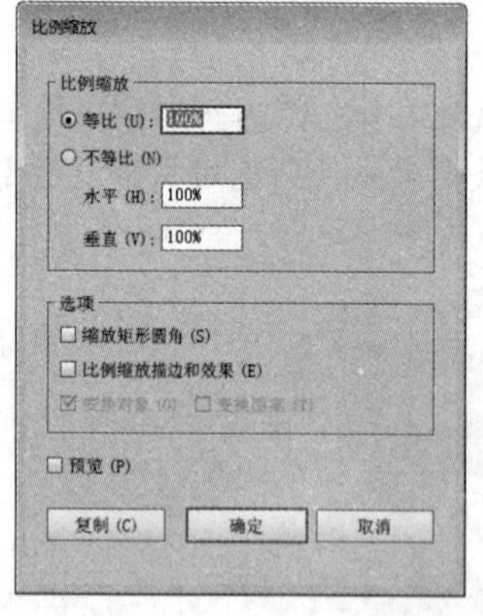

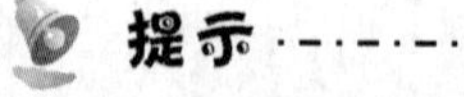

提示

如果图形有描边或效果，并且描边或效果也要同时缩放，则可选中【比例缩放描边和效果】复选框。

图 3-18　【比例缩放】对话框

【例 3-3】在 Illustrator 中，使用工具或命令缩放选中的图形对象。

(1) 选择菜单栏中的【文件】|【打开】命令，在【打开】对话框中选择打开图形文档，如图 3-19 所示。

(2) 默认情况下，描边和效果不能随对象一起缩放。要缩放描边和效果，选择菜单栏中的【编辑】|【首选项】|【常规】命令，在打开的【首选项】对话框中选中【缩放描边和效果】复选框，然后单击【确定】按钮，如图 3-20 示。

图 3-19　打开图形文档

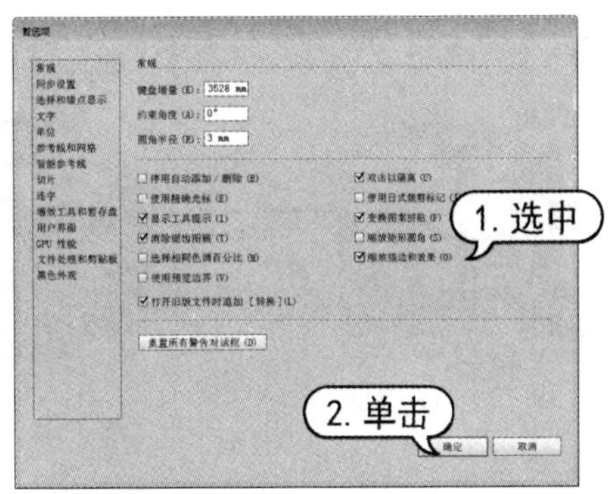

图 3-20　设置首选项

(3) 使用【选择】工具单击选中图形对象，然后选择【缩放】工具，使用鼠标单击文档窗口中要作为参考点的位置，然后将光标在文档中拖动，即可缩放，如图 3-21 所示。若要在对象进行缩放时保持对象的比例，在对角拖动时按住 Shift 键。若要沿单一轴缩放对象，在垂直或水平拖动时按住 Shift 键。

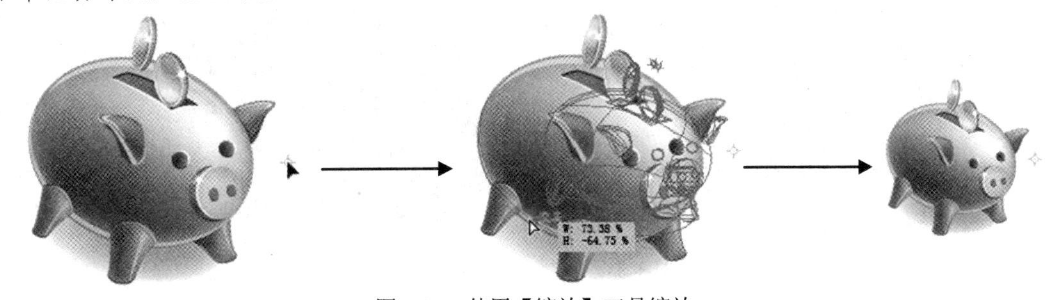

图 3-21　使用【缩放】工具缩放

3.1.6　倾斜对象

【倾斜】工具可以使图形发生倾斜。选择图形后，使用【倾斜】工具在页面中单击确定倾斜的固定点，然后按住鼠标左键拖动即可倾斜变形图形。倾斜的中心点不同，倾斜的效果也不同。拖动的过程中，按住 Alt 键可以倾斜并复制图形对象。

如果要精确定义倾斜的角度，则按住 Alt 键在画板中单击，或双击工具箱中的【倾斜】工具，打开【倾斜】对话框。在对话框的【倾斜角度】文本框中可输入相应的角度值。在【轴】选项组中有 3 个选项，分别为【水平】、【垂直】和【角度】。当选中【角度】单选按钮后，可在后面的文本框中输入相应的角度值。

【例 3-4】在 Illustrator 中，使用工具或命令倾斜对象。

(1) 选择菜单栏中的【文件】|【打开】命令，在【打开】对话框中选择并打开图形文档。

(2) 使用【选择】工具选择对象，接着选择工具箱中的【倾斜】工具，在文档窗口中的任意位置向左或向右拖动，即可沿对象的水平轴倾斜对象，如图 3-22 所示。

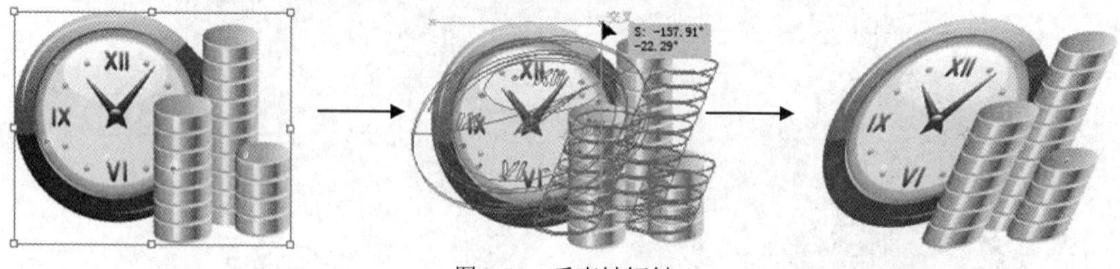

图 3-22　垂直轴倾斜

(3) 使用【选择】工具选中对象后，双击工具箱中的【倾斜】工具，打开【倾斜】对话框。在对话框中设置【倾斜角度】为 45° ，选中【水平】单选按钮，单击【复制】按钮即可倾斜并复制所选对象，如图 3-23 所示。

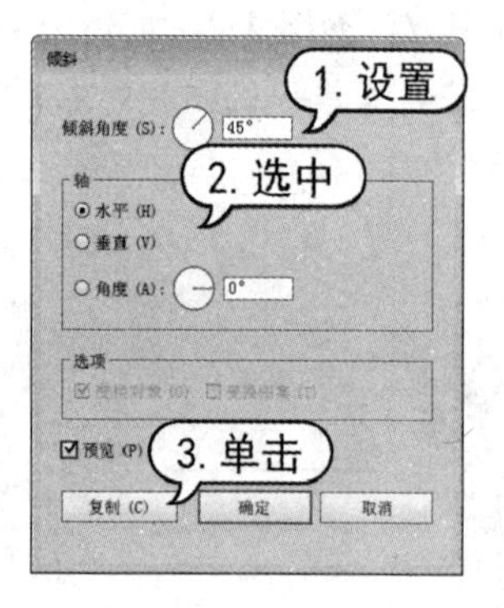

图 3-23　倾斜并复制对象

3.1.7　对象的扭曲变形

使用 Illustrator 中的即时变形工具可以使文字、图像和其他物体的交互变形变得轻松。这些工具的使用和 Photoshop 中的涂抹工具类似。不同的是，使用涂抹工具得到的结果是颜色的延伸，而即时变形工具可以实现从扭曲到极其夸张的变形。

1. 【宽度】工具

【宽度】工具可以变宽笔触并将宽度变量保存为可应用到其他笔触的配置文件。使用【宽度】工具滑过一个笔触时，控制柄将出现在路径上，可以调整笔触宽度、移动宽度点数、复制宽度点数和删除宽度点数，如图 3-24 所示。使用【宽度】工具可以把单一的线条描绘成富于变化的线条，以表达更加丰富的插画效果。

用户可以使用【宽度点数编辑】对话框创建或修改宽度点数。使用【宽度】工具双击笔触，

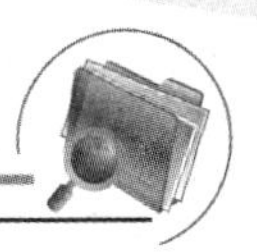

可以在打开如图 3-25 所示的【宽度点数编辑】对话框中编辑宽度点数的值。

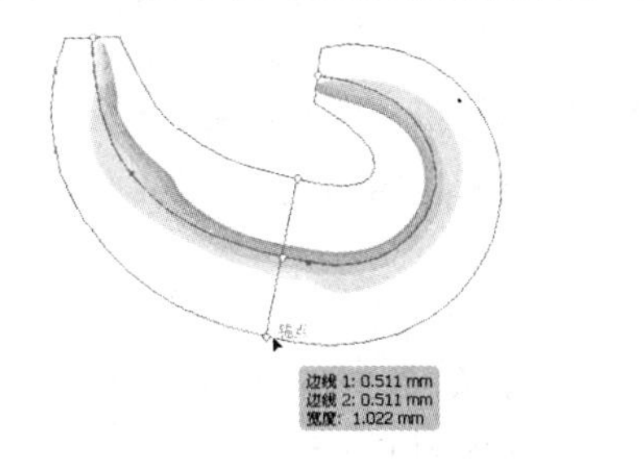

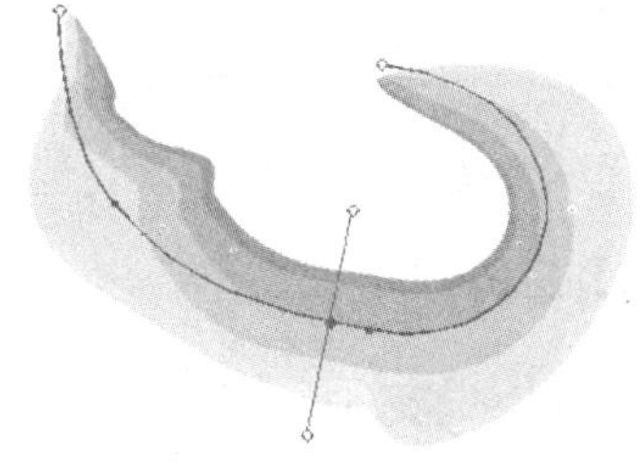

图 3-24　使用【宽度】工具

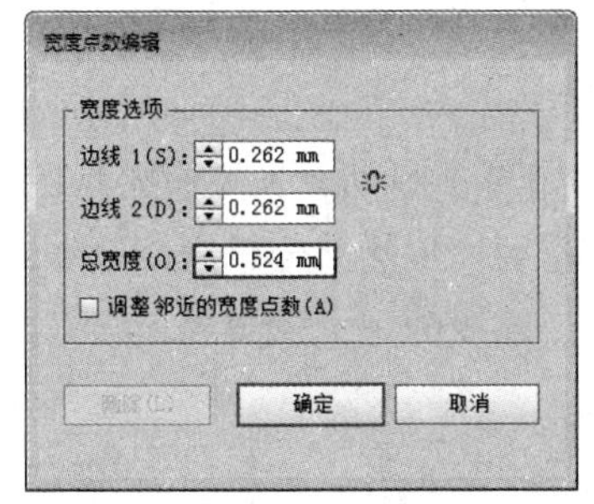

图 3-25　【宽度点数编辑】对话框

提示

在【宽度点数编辑】对话框中，如果选中【调整邻近的宽度点数】复选框，则对已选宽度点数的更改将同样影响邻近的宽度点数。

2. 【变形】工具

【变形】工具能够使对象的形状按照鼠标拖动的方向产生自然的变形，从而可以自由地变换基础图形，如图 3-26 所示。双击工具箱中的【变形】工具，可以打开如图 3-27 所示的【变形工具选项】对话框。

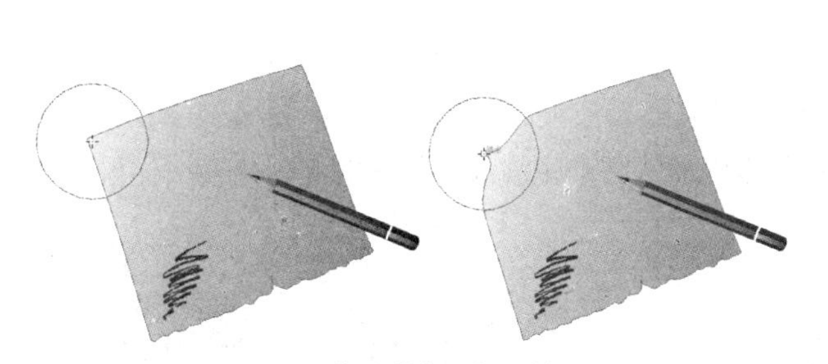

图 3-26　使用【变形】工具

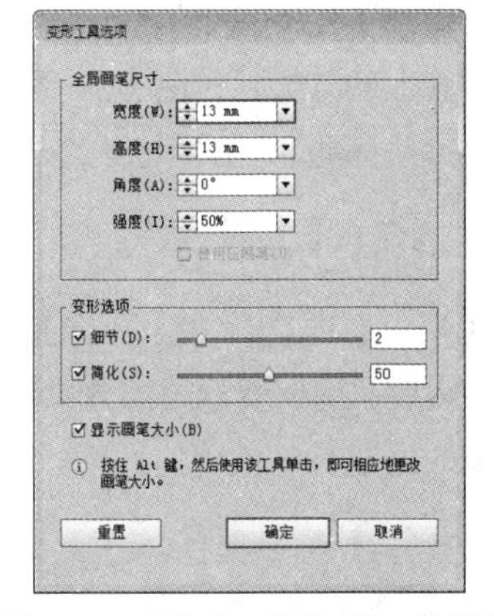

图 3-27　【变形工具选项】对话框

- 【宽度】选项：用于设置变形工具画笔水平方向的直径。
- 【高度】选项：用于设置变形工具画笔垂直方向的直径。
- 【角度】选项：用于设置变形工具画笔的角度。
- 【强度】选项：用于设置变形工具的画笔按压的力度。

- 【细节】选项：用于设置变形工具得以应用的精确程度，设置范围是 1~10，数值越高，表现得越细致。
- 【简化】选项：用于设置变形工具得以应用的简单程度，设置范围是 0.2~100。
- 【显示画笔大小】选项：选中该复选框就会显示应用相应设置的画笔形状。

3. 【旋转扭曲】工具

【旋转扭曲】工具能够使对象形成涡旋的形状，如图 3-28 所示。该工具的使用方法很简单，只要选择该工具，然后在想要变形的部分单击，单击的范围就会产生涡旋。也可以持续按住鼠标左键，按住的时间越长，涡旋的程度就越强。

4. 【缩拢】工具

【缩拢】工具能够使对象的形状产生收缩的效果，如图 3-29 所示。【缩拢】工具和【旋转扭曲】工具的使用方法相似，只要选择该工具，然后在想要变形的部分单击，单击的范围就会产生缩拢。也可以持续按住鼠标左键，按住的时间越长，缩拢的程度就越强。

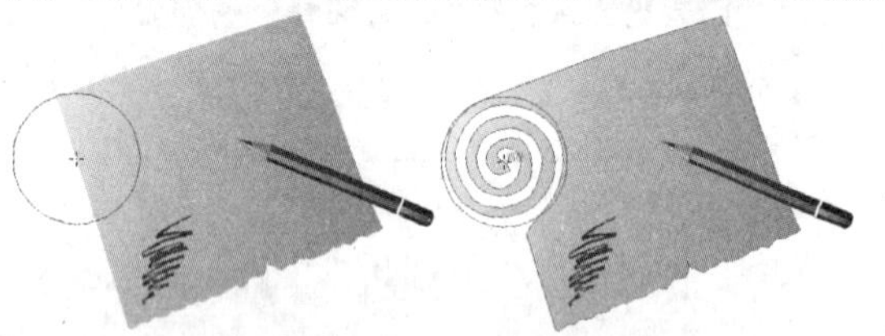

图 3-28　使用【旋转扭曲】工具

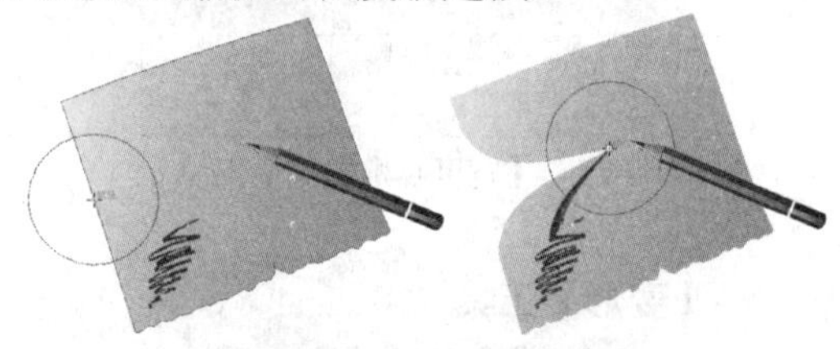

图 3-29　使用【缩拢】工具

5. 【膨胀】工具

【膨胀】工具的作用与【缩拢】工具的作用刚好相反，【膨胀】工具能够使对象的形状产生膨胀的效果，如图 3-30 所示。只要选择该工具，然后在想要变形的部分单击，单击的范围就会产生膨胀。也可以持续按住鼠标左键，按住时间越长，膨胀的程度就越强。

6. 【扇贝】工具

【扇贝】工具能够使对象表面产生贝壳外表波浪起伏的效果，如图 3-31 所示。选择该工具，然后在想要变形的部分单击，单击的范围就会产生波纹效果。也可以持续按住鼠标左键，按住的时间越长，波动的程度就越强。

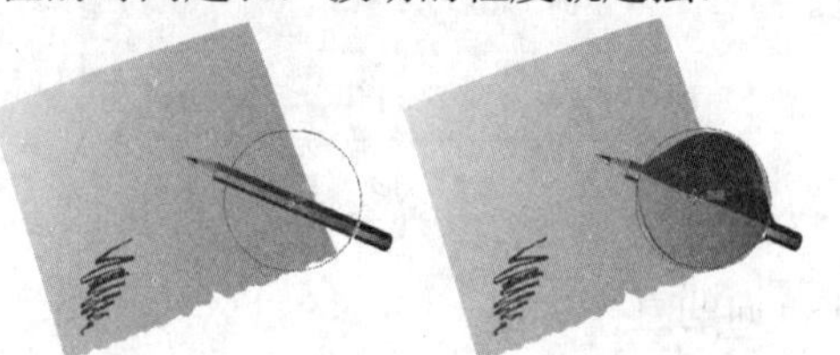

图 3-30　使用【膨胀】工具

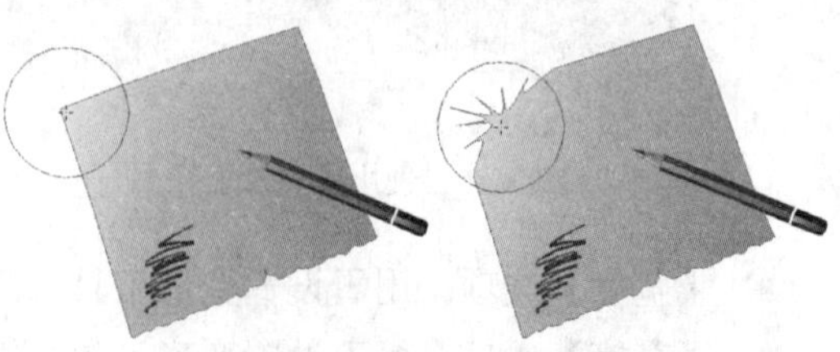

图 3-31　使用【扇贝】工具

7. 【晶格化】工具

【晶格化】工具的作用和【扇贝】工具相反，它能够使对象表面产生尖锐外凸的效果，如图 3-32 所示。选择该工具，然后在想要变形的部分单击，单击的范围就会产生尖锐的凸起效果。也可以持续按住鼠标左键，按住的时间越长，凸起的程度就越强。

8. 【褶皱】工具

【褶皱】工具用来制作不规则的波浪，是改变对象形状的工具，如图 3-33 所示。选择该工具，然后在想要变形的部分单击，单击的范围就会产生波浪。也可以持续按住鼠标左键，按住的时间越长，波动的程度就越强烈。

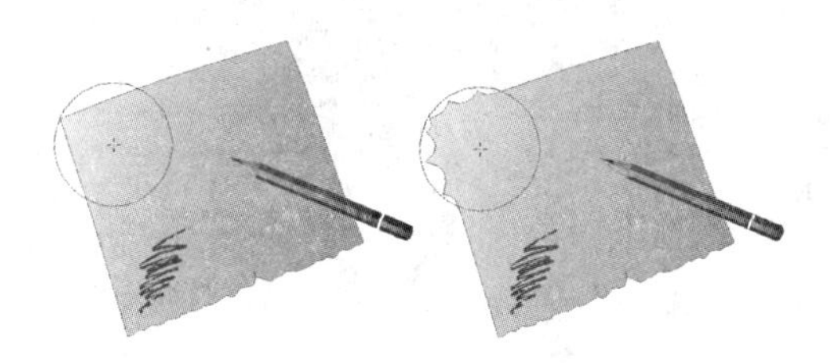

图 3-32　使用【晶格化】工具

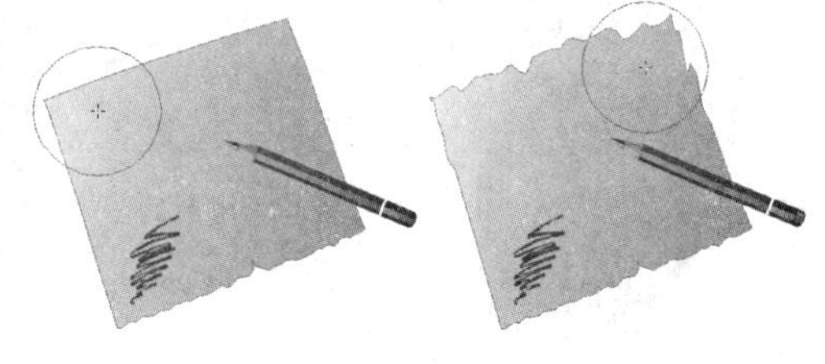

图 3-33　使用【褶皱】工具

知识点

【旋转扭曲】工具、【缩拢】工具、【膨胀】工具、【扇贝】工具、【晶格化】工具和【褶皱】工具的工具选项对话框中的各选项设置和【变形】工具类似。

3.1.8　对象的变换

使用【选择】工具选中图形对象后，只需拖动定界框上的控制点便可进行移动、旋转和缩放等操作。除此之外，还可以使用【自由变换】工具和【变换】面板。

1. 使用【自由变换】工具

使用【自由变换】工具进行移动、旋转和缩放时，操作方法与通过定界框操作基本相同。该工具的不同之处在于其还可以进行斜切、扭曲和透视变换。

使用【选择】工具选中对象后，选择【自由变换】工具，画板中会显示如图 3-34 所示的浮动工具面板，其中包含 4 个按钮。

单击自由变换按钮，单击并拖动位于定界框边缘中央的控制点(光标变为状和状)，可沿水平或垂直方向拉升对象，如图 3-35 所示。

单击并拖动对象定界框边角的控制点(光标变为、、、状)，可动态拉伸对象，如图 3-36 所示。按下【自由变换】工具浮动面板中的【限制】按钮，再拖动边角的控制点时，可进行等比缩放。如果同时按住 Alt 键，还能以中心点为基准进行等比缩放。

图 3-34　使用【自由变换】工具

图 3-35　沿水平或垂直方向拉伸对象

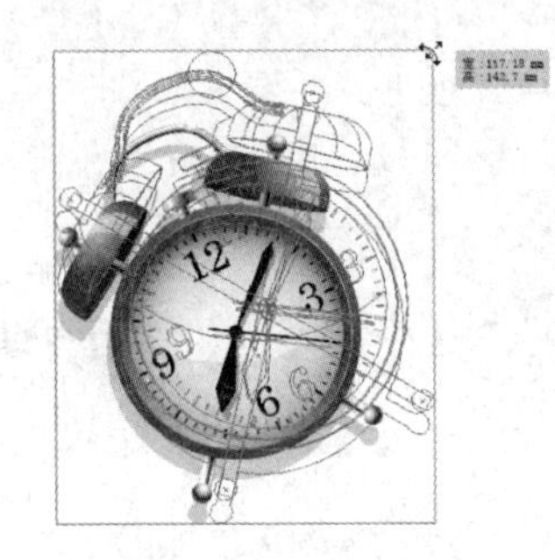

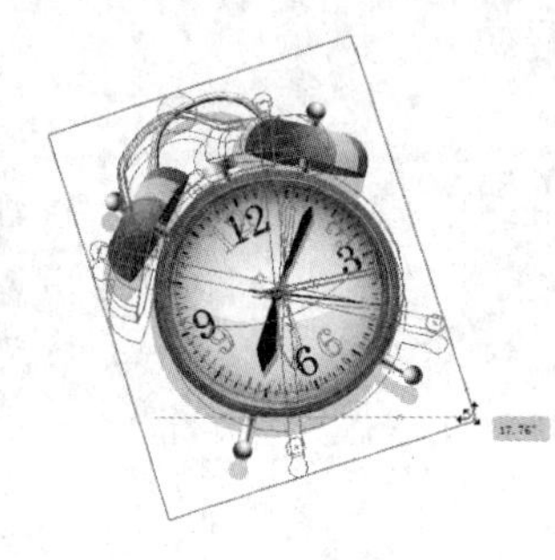

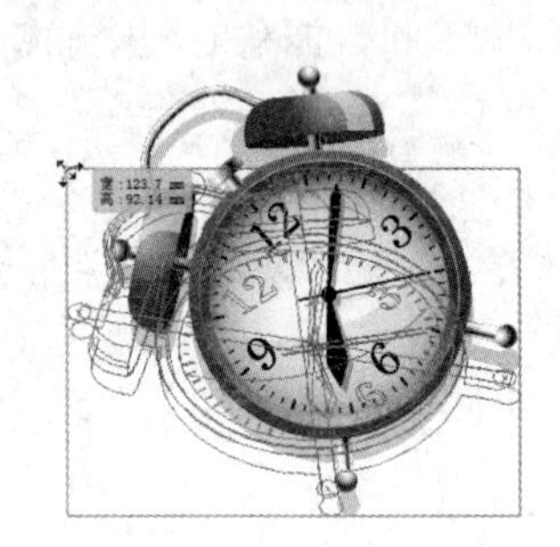

图 3-36　动态拉伸对象

单击【透视扭曲】按钮，单击定界框边角的控制点(光标会变为状)并拖动鼠标，可以进行透视扭曲，如图 3-37 所示。

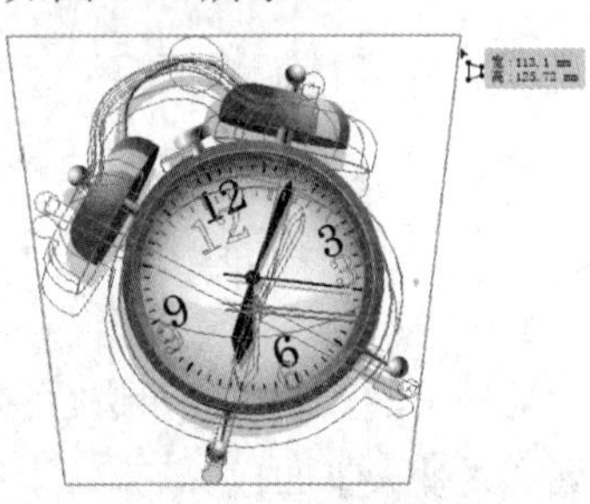

图 3-37　透视扭曲

单击【自由扭曲】按钮，单击定界框边角的控制点(光标会变为状)并拖动鼠标，可以自由扭曲对象，如图 3-38 所示。按住 Alt 键拖动鼠标，则可以产生对称的倾斜效果。

图 3-38　自由扭曲

2. 使用【变换】面板

使用【变换】面板同样可以移动、缩放、旋转和倾斜图形，选择【窗口】|【变换】命令，可以打开如图 3-39 所示的【变换】面板。

面板的【宽】、【高】数值框里的数值分别表示图形的宽度和高度，改变这两个数值框中的数值，图形的大小也会随之发生变化。面板底部的两个数值框分别表示旋转角度值和倾斜的角度值，在这两个数值框中输入数值，可以旋转和倾斜选中的图形对象。面板中间会根据当前选取图形对象显示其属性设置选项。

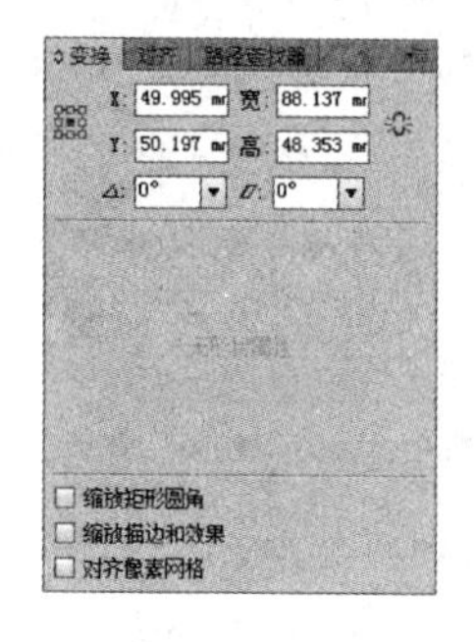

图 3-39　【变换】面板

知识点

面板左侧的图标表示图形外框。选择图形外框上不同的点，它后面的 X、Y 数值表示图形相应点的位置。同时，选中的点将成为后面变形操作的中心点。

【例 3-5】在 Illustrator 中，使用【变换】面板调整图形对象。

(1) 使用【选择】工具选中图形对象后，选择菜单栏中的【窗口】|【变换】命令，显示【变换】面板。在【变换】面板中，单击面板中的参考点定位器右上角的白色方块，使对象围绕其参考点旋转，如图 3-40 所示。

(2) 在【变换】面板的【角度】数值框中输入旋转角度 30°，如图 3-41 所示。

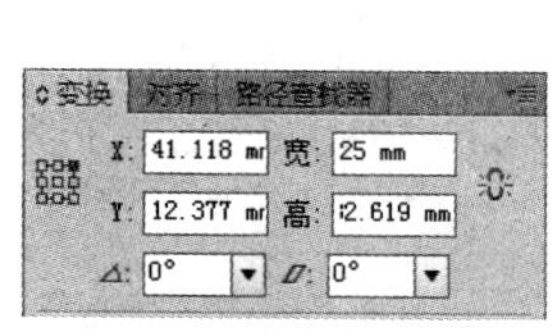

图 3-40　设置参考点

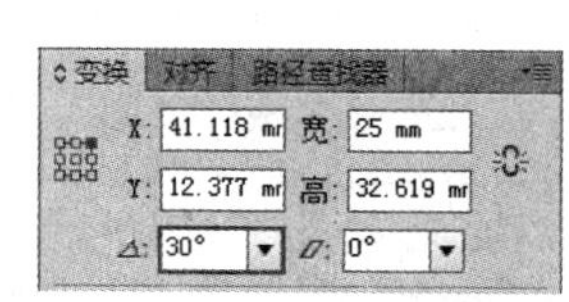

图 3-41　设置旋转角度

(3) 在【变换】面板中，单击锁定比例按钮保持对象的比例。单击参考点定位器中央的白色方块，更改缩放参考点。然后在【宽】框中输入新值，即可缩放对象，如图 3-42 所示。

(4) 在【变换】面板的【倾斜】文本框中输入一个值，即可倾斜对象，如图 3-43 所示。

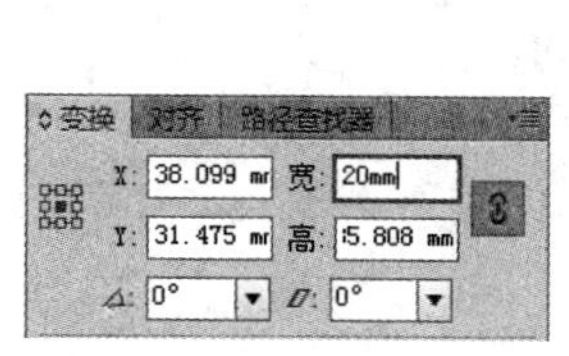

图 3-42　缩放对象

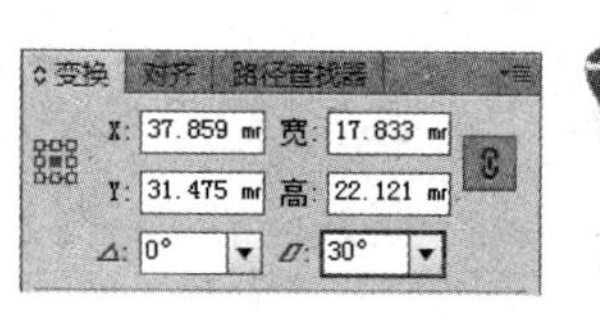

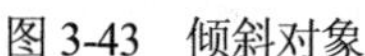

图 3-43　倾斜对象

4. 再次变换

在 Illustrator 中，还可以进行重复的变换操作，软件会默认所有的变换设置，直到选择不同的对象或指向不同的命令任务为止。选择【对象】|【变换】|【再次变换】命令时，还可以对对象进行变换复制操作，可以按照一个相同的变换操作复制一系列的对象。用户也可以按快捷键 Ctrl+D 键应用相同的变换操作。

【例 3-6】在 Illustrator 中，使用【再次变换】命令制作图形对象。

(1) 使用【钢笔】工具绘制一个三角形，并在【颜色】面板中设置描边填色为无，填色为 C=60 M=0 Y=3 K=0，如图 3-44 所示。

(2) 使用【选择】工具选中三角形，选择【镜像】工具按 Alt 键单击三角形底部的锚点，打开【镜像】对话框。在对话框中选中【垂直】单选按钮，然后单击【复制】按钮，如图 3-45 所示。

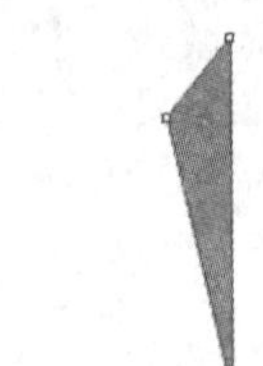

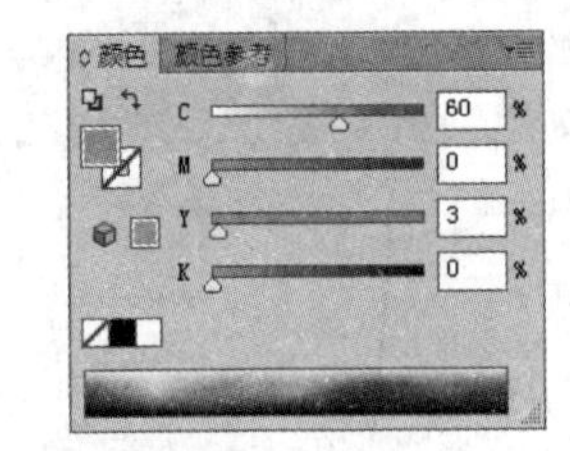

图 3-44 绘制图形

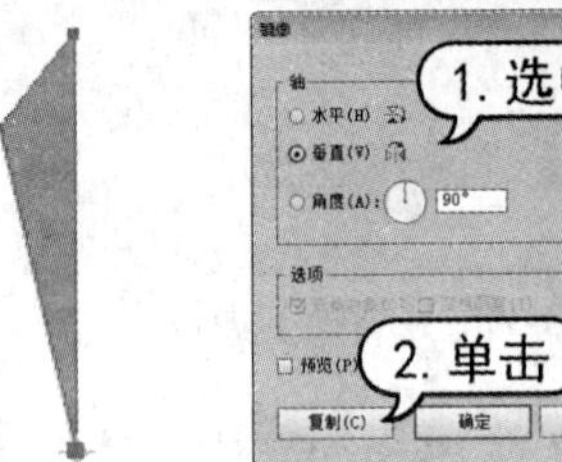

图 3-45 镜像图形

(3) 在【颜色】面板中，设置复制的三角形填色为 C=65 M=50 Y=0 K=0，如图 3-46 所示。

(4) 使用【选择】工具选中两个三角形，按 Ctrl+G 键进行编组。选择【旋转】工具按 Alt 键单击编组图形底部的锚点，打开【旋转】对话框。在对话框中设置【角度】数值为 30°，然后单击【复制】按钮，如图 3-47 所示。

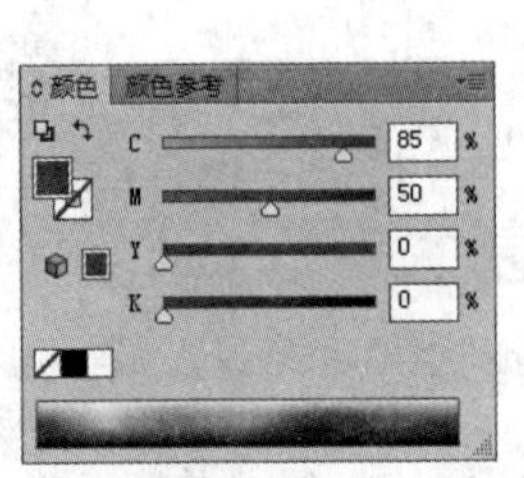

图 3-46 调整图形

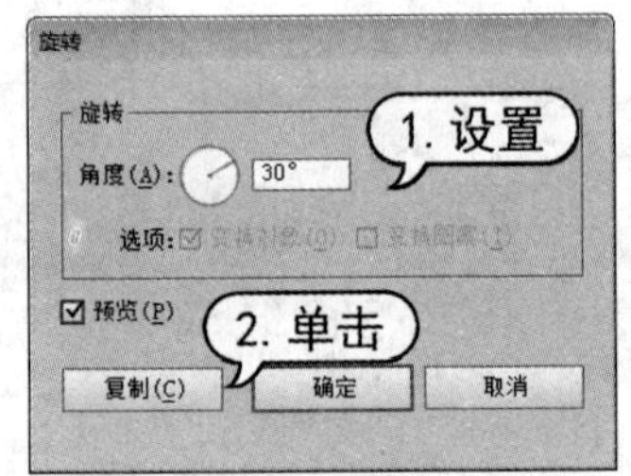

图 3-47 旋转图形

(5) 多次按 Ctrl+D 键重复执行【再次变换】命令，得到一组如图 3-48 所示的图形。

图 3-48 变换图形

5. 分别变换

选中多个对象时，如果直接进行变换操作，则是将所选对象作为一个整体进行变换，而用【分别变换】命令则可以对所选的对象以各自中心点进行分别变换，如图 3-49 所示。

选择【对象】|【变换】|【分别变换】命令，打开如图 3-50 所示的【分别变换】对话框，可以对【缩放】、【移动】【旋转】等参数进行设置。

图 3-49　分别变换

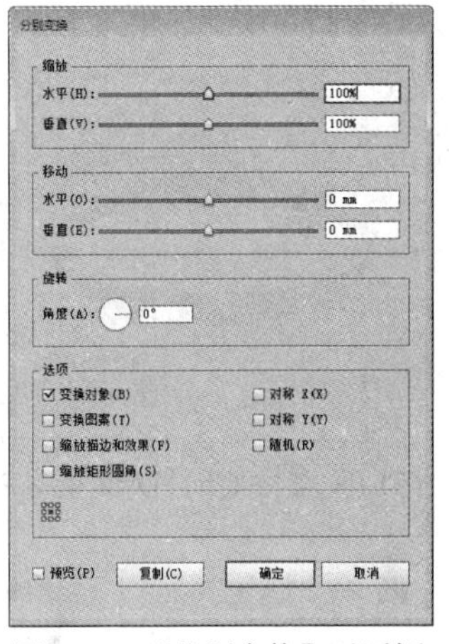

图 3-50　【分别变换】对话框

提示

在【分别变换】对话框中可以设置水平和垂直的缩放比例，另外还可以设置水平和垂直方向的移动距离，以及对象的旋转角度。选择【对称 X】和【对称 Y】复选框时，可基于 X 轴或 Y 轴镜像对象。选择【随机】复选框，则可在指定的变换数值内随机变换对象。

【例 3-7】在 Illustrator 中，使用【分别变换】命令制作图形对象。

(1) 使用【椭圆】工具，按 Alt 键在页面中绘制两个椭圆形，如图 3-51 所示。

(2) 使用【选择】工具选中两个椭圆形，选择【窗口】|【路径查找器】命令，打开【路径查找器】面板。并在面板中单击【减去顶层】按钮，如图 3-52 所示。

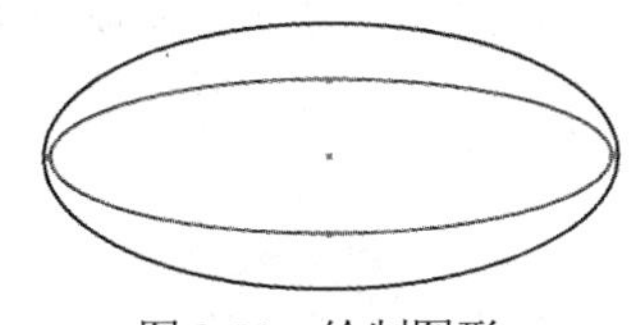

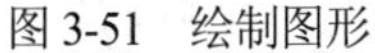

图 3-51　绘制图形

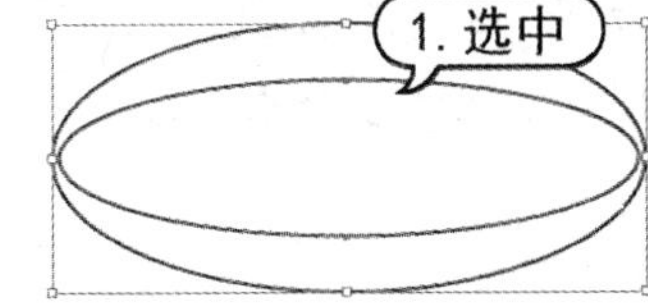

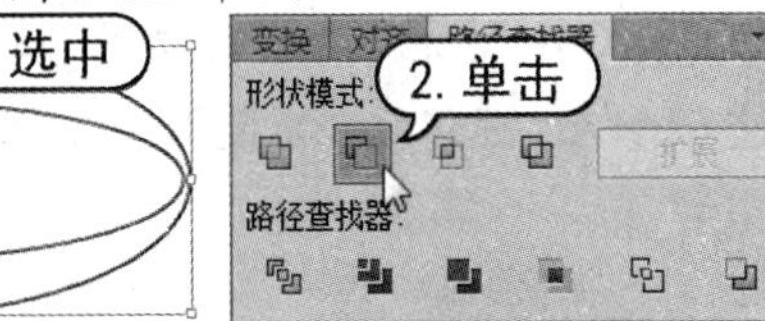

图 3-52　减去顶层对象

(3) 在【颜色】面板中，设置编辑后的图形的描边填色为无。在【渐变】面板中，单击填色框，再单击渐变填色框，然后设置填色为 C=0 M=45 Y=83 K=0 至 C=15 M=100 Y=100 K=0 的渐变，如图 3-53 所示。

(4) 使用【选择】工具在图形对象上单击鼠标右键，在弹出的菜单中选择【变换】|【分别变换】命令，打开【分别变换】对话框。在对话框中，设置变换参考中心点为右下角，在【缩

放】选项组中设置【水平】数值为 95%，【垂直】数值为 80%，设置旋转【角度】数值为-30°，然后单击【复制】按钮，如图 3-54 所示。

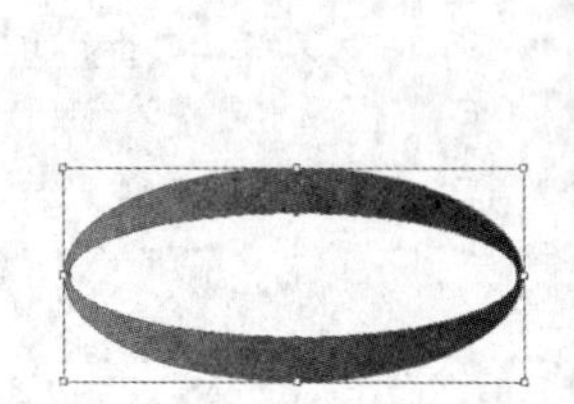

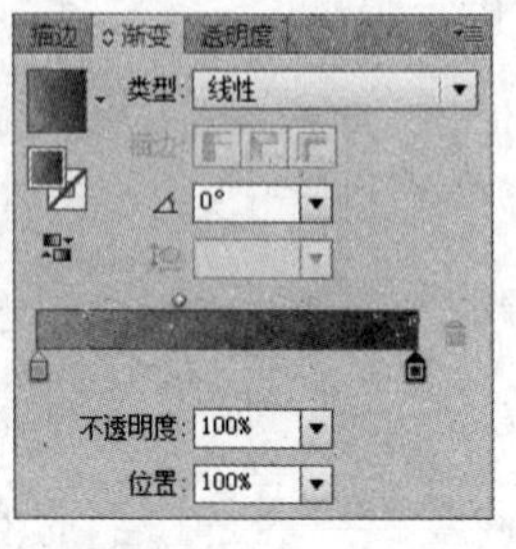

图 3-53　填充图形

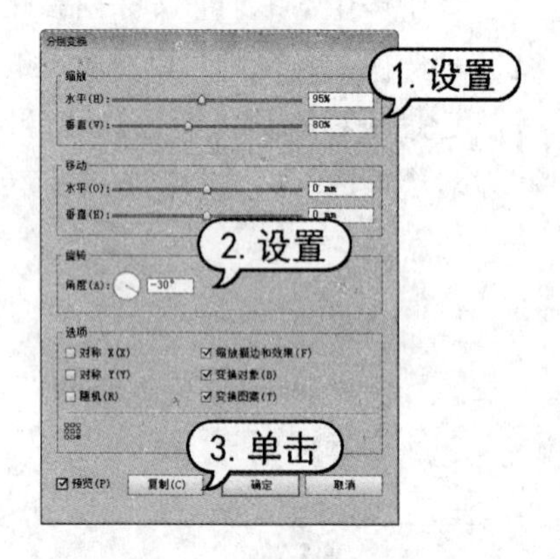

图 3-54　变换图形

(5) 多次按 Ctrl+D 键重复执行【再次变换】命令，得到一组如图 3-55 所示的图形。

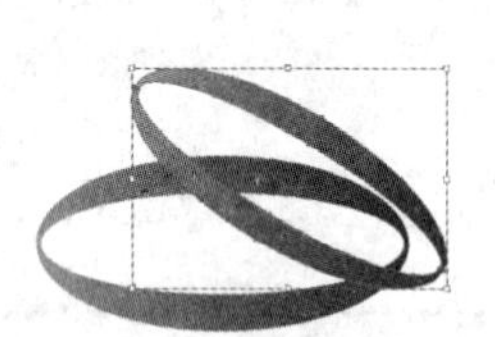

图 3-55　再次变换图形

3.1.9　复制、粘贴对象

在绘制图形的过程中经常会出现重复的图形对象。在 Illustrator 中无须重复创建对象，选中对象进行复制、粘贴操作即可。通过【复制】命令可以快捷地制作出多个相同的对象。选择要复制的对象后，选择【编辑】|【复制】命令或按 Ctrl+C 键，即可将其复制。选择【编辑】|【粘贴】命令或按 Ctrl+V 键，即可将复制的对象粘贴到当前画板中。用户也可以在选中要复制对象后，按住 Ctrl+Alt 键移动并复制对象，如图 3-56 所示。

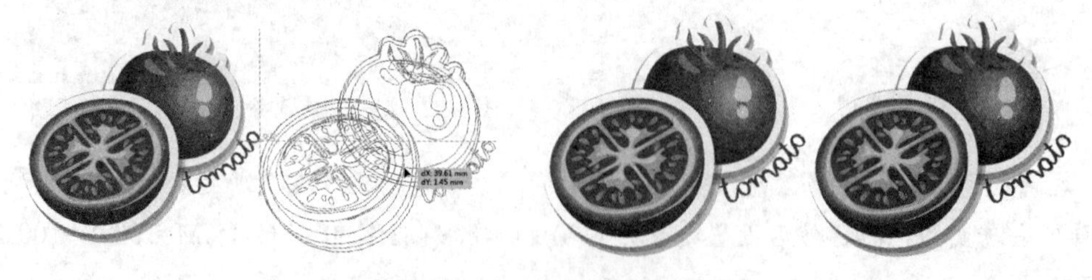

图 3-56　移动并复制图形对象

在 Illustrator 中，还有多种粘贴方式，可以将复制或剪切的对象贴在前面或后面，也可以进

行就地粘贴，还可以在所有画板上粘贴该对象。

- 选择【编辑】|【贴在前面】命令，或按 Ctrl+F 键，可将剪贴板中的对象粘贴到文档中原始对象所在的位置，并将其置于当前图层中对象堆叠的顶层。
- 选择【编辑】|【贴在后面】命令或按 Ctrl+B 键，可将剪贴板中的对象粘贴到对象堆叠的底层或选定对象之后。
- 选择【编辑】|【就地粘贴】命令或按 Shift+Ctrl+V 键，可以将对象粘贴到当前画板中。
- 选择【编辑】|【在所有画板上粘贴】命令或按 Alt+Shift+Ctrl+V 键，可将对象粘贴到所有画板上。

3.2　使用【路径查找器】面板

选择【窗口】|【路径查找器】命令或使用快捷键 Shift+Ctrl+F9 键可以打开如图 3-57 所示的【路径查找器】面板。

单击【路径查找器】面板中的按钮可以创建新的形状组合，创建后不能再编辑原始对象。如果创建后产生了多个对象，这些对象会被自动编组到一起。选中要进行操作的对象，在【路径查找器】面板中单击相应的按钮，即可观察到不同的效果。

- 【联集】按钮可以将选定的多个对象合并成一个对象，如图 3-58 所示。在合并的过程中，将相互重叠的部分删除，只留下合并的外轮廓。新生成的对象保留合并之前最上层对象的填色和轮廓色。

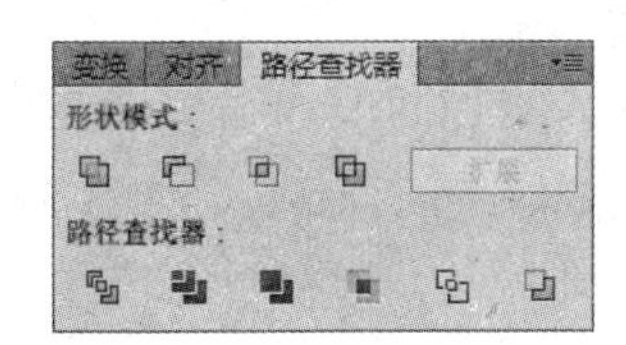

图 3-57　【路径查找器】面板

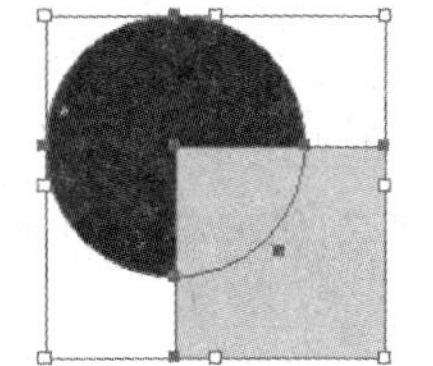
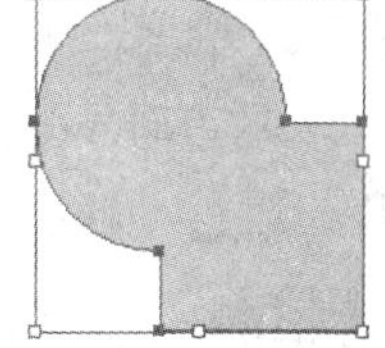

图 3-58　联集

- 【减去顶层】按钮可以在最上层一个对象的基础上，把与后面所有对象重叠的部分删除，最后显示最上面对象的剩余部分，并组成一个闭合路径，如图 3-59 所示。
- 【交集】按钮可以对多个相互交叉重叠的图形进行操作，仅仅保留交叉的部分，而其他部分被删除，如图 3-60 所示。

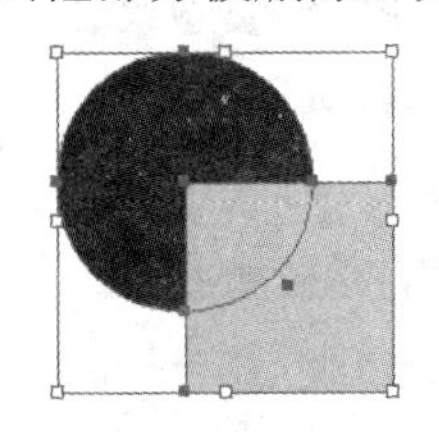
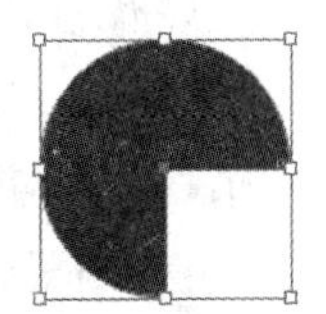

图 3-59　减去顶层

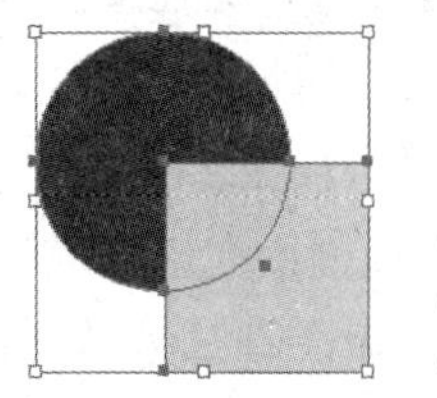
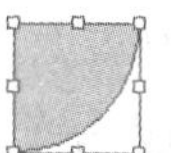

图 3-60　交集

- 【差集】按钮应用效果与【交集】按钮应用效果相反。使用这个按钮可以删除选定的两个或多个对象的重合部分，而仅仅留下不相交的部分，如图 3-61 所示。
- 【分割】按钮可以用来将相互重叠交叉的部分分离，从而生成多个独立的部分，如图 3-62 所示。应用分割后，各个部分保留原始的填充或颜色，但是前面对象重叠部分的轮廓线的属性将被取消。生成的独立对象，可以使用【直接选择】工具选中对象。

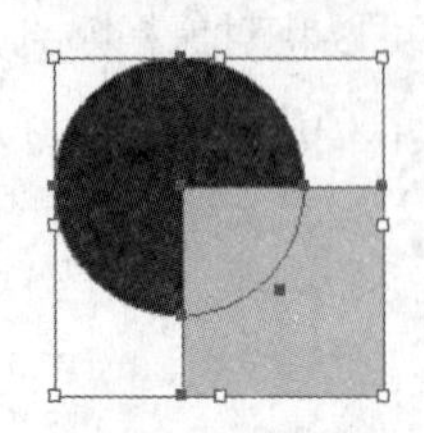
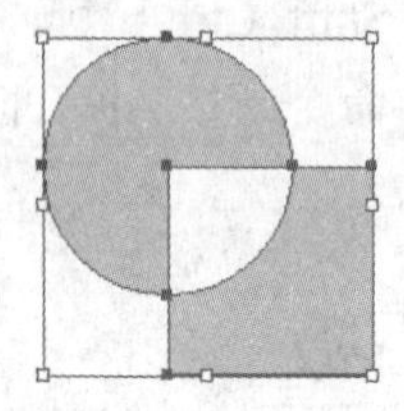

图 3-61　差集

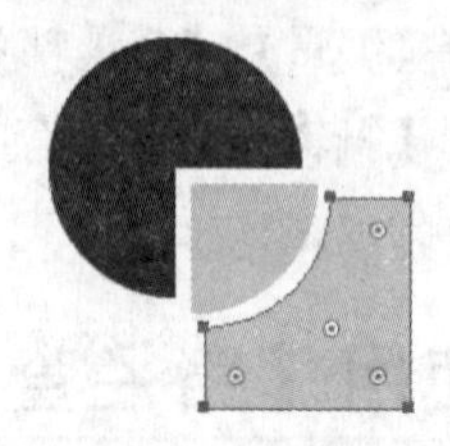

图 3-62　分割

- 【修边】按钮主要用于删除被其他路径覆盖的路径，它可以把路径中被其他路径覆盖的部分删除，仅留下使用【修边】按钮前在页面能够显示出来的路径，并且所有轮廓线的宽度都将被去掉，如图 3-63 所示。
- 【合并】按钮的应用效果根据选中对象填充和轮廓属性的不同而有所不同。如果属性都相同，则所有的对象将组成一个整体，合为一个对象，但对象的轮廓线将被取消。如果对象属性不相同，则相当于应用【裁剪】按钮效果。
- 【裁剪】按钮可以在选中一些重合对象后，把所有在最前面对象之外的部分裁减掉。
- 【轮廓】按钮可以把所有对象都转换成轮廓，同时将相交路径相交的地方断开，如图 3-64 所示。
- 【减去后方对象】按钮可以在最上面一个对象的基础上，把与后面所有对象重叠的部分删除，最后显示最上面对象的剩余部分，并组成一个闭合路径，如图 3-65 所示。

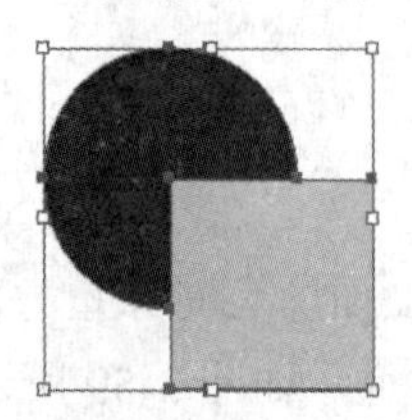

图 3-63　修边

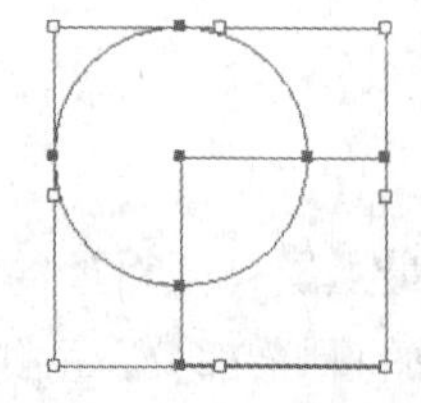

图 3-64　轮廓

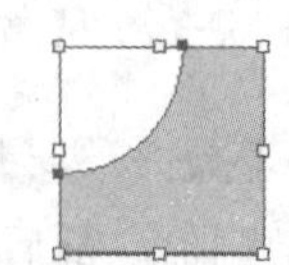

图 3-65　减去后方对象

较为简单的图像在进行路径查找操作时，运行速度比较快，查找的精度也比较准确。当图形比较复杂时，可以在【路径查找器】面板菜单中选择【路径查找器选项】命令，在打开的如图 3-66 所示的【路径查找器选项】对话框中进行相应的操作。

- 【精度】数值框：在该数值框中输入相应的数值，可以影响路径查找器计算对象路径时的精确程度。计算越精确，绘图就越准确，生成结果路径所需的时间就越长。
- 【删除冗余点】选项：选中该复选框，再单击【路径查找器】按钮时可以删除不必要的点。

- 【分割和轮廓将删除未上色图稿】选项：选中该复选框时，再单击【分割】或【轮廓】按钮可以删除选定图稿中的所有未填充对象。

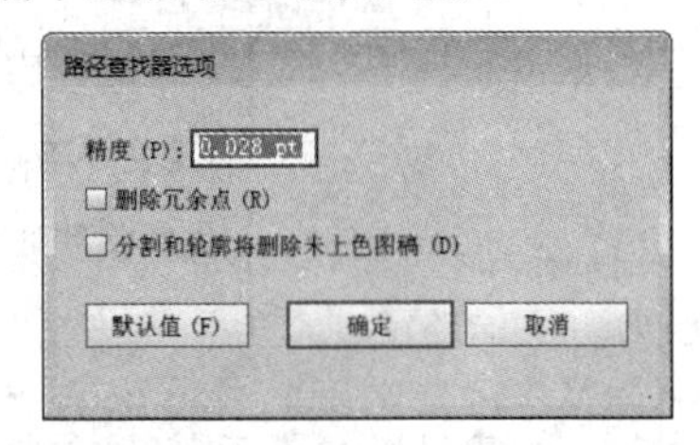

图 3-66　【路径查找器选项】对话框

3.3　复合路径和复合形状

复合路径的作用主要是把一个以上的路径图形组合在一起，在路径重叠部分会产生镂空效果。将对象定义为复合路径后，复合路径中的所有对象都将使用堆叠顺序中最下层对象上的填充颜色和样式属性。

复合形状不同于复合路径，复合路径是由一条或多条简单路径组成的，这些路径组合成一个整体，即使是分开的单独路径，只要它们被制作成复合路径，它们就是联合的整体。通常复合路径用来制作挖空的效果，在蒙版的制作上也起到很大的作用。复合形状是通过对多个路径执行【路径查找器】面板中的相加、交集、差集及分割等命令所得到的一个新的组合。

【例 3-8】在 Illustrator 中创建复合路径。

(1) 新建一个空白画板，选择【椭圆】工具，按住 Shift 键拖动绘制一个正圆形，如图 3-67 所示。

(2) 双击工具箱中的【比例缩放】工具，打开【比例缩放】对话框。在对话框中，设置【等比】数值为 70%，然后单击【复制】按钮，生成一个新的同心圆形，如图 3-68 所示。

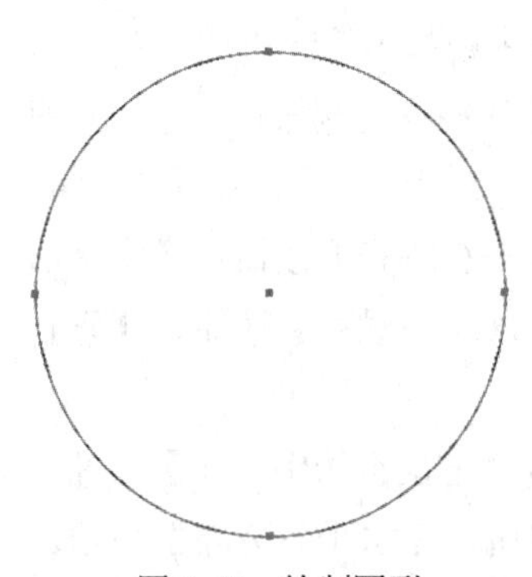

图 3-67　绘制圆形

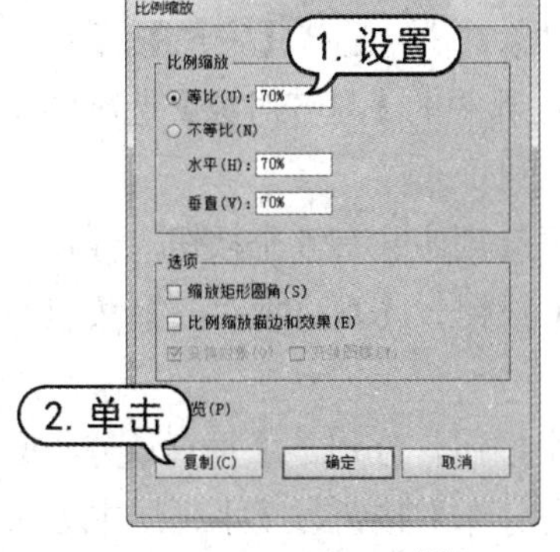

图 3-68　复制圆形

(3) 重复步骤(2)的操作两次，缩小并复制圆形，如图 3-69 所示。

(4) 选择【选择】工具将所有的圆形选中，然后选择【对象】|【复合路径】|【建立】命令，生成复合路径，如图 3-70 所示。

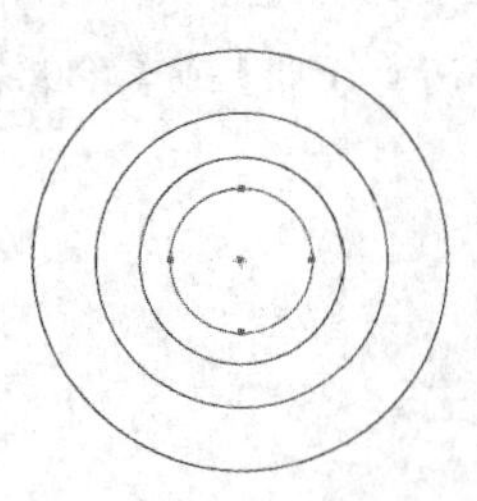

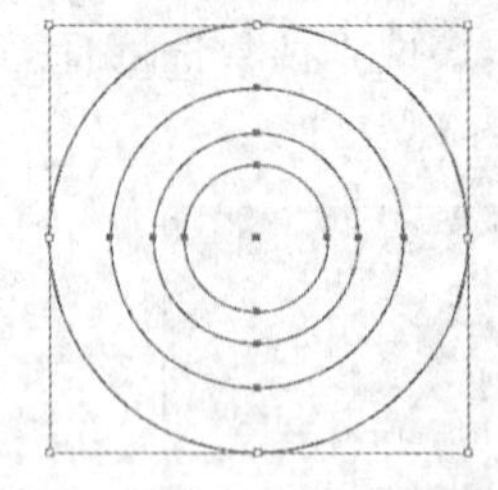

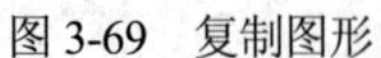

图 3-69　复制图形　　　图 3-70　建立复合路径

提示

选择已创建的复合路径，选择【对象】|【复合路径】|【释放】命令，可以取消已经创建的复合路径。

(5) 选择【窗口】|【属性】命令，打开【属性】面板，单击【使用奇偶填充规则】按钮，并在【色板】面板中单击任意色板填充复合路径，如图 3-71 所示。实际上没有填充颜色的地方是镂空的。

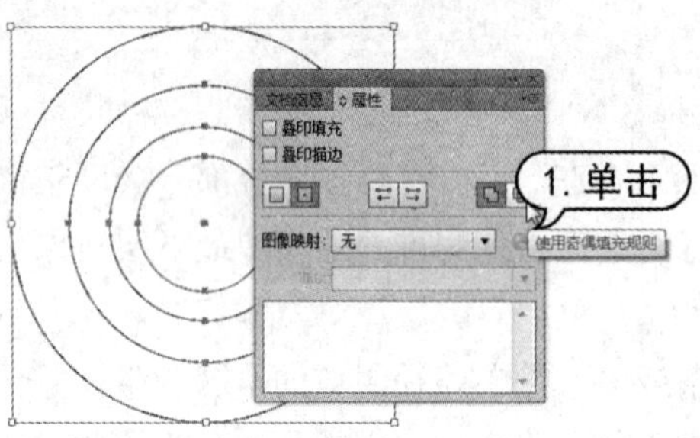

图 3-71　填充复合路径

3.4　对象的对齐和分布

对象的堆叠方式决定了最终的显示效果，在 Illustrator 中，使用【排列】命令可以随时更改图稿中对象的堆叠顺序。还可以使用【对齐与分布】命令定义多个图形的排列、分布方式。

在 Illustrator 中，使用【对齐】面板和属性栏中的对齐选项都可以沿指定的轴对齐或分布所选对象。首先将要进行对齐的对象选中，选择【窗口】|【对齐】命令或按 Shift+F7 键，打开如图 3-72 所示的【对齐】面板，在其中的【对齐对象】选项中可以看到对齐控制按钮，【分布对象】选项中可以看到分布控制按钮。

【对齐】面板中，对齐对象选项中共有 6 个按钮，分别是【水平左对齐】按钮、【水平居中对齐】按钮、【水平右对齐】按钮、【垂直顶对齐】按钮、【垂直居中对齐】按钮、【垂直底对齐】按钮。

分布对象选项中也共有 6 个按钮，分别是【垂直顶分布】按钮、【垂直居中分布】按钮、【垂直底分布】按钮、【水平左分布】按钮、【水平居中分布】按钮、【水平右分布】按钮。

在 Illustrator 中提供了【对齐所选对象】、【对齐关键对象】、【对齐画板】3 种对齐依据，如图 3-73 所示，设置不同的对齐依据得到的对齐或分布效果也各不相同。

- 对齐所选对象：使用该选项可以对所有选定对象的定界框对齐或分布。

- 对齐关键对象：该选项可以相对于一个对象进行对齐或分布。在对齐之前首先需要使用选择工具，单击要用作关键对象的对象，关键对象周围出现一个轮廓。然后单击与所需的对齐或分布类型对应的按钮即可。
- 对齐画板：选择要对齐或分布的对象，在对齐依据中选择该选项，然后单击所需的对齐或分布类型的按钮，即可将所选对象按照当前的画板进行对齐或分布。

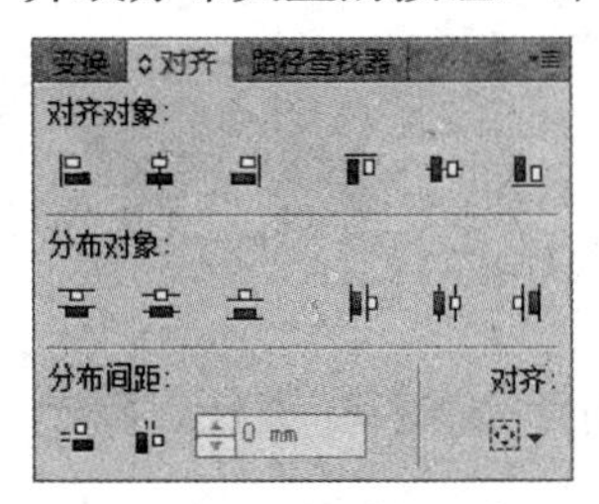

图 3-72　【对齐】面板

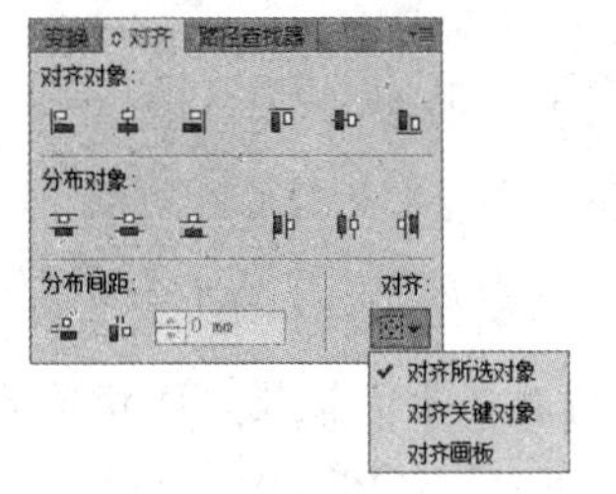

图 3-73　对齐依据选项

在 Illustrator 中，还可以使用对象路径之间的精确距离来分布对象。选择要分布的对象，在【对齐】面板中的【分布间距】文本框中输入要在对象之间显示的间距量。如果未显示【分布间距】选项，则在【对齐】面板菜单中选择【显示选项】命令。使用【选择】工具选中要在其周围分布其他对象的路径，选中的对象将在原位置保持不动，然后单击【垂直分布间距】按钮或【水平分布间距】按钮。

【例 3-9】在 Illustrator 中，使用【对齐】面板排列分布对象。

(1) 选择菜单栏中的【文件】|【打开】命令，在【打开】对话框中选择并打开图形文档，如图 3-74 所示，然后选择【窗口】|【对齐】命令，显示【对齐】面板。

(2) 选择工具箱中的【选择】工具，框选第一排图形，在【对齐】选项中选择【对齐所选对象】选项，然后在【对齐】面板中单击【垂直居中对齐】按钮，即可将选中的图形对象垂直居中对齐，如图 3-75 所示。

图 3-74　打开图形文档

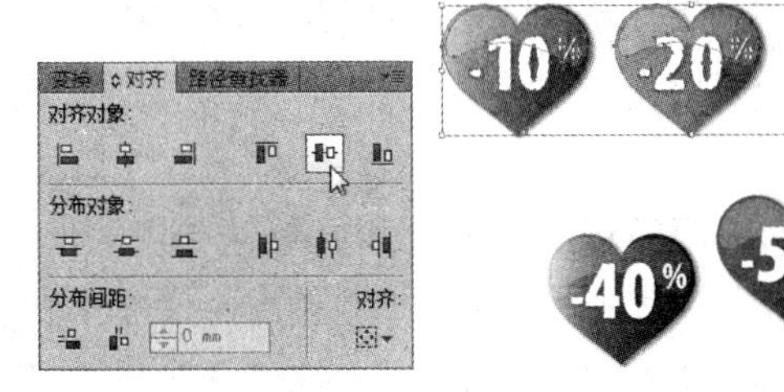

图 3-75　垂直居中对齐

知识点

用来对齐的基准对象是由创建的顺序或选择顺序决定的。如果框选对象，则会使用最后创建的对象为基准。如果通过多次选择单个对象来选择对齐对象组，则最后选定的对象将成为对齐其他对象的基准。

(3) 使用【选择】工具选中图形，在【对齐】面板中设置【对齐】选项为【对齐关键对象】，并单击中间的图形对象，将其设置为关键对象，然后单击【垂直顶对齐】按钮，如图 3-76 所示。

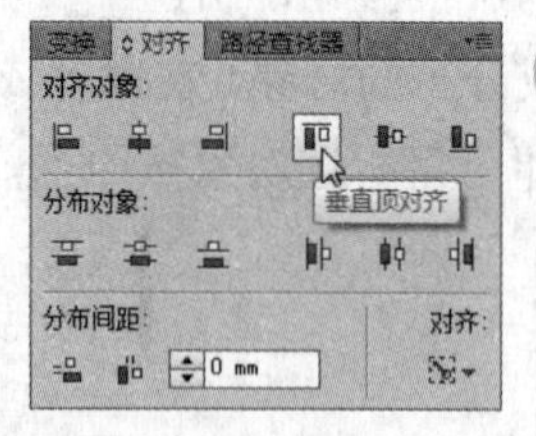

图 3-76　垂直顶对齐

(4) 在【对齐】面板指定间距值为 30mm，单击【水平间距分布】按钮，即可将图形对象水平居中分布，如图 3-77 所示。

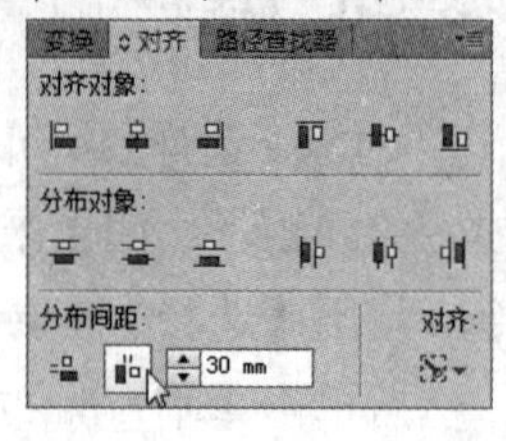

图 3-77　水平居中分布

3.5　调整对象排列顺序

在 Illustrator 中绘制图形时，新绘制的图形总是位于先前绘制图形的上方。图形的堆叠方式决定了其重叠部分如何显示。因此，调整堆叠顺序时，会影响图稿最终的显示效果。

选择【对象】|【排列】命令子菜单中的命令，可以改变图形的前后堆叠顺序。【置于顶层】命令可将所选图形放置在所有图形的最前面。【前移一层】命令可将所选中对象向前移动一层。【后移一层】命令可将所选图形向后移动一层。【置于底层】命令可将所选图形放置在所有图形的最后面。

【例 3-10】在打开的图形文档中，排列选中的图形对象。

(1) 在打开的图形文档中，使用工具箱中的【选择】工具选中对象。

(2) 单击鼠标右键，在弹出的菜单中选择【排列】|【置于顶层】命令，重新排列图形对象的叠放顺序，如图 3-78 所示。

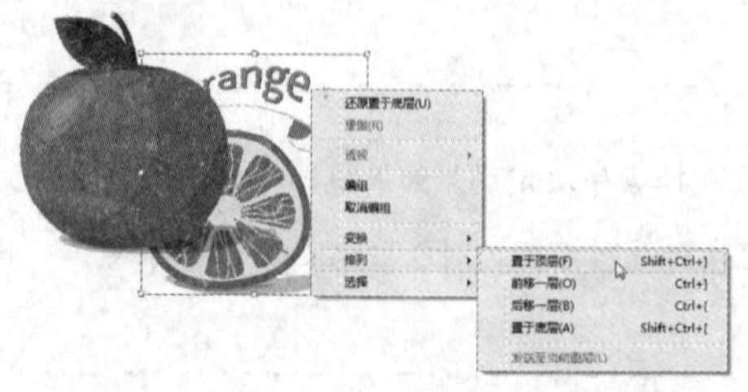

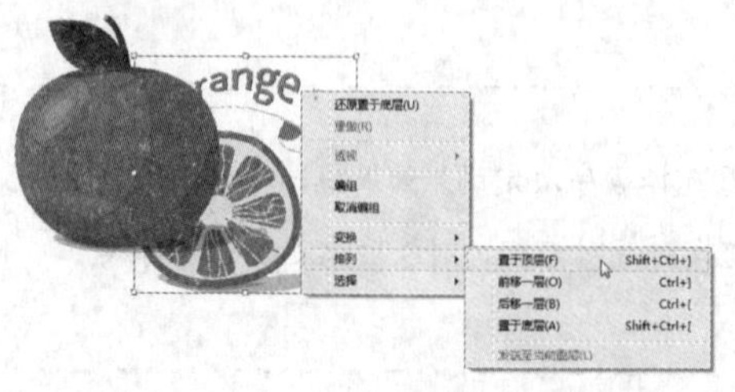

图 3-78　排列对象

在实际的操作过程中，用户可以在选中图形对象后，单击鼠标右键，在弹出的快捷菜单中选择【排列】命令中的子命令，或直接通过键盘快捷键排列图形对象。按 Shift+Ctrl+]键可以将所选对象置于顶层；按 Ctrl+]键可将所选对象前移一层；按 Ctrl+[键可将所选对象后移一层；按 Shift+Ctrl+[键可将所选对象置于底层。

3.6　编组对象

在编辑过程中，为了操作方便将一些图形对象进行编组，分类操作，这样在绘制复杂图形时可以避免选择操作失误。当需要对编组中的对象进行单独编辑时，还可以对该组对象取消编组操作。使用【选择】工具选定多个对象，然后选择【对象】|【编组】命令，或按快捷键 Ctrl+G 即可将选择的对象创建成组。当多个对象编组后，可以使用【选择】工具选定编组对象进行整体移动、删除、复制等操作。也可以使用【编组选择】工具选定编组中的单个对象进行单独移动、删除、复制等操作。从不同图层中选择对象进行编组，编组后的对象将都处于同一图层中。要取消编组对象，只要在选择编组对象后，选择【对象】|【取消编组】命令，或按 Shift+Ctrl+G 键即可。

【例 3-11】在 Illustrator 中，对选定的多个对象进行编组。

(1) 在图形文档中，使用【选择】工具选中需要编组的对象，然后选择菜单栏中的【对象】|【编组】命令，或按 Ctrl+G 快捷键将选中对象进行编组，如图 3-79 所示。

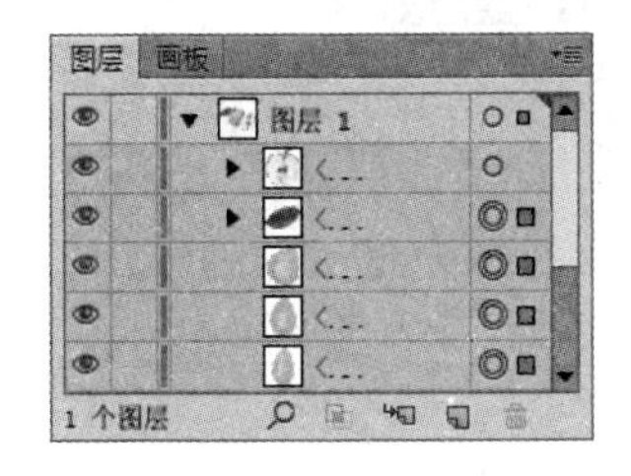

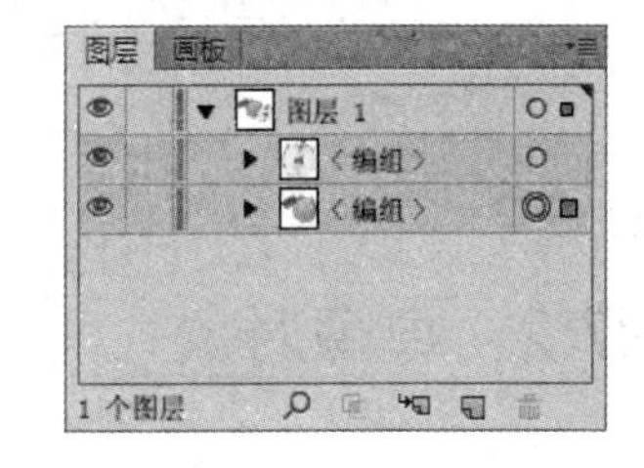

图 3-79　编组选中对象

(2) 双击【图层】面板中的【<编组>】子图层，打开【选项】对话框，在【名称】文本框中输入“苹果”，然后单击【确定】按钮即可更改该编组名称，如图 3-80 所示。

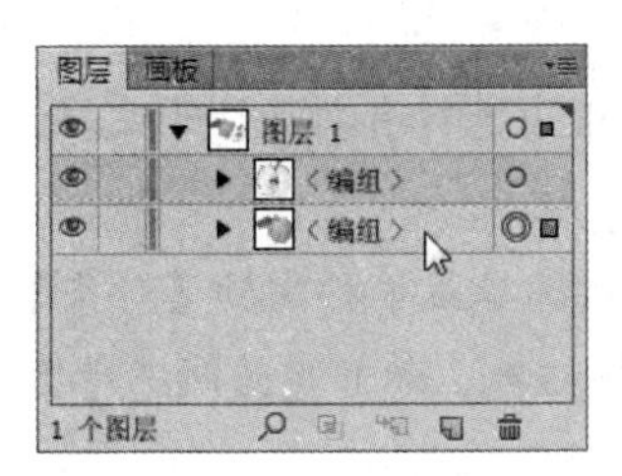

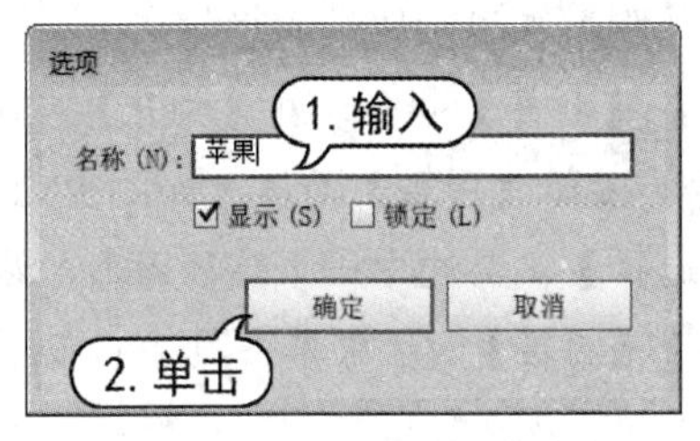

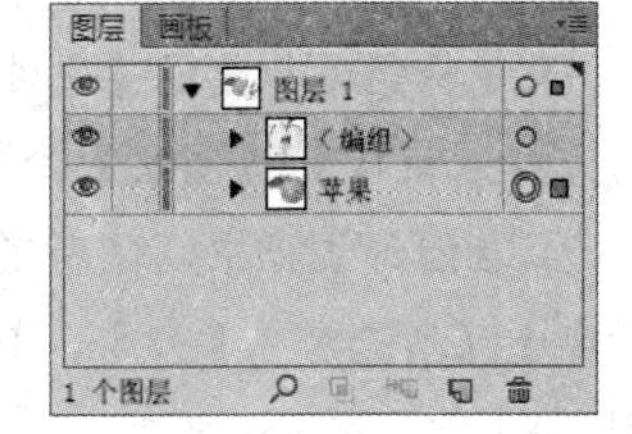

图 3-80　设置编组

3.7 控制对象

在图形绘制过程中，可以通过命令或【图层】面板控制对象的可操作性和显示。

3.7.1 锁定对象

在 Illustrator 中，锁定对象可以使该对象避免修改或移动，尤其是在进行复杂的图形绘制时，可以避免误操作，提高工作效率。

在页面中使用【选择】工具选中需要锁定的对象，选择【对象】|【锁定】命令，或按快捷键 Ctrl+2 键可以锁定对象。当对象被锁定后，不能再使用选择工具进行选定操作，也不能移动、编辑对象。如果需要对锁定的对象再次进行修改、编辑操作，必须将其解锁。选择【对象】|【全部解锁】命令，或按快捷键 Ctrl+Alt+2 键即可解锁对象。用户也可以通过【图层】面板锁定与解锁对象。在【图层】面板中单击要锁定对象前的编辑列，当编辑列中显示为🔒状态时即可锁定对象，如图 3-81 所示。再次单击编辑列即可解锁对象。

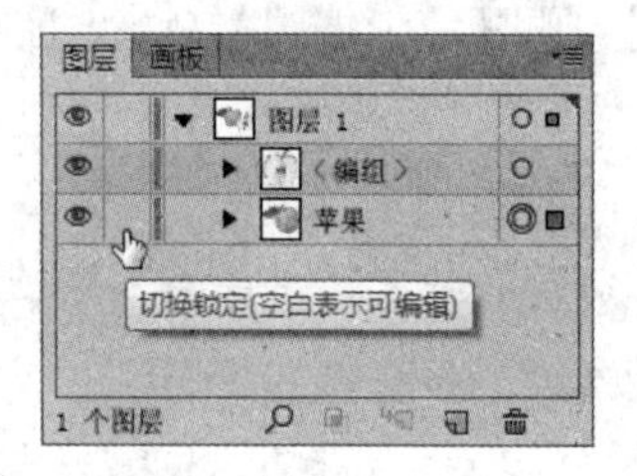

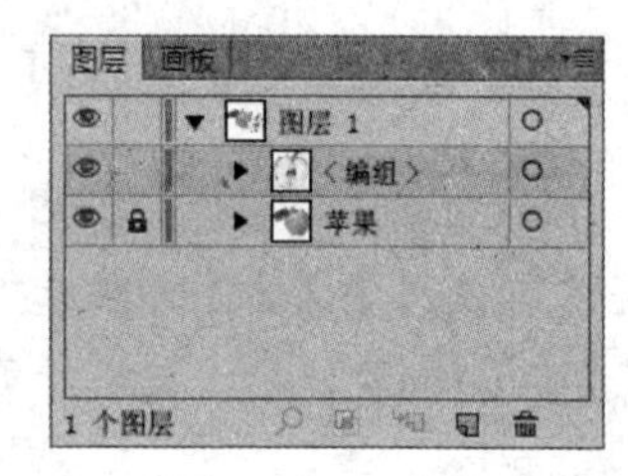

图 3-81　锁定对象

3.7.2 隐藏对象

在处理复杂图形文档时，用户可以根据需要对操作对象进行隐藏和显示，以减少干扰因素。选择【对象】|【显示全部】命令可以显示全部对象。选择【对象】|【隐藏】命令可以在选择了需要隐藏的对象后将其隐藏。

【例 3-12】在 Illustrator 中，隐藏和显示选定的对象。

(1) 选择菜单栏中的【文件】|【打开】命令，在【打开】对话框中选择并打开图形文档，然后选择【窗口】|【图层】命令，显示【图层】面板，如图 3-82 所示。

(2) 在图形文档中，使用【选择】工具选中一个路径图形，然后选择菜单栏中的【对象】|【隐藏】|【所选对象】命令，或在【图层】面板中单击图层中可视按钮👁，即可隐藏所选对象，如图 3-83 所示。

(3) 选择菜单栏中的【对象】|【显示全部】命令，即可将所有隐藏的对象显示出来。

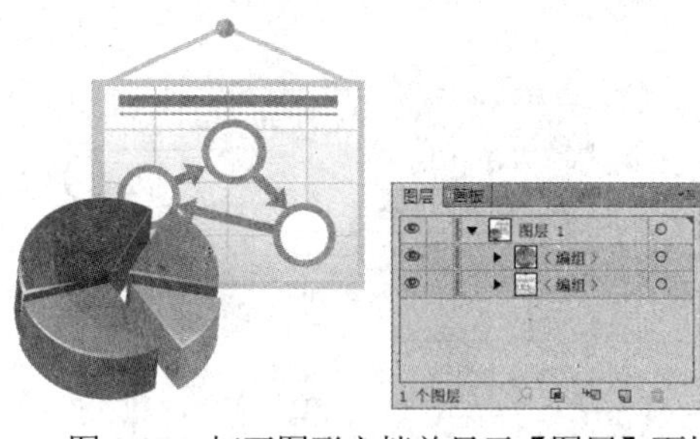

图 3-82　打开图形文档并显示【图层】面板

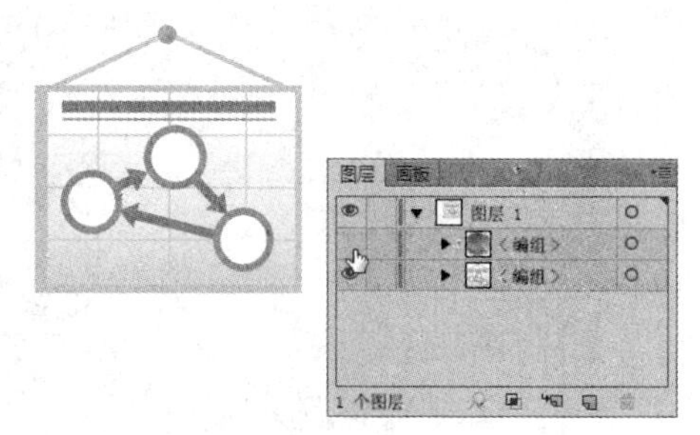

图 3-83　隐藏图形对象

3.8　上机练习

本章的上机练习通过制作手机效果图的综合实例，使用户更好地掌握图形对象的绘制与变换的基本操作方法和技巧。

(1) 选择【文件】|【新建】命令，打开【新建文档】对话框。在对话框的【名称】文本框中输入“效果图”，设置【宽度】数值为 260mm，【高度】数值为 280mm，然后单击【确定】按钮，如图 3-84 所示。

(2) 选择【矩形】工具在工作区中绘制与画板同等大小的矩形，将其描边色设置为无。然后在【渐变】面板中单击渐变填色框，设置【类型】为【径向】，渐变填色为白色至 C=46 M=38 Y=35 K=0，如图 3-85 所示。

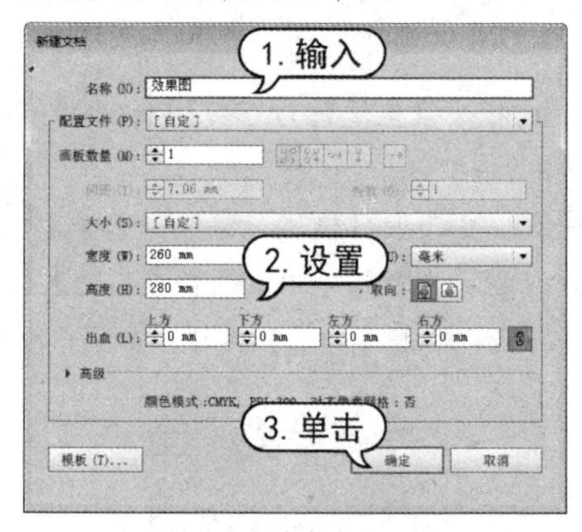

图 3-84　新建文档

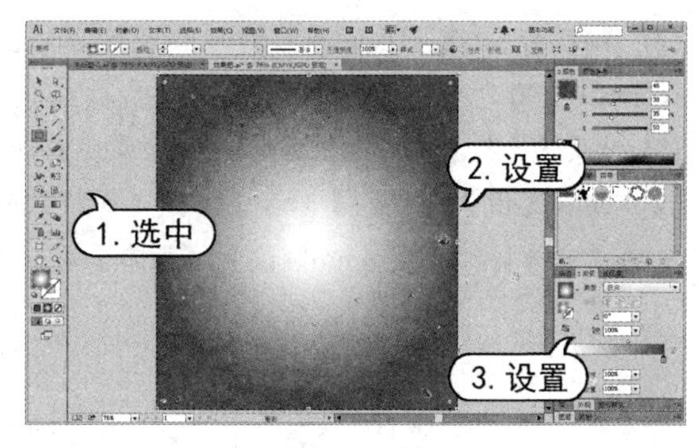

图 3-85　绘制矩形

(3) 选择【渐变】工具调整渐变填充色的中心点位置及填充范围，如图 3-86 所示。

(4) 按 Ctrl+2 键，锁定刚绘制的矩形。选择【椭圆】工具在画板上单击，打开【椭圆】对话框。在对话框中设置【宽度】和【高度】数值为 4mm，然后单击【确定】按钮，如图 3-87 所示。

(5) 在【渐变】面板中，设置刚绘制的圆形渐变填色为白色至白色至 C=18 M=13 Y=13 K=0 至 C=27 M=22 Y=20 K=0，然后使用【渐变】工具调整渐变填色的中心点位置及填色范围，如图 3-88 所示。

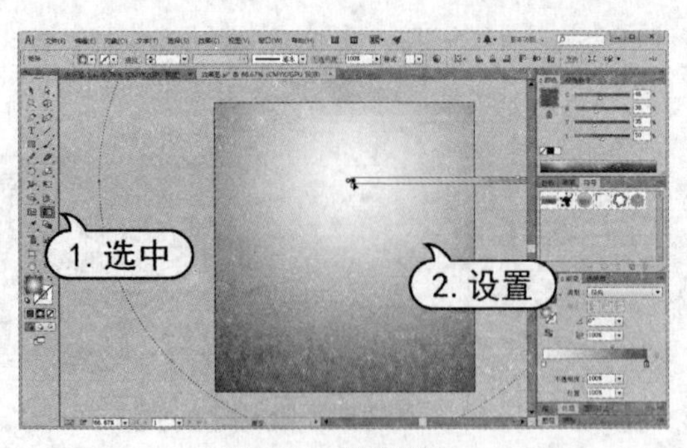

图 3-86　填充渐变

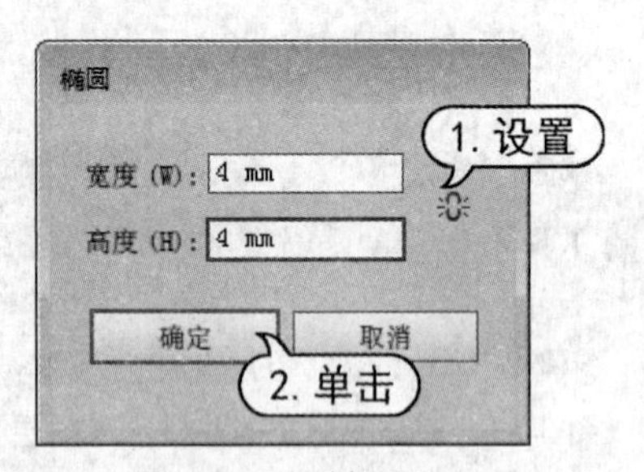

图 3-87　绘制圆形

(6) 使用【选择】工具选中刚绘制的圆形，并在图形上单击鼠标右键，从弹出的菜单中选择【变换】|【缩放】命令，打开【比例缩放】对话框。在对话框中设置【等比】数值为 70%，然后单击【复制】按钮，如图 3-89 所示。

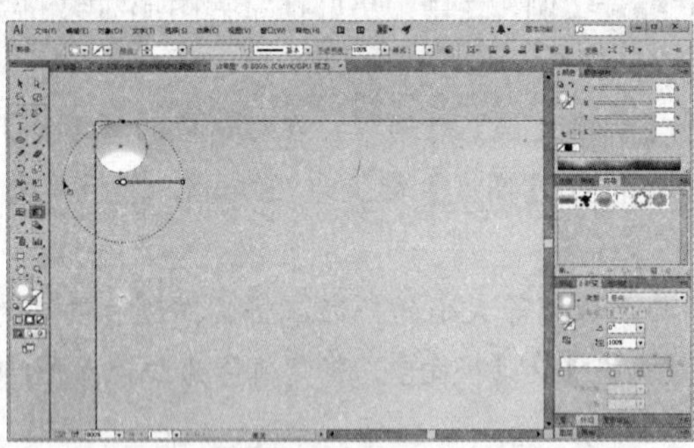
图 3-88　调整渐变

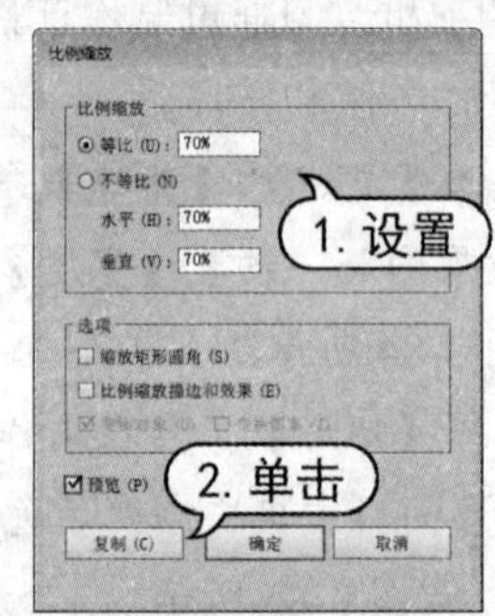

图 3-89　缩放圆形

(7) 保持缩小并复制后的圆形的选中状态，并在【颜色】面板中设置填色为 C=73 M=65 Y=63 K=19，如图 3-90 所示。

(8) 使用【选择】工具选中步骤(4)至步骤(7)创建的对象，按 Ctrl+G 键进行编组。选择【效果】|【扭曲和变换】|【变换】命令，打开【变换效果】对话框。在对话框中，设置【移动】选项组中的【水平】数值为 8mm，设置【副本】数值为 31，然后单击【确定】按钮，如图 3-91 所示。

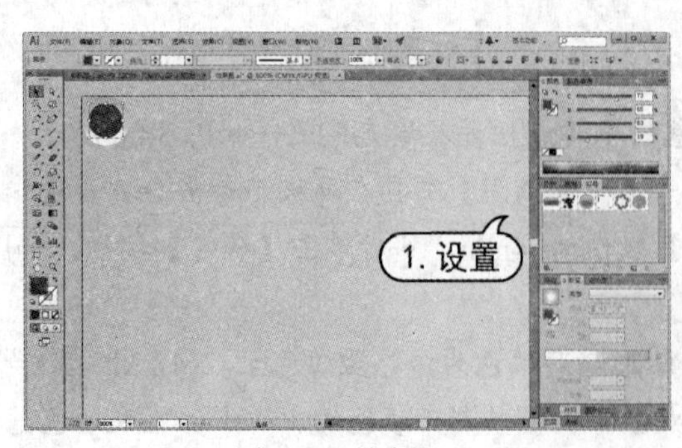

图 3-90　填充圆形

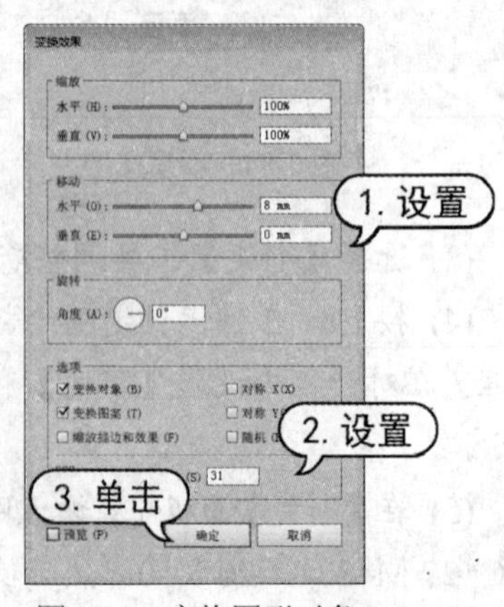

图 3-91　变换图形对象

(9) 使用【选择】工具在变换后的图形对象上单击鼠标右键，从弹出的菜单中选择【变换】|【移动】命令，打开【移动】对话框。在对话框中，设置【水平】和【垂直】数值为 4mm，然后单击【复制】按钮，如图 3-92 所示。

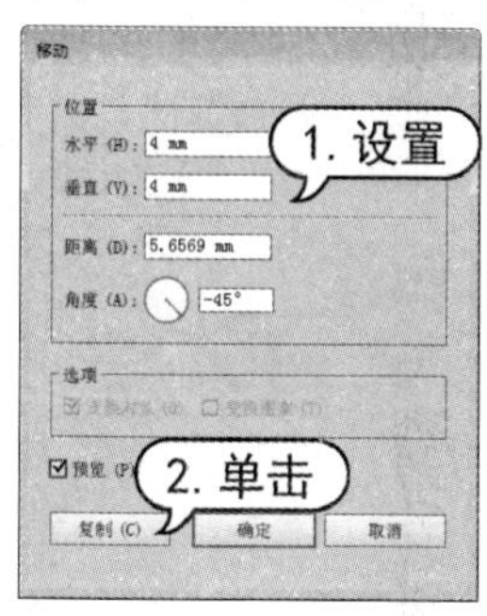

图 3-92　移动复制图形对象

(10) 使用【选择】工具选中步骤(8)至步骤(9)创建的变换对象，按 Ctrl+G 键进行编组。然后在编组对象上单击鼠标右键，从弹出的菜单中选择【变换】|【移动】命令，打开【移动】对话框。在对话框中，设置【水平】数值为 0mm，【垂直】数值为 8mm，然后单击【复制】按钮，如图 3-93 所示。

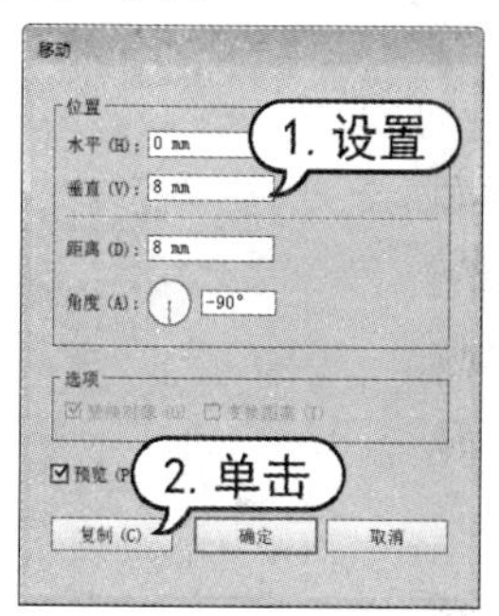

图 3-93　移动复制图形对象

(11) 连续按 Ctrl+D 键，重复执行【变换】|【移动】命令，并使用【选择】工具选中所有的变换对象，按 Ctrl+G 键进行编组，如图 3-94 所示。

(12) 在【图层】面板中，单击【创建新图层】按钮新建【图层 2】，并关闭【图层 1】视图，如图 3-95 所示。

图 3-94　编组对象

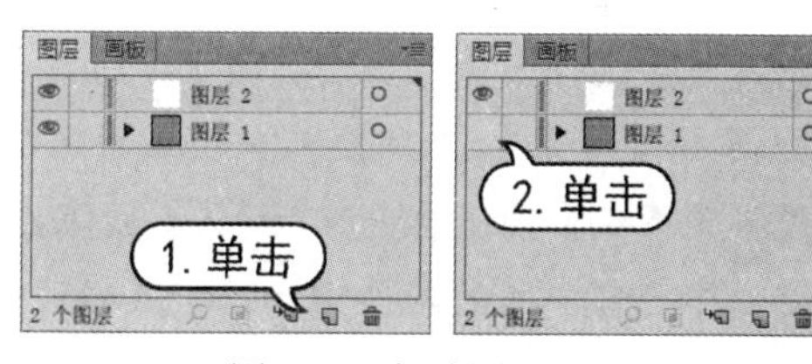

图 3-95　新建图层

(13) 选择【矩形】工具在画板中绘制一个矩形，将其描边色设置为黑色，在【描边】面板中设置【粗细】数值为 0.5pt。在【渐变】面板中单击渐变填色框，设置渐变填色为 C=16 M=10 Y=8 K=0 至 C=13 M=8 Y=6 K=0 至 C=2 M=1 Y=1 K=0，设置【角度】数值为-15.5°。然后使用【选择】工具调整矩形的形状构件，设置其圆角效果，如图 3-96 所示。

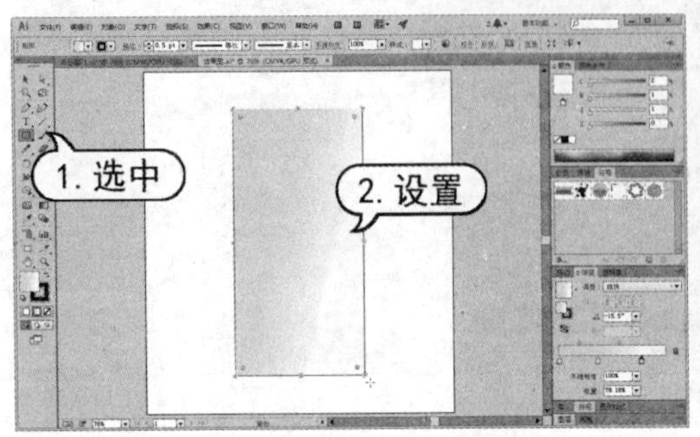

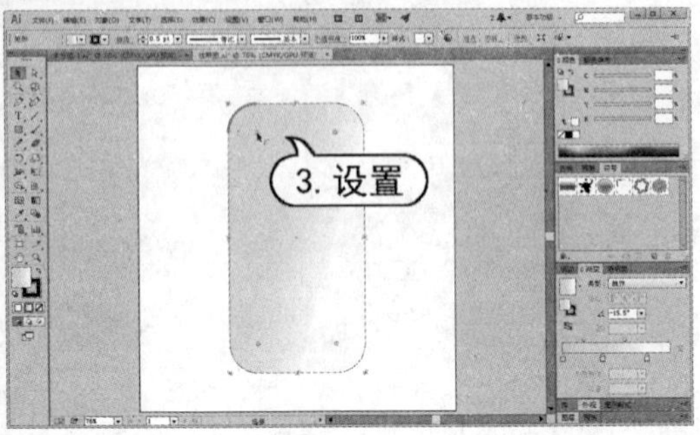

图 3-96　绘制图形

(14) 按 Ctrl+C 键复制，按 Ctrl+F 键粘贴。将填色设置为无，在【描边】面板中设置【粗细】数值为 2pt，并单击【对齐描边】选项中的【使描边外侧对齐】按钮，如图 3-97 所示。

(15) 选择【对象】|【路径】|【轮廓化描边】命令，在【颜色】面板中单击【互换填色和描边】按钮，设置描边色为 C=77 M=71 Y=68 K=37，并在【描边】面板中设置【粗细】数值为 0.5pt，如图 3-98 所示。

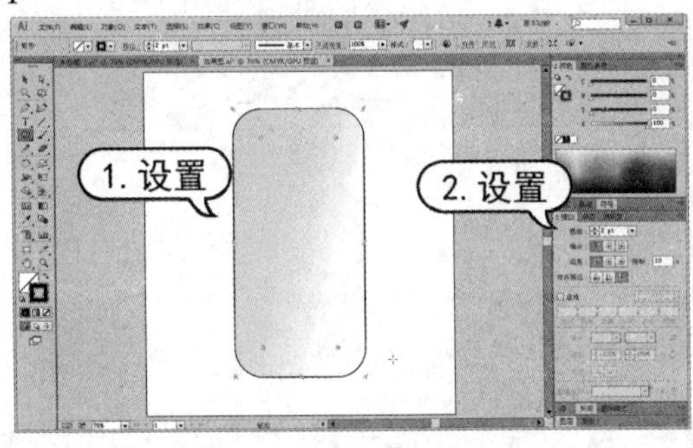

图 3-97　复制、编辑图形

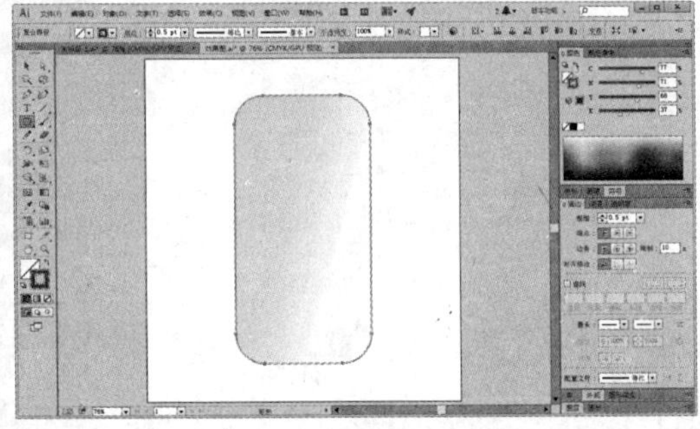

图 3-98　轮廓化描边

(16) 在【渐变】面板中单击渐变填色框，设置渐变填色为 C=29 M=23 Y=22 K=0 至 C=66 M=56 Y=52 K=3 至 C=29 M=23 Y=22 K=0 至 C=56 M=46 Y=43 K=0 至 C=29 M=23 Y=22 K=0 至 C=56 M=46 Y=43 K=0 至 C=14 M=11 Y=11 K=0 至 C=66 M=56 Y=52 K=3，【角度】数值为-65.8°，如图 3-99 所示。

(17) 使用【选择】工具选中步骤(13)至步骤(16)中创建的图形对象，按 Ctrl+G 键进行编组。然后使用【直接选择】工具调整圆角部分锚点位置，如图 3-100 所示。

(18) 选择【对象】|【封套扭曲】|【用网格建立】命令，打开【封套网格】对话框。在对话框中设置【行数】数值为 1，【列数】数值为 3，然后单击【确定】按钮。然后使用【直接选择】工具选中上部中间的网格锚点，向上移动，如图 3-101 所示。

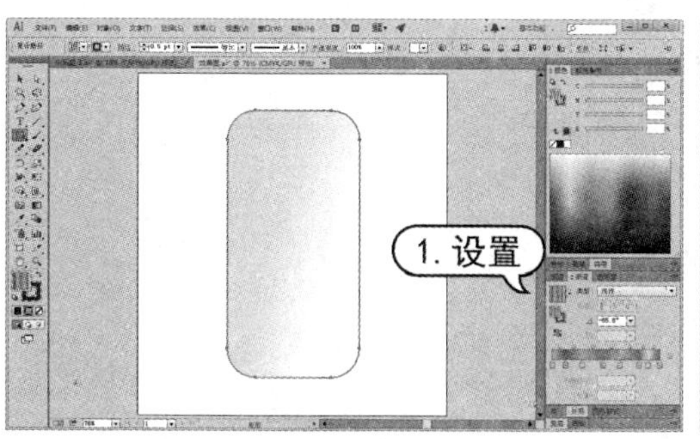

图 3-99　填充图形

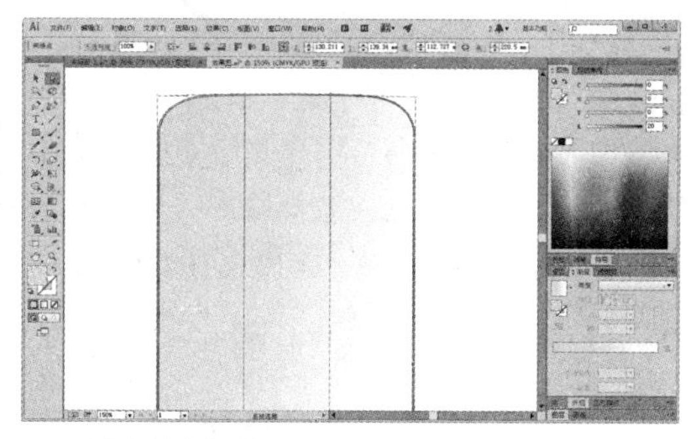

图 3-100　调整图形

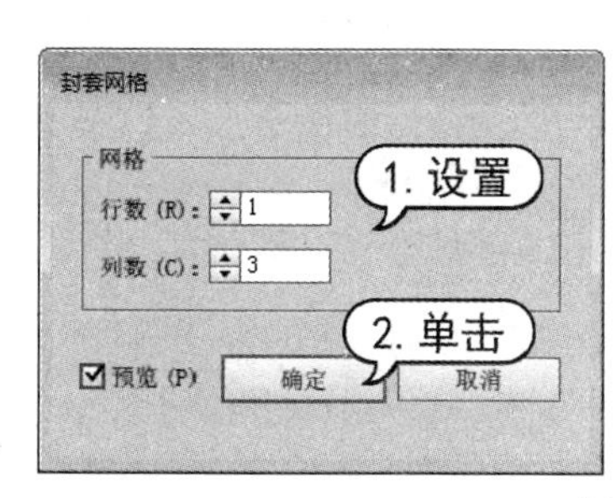

图 3-101　创建封套扭曲

(19) 使用【矩形】工具在画板中拖动绘制矩形，并在【颜色】面板中设置描边色为 C=44 M=33 Y=17 K=0，填色为 C=22 M=14 Y=12 K=0，并调整矩形形状构件，设置其圆角效果，如图 3-102 所示。

(20) 使用【矩形】工具在画板中拖动绘制矩形，并调整矩形形状构件，设置其圆角效果，如图 3-103 所示。

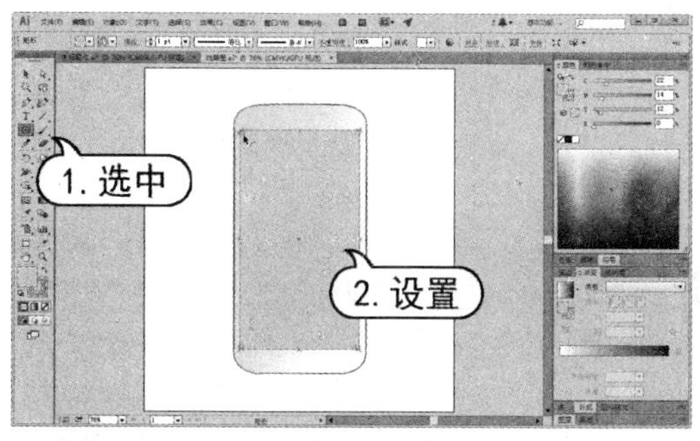

图 3-102　绘制矩形

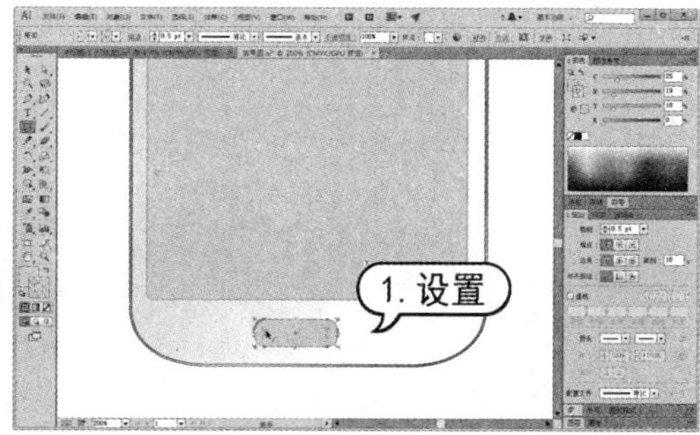

图 3-103　绘制矩形

(21) 在【渐变】面板中单击渐变填色框，设置渐变填色为 C=0 M=0 Y=0 K=0 至 C=39 M=29 Y=25 K=0 至 C=75 M=64 Y=55 K=11 至 C=73 M=64 Y=55 K=11。然后使用【渐变】工具调整渐变效果，如图 3-104 所示。

(22) 按 Ctrl+C 键复制步骤(20)中创建的图形，按 Ctrl+F 键粘贴。在复制的图形上单击鼠标右键，从弹出的菜单中选择【变换】|【缩放】命令，打开【比例缩放】对话框。在对话框中设

置【水平】数值为 93%，【垂直】数值为 80%，然后单击【复制】按钮，如图 3-105 所示。

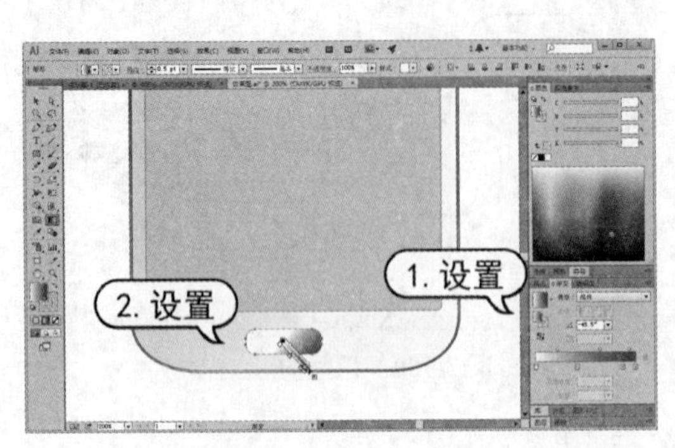

图 3-104　填充图形

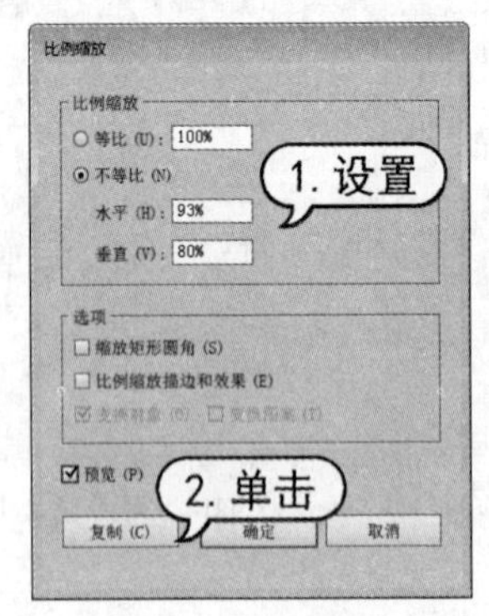

图 3-105　缩放复制图形

(23) 使用【选择】工具调整缩放复制图形的圆角大小，如图 3-106 所示。

(24) 使用【选择】工具选中步骤(22)和步骤(23)中创建的图形对象，打开【路径查找器】面板，并单击【减去顶层】按钮，如图 3-107 所示。

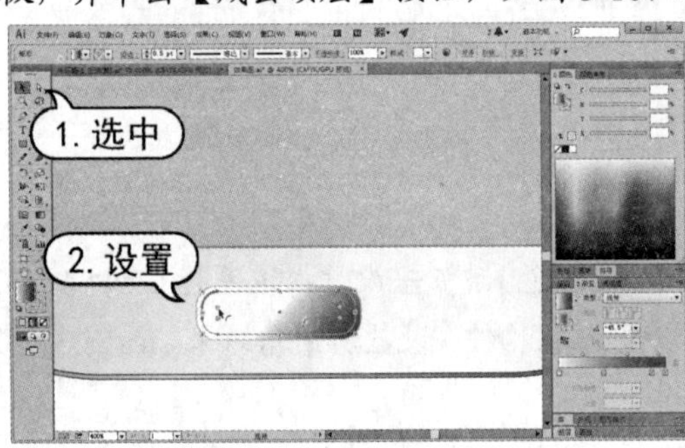

图 3-106　调整图形

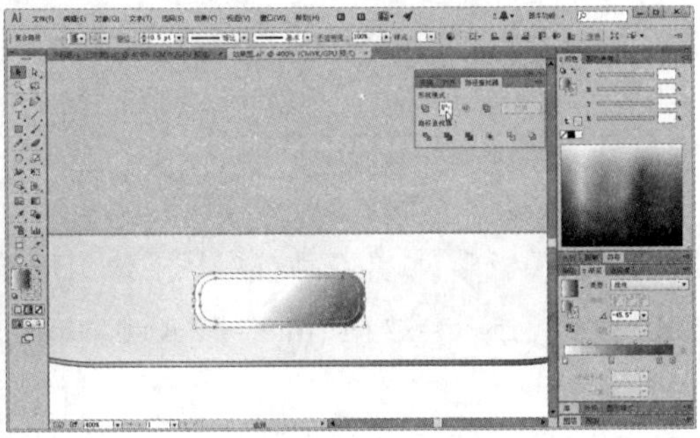

图 3-107　编辑图形

(25) 选择【刻刀】工具，按住 Alt 键，使用【刻刀】工具在步骤(24)中编辑过的图形上进行切割，如图 3-108 所示。

(26) 使用【选择】工具选中切割后不需要的图形部分，按 Delete 键进行删除，如图 3-109 所示。

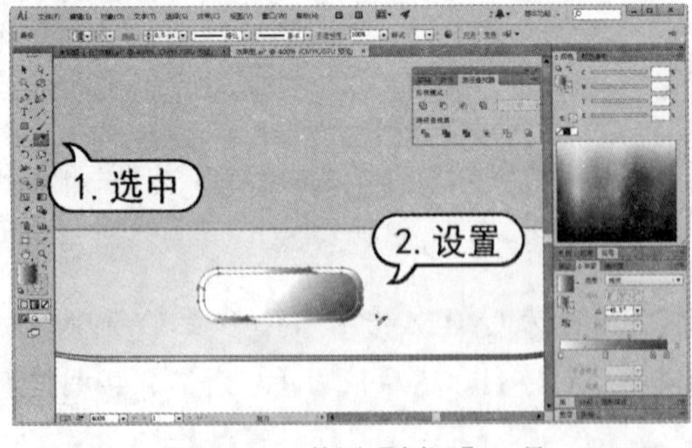

图 3-108　使用【刻刀】工具

图 3-109　删除图形

(27) 使用【选择】工具选中切割后的图形，在【渐变】面板中设置渐变填色为 C=0 M=0 Y=0

K=0 至 C=68 M=60 Y=57 K=7 至 C=0 M=0 Y=0 K=0，然后使用【渐变】工具调整渐变效果，如图 3-110 所示。

(28) 使用【选择】工具选中切割后的图形，在【渐变】面板中设置渐变填色为 C=17 M=11 Y=10 K=0 至 C=68 M=60 Y=57 K=7 至 C=83 M=79 Y=77 K=63 至 C=68 M=60 Y=57 K=7 至 C=70 M=59 Y=50 K=3，然后使用【渐变】工具调整渐变效果，如图 3-111 所示。

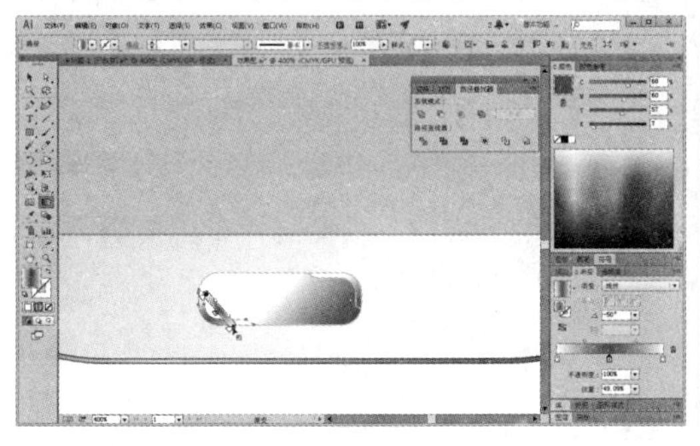

图 3-110　填充渐变

图 3-111　填充渐变

(29) 使用【选择】工具选中步骤(20)中创建的图形，单击鼠标右键，从弹出的菜单中选择【变换】|【缩放】命令，打开【比例缩放】对话框。在对话框中，设置【水平】数值为 93%，【垂直】数值为 80%，然后单击【复制】按钮，如图 3-112 所示。

(30) 保持缩放复制后的图形为选中状态，在【颜色】面板中更改填充色为 C=13 M=8 Y=7 K=0，如图 3-113 所示。

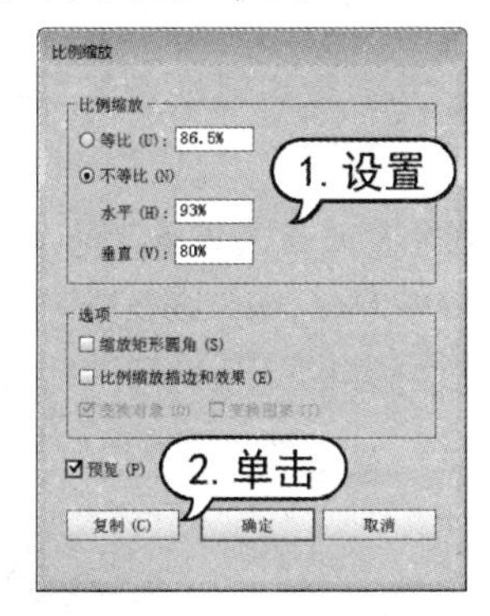

图 3-112　缩放复制图形

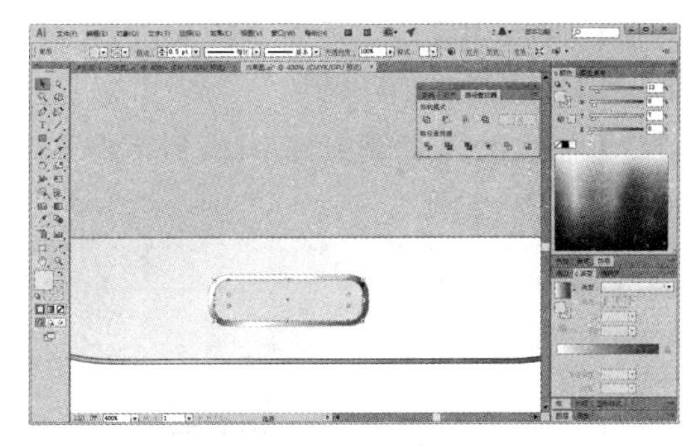

图 3-113　填充图形

(31) 使用【选择】工具选中步骤(20)至步骤(30)中创建的图形对象，按 Ctrl+G 键进行编组，如图 3-114 所示。

(32) 选择【圆角矩形】工具在画板中绘制圆角矩形，并在【描边】面板中设置【粗细】数值为 1pt，并在【对齐选项】中单击【使描边外侧对齐】按钮，如图 3-115 所示。

(33) 在【渐变】面板中，单击渐变填色框，设置渐变填色为 C=2 M=0 Y=2 K=0 至 C=68 M=60 Y=57 K=7 至 C=93 M=88 Y=89 K=80 至 C=93 M=88 Y=89 K=80 至 C=68 M=60 Y=57 K=7 至 C=2 M=0 Y=2 K=0，如图 3-116 所示。

(34) 使用【圆角矩形】工具在画板中绘制圆角矩形。在【颜色】面板中将描边色设置为无，

在【渐变】面板中单击渐变填色框，设置渐变填色为 C=68 M=60 Y=57 K=7 至 C=15 M=12 Y=11 K=0，【角度】数值为 90°，如图 3-117 所示。

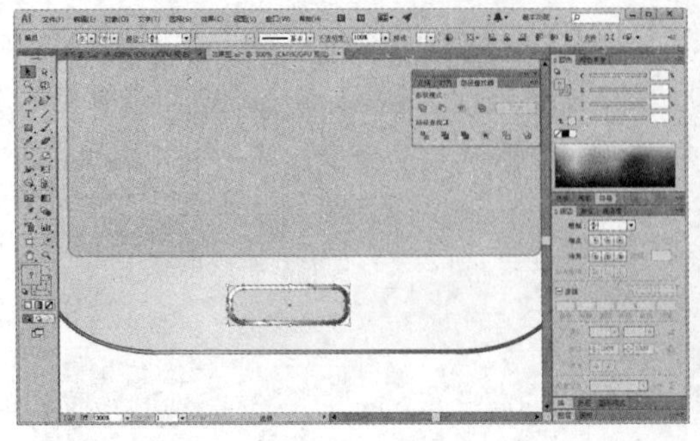

图 3-114　编组图形

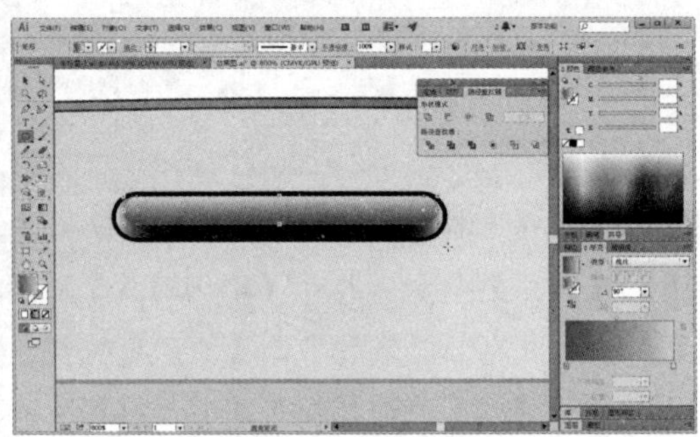

图 3-115　绘制图形

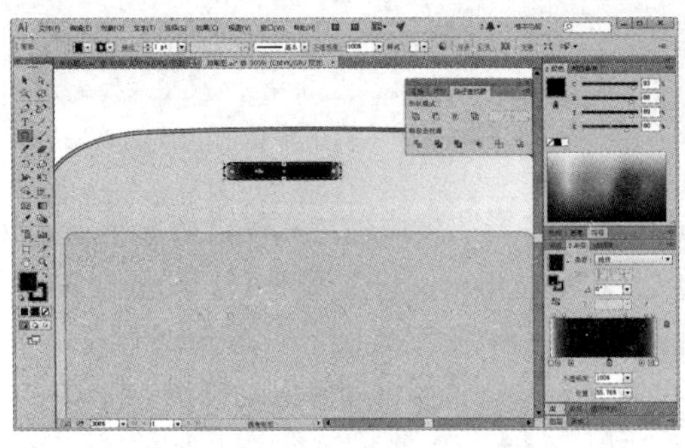

图 3-116　填充图形

图 3-117　绘制图形

(35) 使用【直接选择】工具调整步骤(34)中绘制的图形形状，然后使用【渐变】工具调整渐变效果，如图 3-118 所示。

(36) 使用【椭圆】工具绘制如图 3-119 所示的圆形，并在【颜色】面板中设置填色为 C=83 M=79 Y=77 K=63。

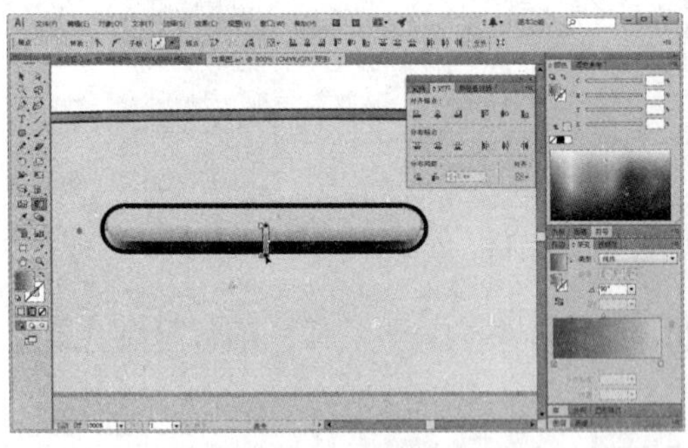

图 3-118　调整图形

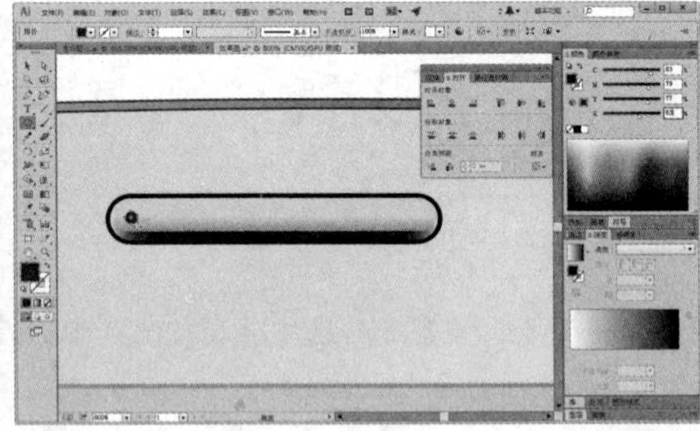

图 3-119　绘制图形

(37) 选择【效果】|【扭曲和变换】|【变换】命令，打开【变换效果】对话框。在对话框中，设置【移动】选项组中的【水平】数值为 1.5mm，设置【副本】数值为 15，然后单击【确定】按钮，如图 3-120 所示。

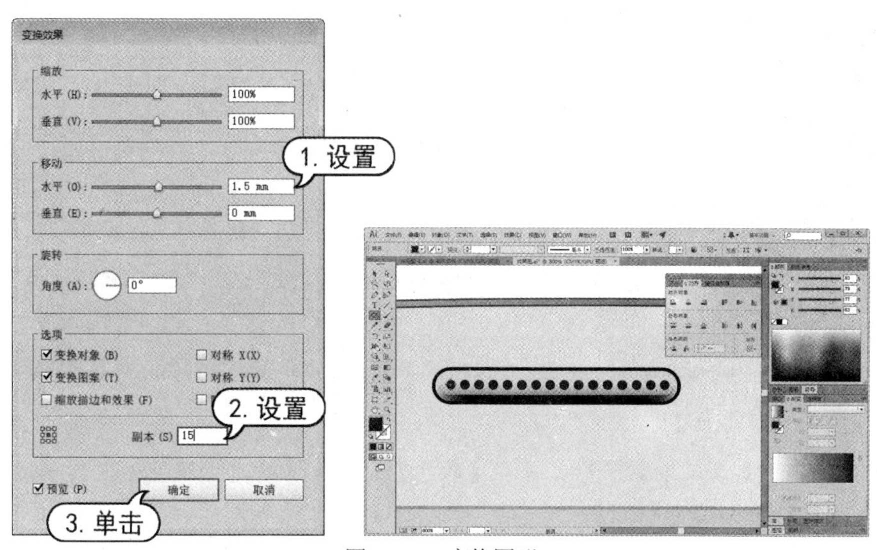

图 3-120　变换图形

(38) 选中步骤(32)至步骤(37)中创建的对象，按 Ctrl+G 键进行群组。按 Ctrl+A 键全选，在【对齐】面板中设置【对齐】选项为【对齐画板】，单击【水平居中对齐】按钮，如图 3-121 所示。

(39) 使用【椭圆】工具绘制如图 3-122 所示的圆形，并在【渐变】面板中设置【类型】选项为【径向】，渐变填色为 K=90 至 K=100。

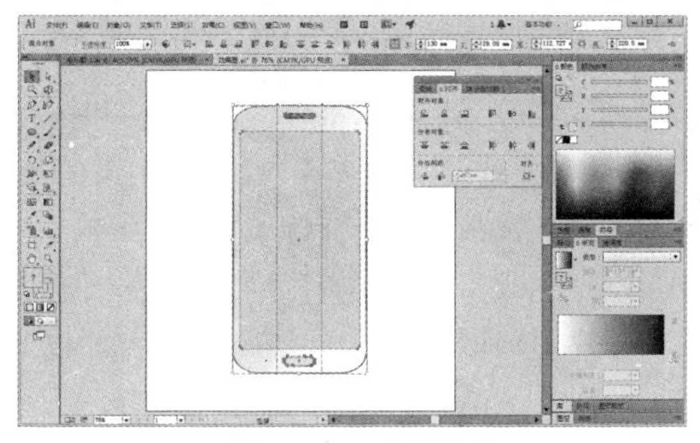

图 3-121　对齐图形

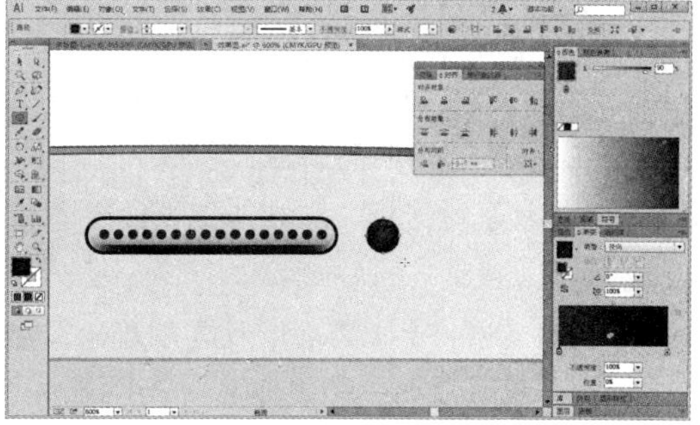

图 3-122　绘制图形

(40) 在步骤(39)绘制的圆形上单击鼠标右键，从弹出的菜单中选择【变换】|【缩放】命令，打开【比例缩放】对话框。在对话框中设置【等比】数值为 45%，然后单击【复制】按钮，如图 3-123 所示。

(41) 在【渐变】面板中，单击渐变填色框，设置渐变填色为 C=77 M=93 Y=68 K=57 至 C=93 M=88 Y=89 K=80 至 C=93 M=88 Y=89 K=80。然后使用【渐变】工具调整渐变效果，如图 3-124 所示。

(42) 选中步骤(39)至步骤(41)中创建的对象，按 Ctrl+G 键进行编组。然后按 Shift+Ctrl+Alt 键移动复制编组后的图形对象，如图 3-125 所示。

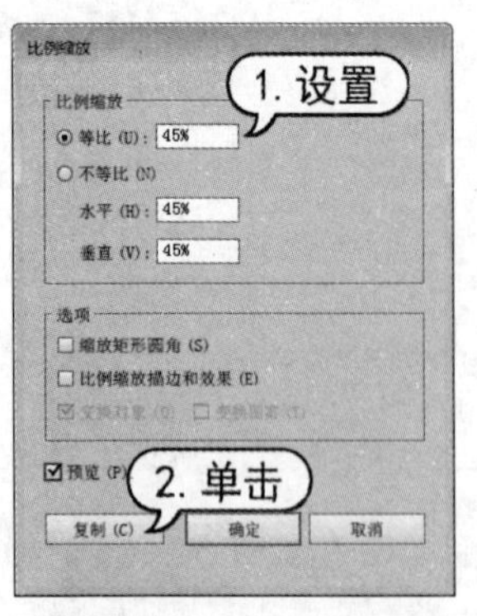

图 3-123　缩放复制图形

图 3-124　填充渐变

(43) 使用【椭圆】工具绘制圆形，并在【颜色】面板中将填充色设置为黑色，如图 3-126 所示。

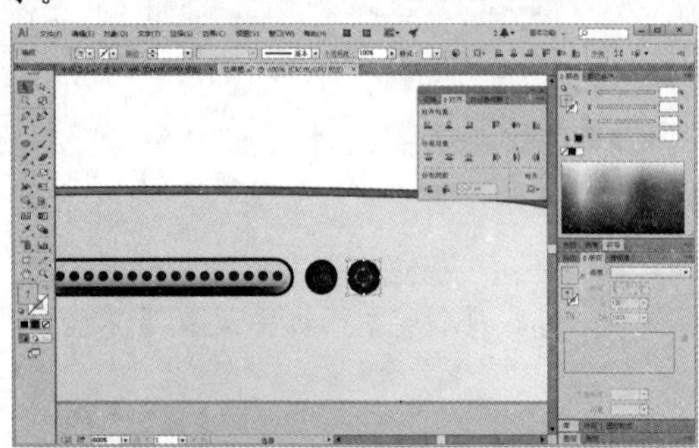

图 3-125　移动复制编组图形

图 3-126　绘制图形

(44) 在步骤(43)绘制的圆形上单击鼠标右键，从弹出的菜单中选择【变换】|【缩放】命令，打开【比例缩放】对话框。在对话框中设置【等比】数值为 80%，然后单击【复制】按钮，如图 3-127 所示。

(45) 使用【网格】工具在缩放复制后的圆形内单击添加网格点，并在【颜色】面板中设置网格点颜色为 C=0 M=0 Y=0 K=80，如图 3-128 所示。

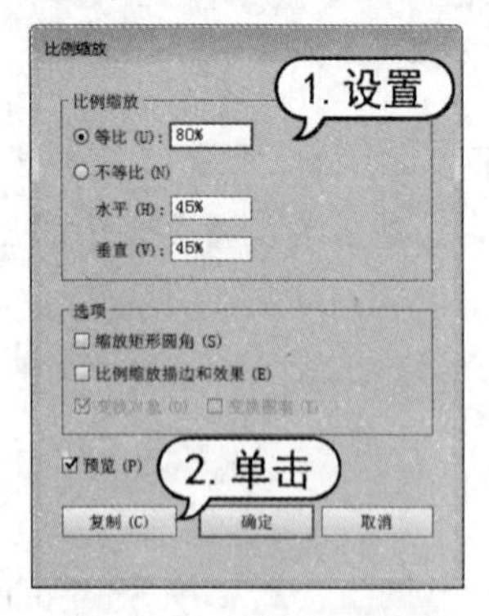

图 3-127　缩放复制图形

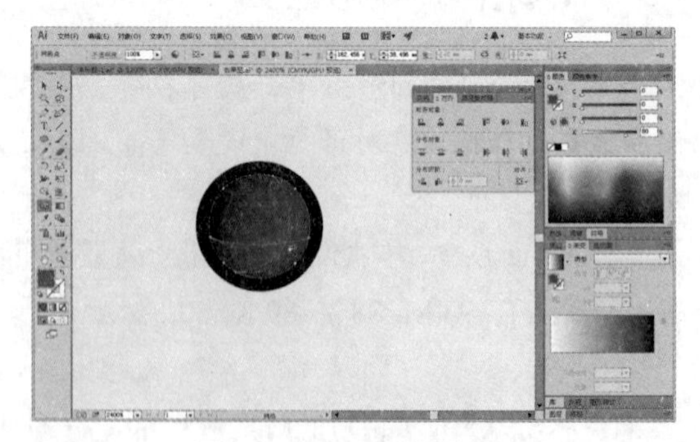

图 3-128　设置网格填充

(46) 使用【选择】工具选中步骤(43)中绘制的圆形，单击鼠标右键，从弹出的菜单中选择

【变换】|【缩放】命令，打开【比例缩放】对话框。在对话框中设置【等比】数值为45%，然后单击【复制】按钮，如图3-129所示。再按Shift+Ctrl+]键将缩放复制的图形置于顶层。

(47) 在【渐变】面板中，单击渐变填色框，设置【类型】选项为【线性】，渐变填色为K=60至C=93 M=88 Y=89 K=80，【角度】数值为135°，如图3-130所示。

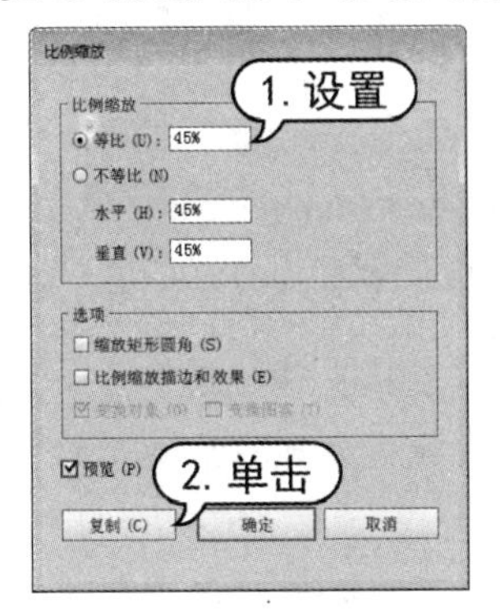

图3-129　缩放复制图形

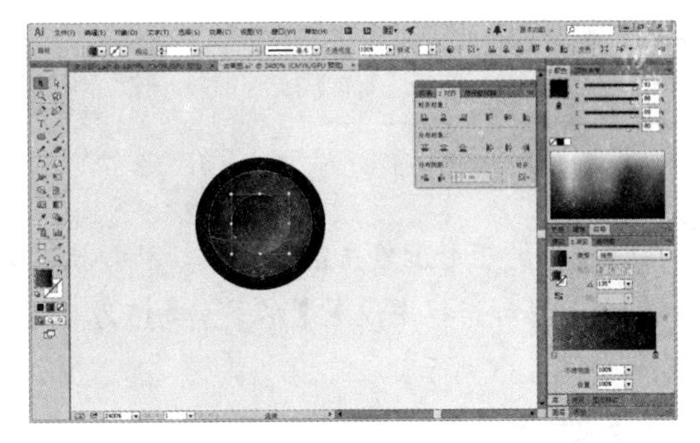

图3-130　填充图形

(48) 在刚创建的图形上单击鼠标右键，从弹出的菜单中选择【变换】|【缩放】命令，打开【比例缩放】对话框。在对话框中设置【等比】数值为50%，然后单击【复制】按钮，如图3-131所示。

(49) 在【渐变】面板中，设置【类型】选项为【径向】，渐变填充色为K=0至C=55 M=0 Y=48 K=0至C=93 M=88 Y=89 K=80，然后使用【渐变】工具调整渐变填充效果，如图3-132所示。

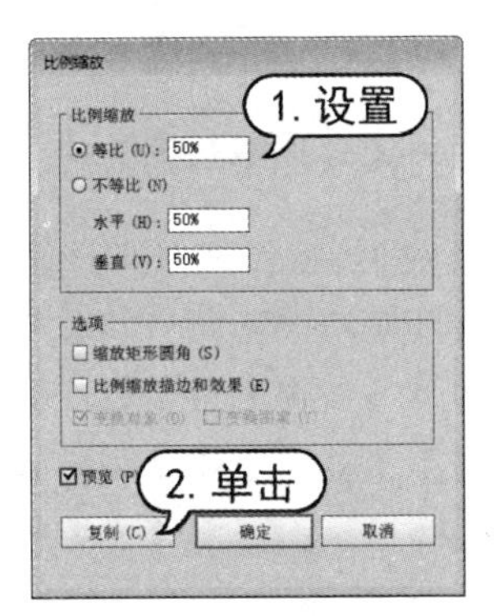

图3-131　缩放复制图形

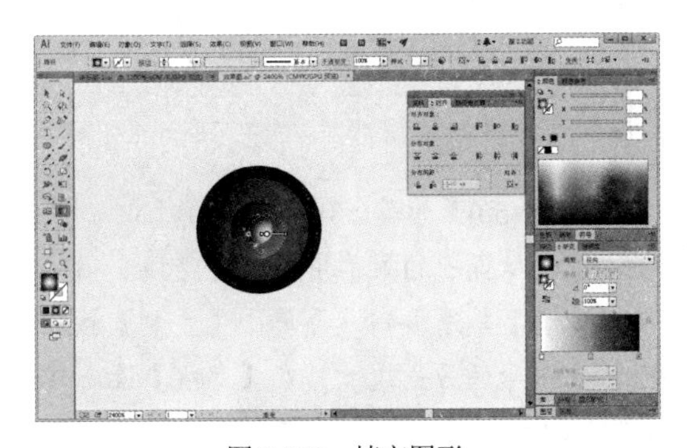

图3-132　填充图形

(50) 选中步骤(43)至步骤(49)中创建的对象，按Ctrl+G键进行编组。选择【矩形】工具在画板中单击打开【矩形】对话框。在对话框中设置【宽度】数值为0.7mm，【高度】数值为18mm，然后单击【确定】按钮，如图3-133所示。

(51) 在【渐变】面板中，设置【类型】选项为【线性】，设置渐变填充色为C=81 M=77 Y=63 K=37至C=71 M=61 Y=52 K=5至C=83 M=77 Y=67 K=45至C=83 M=77 Y=67 K=45至C=66 M=53 Y=45 K=0至C=84 M=77 Y=70 K=49，【角度】数值为90°，如图3-134所示。

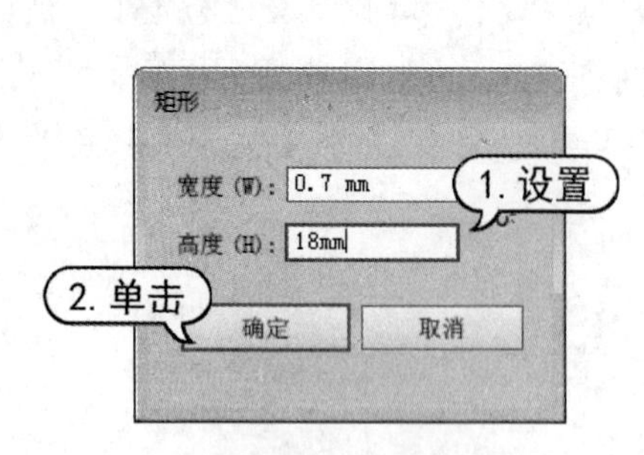

图 3-133　绘制矩形

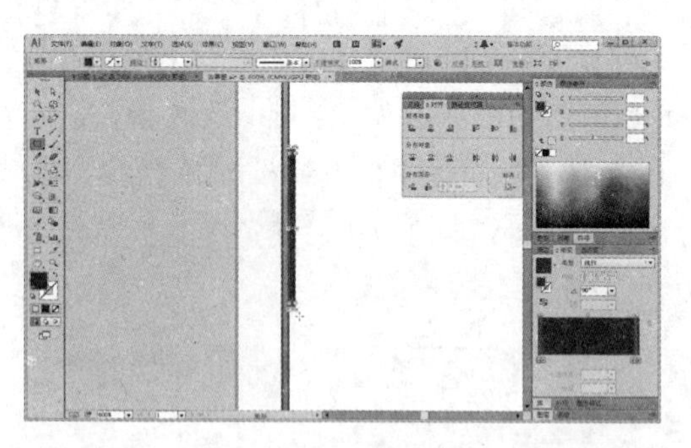
图 3-134　填充图形

(52) 在刚绘制的矩形上单击鼠标右键，从弹出的菜单中选择【变换】|【移动】命令，打开【移动】对话框。在对话框中设置【水平】数值为 0.7mm，【垂直】数值为 0mm，然后单击【复制】按钮，如图 3-135 所示。

(53) 在【变换】面板中，设置中心点为左中，取消选中【约束宽度和高度比例】按钮，设置【宽】数值为 0.2mm；取消选中【链接圆角半径值】按钮，设置右上角、右下角的【圆角半径】数值为 0.2mm，【边角类型】下拉列表中选择【倒角】，如图 3-136 所示。

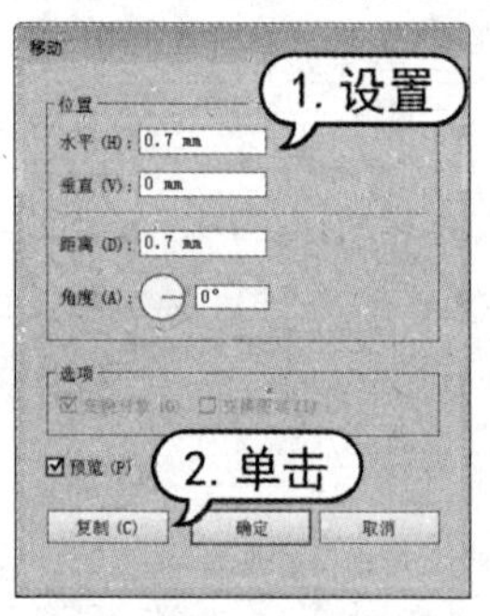

图 3-135　移动复制图形

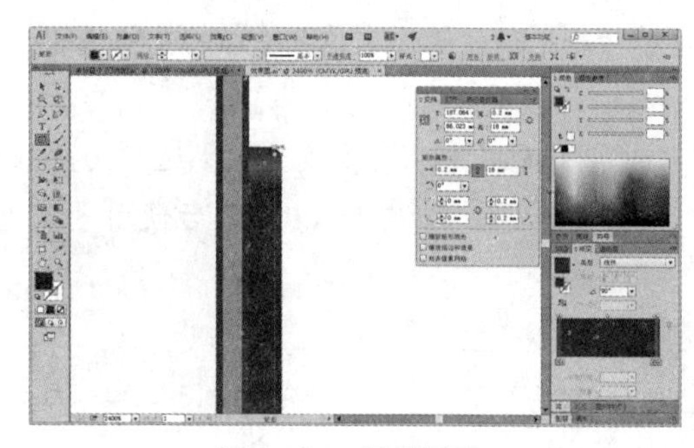
图 3-136　调整图形

(54) 选中步骤(50)至步骤(53)中创建的对象，按 Ctrl+G 键进行编组。在编组后的图形对象上单击鼠标右键，从弹出的菜单中选择【变换】|【对称】命令，打开【镜像】对话框。在对话框中，选中【垂直】单选按钮，再单击【复制】按钮。使用【选择】工具将镜像复制后的图形对象移动至机身图形的另一边。并在【变换】面板中，设置中心点为下中，设置【高】数值为 36mm。如图 3-137 所示。

图 3-137　镜像复制图形

(55) 使用【选择】工具选中步骤(19)中的矩形，按 Ctrl+C 键复制，按 Ctrl+F 键粘贴。选择【文件】|【置入】命令，打开【置入】对话框。在对话框中选中所需要的图像文件，然后单击【置入】按钮。在画板中单击置入的图像文件，并连续按 Ctrl+[键将其放置在刚复制的矩形下方，并调整其位置，如图 3-138 所示。

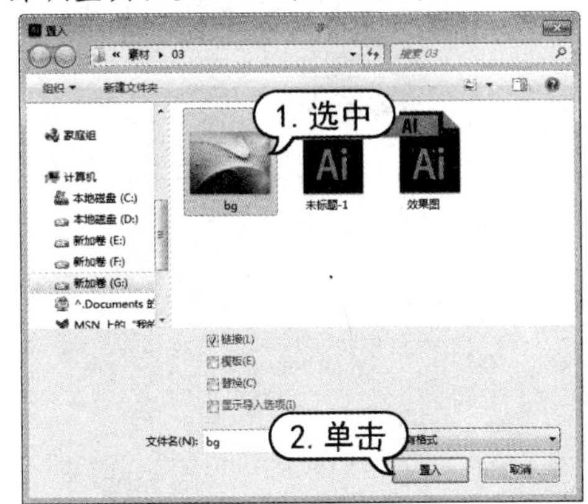

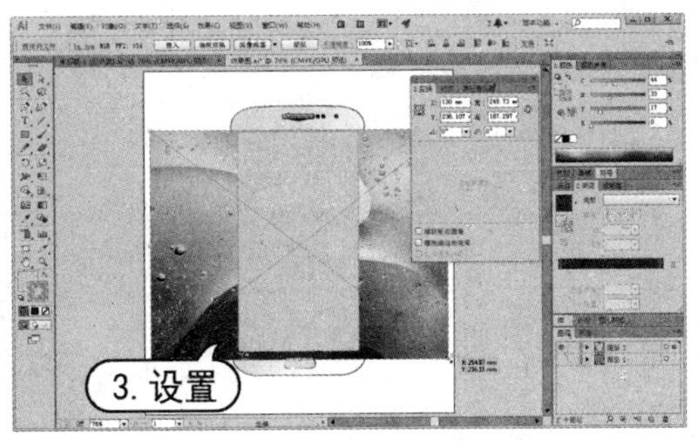

图 3-138　置入图像

(56) 使用【选择】工具选中置入的图像和上方的矩形，单击鼠标右键，从弹出的菜单中选择【建立剪切蒙版】命令。然后在【颜色】面板中设置描边色为 C=44 M=33 Y=17 K=0，如图 3-139 所示。

(57) 按 Ctrl+[键将剪切蒙版对象向下移动一层，然后选中步骤(19)绘制的圆角矩形，在【颜色】面板中设置描边色为无。选择【刻刀】工具，按住 Alt 键，使用【刻刀】工具切割图形，如图 3-140 所示。

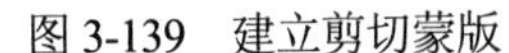

图 3-139　建立剪切蒙版

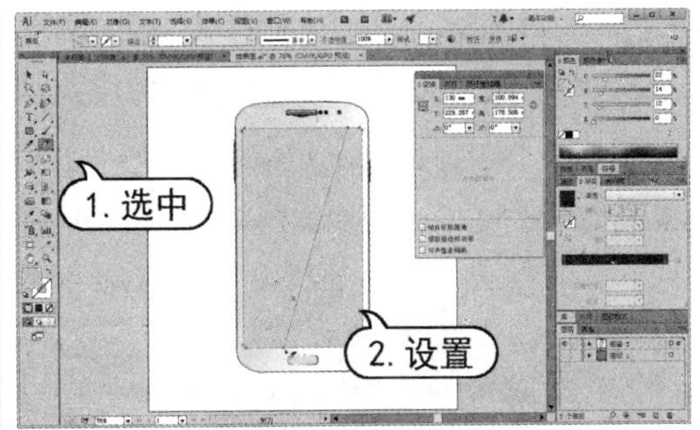

图 3-140　使用【刻刀】工具

(58) 使用【选择】工具选中切割图形的右下部分，按 Delete 键删除。再选中左上部分，在【透明度】面板中设置混合模式为【叠加】，【不透明度】数值为 50%，如图 3-141 所示。

(59) 按 Ctrl+A 键全选画板中的图形对象，按 Ctrl+G 键进行编组，如图 3-142 所示。

(60) 选择【效果】|【风格化】|【外发光】命令，打开【外发光】对话框。在对话框中设置【不透明度】数值为 90%，【模糊】数值为 10mm，然后单击【确定】按钮，再在【图层】面板中，打开【图层 1】视图，完成效果如图 3-143 所示。

图 3-141　设置图形

图 3-142　编组对象

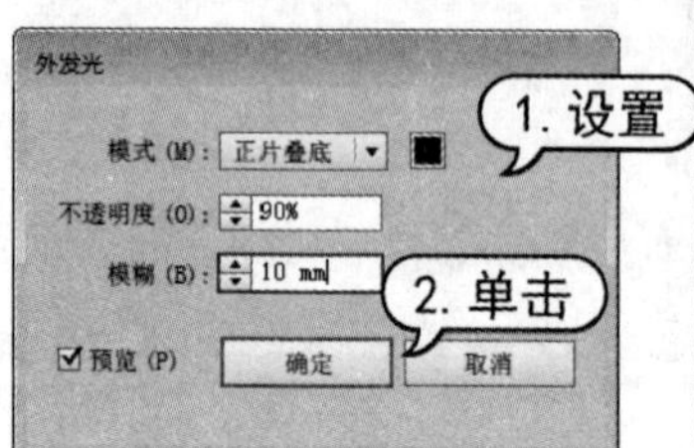

图 3-143　完成效果

3.9　习题

1. 绘制一个图形对象，并对其进行变换，得到如图 3-144 所示的图案效果。
2. 新建一个文档，制作如图 3-145 所示的图像效果。

图 3-144　图案效果

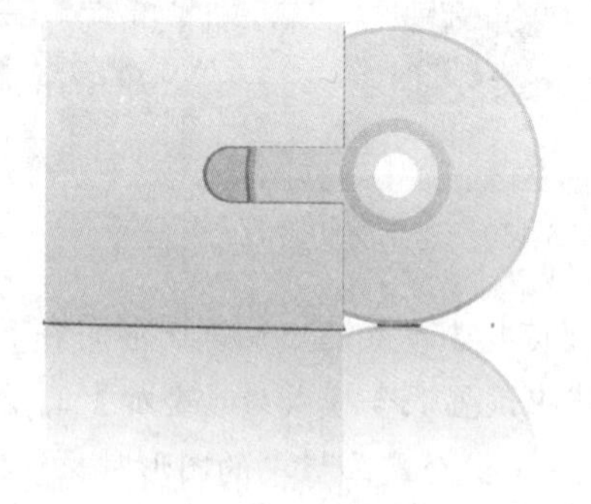

图 3-145　图像效果

颜色填充与描边

学习目标

对图形对象进行填充及描边处理是运用Illustrator进行设计工作时的常用操作。在Illustrator中，不仅为用户提供了纯色、渐变、图案等多种填充方式，还提供了描边设置选项。本章将详细讲解填充及描边设置的操作方法。熟练掌握这些设置，可以大大提高绘图工具的使用效率。

本章重点

- 颜色填充
- 渐变填充
- 图案填充
- 使用符号

4.1 颜色模式

颜色模式是使用数字描述颜色的方式。使用颜色填充工具之前，首先需要了解颜色模式的基本理论知识。无论屏幕颜色还是印刷颜色，都是模拟自然界的颜色，差别在于模拟的方式不同。模拟色的颜色范围远小于自然界的颜色范围。但是，同样作为模拟色，由于表现颜色的方式不同，印刷颜色的颜色范围又小于屏幕颜色的颜色范围，所以屏幕颜色与印刷颜色并不匹配。

在Illustrator CC 2015中使用了5种颜色模式，即RGB模式、CMYK模式、HSB模式、灰度模式和Web安全RGB模式。

4.1.1 RGB模式与Web安全RGB模式

RGB模式是利用红、绿、蓝3种基本颜色来表示色彩的。通过调整3种颜色的比例可以获得不同的颜色。由于每种基本颜色都有 256 种不同的亮度值，因此，RGB 颜色模式约有 256×256×256 的 1670 余种不同颜色。当绘制的图形只用于屏幕显示时，可采用此种颜色模式。

Web 安全 RGB 模式是网页浏览器所支持的 216 种颜色，与显示平台无关。当所绘图像只用于网页浏览时，可以使用该颜色模式。

4.1.2 CMYK 模式

CMYK 模式即常说的四色印刷模式，CMYK 分别代表青、洋红、黄、黑四种颜色。CMYK 颜色模式的取值范围是用百分数来表示的，百分比较低的油墨接近白色，百分比较高的油墨接近黑色。

4.1.3 HSB 模式

HSB 模式是利用色彩的色相、饱和度和亮度来表现色彩的。H 代表色相，指物体固有的颜色。S 代表饱和度，指的是色彩的饱和度，它的取值范围为 0%(灰色)~100%(纯色)。B 代表亮度，指色彩的明暗程度，它的取值范围是 0%(黑色)~100%(白色)。

4.1.4 灰度模式

灰度模式具有从黑色到白色的 256 种灰度色域的单色图像，只存在颜色的灰度信息，没有色彩信息。其中，0 级为黑色，255 级为白色。每个灰度级都可以使用 0%(白)~100%(黑)百分比来测量。灰度模式可以与 HSB 模式、RGB 模式、CMYK 模式互相转换。但是，将色彩转换为灰度模式后，再要将其转换回彩色模式，将不能恢复原有图像的色彩信息，画面将转为单色。

4.2 颜色填充

在 Illustrator 中，【拾色器】对话框、【颜色】面板和【色板】面板是经常用来进行颜色的设置、编辑和管理等操作的组件。

4.2.1 【拾色器】对话框

在 Illustrator 中，双击工具箱下方的【填色】或【描边】图标都可以打开【拾色器】对话框。在【拾色器】对话框中可以基于 HSB、RGB、CMYK 等颜色模型设置填充或描边颜色，如图 4-1 所示。

在【拾色器】对话框中左侧的主颜色框中单击鼠标可选取颜色，该颜色会显示在右侧上方的颜色方框内，同时右侧文本框的数值会随之改变。用户也可以在右侧的颜色文本框中输入数值，或拖动主颜色框右侧颜色滑竿的滑块来改变主颜色框中的主色调。

单击【拾色器】对话框中的【颜色色板】按钮，可以显示颜色色板选项，如图 4-2 所示。在其中可以直接单击选择色板设置填充或描边颜色。单击【颜色模型】按钮可以返回选择颜色状态。

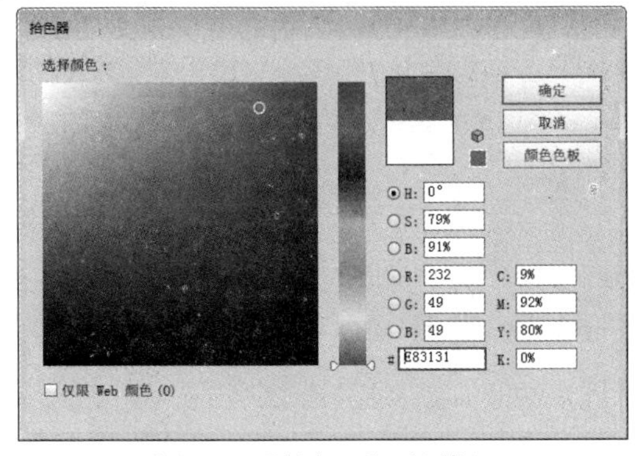

图 4-1　【拾色器】对话框

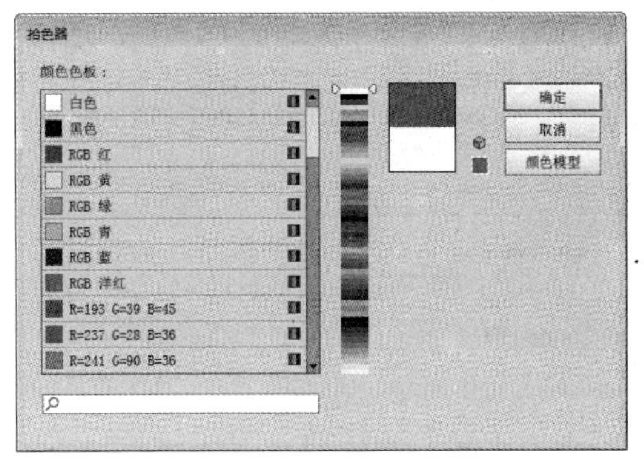

图 4-2　显示颜色色板

4.2.2　【颜色】面板

【颜色】面板是 Illustrator 中重要的常用面板，使用【颜色】面板可以将颜色应用于对象的填色和描边，也可以编辑和混合颜色。【颜色】面板还可以使用不同颜色模式显示颜色值。选择菜单栏中的【窗口】|【颜色】命令，即可打开如图 4-3 所示的【颜色】面板。在【颜色】面板的右上角单击面板菜单按钮，打开如图 4-4 所示的【颜色】面板菜单。

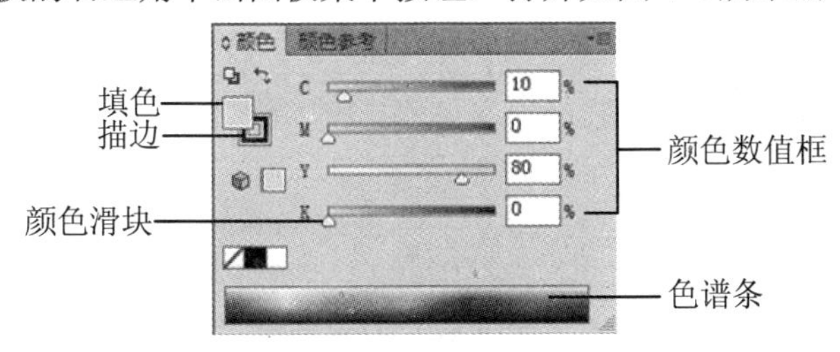

图 4-3　【颜色】面板

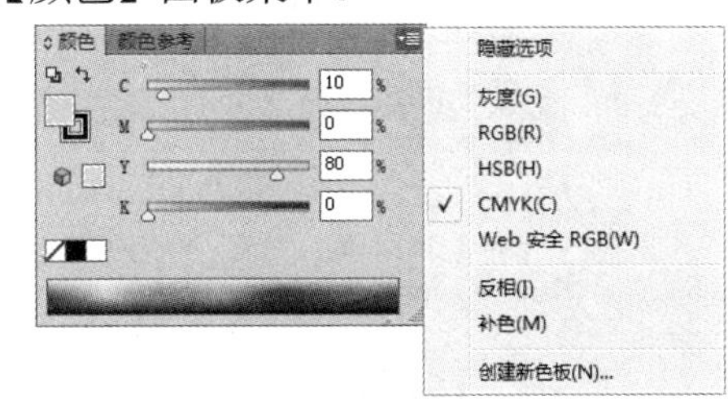

图 4-4　面板菜单

填色色块和描边框的颜色用于显示当前填充色和边线色。单击填色色块或描边框，可以切换当前编辑颜色。拖动颜色滑块或在颜色数值框内输入数值，填充色或描边色会随之发生变化，如图 4-5 所示。

当将鼠标移至色谱条上时，光标变为吸管形状，这时按住鼠标并在色谱条上移动，滑块和数值框内的数字会随之变化，如图 4-6 所示，同时选中的填充色或描边色也会不断发生变化。释放鼠标后，即可以将当前的颜色设置为当前填充色或描边色。

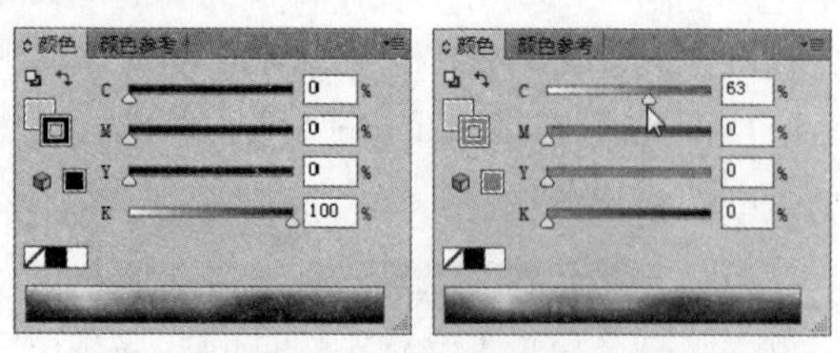

图 4-5　拖动颜色滑块

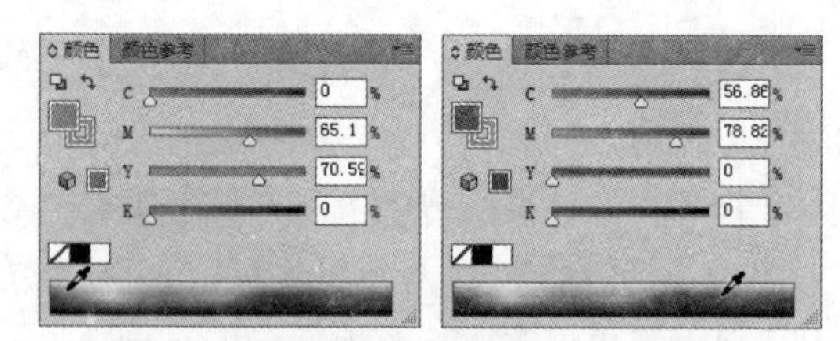

图 4-6　使用吸管

用鼠标单击图 4-7 所示的无色框，即可将当前填充色或描边色改为无色。若单击图 4-8 中所示光标处的颜色框，可将当前填充色或描边色恢复为最后一次设置的颜色。

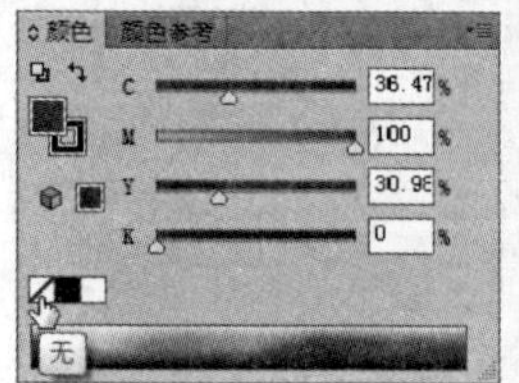

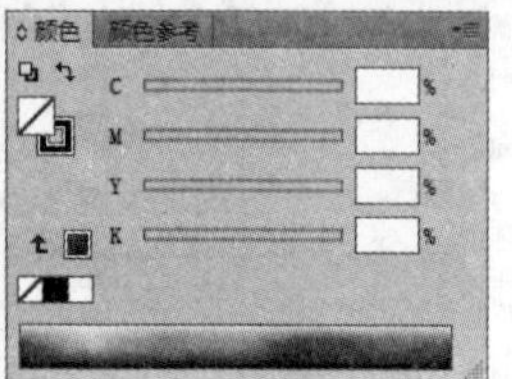

图 4-7　设置无色

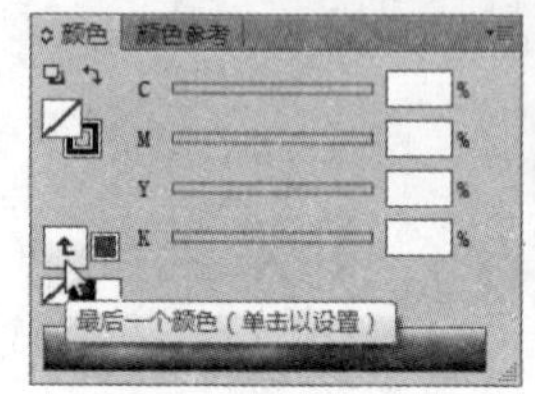

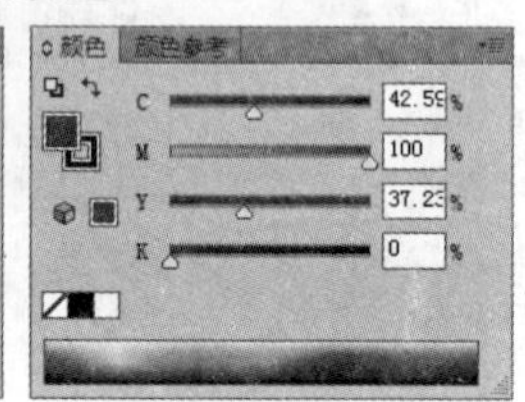

图 4-8　使用最后设置的颜色

4.2.3 【色板】面板

选择【窗口】|【色板】命令，打开如图 4-9 所示的【色板】面板。【色板】面板主要用于存储颜色，并且还能存储渐变色、图案等。存储在【色板】面板中的颜色、渐变色、图案均以正方形，即色板的形式显示。利用【色板】面板可以应用、创建、编辑和删除色板。在【色板】面板中，单击【显示列表视图】按钮和【显示缩览图视图】按钮可以直接更改色板显示状态，如图 4-10 所示。

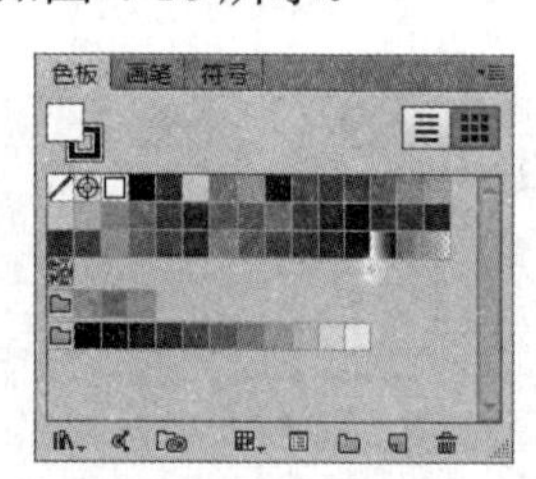

图 4-9　【色板】面板

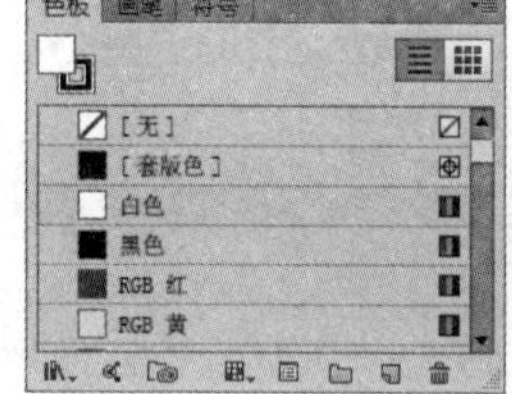

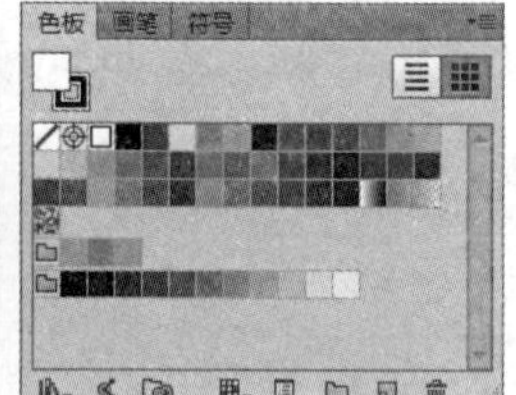

图 4-10　更改缩览图显示

【色板】面板底部还包含几个功能按钮，其作用如下。

- 【“色板库”菜单】按钮：用于显示色板库扩展菜单。
- 【显示“色板类型”菜单】按钮：用于显示色板类型菜单。
- 【色板选项】按钮：用于显示色板选项对话框。
- 【新建颜色组】按钮：用于新建一个颜色组。
- 【新建色板】按钮：用于新建和复制色板。
- 【删除色板】按钮：用于删除当前选择的色板。

用户也可以通过选择面板菜单中的命令更改色板的显示状态，如图 4-11 所示。

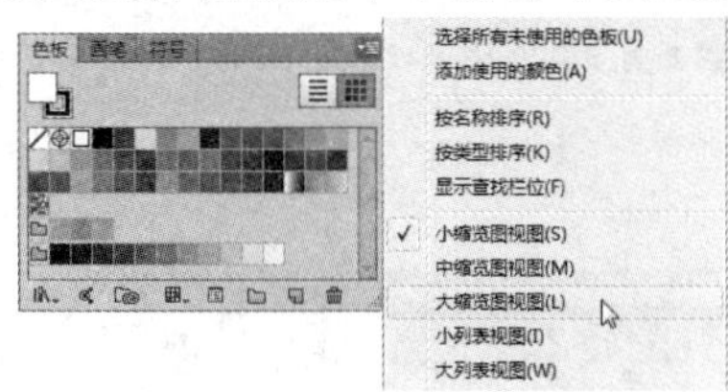

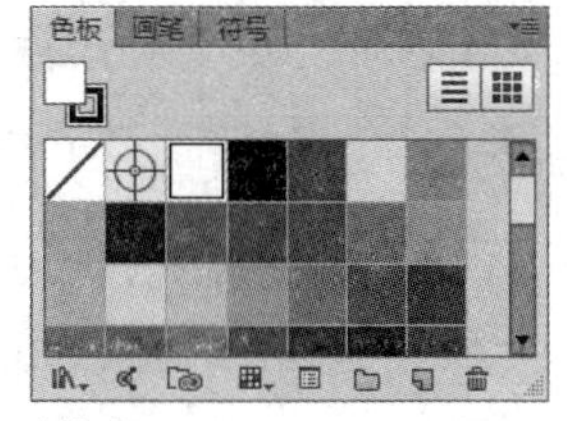

图 4-11　更改色板显示状态

1. 创建自定义色板

在 Illustrator 中，用户还可以将自己定义的颜色、渐变或图案创建为色样，存储到【色板】面板中。

【例 4-1】在 Illustrator 中，创建自定义色板。

(1) 打开一幅图形文档，按 Ctrl+A 键选中画板中的图形，如图 4-12 所示。

(2) 在【色板】面板中，单击【新建颜色组】按钮。打开【新建颜色组】对话框，在【名称】文本框中输入“商业用色”，在【创建自】选项组中选择【选定的图稿】单选按钮，然后单击【确定】按钮，即可创建新颜色组，如图 4-13 所示。

图 4-12　选取图形

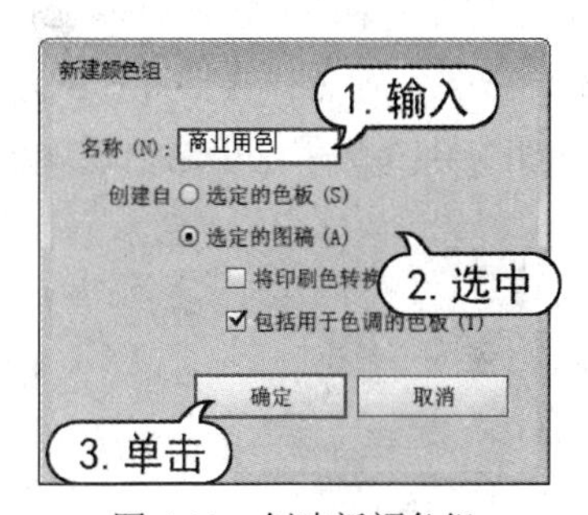

图 4-13　创建新颜色组

(3) 按 Shift+Ctrl+A 键，取消选中画板中的图形。在【色板】面板中，单击新建颜色组中的 C=56 M=16 Y=69 K=1 色板，再单击面板菜单按钮，在弹出的下拉菜单中选择【新建色板】命令，打开【新建色板】对话框。在对话框中，新色样的默认颜色为【颜色】面板中的当前颜色，如图 4-14 所示。

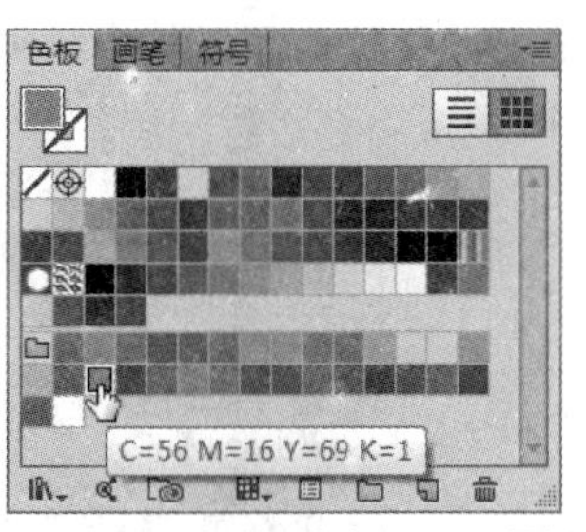

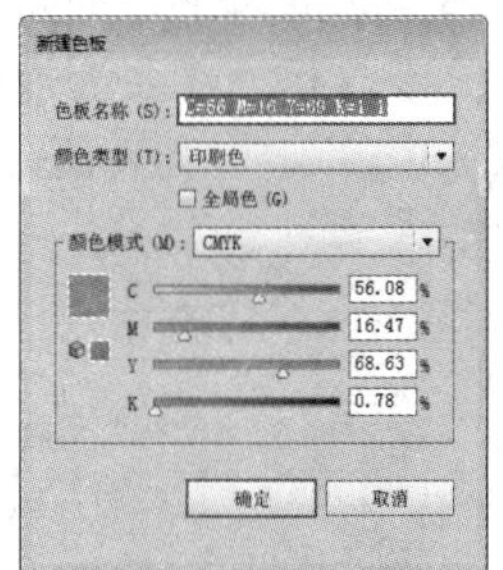

图 4-14　【新建色板】对话框

(4) 在【新建色板】对话框中，设置【色板名称】为“粉果绿”，设置颜色为 C=35 M=0 Y=35 K=0，然后单击【确定】按钮，关闭对话框，将设置的色板添加到面板中，如图 4-15 所示。

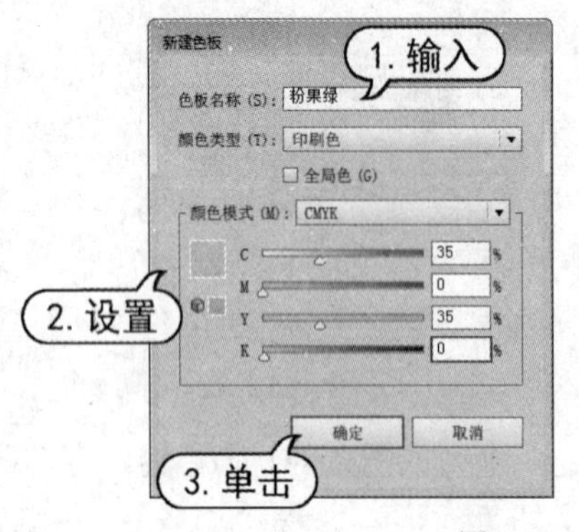

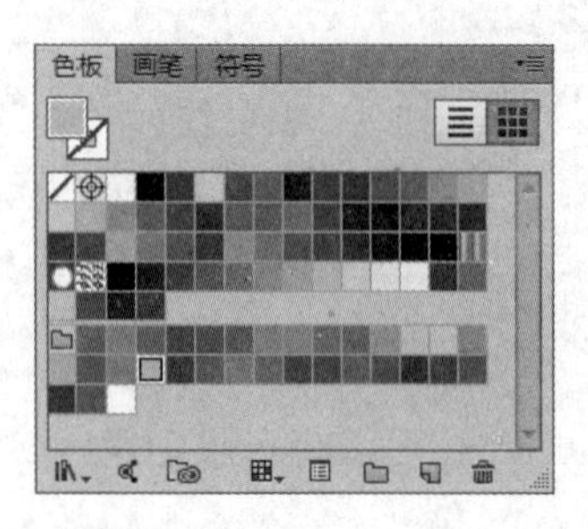

图 4-15 添加色板

2. 从色板库中选择颜色

在 Illustrator CC 2015 中，还提供了几十种固定的色板库，每个色板库中均含有大量的颜色组合供用户使用。

要使用色板库中的颜色，可以选择【窗口】|【色板库】命令子菜单中的相应色板库，或从【色板】面板菜单中选择【打开色板库】命令子菜单中的相应色板库，即可打开所选择的色板库面板，如图 4-16 所示。单击色板库面板中的色板，即可改变所选图形对象的填色或描边。

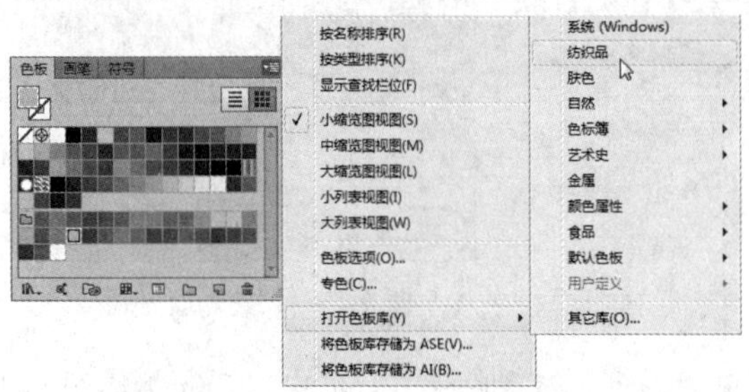

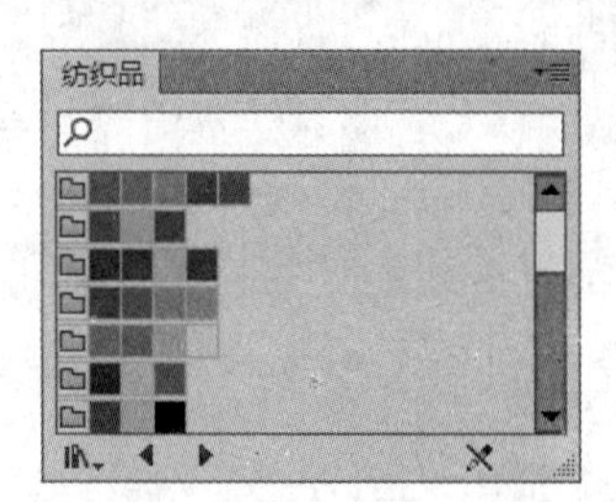

图 4-16 打开色板库

【例 4-2】在 Illustrator 中，使用色板库并将色板库中的颜色添加至【色板】面板中。

(1) 选择【色板】面板扩展菜单中的【打开色板库】命令，在显示的子菜单中包含了系统提供的所有色板库，用户可以根据需要选择合适的色板库，打开相应的色板库，如图 4-17 所示。

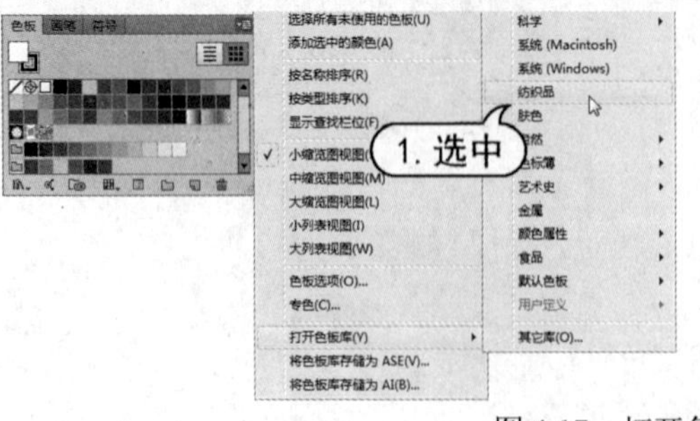

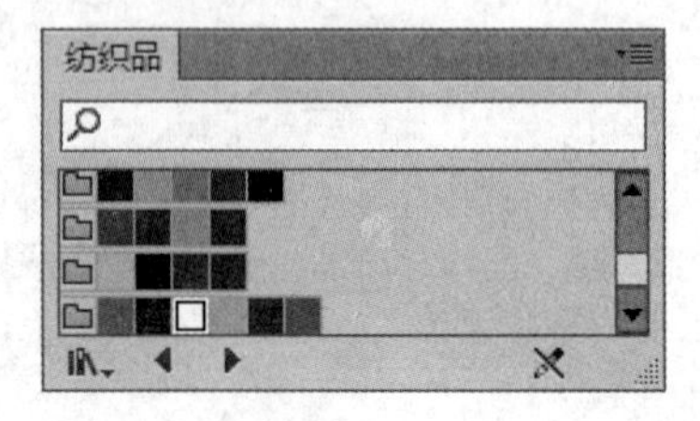

图 4-17 打开色板库

(2) 在打开的色板库下方有一个 ✕ 按钮，表示其中的色样为只读状态。单击选中色板，选择面板扩展菜单中的【添加到色板】命令，或者直接将其拖动到【色板】面板中，即可将色板库中的色板添加到【色板】面板中，如图 4-18 所示。

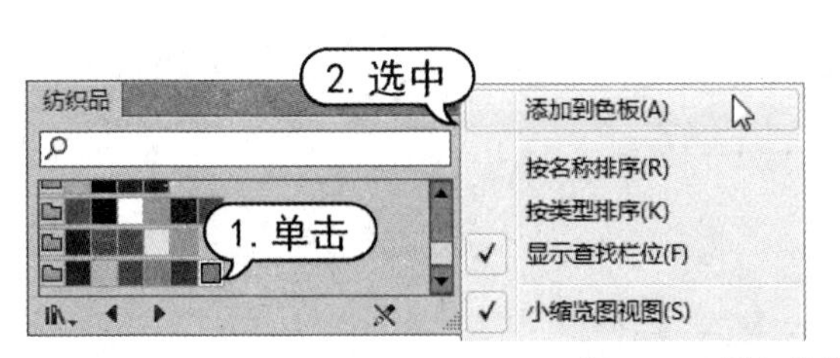

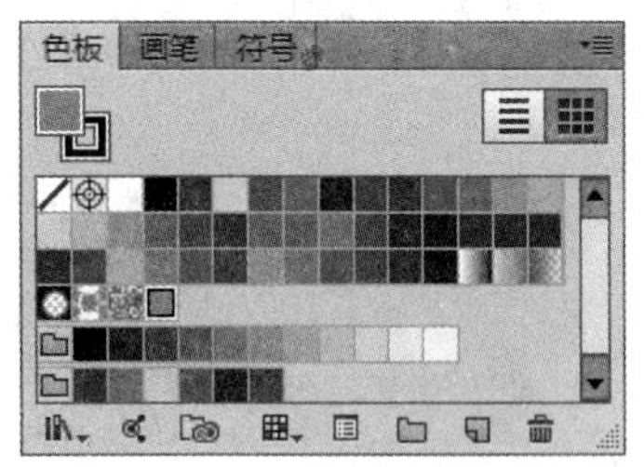

图 4-18　添加色板

(3) 双击【色板】面板中刚添加的色板，即可打开【色板选项】对话框。在对话框中设置【色板名称】为“深果粉绿”，并调整色值，单击【确定】按钮即可应用对色板的修改，如图 4-19 所示。

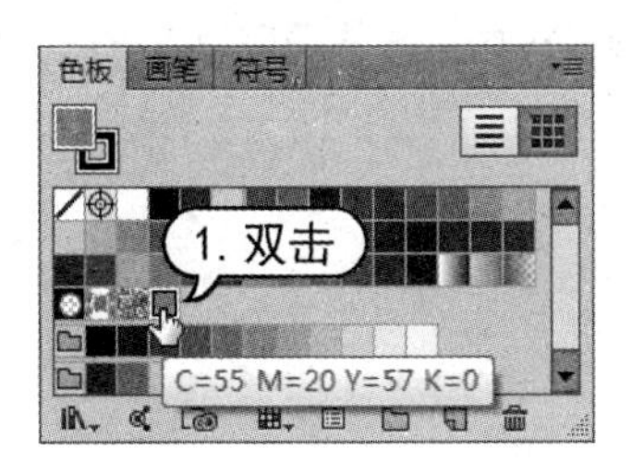

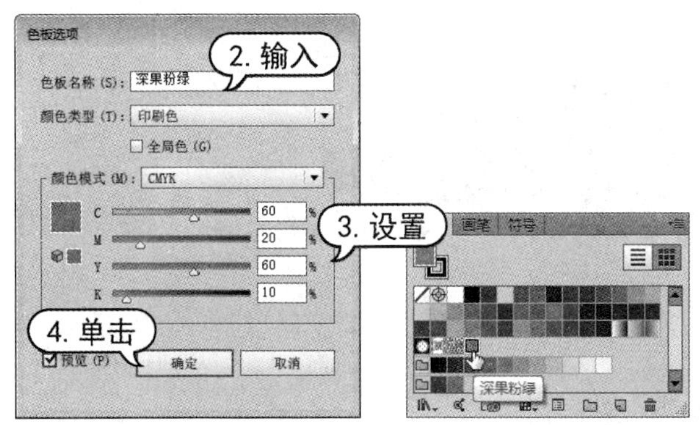

图 4-19　修改色板

4.3　渐变填充

渐变填充是平面设计作品中一种重要的颜色表现方式，增强了对象的可视效果。Illustrator 中提供了线性渐变和径向渐变两种方式。并且可以将渐变存储为色板，从而便于将渐变应用于多个对象。

4.3.1　【渐变】面板

选择【窗口】|【渐变】命令，或按快捷键 Ctrl+F9 键，打开如图 4-20 所示的【渐变】面板。在【渐变】面板中可以创建线性和径向两种类型的渐变，并且可以对渐变颜色、角度、透明度等参数进行设置。

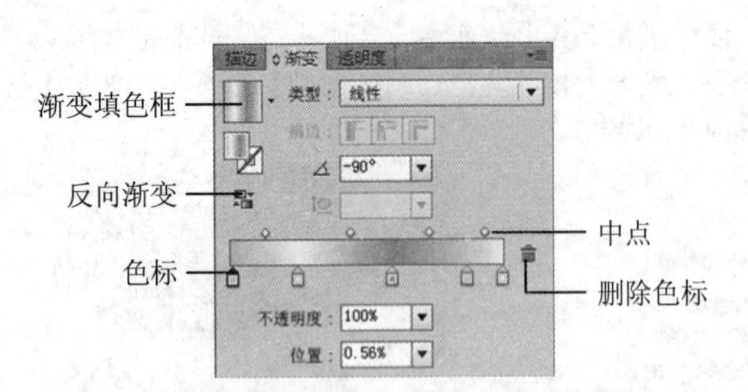

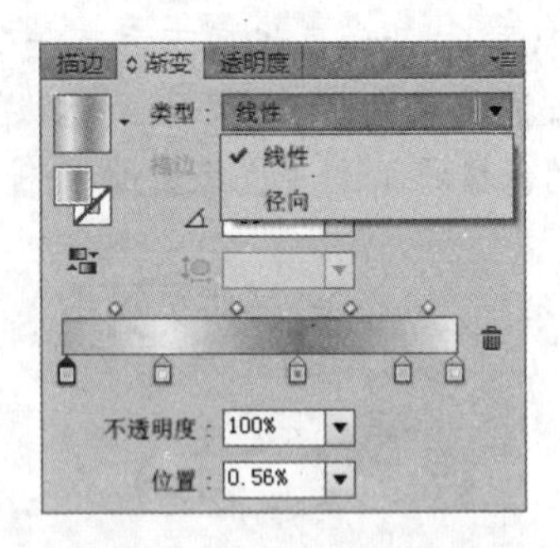

图 4-20　【渐变】面板

【例 4-3】在 Illustrator 中，使用【渐变】面板填充图形对象。

(1) 在图形文档中，使用【直接选择】工具选中图形对象。打开【渐变】面板，单击渐变填色框，即可应用预设渐变，如图 4-21 所示。

图 4-21　填充渐变

知识点

在设置【渐变】面板中的颜色时，还可以直接将【色板】面板中的色块拖动到【渐变】面板中的颜色滑块上释放即可，如图 4-22 所示。

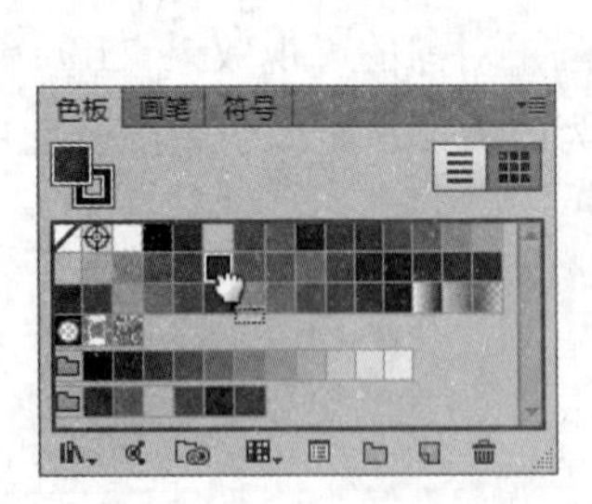

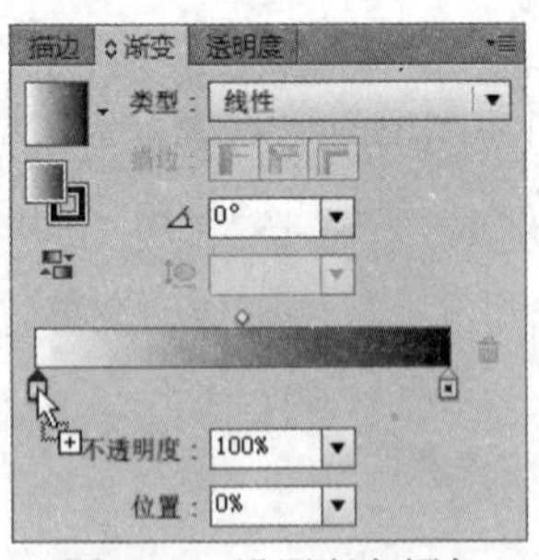

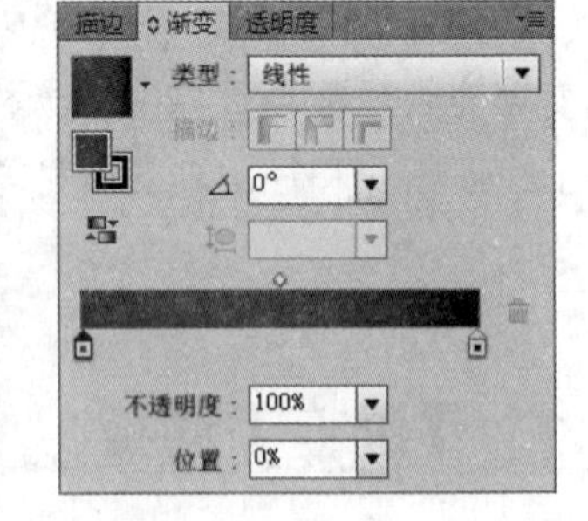

图 4-22　设置渐变颜色

(2) 在【渐变】面板中，拖动渐变滑块条上中心点位置滑块，调整渐变的中心位置，如图 4-23 所示。

(3) 在【渐变】面板中，设置【角度】数值为 120° ，如图 4-24 所示。

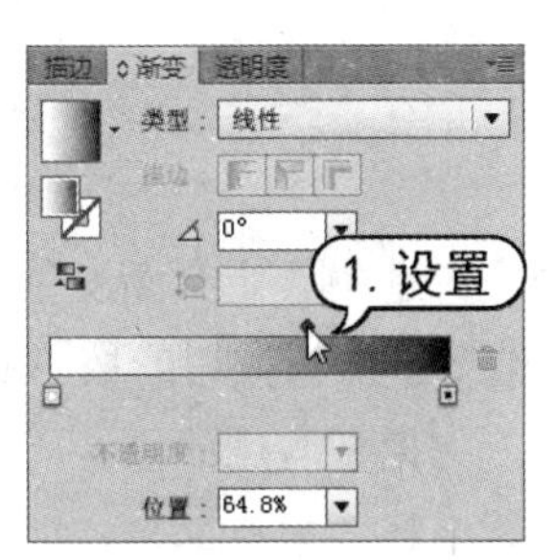

图 4-23　调整渐变

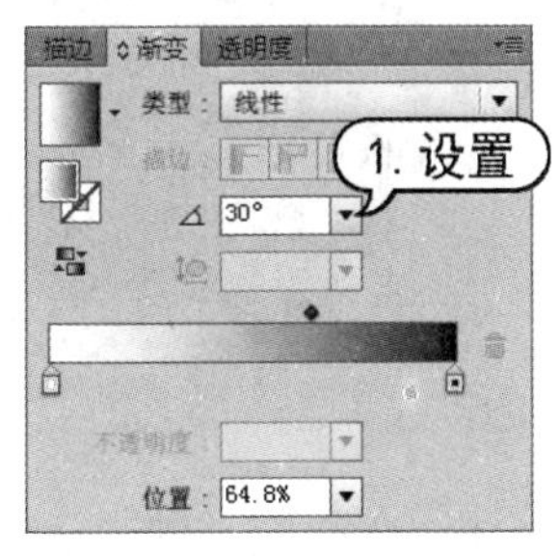

图 4-24　设置渐变角度

(4) 双击【渐变】面板中的起始颜色滑块，在弹出的面板中设置颜色。双击【渐变】面板中的终止颜色滑块，在弹出的面板中设置颜色，如图 4-25 所示。

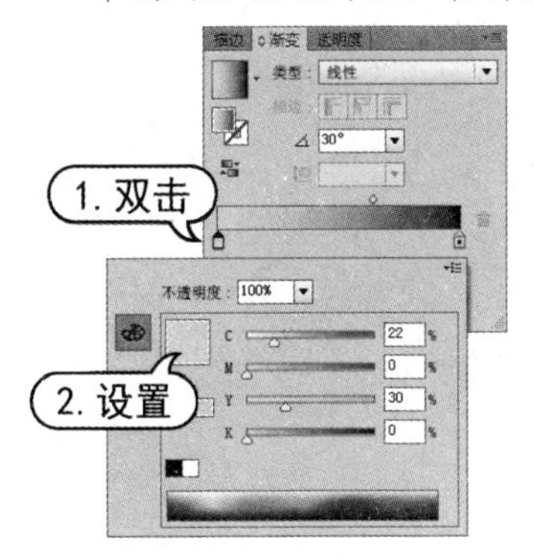

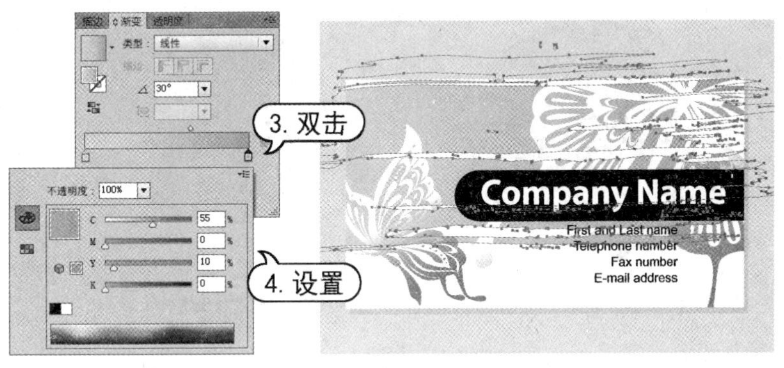

图 4-25　设置渐变

(5) 在【渐变】面板中设置好渐变后，在【色板】面板中单击【新建色板】按钮，打开【新建色板】对话框。在对话框中的【色板名称】文本框中输入“粉绿-粉蓝”，然后单击【确定】按钮即可将渐变色板添加到面板中，如图 4-26 所示。

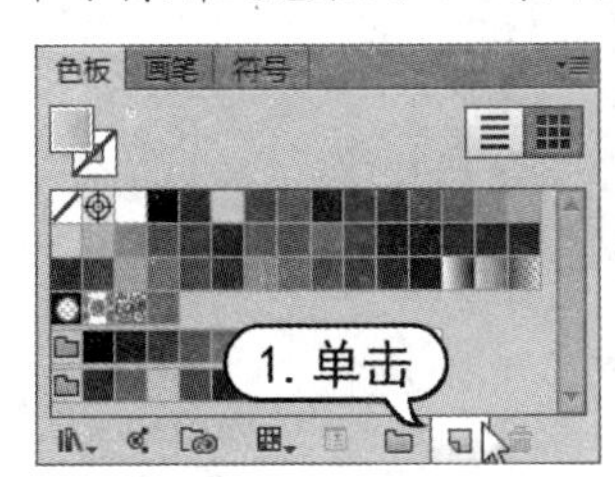

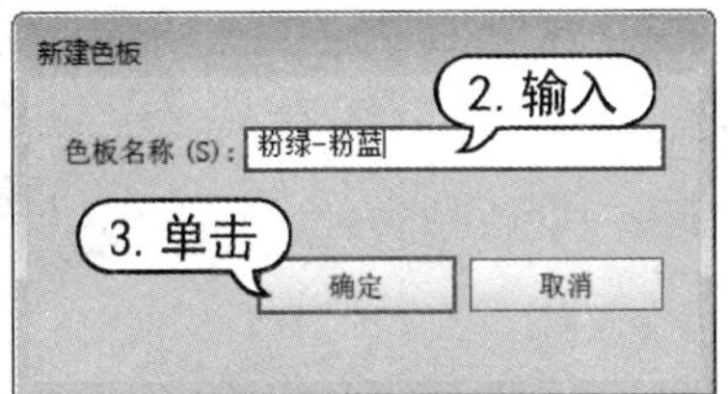

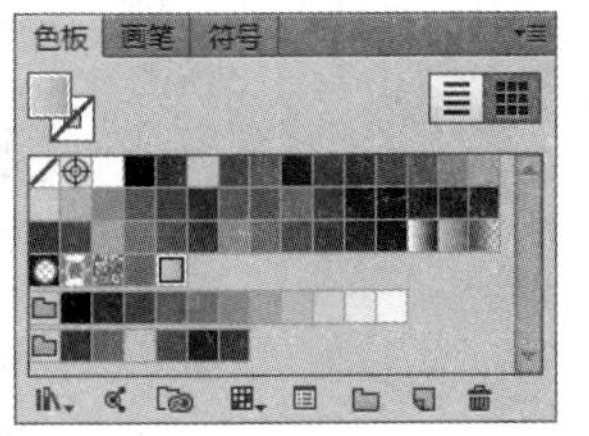

图 4-26　添加渐变色板

4.3.2 使用【渐变】工具

使用【渐变】工具同样可以为图形对象添加渐变填充。选中要定义渐变色的对象，在【渐变】面板中定义要使用的渐变色。再单击工具箱中的【渐变】工具按钮或按 G 键。在要应用渐变的开始位置上单击，拖动到渐变结束位置上释放鼠标。如果要应用的是径向渐变色，则需要在应用渐变的中心位置单击，然后拖动到渐变的外围位置上释放鼠标即可，如图 4-27 所示。

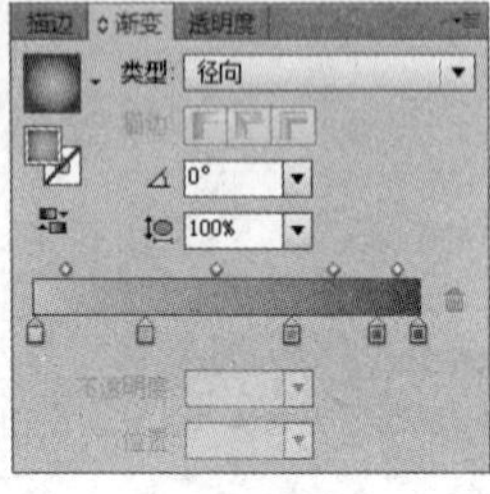

图 4-27　使用【渐变】工具

选择渐变填充对象并使用【渐变】工具时，该对象中将出现与【渐变】面板中相似的渐变条。可在渐变条上修改渐变的颜色、线性渐变的角度、位置和范围，或者修改径向渐变的焦点、原点和范围。在渐变条上可以添加或删除渐变色标，双击各个渐变色标可指定新的颜色和不透明度设置，或将渐变色标拖动到新位置，如图 4-28 所示。

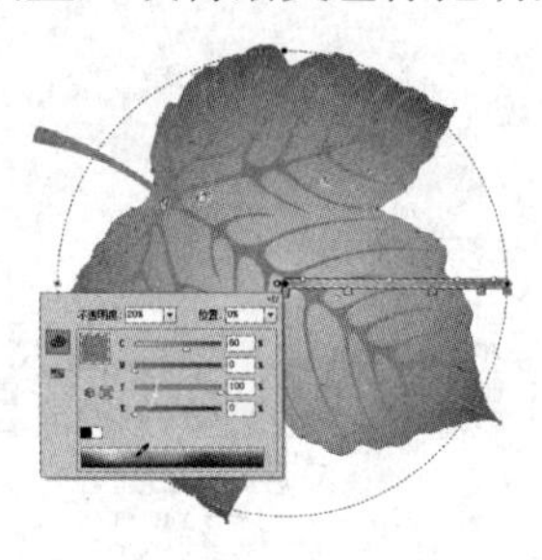
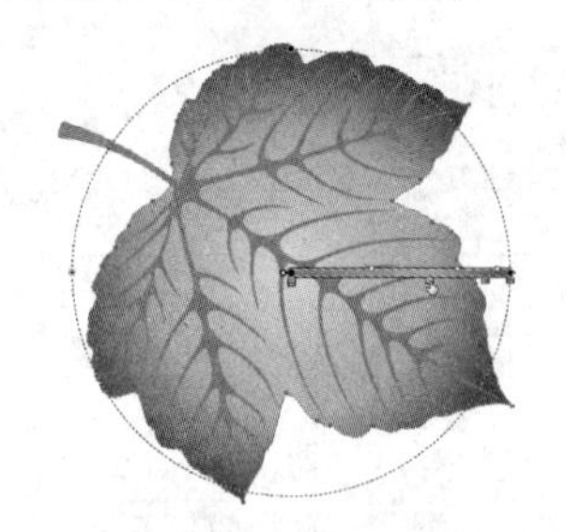
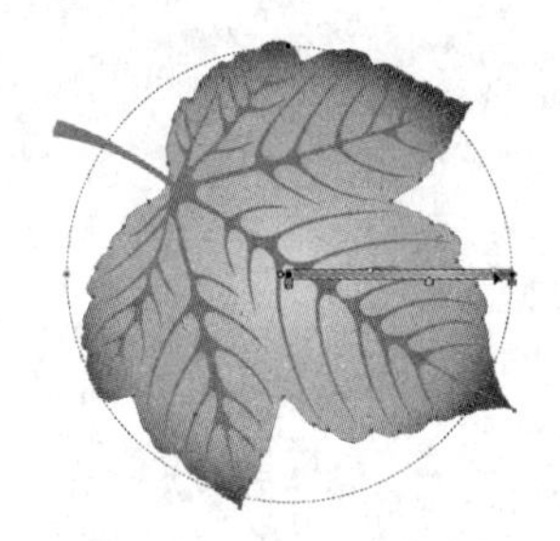

图 4-28　调整渐变色标

将光标移到渐变条的一侧光标变为↻状态时，可以通过拖动来重新定位渐变的角度。拖动滑块的圆形端将重新定位渐变的原点，而拖动箭头端则会扩大或缩小渐变的范围，如图 4-29 所示。

图 4-29　调整渐变

4.4　图案填充

Illustrator 提供了很多图案色板，用户可以通过【色板】面板来使用这些图案填充对象。同时，用户还可以自定义现有的图案，或使用绘制工具创建自定义图案。

4.4.1　使用图案填充

在 Illustrator 中，图案可用于轮廓和填充，也可以用于文本。但要使用图案填充文本时，要先将文本转换为路径。

【例 4-4】在 Illustrator 中，使用图案填充图形。

(1) 在打开的图形文档中，使用【选择】工具选中需要填充图案的图形，如图 4-30 所示。

(2) 选择【窗口】|【色板库】|【图案】|【基本图形】|【基本图形_纹理】命令，打开图案色板库，如图 4-31 所示。单击色板库右上角的面板菜单按钮，在弹出的菜单中选择【大缩览图视图】命令。

图 4-30　选中图形

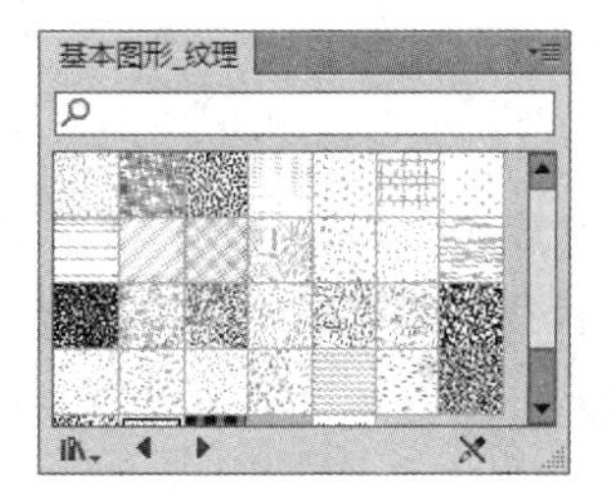

图 4-31　打开图案色板库

(3) 从【基本图形_纹理】面板中单击【USGS 22 砾石滩】图案色板，即可填充选中的对象，如图 4-32 所示。

图 4-32　填充图案

提示

在工具箱中单击【描边】选框，然后从【色板】面板中选择一个【图案】色板，即可为对象描边填充图案。

4.4.2 创建图案填充

在 Illustrator 中，除了系统提供的图案外，还可以创建自定义的图案，并将其添加到图案色板中。利用工具箱中的绘图工具绘制好图案后，使用【选择】工具选中图案，将其拖动到【色板】面板中，这个图案就能应用到其他对象的填充或轮廓上。

【例 4-5】在 Illustrator 中，创建自定义图案。

(1) 在打开的图形文档中，使用【选择】工具选择要定义的图案对象，如图 4-33 所示。

(2) 选择【对象】|【图案】|【建立】命令，打开信息提示对话框和【图案选项】面板。在信息提示对话框中单击【确定】按钮，如图 4-34 所示。

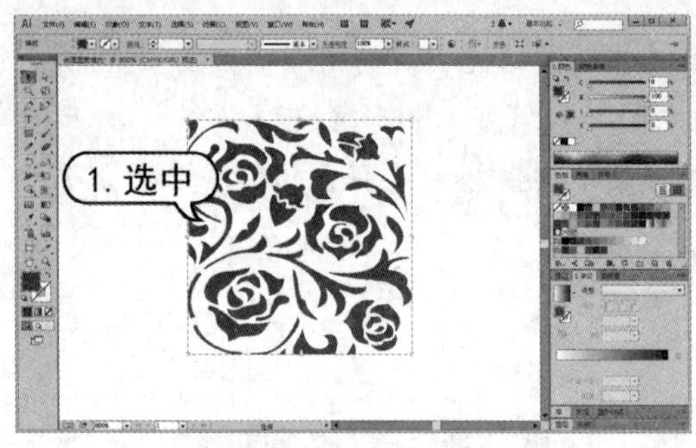

图 4-33 选择图形对象

图 4-34 建立图案

(3) 在【图案选项】面板中的【名称】文本框中输入“欧式玫瑰纹样”，在【拼贴类型】下拉列表中选择【网格】选项，单击【保持宽度和高度比例】按钮，在【份数】下拉列表中选择【1×1】选项，然后单击绘图窗口顶部的【完成】按钮。该图案将显示在【色板】面板中，如图 4-35 所示。

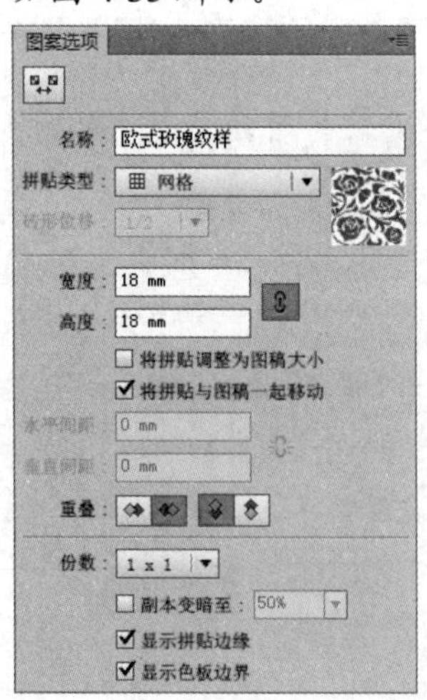

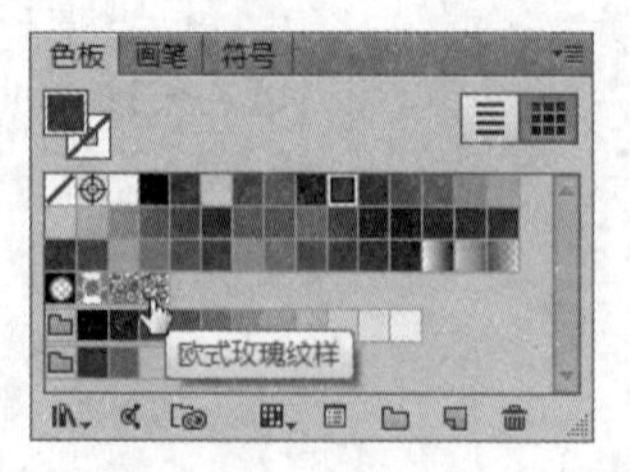

图 4-35 设置图案

提示

在【拼贴类型】下拉列表中提供了【网格】、【砖形(按行)】、【砖形(按列)】、【十六进制(按列)】、【十六进制(按行)】5 种不同的拼贴方式，如图 4-36 所示。

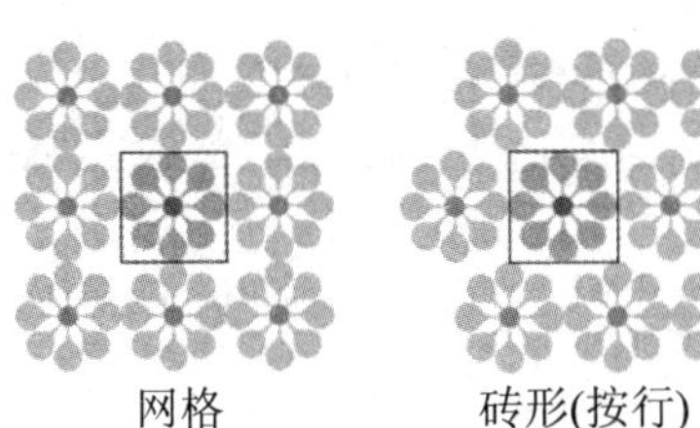

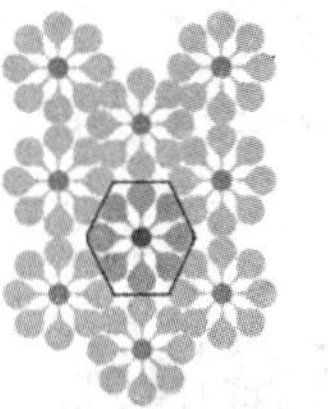

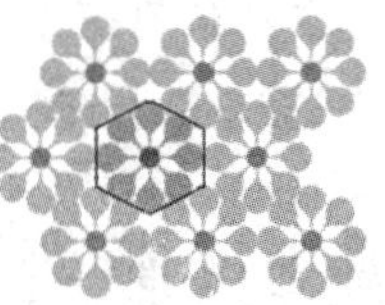

网格　　砖形(按行)　　砖形(按列)　　十六进制(按列)　　十六进制(按行)

图 4-36　拼贴类型

4.4.3　编辑填充图案

除了创建自定义图案外，用户还可以对已有的图案色板进行编辑、修改、替换等操作。

【例 4-6】编辑已创建的图案。

(1) 确保图稿中未选择任何对象后，在【色板】面板中选择要修改的图案色板，并单击【编辑图案】按钮，在工作区中显示图案并显示【图案选项】面板，如图 4-37 所示。

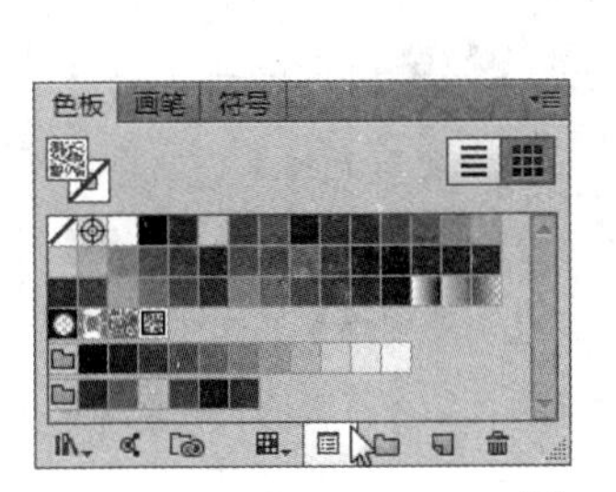

图 4-37　显示【图案选项】面板

(2) 使用【选择】工具选中图案图形，并在【渐变】面板中单击渐变填色框，设置【角度】数值为-45°，渐变填色为 C=0 M=55 Y=0 K=0 至 C=0 M=2 Y=0 K=0 至 C=0 M=74 Y=0 K=0，如图 4-38 所示。

(3) 在【图案选项】面板中的【份数】下拉列表中选择【7×7】选项，修改图案拼贴后，单击绘图窗口顶部的【完成】按钮保存图案编辑，如图 4-39 所示。

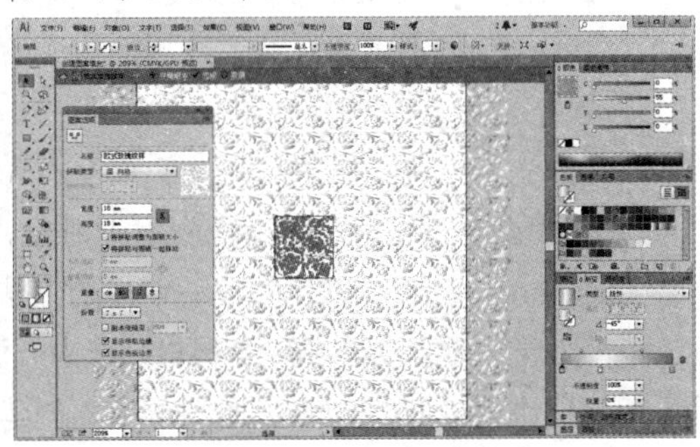

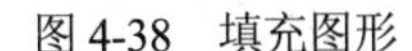

图 4-38　填充图形　　　　图 4-39　设置图案

用户将修改后的图案拖至【色板】面板空白处释放，可以将修改后的图案创建为新色板。

4.5 渐变网格填充

【网格】工具可以基于矢量对象创建网格填充对象，在对象上进行网格填充，即创建单个多色对象。其中颜色能够向不同的方向渐变过渡，并且从一点到另一点形成平滑过渡。通过在图形对象上创建精细的网格和每一点的颜色设置，可以精确地控制网格对象的色彩。

4.5.1 建立渐变网格

使用【网格】工具进行渐变填充时，先要在图形对象上创建网格。Illustrator 中提供了一种自动创建网格的方式。选中要创建网格的图形对象，选择【对象】|【创建渐变网格】命令，打开【创建渐变网格】对话框，如图 4-40 所示。

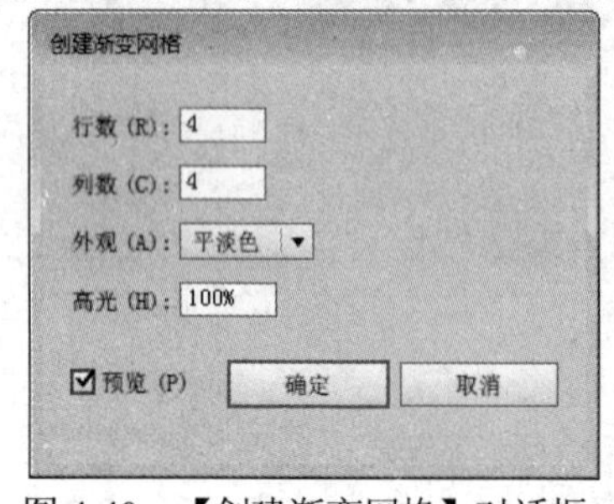

图 4-40 【创建渐变网格】对话框

知识点

选中渐变填充对象，选择【对象】|【扩展】命令，在打开的【扩展】对话框中选中【渐变网格】单选按钮，然后单击【确定】按钮将渐变填充对象转换为网格对象。

- 【行数】：定义渐变网格线的行数。
- 【列数】：定义渐变网格线的列数。
- 【外观】：表示创建渐变网格后的图形高光的表现形式，包含【平淡色】、【至中心】和【至边缘】3 个选项。选择【平淡色】选项，图像表面的颜色均匀分布，会将对象的原色均匀地覆盖在对象表面，不产生高光。选择【至中心】选项，在对象的中心创建高光。选择【至边缘】选项，图形的高光效果在边缘。至边缘会在对象的边缘处创建高光。
- 【高光】：定义白色高光处的强度。100%代表将最大的白色高光值应用于对象，0%则代表不将任何白色高光应用于对象。

在 Illustrator 中，还可以使用手动创建的方法创建网格。手动创建网格可以更加灵活地调整对象的渐变效果。要手动创建渐变网格，选中要添加渐变网格的对象，单击工具箱中的【网格】工具按钮或按快捷键 U 键，然后在图形中要创建网格的位置上单击，即可创建一组网格线，如

图 4-41 所示。

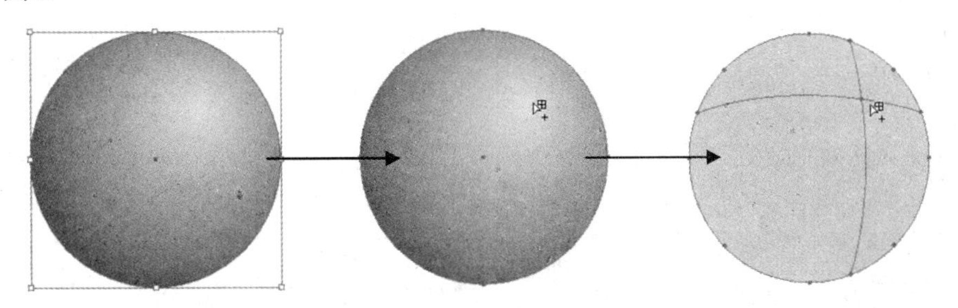

图 4-41　手动创建渐变网格

4.5.2　编辑渐变网格

创建渐变网格后，可以使用多种方法来修改网格对象，如添加、删除和移动网格点，更改网格颜色，以及将网格对象恢复为常规对象等。

【例 4-7】在 Illustrator 中，创建、编辑渐变网格。

(1) 选中要添加渐变网格的对象，单击工具箱中的【网格】工具按钮或按快捷键 U 键，然后在图形要创建网格的位置上单击添加网格点，如图 4-42 所示。

图 4-42　添加网格点

(2) 使用【网格】工具将需要定义颜色的网格点选中，然后在【颜色】面板中设置要使用的颜色即可在已有的网格上添加颜色，如图 4-43 所示。

图 4-43　设置颜色

(3) 使用【网格】工具选中网格上的锚点，并按住 Shift 键沿网格线拖动，调整锚点位置，如图 4-44 所示。

(4) 拖动网格锚点上的控制柄，调整渐变效果，如图 4-45 所示。

图 4-44　添加锚点

图 4-45　调整渐变

提示

按住 Shift 键，使用【网格】工具在网格对象中单击可添加网格点，但不改变网格点的填充颜色。按住 Alt 键单击网格点，即可将其删除。

(5) 使用步骤(1)至步骤(4)的操作方法，添加网格上的锚点，如图 4-46 所示。

图 4-46　添加锚点

4.6　编辑描边

在 Illustrator 中，不仅可以对选定对象的轮廓应用颜色和图案填充，还可以设置其他属性，如描边的宽度、描边线头部的形状，使用虚线描边等。

选择【窗口】|【描边】命令，或按 Ctrl+F10 键，就可以打开如图 4-47 所示的【描边】面板。【描边】面板提供了对描边属性的控制，其中包括描边线的粗细、对齐描边及虚线等设置。

- 【粗细】数值框用于设置描边的宽度，在数值框中输入数值，或者用微调按钮调整，每单击一次数值以 1 为单位递增或递减；也可以单击后面的向下箭头，从弹出的下拉列表中直接选择所需的宽度值。

- 【端点】右边有 3 个不同的按钮，表示 3 种不同的端点，分别是平头端点、圆头端点和方头端点。
- 【边角】右侧同样有 3 个按钮，用于表示不同的拐角连接状态，分别为斜接连接、圆角连接和斜角连接。使用不同的连接方式得到不同的连接结果。当拐角连接状态设置为【斜接连接】时，【限制】数值框中的数值是可以调整的，用来设置斜接的角度。当拐角连接状态设置为【圆角连接】或【斜角连接】时，【限制】数值框呈现灰色，为不可设定项。
- 【对齐描边】右侧有 3 个按钮，可以使用【使描边居中对齐】、【使描边内侧对齐】或【使描边外侧对齐】按钮来设置路径上描边的位置。

【虚线】选项是 Illustrator 中很有特色的功能。选中【描边】对话框中的【虚线】复选框，在它的下面会显示 6 个文本框，在其中可输入相应的数值，如图 4-48 所示。数值不同，所得到的虚线效果也不同，再使用不同粗细的线及线端的形状，会产生各种各样的效果。

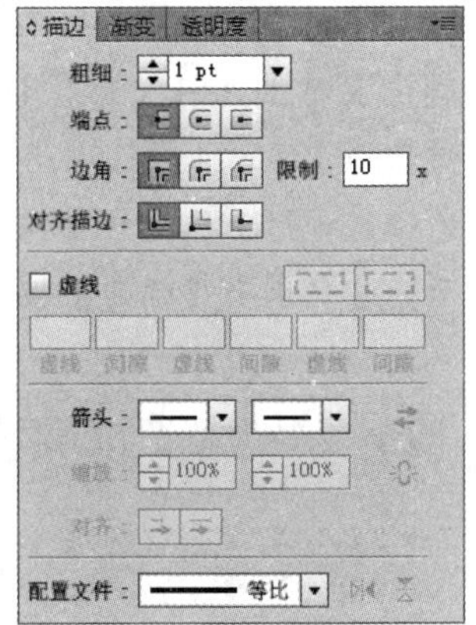

图 4-47　【描边】面板

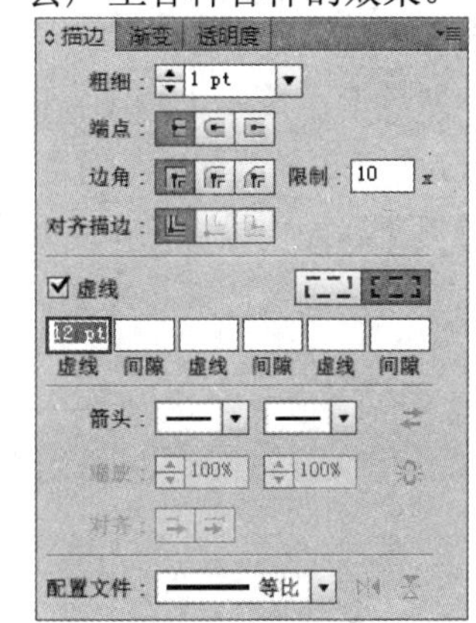

图 4-48　【虚线】选项

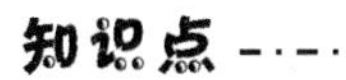

知识点

【描边】面板中的【保留虚线和间隙的精确长度】按钮[--]和【使虚线与边角和路径终端对齐，并调整到合适长度】按钮[- -]，这两个选项可以让创建虚线看起来更有规律。

4.7　实时上色

【实时上色】是一种创建彩色图稿的直观方法。它不必考虑围绕每个区域使用了多少不同的描边，描边绘制的顺序，以及描边之间是如何相互连接的。当创建了实时上色组后，每条路径都会保持完全可编辑的特点。移动或调整路径形状时，前期已应用的颜色不会像在自然介质作品或图像编辑程序中那样保持在原处；相反，Illustrator 会自动将其重新应用于由编辑后的路径所形成的新区域中。简而言之，【实时上色】结合了上色程序的直观与矢量插图程序的强大功能和灵活性。

4.7.1 创建实时上色组

要使用【实时上色】工具为表面和边缘上色，首先需要创建一个实时上色组。在 Illustrator 中绘制图形并选中后，选择工具箱中的【实时上色】工具在图形上单击，或选择【对象】|【实时上色】|【建立】命令，即可创建实时上色组。

实时上色组中可以上色的部分称为边缘和表面。边缘是一条路径与其他路径交叉后，处于交点之间的路径部分。表面是由一条边缘或多条边缘所围成的区域。在【色板】面板中选择颜色后，可以使用【实时上色】工具随心所欲地填色。还可以选择工具箱中的【实时上色选择】工具，挑选实色上色组中的填色和描边进行上色，并可以通过【描边】面板或控制面板修改描边宽度。

【例 4-8】在 Illustrator 中，使用【实时上色】工具填充图形对象。

(1) 选择【文件】|【打开】命令，选择打开一幅图形文档。使用【选择】工具选中文档中的全部路径，然后选择【对象】|【实时上色】|【建立】命令建立实时上色组，如图 4-49 所示。

(2) 双击工具箱中的【实时上色】工具，打开如图 4-50 所示的【实时上色工具选项】对话框。该对话框用于指定实时上色工具的工作方式，即选择只对填充进行上色或只对描边进行上色；以及当工具移动到表面和边缘上时如何对其进行突出显示。这里单击【确定】按钮应用默认设置。

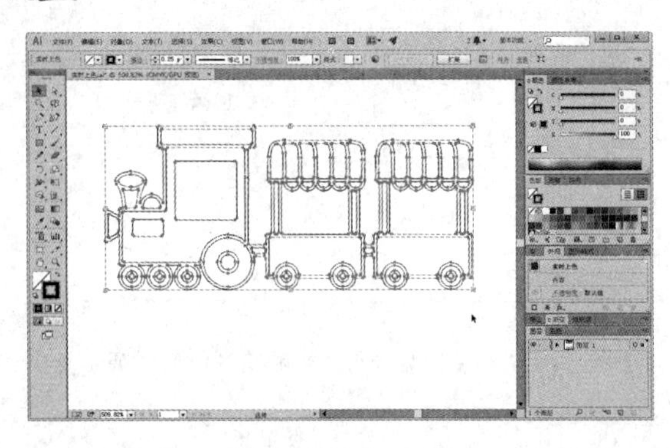

图 4-49　建立实时上色组

图 4-50　【实时上色工具选项】对话框

(3) 在【颜色】面板中设置填色为 C=80 M=20 Y=0 K=0，然后使用【实时上色】工具移动至需要填充对象的表面上时，它将变为油漆桶形状，并且突出显示填充内侧周围的线条。单击需要填充的对象，对其进行填充，如图 4-51 所示。

知识点

在使用【实时上色】工具时，工具指针上方显示颜色方块，它们表示选定填充或描边颜色；如果使用色板库中的颜色，则表示库中所选颜色及两边相邻颜色。通过按向左或向右箭头键，可以访问相邻的颜色以及这些颜色旁边的颜色。

(4) 在【颜色】面板中，将描边色设置为无。将光标靠近图形对象的边缘，当路径加粗显示时，光标变为状态时单击，即可为边缘路径上色，如图 4-52 所示。

图 4-51　填充颜色

图 4-52　填充描边

(5) 使用步骤(3)的操作方法填充图形的其他区域，如图 4-53 所示。

(6) 使用步骤(4)的操作方法填充图形中的其他路径描边，如图 4-54 所示。

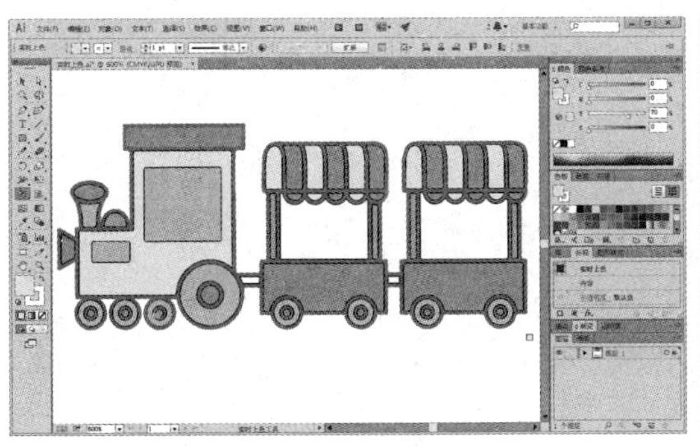

图 4-53　填充颜色

图 4-54　填充描边

4.7.2　在实时上色组中添加路径

修改实时上色组中的路径，会同时修改现有的表面和边缘，还可能创建新的表面和边缘。用户也可以向实时上色组中添加更多的路径。选中实时上色组和要添加的路径，单击属性栏中的【合并实时上色】按钮或选择【对象】|【实时上色】|【合并】命令，即可将路径添加到实时上色组内。使用【实时上色选择】工具可以为新的实时上色组重新上色。

【例 4-9】在实时上色组中，添加路径并设置填充效果。

(1) 选择【文件】|【打开】命令，选择打开一幅图形文档，如图 4-55 所示。

(2) 使用【选择】工具选中实时上色组和路径，并单击属性栏中的【合并实时上色】按钮，或选择【对象】|【实时上色】|【合并】命令，将路径添加到实时上色组中，如图 4-56 所示。

(3) 在【颜色】面板中设置填充颜色，然后使用【实时上色】工具移动至需要填充对象的表面上时，单击可根据设置填充图形，如图 4-57 所示。

图 4-55　打开图形文档

图 4-56　将路径添加到实时上色组中

图 4-57　填充对象

知识点

对实时上色组执行【对象】|【实时上色】|【扩展】命令，可将其拆分成相应的表面和边缘。

4.7.3　间隙选项

间隙是由于路径和路径之间未对齐而产生的。用户可以手动编辑路径来封闭间隙，也可以选择【实时上色选择】工具后，单击属性栏上的【间隙选项】按钮，打开如图 4-58 所示的【间隙选项】对话框预览并控制实时上色组中可能出现的间隙。选中【间隙检测】复选框对设置进行微调，以便 Illustrator 可以通过指定的间隙大小来防止颜色渗漏。每个实时上色组都有自己独立的间隙设置。

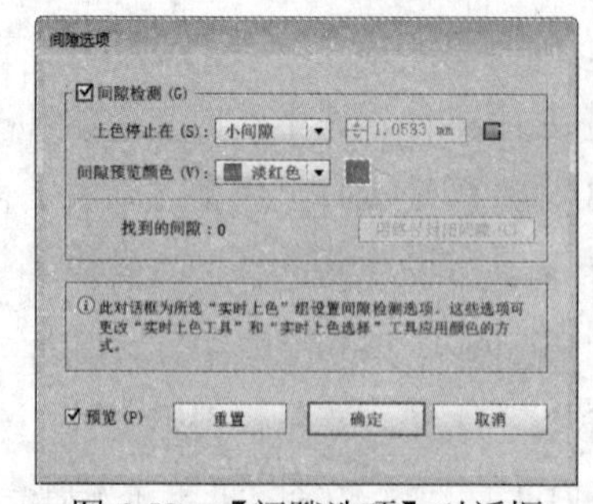

图 4-58　【间隙选项】对话框

在对话框中，选中【间隙检测】复选框。在选项组中的【上色停止在】下拉列表中选择间

隙的大小或者通过【自定】选项自定间隙的大小。在【间隙预览颜色】下拉列表中选择一种与图稿有差异的颜色以便预览。选中【预览】复选框，可以看到线条稿中的间隙被自动连接起来。对预览结果满意后，单击【用路径封闭间隙】按钮，再单击【确定】按钮，即可以用【实时上色】工具为实时上色组进行上色。

4.8　使用符号

符号是在文档中可重复使用的图形对象。每个符号实例都链接到【符号】面板中的符号或符号库，使用符号可节省用户的时间并显著减小文件大小。

4.8.1　【符号】面板

【符号】面板用来管理文档中的符号。可以用来建立新符号、编辑修改现有的符号以及删除不再使用的符号。选择菜单栏中的【窗口】|【符号】命令，可打开【符号】面板，如图 4-59 所示。

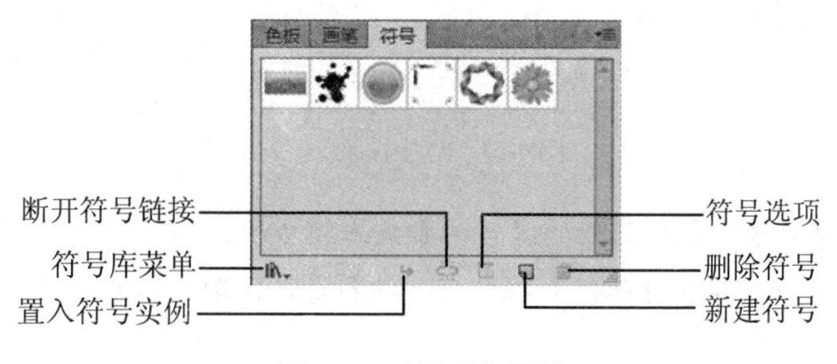

图 4-59　【符号】面板

4.8.2　创建符号

在 Illustrator 中，可以使用大部分的图形对象创建符号，包括路径、复合路径、文本、栅格图像、网格对象和对象组。

选中要添加为符号的图形对象后，单击【符号】面板底部的【新建符号】按钮，或在面板菜单中选择【新建符号】命令，或直接将图形对象拖动到【符号】面板中，即可打开【符号选项】对话框创建新符号，如图 4-60 所示。如果不想在创建新符号时打开【新建符号】对话框，在创建此符号时按住 Alt 键，将其拖动至【新建符号】按钮上释放，Illustrator 将使用符号的默认名称。

【例 4-10】在 Illustrator 中，使用选中的图形对象创建符号。

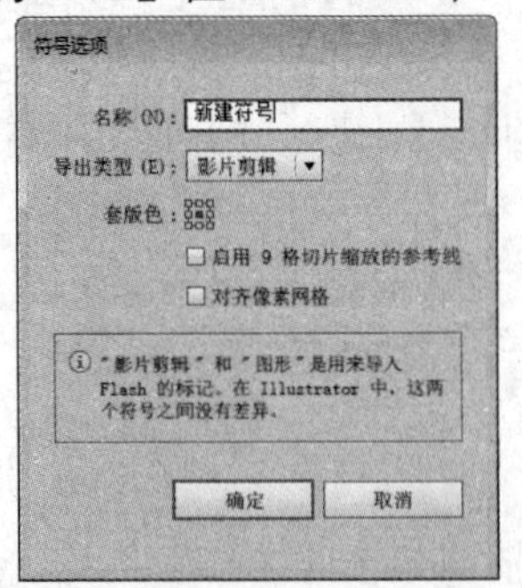

图 4-60　【符号选项】对话框

提示

默认情况下，选定的图形对象会变为新符号的实例。如果不希望图稿变为实例，在创建新符号时按住 Shift 键。

(1) 在打开的图形文档中，使用工具箱中的【选择】工具选中图形对象，并在【符号】面板中，单击【新建符号】按钮，如图 4-61 所示。

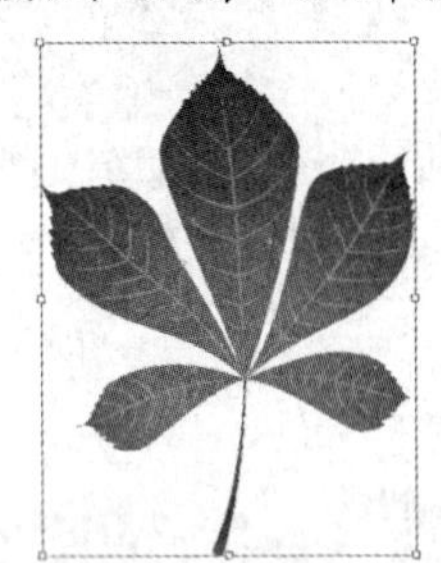

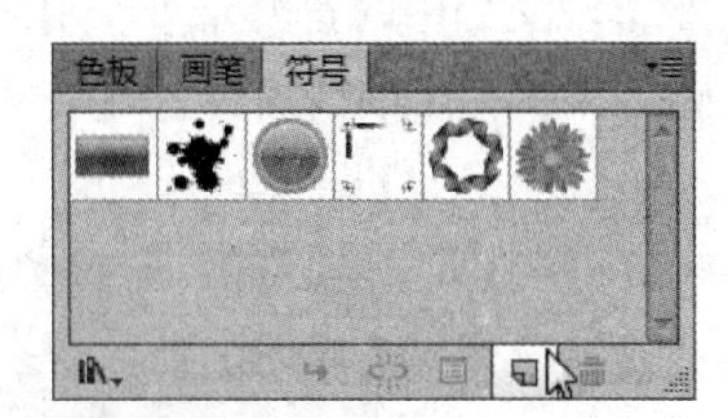

图 4-61　选中图形

(2) 在打开的【符号选项】对话框的【名称】文本框中输入“秋叶”，【类型】下拉列表中选择【图形】选项，然后单击【确定】按钮创建新符号，同时可以在【符号】面板中看到新建符号，如图 4-62 所示。

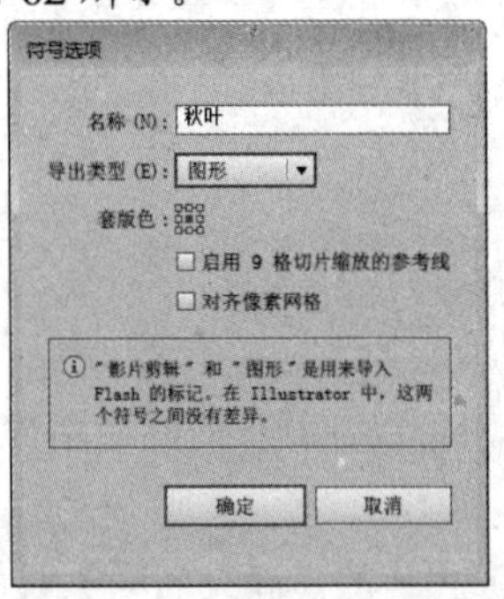

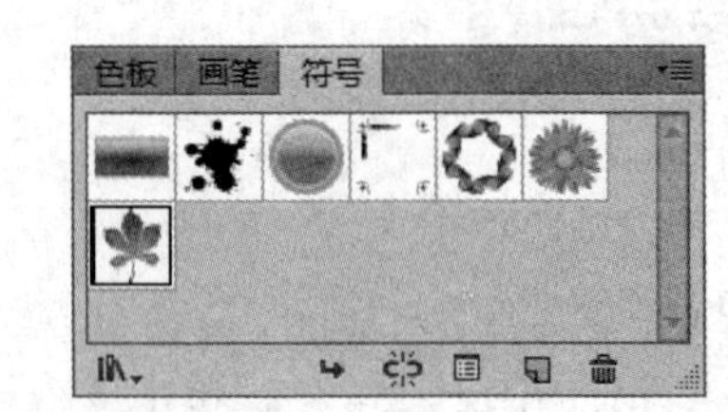

图 4-62　新建符号

4.8.3　应用符号

创建符号后，不仅可将其快速应用于图稿的绘制中，还可以根据需要在【透明度】、【外观】和【图形样式】面板中修改符号的外观属性。

1. 置入符号

在 Illustrator 中，用户可以使用【符号】面板在工作页面中置入单个符号。选择【符号】面板中的符号，单击【置入符号实例】按钮，或者拖动符号至页面中，即可把符号实例置入画板中，如图 4-63 所示。

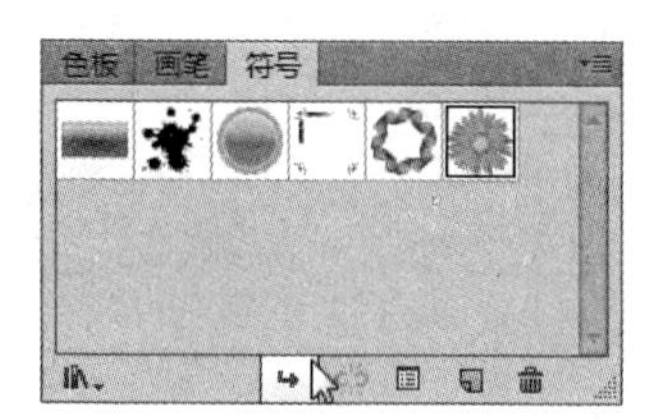

图 4-63　置入符号

2. 断开符号链接

在 Illustrator 中创建符号后，还可以对符号进行修改和重新定义。选中符号实例，单击【符号】面板中的【断开符号链接】按钮，断开符号实例与符号之间的链接，此时可以对符号实例进行编辑和修改。修改完成后，选择【符号】面板中的【重新定义符号】命令，将它重新定义为符号。同时，文档中所有使用该符号创建的符号实例都将自动更新。用户也可按住 Alt 键将修改的符号拖动到【符号】面板中旧符号的顶部。该符号将在【符号】面板中替换旧符号并在当前文件中更新。

【例 4-11】在 Illustrator 中，修改已有的符号。

(1) 在打开的图形文档中选中符号实例，单击【符号】面板中的【断开符号链接】按钮，如图 4-64 所示。

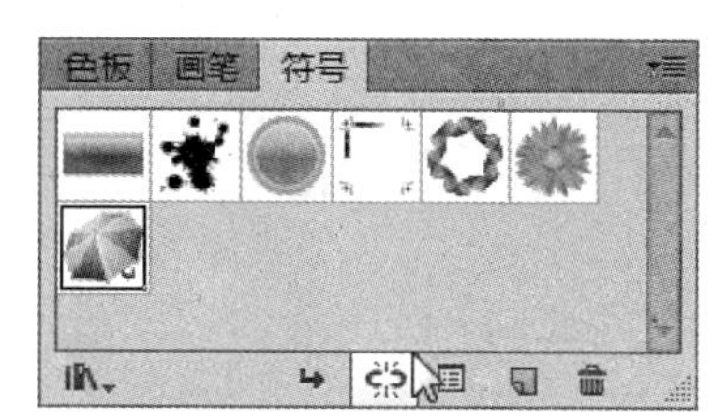

图 4-64　断开符号

(2) 选择【直接选择】工具选中要修改的图形对象，并在【渐变】面板中，双击渐变滑动条右侧的色标，在打开的拾色器对话框中将颜色设置为 C=65 M=0 Y=90 K=0，如图 4-65 所示。

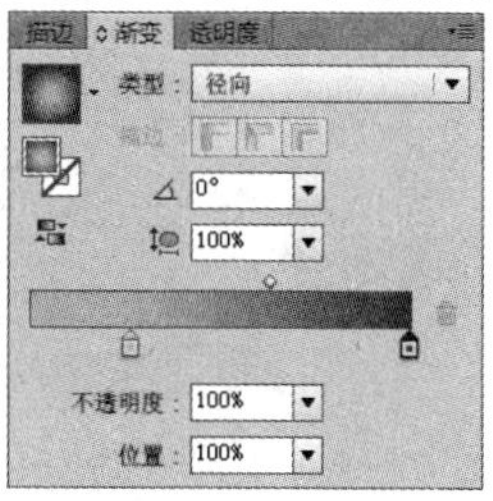

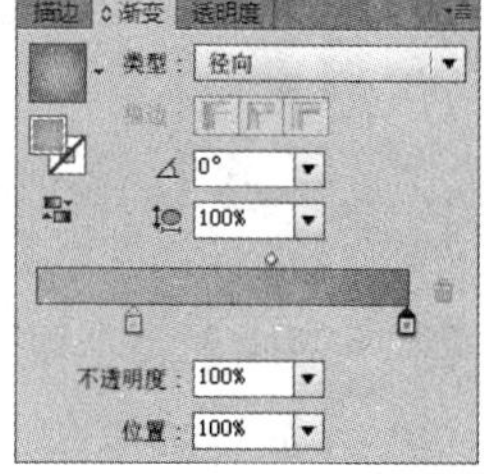

图 4-65　调整颜色

(3) 使用【选择】工具选中编辑后的图形，并确保要重新定义的符号在【符号】面板中被选中，然后在【符号】面板菜单中选择【重新定义符号】命令，如图 4-66 所示。

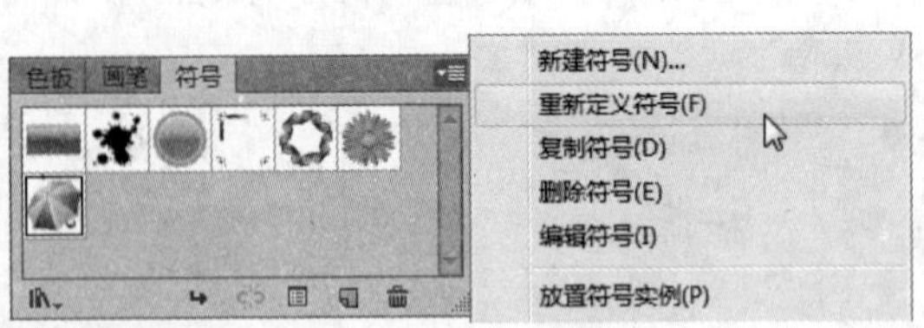

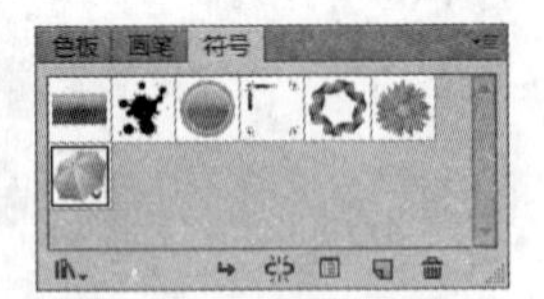

图 4-66　重新定义符号

4.8.4　使用符号工具

在 Illustrator 中，符号工具用于创建和修改符号实例集。用户可以使用【符号喷枪】工具创建符号集。然后可以使用其他符号工具更改符号实例集的实例密度、颜色、位置、大小、旋转、透明度和样式等。

1. 符号工具选项设置

在 Illustrator 中，可以双击工具箱中的【符号喷枪】工具，打开如图 4-67 所示的【符号工具选项】对话框，设置符号工具选项。

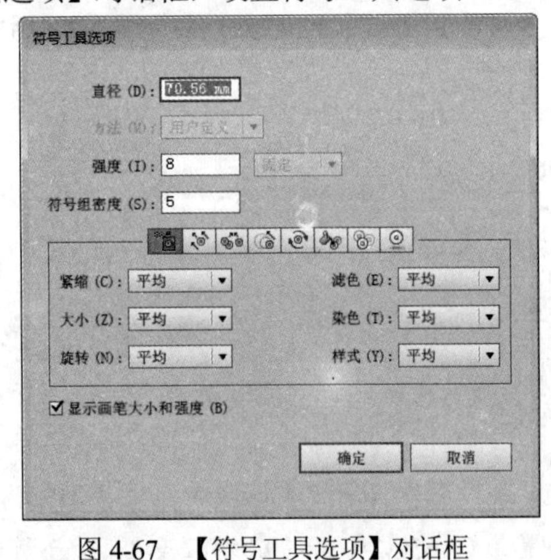

图 4-67　【符号工具选项】对话框

> **提示**
>
> 使用符号工具时，可以按键盘上的[键以减小直径，或按]键以增加直径。按住 Shift+[键以减小强度，或按住 Shift+]键以增加强度。

- 【直径】：指定工具的画笔大小。
- 【强度】：指定更改的速度，数值越大，更改越快。
- 【符号组密度】：指定符号组的密度值，数值越大，符号实例堆积密度越大。此设置应用于整个符号集。如果选择了符号集，将更改符号集中所有符号实例的密度。
- 【显示画笔大小和强度】：选中该项后，可以显示画笔的大小和强度。

2. 使用【符号喷枪】工具

在 Illustrator 中，符号可以被单独使用，也可以作为集合来使用。符号的应用非常简单，只要在工具箱中选择【符号喷枪】工具，然后在【符号】面板中选择一个符号图标，并在工作区中单击即可。单击一次可创建一个符号实例，单击多次或按住鼠标左键拖动可创建符号集，如图 4-68 所示。

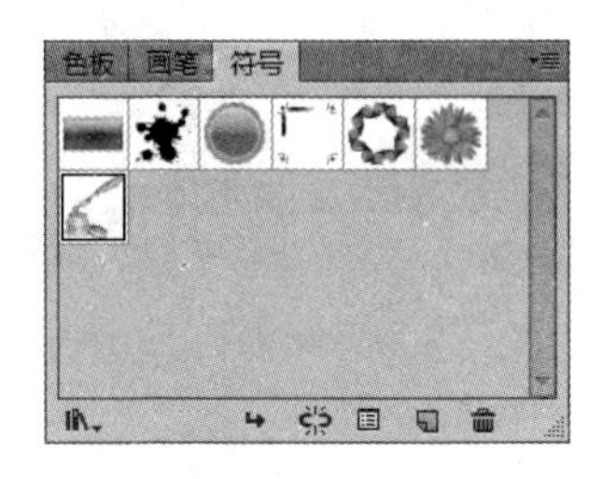

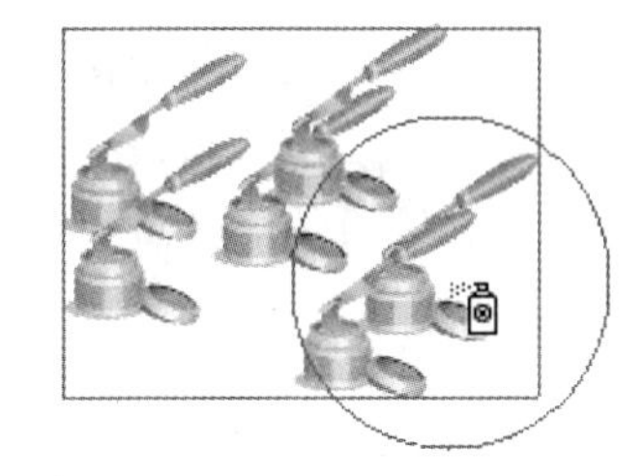

图 4-68　使用符号

3. 使用【符号移位器】工具

在 Illustrator 中，创建好符号实例后，还可以分别地移动它们的位置，获得用户所需要的效果。选择工具箱中的【符号移位器】工具，向希望符号实例移动的方向拖动即可，如图 4-69 所示。

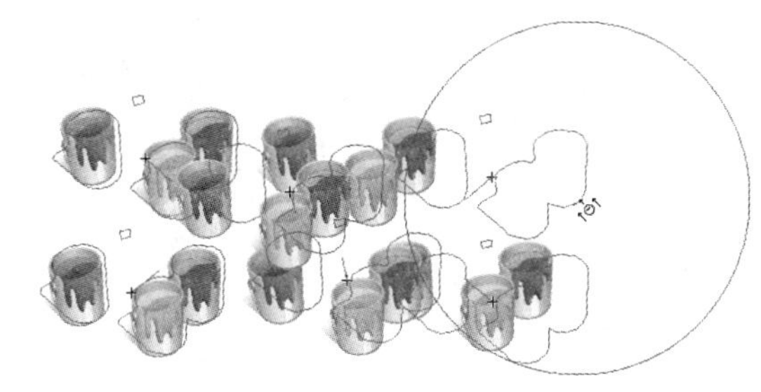

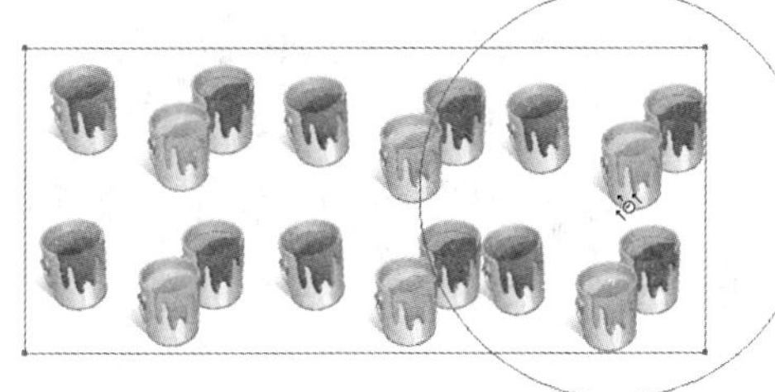

图 4-69　使用【符号移位器】工具

知识点

如果要向前移动符号实例，或者把一个符号移动到另一个符号的前一层，那么按住 Shift 键单击符号实例。如果要向后移动符号实例，按住 Alt+Shift 键单击符号实例即可。

4. 使用【符号紧缩器】工具

创建好符号实例后，还可以使用【符号紧缩器】工具聚拢或分散符号实例。使用【符号紧缩器】工具单击或拖动符号实例之间的区域可以聚拢符号实例，如图 4-70 所示。按住 Alt 键单击或拖动符号实例之间的区域增大符号实例之间的距离。使用该工具不能大幅度增减符号实例之间的距离。

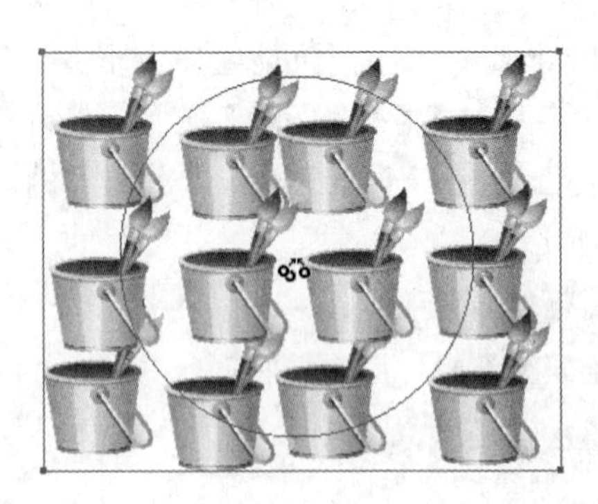

图 4-70　使用【符号紧缩器】工具

5. 使用【符号缩放器】工具

创建好符号实例之后，可以对其中的单个或者多个实例的大小进行调整。选择【符号缩放器】工具单击或拖动要放大的符号实例即可。按住 Alt 键，单击或拖动可缩小符号实例的大小，如图 4-71 所示。按住 Shift 键，单击或拖动可以在缩放的同时保留符号实例的密度。

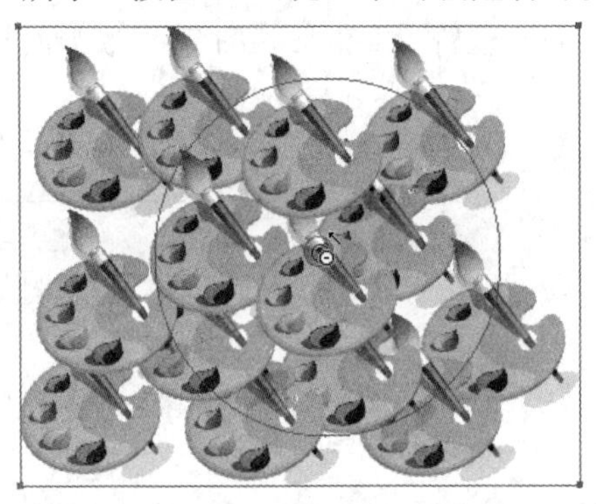

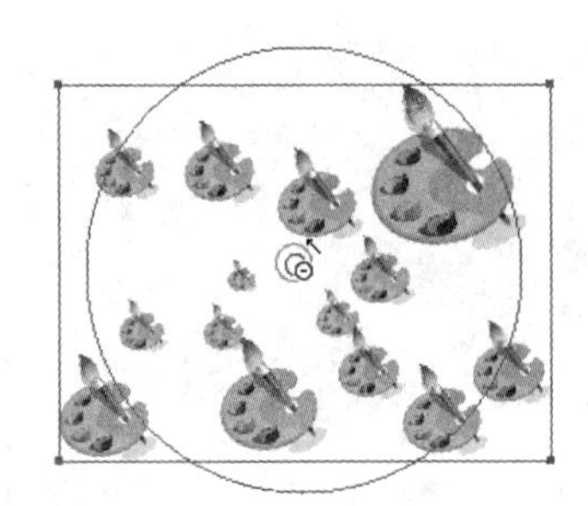

图 4-71　使用【符号缩放器】工具

6. 使用【符号旋转器】工具

创建好符号实例之后，还可以对它们进行旋转调整，从而获得需要的效果。选择【符号旋转器】工具单击或拖动符号实例，使之朝向需要的方向即可，如图 4-72 所示。

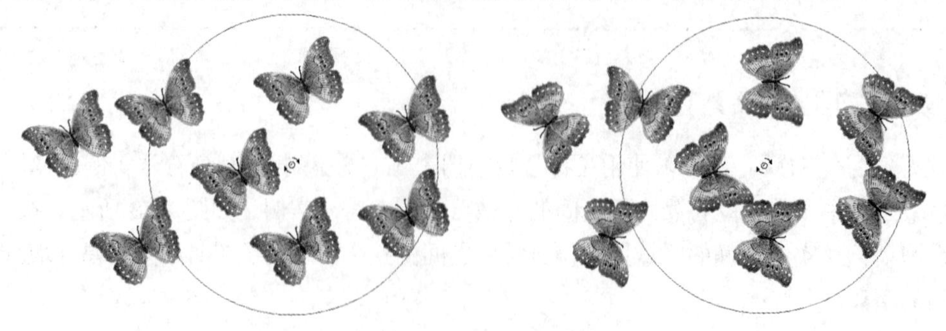

图 4-72　使用【符号旋转器】工具

7. 使用【符号着色器】工具

在 Illustrator 中，使用【符号着色器】工具可以更改符号实例颜色的色相，同时保留原始亮度，如图 4-73 所示。此方法使用原始颜色的亮度和上色颜色的色相生成颜色。因此，具有极高或极低亮度的颜色改变很少；黑色或白色对象完全无变化。

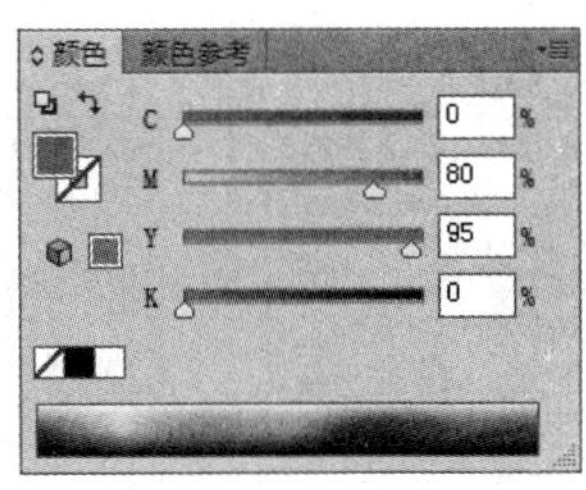

图 4-73　使用【符号着色器】工具

提示

按住 Ctrl 键，单击或拖动以减小上色量并显示出更多的原始符号颜色。按住 Shift 键，单击或拖动以保持上色量为常量，同时逐渐将符号实例颜色更改为上色颜色。

8. 使用【符号滤色器】工具

创建好符号后，还可以对它们的透明度进行调整。选择【符号滤色器】工具，单击或拖动希望增加符号透明度的位置即可，如图 4-74 所示。单击或拖动可减小符号透明度。如果想恢复原色，那么在符号实例上单击鼠标右键，并从打开的菜单中选择【还原滤色】命令，或按住 Alt 键单击或拖动即可。

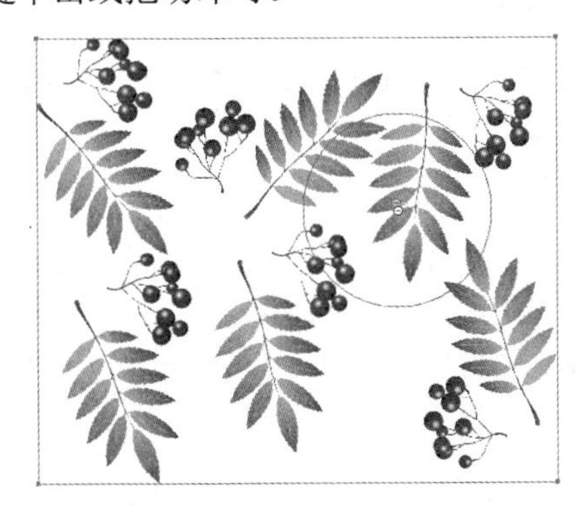

图 4-74　调整符号透明度

9. 使用【符号样式器】工具

在 Illustrator 中，使用【符号样式器】工具可以在符号实例上应用或删除图形样式，还可以控制应用的量和位置。

在要进行附加样式的符号实例对象上单击并按住鼠标左键，按住的时间越长，着色的效果越明显。按住 Alt 键，可以将已经添加的样式效果褪去。

【例 4-12】在 Illustrator 中，使用【符号样式器】工具为符号组添加样式。

(1) 在打开的图形文档中，使用【选择】工具选中文档中的符号组，并打开【图形样式】面板，如图 4-75 所示。

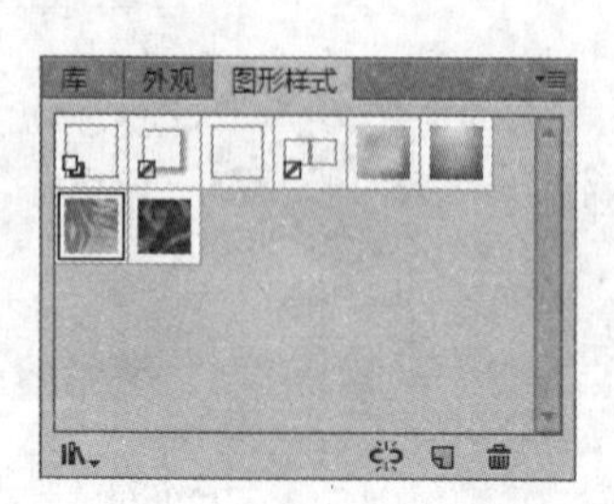

图 4-75　选中符号组

(2) 选择菜单栏中的【窗口】|【图形样式库】|【艺术效果】命令，显示【艺术效果】图形样式面板，并在面板中单击选择【RGB 水彩】图形样式，如图 4-76 所示。

(3) 将【RGB 水彩】图形样式添加到【图形样式】面板中，选择【符号样式器】工具，将【RGB 水彩】图形样式拖动到符号上释放，即可在符号上应用样式，如图 4-77 所示。

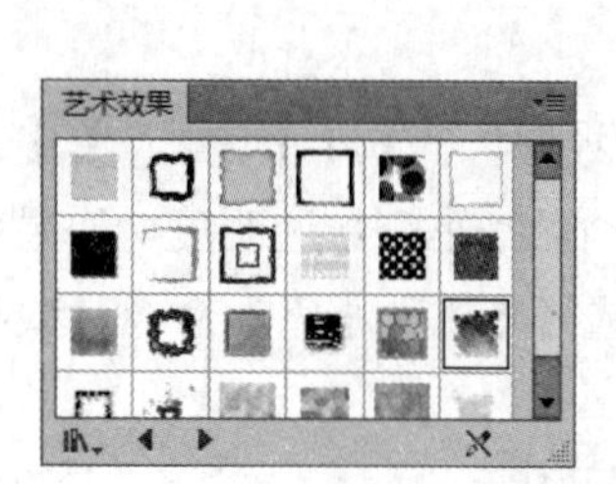

图 4-76　打开【艺术效果】图形样式面板

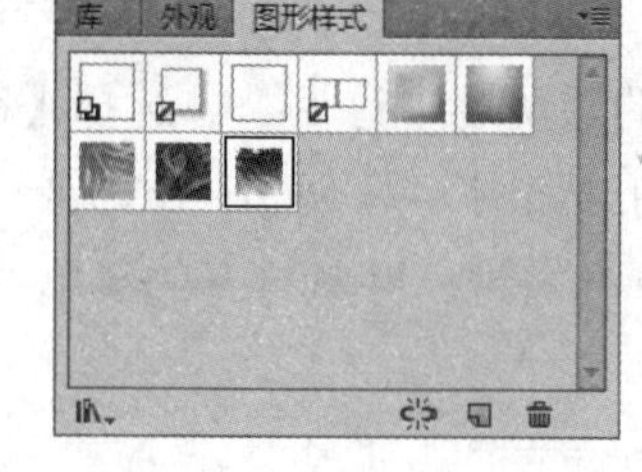

图 4-77　使用【符号样式器】工具

4.9　上机练习

本章的上机练习通过制作 APP 图标的综合实例，使用户更好地掌握本章所介绍的图形对象的填充与描边设置的基本操作方法和技巧。

(1) 选择【文件】|【新建】命令，打开【新建文档】对话框。在对话框中的【名称】文本框中输入“APP 图标”，设置【宽度】和【高度】数值为 150mm，在【高级】选项组中设置【颜色模式】为 RGB，【栅格效果】选项为【高(300ppi)】，然后单击【确定】按钮，如图 4-78 所示。

(2) 选择【视图】|【显示网格】命令，显示网格。选择【矩形】工具在画板中心单击，并按 Alt+Shift 键拖动绘制矩形，然后选择【窗口】|【变换】命令，在打开的【变换】面板的【矩形属性】选项组中设置【圆角半径】数值为 15mm，如图 4-79 所示。

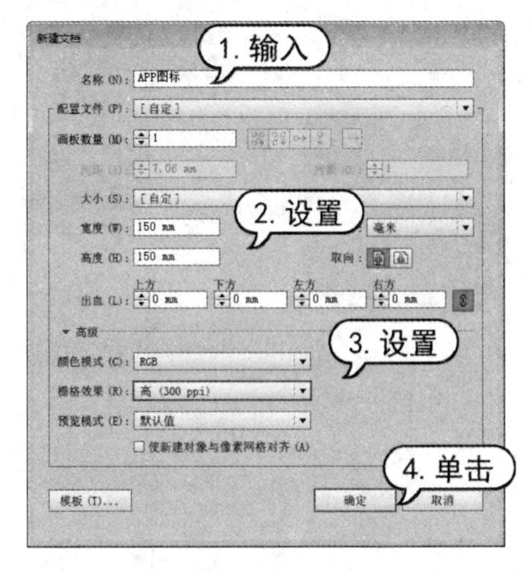

图 4-78　新建文档

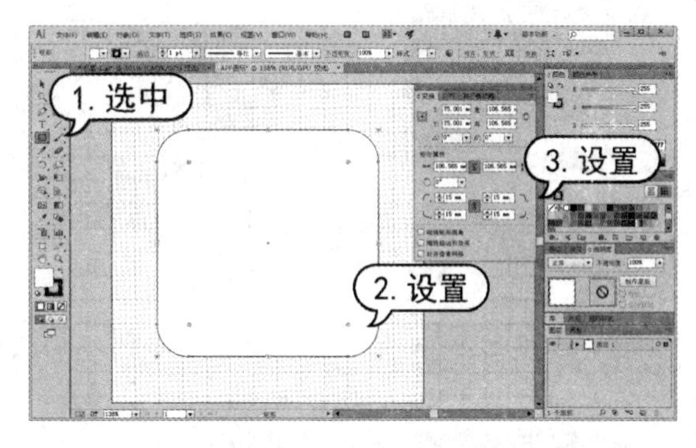

图 4-79　绘制圆角矩形

(3) 在【颜色】面板中，将刚绘制的圆角矩形描边色设置为无。在【渐变】面板中单击渐变填充，设置【角度】数值为-90°，然后设置渐变色为 R=164 G=93 B=35 至 R=122 G=64 B=32，如图 4-80 所示。

(4) 保持圆角矩形的选中状态，按 Ctrl+C 键复制，再按 Ctrl+F 键将复制的圆角矩形粘贴在上一层中。在【颜色】面板中，将复制的圆角矩形的填色设置为无，描边色设置为黑色。在【描边】面板中，设置【粗细】数值为 2pt，并在【对齐描边】选项中单击【使描边内侧对齐】按钮，如图 4-81 所示。

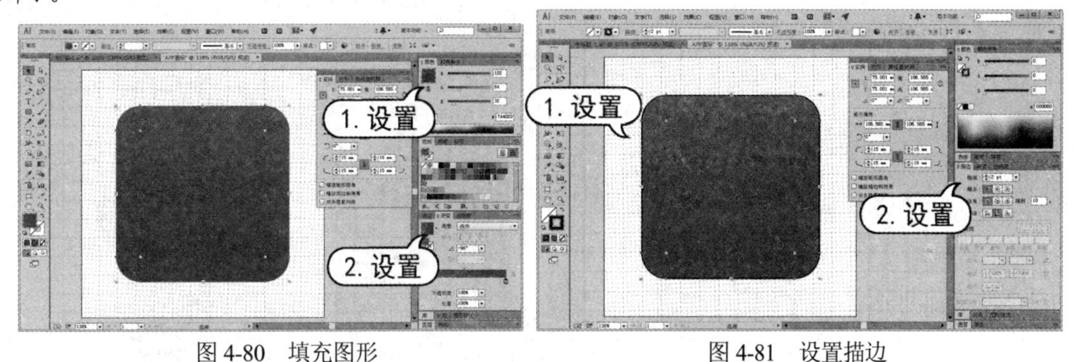

图 4-80　填充图形　　图 4-81　设置描边

(5) 保持复制的圆角矩形的选中状态，打开【透明度】面板，设置【不透明度】数值为 20%，如图 4-82 所示。

(6) 选择【矩形】工具绘制一个矩形条，在【颜色】面板中，将刚绘制的矩形条描边色设置为无。在【渐变】面板中单击渐变填充，设置【角度】数值为-90°，然后设置渐变色为 R=252 G=228 B=221 至 R=197 G=164 B=143，如图 4-83 所示。

(7) 使用【选择】工具选中绘制的矩形条，然后按 Ctrl+Alt 键移动并复制，如图 4-84 所示。

(8) 选择【混合】工具分别在两个矩形条上单击，创建混合，如图 4-85 所示。

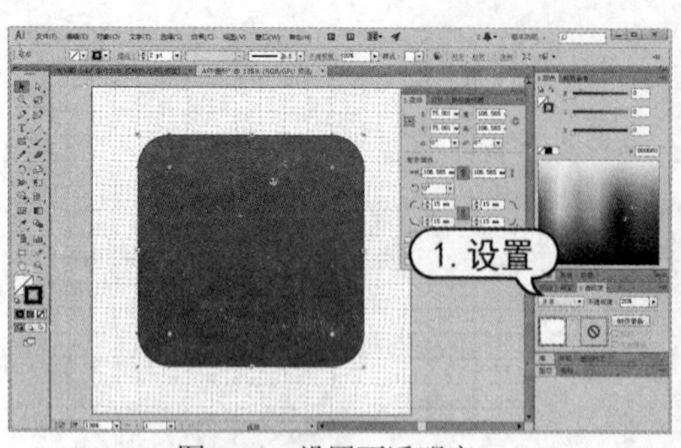

图 4-82　设置不透明度

图 4-83　绘制矩形

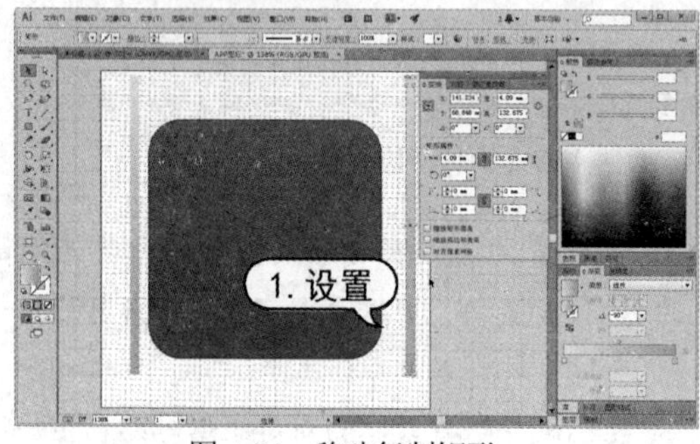

图 4-84　移动复制矩形

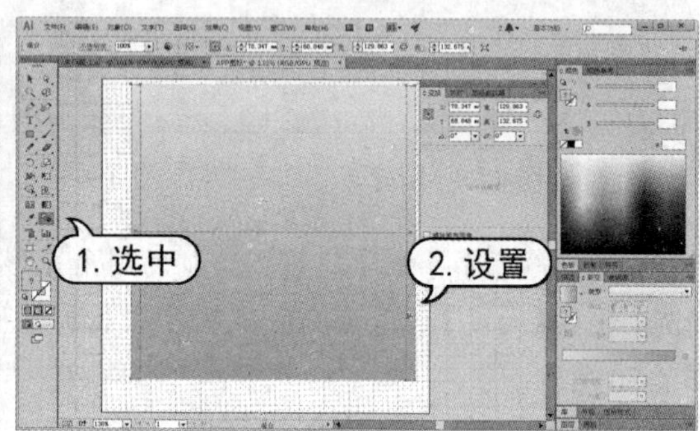

图 4-85　创建混合

(9) 选择【对象】|【混合】|【混合选项】命令，打开【混合选项】对话框。在对话框的【间距】下拉列表中选择【指定的距离】选项，设置数值为 8mm，然后单击【确定】按钮，如图 4-86 所示。

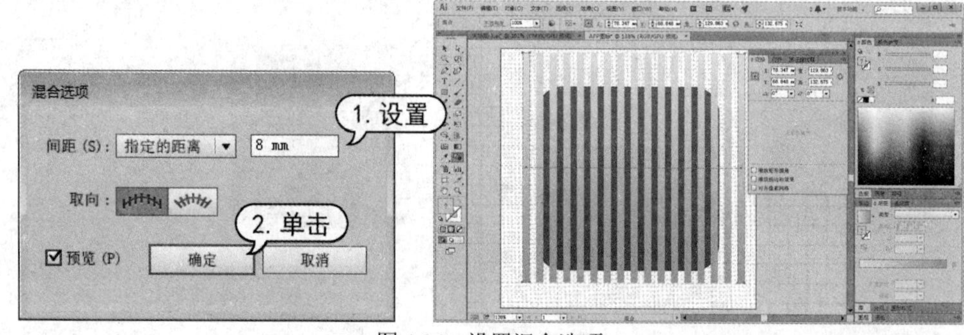

图 4-86　设置混合选项

(10) 在【变换】面板中设置【旋转】数值为-45°，然后使用【选择】工具调整混合对象的位置，如图 4-87 所示。

(11) 使用【选择】工具选中步骤(2)中绘制的圆角矩形，按 Ctrl+C 键复制，再按 Ctrl+F 键粘贴，并单击鼠标右键，从弹出的菜单中选择【排列】|【置于顶层】命令，如图 4-88 所示。

(12) 使用【选择】工具选中刚复制的圆角矩形和混合对象，单击鼠标右键，从弹出的菜单中选择【建立剪切蒙版】命令，并在【透明度】面板中设置【不透明度】数值为 38%，如图 4-89 所示。

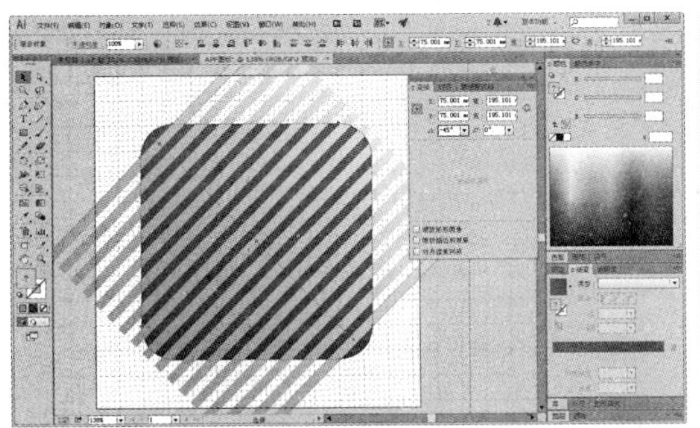

图 4-87　旋转图形

图 4-88　复制调整图形

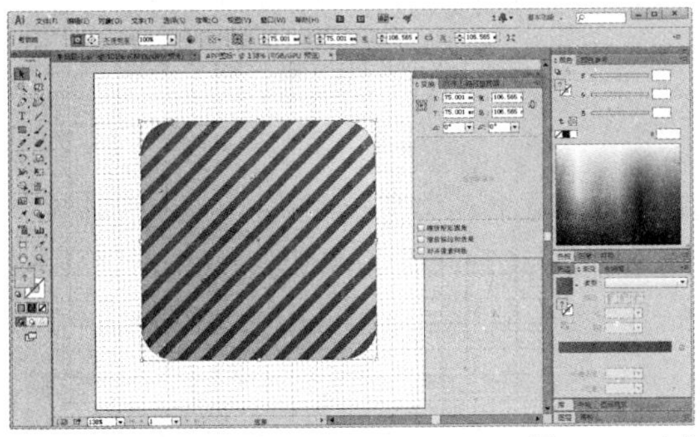

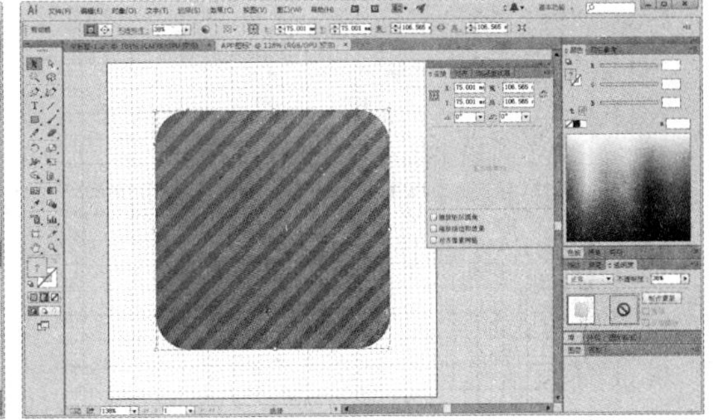

图 4-89　建立剪切蒙版对象

(13) 使用【选择】工具选中步骤(2)中绘制的圆角矩形，按 Ctrl+C 键复制，再按 Ctrl+F 键粘贴，并单击鼠标右键，从弹出的菜单中选择【排列】|【置于顶层】命令。在复制的圆角矩形上，单击鼠标右键，从弹出的菜单中选择【变换】|【缩放】命令，打开【比例缩放】对话框。在对话框中，设置【等比】数值为 92%，然后单击【确定】按钮，如图 4-90 所示。

(14) 在【颜色】面板中设置缩放后圆角矩形的填色为黑色，在【透明度】面板中设置【不透明度】数值为 30%，如图 4-91 所示。

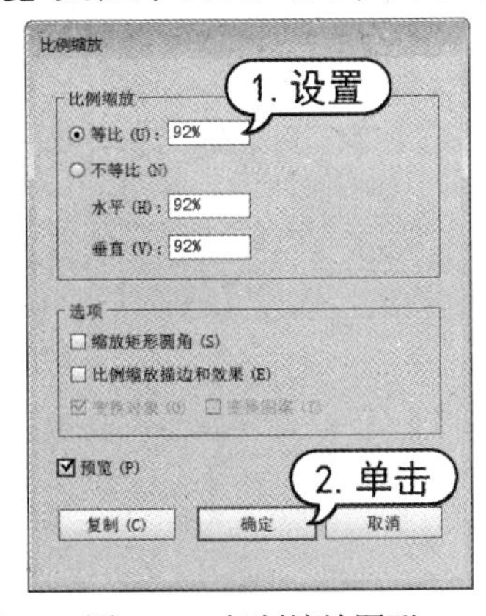

图 4-90　复制缩放图形

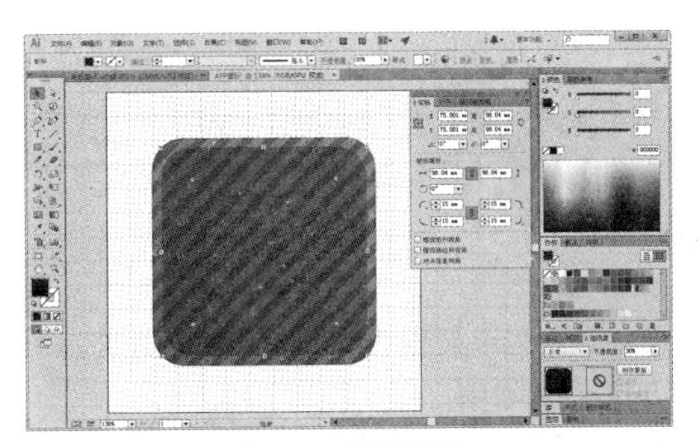

图 4-91　设置图形

(15) 在刚缩放的圆角矩形上，单击鼠标右键，从弹出的菜单中选择【变换】|【缩放】命令，打开【比例缩放】对话框。在对话框中，设置【等比】数值为 99%，然后单击【复制】按钮。

在【透明度】面板中设置【不透明度】数值为100%，如图4-92所示。

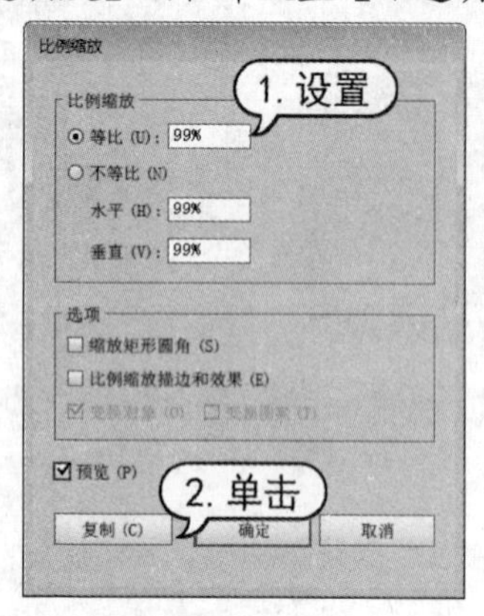

图4-92　缩放复制图形

(16) 使用步骤(15)的操作方法缩放复制圆角矩形。在刚复制的圆角矩形上，单击鼠标右键，从弹出的菜单中选择【变换】|【再次变换】命令。在【渐变】面板中单击渐变填色框，设置【类型】为【径向】选项，设置渐变填充色为R=0 G=86 B=63至R=0 G=57 B=66，如图4-93所示。

(17) 使用【选择】工具选中步骤(2)中绘制的圆角矩形，按Ctrl+C键复制，再按Ctrl+F键粘贴，并单击鼠标右键，从弹出的菜单中选择【排列】|【置于顶层】命令。然后将光标放置在控制框上，当光标变为双向箭头时，按Alt+Shift键缩小图形，如图4-94所示。

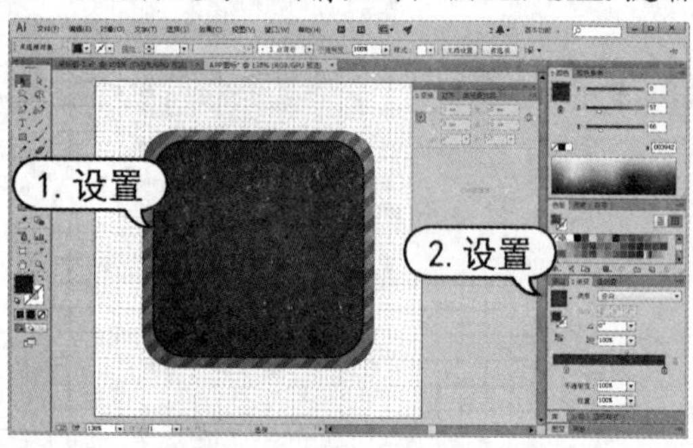

图4-93　复制、填充图形

图4-94　复制、调整图形

(18) 使用【直接选择】工具选中圆角矩形底部的4个锚点，并单击鼠标右键，从弹出的菜单中选择【变换】|【对称】命令，打开【镜像】对话框。在对话框中，选中【水平】单选按钮，然后单击【确定】按钮，如图4-95所示。

(19) 使用【直接选择】工具调整锚点位置，然后使用【选择】工具选中调整后的图形，在【颜色】面板中设置填色为R=248 G=246 B=189，在【透明度】面板中设置【不透明度】数值为67%，如图4-96所示。

(20) 使用步骤(17)至步骤(19)的操作方法，创建如图4-97所示的图形对象。

(21) 按Ctrl+A键全选画板中的图形对象，并按Ctrl+G键进行编组。选择【文字】工具在画板中单击，在属性栏中设置字体系列为汉真光标，字体大小为105pt，在【颜色】面板中设置字体颜色为白色，然后输入文字内容，如图4-98所示。

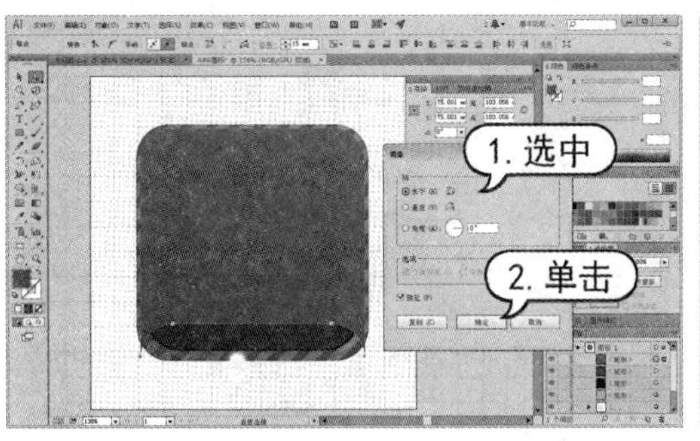

图 4-95　调整图形

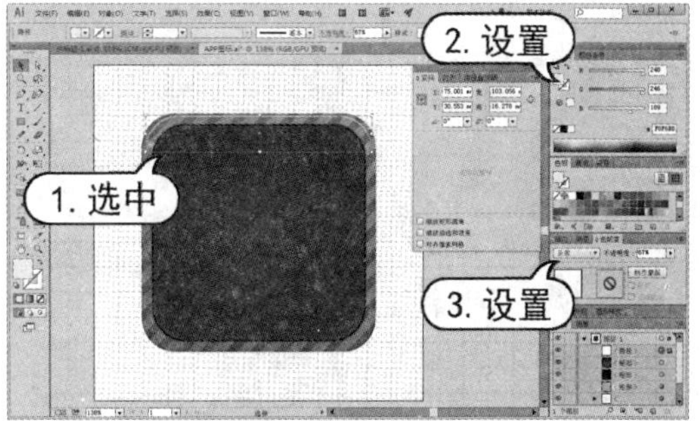

图 4-96　调整图形

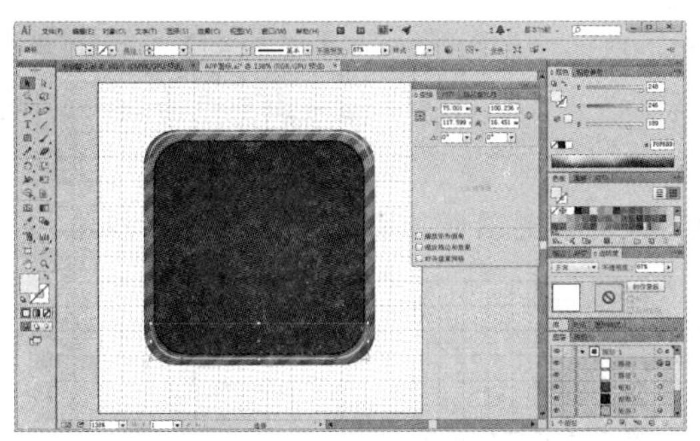

图 4-97　创建图形

图 4-98　输入文字

(22) 使用【选择】工具选中输入的文字，调整文字位置并旋转其角度，如图 4-99 所示。

(23) 按 Ctrl+C 键复制输入的文字，按 Ctrl+B 键将复制的文字粘贴在下一层中，并向下移动位置。在【颜色】面板中，将复制的文字填色设置为黑色。在【透明度】面板中，设置混合模式为【正片叠底】，【不透明度】数值为 45%，如图 4-100 所示。

(24) 选择【钢笔】工具，在画板中绘制如图 4-101 所示的图形，并在【颜色】面板中设置填充色为 R=252 G=238 B=245。

(25) 使用【钢笔】工具，在画板中绘制如图 4-102 所示的图形，并在【颜色】面板中设置填充色为 R=228 G=213 B=232。

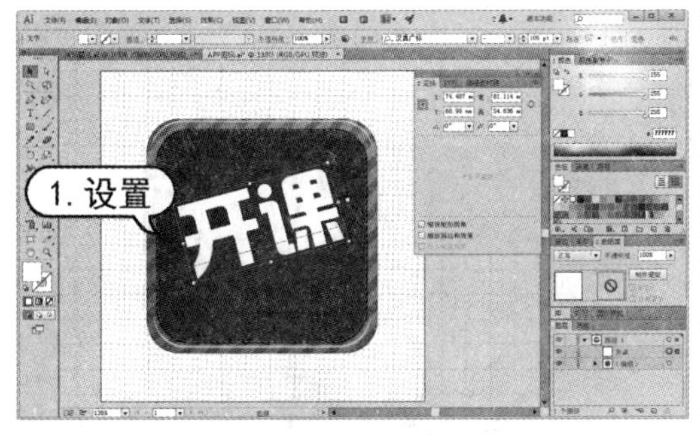

图 4-99　调整文字

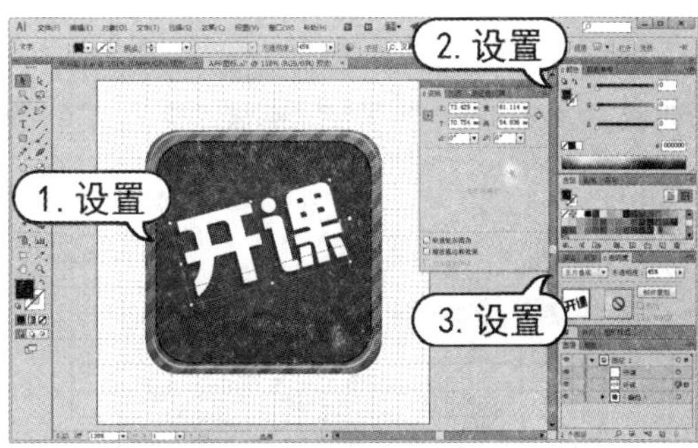

图 4-100　复制、调整文字

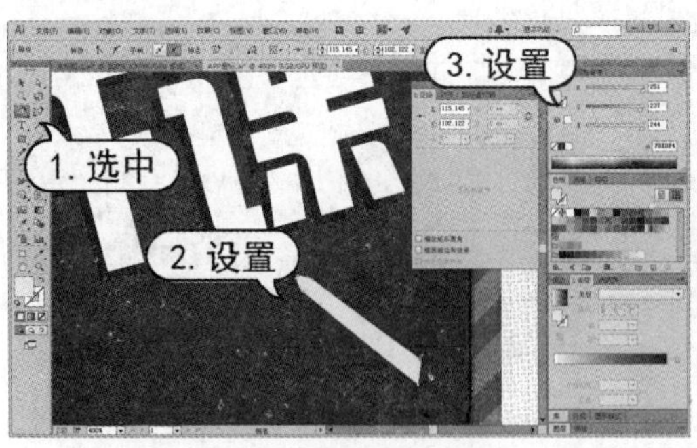

图 4-101 绘制图形

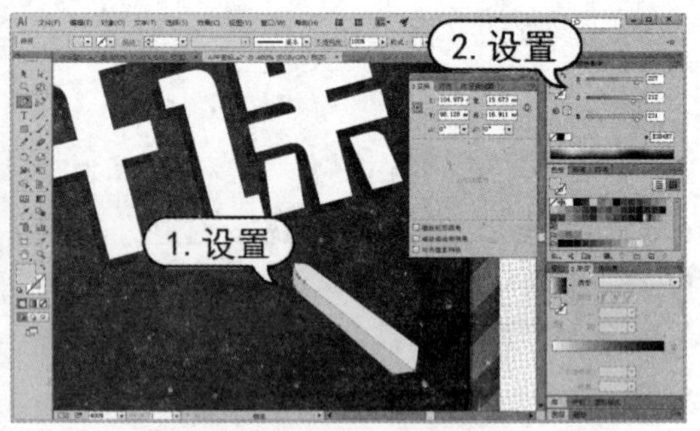

图 4-102 绘制图形

(26) 使用【钢笔】工具，在画板中绘制如图 4-103 所示的图形，并在【渐变】面板中单击渐变填充，设置【角度】数值为 49.5°，【长宽比】数值为 300%，然后设置渐变色为 R=0 G=61 B=54 至 R=0 G=49 B=56。

(27) 使用【选择】工具选中步骤(24)至步骤(26)中绘制的图形，按 Ctrl+G 键进行编组，完成图标的绘制，如图 4-104 所示。

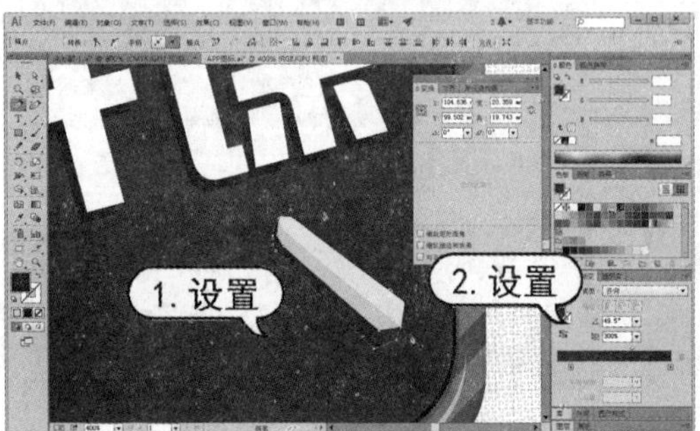

图 4-103 绘制图形

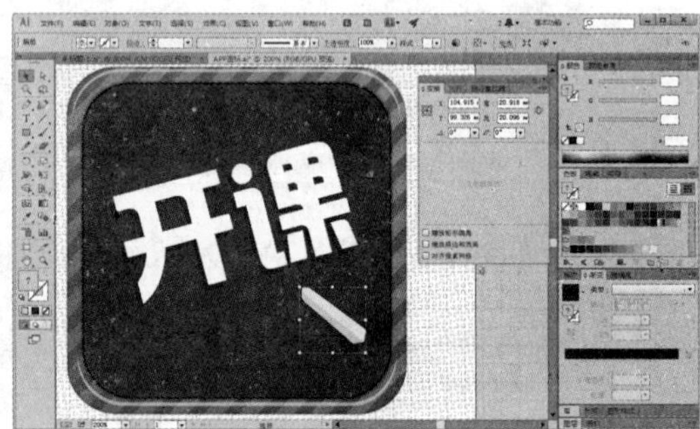

图 4-104 编组图形

4.10 习题

1. 新建一个文档，并绘制如图 4-105 所示的图形对象。
2. 新建一个文档，绘制如图 4-106 所示的图像效果。

图 4-105 绘制图形对象

图 4-106 图像效果

第5章 文本的创建与编辑

学习目标

在进行平面设计时，文字是必不可少的元素。在 Illustrator CC 2015 中提供了强大的文字排版编辑功能。使用这些功能可以快速创建文本和段落，并且还可以更改文本和段落的外观效果，甚至可以将图形对象和文本组合编排，从而制作出丰富多样的文本效果。

本章重点

- 创建文本
- 选择文本
- 设置字符格式
- 设置段落格式

5.1 创建文本

Illustrator CC 2015 的工具箱中提供了 7 种文字工具，其中包括【文字】工具、【区域文字】工具、【路径文字】工具、【直排文字】工具、【直排区域文字】工具、【直排路径文字】工具和【修饰文字】工具，如图 5-1 所示。使用它们可以输入各种类型的文字，以满足不同的文字处理需求。

- 使用【文字】工具和【直排文字】工具可以创建沿水平和垂直方向的文字。
- 使用【区域文字】工具和【直排区域文字】工具可以将一条开放或闭合的路径变换成文本框，并在其中输入水平或垂直方向的文字。
- 使用【路径文字】工具和【直排路径文字】工具可让文字按照路径的轮廓线方向进行水平和垂直方向排列。
- 使用【修饰文字】工具在字符上单击可以调整字符效果。

5.1.1 文本工具的使用

在 Illustrator 中，用户可以使用【文字】工具和【直排文字】工具将文本作为一个独立的对象输入或置入页面中。

1. 输入点文本

在工具箱中选取【文字】工具或【直排文字】工具后，移动光标到绘图窗口中的任意位置单击确定文字内容的插入点，即可输入文本内容。使用【文字】工具可以按照横排的方式，由左至右进行文字的输入，如图 5-2 所示。

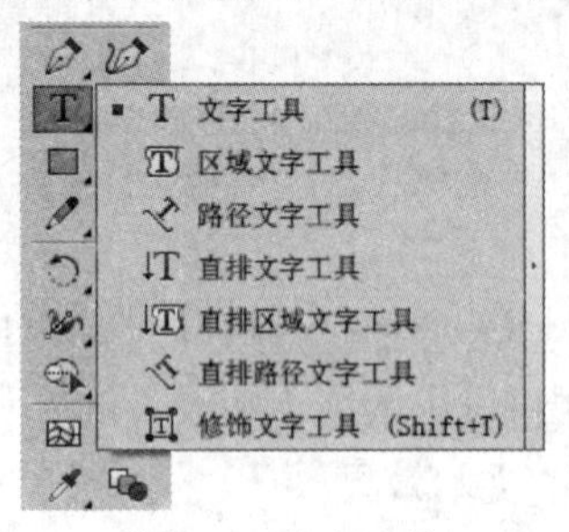

图 5-1 文字工具

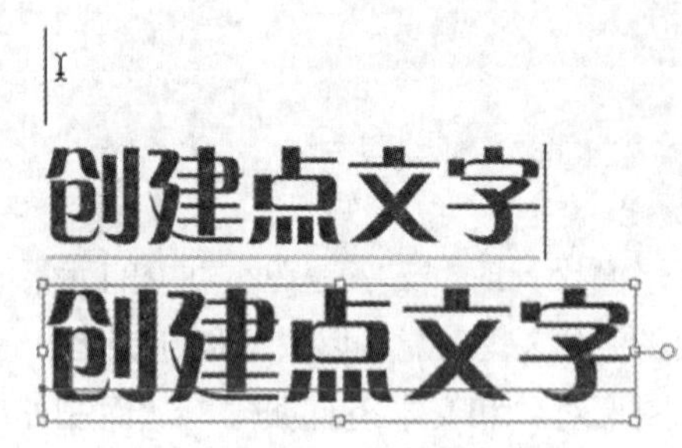

图 5-2 使用【文字】工具

使用【直排文字】工具创建的文本会从上至下进行排布；在换行时，下一行文字会排布在该行的左侧，如图 5-3 所示。

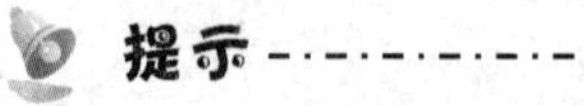

使用【文字】工具和【垂直文字】工具创建点文本时，不能自动换行，用户必须按下 Enter 键才能执行换行操作。

图 5-3 使用【直排文字】工具

2. 输入段落文本

在 Illustrator 中，使用【文字】工具和【直排文字】工具除了可以创建点文本外，还可以通过创建文本框确定文本输入的区域，并且输入的文本会根据文本框的范围自动进行换行。

输入完所需文本后，文本框右下方出现⊞图标时，表示有文字未完全显示。选择工具箱中的【选择】工具，将光标移动到右下角控制点上，当光标变为双向箭头时按住左键向右下角拖动，将文本框扩大，即可将文字内容全部显示。

【例 5-1】使用文字工具创建段落文本。

(1) 在打开的图形文档中，使用【文字】工具，在文档中拖动出一个文本框区域，如图 5-4 所示。

(2) 在属性栏中设置字体系列为华文行楷、字体大小为 11pt，在【颜色】面板中设置填色为 C=90 M=30 Y=95 K=30，然后输入文字内容，如图 5-5 所示。

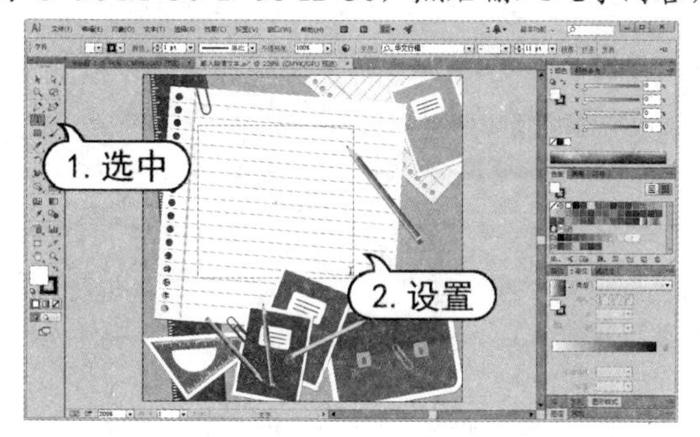

图 5-4　创建文本框

图 5-5　输入段落文本

(3) 按住 Ctrl 键在空白处单击以确认文字输入结束，并取消文字的选择状态。

5.1.2　区域文本工具的使用

区域文本可以利用对象的边界来控制文本的排列。当文本触及边界时，会自动换行。区域文本常用于大量文字的排版上，如书籍、杂志等页面的制作。

1. 创建区域文本

在 Illustrator 中选择【区域文字】工具，然后在对象路径内任意位置单击，即可将对象路径转换为文字区域，并在其中输入文本内容，输入的文本会根据文本框的范围自动进行换行。

【例 5-2】使用【区域文字】工具创建文本。

(1) 在打开的图形文档中，使用【椭圆】工具在文档中绘制一个圆形，如图 5-6 所示。

(2) 选择【区域文字】工具，然后在对象路径内单击，将路径转换为文字区域，并在其中输入文字内容，如图 5-7 所示。

图 5-6　绘制图形

图 5-7　输入区域文字

(3) 按 Esc 键结束文本输入，在【色板】面板中单击 C=80 M=50 Y=0 K=0 色板，并在属性栏中，设置字体系列为方正粗圆_GBK，字体大小为 14pt，如图 5-8 所示。

图 5-8　设置文字效果

提示

【直排区域文字】工具的使用方法与【区域文字】工具基本相同，只是输入的文字方向为直排。

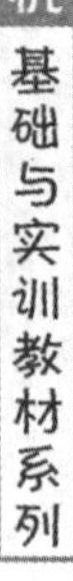

2. 调整区域文本

在创建区域文本后，用户可以随时修改文本区域的形状和大小。使用【选择】工具选中文本对象，拖动定界框上的控制手柄可以改变文本框的大小，或者旋转文本框；或使用【直接选择】工具选择文字对象外框路径或锚点，可以调整对象形状，如图 5-9 所示。

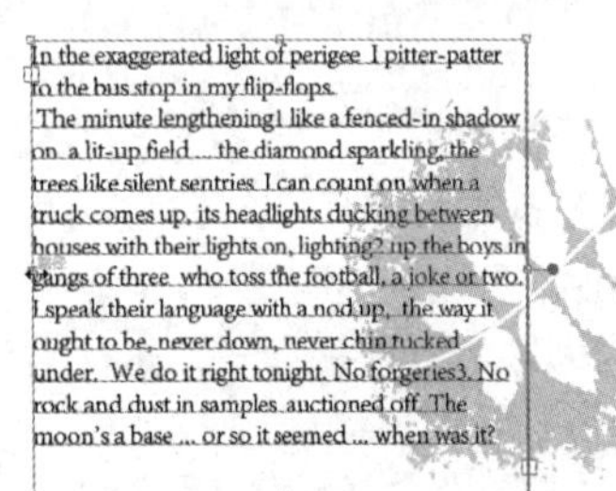

图 5-9　调整区域文本

用户还可以使用【选择】工具或通过【图层】面板选择文字对象后，选择【文字】|【区域文字选项】命令，在打开的如图 5-10 所示的【区域文字选项】对话框中输入合适的【宽度】和【高度】值。如果文字区域不是矩形，这里的【宽度】和【高度】定义的是文本对象定界框的尺寸。

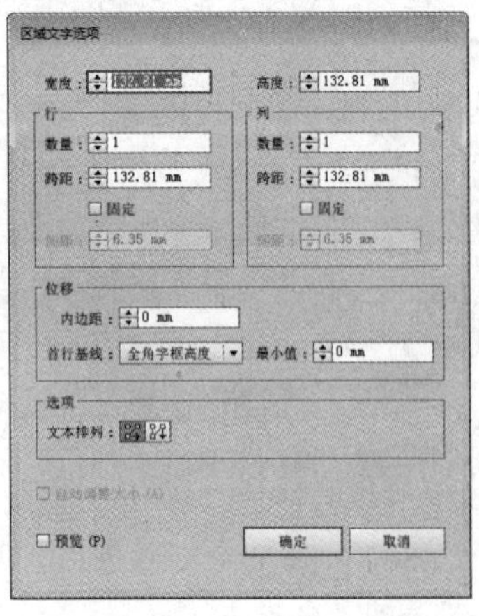

图 5-10　【区域文字选项】对话框

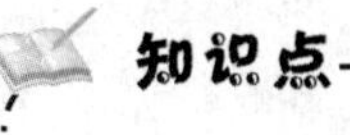

知识点

不能在选中区域文字对象时，使用【变换】面板直接改变其大小，这样会同时改变区域内文字对象的外观效果。

【区域文字选项】对话框中除了可以设置文本框的大小外，还可以对文本框内的段落文本进行格式设置。

- 【数量】数值框：用于指定对象包含的行数和列数。
- 【跨距】数值框：用于指定单行高度和和单列宽度。
- 【固定】选项：确定调整文本区域大小时行高和列宽的变化情况。选中该复选框后，若调整区域大小，只会更改行数和栏数，而行高和列宽不会改变。
- 【间距】数值框：用于指定行间距或列间距。
- 【内边距】数值框：可以控制文本和边框路径之间的边距。
- 【首行基线】选项：选择【字母上缘】选项，字符的高度将降到文本对象顶部之下；选择【大写字母高度】选项，大写字母的顶部触及文字对象的顶部；选择【行距】选项，将以文本的行距值作为文本首行基线和文本对象顶部之间的距离；选择【X 高度】选项，字符 X 的高度降到文本对象顶部之下；选择【全角字框高度】选项，亚洲字体中全角字框的顶部将触及文本对象的顶部。
- 【最小值】数值框：用于指定文本首行基线与文本对象顶部之间的距离。
- 【按行，从左到右】按钮/【按列，从左到右】按钮：选择【文本排列】选项，以确定行和列之间的文本排列方式。

【例 5-3】编辑区域文本样式。

(1) 选择【文件】|【打开】命令，打开图形文档。使用【选择】工具选中区域文字对象，如图 5-11 所示。

(2) 选择【文字】|【区域文字选项】命令，打开【区域文字选项】对话框。在对话框中，选中【预览】复选框，设置列【数量】数值为 2，【间距】数值为 1mm，如图 5-12 所示。

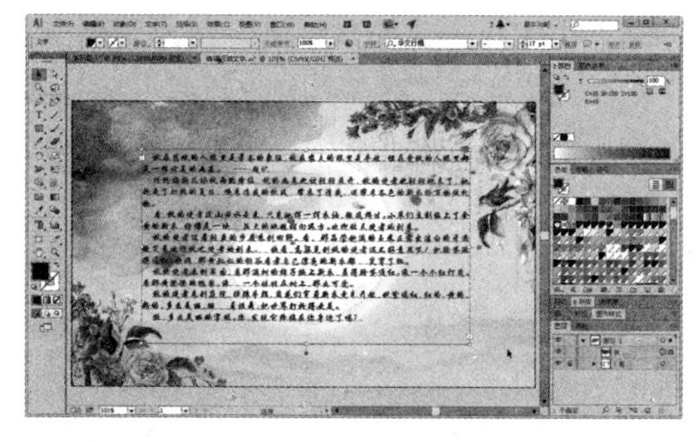

图 5-11　选中区域文字

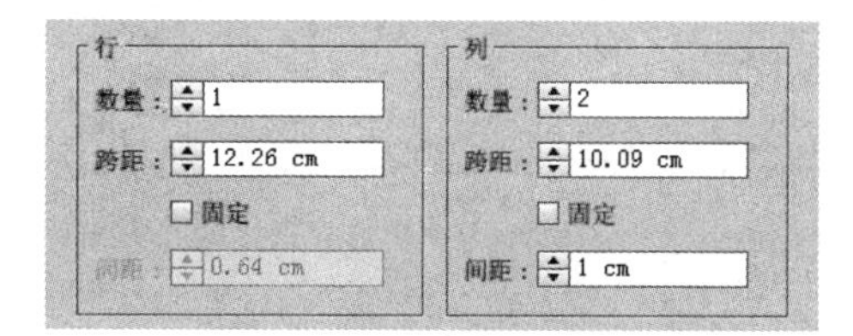

图 5-12　设置区域文字

(3) 在【区域文字选项】对话框中，设置【内边距】数值为 0.25mm。在【首行基线】下拉列表中选择【行距】，然后单击【确定】按钮，如图 5-13 所示。

提示

创建区域文本和路径文本时，如果输入的文本长度超过区域或路径的容量，则文本框右下角会出现内含一个加号的小方块。调整文本区域的大小或扩展路径可以显示隐藏的文本。

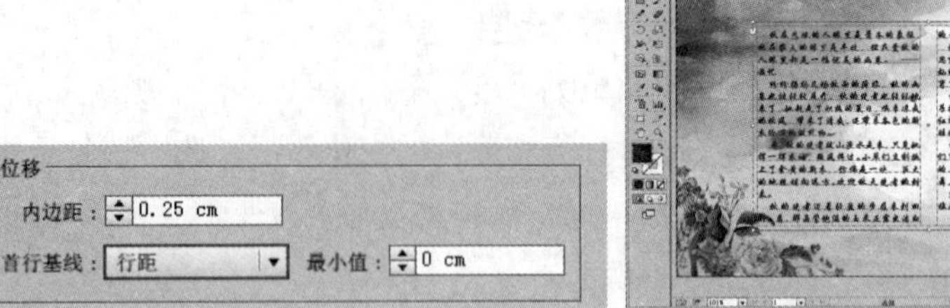

图 5-13 设置区域文字

5.1.3 路径文本工具的使用

使用【路径文字】工具或【直排路径文字】工具可以将普通路径转换为文字路径，然后在文字路径上输入和编辑文字，输入的文字将沿着路径形状进行排列。

1. 创建路径文字

使用【路径文字】工具或【直排路径文字】工具可以使路径上的文字沿着任意开放或闭合路径进行排布。将文字沿着路径输入后，还可以编辑文字在路径上的位置。选择工具箱中的【选择】工具选中路径文字对象，选中位于中点的竖线，当光标变为▸⊥状时，可拖动文字到路径的另一边。

【例 5-4】创建路径并使用【路径文字】工具创建路径文字。

(1) 在打开的图形文档中，使用【钢笔】工具，在图形文档拖动绘制如图 5-14 所示的路径。

(2) 选择【路径文字】工具，在路径上单击，当出现光标后，在属性栏中设置字体样式为 Bauhaus 93，字体大小为 17pt，在【颜色】面板中设置填色为白色，然后输入所需的文字，如图 5-15 所示。

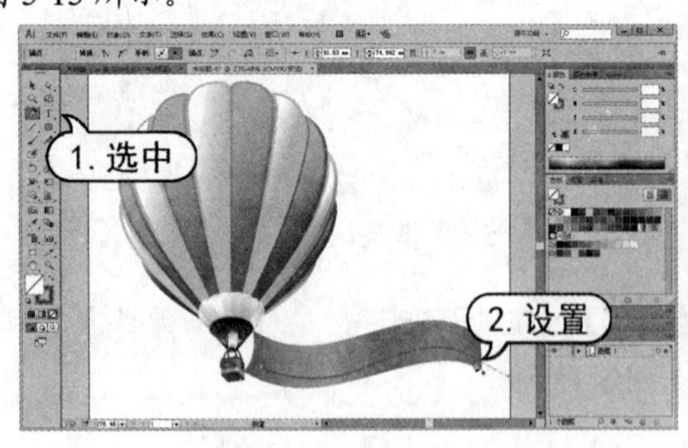

图 5-14 绘制路径

图 5-15 输入路径文字

2. 设置路径文字选项

选中路径文本对象后，可以选择【文字】|【路径文字】命令，在弹出的子菜单中选择一种

路径文字效果。该命令中包含了【彩虹效果】、【倾斜效果】、【3D 带状效果】、【阶梯效果】和【重力效果】5 种效果，如图 5-16 所示。

用户也可以选择【文字】|【路径文字】|【路径文字选项】命令，打开如图 5-17 所示的【路径文字选项】对话框。在对话框的【效果】下拉列表中选择一种效果选项。并且还可以通过【对齐路径】下拉列表中的选项指定如何将所有字符对齐到路径。【对齐路径】下拉列表中包含以下几个选项。

图 5-16 路径文字效果

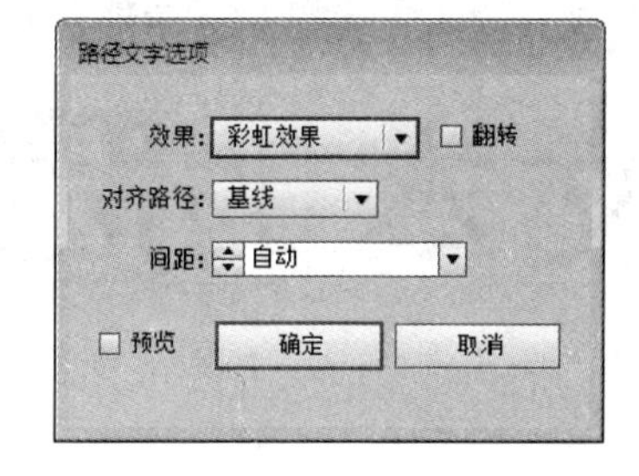

图 5-17 【路径文字选项】对话框

- 【字母上缘】选项：沿字母上缘对齐，如图 5-18 所示。
- 【字母下缘】选项：沿字母下缘对齐，如图 5-19 所示。

图 5-18 使用【字母上缘】选项

图 5-19 使用【字母下缘】选项

- 【居中】选项：沿字母上、下边缘间的中心点对齐，如图 5-20 所示。
- 【基线】选项：沿基线对齐。这是 Illustrator 的默认设置，如图 5-21 所示。

图 5-20 使用【居中】选项

图 5-21 使用【基线】选项

5.2 选择文本

在对文字对象进行编辑、格式修改、填充或描边属性修改等操作前，必须先将其进行选择。

5.2.1 选择字符

要在文档中选中字符有以下几种方法。选中字符后，【外观】面板中会出现【字符】字样。

- 使用文字工具拖动选择单个或多个字符，按住 Shift 键的同时拖动鼠标，可加选或减选字符。如果使用文字工具，在输入的文本中拖动并选中部分文字，选中的文字将高亮显示。此时，再进行的文字修改只针对选中的文字内容，如图 5-22 所示。
- 将光标插入到一个单词中，双击即可选中这个单词。
- 将光标插入到一个段落中，三击即可选中整行。
- 选择【选择】|【全部】命令或按 Ctrl+A 键可选中当前文字对象中包含的全部文字。

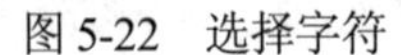

图 5-22　选择字符

5.2.2 选择文字对象

如果要对文本对象中的所有字符进行字符和段落属性的修改、填充和描边属性的修改以及透明属性的修改，甚至对文字对象应用效果和透明蒙版，可以首先选中整个文字对象。当选中文字对象后，【外观】面板中会出现【文字】字样。

选择文字对象的方法包括以下 3 种：

- 在文档窗口使用【选择】工具或【直接选择】工具单击文字对象进行选择，按住 Shift 键的同时单击鼠标可以加选对象。
- 在【图层】面板中通过单击文字对象右边的圆形按钮进行选择，按住 Shift 键的同时单击圆形按钮可进行加选或减选。
- 要选中文档中所有的文字对象，可选择【选择】|【对象】|【文本对象】命令。

5.2.3 选择文字路径

文字路径是路径文字排列和流动的依据，用户可以对文字路径进行填充和描边属性的修改。当选中文字对象路径后，【外观】面板中会出现【路径】字样，如图 5-23 所示。

选择文字路径的方法有以下两种：

- 较为简便的方法是在【轮廓】模式下进行选择。
- 使用【直接选择】工具或【编组选择】工具单击文字路径，可以将其选中。

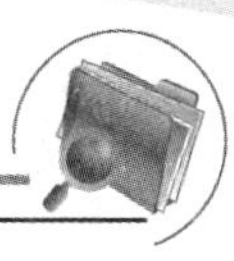

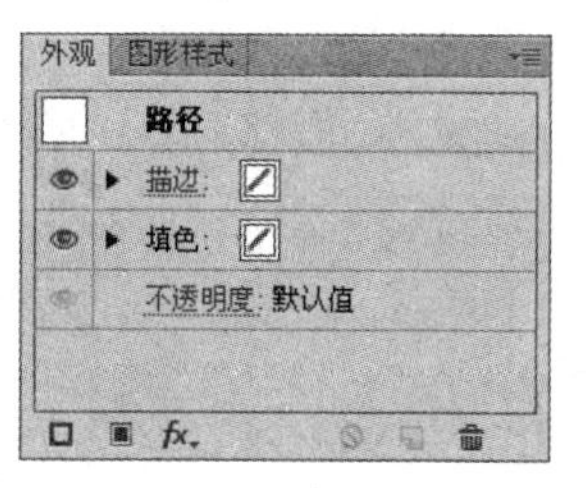

图 5-23　选择文字路径

5.3　设置字符格式

在 Illustrator 中可以通过【字符】面板准确地控制文字的字体系列、字体大小、行距、字符间距、水平与垂直缩放等各种属性。用户可以在输入新文本前设置字符属性，也可以在输入完成后，选中文本重新设置字符属性来更改所选中的字符外观。

选择【窗口】|【文字】|【字符】命令，或按快捷键 Ctrl+T 键，可以打开如图 5-24 所示的【字符】面板。单击【字符】面板菜单按钮，在打开的菜单中选择【显示选项】命令，可以在【字符】面板中显示更多的设置选项。

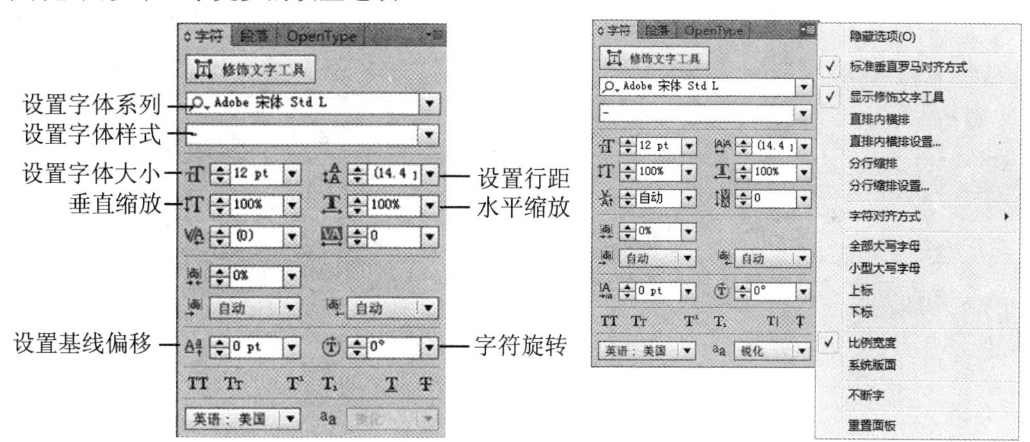

图 5-24　【字符】面板

5.3.1　设置字体和字号

在【字符】面板中，可以设置字符的各种属性。单击【设置字体系列】文本框右侧的小三角按钮▼从下拉列表中选择一种字体，或选择【文字】|【字体】子菜单中的字体系列，即可设置字符的字体，如图 5-25 所示。如果选择的是英文字体，还可以在【设置字体样式】下拉列表中选择 Narrow、Narrow Italic、Narrow Bold、Narrow Bold Italic、Regular、Italic、Bold、Bold Italic、Black 样式，如图 5-26 所示。

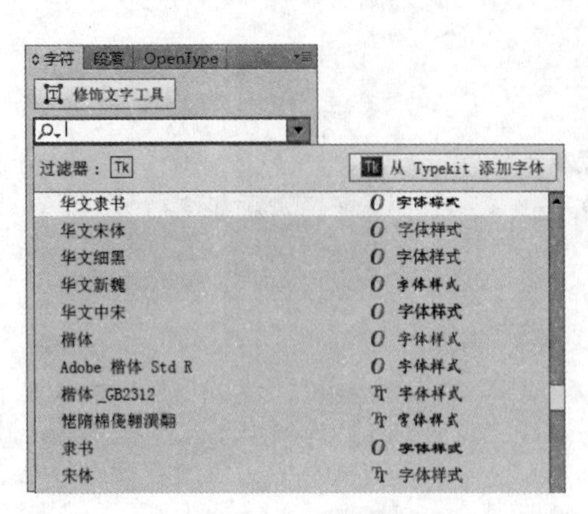

图 5-25 选择字体系列

图 5-26 设置字体样式

字号是指字体的大小，表示字符的最高点到最低点之间的尺寸。用户可以单击【字符】面板中的【设置字体大小】数值框右侧的小三角按钮，在弹出的下拉列表中选择预设的字号，也可以在数值框中直接输入一个字号数值，如图 5-27 所示。或选择【文字】|【大小】命令，在打开的子菜单中选择字号。

图 5-27 设置字体大小

5.3.2 调整字距

字距微调是增加或减少特定字符对之间的间距的过程。使用任意文字工具在需要调整字距的两个字符中间单击，进入文本输入状态。在【字符】面板的字符间距调整选项中，可以调整两个字符间的字距，如图 5-28 所示。当该值为正值时，可以加大字距；为负值时，可减小字距。当光标在两个字符之间闪烁时，按 Alt+←键可减小字距，按 Alt+→键可增大字距。

字距调整是放宽或收紧所选文本或整个文本块中字符之间的间距的过程。选择需要调整的部分字符或整个文本对象后，在字符间距调整选项后可以调整所选字符的字距，如图 5-29 所示。该值为正值时，字距变大；为负值时，字距变小。

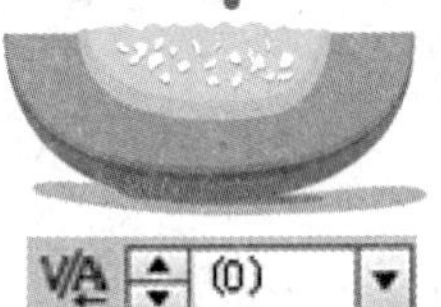

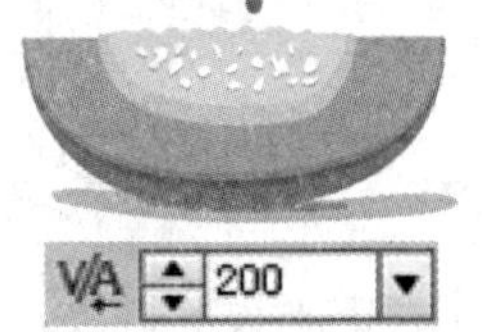

图 5-28　字距微调

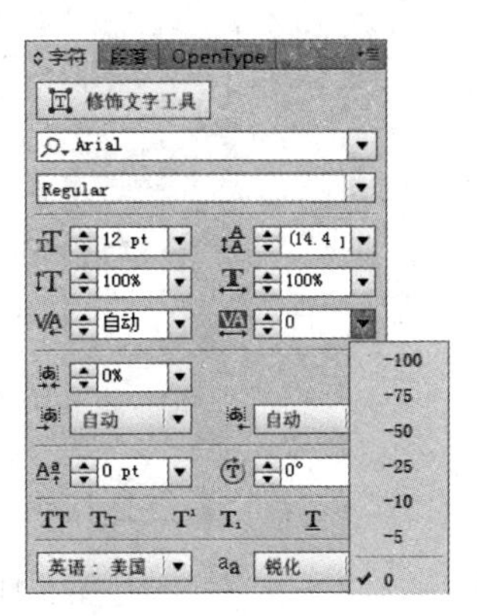

图 5-29　字距调整

5.3.3　设置行距

行距是指两行文字之间间隔距离的大小，是从一行文字基线到另一行文字基线之间的距离。用户可以在输入文本之前设置文本的行距，也可以在文本输入后，在【字符】面板的【设置行距】数值框中设置行距，如图 5-30 所示。默认为【自动】，此时行距为字体大小的 120%。

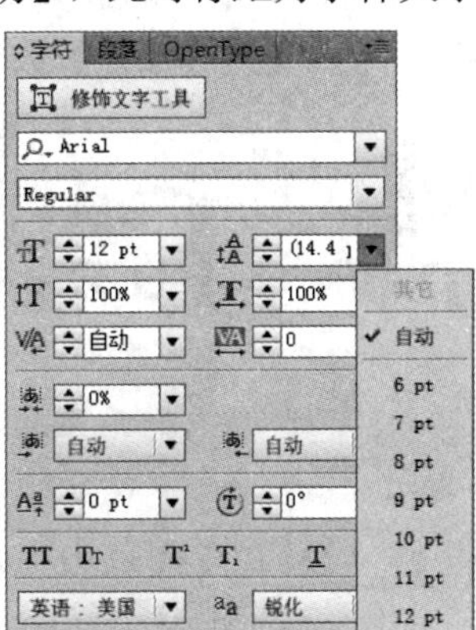

图 5-30　设置行距

提示

按 Alt+↑键可减小行距，按 Alt+↓键可增大行距。每按一次，系统默认量为 2pt。要修改增量，可以选择【首选项】|【文字】命令，打开【首选项】对话框，修改【大小/行距】数值框中的数值。

5.3.4 水平或垂直缩放

在 Illustrator 中，可以允许改变单个字符的宽度和高度，可以将文字外观压扁或拉长，如图 5-31 所示。【字符】面板中的【垂直缩放】和【水平缩放】数值框用来控制字符的宽度和高度，使选定的字符进行水平或垂直方向上的放大或缩小。

图 5-31 设置垂直缩放和水平缩放

5.3.5 基线偏移

在 Illustrator 中，可以通过调整基线来调整文本与基线之间的距离，从而提升或降低选中的文本。使用【字符】面板中的【设置基线偏移】数值框设置上标或下标，如图 5-32 所示。用户也可以按 Shift+Alt+↑键来增加基线偏移量，按 Shift+Alt+↓键可以减小基线偏移量。在 Illustrator 中，默认基线偏移量为 2pt。如果要修改偏移量，可以选择【首选项】|【文字】命令，打开【首选项】对话框，修改【基线偏移】数值框中的数值，如图 5-33 所示。

图 5-32 设置基线偏移

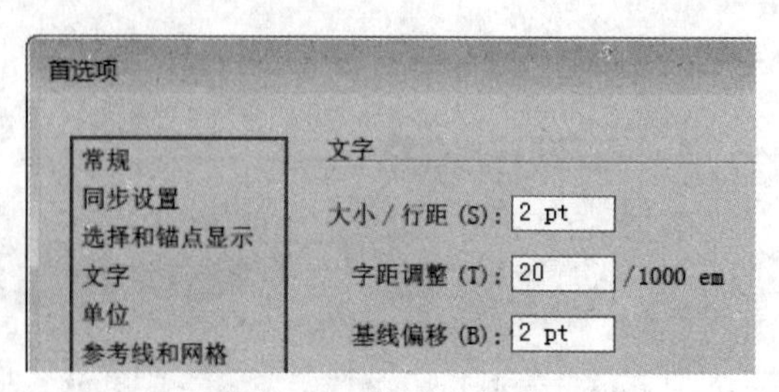

图 5-33 设置首选项

5.3.6 文本旋转

在 Illustrator 中，支持字符的任意角度旋转。在【字符】面板的【字符旋转】数值框中输入或选择合适的旋转角度，可以为选中的文字进行自定义角度的旋转，如图 5-34 所示。

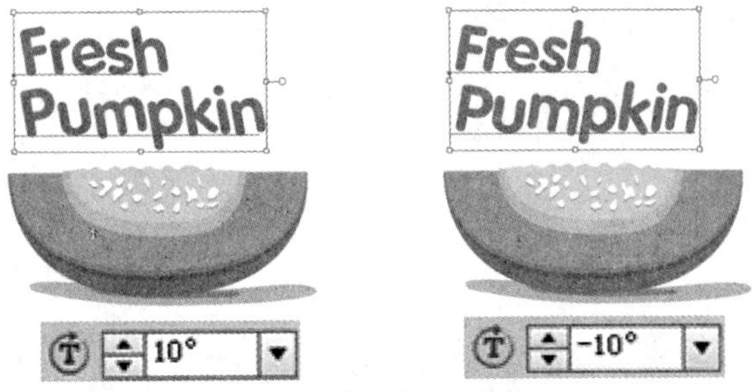

图 5-34　设置文本旋转

5.3.7 设置文本颜色

在 Illustrator 中，可以根据需要在工具箱、属性栏、【颜色】面板或【色板】面板中设定文字的填充或描边颜色。

【例 5-5】对输入的文本颜色进行修改。

(1) 选择【文件】|【打开】命令，打开一幅图形文件。选择【文字】工具在文档中单击输入文字内容，按 Ctrl+Enter 键结束输入，如图 5-35 所示。

(2) 按 Ctrl+T 键打开【字符】面板，设置字体样式为 Cooper Std，字体大小为 45pt，字符间距数值为 50，如图 5-36 所示。

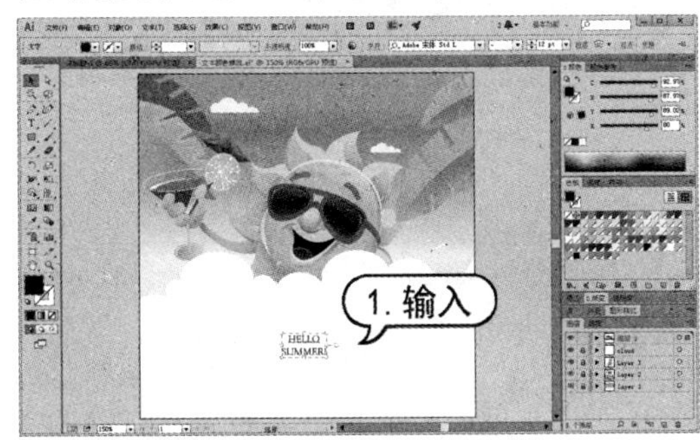

图 5-35　输入文字

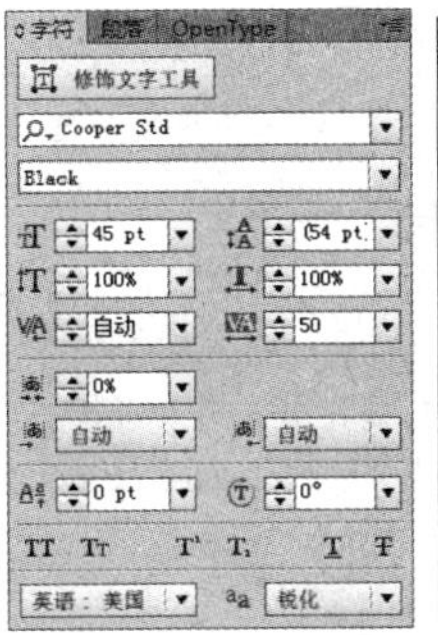

图 5-36　设置文字

(3) 在【色板】面板中，单击 R=242 G=137 B=32 色板，更改字体颜色，如图 5-37 所示。

(4) 按 Ctrl+C 键复制文字，按 Ctrl+B 键将复制的文字粘贴在下层。然后在【描边】面板中，设置【粗细】数值为 3pt。并在【颜色】面板中，设置描边填色为 R=234 G=47 B=47，如图 5-38 所示。

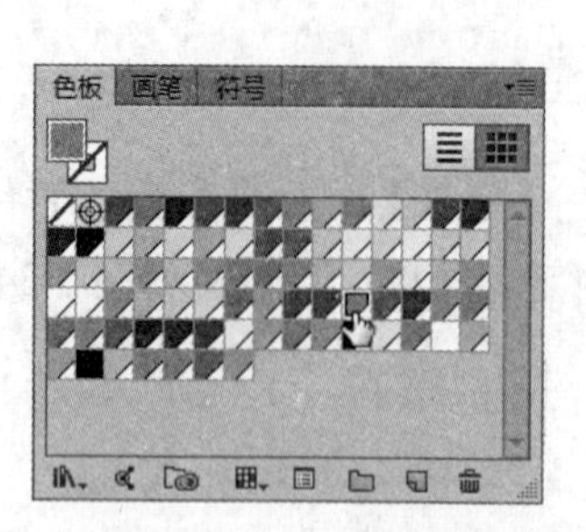

图 5-37　设置字体颜色

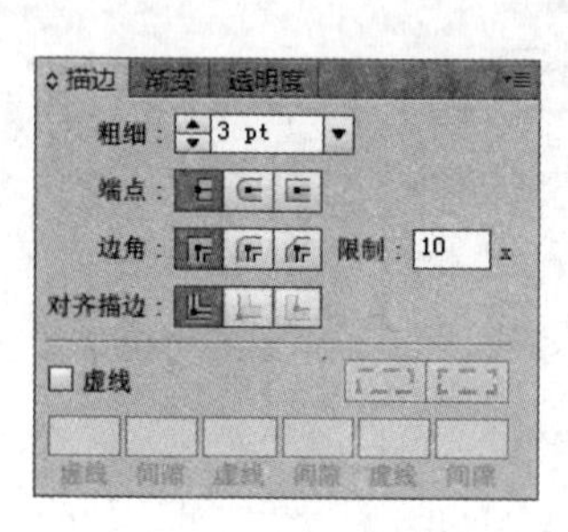

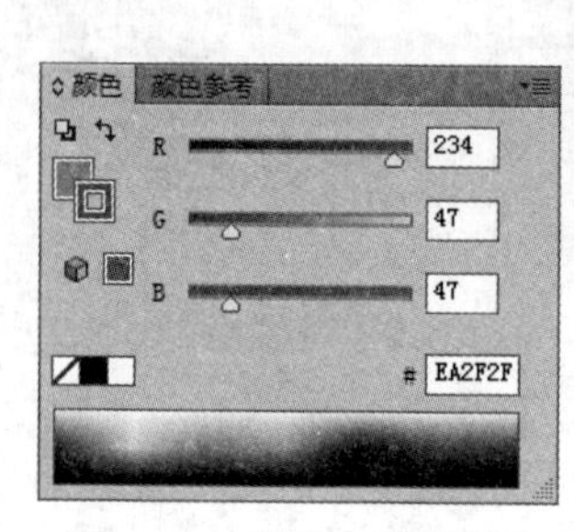

图 5-38　设置字体描边

计算机 基础与实训教材系列

(5) 选择【效果】|【风格化】|【投影】命令，打开【投影】对话框。在对话框中，单击【颜色】单选按钮右侧的色板，在弹出的拾色器对话框中设置投影颜色为 R=204 G=50 B=0，然后设置【X 位移】和【Y 位移】数值为 5px，【模糊】数值为 2px，再单击【确定】按钮，如图 5-39 所示。

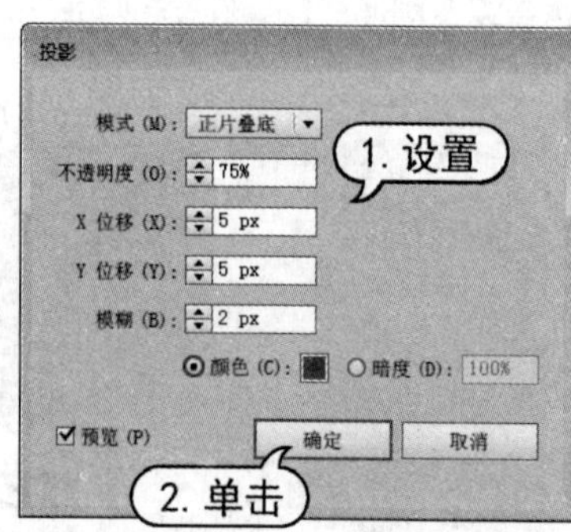

图 5-39　使用投影效果

5.3.8　更改大小写

选择要更改大小写的字符或文本对象，选择【文字】|【更改大小写】命令，在子菜单中选择【大写】、【小写】、【词首大写】或【句首大写】命令即可。

- 【大写】：将所有字符更改为大写。

- 【小写】：将所有字符更改为小写。
- 【词首大写】：将每个单词的首字母大写。
- 【句首大写】：将每个句子的首字母大写。

5.3.9 更改文字排列方向

选中要改变方向的文本对象，然后选择【文字】|【文字方向】|【横排】或【直排】命令，即可切换文字的排列方向，如图 5-40 所示。

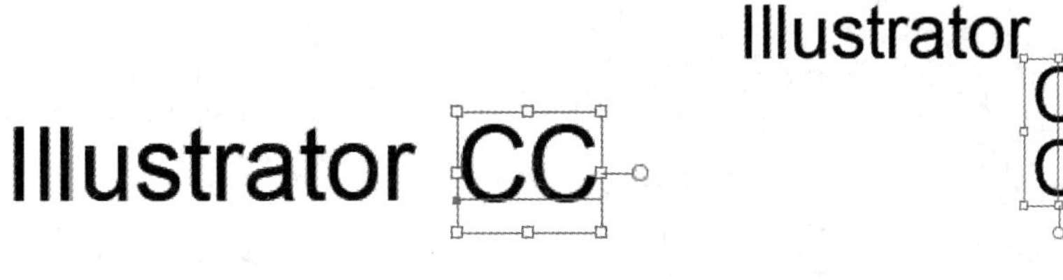

图 5-40　更改文字排列方向

5.3.10 文本的变换

使用【修饰文字】工具在创建的文本中选中字符，可对其进行自由的变换，还可以单独调整字符外观效果，如图 5-41 所示。

图 5-41　使用【修饰文字】工具

5.4 设置段落格式

在处理段落文本时，可以通过使用【段落】面板设置文本对齐方式、首行缩进、段落间距等参数，从而获得更加丰富的段落效果。

选择菜单栏中的【窗口】|【文字】|【段落】命令，即可打开如图 5-42 所示的【段落】面板。单击【段落】面板的扩展菜单按钮，在打开的菜单中选择【显示选项】命令，可以在【段落】面板中显示更多的设置选项。

5.4.1 文本对齐

在 Illustrator 中提供了【左对齐】、【居中对齐】、【右对齐】、【两端对齐，末行左对齐】、【两端对齐，末行居中对齐】、【两端对齐，末行右对齐】、【全部两端对齐】7 种文本对齐方式。使用【选择】工具选择文本后，单击【段落】面板中相应的按钮即可对齐文本。【段落】面板中的各个对齐按钮的功能如下。

- 左对齐：单击该按钮，可以使文本靠左边对齐，如图 5-43 所示。

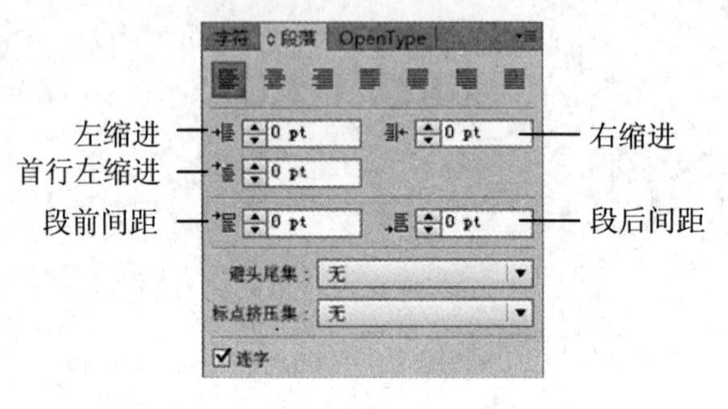

图 5-42 【段落】面板

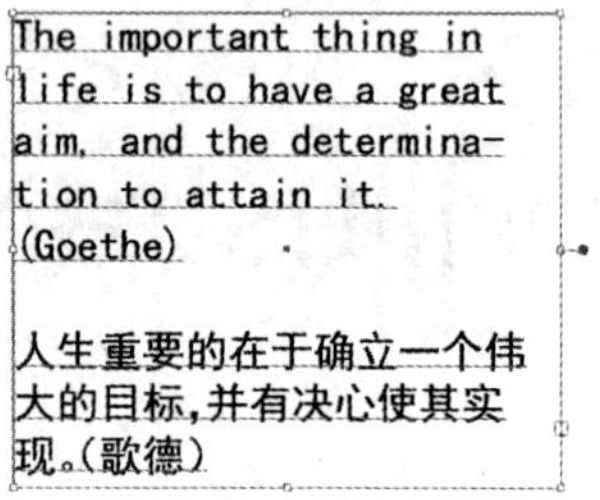

The important thing in life is to have a great aim, and the determination to attain it. (Goethe)

人生重要的在于确立一个伟大的目标,并有决心使其实现。(歌德)

图 5-43 左对齐

- 居中对齐：单击该按钮，可以使文本居中对齐，如图 5-44 所示。
- 右对齐：单击该按钮，可以使文本靠右边对齐，如图 5-45 所示。
- 两端对齐，末行左对齐：单击该按钮，可以使文本的左右两边都对齐，最后一行左对齐，如图 5-46 所示。

图 5-44 居中对齐

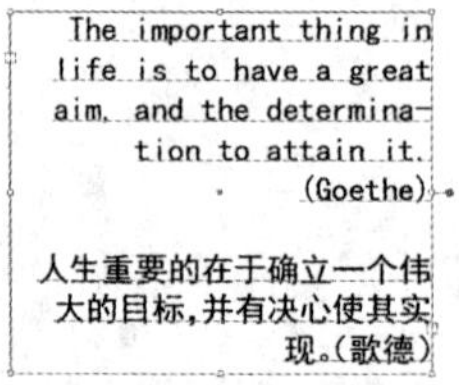

图 5-45 右对齐

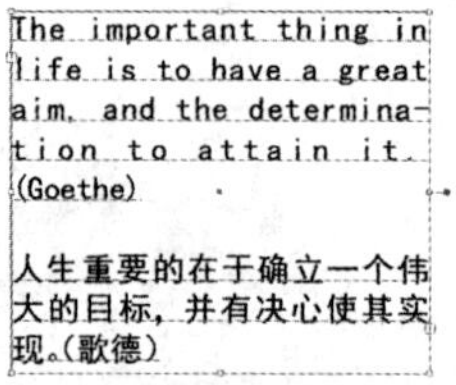

图 5-46 两端对齐，末行左对齐

- 两端对齐，末行居中对齐：单击该按钮，可以使文本的左右两边都对齐，最后一行居中对齐，如图 5-47 所示。
- 两端对齐，末行右对齐：单击该按钮，可以使文本的左右两边都对齐，最后一行右对齐，如图 5-48 所示。

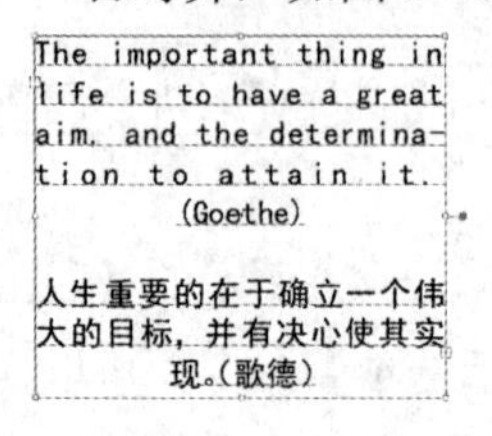

图 5-47 两端对齐，末行居中对齐

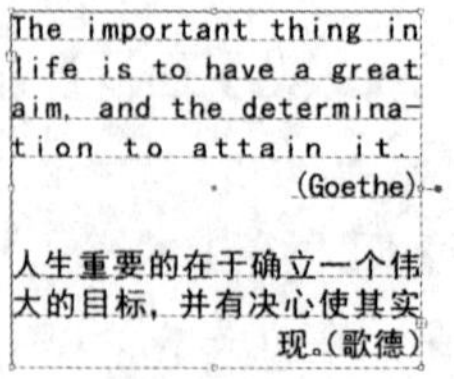

图 5-48 两端对齐，末行 右对齐

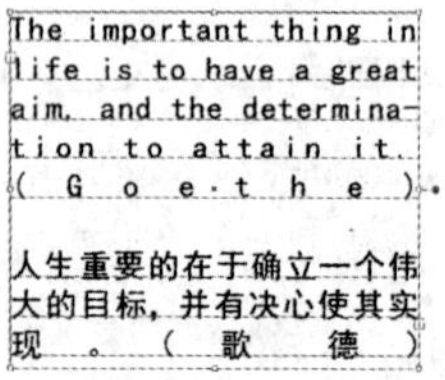

图 5-49 全部两端对齐

- 全部两端对齐▤：单击该按钮，可以使文本的左右两边都对齐，并强制段落中的最后一行也两端对齐，如图 5-49 所示。

5.4.2　视觉边距对齐方式

利用【视觉边距对齐方式】命令可以控制是否将标点符号和某些字母的边缘悬挂在文本边距以外，以便使文字在视觉上呈现对齐状态。选中要对齐视觉边距的文本，选择【文字】|【视觉边距对齐方式】命令即可，效果如图 5-50 所示。

The important thing in life is to have a great aim, and the determination to attain it.（Goethe）

人生重要的在于确立一个伟大的目标，并有决心使其实现。(歌德)

The important thing in life is to have a great aim, and the determination to attain it.（Goethe）

人生重要的在于确立一个伟大的目标，并有决心使其实现。(歌德)

图 5-50　使用【视觉边距对齐方式】命令

5.4.3　段落缩进

在【段落】面板中，【首行缩进】可以控制每段文本首行按照指定的数值进行缩进，如图 5-51 所示。使用【左缩进】和【右缩进】可以调节整段文字边界到文本框的距离，如图 5-52 所示。

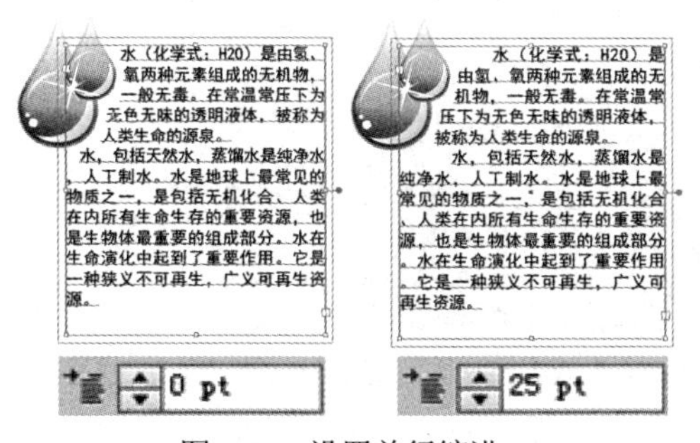

图 5-51　设置首行缩进

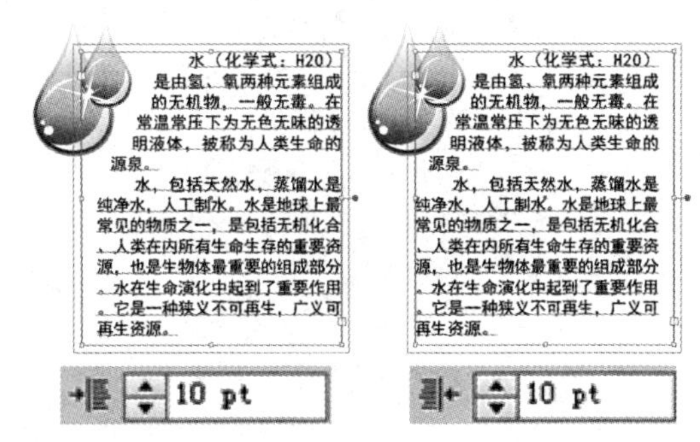

图 5-52　设置左缩进和右缩进

5.4.4　段落间距

使用【段前间距】和【段后间距】可以设置段落文本之间的距离。这是排版中分隔段落的专业方法，如图 5-53 所示。

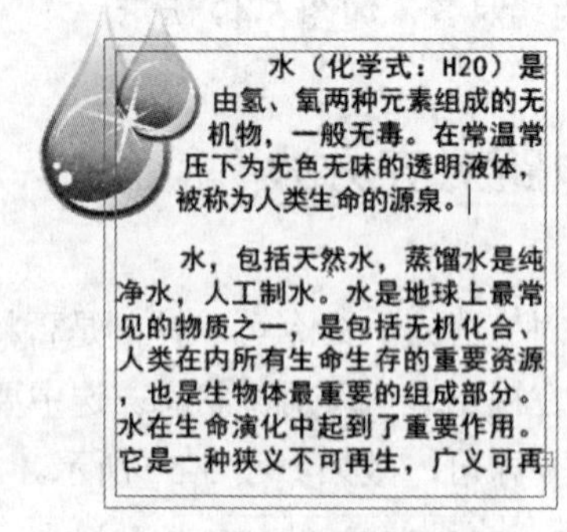

图 5-53　设置段落间距

5.4.5　避头尾法则设置

不能位于行首或行尾的字符被称为避头尾字符。在【段落】面板中，可以从【避头尾集】下拉列表中选择一个选项，指定中文或日文文本的换行方式，如图 5-54 所示。选择【无】选项，表示不使用避头尾法则；选择【严格】或【宽松】选项，可避免所选的字符位于行首或行尾；选择【避头尾设置】选项，打开如图 5-55 所示的【避头尾法则设置】对话框设置避头尾字符。

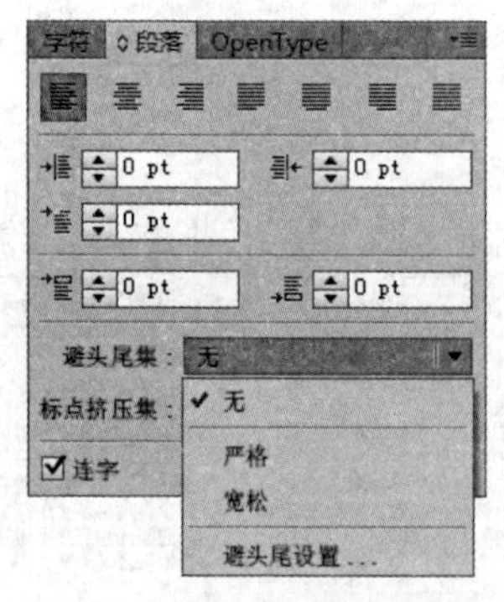

图 5-54　【避头尾集】选项

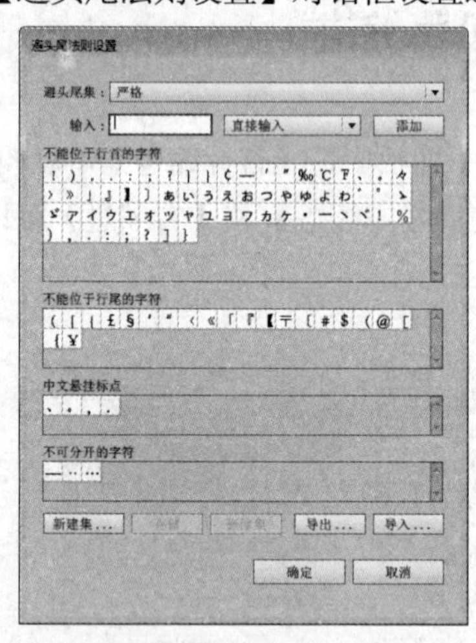

图 5-55　【避头尾法则设置】对话框

使用文字工具选中需要设置避头尾间断的文字，然后从【段落】面板菜单中选择【避头尾法则类型】命令，在子菜单中设置合适的方式即可，如图 5-56 所示。

- 先推入：将字符向上移到前一行，以防止禁止的字符出现在一行的结尾或开头。
- 先退出：将字符向下移到下一行，以防止禁止的字符出现在一行的结尾或开头。
- 只推出：不会尝试推入，而总是将字符向下移到下一行，以防止禁止的字符出现在一行的结尾或开头。

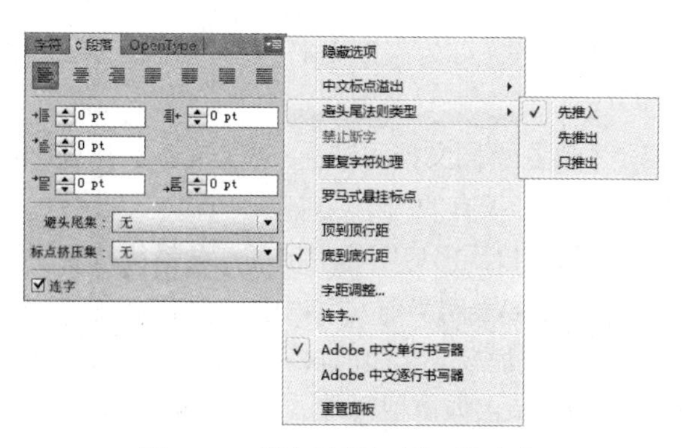

图 5-56　【避头尾法则类型】命令

5.4.6　标点挤压设置

利用【标点挤压设置】命令可以设置亚洲字符、罗马字符、标点符号、特殊字符、行首、行尾和数字之间的间距，确定中文或日文排版方式。在【段落】面板的【标点挤压集】选项中选择一种预设挤压设置即可调整间距。

选择【文字】|【标点挤压设置】命令，或在【段落】面板的【标点挤压集】选项中选择【标点挤压设置】选项，可以打开如图 5-57 所示的【标点挤压设置】对话框。

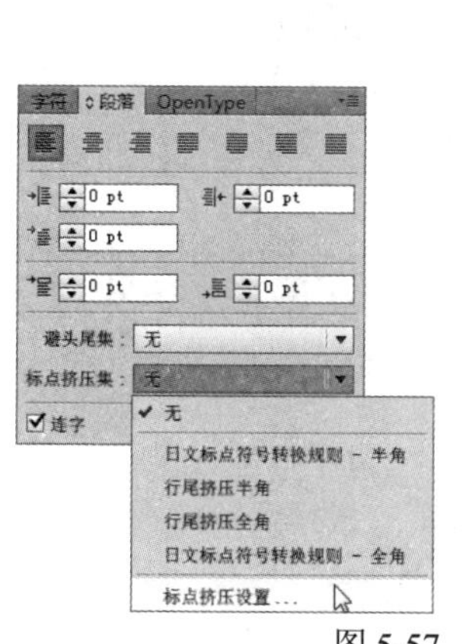

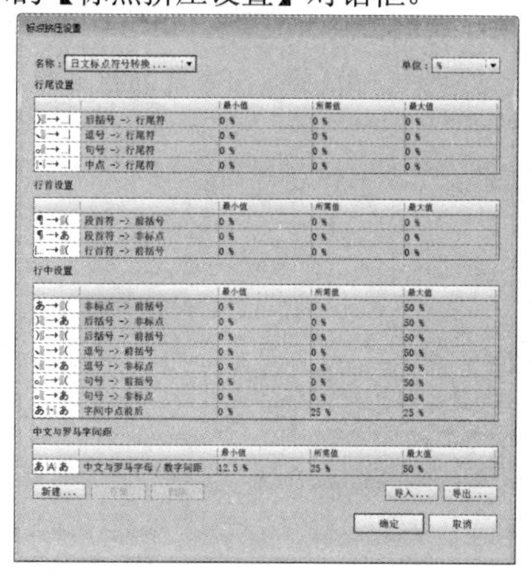

图 5-57　【标点挤压设置】对话框

5.5　串接文本

当创建区域文本或路径文本时，输入的文本信息超出区域或路径的容纳量时，可以通过文本串接，将未显示完全的文本显示在其他区域，并且两个区域内的文字仍处于相互关联的状态。另外，也可以将现有的两段文字进行串接，但其文本必须为区域文本或路径文本。

文字在多个文字框保持串接的关系称为串接文本，用户可以选择【视图】|【显示文本串接】命令来查看串接的方式。

串接文字可以跨页，但是不能在不同文档间进行。每个文本框都包含一个入口和一个出口。空的出口图标代表这个文字框是文章仅有的一个或最后一个，在文字框的文章末尾还有一个不可见的非打印字符#。在文本框的入口或出口图标中出现三角箭头，表明文字框已和其他串接。

出口图标中出现一个红色加号(+)表明当前文字框中包含溢流文字。使用【选择】工具单击文字框的出口，此时鼠标光标变为已加载文字的形状。移动鼠标指针到需要串接的文字框上，此时鼠标光标变为链接形状时，单击便可把这两个文字框串接起来。也可以直接在画板空白处单击创建串接文本框。如图 5-58 所示。

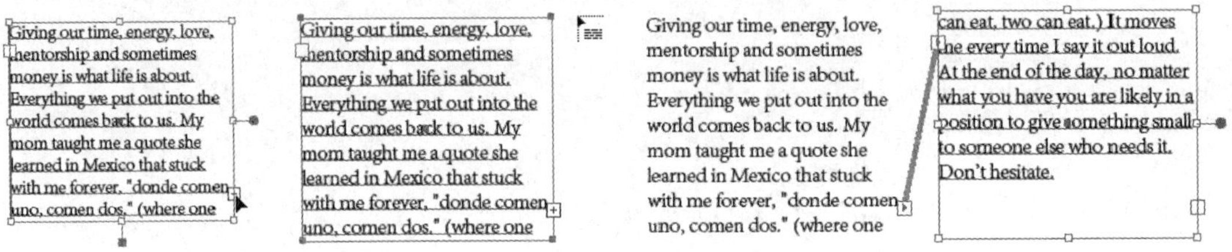

图 5-58　串接文本

【例 5-6】在 Illustrator 中，创建串接文本。

(1) 选择【文件】|【打开】命令，打开图形文档。使用【选择】工具选中文本，再单击文本框出口，当光标变为形状时，拖动绘制一个新文本框，如图 5-59 所示。

(2) 创建新文本框后，Illustrator 会自动把文字框添加到串接中，显示溢流文字的内容，如图 5-60 所示。

图 5-59　绘制文本框

图 5-60　创建串接文本

要取消串接，可以单击文字框的出口或入口，然后串接到其他文字框。双击文字框出口也可以断开文字框之间的串接关系。

用户也可以在串接中删除文字框，使用【选择】工具选择要删除的文字框，按键盘上的 Delete 键即可删除文字框，其他文字框的串接不受影响。如果删除了串接文本中最后一个文字框，多余的文字将变为溢流文字。

5.6　图文混排

在 Illustrator 中，使用【文本绕排】命令，能够让文字按照要求围绕图形进行排列。此命令对于设计排版非常实用。

使用【选择】工具选择绕排对象和文本，然后选择【对象】|【文本绕排】|【建立】命令，在弹出的对话框中单击【确定】按钮即可，如图 5-61 所示。绕排是由对象的堆叠顺序决定的。要在对象周围绕排文本，绕排对象必须与文本位于相同的图层中，并且在图层层次结构中位于文本的正上方。

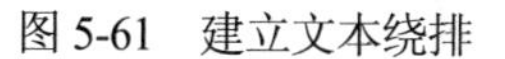

图 5-61　建立文本绕排

> **提示**
>
> 如果图层中包含多个文字对象，则将不希望绕排于对象周围的文字对象转移到其他图层中或绕排对象上方。

可以将区域文本绕排在任何对象的周围，其中包括文字对象、导入的图像以及在 Illustrator 中绘制的对象。如果绕排对象是嵌入的位图图像，Illustrator 则会在不透明或半透明的像素周围绕排文本，而忽略完全透明的像素。

可以在绕排文本之前或之后设置绕排选项。选择绕排对象后，选择【对象】|【文本绕排】|【文本绕排选项】命令，在打开的如图 5-62 所示的【文本绕排选项】对话框中设置相应的参数，然后单击【确定】按钮即可。

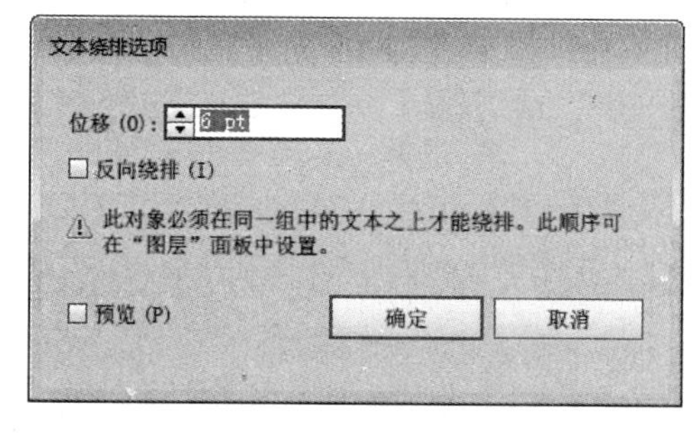

图 5-62 【文本绕排选项】对话框

> **提示**
>
> 反向绕排需要更多的调整才能协调、美观。因为在没有遇到绕排对象的时候，文字还是正常排列，遇到对象后则开始反向绕排，而溢出的文字又继续正常排列。如果行距调整不适，就会重叠对象，效果不好。

- 【位移】选项：指定文本和绕排对象之间的间距大小。可以输入正值或负值。
- 【反向绕排】选项：围绕对象反向绕排文本。

【例 5-7】对段落文本和图形图像进行图文混排。

(1) 选择【文件】|【打开】命令，打开图形文档。然后使用【选择】工具选中左下角的图形对象和正文文本，如图 5-63 所示。

(2) 选择【对象】|【文本绕排】|【建立】命令，在弹出的如图 5-64 所示的提示对话框中，

单击【确定】按钮，即可建立文本绕排。

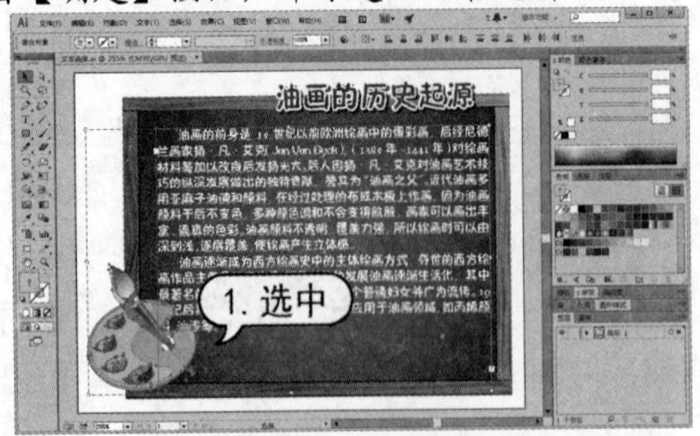

图 5-63　选中对象

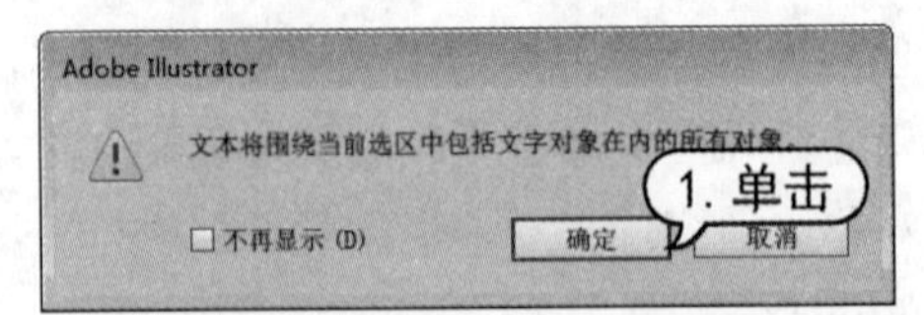

图 5-64　建立文本绕排

(3) 选择【对象】|【文本绕排】|【文本绕排选项】命令，打开【文本绕排选项】对话框，在对话框中设置【位移】为 10pt，单击【确定】按钮即可修改文本围绕的距离，如图 5-65 所示。

(4) 使用【选择】工具选中正文文本框，并调整文本框大小，如图 5-66 所示。

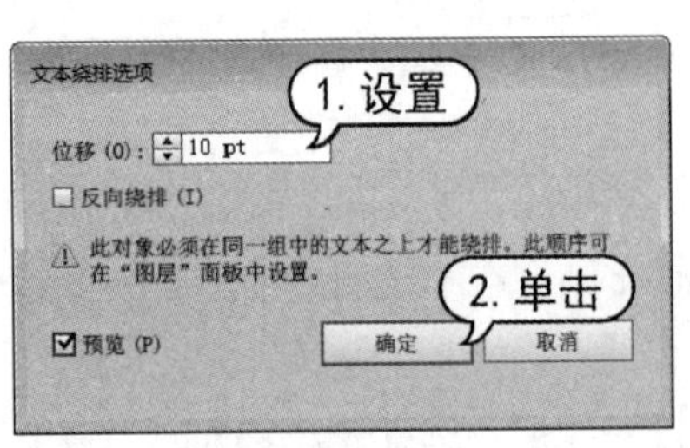

图 5-65　设置文本绕排

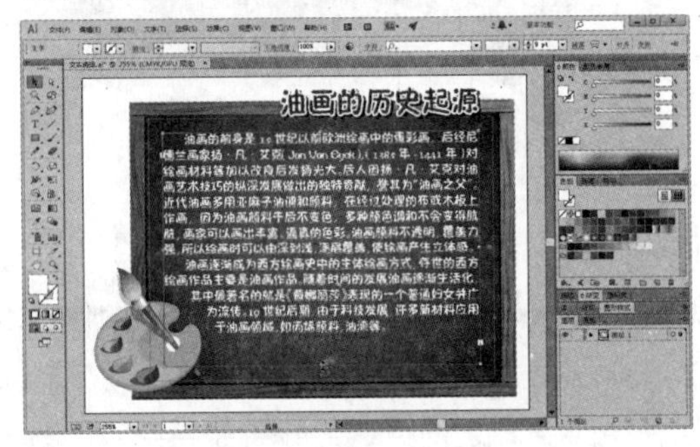

图 5-66　调整文本框

5.7　将文本转化为轮廓

使用【选择】工具选中文本后，选择【文字】|【创建轮廓】命令，或按快捷键 Shift+Ctrl+O 键即可将文字转化为路径。转换成路径后的文字不再具有文字属性，并且可以像编辑图形对象一样对其进行编辑处理。

【例 5-8】利用【创建轮廓】命令改变文字效果。

(1) 选择【文件】|【打开】命令，打开图形文档，如图 5-67 所示。

(2) 使用【文字】工具在文档中单击，并在属性栏中设置字体系列为 Gill Sans Ultra Bold，字体大小为 80pt，字体颜色为 C=100 M=0 Y=0 K=0，然后输入文字内容，如图 5-68 所示。

(3) 使用【选择】工具选中刚输入的文字，按 Ctrl+C 键复制输入的文字，按 Ctrl+B 键将复制的文字粘贴在下层，并在【颜色】面板中设置描边填色为白色，在【描边】面板中设置【粗细】为 9pt，如图 5-69 所示。

(4) 选择【效果】|【风格化】|【投影】命令，在打开的【投影】对话框中，设置【不透明度】为 65%，【X 位移】和【Y 位移】为 2mm，【模糊】为 0mm，单击【确定】按钮应用效

果，如图 5-70 所示。

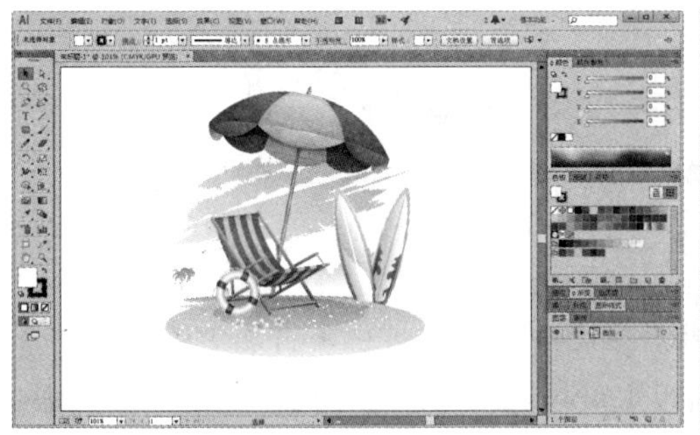

图 5-67　打开图形文档

图 5-68　输入文字

图 5-69　复制并调整文字

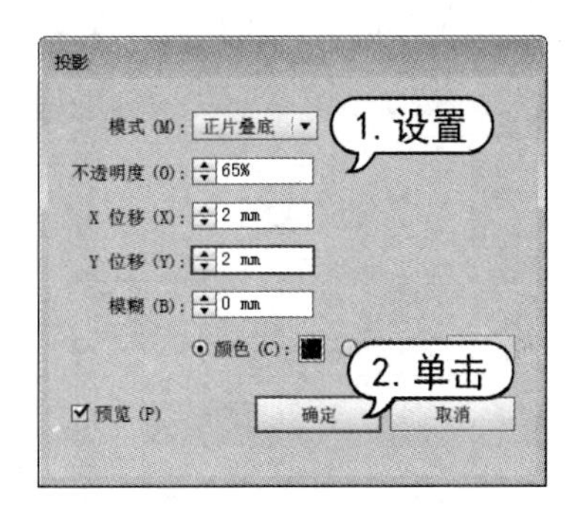

图 5-70　使用投影效果

(5) 使用【选择】工具选中步骤(2)中创建的文字，按 Ctrl+C 键复制，按 Ctrl+F 键将复制的文字粘贴在最前面。然后在复制的文字上单击鼠标右键，在弹出的快捷菜单中选择【创建轮廓】命令，将文字转换为轮廓，如图 5-71 所示。

(6) 在【颜色】面板中，设置转换为形状后的文字的填色为 C=55 M=0 Y=0 K=0，如图 5-72 所示。

图 5-71　创建轮廓

图 5-72　设置文字填色

(7) 使用【钢笔】工具在文字图形上绘制如图 5-73 所示的图形。

图 5-73　绘制图形

(8) 使用【选择】工具选中刚绘制的图形和文字图形，并单击鼠标右键，在弹出的快捷菜单中选择【建立剪切蒙版】命令，结果如图 5-74 所示。

图 5-74　建立剪切蒙版

(9) 在属性栏中，单击【编辑内容】按钮。然后在【渐变】面板中单击渐变填色框，并设置渐变滑动条上左侧色标的不透明度为 0%，【角度】数值为 90° ，如图 5-75 所示。

(10) 在【透明度】面板中，设置步骤(8)中创建的对象混合模式为【滤色】选项。然后使用【选择】工具在文档空白处单击，退出编辑内容模式，效果如图 5-76 所示。

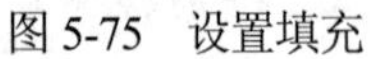
图 5-75　设置填充

图 5-76　设置混合模式

5.8　使用【字符样式】和【段落样式】面板

字符样式是许多字符格式属性的集合，可应用于所选的文本范围。段落样式包括字符和段落格式属性，并可应用于所选段落，也可应用于段落范围。使用字符样式和段落样式，用户可以简化操作，并且还可以保证格式的一致性。

5.8.1　创建字符和段落样式

在 Illustrator 中，可以使用【字符样式】 和【段落样式】面板来创建、应用和管理字符和段落样式。要应用样式，只需选择文本并在其中的一个面板中单击样式名称即可。如果未选择任何文本，则会将样式应用于所创建的新文本。

【例 5-9】在 Illustrator 中，创建字符、段落样式。

(1) 在打开的图形文档中，使用【选择】工具选择文本，如图 5-77 所示。

(2) 选择【窗口】|【文字】|【字符样式】命令，打开【字符样式】面板。按住 Alt 键，在面板中单击【创建新样式】按钮，打开【字符样式选项】对话框。在对话框的【样式名称】文

本框中输入“标题”，然后单击【确定】按钮创建字符样式，如图 5-78 所示。

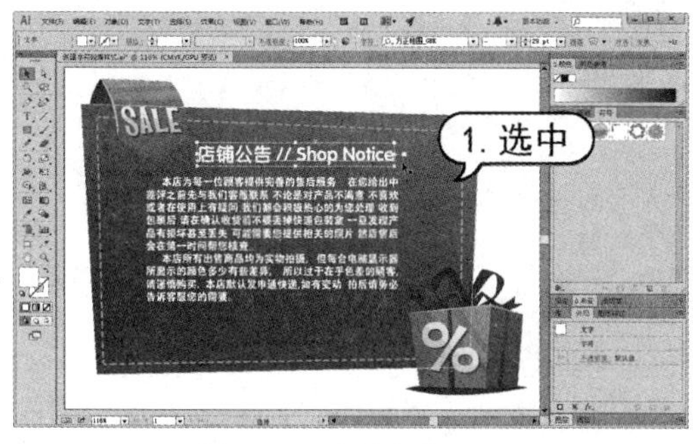

图 5-77　选择文本

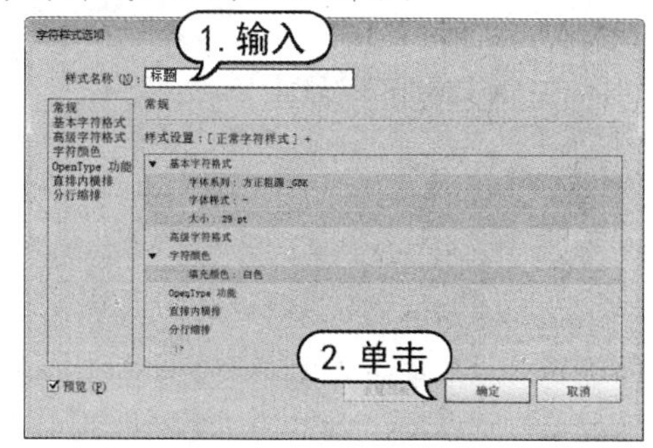

图 5-78　创建样式

(3) 使用【选择】工具选中段落文本，显示【段落样式】面板。在面板中单击【新建段落样式】按钮。在打开的【新建段落样式】对话框的【样式名称】文本框中输入一个名称，然后单击【确定】按钮，使用自定义名称创建样式，如图 5-79 所示。

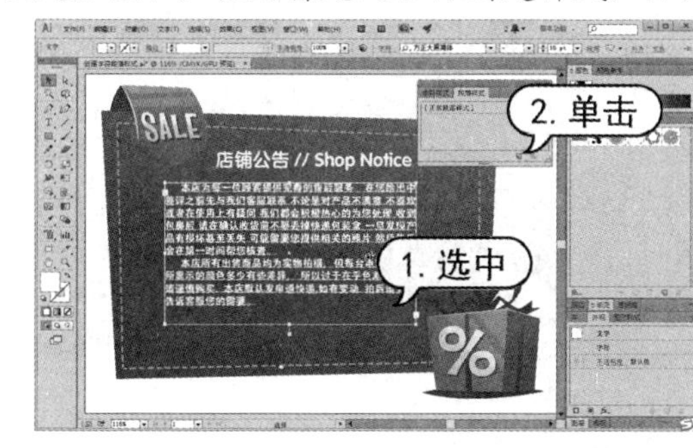

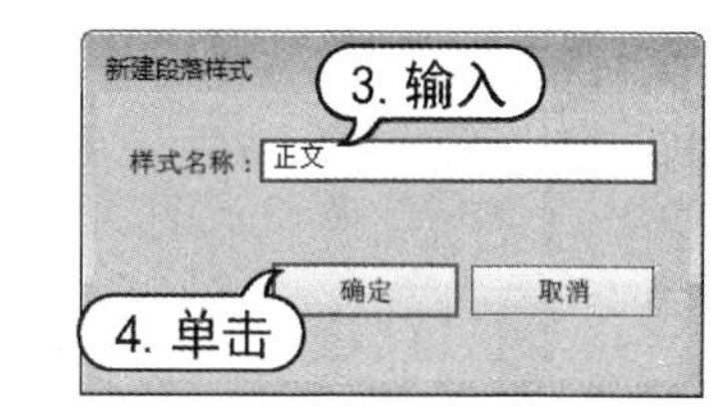

图 5-79　创建段落样式

5.8.2　编辑字符和段落样式

在 Illustrator 中，可以更改默认字符和段落样式的定义，也可更改所创建的新字符和段落样式。在更改样式定义时，使用该样式设置格式的所有文本都会发生更改，与新样式定义相匹配。

【例 5-10】在 Illustrator 中，编辑已有的段落样式。

(1) 继续使用【例 5-9】中的素材，选中段落文本，在【段落样式】面板菜单中双击段落样式名称，打开【段落样式选项】对话框，如图 5-80 所示。

知识点

在删除样式时，使用该样式的字符、段落外观并不会改变，但其格式将不再与任何样式相关联。在【字符样式】面板或【段落样式】面板中选择一个或多个样式名称。从面板菜单中选取【删除字符样式】或【删除段落样式】命令，或单击面板底部的【删除】按钮，或直接将样式拖动到面板底部的【删除】按钮上释放即可删除样式。

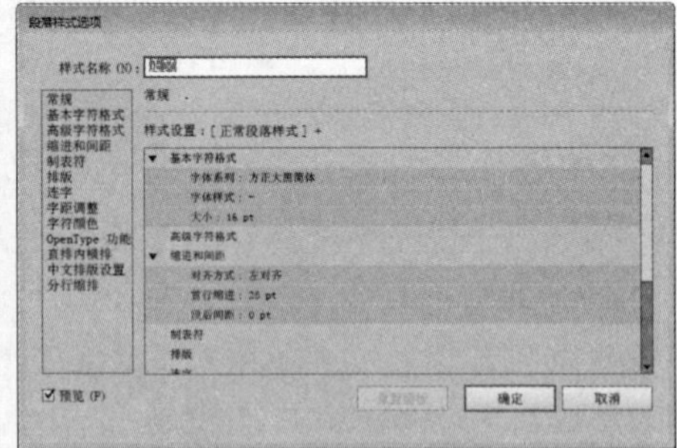

图 5-80　打开【段落样式选项】对话框

(2) 在对话框的左侧，选择一类格式设置选项，并设置所需的选项。设置完选项后，单击【确定】按钮即可更改段落样式，如图 5-81 所示。

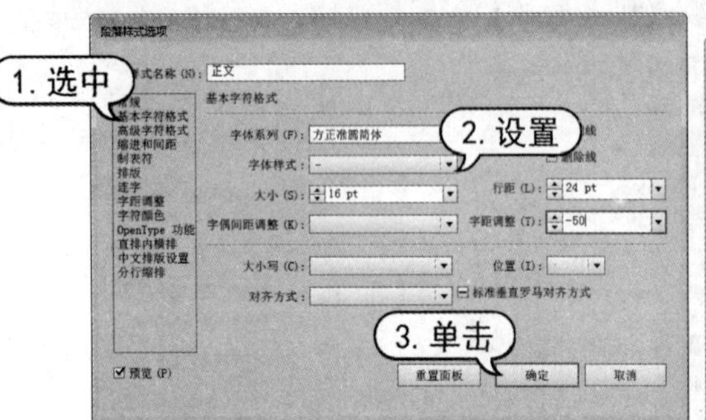

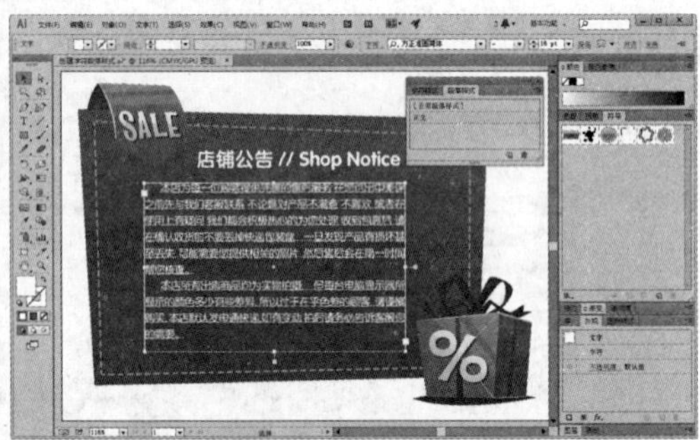

图 5-81　更改段落样式

5.8.3　删除、保存覆盖样式

在【字符样式】面板或【段落样式】面板中，样式名称旁边的加号表示该样式具有覆盖样式，覆盖样式与当前样式所定义的属性不匹配。

要清除覆盖样式并恢复到样式所定义的外观，可单击样式名称重新应用样式，或者从面板菜单中选择【清除优先选项】命令。要保存覆盖样式，先选中文本，然后再从面板菜单中选择【重新定义字符样式】命令或【重新定义段落样式】命令。

5.9　上机练习

本章的上机练习通过制作饮料单，使用户更好地掌握本章所介绍的文字的输入、编辑等基本操作方法和技巧。

(1) 选择【文件】|【新建】命令，打开【新建文档】对话框。在对话框的【名称】文本框中输入“饮料单”，在【大小】下拉列表中选择 A4 选项，在【取向】选项中单击【横向】按

钮，然后单击【确定】按钮，如图 5-82 所示。

(2) 按 Ctrl+R 键显示标尺，在标尺上单击并按住鼠标左键拖动创建参考线。在参考线上单击鼠标右键，从弹出的菜单中取消选中【锁定参考线】命令。选中参考线，在属性栏中单击对齐选项按钮，选择【对齐画板】选项，然后单击【水平居中对齐】按钮。如图 5-83 所示。

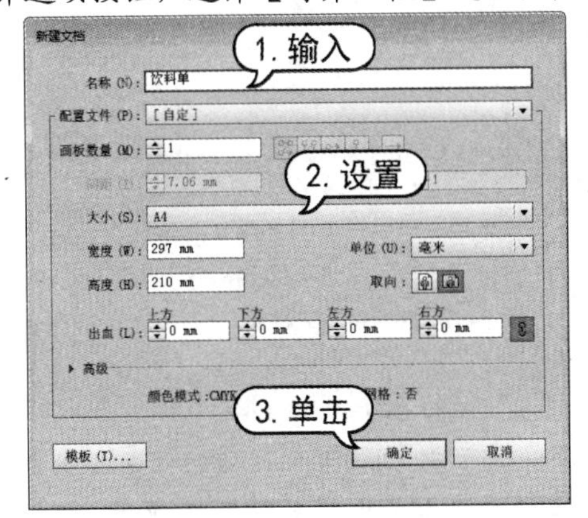

图 5-82　新建文档

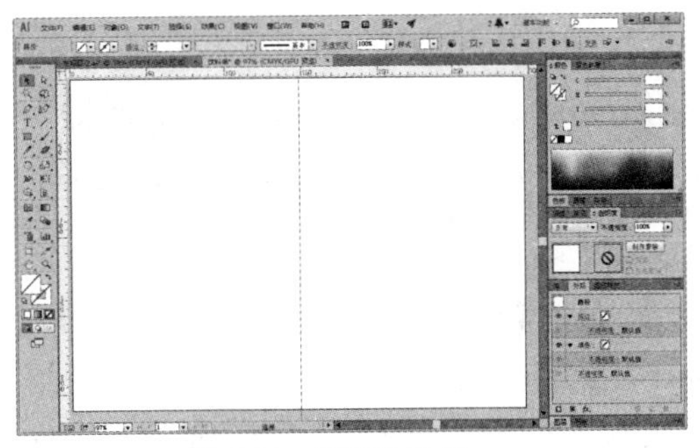

图 5-83　创建参考线

(3) 在参考线上单击鼠标右键，从弹出的菜单中选中【锁定参考线】命令。选择【矩形】工具依据参考线绘制矩形。在【渐变】面板中单击渐变填充，设置【类型】为【径向】，渐变填充颜色为白色，【不透明度】数值为 0%至 C=25 M=0 Y=65 K=0，然后使用【渐变】工具调整渐变效果，如图 5-84 所示。

(4) 选择【矩形】工具依据参考线绘制矩形。在【渐变】面板中设置【类型】为【线性】，【角度】数值为 90°，渐变填充颜色为 C=25 M=0 Y=65 K=0，【不透明度】数值为 0%至 C=90 M=30 Y=95 K=30，如图 5-85 所示。

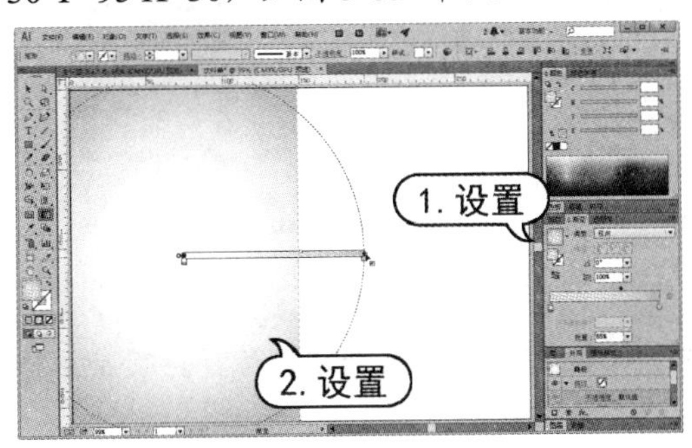

图 5-84　绘制矩形

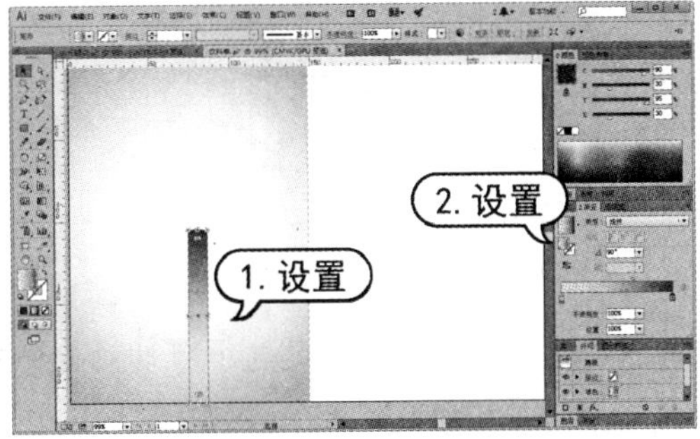

图 5-85　绘制矩形

(5) 选择【对象】|【路径】|【添加锚点】命令，在绘制的矩形上添加锚点。选择【删除锚点】工具删除不需要的锚点，将矩形变为三角形，如图 5-86 所示。

(6) 使用【选择】工具选中三角形和步骤(3)中创建的矩形，单击属性栏中的【对齐】选项，在弹出的面板中设置【对齐】为【对齐关键对象】，然后将步骤(3)创建的矩形设置为关键对象，并单击【水平居中对齐】按钮，如图 5-87 所示。

(7) 选择【效果】|【扭曲和变换】|【变换】命令，打开【变换效果】对话框。在对话框中

设置对象变换参考点为上边中间，【角度】数值为 15°，【副本】数值为 23，然后单击【确定】按钮，如图 5-88 所示。

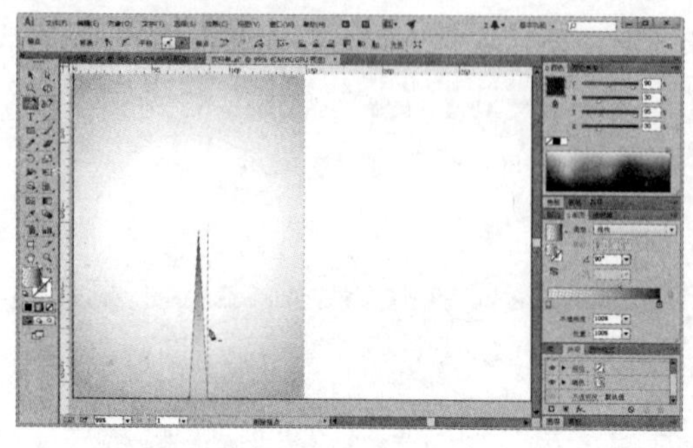

图 5-86　编辑对象

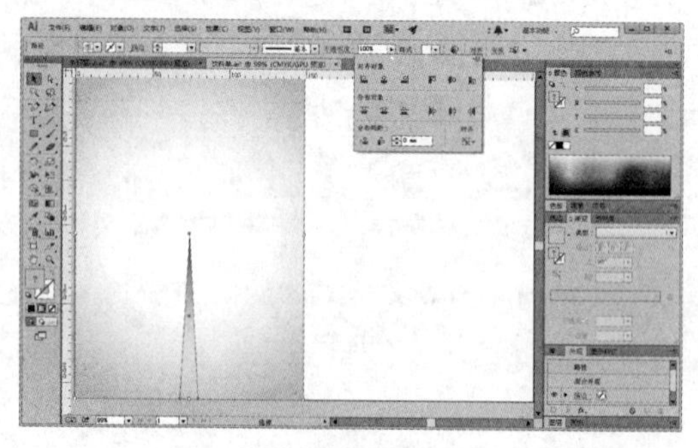

图 5-87　对齐选择对象

(8) 使用【选择】工具选中步骤(3)中创建的矩形，按 Ctrl+C 键复制，按 Ctrl+F 键粘贴在上一层，再按 Shift+Ctrl+]键将其置于顶层。使用【选择】工具选中步骤(7)中变换后的对象和刚复制的矩形，单击鼠标右键，从弹出的菜单中选择【建立剪切蒙版】命令，如图 5-89 所示。

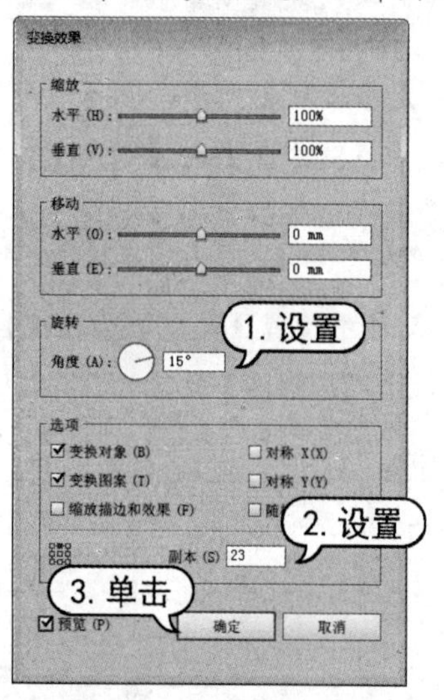

图 5-88　使用变换效果

图 5-89　建立剪切蒙版

(9) 选择【直接选择】工具选中剪切蒙版中三角形底部锚点，并调整其位置，改变三角形的宽度，如图 5-90 所示。

(10) 使用【选择】工具选中剪切蒙版对象，在【透明度】面板中设置【不透明度】数值为 75%，如图 5-91 所示。

(11) 使用【选择】工具选中之前创建的所有图形对象，按 Ctrl+G 键进行编组。按 Ctrl+C 键复制编组对象，按 Ctrl+F 键粘贴在上一层。然后在属性栏中单击【对齐】选项，在弹出的面板中设置【对齐】为【对齐画板】，然后单击【水平右对齐】按钮，如图 5-92 所示。

(12) 选择【文件】|【置入】命令，打开【置入】对话框。在对话框中选中所需要的图像文档，单击【置入】按钮，如图 5-93 所示。

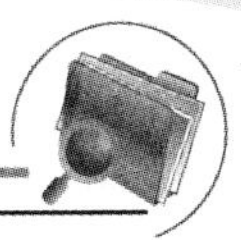

图 5-90　调整图形

图 5-91　设置剪切蒙版

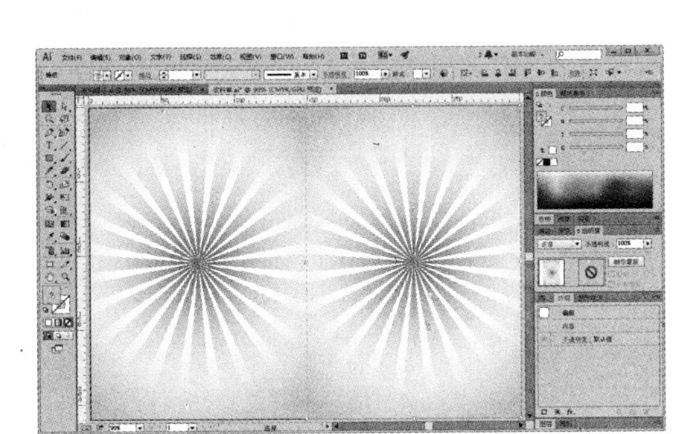

图 5-92　复制图形对象

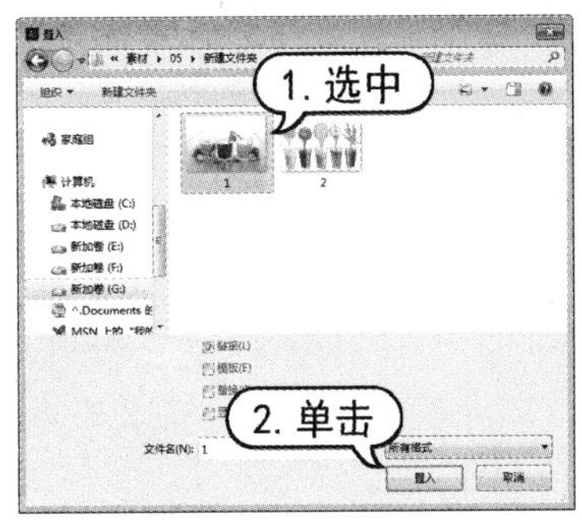

图 5-93　置入图像

(13) 在画板中单击置入的图像，并调整其大小及位置。然后在【透明度】面板中设置混合模式为【正片叠底】，如图 5-94 所示。

(14) 使用步骤(12)至步骤(13)的操作方法置入并调整图像，如图 5-95 所示。

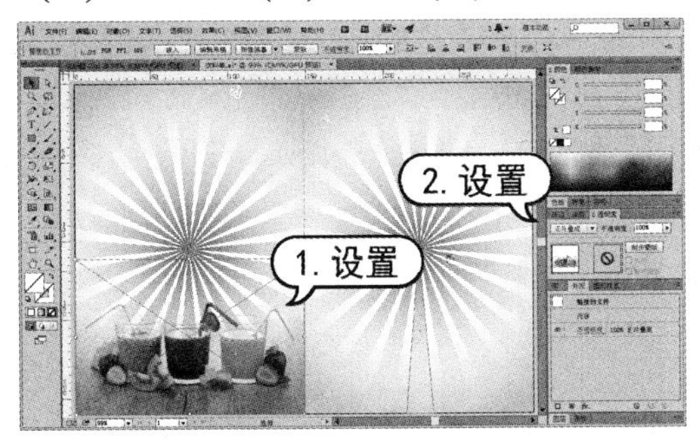

图 5-94　设置图像

图 5-95　置入图像

(15) 在【图层】面板中，锁定【图层 1】，单击【创建新图层】按钮新建【图层 2】，如图 5-96 所示。

(16) 选择【文字】工具在画板中单击设置文字插入点，在属性栏中设置字体系列为“方正综艺简体”，字体大小为 62pt，在【颜色】面板中设置字体颜色为 C=45 M=0 Y=96 K=0，然后使用【文字】工具输入文字内容，如图 5-97 所示。输入完成后，按 Ctrl+Enter 键结束操作。

(17) 按 Ctrl+C 键复制文字，按 Ctrl+B 键粘贴在下一层。在【颜色】面板中，将描边色设置为白色。在【描边】面板中，设置【粗细】数值为 6pt，如图 5-98 所示。

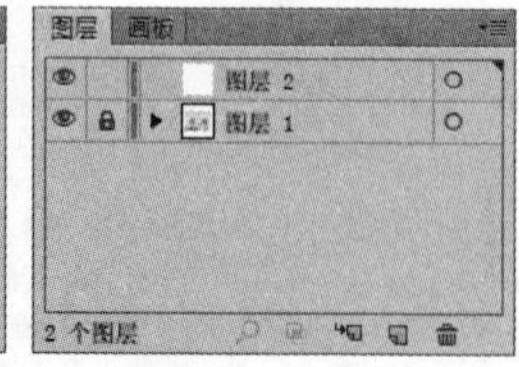

图 5-96 新建图层

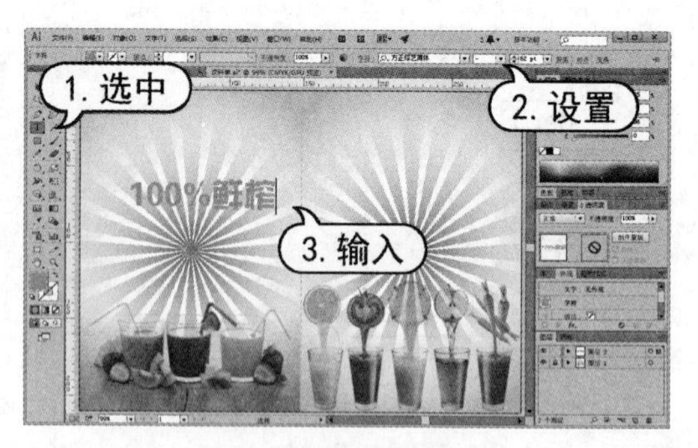

图 5-97 输入文字

(18) 选择【效果】|【风格化】|【投影】命令，打开【投影】对话框。在对话框中设置【不透明度】为 80%，【X 位移】和【Y 位移】为 1.5mm，【模糊】为 1mm，然后单击【确定】按钮，如图 5-99 所示。

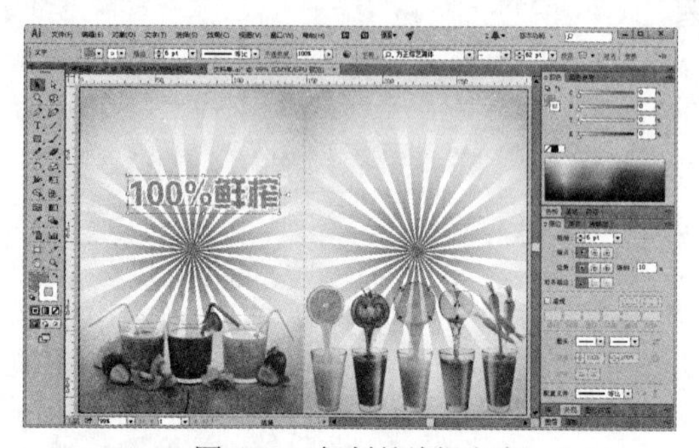

图 5-98 复制并编辑文字

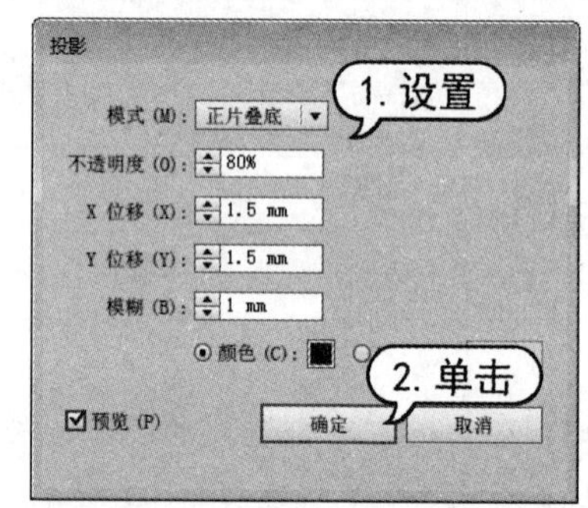

图 5-99 使用投影效果

(19) 使用【选择】工具选中文字对象，按 Ctrl+G 键进行编组，并调整编组后文字对象的位置及旋转角度，如图 5-100 所示。

(20) 使用步骤(16)至步骤(19)的操作方法创建文字对象，设置字体系列为“汉真广标”，字体大小为 46pt，字体颜色为 C=77 M=0 Y=100 K=0，如图 5-101 所示。

图 5-100 调整对象

图 5-101 输入文字

(21) 选择【文字】工具在画板中单击设置文字插入点，在属性栏中设置字体系列为 Berlin Sans FB，字体大小为 26pt，在【颜色】面板中设置字体颜色为 C=80 M=28 Y=100 K=0，然后使用【文字】工具输入文字内容，如图 5-102 所示。输入完成后，按 Ctrl+Enter 键结束操作。

(22) 选择【文字】工具在画板中单击设置文字插入点，在属性栏中设置字体系列为方正综艺简体，字体大小为25pt，在【颜色】面板中设置字体颜色为C=0 M=46 Y=82 K=0，然后使用【文字】工具输入文字内容，如图5-103所示。输入完成后，按Ctrl+Enter键结束操作。

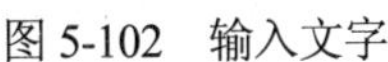
图5-102 输入文字

图5-103 输入文字

(23) 使用【选择】工具选中步骤(21)至步骤(22)中创建的文字对象，在属性栏中单击【对齐】选项，在弹出的面板中设置【对齐】为【对齐所选对象】，然后单击【水平右对齐】按钮，如图5-104所示。

(24) 选择【矩形】工具在画板中拖动绘制矩形，并设置填充色为白色。然后将鼠标光标移至矩形的形状构件上，创建圆角效果，如图5-105所示。

图5-104 调整文字

图5-105 绘制矩形

(25) 在【透明度】面板中，设置圆角矩形的【不透明度】数值为75%。然后按Ctrl+C键复制圆角矩形，按Ctrl+F键粘贴在上一层，如图5-106所示。

(26) 使用【文字】工具在复制的圆角矩形内单击，选择【文字】|【区域文字选项】命令，打开【区域文字选项】对话框。在对话框的【列】选项组中，设置【数量】为2，【间距】为14mm；在【位移】选项组中，设置【内边距】为5mm，然后单击【确定】按钮，如图5-107所示。

(27) 使用【文字】工具在区域文本框中单击，在属性栏中设置字体系列为“方正准圆简体”，字体大小为12pt，然后输入文字内容，如图5-108所示。

(28) 使用【文字】工具在区域文本中选中英文字母部分，在【色板】面板中单击“CMYK红”色板，如图5-109所示。

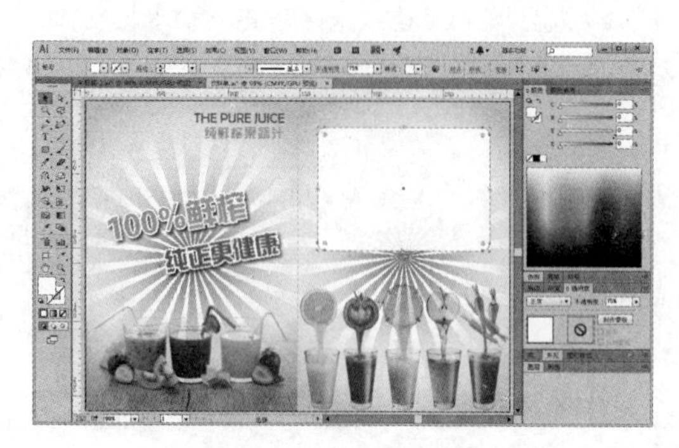

图 5-106　设置图形

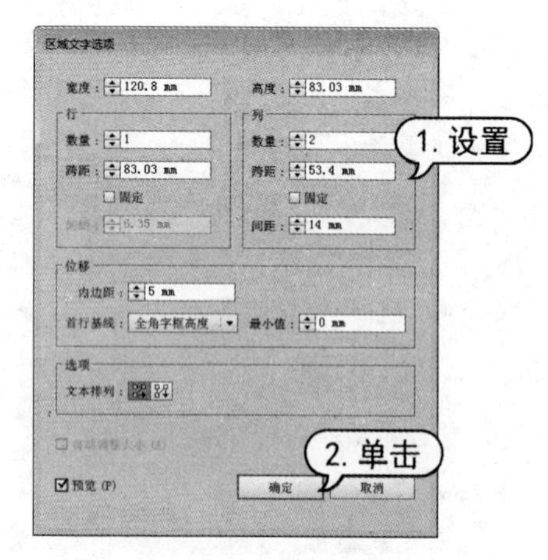

图 5-107　设置区域文本框

图 5-108　输入区域文本

图 5-109　设置文本颜色

5.10　习题

1. 新建一个文档，并制作如图 5-110 所示的版式。
2. 使用文本工具创建并编辑文本，制作如图 5-111 所示的版式。

图 5-110　版式效果(1)

SMS 是一种存储和转发服务。也就是说，短消息并不是直接从发送人发送到接收人，而始终通过 SMS 中心进行转发。如果接收人处于未连接状态（可能电话已关闭），则消息将在接收人再次连接时发送。

正如大家所了解到的那样，很多行业进入微利时代，于是导致零售商的价格战越打越惨 烈，有些商品的价格几乎是一天三变。对于这样的经销商来说，信息的及时沟通显得尤为重 要。新近推出的针对零售行业的短信业务，相信可以使经销商们一解燃眉之急。据介绍，有这样一个案例：一知名品牌手机生产厂商，开办了多家手机直销店，现与移动部门合作建立 企业内部信息化平台。每家经销店每销售一台手机，就可通过发短信的方式，将该手机的零 售价格、机身串号、产品特征等信息发送回本部，由管理中心进行统计和核算，并及时制定　下一步价格战略。同时，总公司还可以通过这种方式向每个分店的店员传达商品库存、商品 价格等信息。

零售行业短信业务主要包括三种内容：如商品价格调整、缺货通知等管理内容；商品库 存、商品价格、会员积分等资料查询内容；促销信息、积分信息、特价商品信息等会员服务 内容。

图 5-111　版式效果(2)

第6章 图表的创建与编辑

学习目标

为了获得更加精确、直观的效果，经常运用图表的方式对各种数据进行统计和比较。在Illustrator中可以根据提供的数据生成如柱形图、条形图、折线图、面积图、饼图等种类的数据图表。这些图表在各种说明类的设计中具有非常重要的作用。除此之外，Illustrator还允许用户改变图表的外观效果，从而使图表具有更丰富的视觉效果，且更加明白易懂。本章将详细介绍图表的创建与外观编辑的操作。

本章重点

- 创建图表
- 编辑图表
- 自定义图表

6.1 创建图表

Illustrator中提供了丰富的图表类型和强大的图表编辑功能。

6.1.1 图表工具

图表是由数值轴和导入的数据组成的。Illustrator 中提供了【柱形图】工具、【堆积柱形图】工具、【条形图】工具、【堆积条形图】工具、【折线图】工具、【面积图】工具、【散点图】工具、【饼图】工具和【雷达图】工具9种图表类型创建工具，如图6-1所示。使用这些图表工具可以创建不同类型的图表。

选择【柱形图】工具可以创建如图6-2所示的柱形图图表。柱形图图表是默认的图表类型。

这种类型的图表是通过柱形长度与数据数值成比例的垂直矩形，以此表示一组或多组数据之间的相互关系。柱形图图表可以将数据表中的每一行数据放在一起，供用户进行比较。该类型的图表可以将事物随时间的变化趋势很直观地表现出来。

图 6-1　图表工具

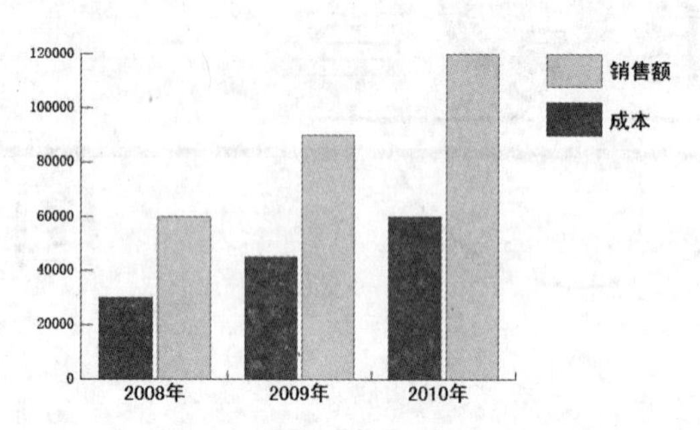

图 6-2　柱形图

选择【堆积柱形图】工具可以创建如图 6-3 所示的堆积柱形图图表。堆积柱形图图表与柱形图图表相似，只是在表达数据信息的形式上有所不同。柱形图图表用于每一类项目中单个分项目数据的数值比较，而堆积柱形图图表则用于比较每一类项目中的所有分项目数据。从图形的表现形式上看，堆积柱形图图表是将同类中的多组数据，以堆积的方式形成垂直矩形进行类别之间的比较。

选择【条形图】工具可以创建如图 6-4 所示的条形图图表。条形图图表与柱形图图表类似，都是通过条形长度与数据值成比例的矩形，表示一组或多组数据之间的相互关系。它们的不同之处在于，柱形图图表中的数据值形成的矩形是垂直方向的，而条形图图表中的数据值形成的矩形是水平方向的。

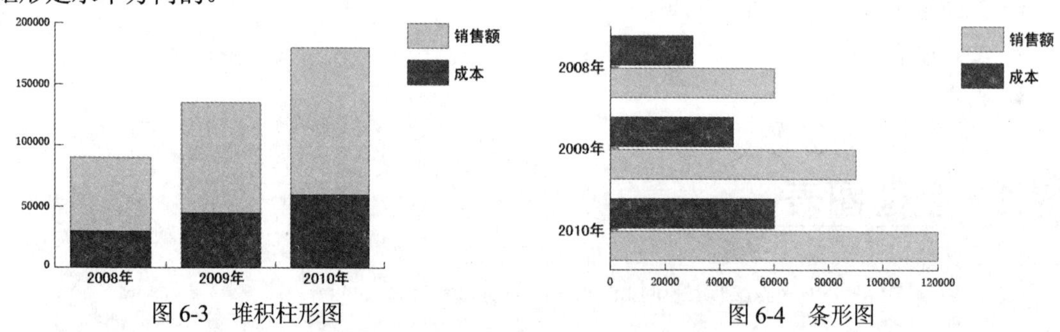

图 6-3　堆积柱形图　　　　图 6-4　条形图

选择【堆积条形图】工具可以创建如图 6-5 所示的堆积条形图图表。堆积条形图图表与堆积柱形图图表类似，都是将同类中的多组数据，以堆积的方式形成矩形进行类别之间的比较。它们的不同之处在于，堆积柱形图中的矩形是垂直方向的，而堆积条形图图表中的矩形是水平方向的。

选择【折线图】工具可以创建如图 6-6 所示的折线图图表。折线图图表能够表现数据随时间变化的趋势，以帮助用户更好地把握事物发展的进程、分析变化趋势和辨别数据变化的特性和规律。该类型的图表将同项目中的数据以点的方式在图表中表示，再通过线段将其连接。通过折线图，不仅能够纵向比较图表中各个横向的数据，而且可以横向比较图表中的纵向数据。

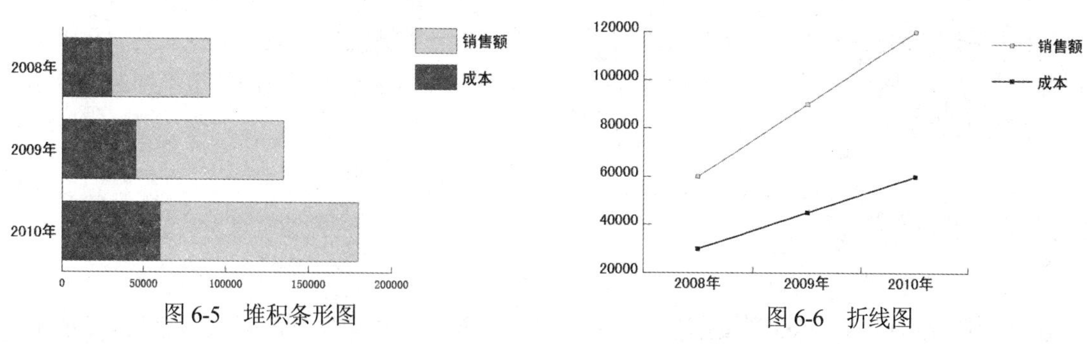

图 6-5　堆积条形图　　　　图 6-6　折线图

选择【面积图】工具可以创建如图 6-7 所示的面积图图表。面积图图表表示的数据关系与折线图相似，但相比之下后者比前者更强调整体在数值上的变化。面积图图表是通过用点表示一组或多组数据，并以线段连接不同组的数值点形成面积区域。

选择【散点图】工具可以创建如图 6-8 所示的散点图图表。散点图图表是比较特殊的数据图表，它主要用于数学上的数理统计、科技数据的数值比较等方面。该类型图表的 X 轴和 Y 轴都是数值坐标轴，在两组数据的交汇处形成坐标点。每一个数据的坐标点都是通过 X 坐标和 Y 坐标定位的，各个坐标点之间用线段相互连接。用户通过散点图能够分析出数据的变化趋势，而且可以直接查看 X 和 Y 坐标轴之间的相对性。

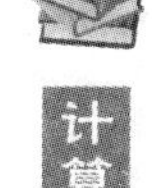

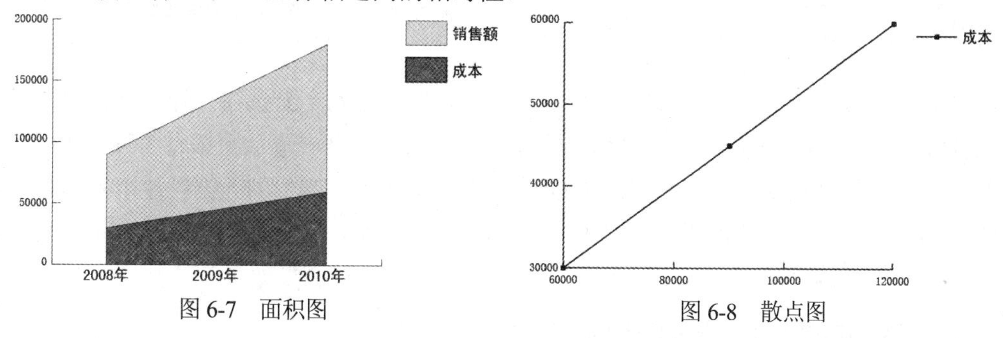

图 6-7　面积图　　　　图 6-8　散点图

选择【饼图】工具可以创建如图 6-9 所示的饼图图表。饼图图表是将数据的数值总和作为一个圆饼，其中各组数据所占的比例通过不同的颜色表示。该类型图表非常适合于显示同类项目中不同分项目的数据所占的比例，能够很直观地显示一个整体中各个分项目所占的数值比例。

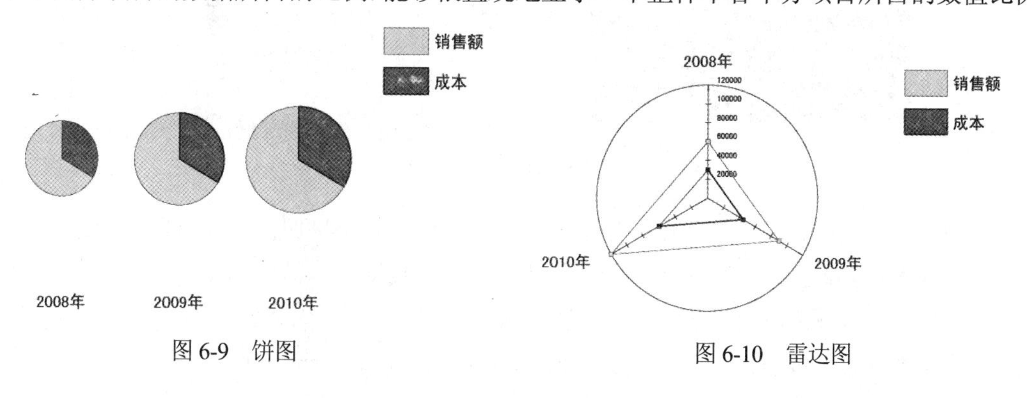

图 6-9　饼图　　　　图 6-10　雷达图

选择【雷达图】工具可以创建如图 6-10 所示的雷达图图表。雷达图图表是一种以环形方式

进行各组数据比较的图表。这种比较特殊的图表，能够将一组数据以其数值多少在刻度尺上标注成数值点，然后通过线段将各个数值点连接，这样用户可以通过所形成的各组不同的线段图形，判断数据的变化。

6.1.2 创建图表

在工具箱中选择任意一种图表创建工具，然后在绘图窗口中单击，即可打开如图 6-11 所示的【图表】对话框。在此对话框中，可以设置图表的宽度和高度，然后单击【确定】按钮即可根据数值创建图表外观。

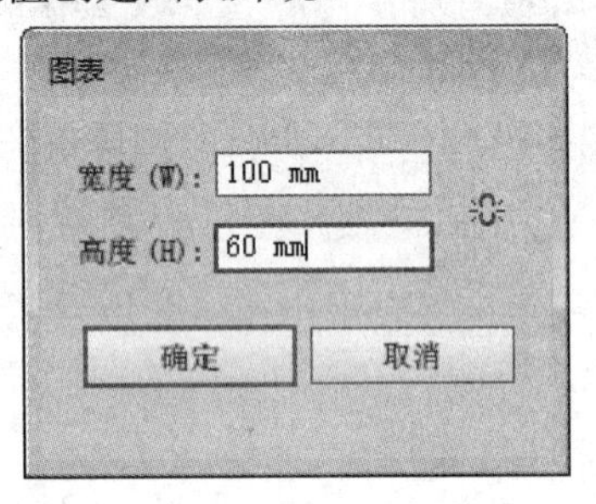

图 6-11 【图表】对话框

提示

在工具箱中选择任意一种图表创建工具后，在绘图窗口中需要绘制图表处按住鼠标左键并拖动，拖动的矩形框大小即为所创建图表的大小。在拖动创建图表的过程中，按住 Shift 键拖动出的矩形框为正方形，即创建的图表长度与宽度值相等。按住 Alt 键，将从单击点向外扩张，单击点即为图表的中心。

在【图表】对话框中设定完图表的宽度和高度后，单击【确定】按钮，弹出符合设计形状和大小的图表和图表数据输入框，如图 6-12 所示。在数据输入框中输入数据有 3 种方式：直接在数据输入栏中输入数据；单击【导入数据】按钮导入其他软件产生的数据；使用复制和粘贴的方式从其他文件或图表中粘贴数据。在图表数据输入框中输入相应的图表数据后，单击【应用】按钮即可创建数据图表。

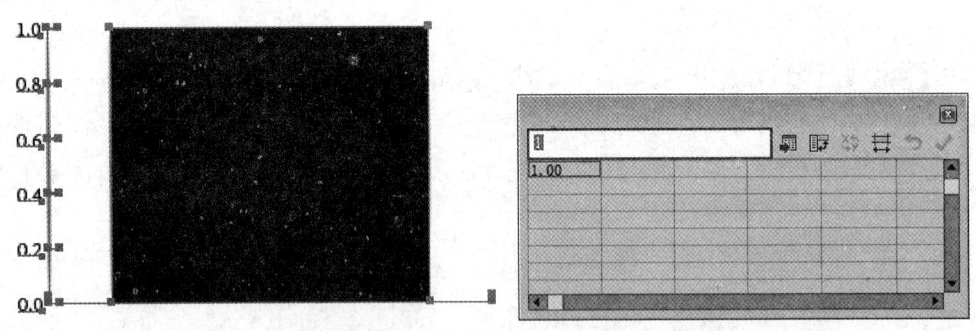

图 6-12 图表和【图表数据】输入框

图表数据输入框中，第一排除了数据输入栏之外，还有几个按钮，从左至右分别为：

- 【导入数据】按钮：用于输入其他软件产生的数据。
- 【换位行/列】按钮：用于转换横向和纵向数据。
- 【切换 X/Y】按钮：用于切换 X 轴和 Y 轴的位置。

◉ 【单元格样式】按钮：用于调整数据格大小和小数点位数，单击该按钮，打开如图 6-13 所示的【单元格样式】对话框，对话框中的【小数位数】用于设置小数点的位数，【列宽度】用于设置数据输入框中的栏宽。

◉ 【恢复】按钮：用于使数据输入框中的数据恢复到初始状态。

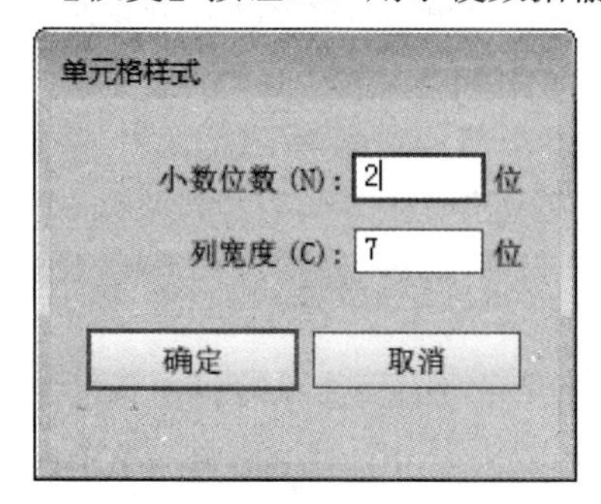

图 6-13 【单元格样式】对话框

> **提示**
>
> 图表制作完成后，若想修改其中的数据，首先要使用【选择】工具选中图表，然后选择【对象】|【图表】|【数据】命令，打开图表数据输入框。在此输入框中修改要改变的数据，然后单击【应用】按钮关闭输入框，完成数据修改。

【例 6-1】在 Illustrator 中，根据设定创建图表。

(1) 在 Illustrator 中，新建一个空白文档。选择【面积图】工具，然后在绘图窗口中单击，弹出【图表】对话框，在该对话框中设置图表的长度和宽度值后，单击【确定】按钮创建图表，如图 6-14 所示。

(2) 确定图表宽度和高度设置后，弹出图表数据输入框，在框中输入相应的图表数据，如图 6-15 所示。

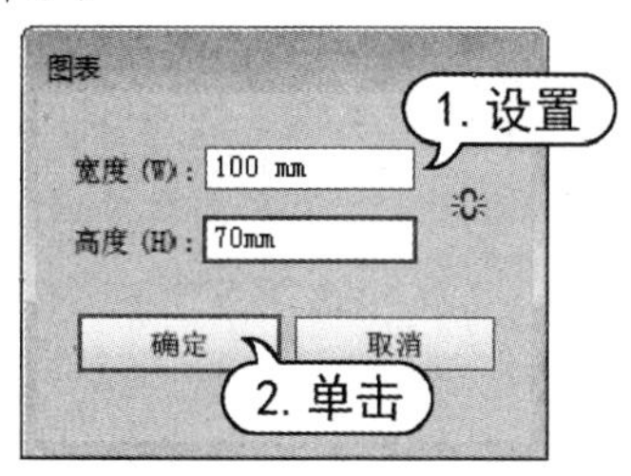

图 6-14　创建图表

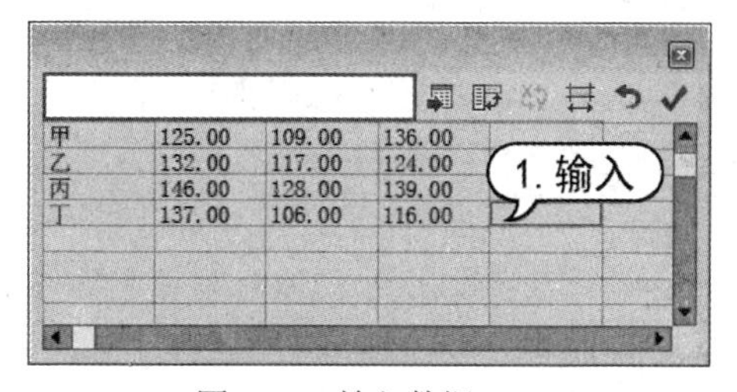

图 6-15　输入数据

(3) 单击【单元格样式】按钮，在打开的【单元格样式】对话框中设置【小数位数】数值为 0 位，然后单击【确定】按钮，如图 6-16 所示。

(4) 单击数据输入框中的【应用】按钮即可创建相应的图表，如图 6-17 所示。

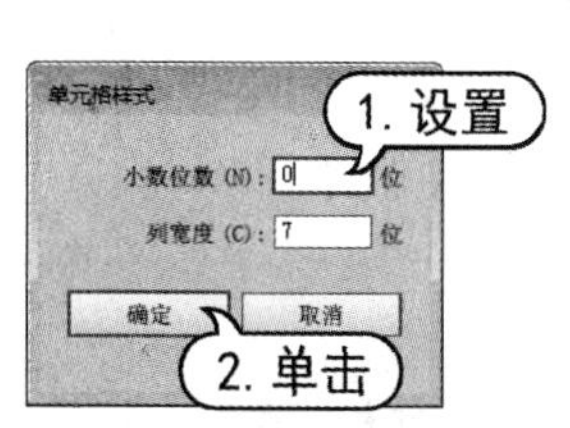

图 6-16　设置单元格

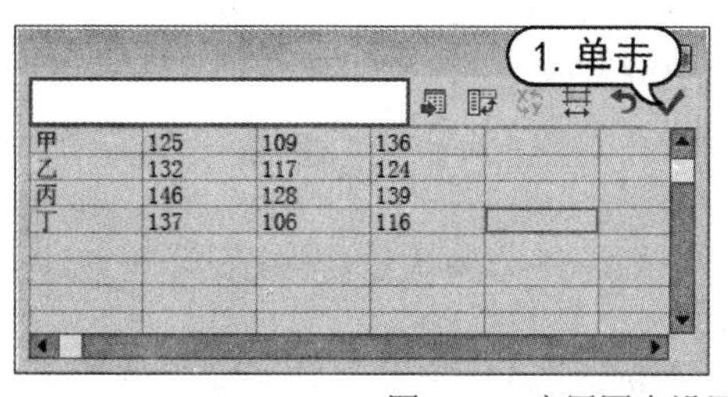

图 6-17　应用图表设置

6.2 编辑图表

用户选中图表后，可以在工具箱中双击图表工具，或选择【对象】|【图表】|【类型】命令，打开如图 6-18 所示的【图表类型】对话框。在【图表类型】对话框中可以改变图表类型、坐标轴的外观和位置、添加投影、移动图例、组合显示不同的图表类型等。

6.2.1 设置图表选项

在文档中选择不同的图表类型，【图标类型】对话框中的【样式】选项组中所包含的选项是一样的，【选项】选项组中包含的选项有所不同。在【图表类型】对话框中，【样式】选项组可以用来改变图表的表现形式，如图 6-19 所示。

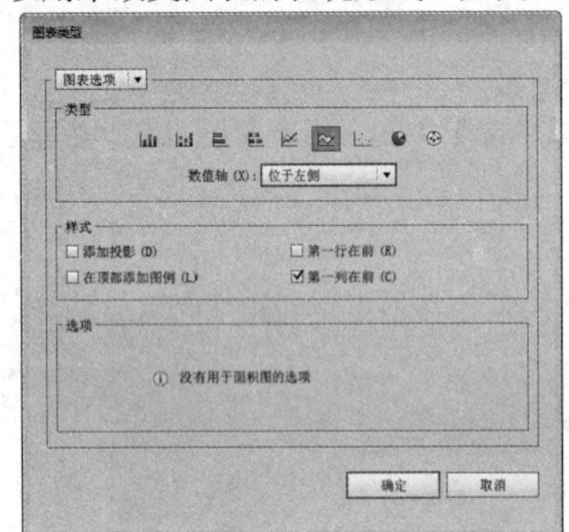

图 6-18 【图表类型】对话框

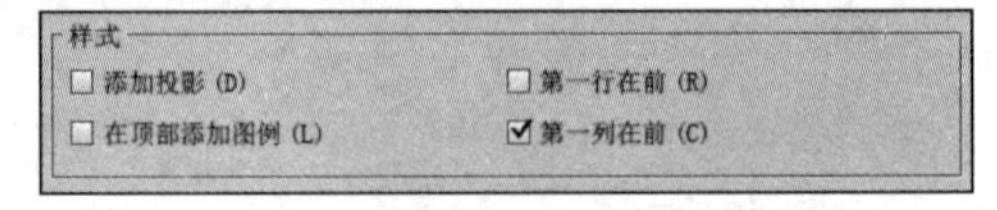

图 6-19 【样式】选项组

- 【添加投影】：用于给图表添加投影，如图 6-20 所示。选中此复选框，绘制的图表中有阴影出现。

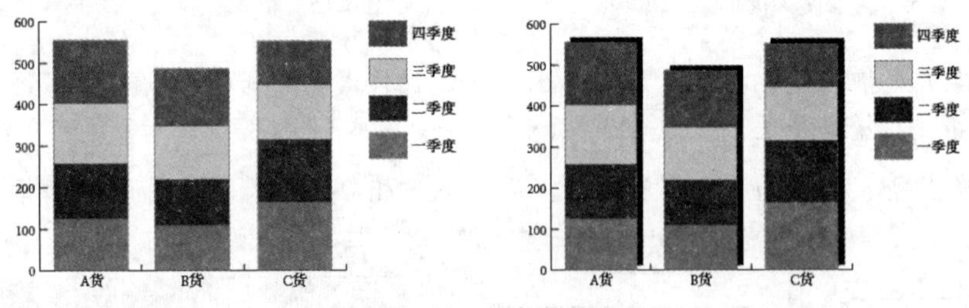

图 6-20 添加投影

- 【在顶部添加图例】复选框：用于把图例添加在图表上边，如图 6-21 所示。如果不选中该复选框，图例将位于图表的右边。
- 【第一行在前】和【第一列在前】复选框：可以更改柱形、条形和线段重叠的方式，这两个选项一般和下面的【选项】选项组中的选项结合使用。

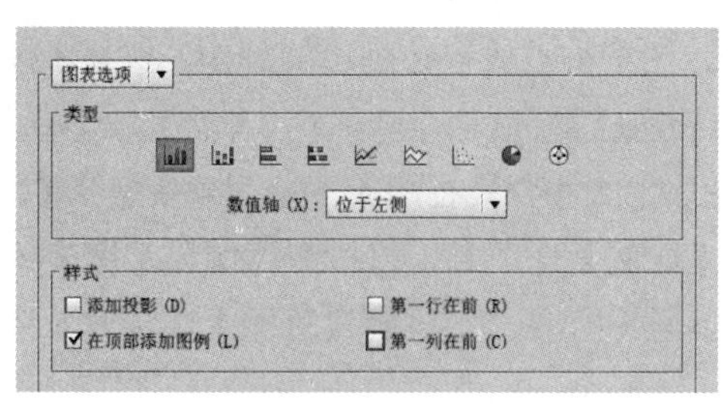

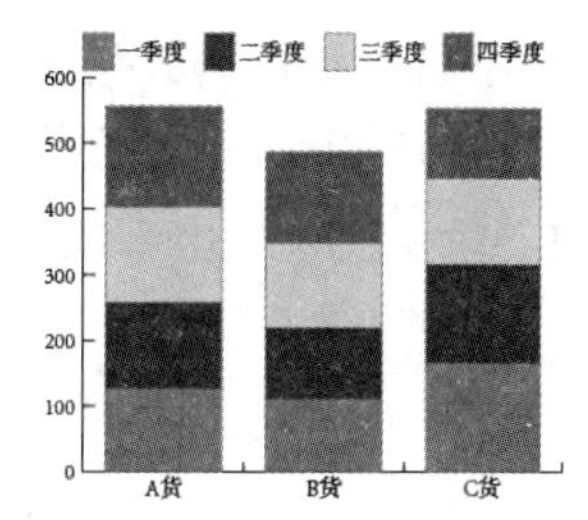

图 6-21　在顶部添加图例

在【图表类型】对话框的【选项】选项组中包含的选项各不相同。只有面积图图表没有附加选项可供选择。当选择的图表类型为柱形图和堆积柱形图时，【选项】中包含的内容一致，如图 6-22 所示。

- 【列宽】复选框：该选项用于定义图表中矩形条的宽度。
- 【簇宽度】复选框：该选项用于定义一组中所有矩形条的总宽度。所谓【簇】就是指与图表数据输入框中一行数据相对应的一组矩形条。

当选择的图表类型为条形图与堆积条形图时，【选项】中包含的内容一致，如图 6-23 所示。

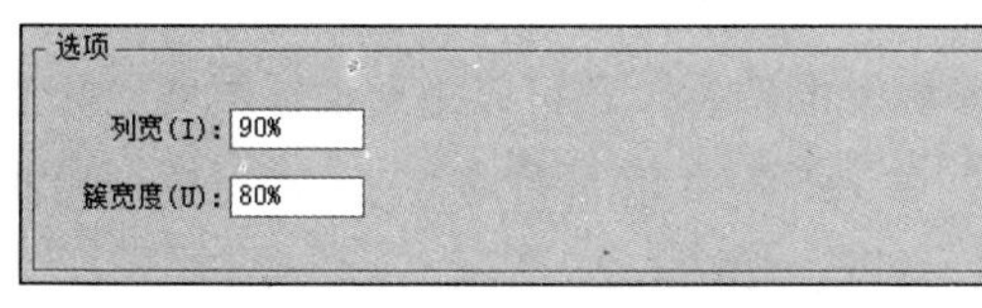

图 6-22　柱形图与堆积柱形图图表选项

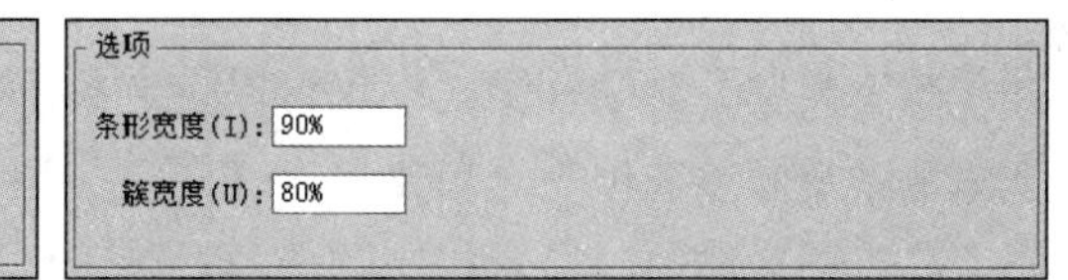

图 6-23　条形图与堆积条形图图表选项

- 【条形宽度】复选框：该选项用于定义图表中矩形横条的宽度。
- 【簇宽度】复选框：该选项用于定义一组中所有矩形横条的总宽度。

当选择的图表类型为折线图、雷达图与散点图时，【选项】中包含的内容基本一致，如图 6-24 所示。

- 【标记数据点】复选框：选择此选项，将在每个数据点处绘制一个标记点。
- 【连接数据点】复选框：选择此选项，将在数据点之间绘制一条折线，以更直观地显示数据。
- 【线段边到边跨 X 轴】复选框：选择此选项，连接数据点的折线将贯穿水平坐标轴。
- 【绘制填充线】复选框：选择此选项，将会用不同颜色的闭合路径代替图表中的折线。

当选择的图表类型为饼图时，【选项】中包含的内容如图 6-25 所示。

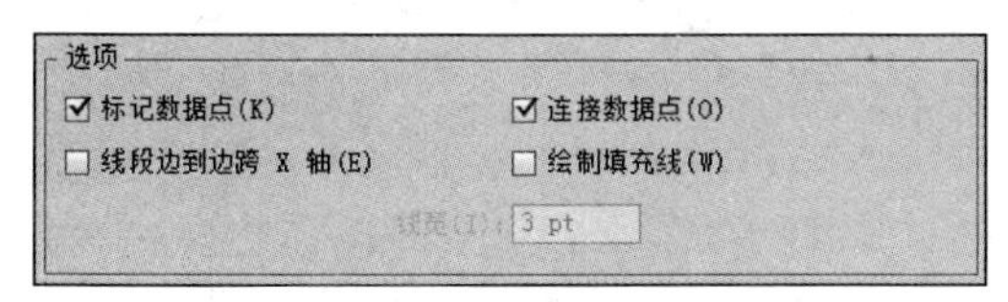

图 6-24　折线图图表选项

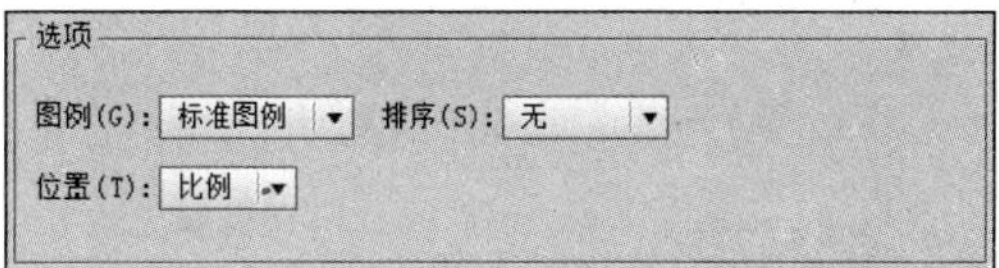

图 6-25　饼图图表选项

- 【图例】选项：此选项决定图例在图表中的位置，其右侧的下拉列表中包含【无图例】、【标准图例】和【楔形图例】3 个选项。选择【无图例】选项时，图例在图表中将被

省略。选择【标准图例】选项时，图例将被放置在图表的外围。选择【楔形图例】选项时，图例将被插入到图表中的相应位置。

- 【位置】选项：此选项用于决定图表的大小，其右侧的下拉列表中包括【比例】、【相等】、【堆积】3 个选项。选择【比例】选项时，将按照比例显示图表的大小。选择【相等】选项时，将按照相同的大小显示图表。选择【堆积】选项时，将按照比例把每个饼形图表堆积在一起显示。
- 【排序】选项：此选项决定了图表元素的排列顺序，其右侧的下拉列表中包括【全部】、【第一个】和【无】3 个选项。选择【全部】选项时，图表元素将被按照从大到小的顺序顺时针排列。选择【第一个】选项时，会将最大的图表元素放置在顺时针方向的第一位，其他的按输入的顺序顺时针排列。选择【无】选项时，所有的图表元素按照输入顺序顺时针排列。

6.2.2 设置坐标轴

在【图表类型】对话框中，不仅可以指定数值坐标轴的位置，还可以重新设置数值坐标轴的刻度标记以及标签选项等。单击打开【图表类型】对话框左上角的 图表选项 下拉列表即可选择【数值轴】选项，显示相应的选项对图表进行设置，如图 6-26 所示。

- 【刻度值】：用于定义数据坐标轴的刻度值，软件默认状态下不选中【忽略计算出的值】复选框。此时软件根据输入的数值自动计算数据坐标轴的刻度。如果选中此复选框，则下面 3 个选项变为可选项，此时即可输入数值设定数据坐标轴的刻度。其中【最小值】表示原点数值；【最大值】表示数据坐标轴上最大的刻度值；【刻度】表示在最大和最小的数值之间分成几部分。
- 【刻度线】：用于设置刻度线的长度。在【长度】下拉列表中有 3 个选项，【无】表示没有刻度线；【短】表示有短刻度线；【全部】表示刻度线的长度贯穿图表。【绘制】文本框用来设置在相邻两个刻度之间刻度标记的条数。
- 【添加标签】：可以对数据轴上的数据加上前缀或者后缀。

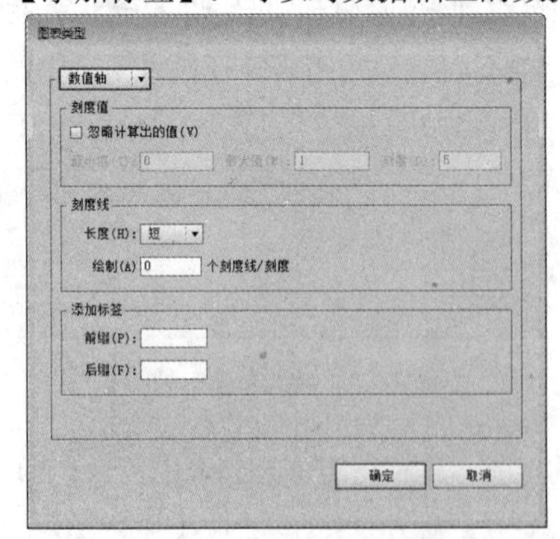

图 6-26 【数值轴】选项

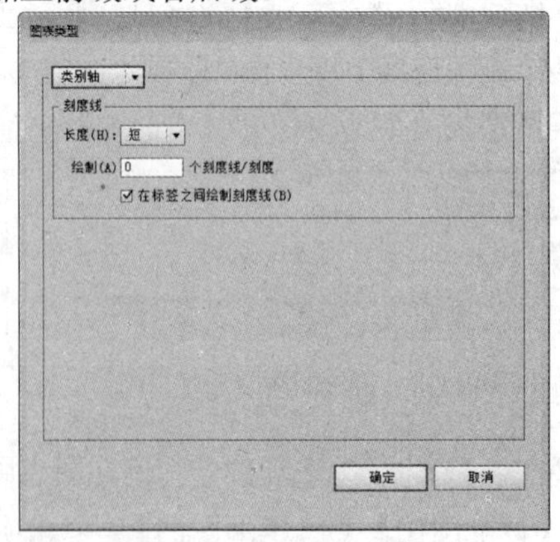

图 6-27 【类别轴】选项

【类别轴】选项在一些图表类型中并不存在，类别轴对话框中包含的选项内容也很简单，如图 6-27 所示。一般情况下，柱形、堆积柱形以及条形等图表由数据轴和名称轴组成坐标轴，而散点图表则由两个数据轴组成坐标轴。在【刻度线】选项组中可以控制类别刻度标记的长度。【绘制】选项右侧文本框中的数值决定在两个相邻类别刻度之间刻度标记的条数。

【例 6-2】在 Illustrator 中，设置创建图表的数值轴和类别轴。

(1) 选择工具箱中的【面积图】工具，在文档中创建图表，如图 6-28 所示。

(2) 双击工具箱中的图表工具，打开【图表类型】对话框。在对话框左上角设置选项的下拉列表中选择【数值轴】选项，如图 6-29 所示。

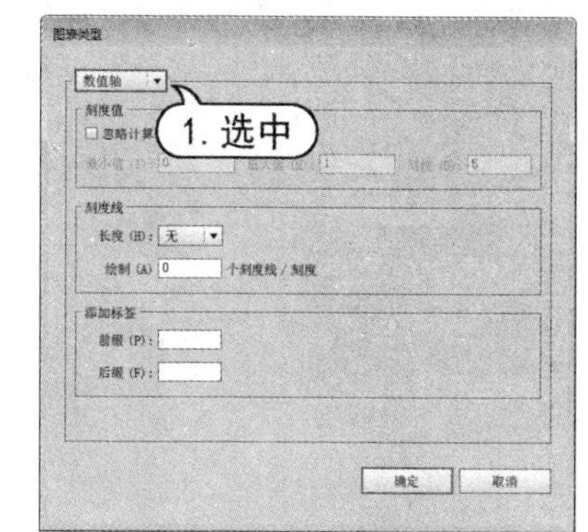

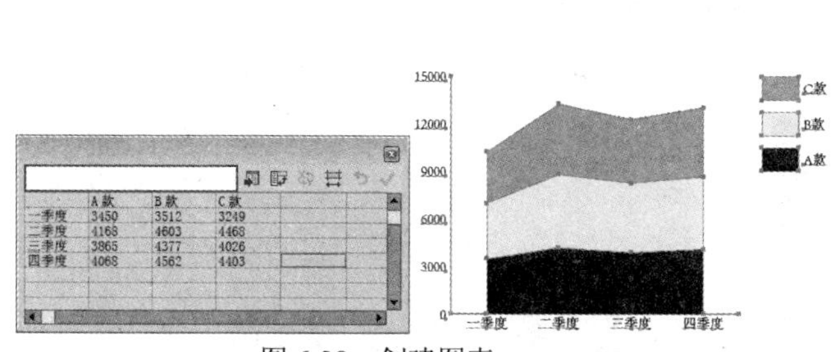

	A款	B款	C款
一季度	3450	3512	3249
二季度	4168	4603	4468
三季度	3865	4377	4026
四季度	4068	4562	4403

图 6-28　创建图表

图 6-29　选择【数值轴】选项

(3) 在【刻度线】选项组中设置【长度】为【全宽】。在【添加标签】选项组中可以为数值坐标轴上的数值添加前缀和后缀。在【前缀】文本框中输入“外销”，【后缀】文本框中输入“件”，如图 6-30 所示。

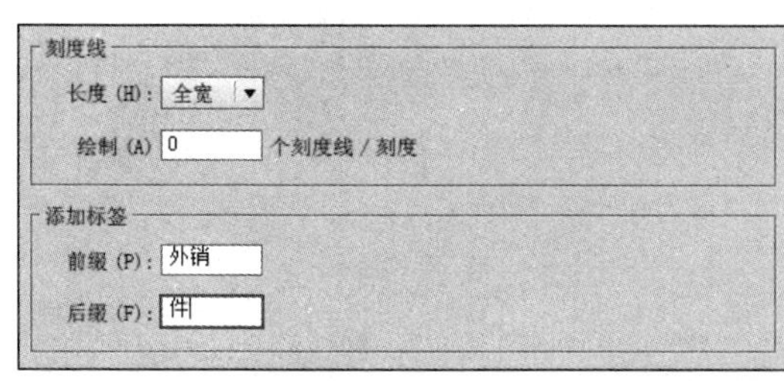

图 6-30　设置数值轴

(4) 在对话框左上角设置选项的下拉列表中选择【类别轴】选项。在【刻度线】选项组中，设置【长度】为【全宽】，然后单击【确定】按钮，如图 6-31 所示。

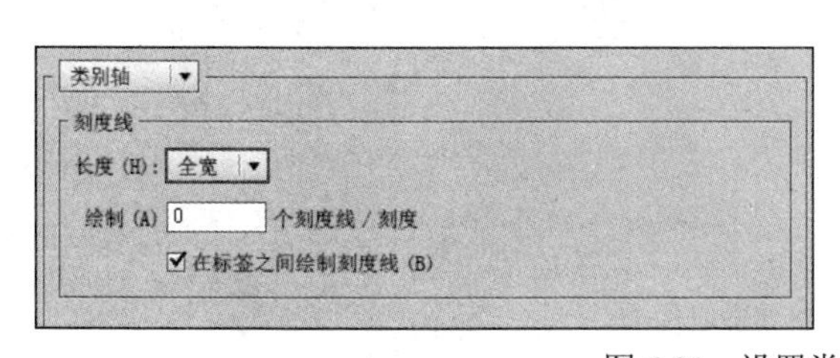

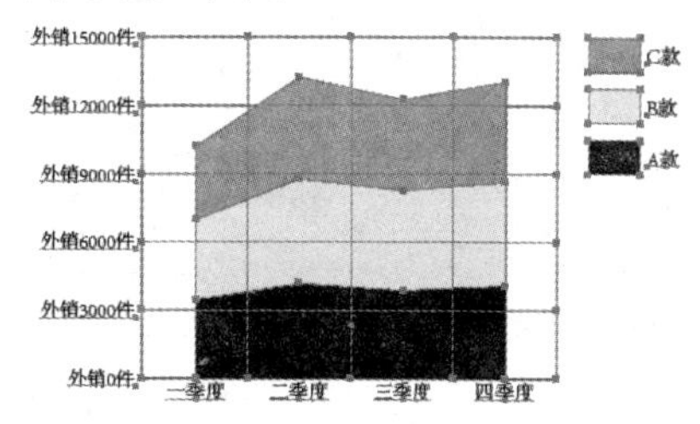

图 6-31　设置类别轴

6.2.3 变更图表类型

用户还可以在一个图表中组合显示不同的图表类型。例如，可以让一组数据显示为柱形图，而其他数据组显示为折线图。除了散点图之外，可以将任何类型的图表与其他图表组合。散点图不能与其他任何图表类型组合。

在【图表类型】对话框中，单击所需图表类型相对应的按钮，然后单击【确定】按钮即可变更图表类型。

【例 6-3】组合不同类型的图表。

(1) 选择【文件】|【打开】命令，打开图表文件，如图 6-32 所示。

(2) 使用【编组选择】工具，双击要更改图表类型的数据图例，如图 6-33 所示。

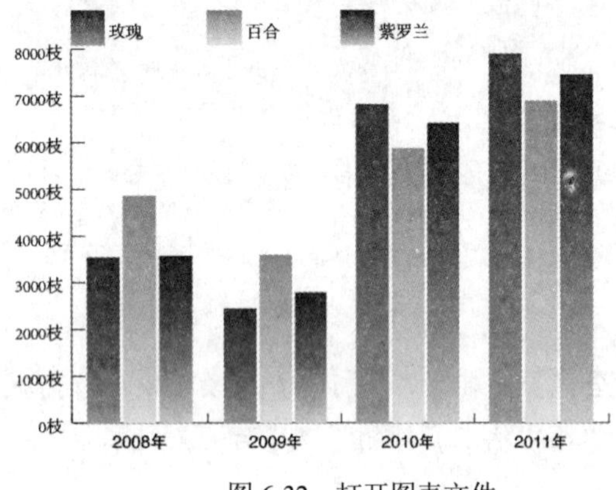

图 6-32 打开图表文件

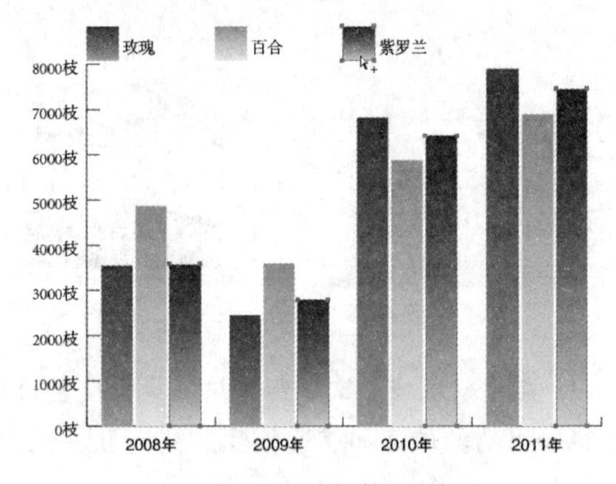

图 6-33 选择数据图例

(3) 选择【对象】|【图表】|【类型】命令，或者双击工具箱中的图表工具，打开【图表类型】对话框。在对话框中，单击【面积图】按钮，然后单击【确定】按钮，如图 6-34 所示。

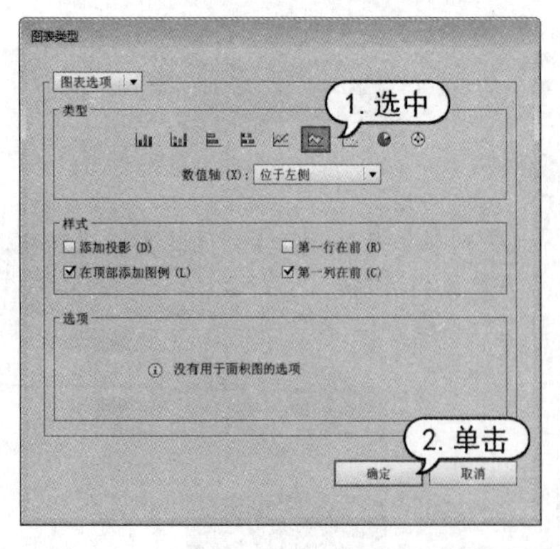

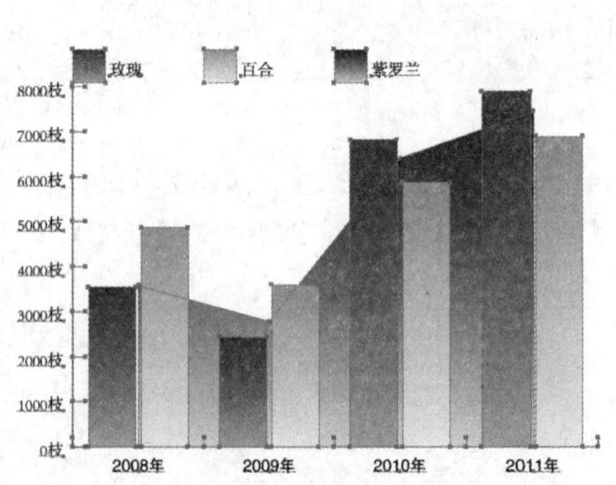

图 6-34 更改图表类型

计算机基础与实训教材系列

6.2.4　变更图表部分显示

图表制作完成后自动处于选中状态，并且自动进行编组。图表的标签和图例生成的文本，Illustrator 使用默认的字体和大小。这时，如果想改变图表中的单个元素，用户可以使用【编组选择】工具轻松地选择、更改文字格式，还可以直接更改图表中图例的外观效果。

【例 6-4】在 Illustrator 中，编辑图表内容样式。

(1) 选择【文件】|【打开】命令，打开图表文件，如图 6-35 所示。

(2) 使用【编组选择】工具双击【套餐 4】图例，选中其相关数据列，并在【颜色】面板中，设置填色为 C=5 M=0 Y= 90 K=0，如图 6-36 所示。

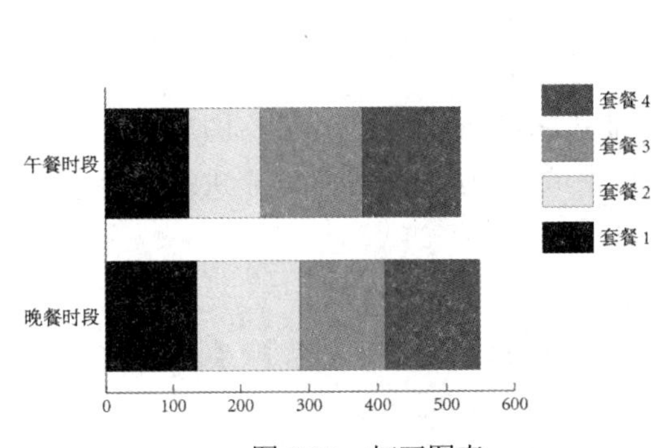

图 6-35　打开图表

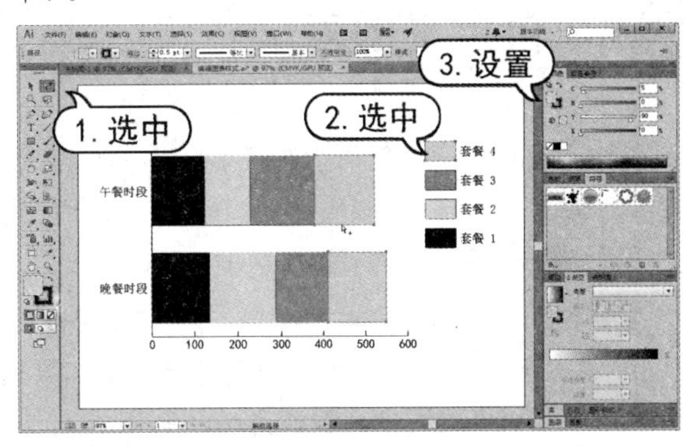

图 6-36　更改数据列颜色

(3) 使用步骤(2)的操作方法更改其他数据列的颜色，如图 6-37 所示。然后使用【编组选择】工具单击一次以选择要更改文字的基线；再单击以选择同组数据文字，如图 6-38 所示。

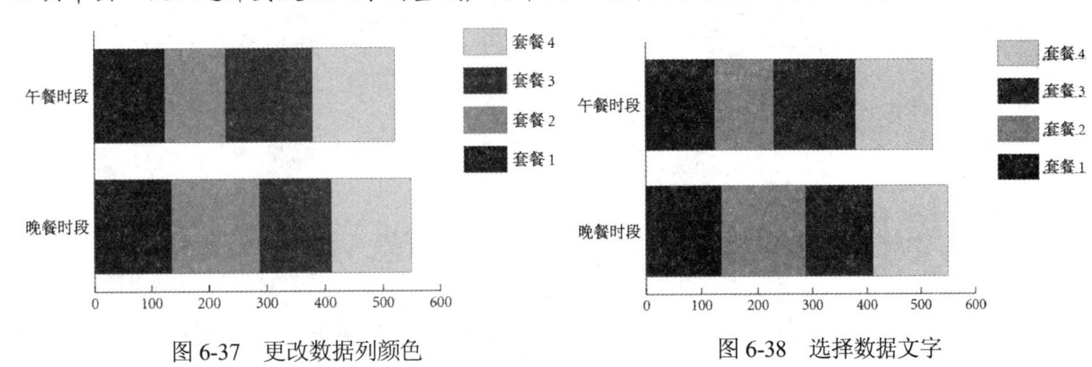

图 6-37　更改数据列颜色

图 6-38　选择数据文字

(4) 在属性栏中，更改字体系列为“幼圆”，字体大小为 16pt，在【颜色】面板中设置字体填充颜色为 C=25 M=85 Y=100 K=0，如图 6-39 所示。

(5) 使用步骤(3)至步骤(4)的操作方法，更改其他数据文字的字体样式、字体大小，如图 6-40 所示。

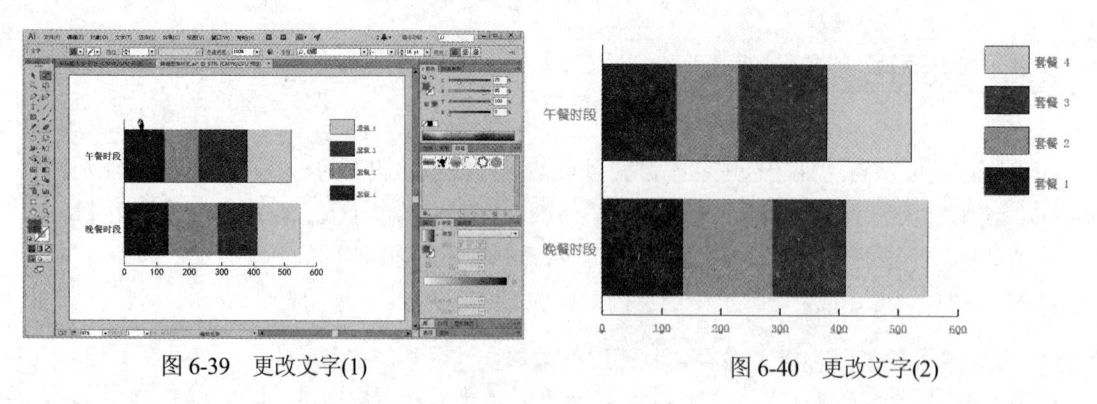

图 6-39　更改文字(1)　　　　图 6-40　更改文字(2)

6.3　自定义图表

在 Illustrator 中，不仅可以给图表应用单色填充和渐变填充，还可以使用图案图形来创建图表效果，使图表的显示更为生动。用户还可以对图表取消编组，对图表中的元素进行个性化设置，但取消编组后的图表不能再更改图表类型。

【例 6-5】在 Illustrator 中，将图片添加到图表中。

(1) 在打开的图形文件中，使用【选择】工具选中图形，然后选择【对象】|【图表】|【设计】命令，打开【图表设计】对话框，如图 6-41 所示。

(2) 单击【新建设计】按钮，在上面的空白框中出现【新建设计】的文字，在预览框中出现了图形预览，如图 6-42 所示。

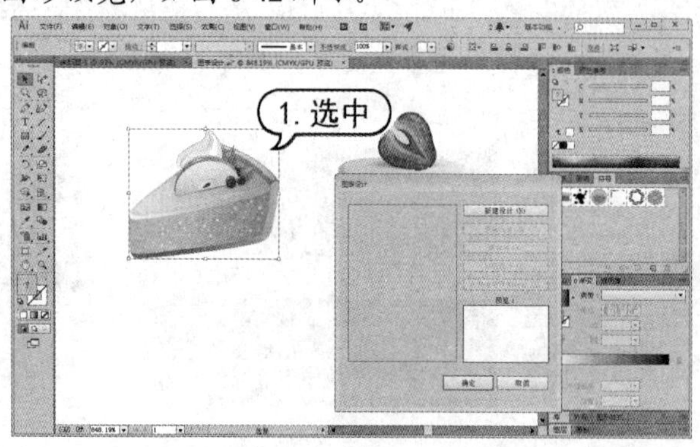

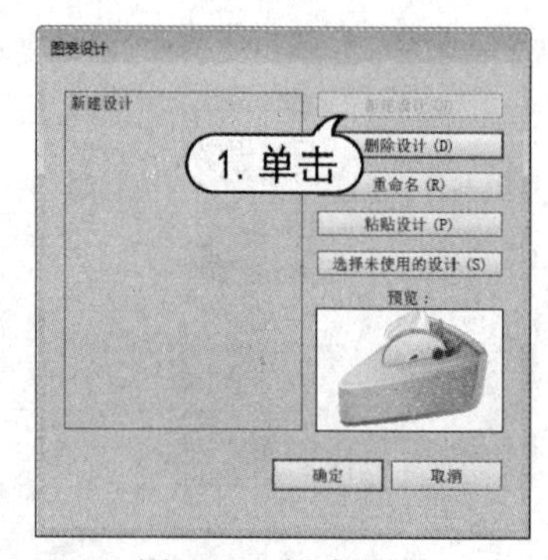

图 6-41　打开【图表设计】对话框　　　　图 6-42　新建设计

(3) 单击【重命名】按钮，打开【重命名】对话框，可以重新定义图案的名称。在【名称】文本框中输入“乳酪蛋糕”，单击【确定】按钮关闭【重命名】对话框，然后再单击【确定】按钮，如图 6-43 所示关闭【图表设计】对话框。

(4) 使用步骤(1)至步骤(3)的操作方法添加其他图形，如图 6-44 所示。

(5) 在工具箱中选择【柱形图】工具，然后在页面中拖动创建表格范围，打开图表数据输入框，在框中输入相应的图表数据，然后单击【应用】按钮即可创建相应图表，如图 6-45 所示。

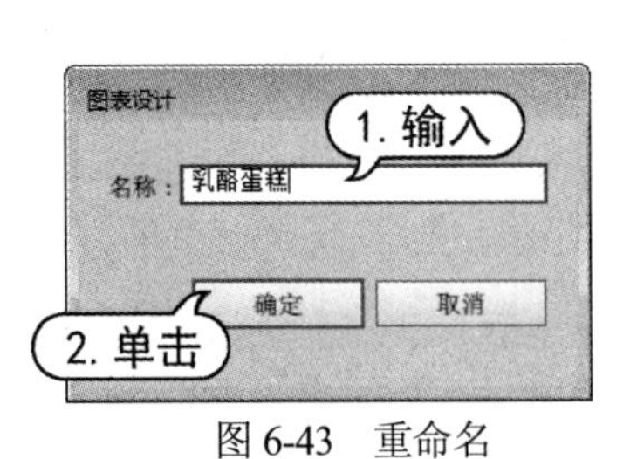

图 6-43　重命名

图 6-44　添加新设计

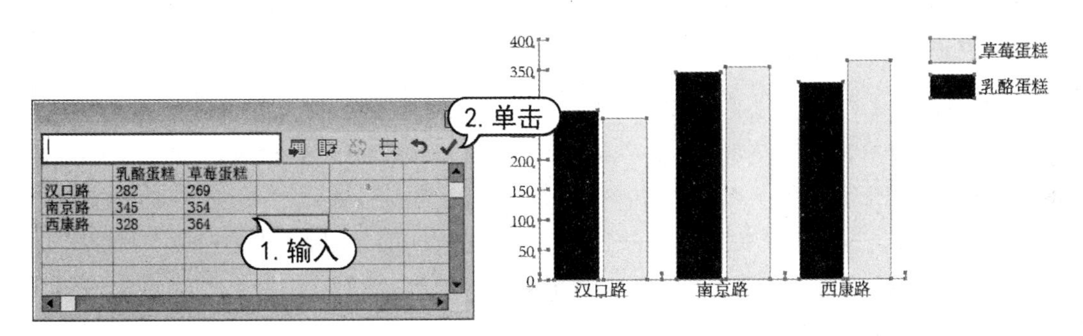

图 6-45　创建图表

(6) 选择【编组选择】工具，选中图表中的对象，选择【对象】|【图表】|【柱形图】命令，将会打开柱形图的【图表列】对话框，如图 6-46 所示。

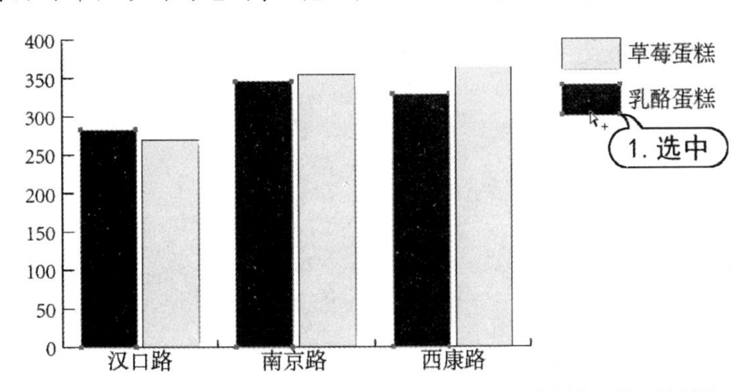

图 6-46　打开【图表列】对话框

(7) 在【选取列设计】框中选择刚定义的图表名称，在【列类型】下拉列表中选择【重复堆叠】，在【每个设计表示…个单位】数值框中输入 100，在【对于分数】下拉列表中选择【截断设计】选项，然后单击【确定】按钮，就会得到如图 6-47 所示的图表。

(8) 使用步骤(6)至步骤(7)的操作方法，为图表添加其他图形设计，如图 6-48 示。

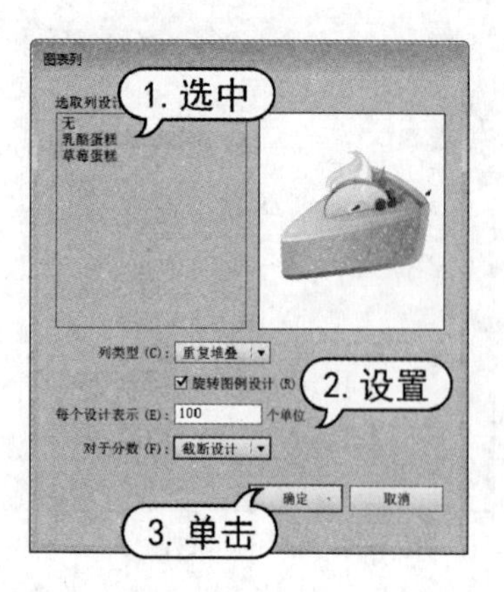

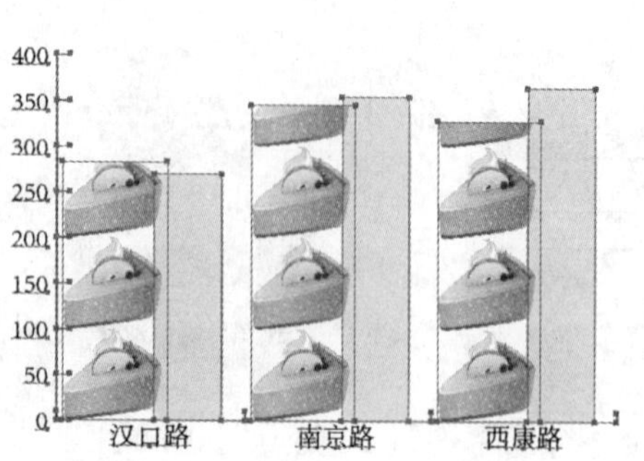

图 6-47　添加图形(1)

知识点

【列类型】下拉列表中，【垂直缩放】这种方式的图表是根据数据的大小对图表的自定义图案进行垂直方向的放大和缩小，而水平方向保持不变得到的。【一致缩放】这种方式的图表是根据数据的大小对图表的自定义图案进行按比例放大和缩小所得到的。选中【重复堆叠】选项，下面的两个选项被激活。【每个设计表示.... 个单位】中数值表示每一个图案代表数字轴上多少个单位。【对于分数】部分有两个选项，【截断设计】代表截取图案的一部分来表示数据的小数部分，【缩放设计】代表对图案进行比例缩放来表示小数部分。

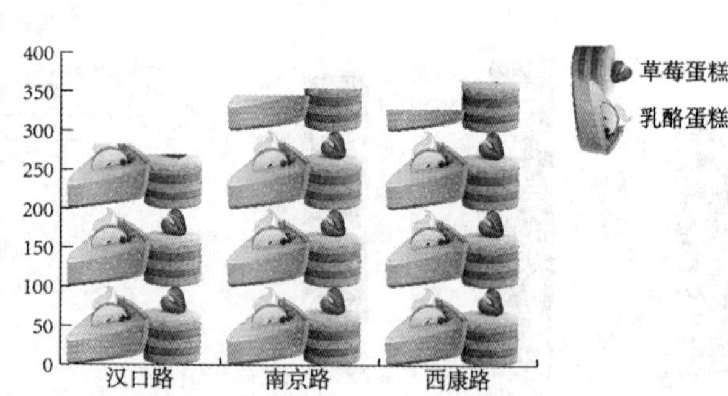

图 6-48　添加图形(2)

6.4　上机练习

本章的上机练习通过制作图表 PPT，使用户更好地掌握本章中所介绍的图表的创建、编辑的基本操作方法和技巧，以及自定义图表外观的操作方法。

(1) 选择【文件】|【新建】命令，打开【新建文档】对话框。在对话框的【名称】文本框中输入“调查报告 PPT”，在【大小】下拉列表中选择 A4 选项，并单击【横向】按钮，然后单击【确定】按钮，如图 6-49 所示。

(2) 选择【文件】|【置入】命令，打开【置入】对话框。在对话框中，选中需要置入的素材文件，然后单击【置入】按钮，如图 6-50 所示。

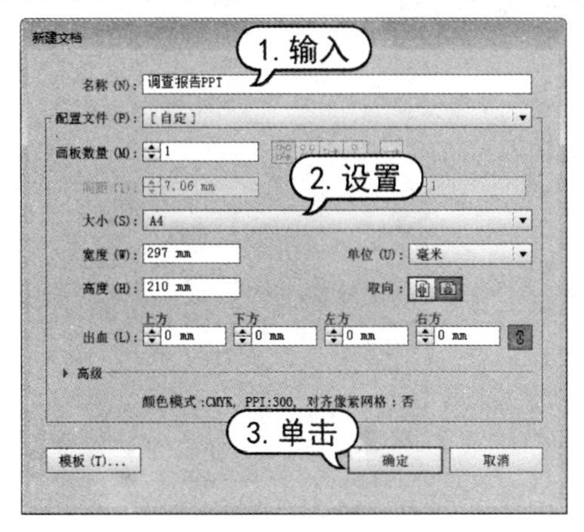

图 6-49　新建文档

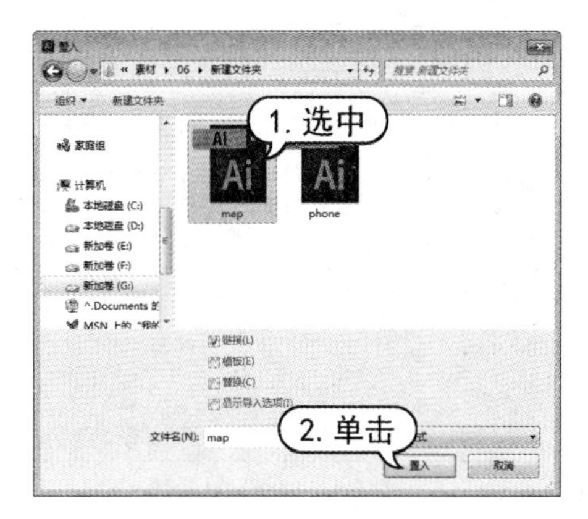

图 6-50　置入图像

(3) 按 Ctrl+2 键锁定置入的素材图像文件，选择【矩形】工具在 PPT 页面顶部绘制矩形，并在【颜色】面板中设置描边色为无，填色为 C=87 M=55 Y=45 K=2，如图 6-51 所示。

(4) 选择【文字】工具在画板中单击，在属性栏中设置字符颜色为白色，字体系列为“汉仪菱心体简”，字体大小为 36pt，然后输入文字内容，如图 6-52 所示。

图 6-51　绘制矩形

图 6-52　输入文字

(5) 选择【柱形图】工具在画板中单击，打开【图表】对话框。在对话框中，设置【宽度】为 210mm，【高度】为 100mm。设置完成后，单击【图表】对话框中的【确定】按钮，打开图表数据输入框，如图 6-53 所示。

(6) 在打开的图表数据输入框中输入相应的图表数据，如图 6-54 所示。

(7) 单击【单元格样式】按钮，打开【单元格样式】对话框。在对话框中设置【小数位数】数值为 1 位，【列宽度】数值为 12 位，然后单击【确定】按钮，如图 6-55 所示。

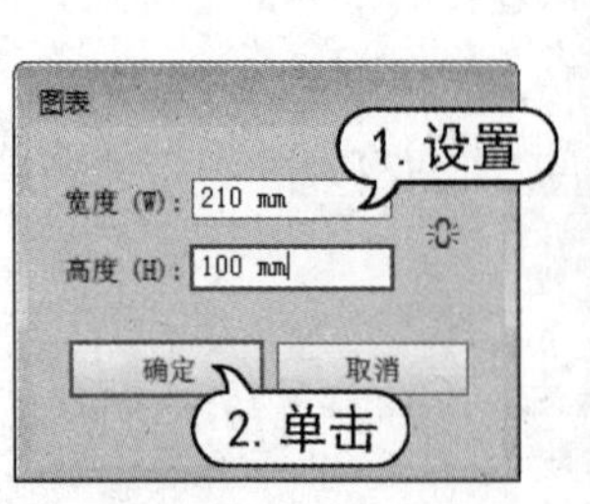

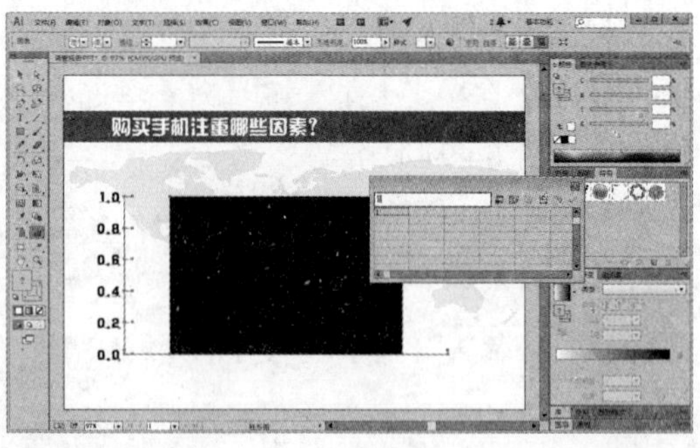

图 6-53　创建图表

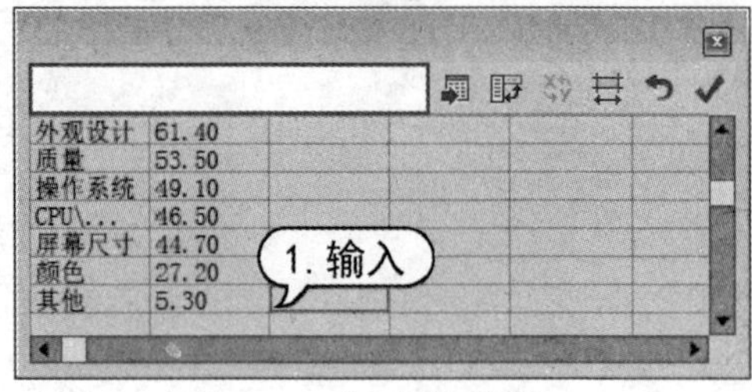

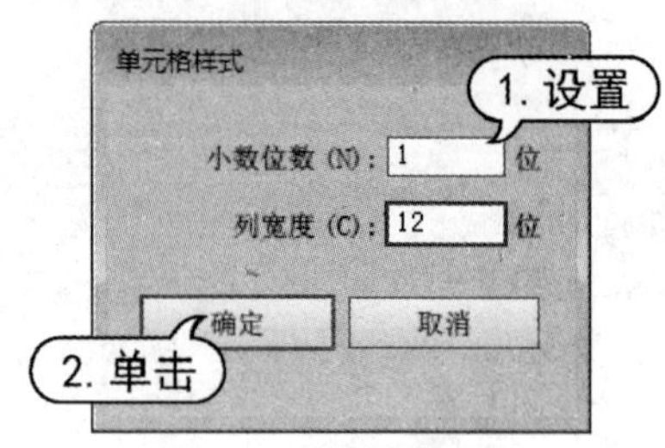

图 6-54　输入图表数据　　　　图 6-55　设置单元格

(8) 单击图表数据输入框中的【应用】按钮✓创建相应图表，然后关闭数据输入框，如图 6-56 所示。

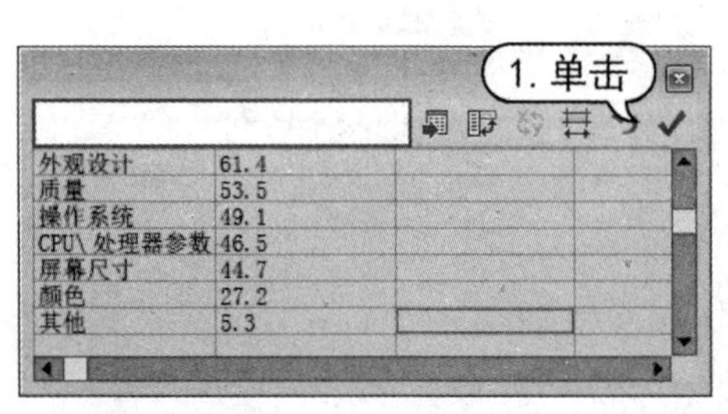

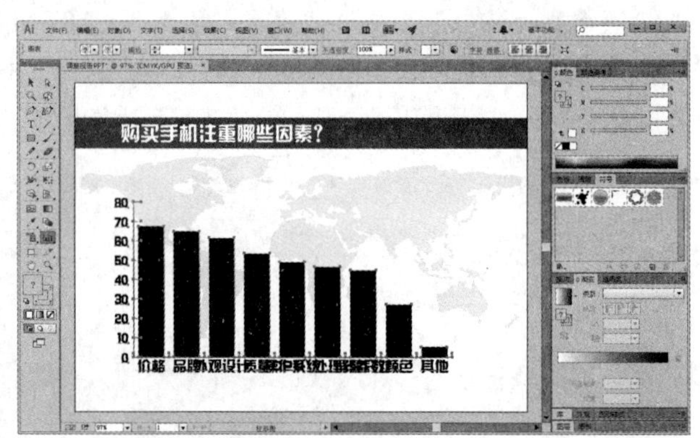

图 6-56　应用图表数据

(9) 双击【柱形图】工具打开【图表类型】对话框，在对话框顶部下拉列表中选择【数值轴】选项。在【刻度线】选项组中的【长度】下拉列表中选择【全宽】选项，然后单击【确定】按钮，如图 6-57 所示。

(10) 使用【编组选择】工具选中图表中的文字内容，在属性栏中单击【字符】链接，在弹出的【字符】面板中设置字体样式为方正黑体简体，字体大小为 10pt，基线偏移为 8pt，如图 6-58 所示。

(11) 选择【编组选择】工具，选中数值轴文字内容，并在属性栏中设置字体样式为方正黑体简体，字体大小为 14pt，如图 6-59 所示。

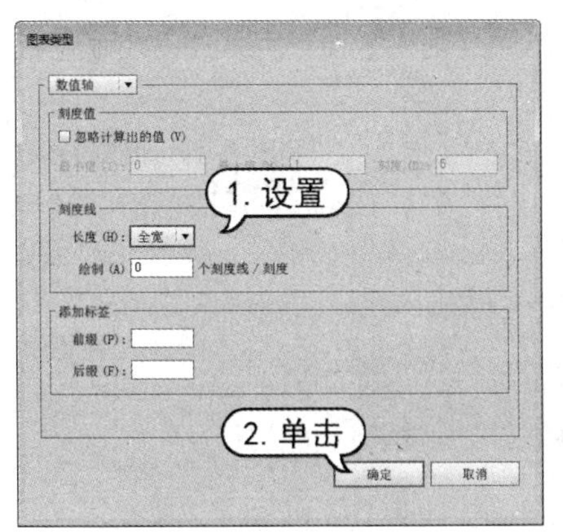

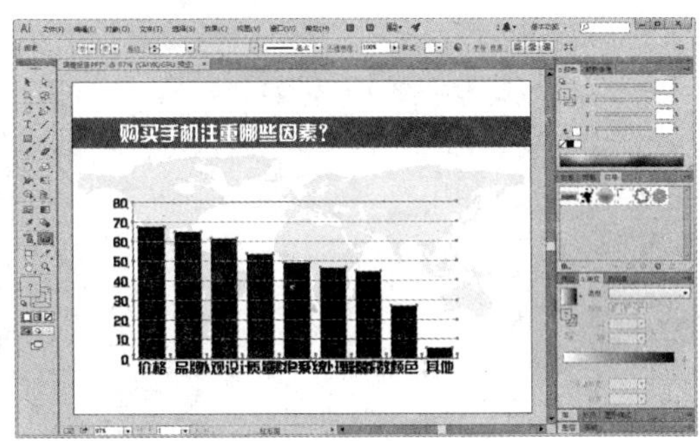

图 6-57　设置数值轴

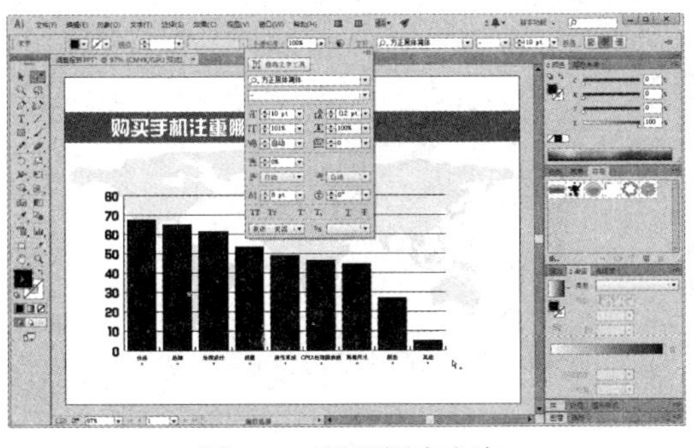

图 6-58　设置图表文字

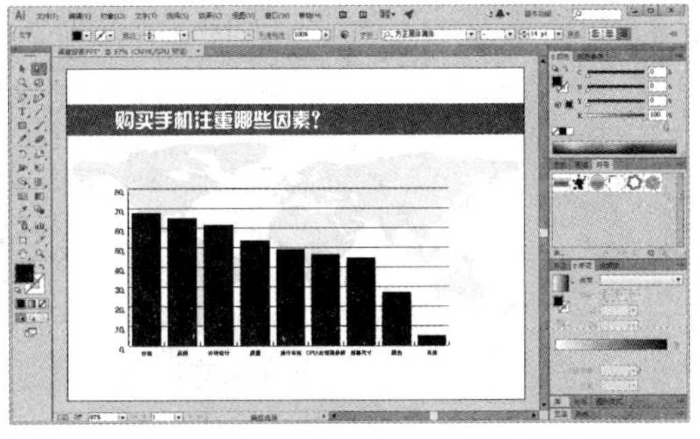

图 6-59　设置图表文字

(12) 使用【编组选择】工具选中数值轴刻度线，在【颜色】面板中设置填色为 K=50，在【描边】面板中，设置【粗细】数值为 0.25pt，选中【虚线】复选框，设置数值为 8pt，如图 6-60 所示。

(13) 选择【矩形】工具绘制一个矩形，并在【颜色】面板中设置填色为 C=70 M=15 Y=0 K=0，如图 6-61 所示。

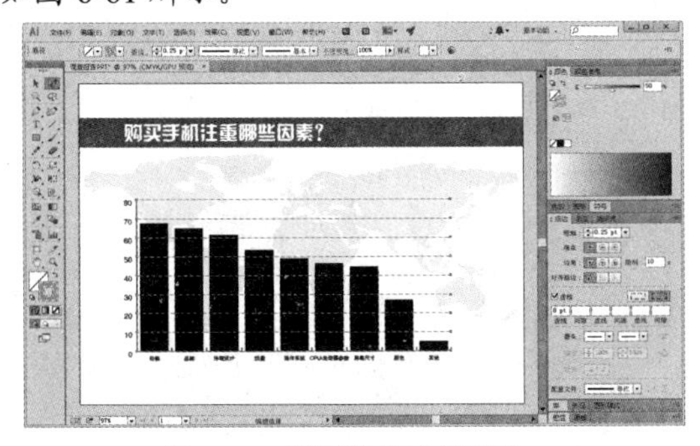

图 6-60　设置数值轴刻度线

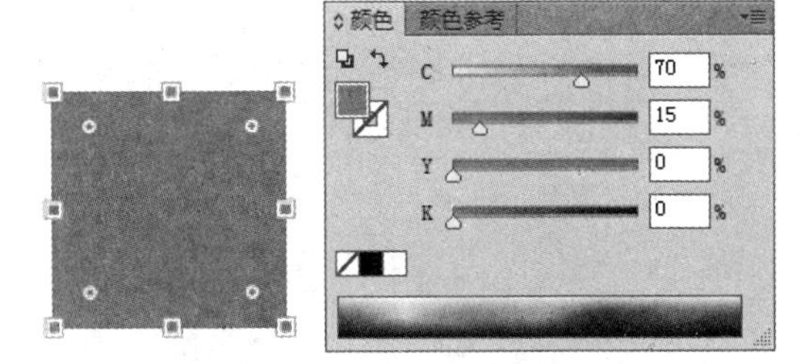

图 6-61　绘制矩形

(14) 按 Ctrl+C 键复制刚绘制的矩形，按 Ctrl+F 键进行粘贴，并使用【选择】工具调整复制的矩形宽度，然后在【颜色】面板中设置填色为 C=85 M=50 Y=0 K=0，如图 6-62 所示。

(15) 使用【选择】工具选中绘制的第一个矩形，按 Ctrl+C 键复制刚绘制的矩形，按 Ctrl+F

键进行粘贴，再按 Shift+Ctrl+]键将矩形置于顶层，然后在【渐变】面板中单击渐变填色框，设置【角度】数值为-90°，如图 6-63 所示。

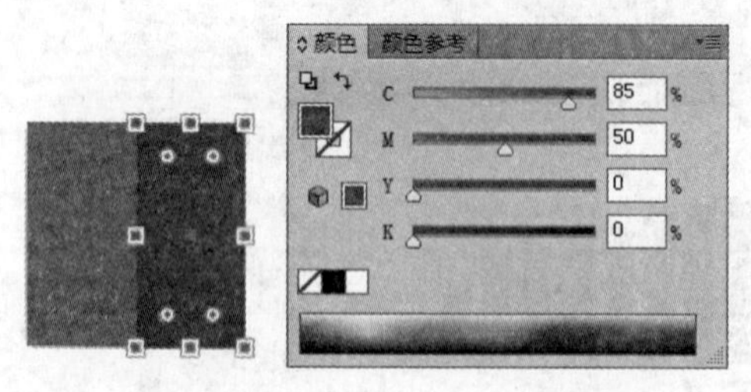

图 6-62　复制、调整矩形

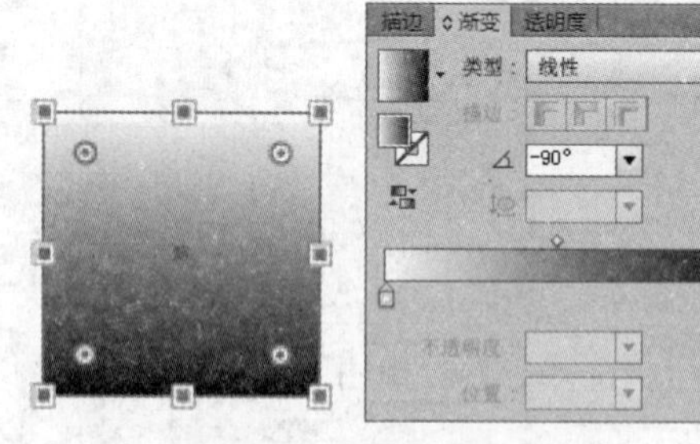

图 6-63　复制、调整矩形

(16) 在【透明度】面板中设置混合模式为【正片叠底】，【不透明度】数值为 60%，如图 6-64 所示。

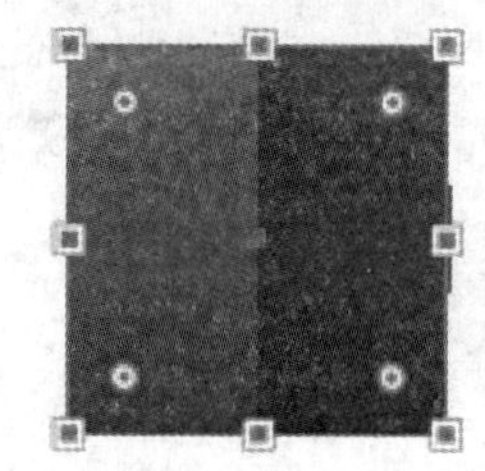

图 6-64　设置图形

(17) 使用【选择】工具选中刚创建的 3 个矩形，按 Ctrl+G 键进行编组。选择【对象】|【图表】|【设计】命令，打开【图表设计】对话框。在对话框中单击【新建设计】按钮，然后单击【确定】按钮，如图 6-65 所示。

(18) 使用【编组选择】工具选中图表中的柱形图，选择【对象】|【图表】|【柱形图】命令，打开【图表列】对话框。在对话框中选中“新建设计”选项，在【列类型】下拉列表中选择【垂直缩放】选项，然后单击【确定】按钮，如图 6-66 所示。

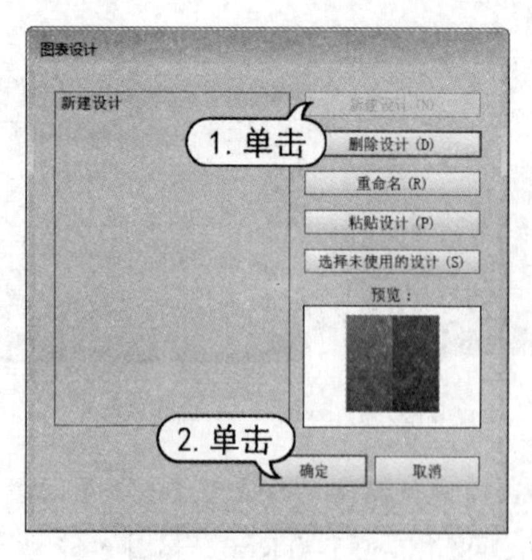

图 6-65　新建设计

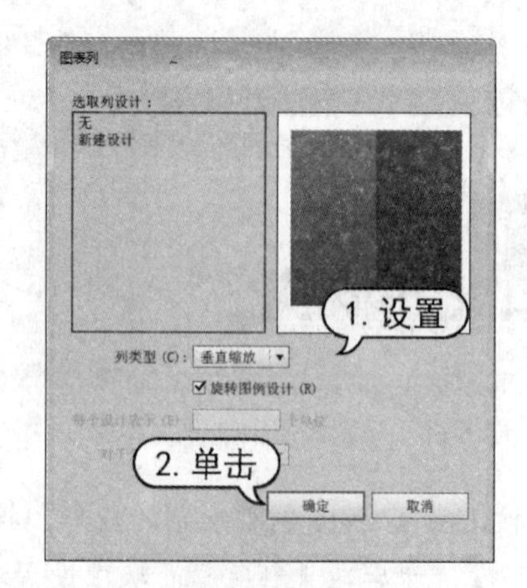

图 6-66　应用图表设计

(19) 选择【文字】工具在柱形上单击，在属性栏中设置字体颜色为白色，字体系列为“方正黑体简体”，字体大小为 14pt，然后输入文字内容，如图 6-67 所示。

(20) 使用步骤(19)相同的操作方法添加其他文字内容，并调整其位置，如图 6-68 所示。

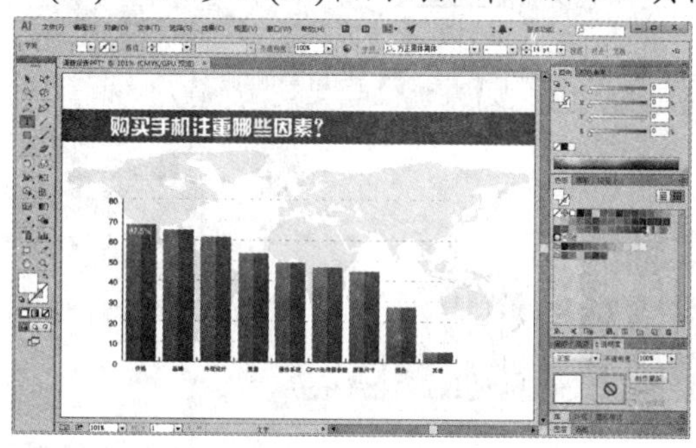

图 6-67　输入文字

图 6-68　输入文字

(21) 使用【选择】工具选中步骤(19)至步骤(20)中添加的文字，选择【效果】|【风格化】|【投影】命令，打开【投影】对话框。在对话框中，设置【X 位移】为 0.5mm，【Y 位移】为 0.5mm，【模糊】为 0mm，然后单击【确定】按钮，如图 6-69 所示。

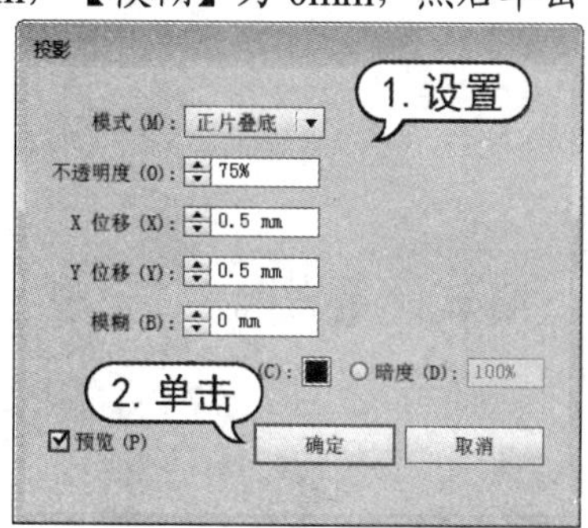

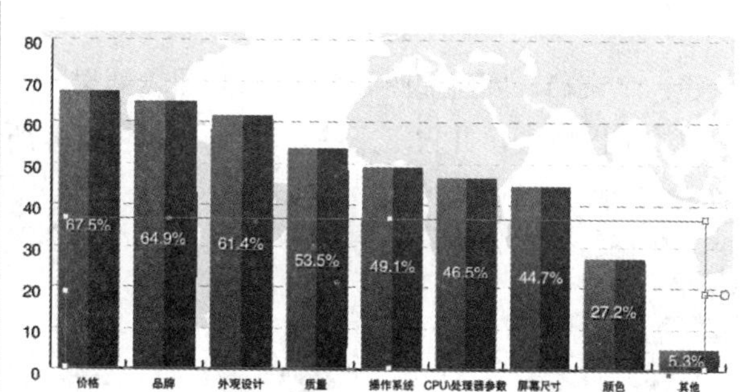

图 6-69　添加【投影】效果

(22) 使用【编组选择】工具选中类别轴，在【颜色】面板中设置描边色为 C=90 M=62 Y=5 K=14。在【描边】面板中，取消选中【虚线】复选框，设置【粗细】数值为 5pt，如图 6-70 所示。

(23) 使用【选择】工具选中图表和步骤(19)至步骤(20)中添加的文字，按 Ctrl+G 键进行编组，并调整编组后的图表位置，如图 6-71 所示。

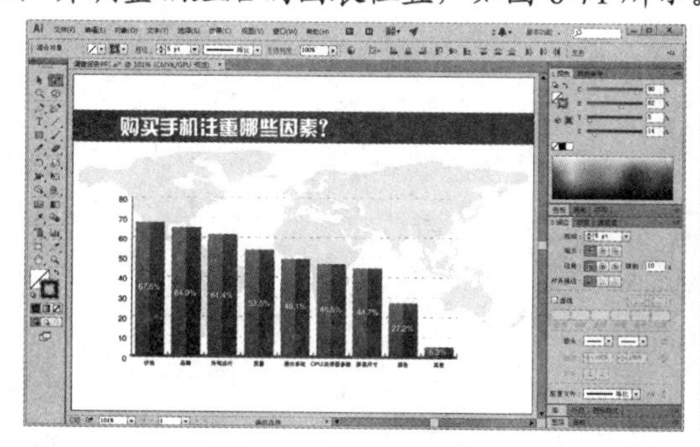

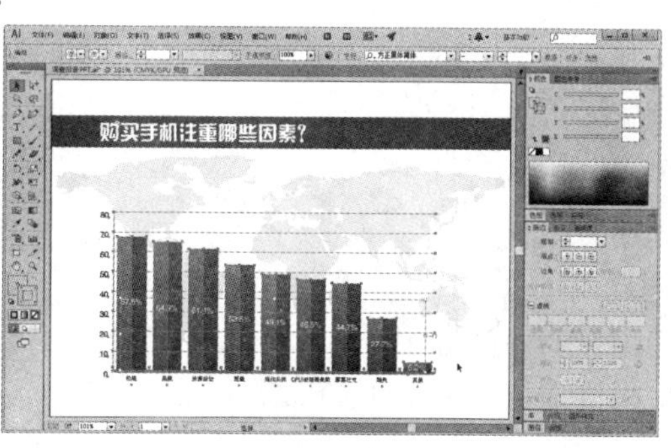

图 6-70　设置类别轴

图 6-71　编组对象

(24) 选择【文件】|【置入】命令，打开【置入】对话框。在对话框中，选中需要置入的素材文件，然后单击【置入】按钮。调整置入图像的位置及大小，如图 6-72 所示。

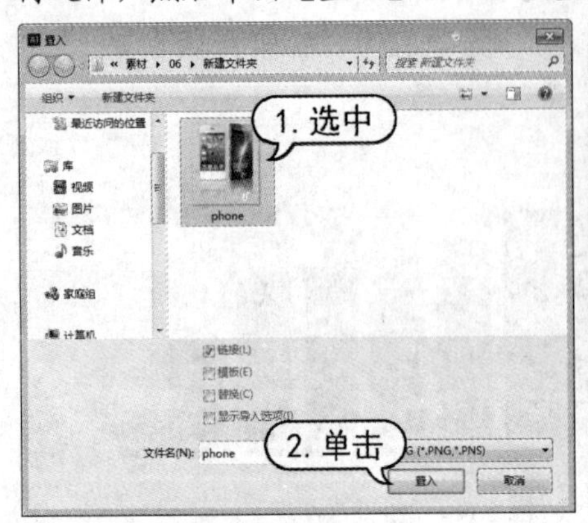

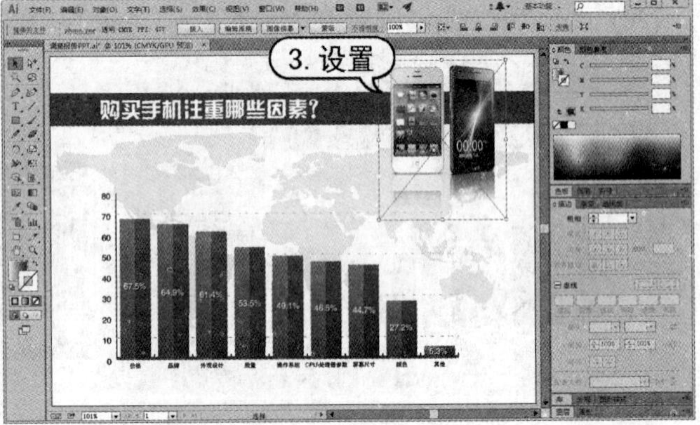

图 6-72　置入图像

6.5　习题

1. 新建一个文档，创建如图 6-73 所示的图表效果。
2. 创建柱形图图表，并自定义图表设计，如图 6-74 所示。

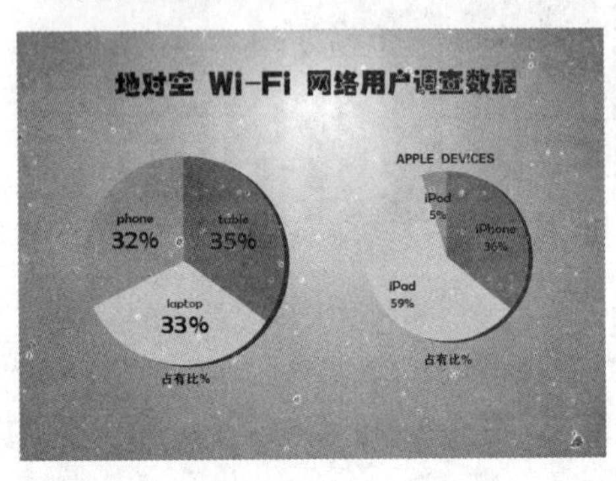

图 6-73　图表效果

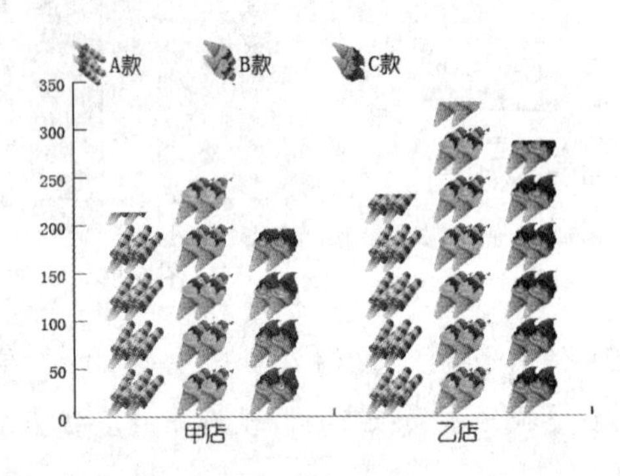

图 6-74　自定义图表设计

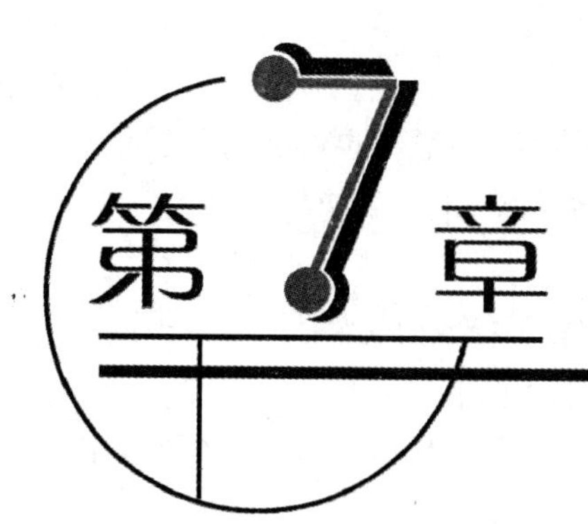

第7章 图层和蒙版的使用

学习目标

绘制复杂的图形时，使用图层可以有效地选择和管理画板中的对象，控制对象的堆叠顺序、显示，以及进行复制、删除等操作，提高工作效率。此外，还可以创建剪切蒙版和不透明度蒙版控制对象的显示范围及效果。

本章重点

- 图层的使用
- 剪切蒙版
- 使用【透明度】面板
- 不透明度蒙版

7.1 图层的使用

在使用 Illustrator 绘制复杂的图形对象时，使用图层可以快捷有效地管理图形对象，并将它们当成独立的单元来编辑和显示。

7.1.1 认识【图层】面板

选择【窗口】|【图层】命令，打开如图 7-1 所示的【图层】面板。默认情况下，每个新建的文档都包含一个图层，而每个创建的对象都列在该图层之下，并且用户可以根据需要创建新的图层。

图层名称前的图标用于显示或隐藏图层。单击图标，不显示该图标时，选中的图层被隐藏。当图层被隐藏时，在 Illustrator 的绘图页面中，将不显示此图层中的图形对象，也不能对该图层进行任何图像编辑。再次单击可重新显示图层。

当图层前显示🔒图标时，表明该图层被锁定，不能进行编辑修改操作。再次单击该图标可以取消锁定状态，可以重新对该图层中所包括的各种图形元素进行编辑。

除此之外，面板底部还有 4 个功能按钮，其作用如下。

- 【建立/释放剪切蒙版】按钮：该按钮用于创建剪切蒙版和释放剪切蒙版。
- 【创建新子图层】按钮：单击该按钮可以建立一个新的子图层。
- 【创建新图层】按钮：单击该按钮可以建立一个新图层，如果用鼠标拖动一个图层到该按钮上释放，可以复制该图层。
- 【删除所选图层】按钮：单击该按钮，可以把当前图层删除。或者把不需要的图层拖动到该按钮上释放，也可删除该图层。

在【图层】面板菜单中选择【面板选项】命令，可以打开如图 7-2 所示的【图层面板选项】对话框。在该对话框中，可以设置图层在面板中的显示效果。

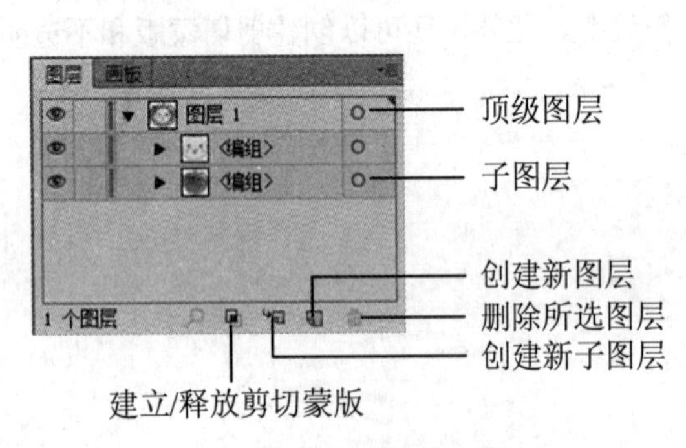

图 7-1 【图层】面板

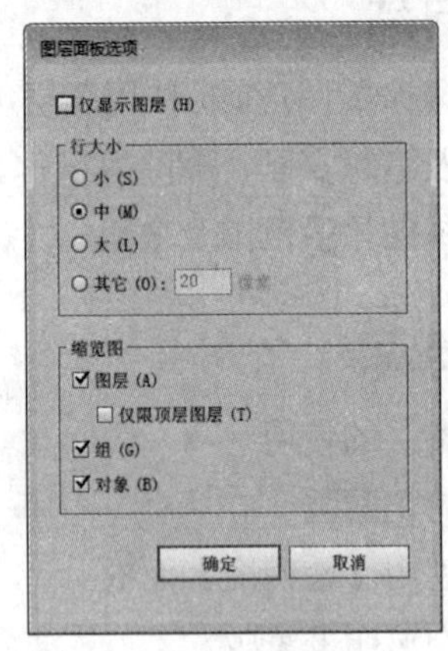

图 7-2 【图层面板选项】对话框

- 选中【仅显示图层】复选框可以隐藏【图层】面板中的路径、组和元素集。
- 【行大小】选项可以指定行高度。
- 【缩览图】选项可以选择图层、组和对象的一种组合，确定其中哪些项要以缩览图的预览形式显示。

7.1.2 新建图层

如果想要在某个图层的上方新建图层，需要在【图层】面板中单击该图层的名称以选定图层，然后直接单击【图层】面板中的【创建新图层】按钮即可，如图 7-3 所示。若要在选定的图层内创建新子图层，可以单击【图层】面板中的【创建新子图层】按钮，如图 7-4 所示。

在【图层】面板中，每一个图层都可以根据需求自定义不同的名称以便区分。如果在创建图层时没有命名，Illustrator 会自动依照【图层 1】、【图层 2】、【图层 3】……的顺序定义图层名称。

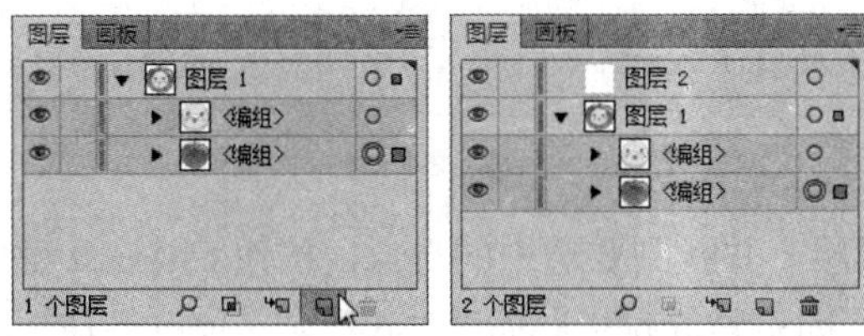

图 7-3　创建新图层

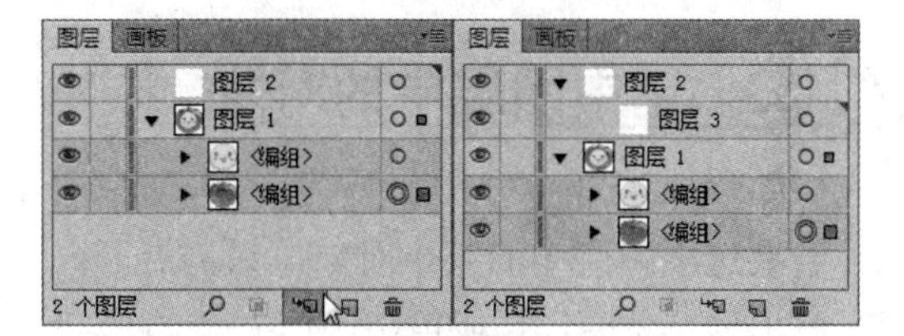

图 7-4　创建新子图层

知识点

在【图层】面板中单击图层或编组名称左侧的三角形按钮，可以展开其内容，再次单击该按钮即可收起该对象。如果对象内容是空的，就不会显示三角形按钮，表示其中没有任何内容可以展开。

要编辑图层属性，用户可以双击图层名称，打开如图 7-5 所示的【图层选项】对话框对图层的基本属性进行修改。或在要新建图层时，选择面板菜单中的【新建图层】命令或【新建子图层】命令，也可以打开【图层选项】对话框，在对话框中可以根据选项设置新建图层。

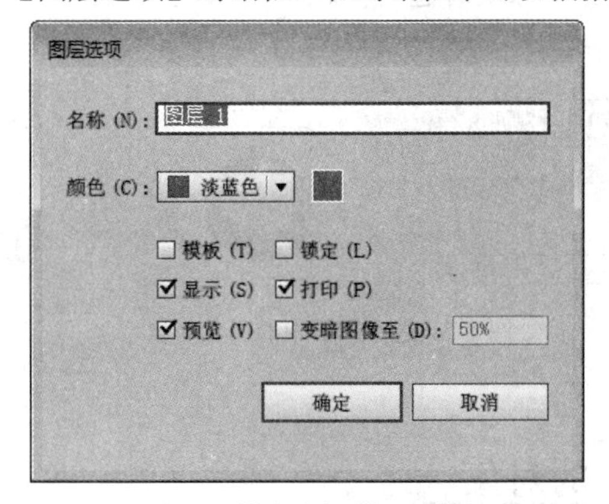

图 7-5　【图层选项】对话框

- 【名称】文本框：指定图层在【图层】面板中显示的名称。
- 【颜色】选项：指定图层的颜色设置，可以从下拉列表中选择颜色，或者双击下拉列表右侧的颜色色板以选择颜色。在指定了图层颜色之后，在该图层中绘制图形路径、创建文本框时都会采用该颜色。
- 【模板】选项：选中该复选框，使图层成为模板图层。
- 【锁定】选项：选中该复选框，禁止对图层进行更改。
- 【显示】选项：选中该复选框，显示画板图层中包含的所有图稿。
- 【打印】选项：选中该复选框，使图层中所含的图稿可供打印。
- 【预览】选项：选中该复选框，以颜色而不是按轮廓来显示图层中包含的图稿。
- 【变暗图像至】选项：选中该复选框，将图层中所包含的链接图像和位图图像的强度降低到指定的百分比。

7.1.3 选中图层中的对象

若要选中图层中的某个对象，只需展开一个图层，并找到要选中的对象，按住 Ctrl+Alt 键同时单击该对象图层，或单击图层右侧的○标记，即可将其选中，如图 7-6 所示。也可以使用【选择】工具，在画板上直接单击相应的对象。

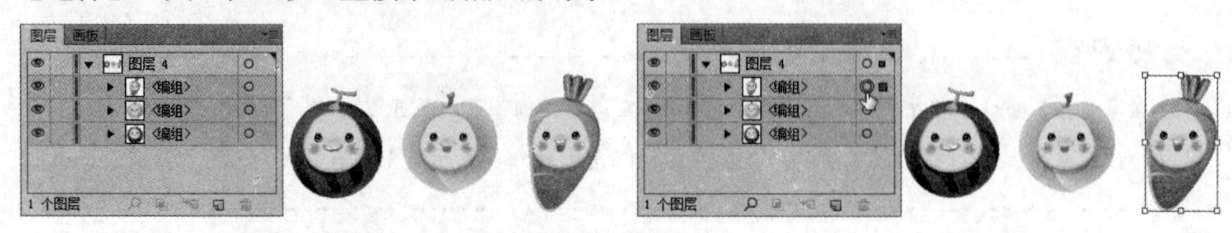

图 7-6 选中对象

如果要将一个图层中的所有对象同时选中，可以在【图层】面板中单击相应图层右侧的○标记，即可将该图层中所有的对象同时选中，如图 7-7 所示。

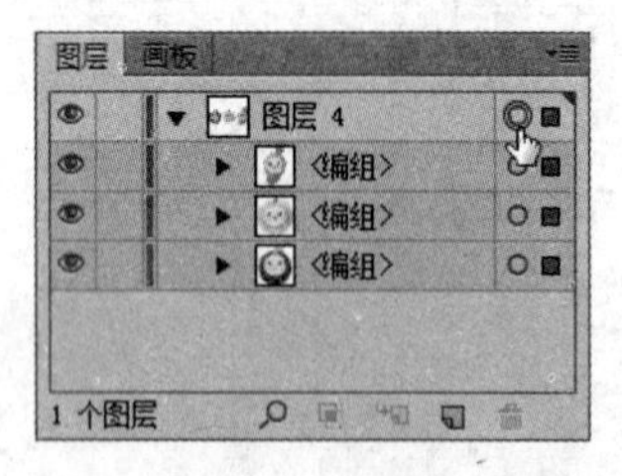

图 7-7 选中图层中的所有对象

7.1.4 复制图层中的对象

使用【图层】面板可快速复制图层、编组对象或者图形对象。在【图层】面板中选择要复制的对象，然后在面板中将其拖动到面板底部的【新建图层】按钮上释放即可，如图 7-8 所示。也可以在【图层】面板菜单中选择【复制图层】命令。

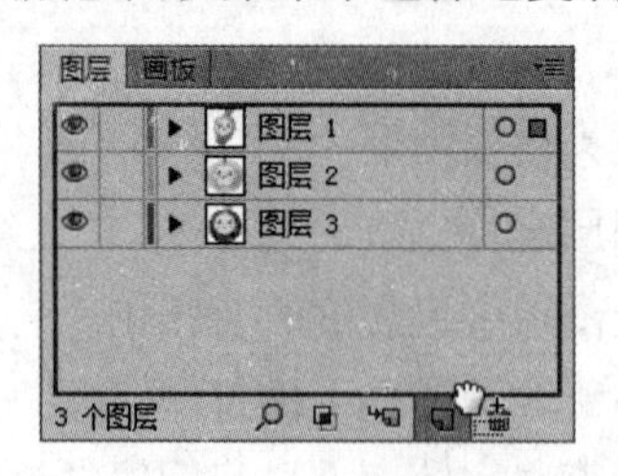

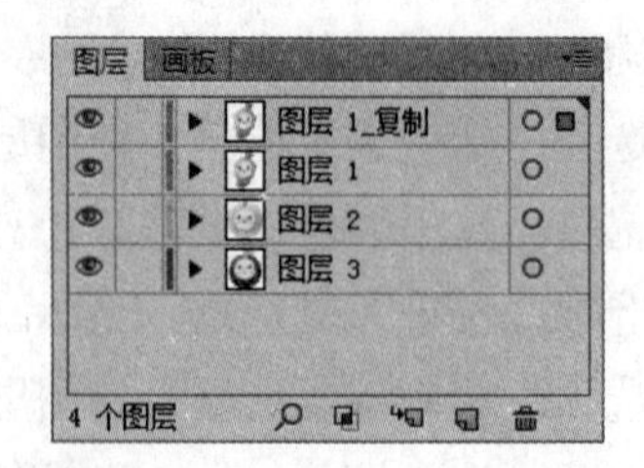

图 7-8 复制图层

还可以在【图层】面板中选中要复制的对象后，按住 Alt 键将其拖动到【图层】面板中的新位置上，释放鼠标即可，如图 7-9 所示。

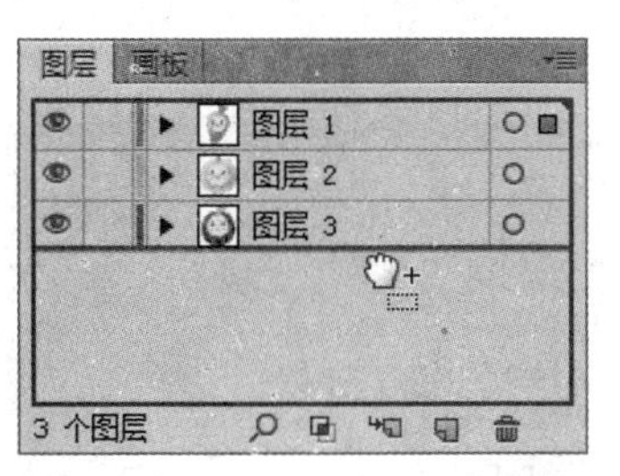

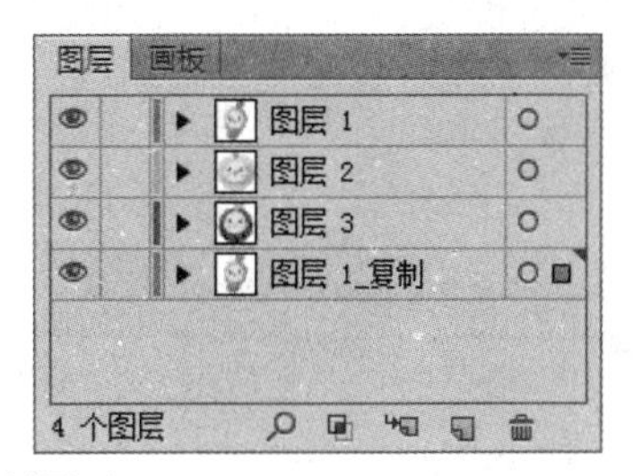

图 7-9　复制图层

7.1.5　更改图层中对象的堆叠顺序

位于【图层】面板顶部的对象在堆叠顺序中位于前面，而位于【图层】面板底部的对象在堆叠顺序中位于后面。同一图层中的对象也是按结构进行堆叠的。

在【图层】面板中，选中需要调整位置的图层，按住鼠标拖动图层到适当的位置，当出现黑色插入标记时，放开鼠标即可完成图层的移动，如图 7-10 所示。使用该方法同样可以调整图层内对象的堆叠顺序。

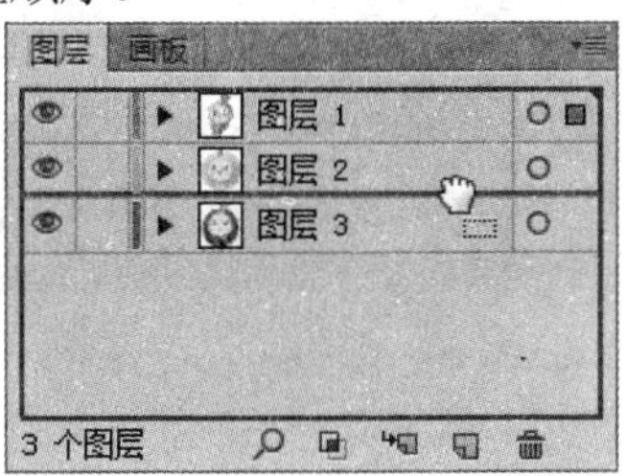

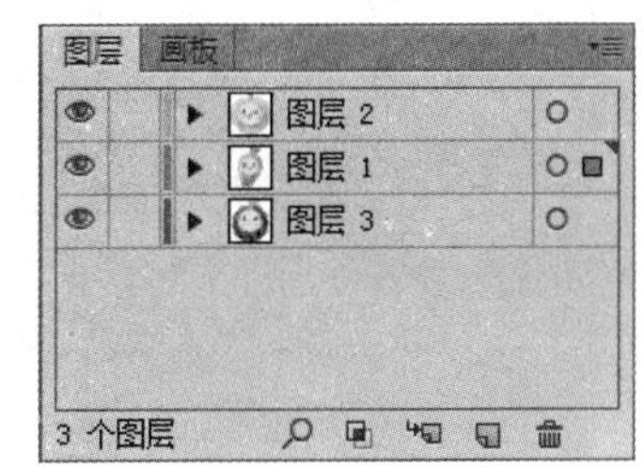

图 7-10　移动图层

用户还可以在【图层】面板中选中多个图层对象后，选择面板菜单中的【反向顺序】命令，即可反向调整所选的图层顺序。

【例 7-1】在 Illustrator CC 2015 中，改变图形文档的图层顺序。

(1) 选择【文件】|【打开】命令，选择并打开图形文档，如图 7-11 所示。

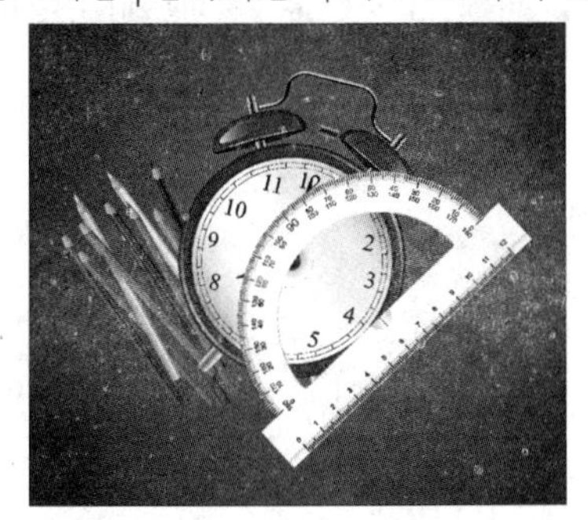

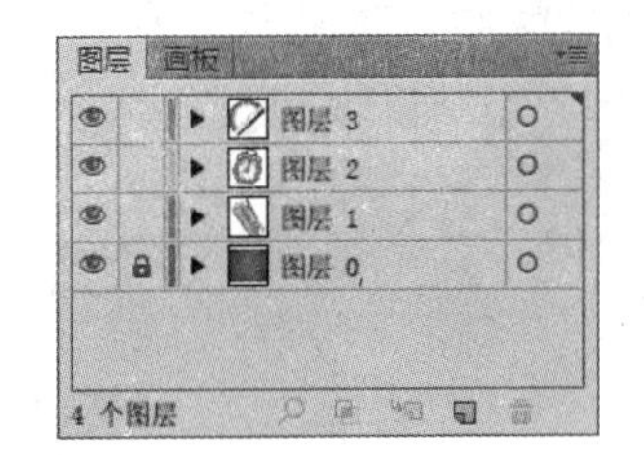

图 7-11　打开图形文档

(2) 在【图层】面板中选择需要调整的图层，将其直接拖放到合适的位置释放，即可调整

图层顺序，同时文档中的图形对象的堆叠顺序也随之变化，如图 7-12 所示。

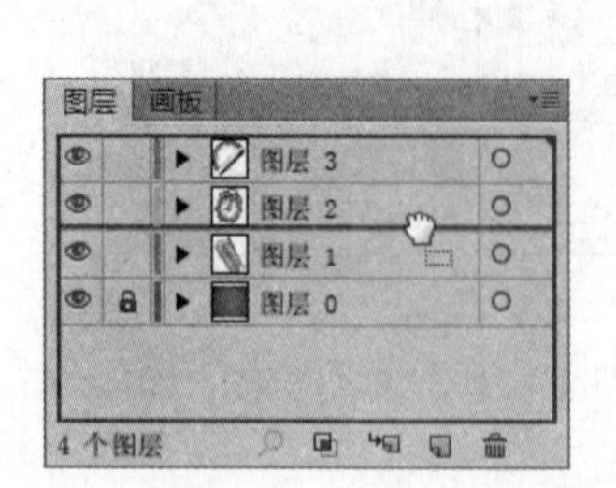

图 7-12　移动图层

(3) 在【图层】面板中，按住 Shift 键选中多个图层，选择面板菜单中的【反向顺序】命令，即可将选中的图层按照反向的顺序排列，同时也改变文档中对象的排列顺序，如图 7-13 所示。

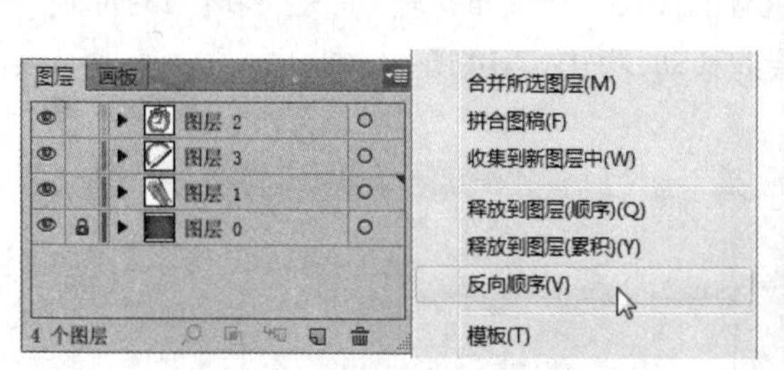

图 7-13　反向堆叠图层

7.1.6　释放对象到图层

使用【释放到图层】命令可以将一个图层的所有对象重新均分到各个子图层中，也可以根据对象的堆叠顺序，在每一个图层上创建新的对象。如果要将各对象释放到新图层上，则在【图层】面板中选取一个图层或编组后，选择【图层】面板菜单中的【释放到图层(顺序)】命令，如图 7-14 所示。

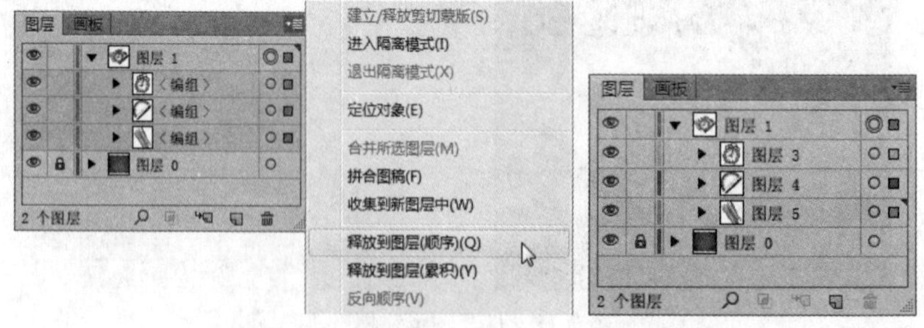

图 7-14　使用【释放到图层(顺序)】命令

如果要将各对象释放到图层中并复制对象，以便创建累积渐增的顺序，则在【图层】面板

菜单中选择【释放到图层(累积)】命令，如图 7-15 所示。最底层的对象会出现在每一个新图层上，而最顶端的对象只会出现在最顶端的图层中。

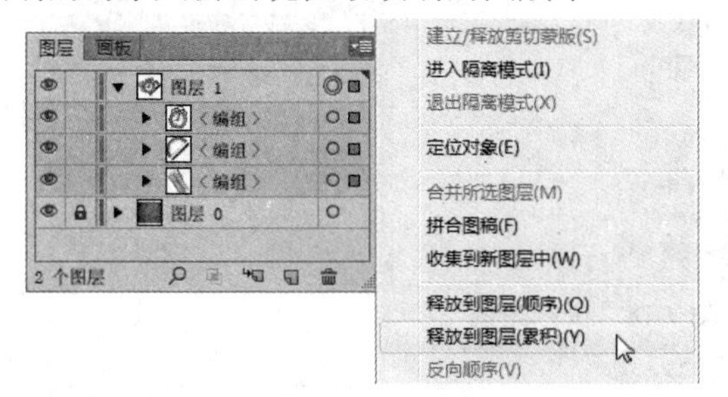

图 7-15　使用【释放到图层(累积)】命令

7.1.7　收集图层

使用【收集到新图层中】命令可以将【图层】面板中的选取对象移至新图层中。

在【图层】面板中选取要移到新图层的图层，然后在面板菜单中选择【收集到新图层中】命令即可，如图 7-16 所示。

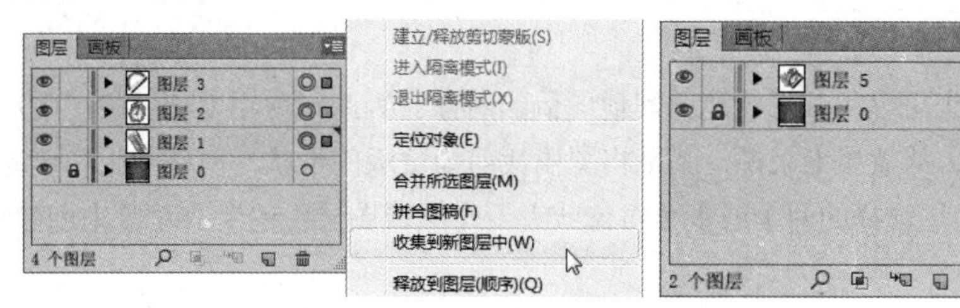

图 7-16　使用【收集到新图层中】命令

7.1.8　合并图层

合并图层和拼合图稿的功能类似，两者都可以将对象、组和子图层合并到同一图层或组中。使用合并图层功能，可以选择要合并的图层。使用拼合图稿功能，则将图稿中的所有可见对象都合并到同一图层中。在【图层】面板中将要进行合并的图层选中，然后从面板菜单中选择【合并所选图层】命令，即可将所选图层合并为一个图层，如图 7-17 所示。

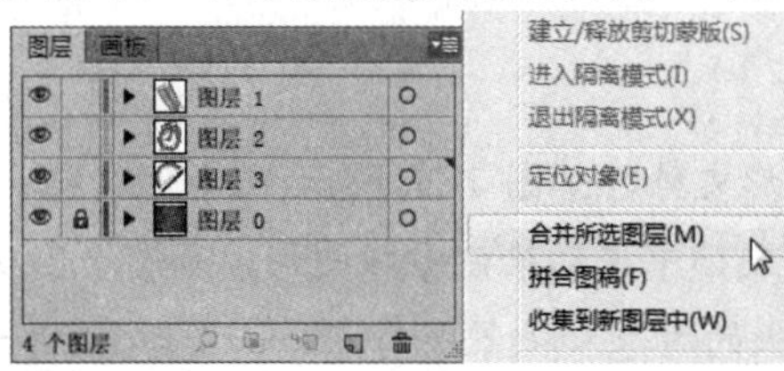

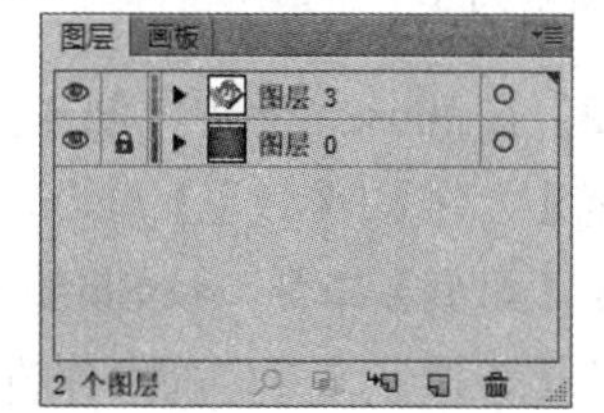

图 7-17　合并所选图层

与合并图层不同，拼合图稿功能能够将当前文件中的所有图层拼合到指定的图层中。选择即将拼合到的图层，然后在面板菜单中选择【拼合图稿】命令即可，如图 7-18 所示。

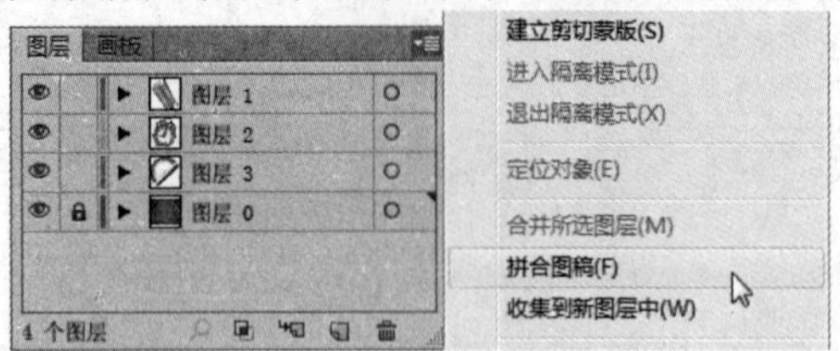

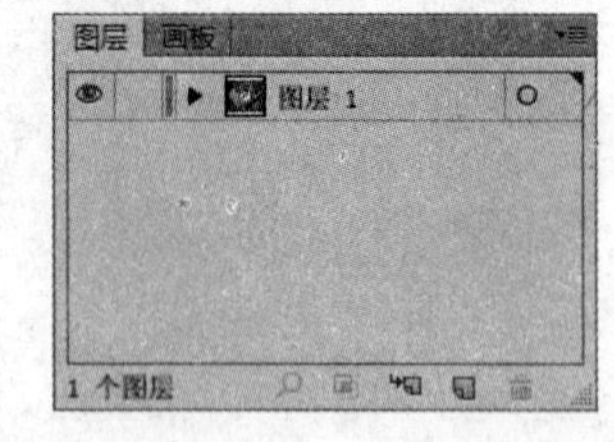

图 7-18　拼合图稿

知识点

无法将隐藏、锁定或模板图层的对象拼合。如果隐藏的图层包含对象，选择【拼合图稿】命令会打开如图 7-19 所示的提示框，提示是要显示对象，以便进行拼合以汇入图层中，还是要删除对象以及隐藏的图层。

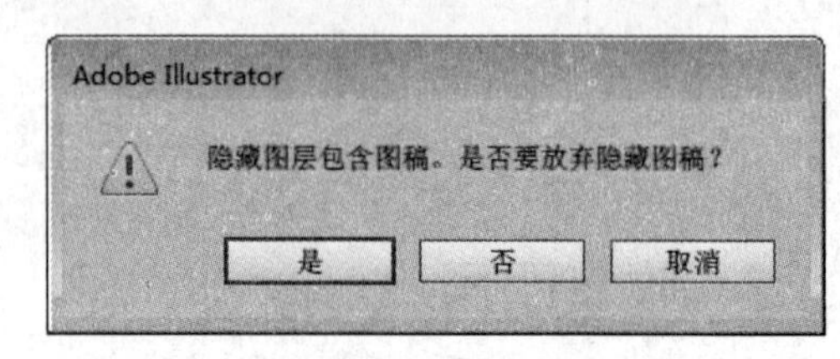

图 7-19　提示框

7.2　剪切蒙版

剪切蒙版是一个可以用其形状遮盖其他图稿的对象。因此，使用剪切蒙版，用户只能看到蒙版形状内的区域。从效果上来说，就是将图稿裁剪为蒙版的形状。剪切蒙版和遮盖的对象称为剪切组合。可以通过选择的两个或多个对象或者一个组或图层中的所有对象来创建剪切组合。

7.2.1　创建剪切蒙版

在 Illustrator 中，无论是单一路径、复合路径、群组对象或是文本对象都可以用来创建剪切蒙版，创建为蒙版的对象会自动群组在一起。

1. 创建图形剪切蒙版

选择【对象】|【剪切蒙版】|【建立】命令对选中的图形图像创建剪切蒙版，并可以进行编辑修改。在创建剪切蒙版后，用户还可以通过属性栏中的【编辑剪切蒙版】按钮和【编辑内容】按钮来选择编辑对象。

【例 7-2】在 Illustrator 中，创建剪切蒙版。

(1) 选择【文件】|【打开】命令，打开图形文档，如图 7-20 所示。

(2) 选择【矩形】工具，按 Shift+Alt 键在文档中拖动绘制蒙版图形，如图 7-21 所示。

(3) 使用【选择】工具，选中作为剪切蒙版的对象和被蒙版对象，如图 7-22 所示。

(4) 选择【对象】|【剪切蒙版】|【建立】命令，或单击【图层】面板底部的【建立/释放剪

切蒙版】按钮，创建剪切蒙版。剪切蒙版以外的图形都被隐藏，只剩下蒙版区域内的图形，如图 7-23 所示。

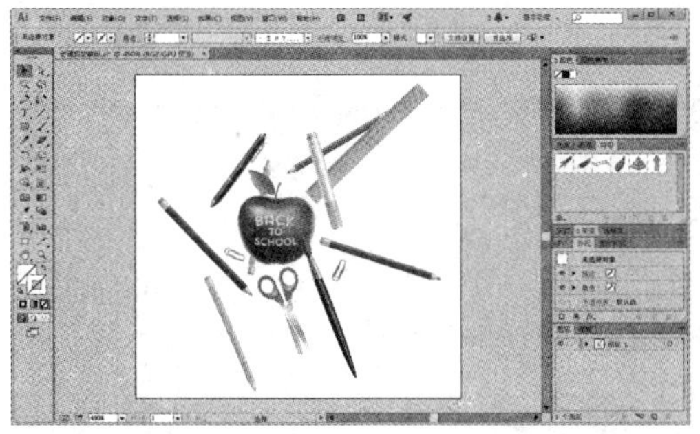

图 7-20　打开图形文档

图 7-21　绘制矩形

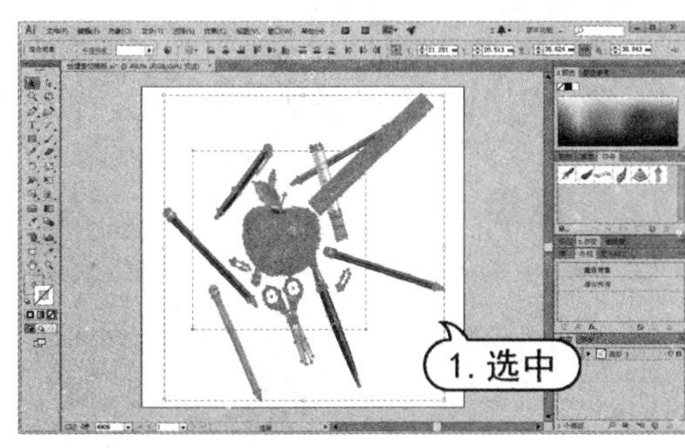

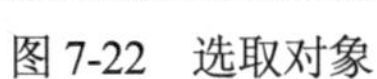

图 7-22　选取对象

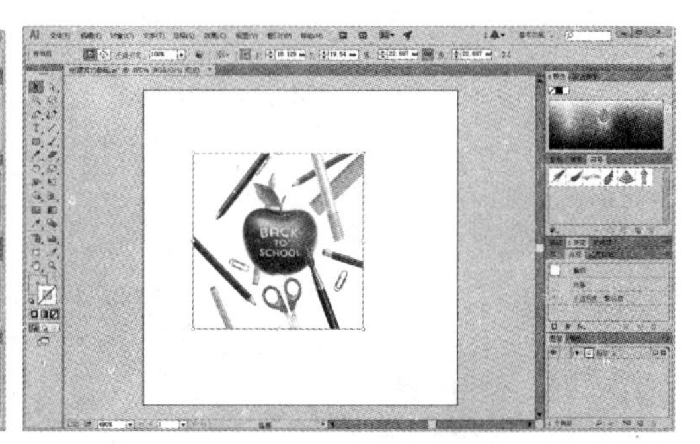

图 7-23　建立剪切蒙版

2. 创建文本剪切蒙版

Illustrator 允许使用各种各样的图形对象作为剪贴蒙版的形状外，还可以使用文本作为剪切蒙版。用户在使用文本创建剪切蒙版时，可以先把文本转化为路径，也可以直接将文本作为剪切蒙版。

【例 7-3】在 Illustrator 中，使用文字创建剪切蒙版。

(1) 选择【文件】|【打开】命令，打开图形文档，如图 7-24 所示。

(2) 选择【文字】工具，在文档中输入文字内容。然后使用【选择】工具选中文字，并在属性栏中设置字体为 Bauhaus 93，字体大小为 80pt，如图 7-25 所示。

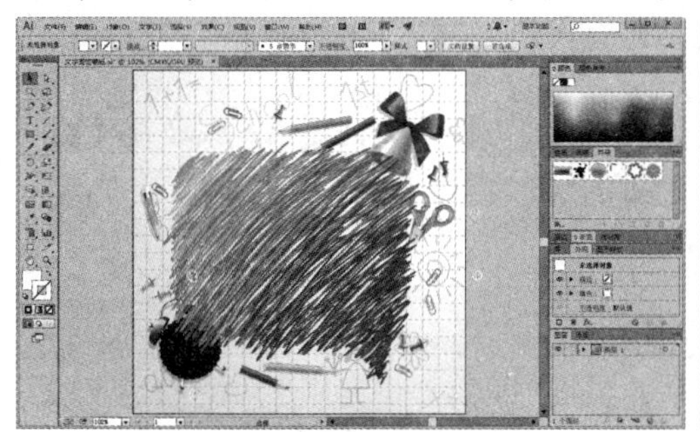

图 7-24　打开图形文档

图 7-25　输入文字

(3) 继续使用【选择】工具，选中图像与文字，如图 7-26 所示。

(4) 选择菜单栏中的【对象】|【剪切蒙版】|【建立】命令，或单击【图层】面板中的【建立/释放剪切蒙版】按钮，即可使用文字创建剪切蒙版，如图 7-27 所示。

图 7-26　选中对象

图 7-27　建立剪切蒙版

(5) 使用【文字】工具选中文字蒙版第二行文字，按 Ctrl+T 键打开【字符】面板，更改字体大小为 90pt，行距为 75pt，如图 7-28 所示。

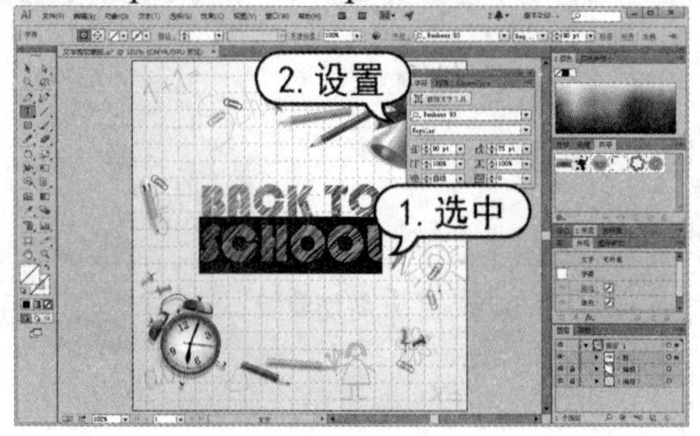

图 7-28　编辑文字

> **提示**
>
> 如果使用文字创建剪切蒙版，如果没有将文本转换为轮廓，用户仍然可以对文本进行编辑修改，如改变字体的大小、样式等，还可以改变文字的内容。如果将文本转换为轮廓，则不能再对文本进行编辑操作。

7.2.2　编辑剪切蒙版

在 Illustrator 中，用户还可以对剪切蒙版进行一定的编辑，在【图层】面板中选择剪切蒙版路径，可以执行下列任意操作。

- 使用【直接选择】工具拖动对象的中心参考点，可以移动剪贴路径。
- 使用【直接选择】工具可以改变剪贴路径的形状。
- 对剪贴路径可以进行填色或描边操作。

另外，还可以从被遮盖的图形中添加内容或者删除内容。操作非常简单，只要在【图层】面板中，将对象拖入或拖出包含剪切蒙版路径的组或图层即可。

7.2.3　释放剪切蒙版

建立剪切蒙版后，用户还可以随时将剪切蒙版释放。只需选定蒙版对象后，选择菜单栏的

【对象】|【剪切蒙版】|【释放】命令，或在【图层】面板中单击【建立/释放剪切蒙版】按钮，即可释放蒙版。此外，也可以在选中蒙版对象后，单击右键，在弹出菜单中选择【释放剪切蒙版】命令，或选择【图层】面板控制菜单中的【释放剪切蒙版】命令，同样可以释放蒙版。释放蒙版后，将得到原始的被蒙版对象和一个无外观属性的蒙版对象。

7.3 使用【透明度】面板

在 Illustrator 中，使用透明度设置可以改变单个对象、一组对象或图层中所有对象的不透明度，或者一个对象的填色或描边的不透明度。使用混合模式可以用不同的方法将对象颜色与底层对象的颜色混合。

7.3.1 设置不透明度

在 Illustrator 中，使用【透明度】面板中的【不透明度】选项设置可以为对象的填色、描边、对象编组、图层设置不透明度。不透明度从 100%的不透明至 0%的完全透明，当降低对象的不透明度时，其下方的图形会透过该对象可见，如图 7-29 所示。

选择【窗口】|【透明度】命令，可以打开如图 7-30 所示的【透明度】面板，单击面板菜单按钮，在弹出的菜单中选择【显示选项】命令，可以将隐藏的选项全部显示出来。如果要更改填充或描边的不透明度，可选择一个对象或组后，在【外观】面板中选择填充或描边，再在【透明度】面板或属性栏中设置【不透明度】选项即可。

图 7-29　设置不同的不透明度

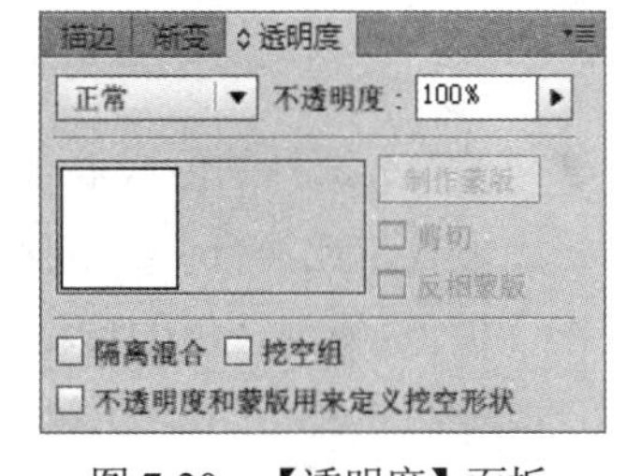

图 7-30　【透明度】面板

知识点

选中【透明度】面板中的【挖空组】复选框，可以保证编组对象中单独的对象或图层在相互重叠的地方不能透过彼此显示。

7.3.2 设置混合模式

使用【透明度】面板的混合模式选项，可以为选定的对象设置混合模式。当将一种混合模式应用于某一对象时，在此对象的图层或组下方的任何对象上都可看到混合模式的效果。在混合模式选项下拉列表中包括了 16 种设置。

- 正常：使用混合色对选区上色，而不与基色相互作用，这是默认模式，如图 7-31 所示。
- 变暗：选择基色或混合色中较暗的一个作为结果色，比混合色亮的区域会被结果色所取代，比混合色暗的区域将保持不变，如图 7-32 所示。

图 7-31 【正常】模式

图 7-32 【变暗】模式

- 正片叠底：将基色与混合色相乘，得到的颜色总是比基色混合色都要暗一些。将任何颜色与黑色相乘都会产生黑色，将任何颜色与白色相乘则颜色保持不变，如图 7-33 所示。
- 颜色加深：加深基色以反映混合色，如图 7-34 所示。与白色混合后不产生变化。

图 7-33 【正片叠底】模式

图 7-34 【颜色加深】模式

- 变亮：选择基色或混合色中较亮的一个作为结果色，比混合色暗的区域将被结果色所取代，比混合色亮的区域将保持不变，如图 7-35 所示。
- 滤色：将混合色的反相颜色与基色相乘，得到的颜色总是比基色和混合色都要亮一些，如图 7-35 所示。用黑色滤色时颜色保持不变，用白色滤色将产生白色。

图 7-35 【变亮】模式

图 7-36 【滤色】模式

- 颜色减淡：加亮基色以反映混合色。与黑色混合不发生变化，如图 7-37 所示。

◉ 叠加：对颜色进行相乘或滤色，具体取决于基色。图案或颜色叠加在现有的图稿上，在与混合色混合以反映原始颜色的亮度和暗度的同时，保留基色的高光和阴影，如图 7-38 所示。

图 7-37　【颜色减淡】模式

图 7-38　【叠加】模式

◉ 柔光：使颜色变暗或变亮，具体取决于混合色。此效果类似于漫射聚光灯照在图稿上，如图 7-39 所示。

◉ 强光：对颜色进行相乘或过滤，具体取决于混合色。此效果类似于耀眼的聚光灯照在图稿上，如图 7-40 所示。

图 7-39　【柔光】模式

图 7-40　【强光】模式

◉ 差值：从基色中减去混合色或从混合色中减去基色，具体取决于哪一种的亮度值较大。与白色混合将反转基色值，与黑色混合则不发生变化，如图 7-41 所示。

◉ 排除：用于创建一种与【差值】模式相似但对比度更低的效果。与白色混合将反转基色分量，与黑色混合则不发生变化，如图 7-42 所示。

图 7-41　【差值】模式

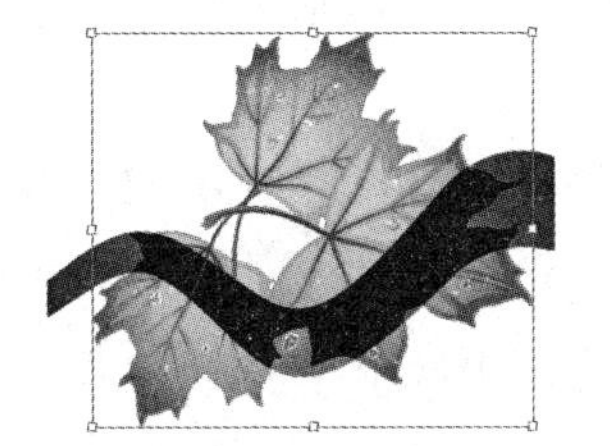

图 7-42　【排除】模式

◉ 色相：用基色的亮度和饱和度以及混合色的色相创建结果色，如图 7-43 所示。

◉ 饱和度：用基色的亮度和色相以及混合色的饱和度创建结果色。在无饱和度(灰度)的区域上用此模式着色不会产生变化，如图 7-44 所示。

图 7-43 【色相】模式

图 7-44 【饱和度】模式

- 混色：用基色的亮度以及混合色的色相和饱和度创建结果色。这样可以保留图稿中的灰阶，对于给单色图稿上色以及给彩色图稿染色都会非常有用，如图 7-45 所示。
- 明度：用基色的色相和饱和度以及混合色的亮度创建结果色。此模式可创建与【混色】模式相反的效果，如图 7-46 所示。

图 7-45 【混色】模式

图 7-46 【明度】模式

如果要更改填充或描边的混合模式，可选中对象或组，然后在【外观】面板中选择填充或描边，再在【透明度】面板中选择一种混合模式即可。

7.4 不透明蒙版

在 Illustrator 中，可以使用不透明度和蒙版对象来更改图稿的透明度，可以透过不透明蒙版提供的形状来显示其他对象。蒙版对象定义了透明区域和透明度，可以将任何着色对象或栅格图像作为蒙版对象。

Illustrator 使用蒙版对象中颜色的等效灰度来表示蒙版中的不透明度。如果不透明蒙版为白色，则会完全显示图稿。如果不透明蒙版为黑色，则会隐藏图稿。蒙版中的灰阶会导致图稿中出现不同程度的透明度。创建不透明蒙版时，在【透明度】面板中被蒙版的图稿缩览图右侧将显示蒙版对象的缩览图。

7.4.1 创建不透明蒙版

选择一个对象或组，或在【图层】面板中选择需要运用不透明度的图层，打开【透明度】面板。在紧靠【透明度】面板中缩览图右侧双击，或单击【制作蒙版】按钮将创建一个空蒙版，

并且 Illustrator 自动进入蒙版编辑模式，如图 7-47 所示。使用绘图工具绘制好蒙版后，单击【透明度】面板中被蒙版的图稿的缩览图即可退出蒙版编辑的模式。

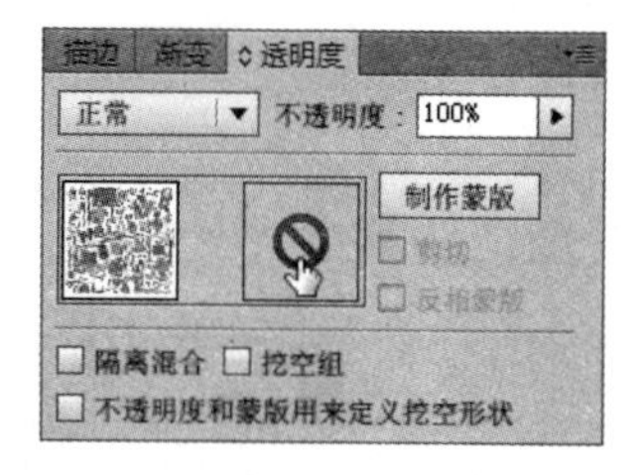

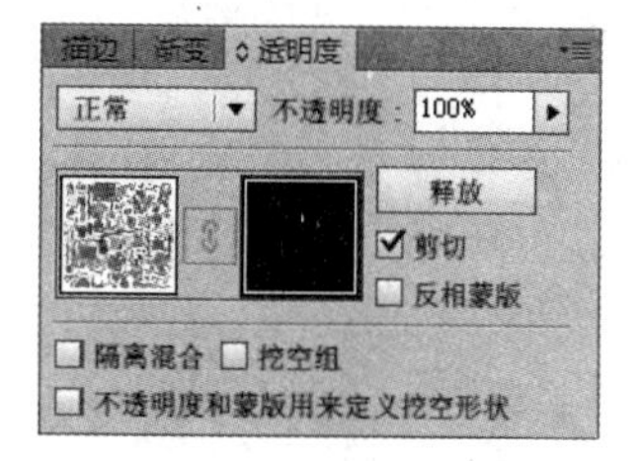

图 7-47　创建蒙版

如果已经有需要设置为不透明蒙版的图形，可以直接将它设置为不透明蒙版。选中被蒙版的对象和蒙版图形，然后从【透明度】面板菜单中选择【建立不透明蒙版】命令，或单击【制作蒙版】按钮，那么最上方的选定对象或组将成为蒙版，如图 7-48 所示。

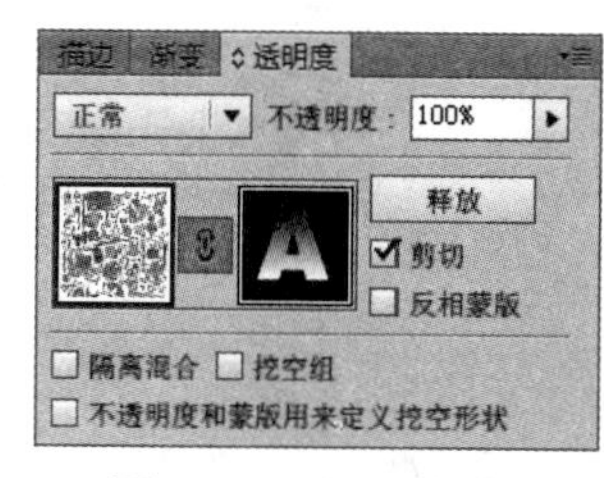

图 7-48　不透明蒙版

【例 7-4】制作 CD 封套。

(1) 选择【文件】|【新建】命令，打开【新建文档】对话框，如图 7-49 所示。在对话框的【名称】文本框中输入“CD 封套”，设置【画板数量】数值为 2，单击【按列排列】按钮，在【大小】下拉列表中选择 A4 选项，单击【横向】按钮，然后单击【确定】按钮新建文档。

(2) 选择【视图】|【显示网格】命令显示网格。选择【矩形】工具在画板 1 中单击，打开【矩形】对话框。在对话框中设置【宽度】数值为 130mm，【高度】数值为 127mm，然后单击【确定】按钮，如图 7-50 所示。

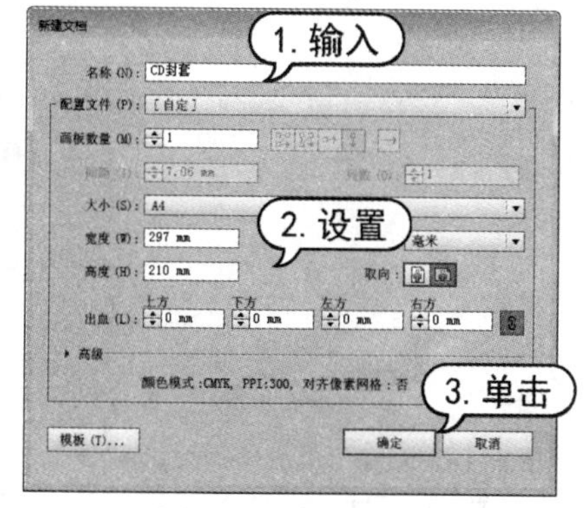

图 7-49　新建文档

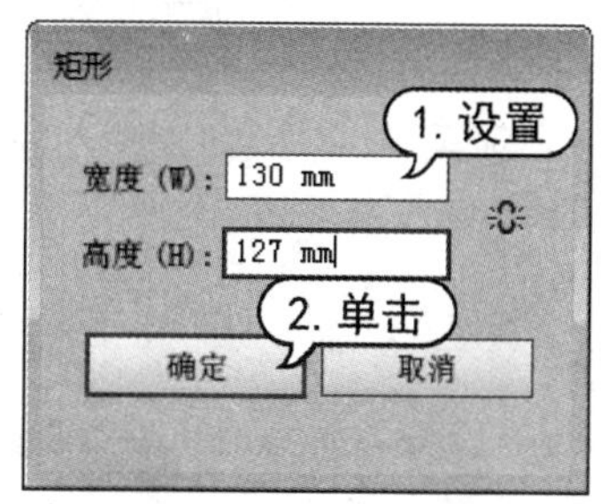

图 7-50　创建矩形

(3) 在绘制的矩形上单击鼠标右键，在弹出的快捷菜单中选择【变换】|【移动】命令。在打开的【移动】对话框中，设置【水平】数值为 130mm，【垂直】数值为 0mm，然后单击【复制】按钮，如图 7-51 所示。

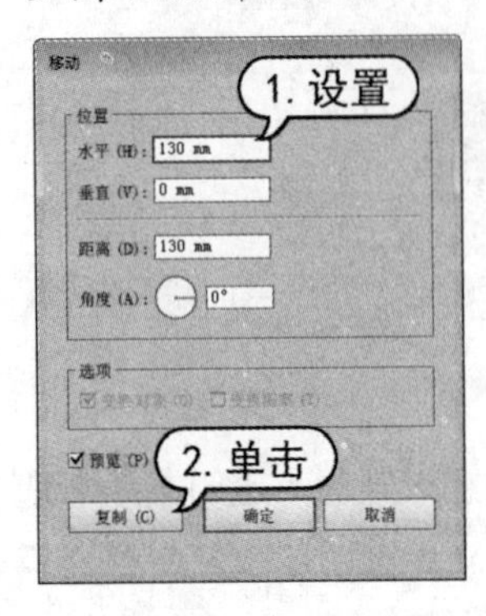

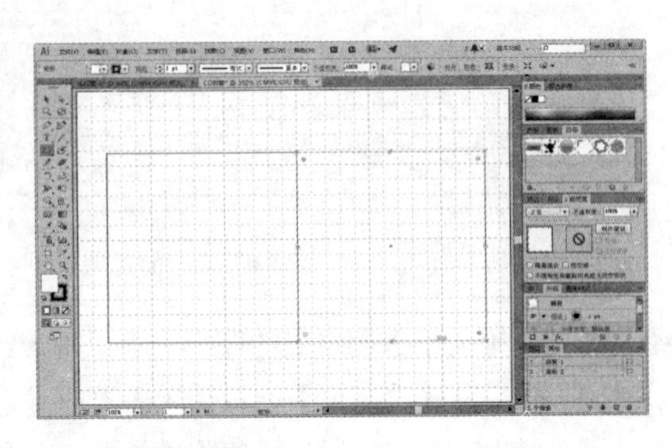

图 7-51　移动复制图形

(4) 选择【视图】|【隐藏网格】命令隐藏网格。选择【椭圆】工具，在左侧矩形的边缘单击，并按 Alt+Shift 键拖动绘制圆形，如图 7-52 所示。

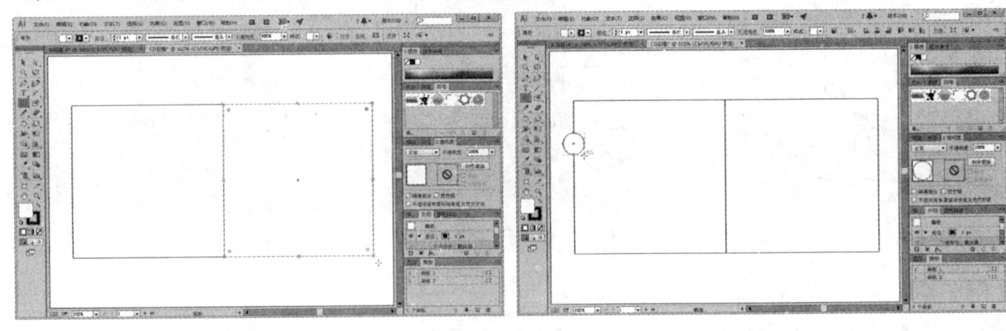

图 7-52　绘制图形

(5) 使用【选择】工具选中绘制的圆形和左侧矩形，在【对齐】面板中，设置【对齐】选项为【对齐关键对象】，并单击左侧矩形，将其设为关键对象，然后单击【垂直居中对齐】按钮，如图 7-53 所示。

(6) 保持两个图形的选中状态，在【路径查找器】面板中单击【减去顶层】按钮，结果如图 7-54 所示。

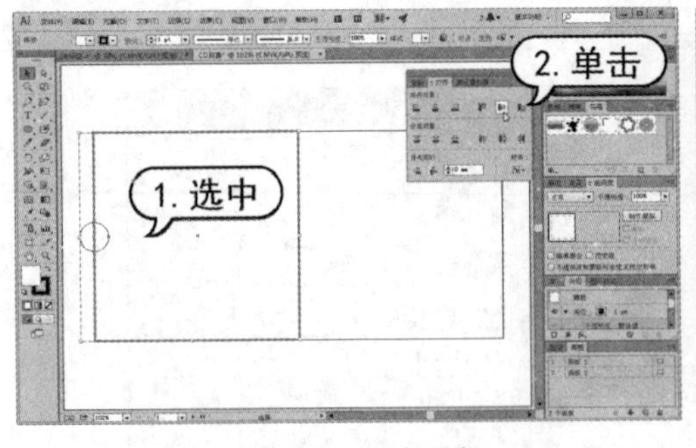

图 7-53　对齐对象

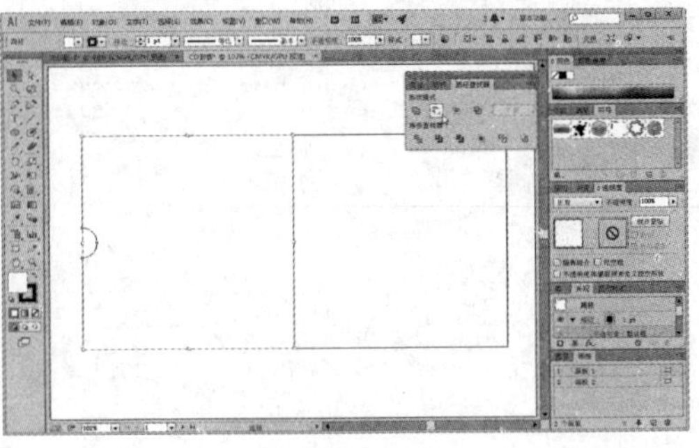

图 7-54　减去顶层对象

(7) 选择【矩形】工具，依据右侧矩形，在其顶部拖动绘制矩形，并在【变换】面板中设置参考点为下中，取消选中【约束宽度和高度比例】按钮，设置【高】数值为15mm，如图7-55所示。

(8) 选择【自由变换】工具，在文档窗口中显示的工具条上单击【透视扭曲】按钮，然后调整刚创建的矩形，如图7-56所示。

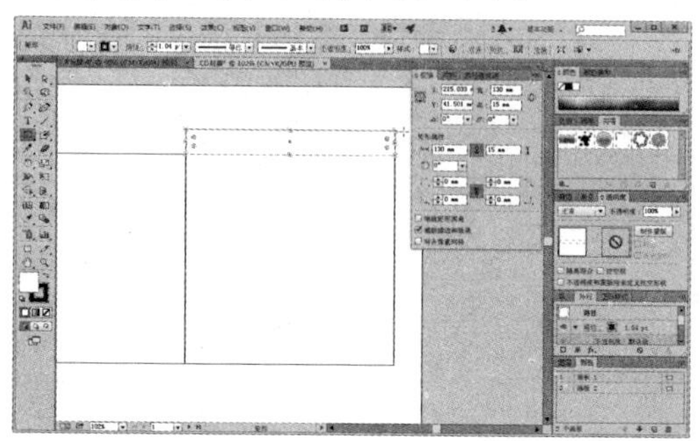

图7-55 绘制矩形

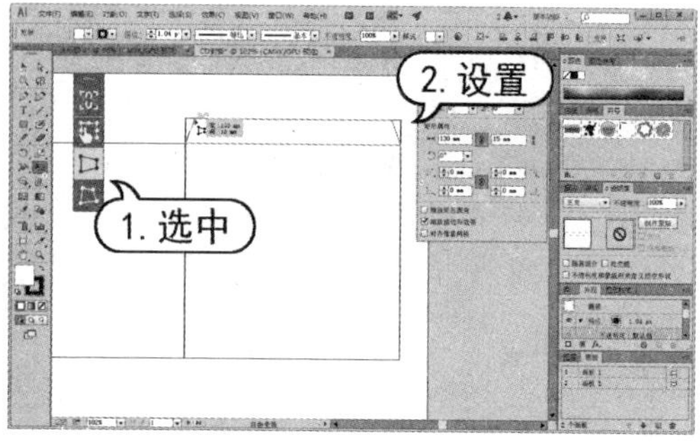

图7-56 变换图形

(9) 在调整后的矩形上单击鼠标右键，在弹出的快捷菜单中选择【变换】|【移动】命令，打开【移动】对话框。在对话框中设置【垂直】数值为142mm，然后单击【复制】按钮，如图7-57所示。

(10) 在复制的图形上单击鼠标右键，在弹出的快捷菜单中选择【变换】|【对称】命令，打开【镜像】对话框。在对话框中选中【水平】单选按钮，然后单击【确定】按钮，如图7-58所示。

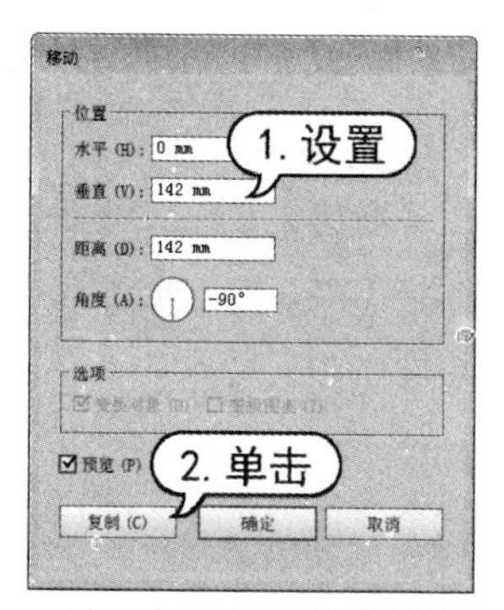

图7-57 移动复制图形

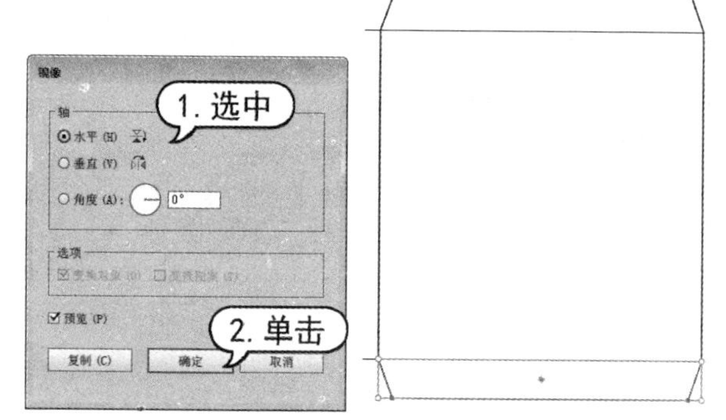

图7-58 镜像图形

(11) 使用【选择】工具选中步骤(3)中创建的矩形，并单击鼠标右键，在弹出的快捷菜单中选择【变换】|【缩放】命令，打开【比例缩放】对话框。在对话框中，设置【等比】数值为75%，然后单击【复制】按钮，如图7-59所示。

(12) 使用【矩形】工具在刚复制的矩形内再绘制一个矩形，并使用【选择】工具将两个矩形选中，然后单击【路径查找器】面板中的【减去顶层】按钮，结果如图7-60所示。

(13) 使用【直接选择】工具调整剪切后图形锚点的位置，并选中全部锚点，在属性栏中设置【边角】数值为2mm，如图7-61所示。

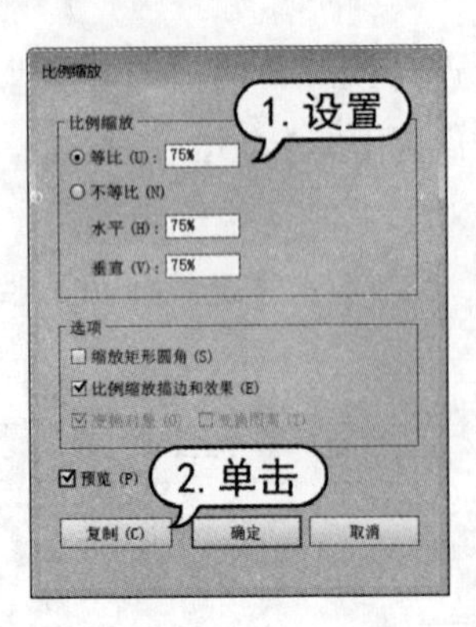

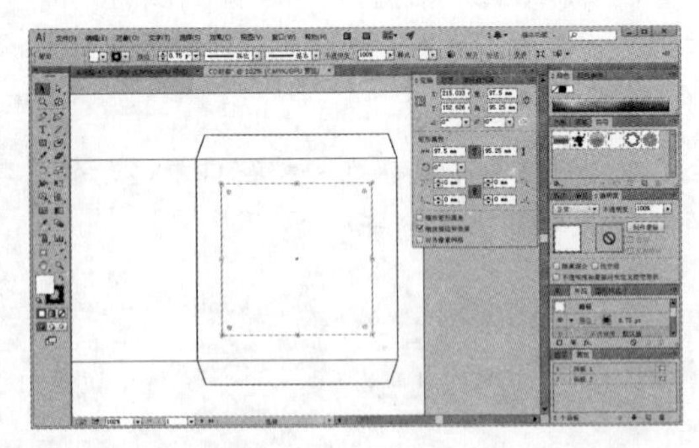

图 7-59 缩放复制图形

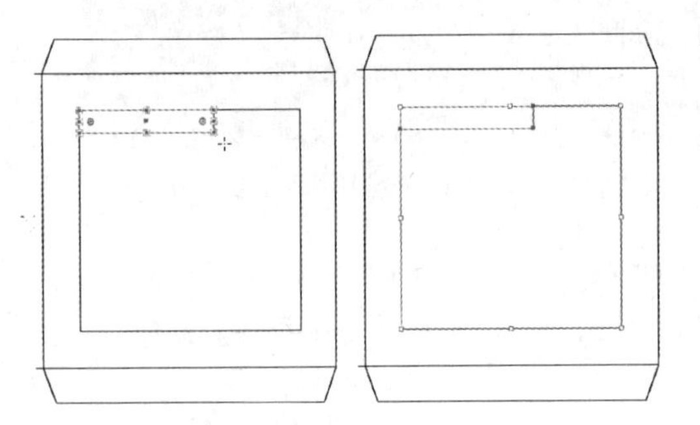

图 7-60 减去顶层对象

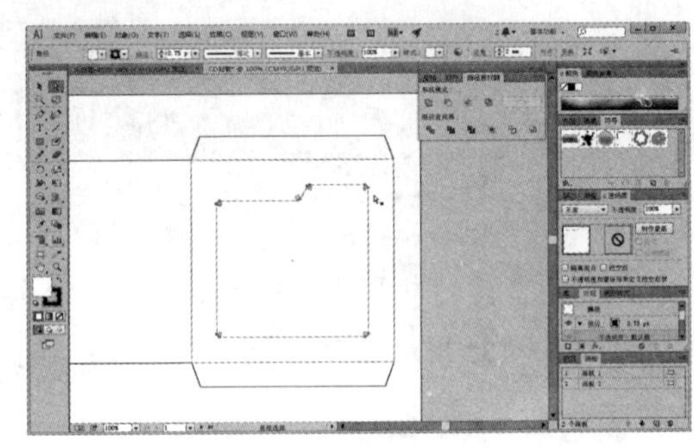

图 7-61 调整图形

(14) 在【颜色】面板中将步骤(13)中创建的图形的描边色设置为无，然后选择【效果】|【风格化】|【内发光】命令，打开【内发光】对话框。在对话框中，设置发光颜色为黑色，【模式】下拉列表中选择【正片叠底】，设置【不透明度】数值为 45%，【模糊】数值为 5mm，再单击【确定】按钮，如图 7-62 所示。

(15) 使用【选择】工具选中步骤(2)和步骤(3)中创建的矩形，在【渐变】面板中单击渐变填色框，在【类型】下拉列表中选择【径向】选项，设置填色为 C=0 M=0 Y=0 K=0 至 C=6 M=6 Y=8 K=0 至 C=47 M=40 Y=38 K=0 的渐变，然后使用【渐变】工具调整渐变效果，如图 7-63 所示。

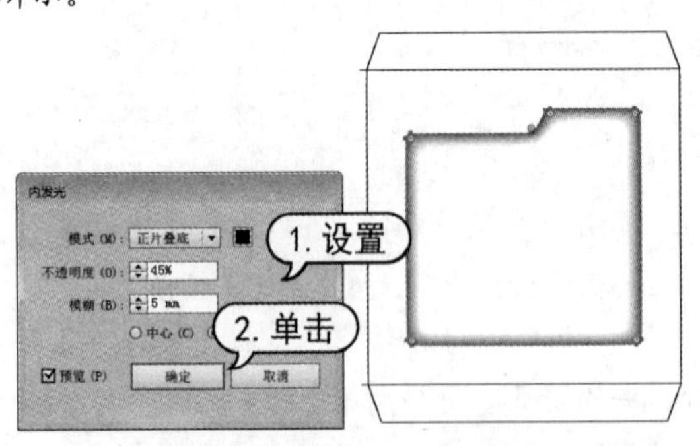

图 7-62 使用【内发光】效果

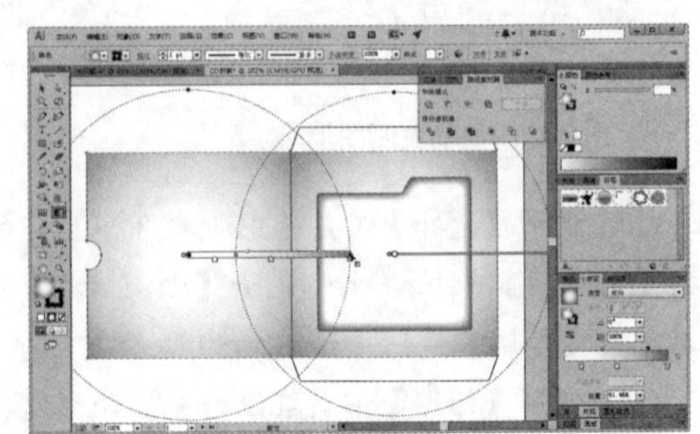

图 7-63 填充图形

(16) 使用【选择】工具选中步骤(2)创建的矩形，按 Ctrl+C 键复制，按 Ctrl+F 键粘贴。然

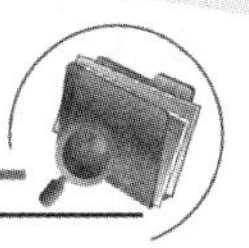

后选择【文件】|【置入】命令，打开【置入】对话框。在对话框中选中所需要的文档，单击【置入】按钮，如图 7-64 所示。

(17) 使用【选择】工具调整置入图形的大小，并连续按 Ctrl+[键将置入的图像放置在步骤(16)中复制的图形下方，如图 7-65 所示。

图 7-64　选择置入图像

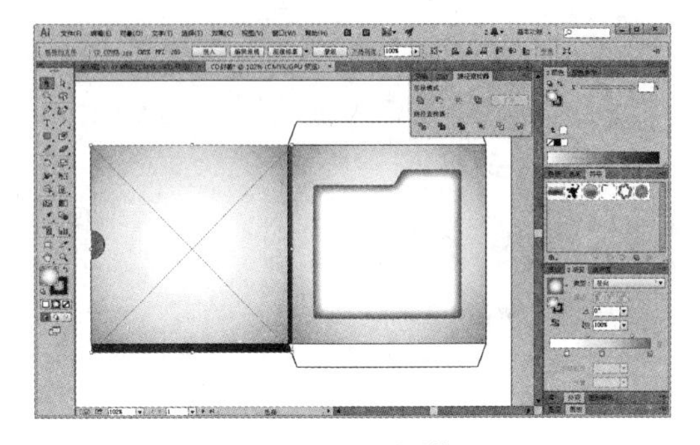

图 7-65　置入图像

(18) 使用【选择】工具选中置入的图像和上方的图形，在【透明度】面板中单击【制作蒙版】按钮，并设置混合模式为【强光】，如图 7-66 所示。

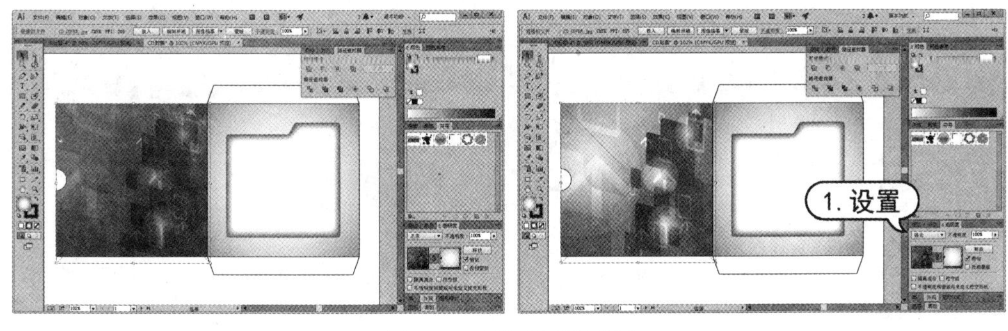

图 7-66　创建透明度蒙版

(19) 使用【文字】工具在画板上单击，在属性栏中设置字体系列为 Broadway，字体大小为 48pt，输入文字内容。然后在【变换】面板中设置【倾斜】数值为 15°，结果如图 7-67 所示。

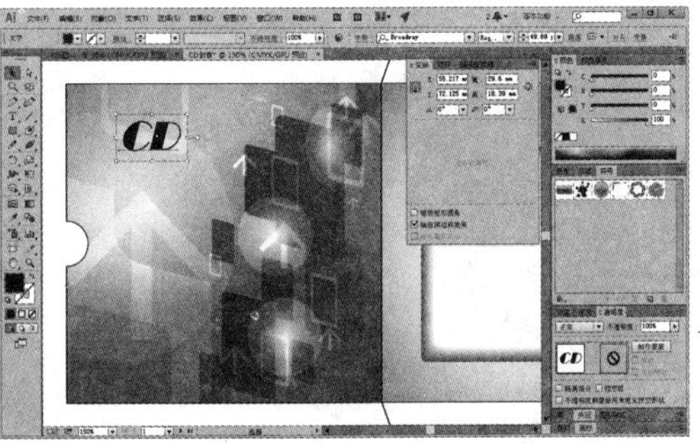

图 7-67　输入文字

(20) 使用【文字】工具在画板上单击，在属性栏中设置字体系列为 Arial，字体大小为 25pt，然后输入文字内容，如图 7-68 所示。

(21) 使用【文字】工具选中部分文字，按 Ctrl+T 键打开【字符】面板。在面板中设置字体系列为 Bradley Hand ITC，字体大小为 85，字符间距数值为-100，如图 7-69 所示。

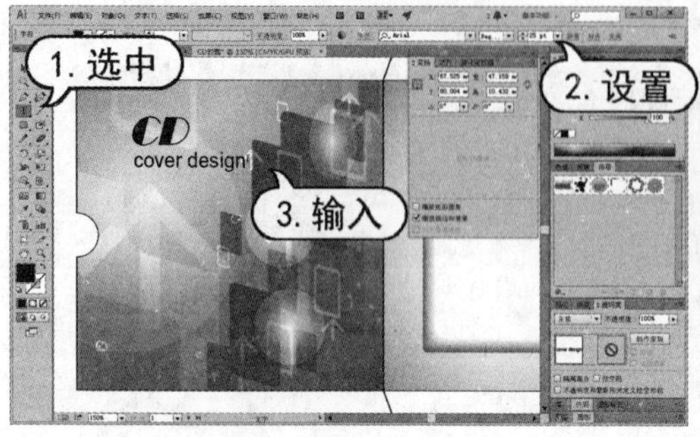

图 7-68　输入文字

图 7-69　调整文字

(22) 使用【选择】工具选中左侧所有图形对象，按 Ctrl+C 键复制。在【图层】面板中，单击【创建新图层】按钮新建【图层 2】。选中画板 2，按 Ctrl+F 键粘贴图形，如图 7-70 所示。

(23) 使用【选择】工具选中最下方的图形，并在【颜色】面板中设置描边色为无，如图 7-71 所示。

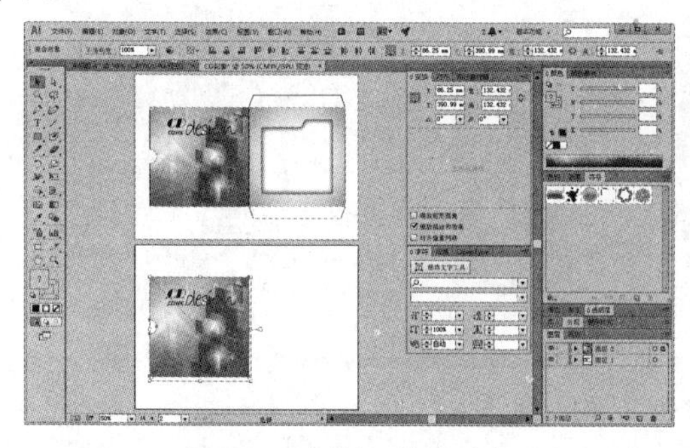

图 7-70　复制、粘贴对象

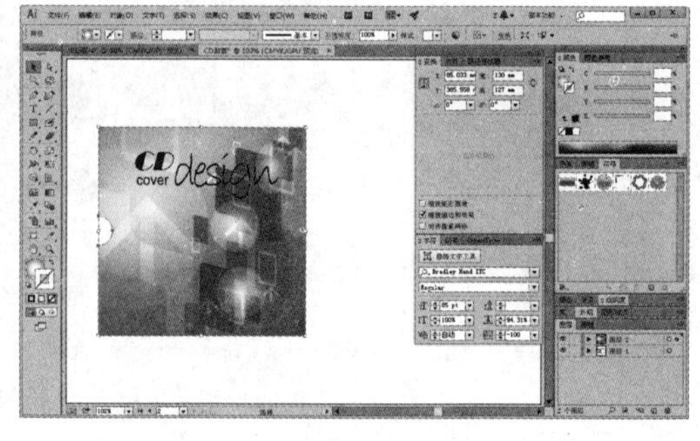

图 7-71　调整图形

(24) 选择【效果】|【风格化】|【投影】命令，打开【投影】对话框。在对话框中，设置【X 位移】和【Y 位移】数值为 1mm，【模糊】数值为 1.8mm，然后单击【确定】按钮，如图 7-72 所示。

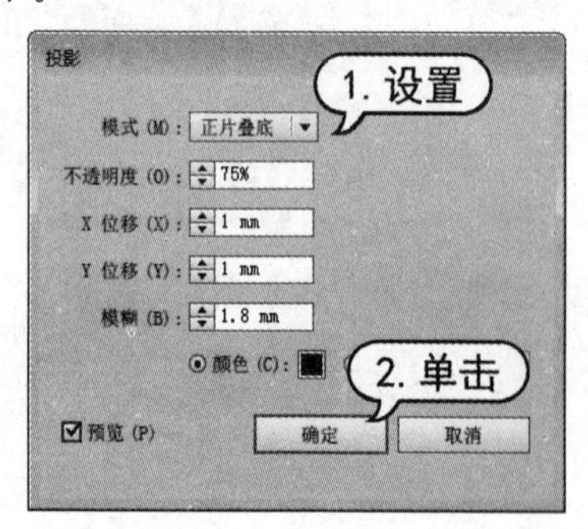

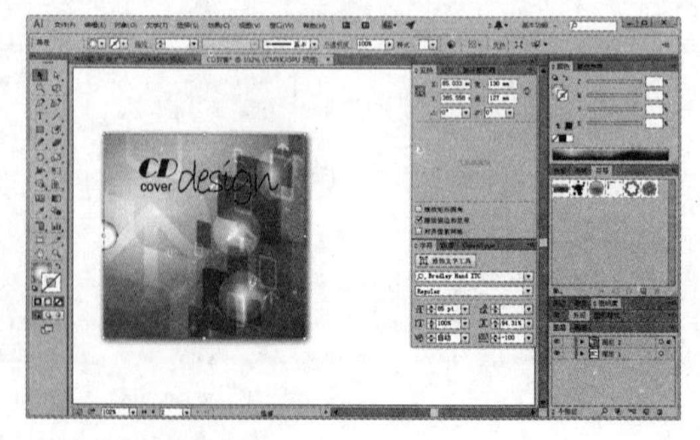

图 7-72　使用【投影】效果

(25) 选择【椭圆】工具拖动绘制椭圆形，并设置描边色为无。然后在【渐变】面板中单击渐变填色框，设置【角度】数值为 0°，【长宽比】数值为 16%，填色为 C=93 M=88 Y=89 K=80 至 C=0 M=0 Y=0 K=0 的渐变。再按 Shift+Ctrl+[键将椭圆形放置在最底层，如图 7-73 所示。

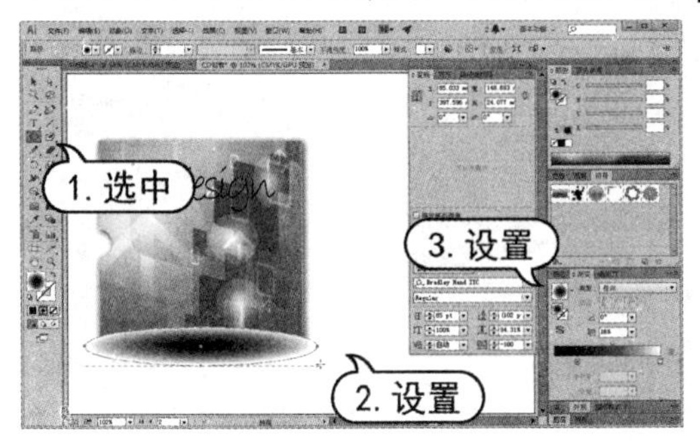

图 7-73 创建图形

(26) 选择【椭圆】工具在画板中单击，并按 Alt+Shift 键拖动绘制圆形。然后在【变换】面板中设置【宽度】数值为 120mm，在【颜色】面板中设置填色为 C=23 M=23 Y=21 K=50，描边色为 C=79 M=73 Y=71 K=44，如图 7-74 所示。

(27) 在刚绘制的圆形上单击鼠标右键，在弹出的快捷菜单中选择【变换】|【缩放】命令，打开【比例缩放】对话框。在对话框中，设置【等比】数值为 98%，然后单击【复制】按钮。然后在【颜色】面板中，设置描边色为无，填色为白色，如图 7-75 所示。

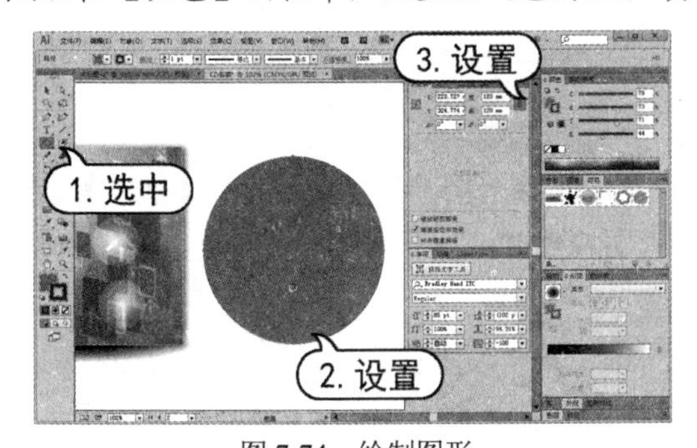

图 7-74 绘制图形

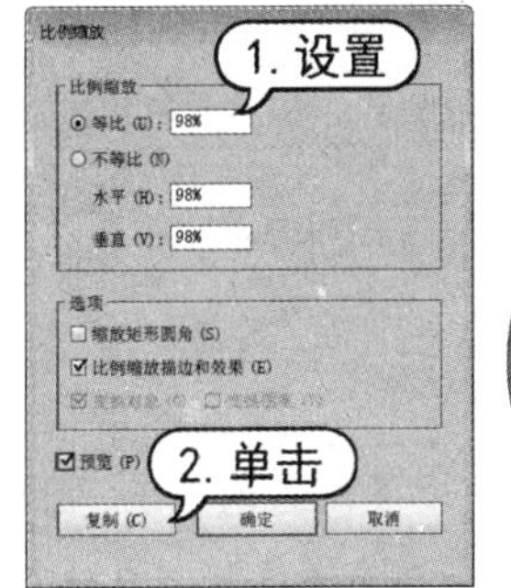

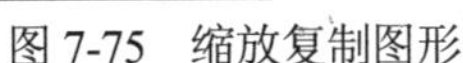

图 7-75 缩放复制图形

(28) 按 Ctrl+C 键复制刚创建的圆形，按 Ctrl+F 键粘贴。选择【文件】|【置入】命令，打开【置入】对话框。在对话框中选中所需要的图像文档，再单击【置入】按钮。然后使用【选择】工具调整置入图像的大小，并按 Ctrl+[键将其放置在圆形下方，如图 7-76 所示。

(29) 使用【选择】工具选中置入图像和复制的圆形，然后单击鼠标右键，在弹出的菜单中选择【建立剪切蒙版】命令。并在【透明度】面板中设置混合模式为【强光】，【不透明度】数值为 80%，如图 7-77 所示。

(30) 使用【选择】工具选中步骤(27)中创建的白色圆形，单击鼠标右键，在弹出的快捷菜单中选择【变换】|【缩放】命令，打开【比例缩放】对话框。在对话框中设置【等比】数值为 35%，然后单击【复制】按钮，如图 7-78 所示。

(31) 按 Shift+Ctrl+]键将复制的图形置于顶层，并单击工具箱中的【互换填色和描边】图标，在【描边】面板中设置【粗细】数值为 8pt，在【透明度】面板中设置【不透明度】数值为 50%，如图 7-79 所示。

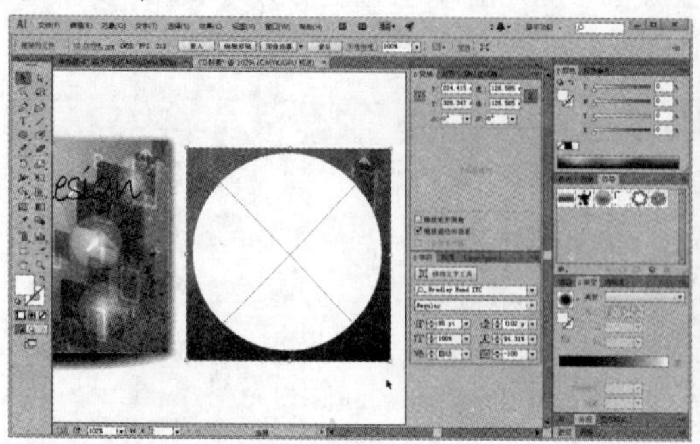

图 7-76　置入图像　　图 7-77　建立剪切蒙版

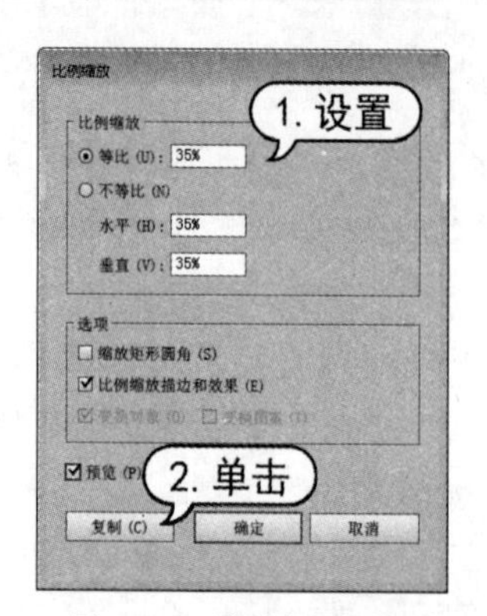

图 7-78　缩放复制图形

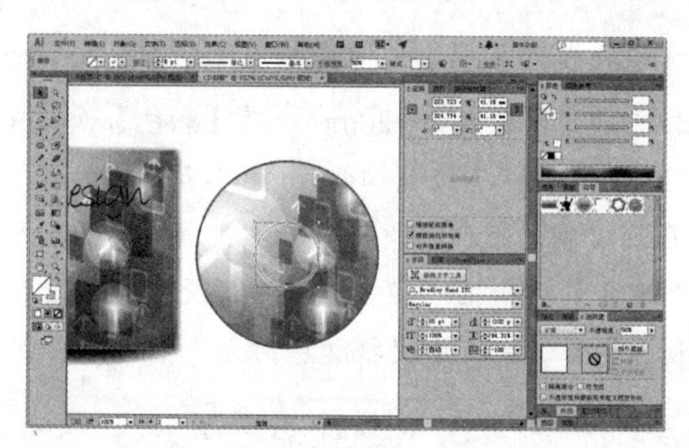

图 7-79　调整图形

(32) 在上一步创建的图形上单击鼠标右键，在弹出的快捷菜单中选择【变换】|【缩放】命令，打开【比例缩放】对话框。在对话框中设置【等比】数值为 80%，然后单击【复制】按钮，如图 7-80 所示。

(33) 在【颜色】面板中设置描边色为无，在【透明度】面板中设置【不透明度】数值为 100%。然后在【渐变】面板中单击渐变填色框，在【类型】下拉列表中选择【线性】选项，设置【角度】数值为-105°，设置填色为 K=0 至 K=41 至 K=44 至 K=44.5 至 K=0 至 K=55 的渐变，如图 7-81 所示。

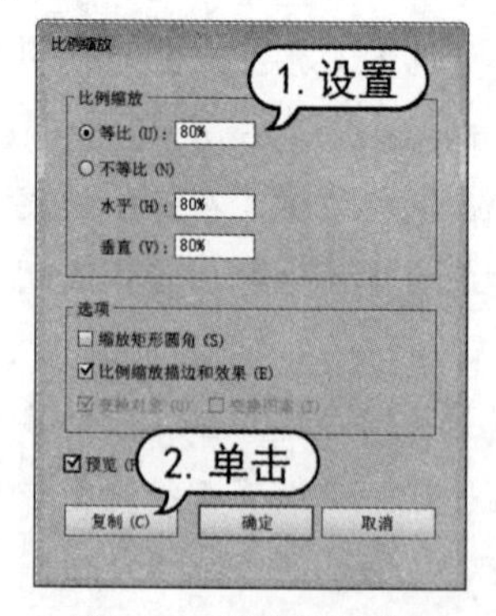

图 7-80　缩放复制图形

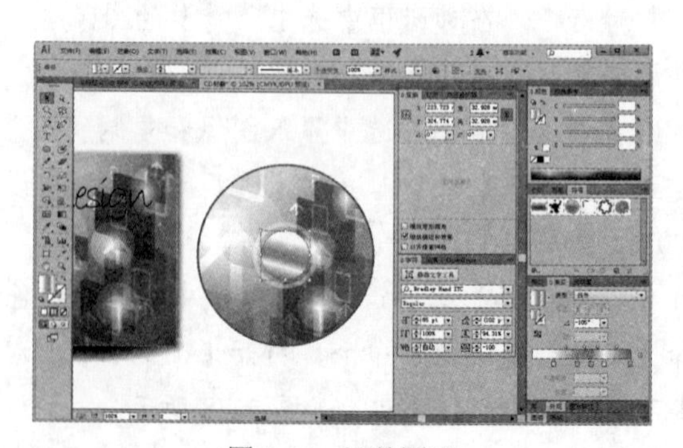

图 7-81　调整图形

(34) 在上一步创建的图形上单击鼠标右键，在弹出的快捷菜单中选择【变换】|【缩放】命令，打开【比例缩放】对话框。在对话框中设置【等比】数值为 96%，然后单击【复制】按钮，如图 7-82 所示。

(35) 在【渐变】面板中单击渐变填色框，设置【角度】数值为-59.5°，设置填色为 K=0 至 K=34 至 K=0 至 K=25 的渐变，如图 7-83 所示。

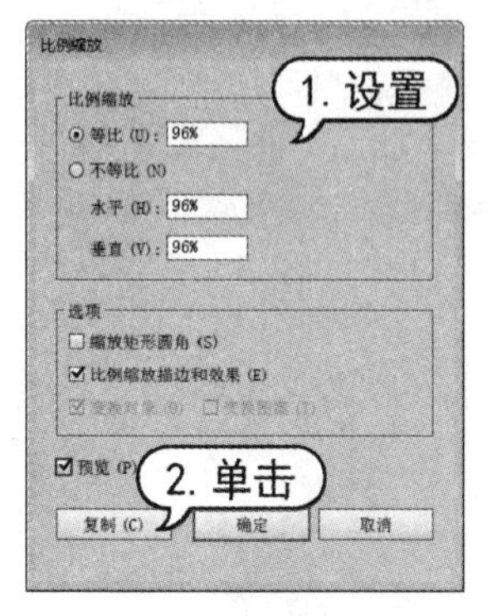

图 7-82　缩放复制图形

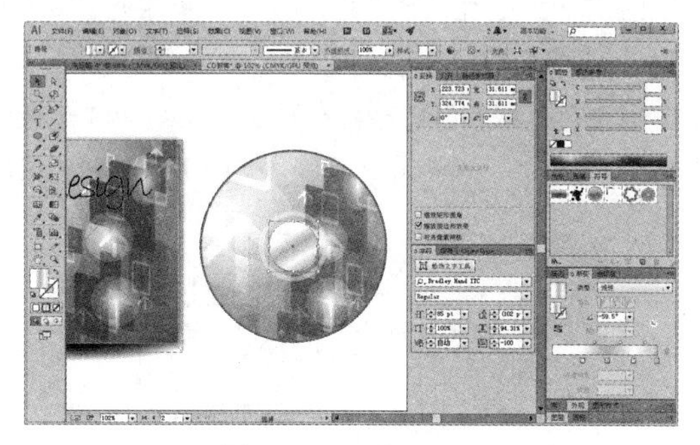

图 7-83　调整图形

(36) 在上一步创建的图形上单击鼠标右键，在弹出的快捷菜单中选择【变换】|【缩放】命令，打开【比例缩放】对话框。在对话框中设置【等比】数值为 58%，然后单击【复制】按钮，如图 7-84 所示。

(37) 在【渐变】面板中单击渐变填色框，设置【角度】数值为 119°，设置填色为 K=0 至 K=100 至 K=25 的渐变，如图 7-85 所示。

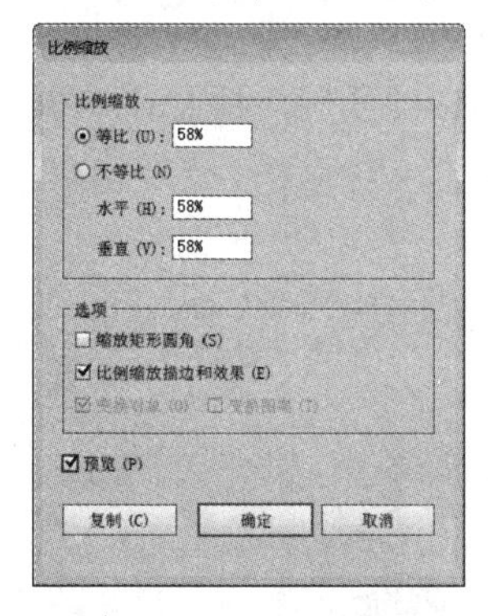

图 7-84　缩放复制图形

图 7-85　调整图形

(38) 在上一步创建的图形上单击鼠标右键，在弹出的快捷菜单中选择【变换】|【缩放】命令，打开【比例缩放】对话框。在对话框中设置【等比】数值为 92%，然后单击【复制】按钮。并在【颜色】面板中设置填色为白色，如图 7-86 所示。

(39) 选择【效果】|【风格化】|【内发光】命令，打开【内发光】对话框。在对话框中设置【不透明度】数值为 40%，【模糊】数值为 2mm，然后单击【确定】按钮，如图 7-87 所示。

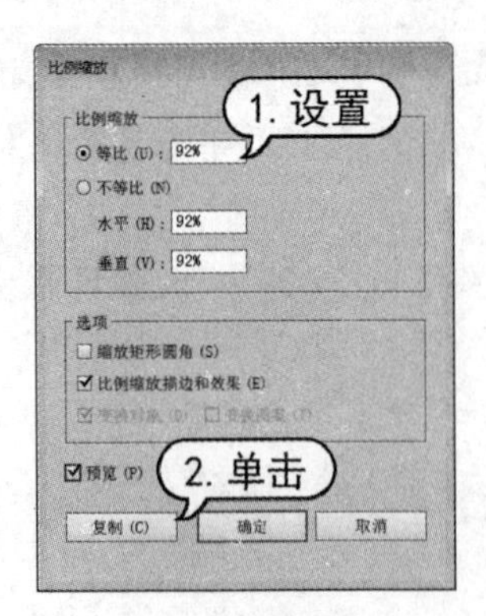

图 7-86　创建图形

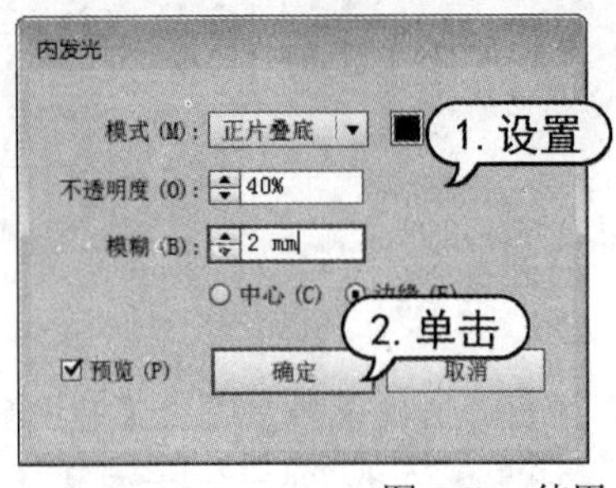

图 7-87　使用【内发光】效果

(40) 选择【椭圆】工具拖动绘制椭圆形，然后在【渐变】面板中单击渐变填色框，在【类型】下拉列表中选择【径向】，设置【角度】数值为 0°，【长宽比】数值为 18%，填色为 K=100 至 K=0 的渐变。按 Shift+Ctrl+[键将椭圆形放置在最底层，如图 7-88 所示。

(41) 使用【选择】工具选中左侧 CD 封套上的文字，按 Ctrl+C 键复制，按 Ctrl+F 键粘贴。按 Shift+Ctrl+]键将复制的文字放置在最顶层，并调整其大小及位置，完成 CD 效果的制作，如图 7-88 所示。

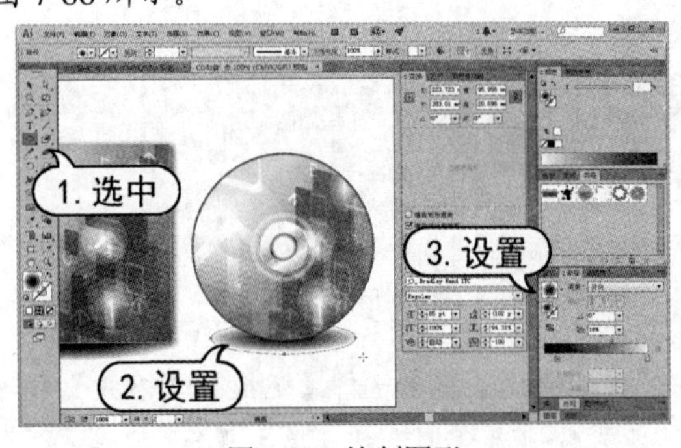

图 7-88　绘制图形

图 7-89　复制、调整文字

7.4.2　编辑不透明蒙版

通过编辑蒙版对象可以更改蒙版的形状或透明度。单击【透明度】面板中的蒙版对象缩览

图，按住 Alt 键并单击蒙版缩览图以隐藏文档窗口中的所有其他图稿，如图 7-90 所示。不按住 Alt 键也可以编辑蒙版，但是画面上除了蒙版外的图形对象不会隐藏，这样可能会造成相互干扰。用户可以使用任何编辑工具来编辑蒙版，完成后单击【透明度】面板中的被蒙版的图稿的缩览图以退出蒙版编辑模式。

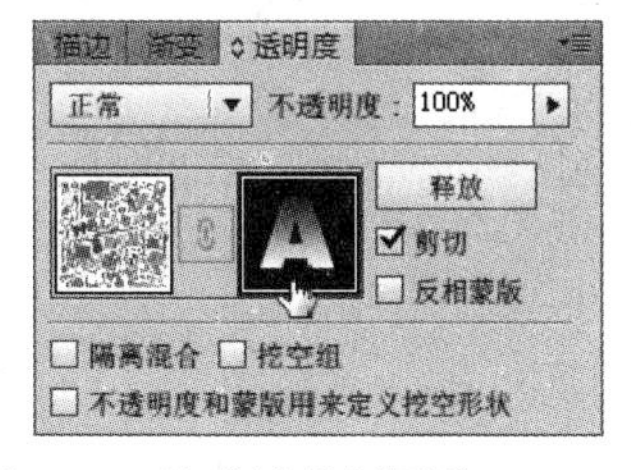

图 7-90　隐藏被蒙版图稿

1. 取消链接或重新链接不透明蒙版

移动被蒙版的图稿时，蒙版对象也会随之移动；而移动蒙版对象时，被蒙版的图稿却不会随之移动。可以在【透明度】面板中取消蒙版链接，以将蒙版锁定在合适的位置并单独移动被蒙版的图稿。

要取消链接蒙版，可在【图层】面板中选中被蒙版的图稿，然后单击【透明度】面板中缩览图之间的链接符号，或者从【透明度】面板菜单中选择【取消链接不透明蒙版】命令，将锁定蒙版对象的位置和大小，这样可以独立于蒙版来移动被蒙版的对象并调整其大小，如图 7-91 所示。

要重新链接蒙版，可在【图层】面板中选中被蒙版的图稿，然后单击【透明度】面板中缩览图之间的区域，或者从【透明度】面板菜单中选择【链接不透明蒙版】命令。

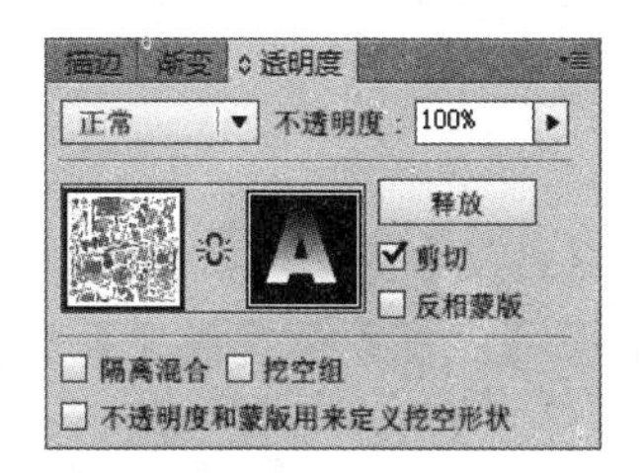

图 7-91　取消链接不透明蒙版

2. 停用不透明蒙版

要停用蒙版，可在【图层】面板中选中被蒙版的图稿。然后按住 Shift 键并单击【透明度】面板中的蒙版对象的缩览图，或者从【透明度】面板菜单中选择【停用不透明蒙版】命令，停用不透明蒙版后，【透明度】面板中的蒙版缩览图上会显示一个红色的×号，如图 7-92 所示。

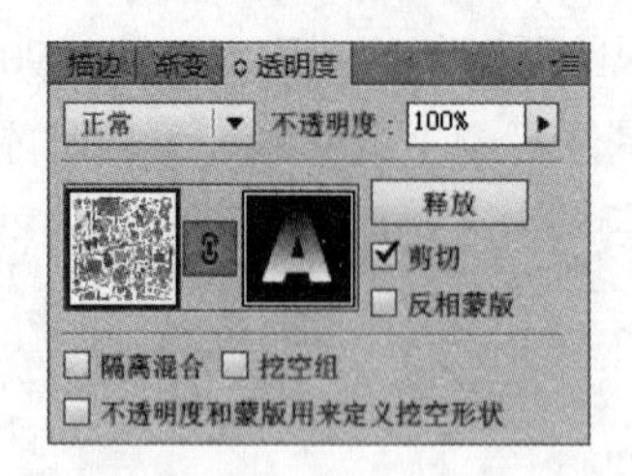

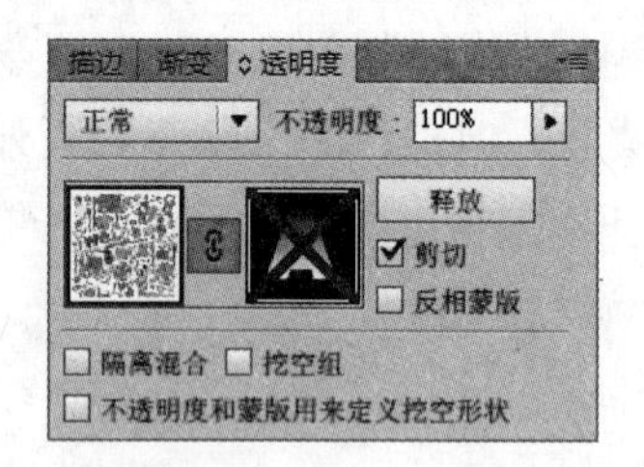

图 7-92　停用不透明蒙版

要重新激活蒙版，可在【图层】面板中选中被蒙版的图稿，然后按住 Shift 键并单击【透明度】面板中的蒙版对象的缩览图，或者从【透明度】面板菜单中选择【启用不透明蒙版】命令即可。

3. 释放不透明蒙版

在【图层】面板中选中被蒙版的图稿，然后从【透明度】面板菜单中选择【释放不透明蒙版】命令，或单击【释放】按钮，蒙版对象会重新出现在被蒙版的对象的上方，如图 7-93 所示。

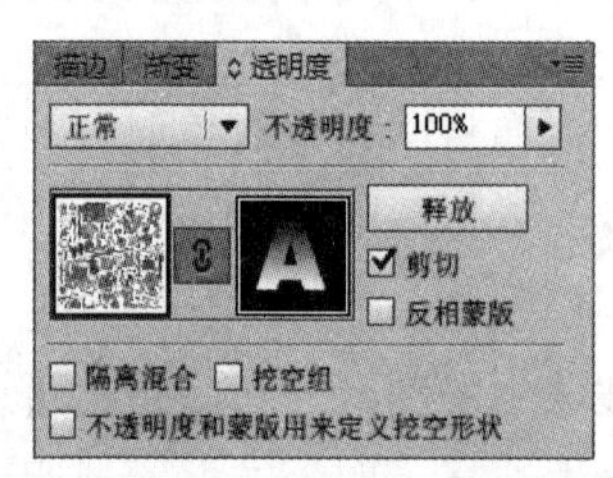

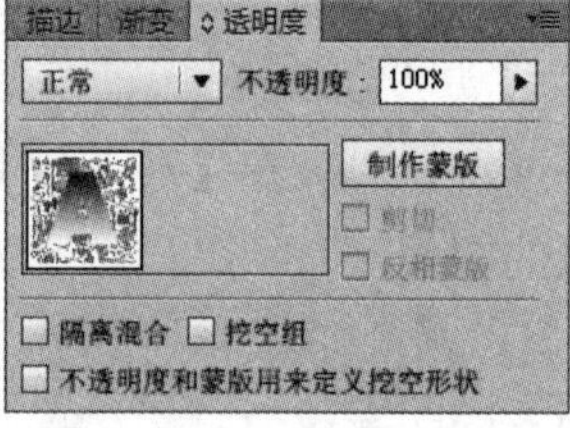

图 7-93　释放不透明蒙版

7.5　上机练习

本章的上机练习通过制作礼品券的综合实例，使用户更好地掌握本章所介绍的图层与蒙版的基本操作方法和技巧。

(1) 选择【文件】|【新建】命令，打开【新建文档】对话框。在对话框的【名称】文本框中输入“礼品券”，设置【宽度】和【高度】数值为 100mm，然后单击【确定】按钮，如图 7-94 所示。

(2) 选择【矩形】工具绘制与画板同等大小的矩形，并在【颜色】面板中将其描边色设置为无。在【渐变】面板中单击渐变填色框，设置【类型】为【径向】，渐变填充色为白色至 K=18，如图 7-95 所示。

(3) 按 Ctrl+2 键锁定绘制的矩形，选择【圆角矩形】工具在画板上单击，打开【圆角矩形】对话框。在对话框中，设置【宽度】数值为 85mm，【高度】数值为 36mm，【圆角半径】数值为 4mm，然后单击【确定】按钮。然后将刚绘制的圆角矩形填充色设置为白色，如图 7-96 所示。

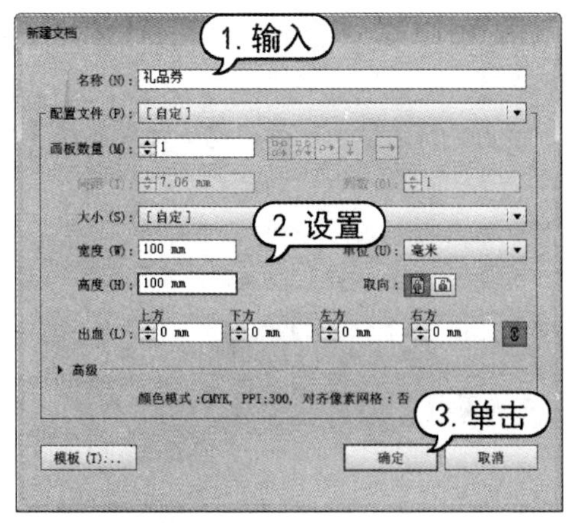

图 7-94　新建文档

图 7-95　绘制图形

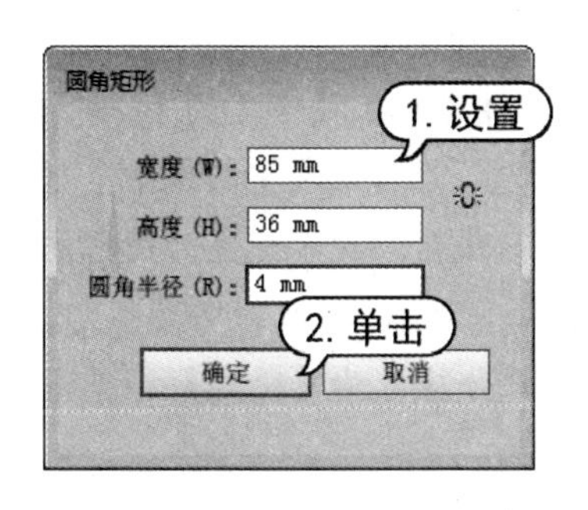

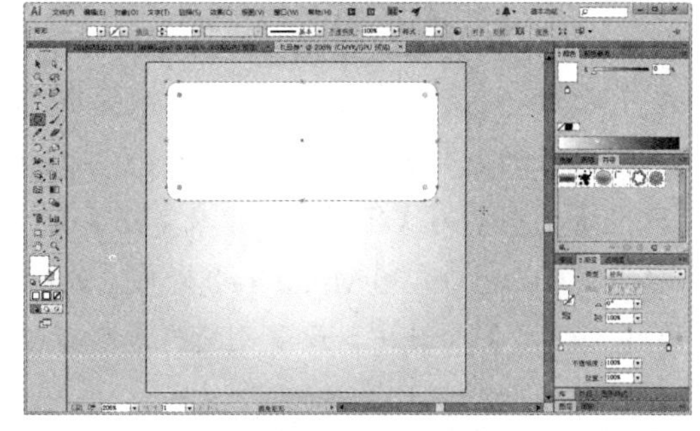

图 7-96　创建图形

(4) 按 Ctrl+C 键复制刚绘制的圆角矩形，按 Ctrl+F 键将复制的圆角矩形粘贴在上一层中。选择【刻刀】工具，按住 Shift+Alt 键在复制的圆角矩形上单击并拖动绘制直线，将复制的圆角矩形分割成两个图形，如图 7-97 所示。

(5) 选中分割后的圆角矩形的上半部分，按 Ctrl+C 键复制，再按 Ctrl+F 键粘贴。然后选择【文件】|【置入】命令，打开【置入】对话框。在对话框中，选中所需要的图像文件，然后单击【置入】按钮，如图 7-98 所示。

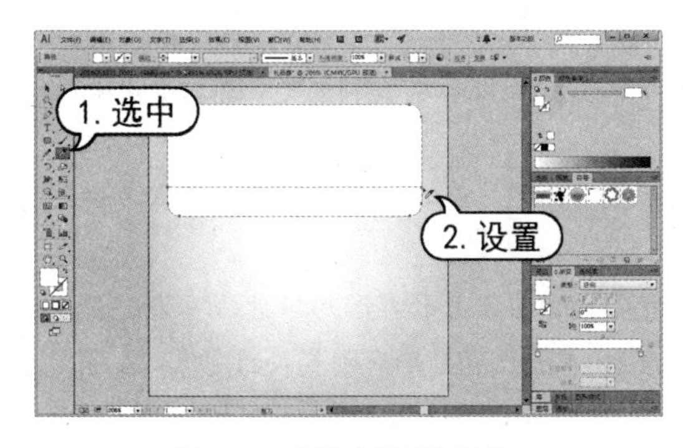

图 7-97　使用【刻刀】工具

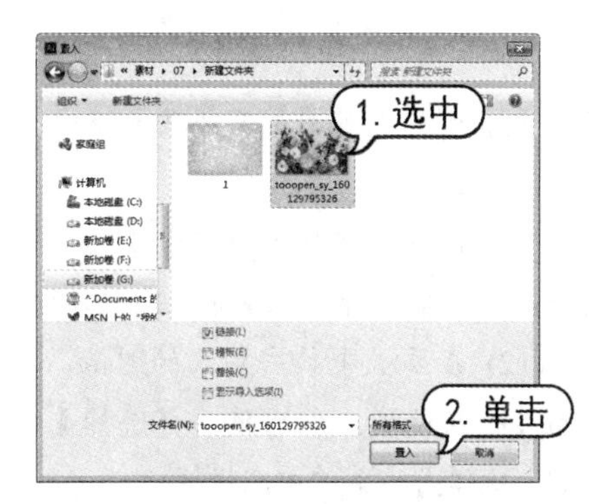

图 7-98　置入图像

(6) 在画板中单击置入的图像，按 Ctrl+[键两次将置入图像放置在分割后的图形下方，并调整其置入图像的大小及位置，如图 7-99 所示。

(7) 选中步骤(5)中复制的分割图形和刚置入的图像，单击鼠标右键，从弹出的菜单中选择【建立剪切蒙版】命令，如图 7-100 所示。

图 7-99　调整图像

图 7-100　建立剪切蒙版

(8) 在剪切蒙版对象上单击鼠标右键，从弹出的菜单中选择【选择】|【下方的下一个对象】命令选择分割对象的上部图形，并按 Shift+Ctrl+]键将其置于顶层。在【渐变】面板中单击渐变填色框，设置【类型】为【径向】，【长宽比】数值为 52.5%，设置渐变填充色为白色，【不透明度】数值为 10%至 C=30 M=80 Y=0 K=0，如图 7-101 所示。

(9) 在【透明度】面板中，设置刚填充渐变的图形对象的混合模式为【变亮】，【不透明度】数值为 60%，如图 7-102 所示。

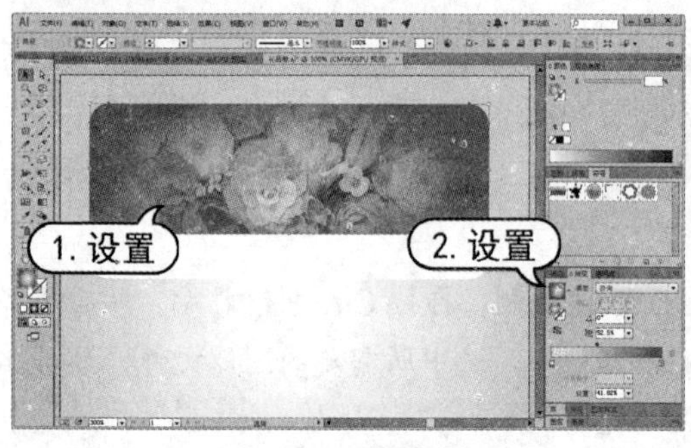

图 7-101　设置图形

图 7-102　设置不透明度

(10) 选择【椭圆】工具在画板中单击，并按住 Shift+Alt 键拖动绘制圆形，然后将其填充为白色，如图 7-103 所示。

(11) 选择【文件】|【置入】命令，打开【置入】对话框。在对话框中，选中所需要的图像文件，然后单击【置入】按钮，如图 7-104 所示。

(12) 在画板中单击置入的图像，按 Ctrl+[键将置入的图像放置在圆形下方，并调整置入图像的大小及位置。然后使用【选择】工具选中步骤(10)中绘制的圆形和刚置入的图像，单击鼠标右键，从弹出的菜单中选择【建立剪切蒙版】命令，如图 7-105 所示。

(13) 使用【文字】工具在画板中单击，在属性栏中设置字体系列为 Forte，字体大小为 17pt，在【颜色】面板中设置字体颜色为白色，然后使用【文字】工具输入文字内容。输入结束后，

按 Ctrl+Enter 键结束操作，结果如图 7-106 所示。

图 7-103　绘制图形

图 7-104　置入图像

图 7-105　建立剪切蒙版

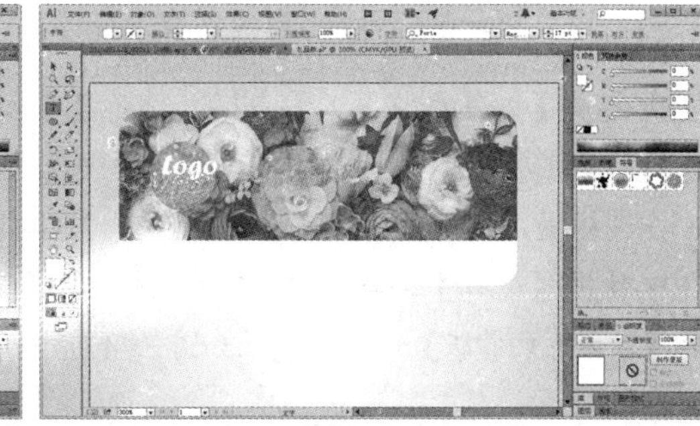

图 7-106　输入文字

(14) 使用【选择】工具选中步骤(12)中创建的剪切蒙版对象和文字，在属性栏中单击对齐选项，从弹出的列表中选择【对齐关键对象】选项，并设置剪切蒙版对象为关键对象，然后单击【垂直居中对齐】和【水平居中对齐】按钮，结果如图 7-107 所示。

(15) 使用【选择】工具选中文字，选择【效果】|【风格化】|【投影】命令，打开【投影】对话框。在对话框中设置【X 位移】和【Y 位移】数值为-0.3mm，【模糊】数值为 0mm，然后单击【确定】按钮，如图 7-108 所示。

图 7-107　对齐对象

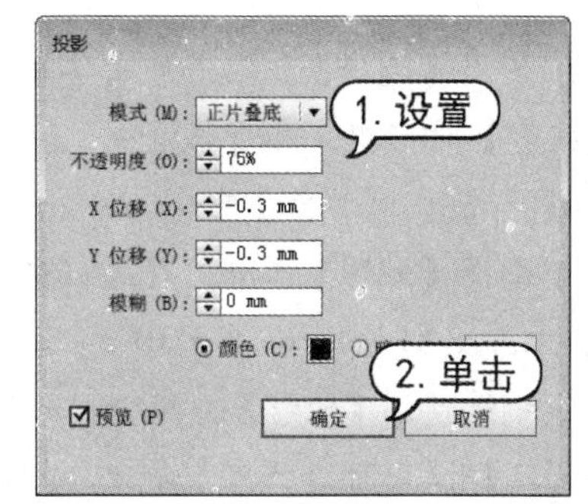

图 7-108　使用【投影】效果

(16) 使用【选择】工具选中步骤(3)至步骤(15)创建的对象，按 Ctrl+G 键进行编组，如图 7-109 所示。

(17) 使用【文字】工具在画板中单击，在属性栏中设置字体系列为 Script MT Bold，字体大小为 20pt，然后使用【文字】工具输入文字内容，如图 7-110 所示。输入结束后，按 Ctrl+Enter 键结束操作。

图 7-109 编组对象

图 7-110 输入文字

(18) 选择【文件】|【置入】命令，打开【置入】对话框。在对话框中，选中所需要的图像文件，然后单击【置入】按钮。在画板中单击置入的图像，按 Ctrl+[键将置入图像放置在文字下方，并调整置入图像的大小及位置，如图 7-111 所示。

(19) 使用【选择】工具选中文字对象的圆形和刚置入的图像，单击鼠标右键，从弹出的菜单中选择【建立剪切蒙版】命令，结果如图 7-112 所示。

图 7-111 置入图像

图 7-112 建立剪切蒙版

(20) 使用【选择】工具选中文字剪切蒙版对象，选择【效果】|【风格化】|【投影】命令，打开【投影】对话框。在对话框中，设置【不透明度】数值为 60%，【X 位移】和【Y 位移】数值为-0.05mm，【模糊】数值为 0.2mm，然后单击【确定】按钮，如图 7-113 所示。

(21) 选择【矩形】工具，在画板中绘制如图 7-114 所示的矩形，并在【颜色】面板中设置填充色为 C=28 M=34 Y=100 K=0。

(22) 继续使用【矩形】工具绘制一个矩形，然后使用【选择】工具选中刚绘制的两个矩形，选择【窗口】|【路径查找器】命令，打开【路径查找器】面板，再单击【减去顶层】按钮，如图 7-115 所示。

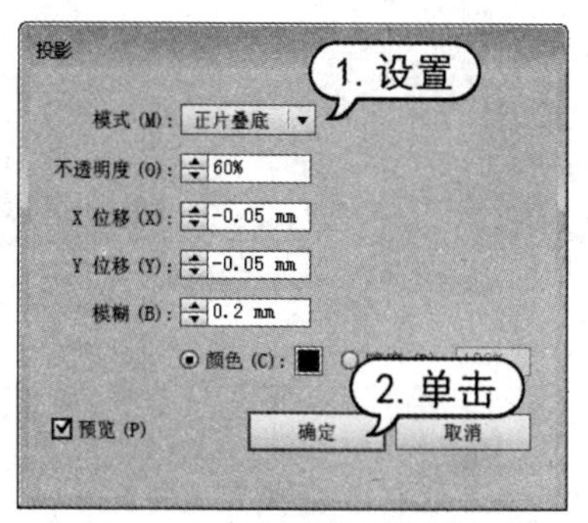

图 7-113　使用【投影】效果

图 7-114　绘制图形

图 7-115　编辑图形

(23) 使用【文字】工具在画板中单击，在属性栏中设置字体系列为 Arial，字体大小为 8pt，然后使用【文字】工具输入文字内容，如图 7-116 所示。输入结束后，按 Ctrl+Enter 键结束操作。

(24) 选择【效果】|【风格化】|【投影】命令，打开【投影】对话框。在对话框中，设置【不透明度】数值为 75%，【X 位移】和【Y 位移】数值为-0.1mm，【模糊】数值为 0mm，然后单击【确定】按钮，如图 7-117 所示。

图 7-116　输入文字

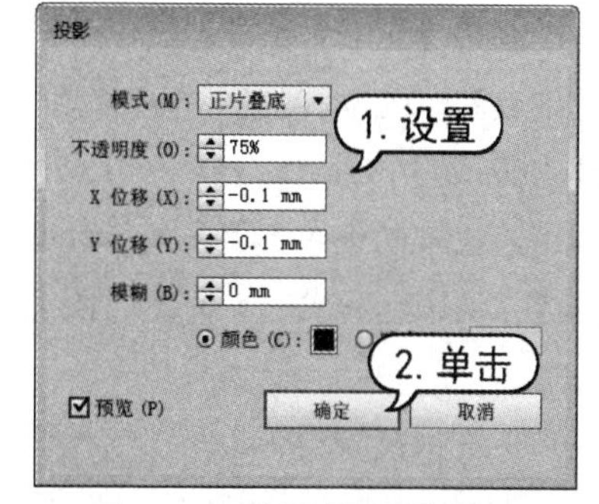

图 7-117　使用【投影】效果

(25) 使用【文字】工具在画板中拖动创建文本框，在属性栏中设置字体系列为黑体，字体大小为 4pt，然后使用【文字】工具输入文字内容，如图 7-118 所示。输入结束后，按 Ctrl+Enter 键结束操作。

(26) 选择【窗口】|【文字】|【段落】命令，打开【段落】面板，设置【首行左缩进】数值为 8pt，【段前间距】数值为 2pt，如图 7-119 所示。

图 7-118　输入文字

图 7-119　设置段落

(27) 使用【文字】工具在画板中单击，在属性栏中设置字体系列为 Britannic Bold，字体大小为 26pt，【垂直缩放】数值为 70%，在【颜色】面板中设置填充色为白色，然后使用【文字】工具输入文字内容，如图 7-120 所示。输入结束后，按 Ctrl+Enter 键结束操作。

(28) 保持文字对象的选中状态，选择【效果】|【应用“投影”】命令，应用上一次设置的投影效果，如图 7-121 所示。

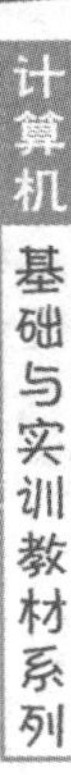

图 7-120　输入文字

图 7-121　使用【应用“投影”】命令

(29) 使用【文字】工具在画板中单击，在属性栏中设置字体系列为 Impact，字体大小为 48pt，【垂直缩放】数值为 100%，然后使用【文字】工具输入文字内容，如图 7-122 所示。输入结束后，按 Ctrl+Enter 键结束操作。

(30) 在输入的文字上单击鼠标右键，从弹出的菜单中选择【创建轮廓】命令。在【颜色】面板中单击【互换填色和描边】按钮。在【描边】面板中，设置【粗细】数值为 2pt。结果如图 7-123 所示。

图 7-122　输入文字

图 7-123　调整文字

(31) 保持文字对象的选中状态，选择【效果】|【应用“投影”】命令，应用上一次设置的投影效果，如图7-124所示。

(32) 按Ctrl+A键全选画板中的对象，按Ctrl+G键进行编组，如图7-125所示。

图7-124　使用【应用“投影”】命令

图7-125　编组对象

(33) 选择【圆角矩形】工具拖动绘制如图7-126所示的圆角矩形，并在【颜色】面板中设置填充色为白色。

(34) 选择【网格】工具在圆角矩形中单击添加网格锚点，并在【颜色】面板中设置锚点颜色为C=70 M=70 Y=100 K=49，如图7-127所示。

图7-126　绘制图形

图7-127　添加网格渐变

(35) 使用步骤(34)的操作添加网格点，然后使用【直接选择】工具调整锚点位置及网格形状，如图7-128所示。

(36) 按Shift+Ctrl+[键将网格对象置于底层，使用【选择】工具调整网格渐变对象的堆叠顺序，并在【透明度】面板中设置混合模式为【正片叠底】，如图7-129所示。

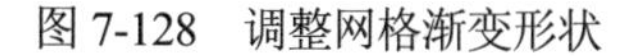

图7-128　调整网格渐变形状

图7-129　调整网格渐变

(37) 按 Ctrl+A 键全选画板中的对象，按 Ctrl+G 键进行编组。打开【对齐】面板，设置【对齐】选项为【对齐画板】，然后单击【水平居中对齐】和【垂直居中对齐】按钮，完成礼品券效果的制作，如图 7-130 所示。

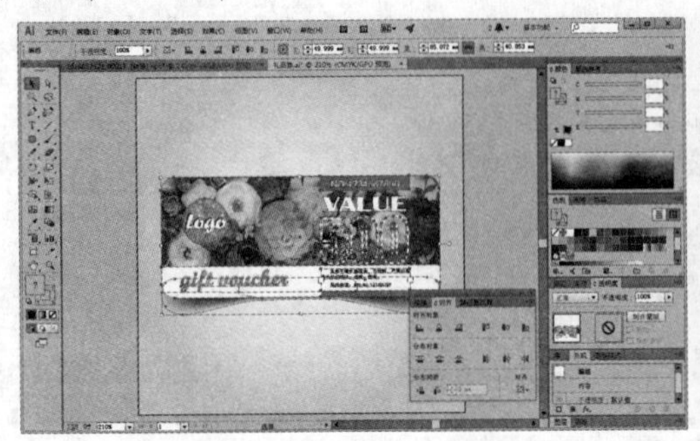

图 7-130　完成效果

7.6　习题

1. 新建一个文档，绘制如图 7-131 所示的礼品券。
2. 新建一个文档，创建如图 7-132 所示的网页效果。

图 7-131　礼品券效果

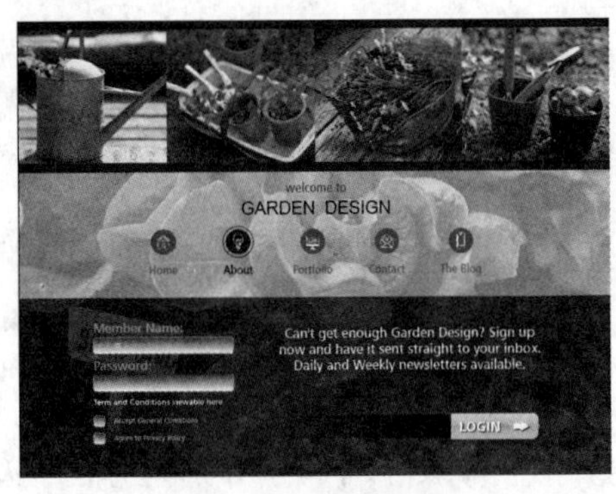

图 7-132　网页效果

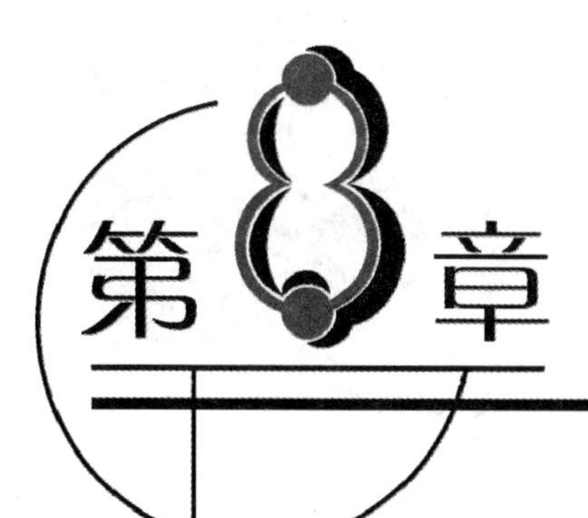

第8章 使用混合与封套效果

学习目标

混合功能可以在两个或多个对象之间生成一系列的中间对象使之产生从形状到颜色的全面过渡效果。封套扭曲功能是Illustrator中最灵活、最具可控性的变形功能，它可以使对象按照封套的形状产生变形。

本章重点

- 创建混合对象
- 设置混合选项
- 创建封套
- 编辑封套

8.1 混合效果的使用

在Illustrator中，可以通过混合对象功能在两个对象之间创建平均分布的形状，或颜色的平滑过渡。混合的对象可以是开放路径，也可以是封闭路径。

8.1.1 创建混合对象

使用【混合】工具和【混合】命令可以在两个或数个对象之间创建一系列的图形对象，并且可以编辑建立的混合效果。选中需要混合的对象后，选择【对象】|【混合】|【建立】命令，或选择【混合】工具分别单击需要混合的图形对象，即可生成混合效果。

【例8-1】在Illustrator中，创建图形混合。

(1) 选择【文件】|【打开】命令，打开图形文档，如图8-1所示。

(2) 选择【混合】工具，分别在两个图形对象上单击，即可创建如图 8-2 所示的混合效果。

图 8-1　打开图形文档

图 8-2　创建混合

8.1.2　设置混合选项

选择混合的对象后，双击工具箱中的【混合】工具，或选择【对象】|【混合】|【混合选项】命令，可以打开如图 8-3 所示的【混合选项】对话框。在对话框中可以对混合效果进行设置。

- 【间距】选项用于设置混合对象之间的距离大小，数值越大，混合对象之间的距离也就越大。其中包含 3 个选项，分别是【平滑颜色】、【指定的步数】和【指定的距离】选项，如图 8-4 所示。【平滑颜色】选项表示系统将按照要混合的两个图形的颜色和形状来确定混合步数。【指定的步数】选项可以控制混合的步数。【指定的距离】选项可以控制每一步混合间的距离。

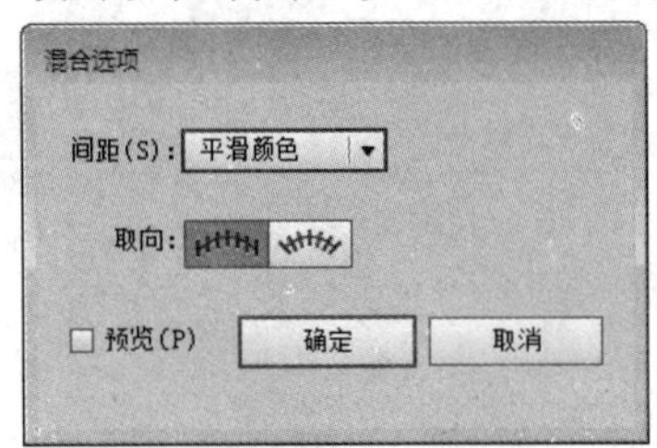

图 8-3　【混合选项】对话框

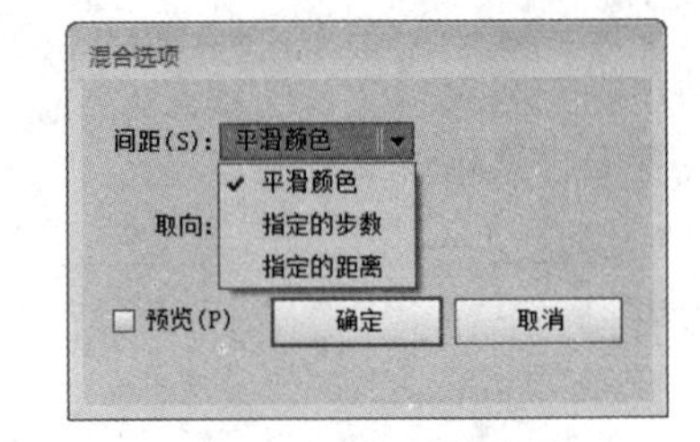

图 8-4　【间距】选项

- 【取向】选项可以设定混合的方向。按钮以对齐页面的方式进行混合，按钮以对齐路径的方式进行混合。
- 【预览】复选框被选中后，可以直接预览更改设置后的所有效果。

【例 8-2】在 Illustrator 中，创建混合对象并设置混合选项。

(1) 选择【文件】|【打开】命令，打开图形文档，如图 8-5 所示。

(2) 选择【混合】工具，在图形文档中的两个图形对象上分别单击，创建混合效果，如图 8-6 所示。

(3) 选择【对象】|【混合】|【混合选项】命令，打开【混合选项】对话框。在对话框的【间距】下拉列表中选择【指定的距离】选项，并设置数值为 16mm，单击【确定】按钮关闭【混合选项】对话框，应用混合选项的设置，如图 8-7 所示。

图 8-5　打开图形文档

图 8-6　创建混合

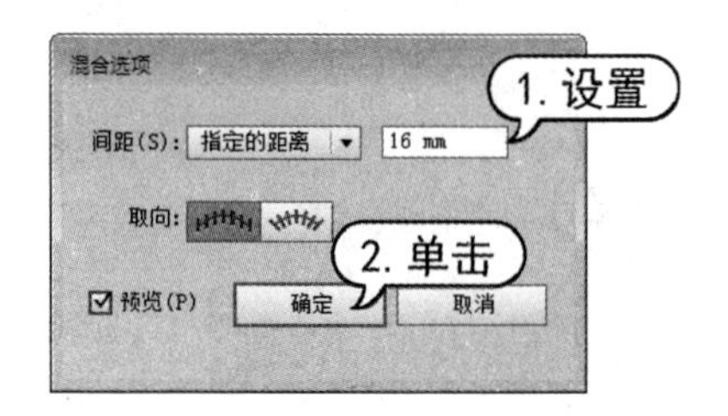

图 8-7　设置混合选项

8.1.3　编辑混合路径

创建混合图形对象后，用户可以编辑修改混合图形对象的混合路径，还可以更改混合对象的堆叠方式。

1. 调整混合路径

使用 Illustrator 中的编辑工具能移动、删除或变形混合；也可以使用任何编辑工具来编辑锚点和路径，或改变混合的颜色。当编辑原始对象的锚点时，混合也会随着改变。原始对象之间所混合的新对象不会拥有其本身的锚点。

【例 8-3】在 Illustrator 中，创建混合对象并编辑混合对象的路径。

(1) 选择【文件】|【打开】命令，打开图形文档，如图 8-8 所示。

(2) 选择【混合】工具，在图形文档中的两个图形对象上分别单击创建混合效果，如图 8-9 所示。

图 8-8　打开图形文档

图 8-9　创建混合

(3) 选择【对象】|【混合】|【混合选项】命令，打开【混合选项】对话框。在对话框的【间距】下拉列表中选择【指定的步数】选项，并设置数值为 4，然后单击【确定】按钮设置混合选项，如图 8-10 所示。

(4) 选择【锚点】工具，单击混合轴上的锚点并调整混合轴路径，如图 8-11 所示。

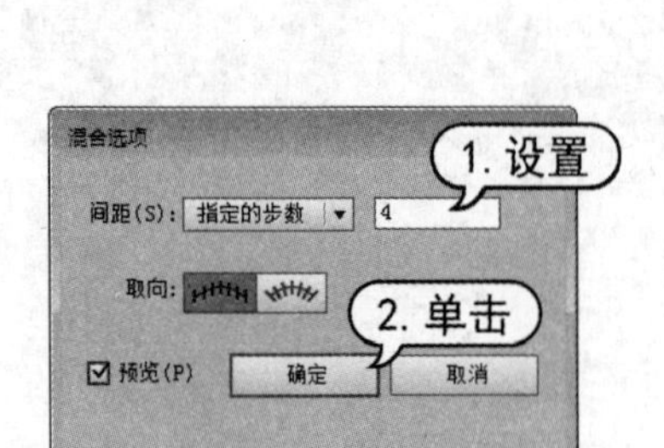

图 8-10　设置混合选项

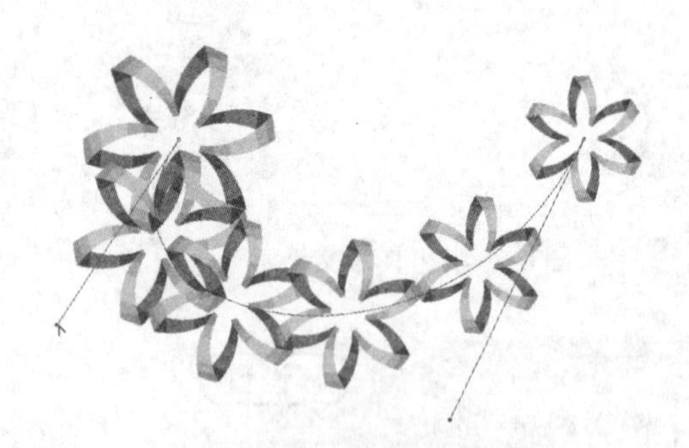

图 8-11　调整混合轴

2. 替换混合轴

在 Illustrator 中，使用【对象】|【混合】|【替换混合轴】命令可以使需要混合的图形按照一条已经绘制好的开放路径进行混合，从而得到所需要的混合图形。

【例 8-4】在 Illustrator 中，创建混合对象并使用绘制的路径替换混合轴。

(1) 选择【文件】|【打开】命令，打开图形文档，如图 8-12 所示。

(2) 选择【混合】工具，在文档中的两个图形对象上分别单击，创建混合效果，如图 8-13 所示。

图 8-12　打开图形文档

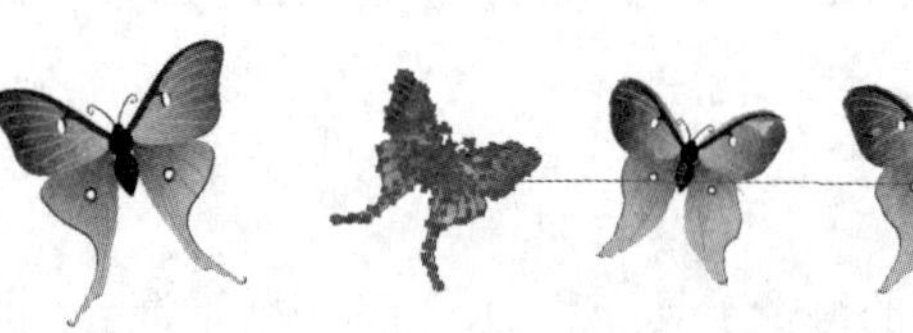

图 8-13　创建混合

(3) 选择【对象】|【混合】|【混合选项】命令，打开【混合选项】对话框。在对话框的【间距】下拉列表中选择【指定的步数】选项，并设置数值为 7，然后单击【确定】按钮，如图 8-14 所示。

(4) 选择【螺旋线】工具，在画板中单击打开【螺旋线】对话框。在对话框中，设置【半径】数值为 40mm，【衰减】数值为 80%，【段数】数值为 6，然后单击【确定】按钮创建螺旋线，如图 8-15 所示。

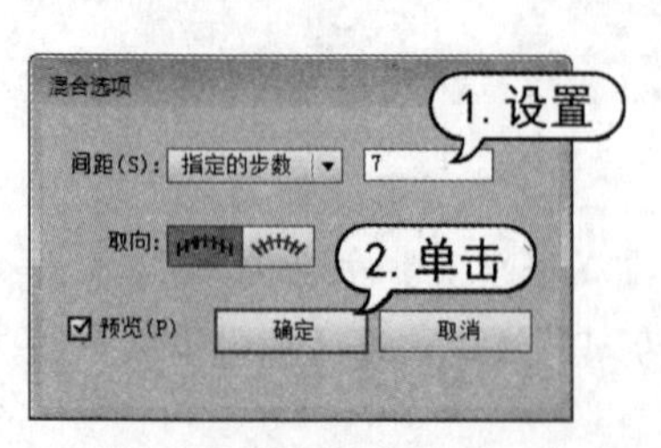

图 8-14　设置混合选项

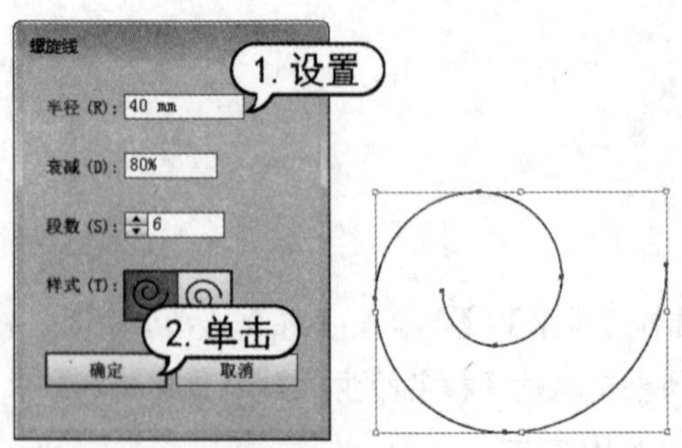

图 8-15　创建螺旋线

(5) 使用【选择】工具选中混合图形和路径，然后选择【对象】|【混合】|【替换混合轴】命令。这时，图形对象就会依据绘制的路径进行混合，如图 8-16 所示。

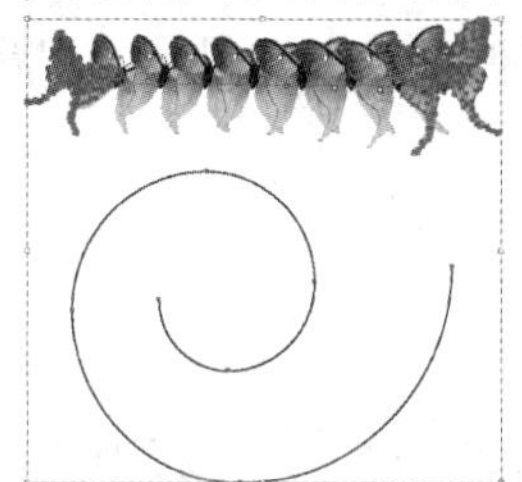

图 8-16　替换混合轴

3. 反向混合轴和反向堆叠

使用【选择】工具选中混合图形后，选择【对象】|【混合】|【反向混合轴】命令可以互换混合的两个图形位置，其效果类似于镜像功能，如图 8-17 所示。

选择【对象】|【混合】|【反向堆叠】命令可以转换进行混合的两个图形的前后位置，如图 8-18 所示。

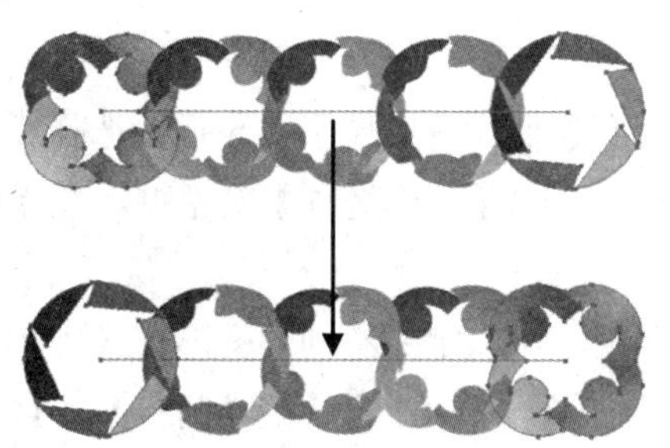

图 8-17　反向混合轴

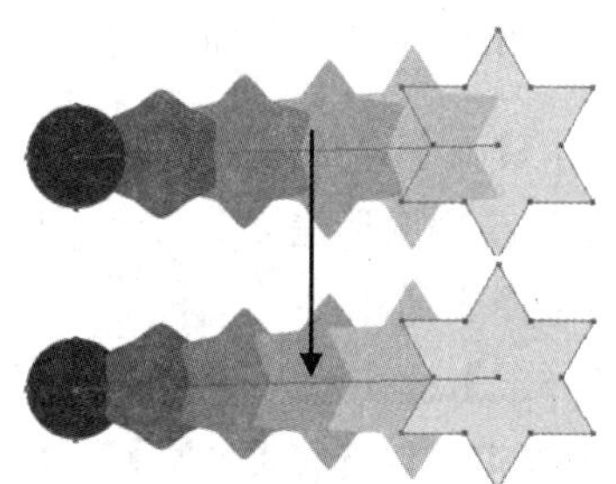

图 8-18　反向堆叠

8.1.4　扩展、释放混合对象

如果要将相应的对象恢复到普通对象的属性，但又保持混合后的效果状态，可以选择【对象】|【混合】|【扩展】命令。此时混合对象将转换为普通的对象，并且保持混合后的效果状态，如图 8-19 所示。

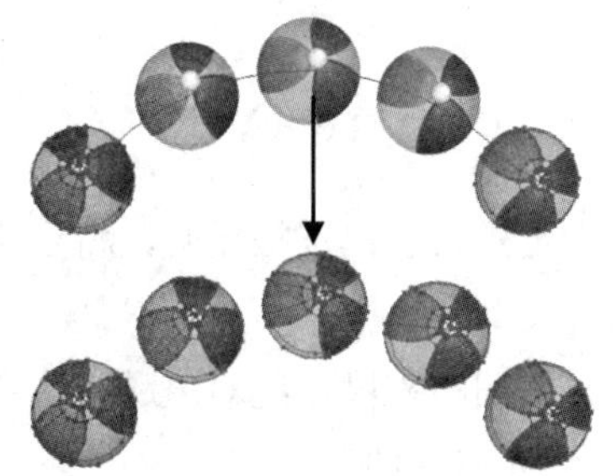

图 8-19　扩展混合对象

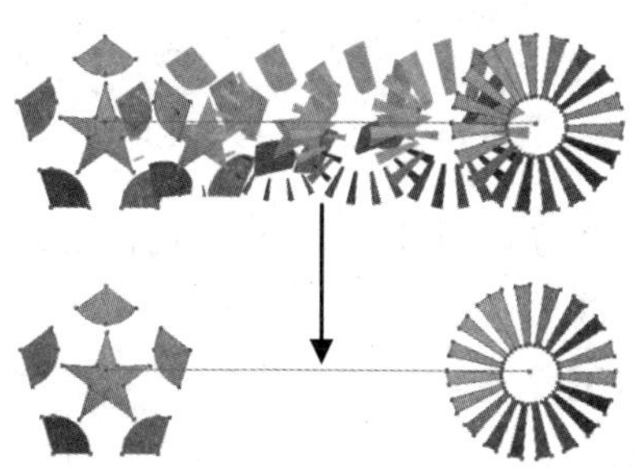

图 8-20　释放混合对象

创建混合后，在连接路径上包含了一系列逐渐变化的颜色与性质都不相同的图形。这些图形是一个整体，不能够被单独选中。如果不想再使用混合，可以选择【对象】|【混合】|【释放】命令将混合释放，释放后原始对象以外的混合对象即被删除，如图 8-20 所示。

8.2 封套扭曲效果的使用

封套扭曲是对选定对象进行扭曲和改变形状的功能。可以在画板中的任何对象上使用封套效果，但图标、参考线和链接对象除外。

8.2.1 创建封套扭曲

Illustrator 中提供了 3 种创建封套扭曲的方法。用户可以利用画板上的对象来制作封套，或者使用预设的变形形状或网格作为封套。

1. 使用【用变形建立】命令

【用变形建立】命令可以通过预设的形状创建封套扭曲。选中图形对象后，选择【对象】|【封套扭曲】|【用变形建立】命令，打开如图 8-21 所示的【变形选项】对话框。在【样式】下拉列表中选择变形样式。

- 【样式】：在该下拉列表中，选择不同的选项，可以定义不同的变形样式。在该下拉列表中可以选择【弧形】、【下弧形】、【上弧形】、【拱形】、【凸出】、【凹壳】、【凸壳】、【旗形】、【波形】、【鱼形】、【上升】、【鱼眼】、【膨胀】、【挤压】和【扭转】选项，如图 8-22 所示。

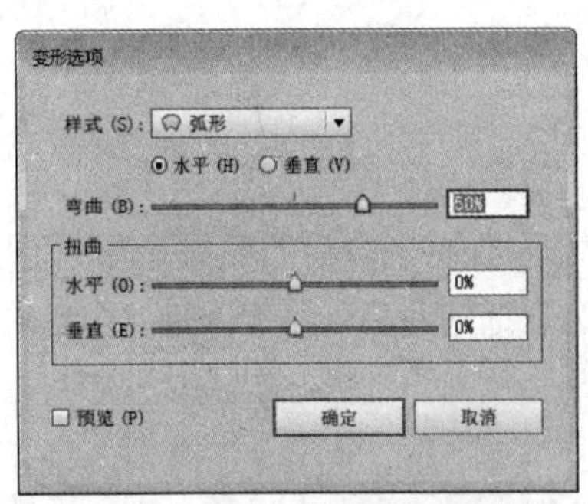

图 8-21 【变形选项】对话框

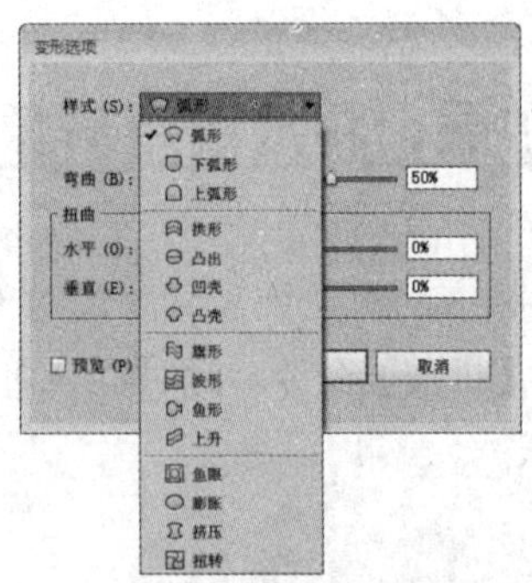

图 8-22 【样式】选项

- 【水平】、【垂直】单选按钮：选中【水平】、【垂直】单选按钮时，将定义对象变形的方向。
- 【弯曲】选项：调整该选项中的参数，可以定义扭曲的程度，绝对值越大，弯曲的程度越大。正值是向上或向左弯曲，负值是向下或向右弯曲。

- 【水平】选项：调整该选项中的参数，可以定义对象扭曲时在水平方向单独进行扭曲的效果。
- 【垂直】选项：调整该选项中的参数，可以定义对象扭曲时在垂直方向单独进行扭曲的效果。

2. 使用【用网格建立】命令

使用矩形网格作为封套，可以使用【用网格建立】命令在【封套网格】对话框中设置矩形网格的行数和列数。选中图形对象后，选择【对象】|【封套扭曲】|【用网格建立】命令，打开【封套网格】对话框。设置完行数和列数后，还可以使用【直接选择】工具和【转换锚点】工具对封套外观进行调整。

【例 8-5】在 Illustrator 中，对图形对象进行封套扭曲操作。

(1) 在打开的图形文档中，使用【选择】工具选中文字对象，如图 8-23 所示。

(2) 选择菜单栏中的【对象】|【封套扭曲】|【用网格建立】命令，打开【封套网格】对话框，设置【行数】和【列数】均为 2，然后单击【确定】按钮，如图 8-24 所示。

图 8-23　选中文字

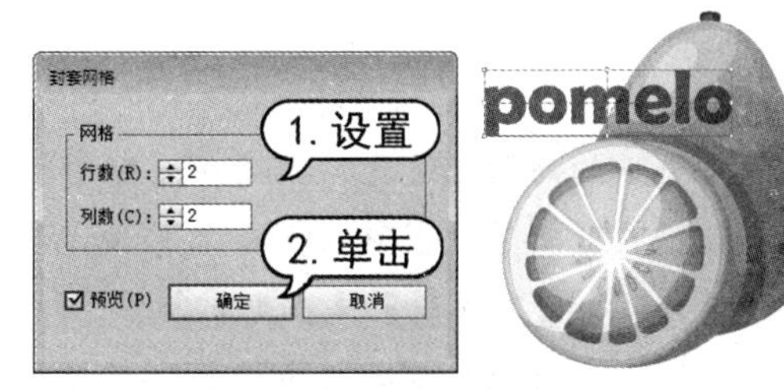

图 8-24　用网格建立封套扭曲

(3) 使用【直接选择】工具调整封套网格中锚点的位置，对对象进行扭曲变换操作，如图 8-25 所示。

图 8-25　调整封套网格

3. 使用【用顶层对象建立】命令

设置一个对象作为封套的形状，将形状放置在被封套对象的最上方，选择封套形状和被封套对象，然后选择【对象】|【封套扭曲】|【用顶层对象建立】命令即可。

【例 8-6】使用封套扭曲效果，制作地图 APP 图标效果。

(1) 选择【文件】|【新建】命令，打开【新建文档】对话框。在对话框中设置【宽度】和【高度】数值为 150mm，然后单击【确定】按钮，如图 8-26 所示。

(2) 选择【视图】|【显示网格】命令，显示网格。选择【矩形】工具在画板中心单击，并按 Alt+Shift 键拖动绘制矩形，然后在打开的【变换】面板的【矩形属性】选项组中设置【圆角半径】数值为 8mm，如图 8-27 所示。

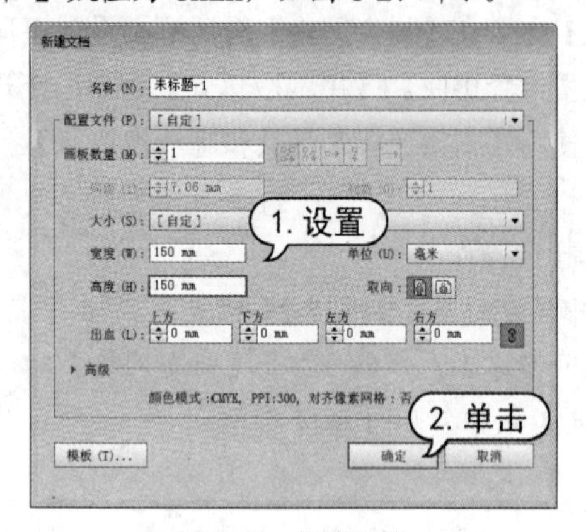

图 8-26　新建文档

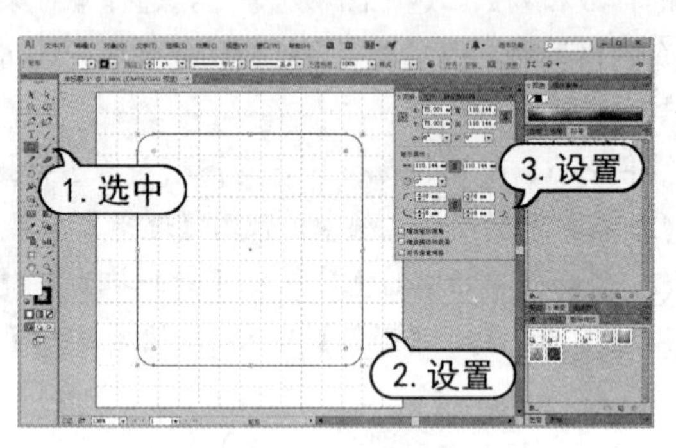

图 8-27　绘制图形

(3) 设置刚创建的矩形描边色为无，在【渐变】面板中单击渐变填色框，设置【角度】数值为-90°，填色为 C=67 M=22 Y=0 K=0 至 C=95 M=55 Y=15 K=0 的渐变，如图 8-28 所示。

(4) 选择【效果】|【风格化】|【投影】命令，打开【投影】对话框。在对话框中，单击【颜色】选项右侧色块，在弹出的拾色器中设置投影颜色为 C=96 M=75 Y=58 K=26，然后设置【不透明度】数值为 85%，【X 位移】数值为 0mm，【Y 位移】数值为 3mm，【模糊】数值为 0mm，然后单击【确定】按钮，如图 8-29 所示。

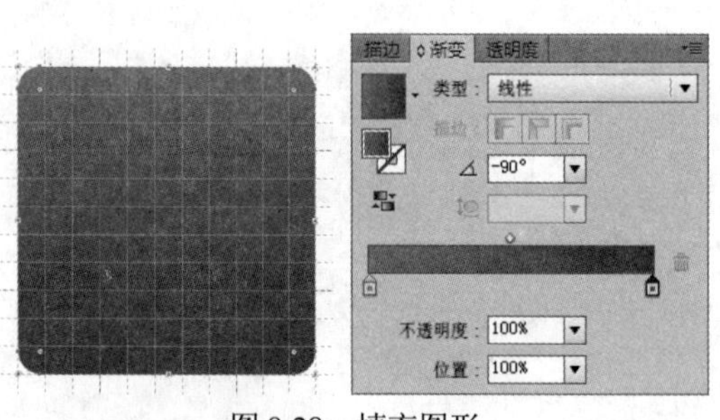

图 8-28　填充图形

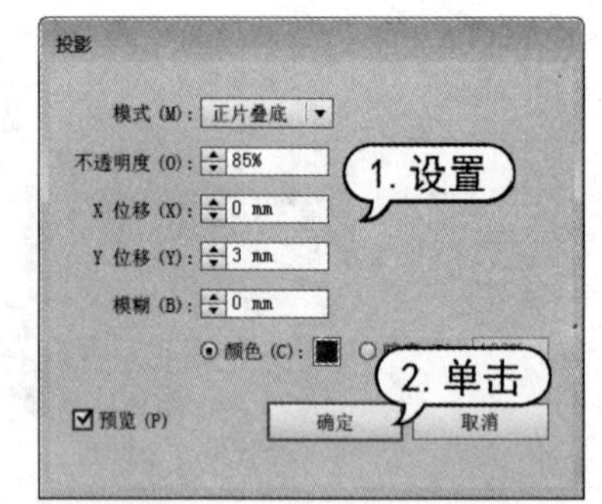

图 8-29　使用【投影】效果

(5) 使用【矩形】工具依据网格拖动绘制矩形，并在【颜色】面板中设置填色为白色，如图 8-30 所示。

(6) 选择【倾斜】工具，向上拖动变换绘制的矩形，如图 8-31 所示。

(7) 使用【选择】工具在刚编辑完的图形上单击鼠标右键，在弹出的菜单中选择【变换】|【对称】命令，打开【镜像】对话框。在对话框中，选中【垂直】单选按钮，然后单击【复制】

按钮，如图 8-32 所示。

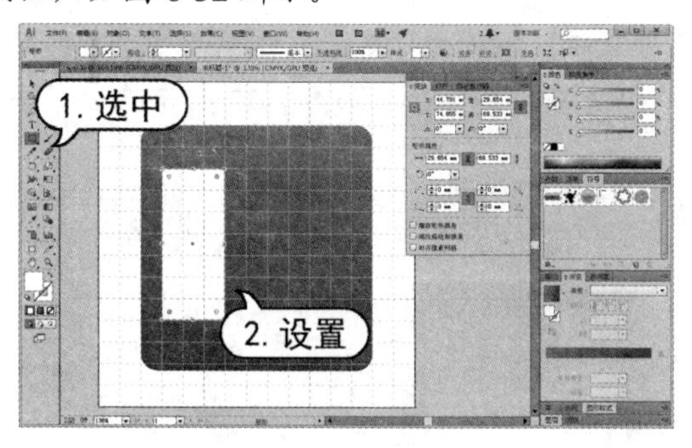

图 8-30　绘制图形

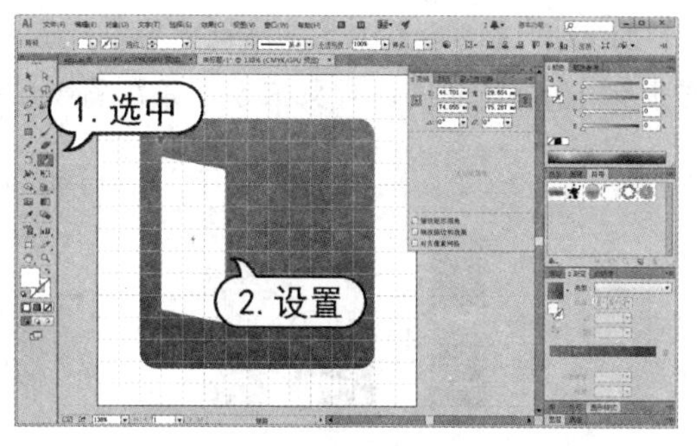

图 8-31　使用【倾斜】工具

(8) 使用【选择】工具移动刚复制的图形位置，再按 Ctrl+Alt+Shift 键移动复制步骤(6)中创建的图形，如图 8-33 所示。

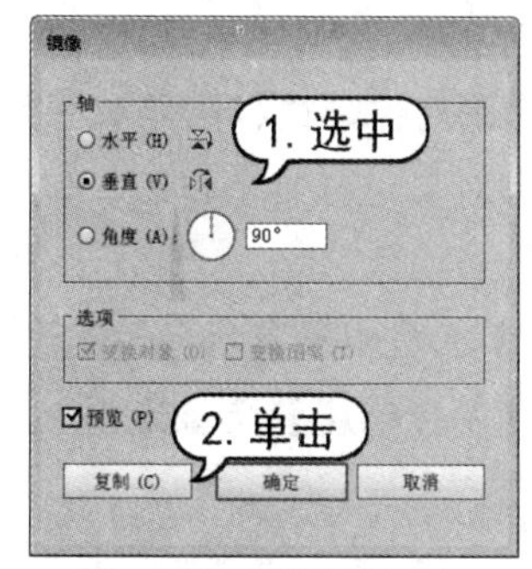

图 8-32　镜像复制对象

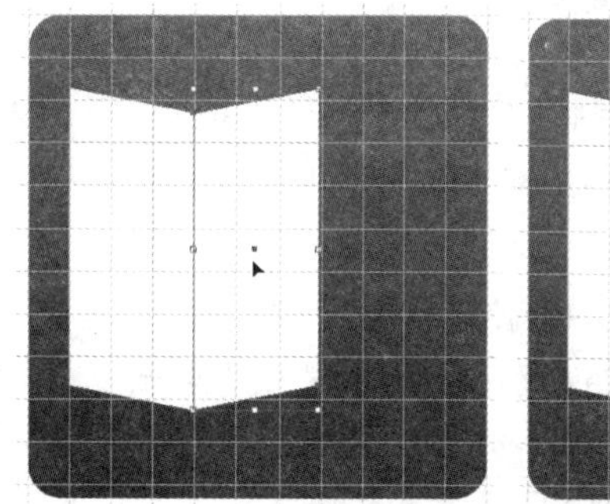

图 8-33　移动复制图形

(9) 使用【选择】工具选中步骤(5)至步骤(8)中创建的图形对象，并在【路径查找器】面板中单击【联集】按钮，如图 8-34 所示。

(10) 在合并后的图形上，单击鼠标右键，在弹出的快捷菜单中选择【变换】|【缩放】命令，打开【比例缩放】对话框。在对话框中设置【等比】数值为 95%，然后单击【复制】按钮，如图 8-35 所示。

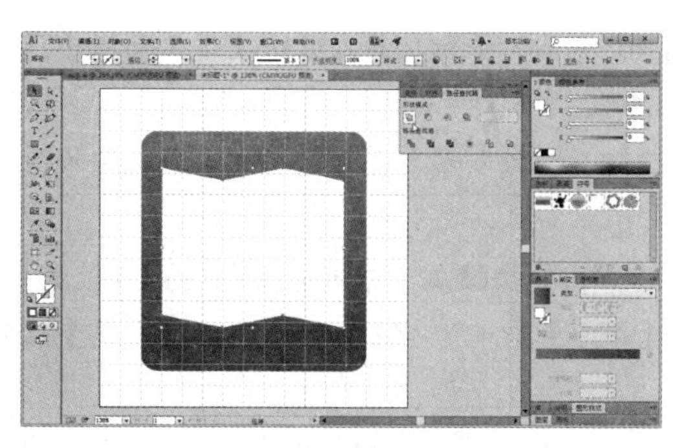

图 8-34　联集对象

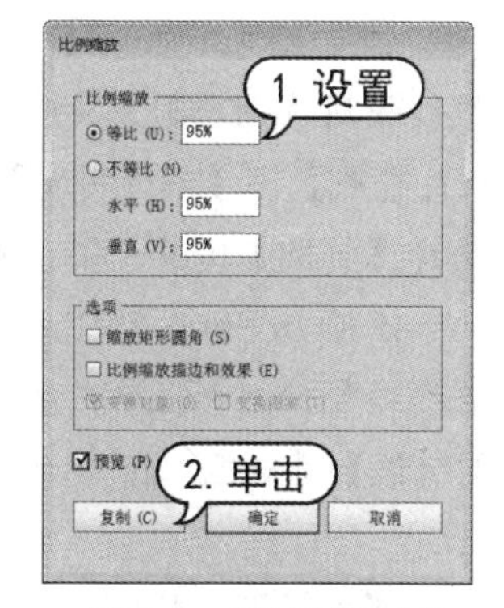

图 8-35　缩放复制对象

(11) 选择【文件】|【置入】命令，打开【置入】对话框。在对话框中，选中所需的文档，

然后单击【置入】按钮，如图 8-36 所示。

(12) 使用【选择】工具在画板中单击，置入图形文档。按 Ctrl+[键将其后移一层，将其放置在步骤(10)创建的图形对象下方，并在属性栏中单击【嵌入】按钮，如图 8-37 所示。

图 8-36　置入图像

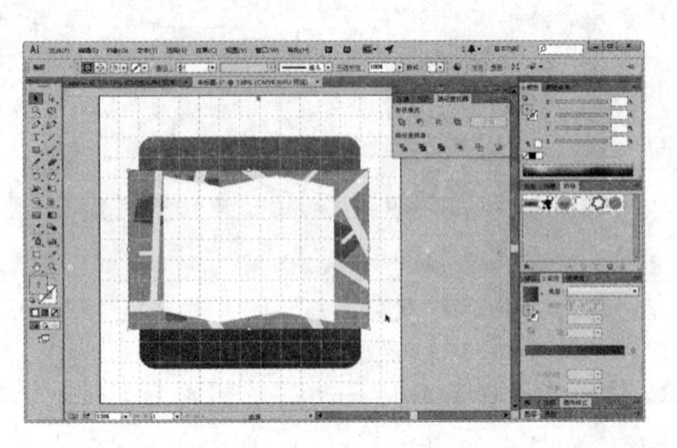

图 8-37　调整图像

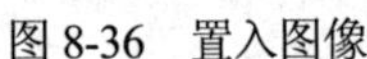

(13) 使用【选择】工具选中置入的图形对象和步骤(10)创建的图形对象，选择菜单栏中的【对象】|【封套扭曲】|【用顶层对象建立】命令，即可对选中的图形对象进行封套扭曲，如图 8-38 所示。

(14) 使用【钢笔】工具绘制如图 8-39 所示的图形，并在【颜色】面板中设置填色为 C=58 M=52 Y=50 K=0，在【透明度】面板中设置混合模式为【滤色】，【不透明度】数值为 70%。

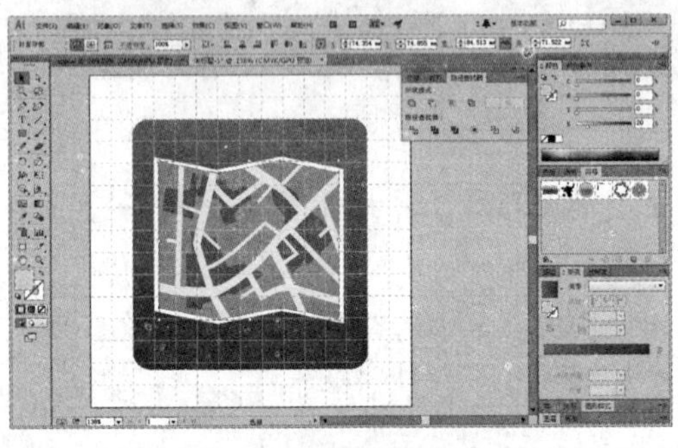

图 8-38　建立封套扭曲

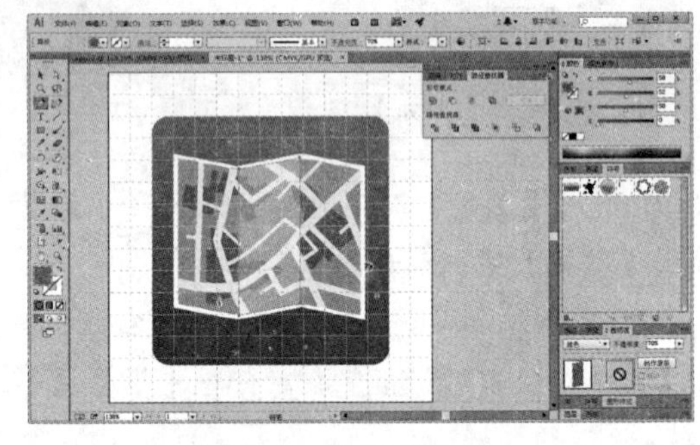

图 8-39　绘制图形

(15) 继续使用【钢笔】工具绘制如图 8-40 所示的图形，并在【透明度】面板中设置混合模式为【正片叠底】，【不透明度】数值为 45%。

(16) 选择【椭圆】工具，按 Alt+Shift 键拖动绘制圆形，并在【颜色】面板中设置填色为 C=0 M=90 Y=85 K=0，如图 8-41 所示。

(17) 在刚绘制的圆形上单击鼠标右键，在弹出的快捷菜单中选择【变换】|【缩放】命令，打开【比例缩放】对话框。在对话框中设置【等比】数值为 55%，然后单击【复制】按钮，如图 8-42 所示。

(18) 使用【选择】工具选中两个圆形，在【路径查找器】面板中单击【减去顶层】按钮。然后选择【直接选择】工具选中外部圆形的下方锚点，单击控制面板中的【将所选锚点转换为尖角】按钮，并调整该锚点位置，如图 8-43 所示。

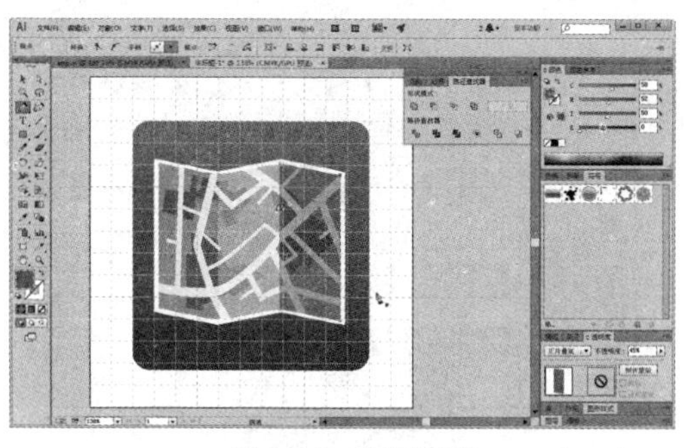

图 8-40　绘制图形

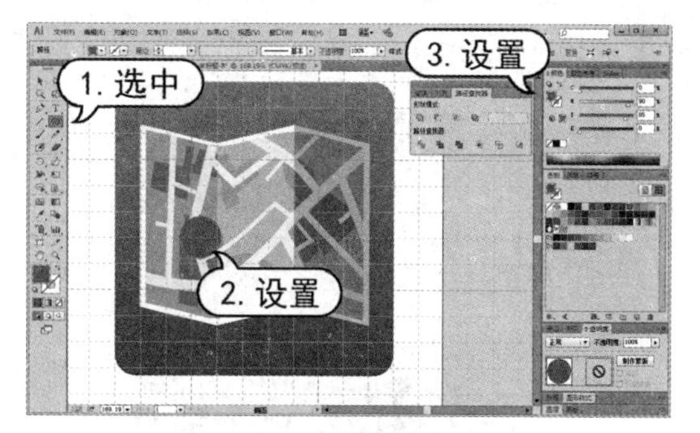

图 8-41　绘制圆形

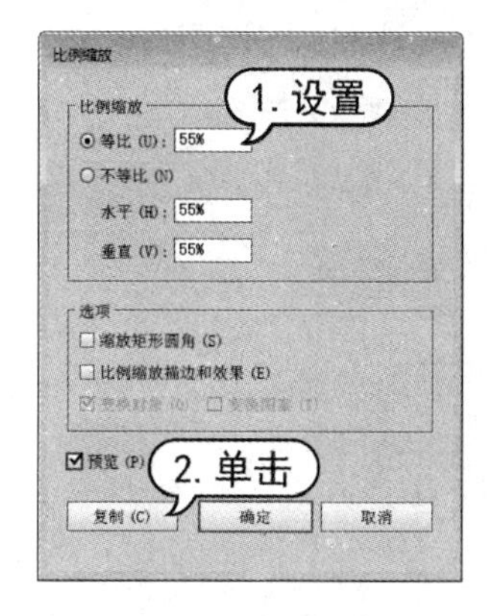

图 8-42　缩放复制对象

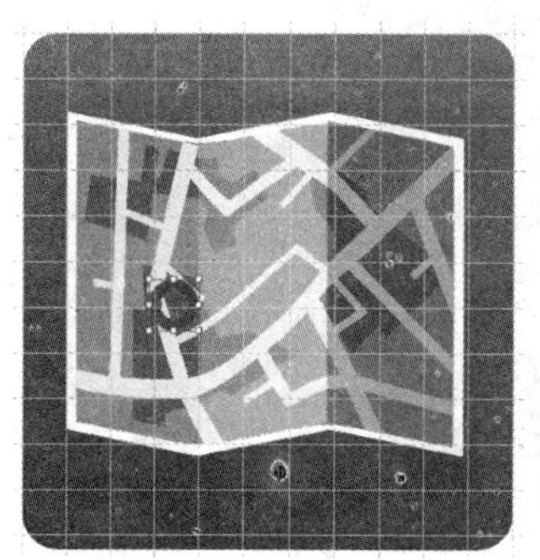

图 8-43　调整图形

(19) 使用【选择】工具移动并复制步骤(18)创建的图形，然后调整其大小。并在【颜色】面板中，设置填色为 C=14 M=8 Y=100 K=0，如图 8-44 所示。

(20) 使用【钢笔】工具绘制如图 8-45 所示的图形，并在【颜色】面板中设置填色为黑色，在【透明度】面板中设置混合模式为【正片叠底】，【不透明度】数值为 30%。

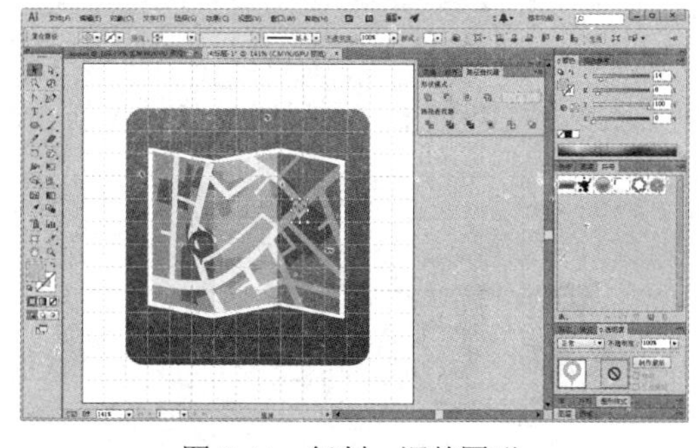

图 8-44　复制、调整图形

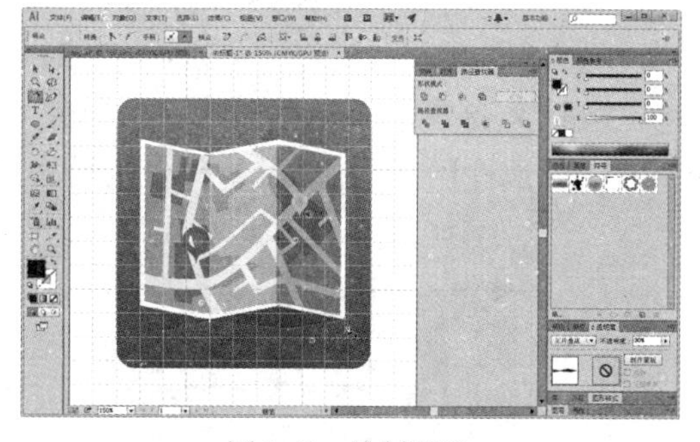

图 8-45　绘制图形

(21) 使用【钢笔】工具绘制如图 8-46 所示的图形，在【渐变】面板中单击渐变填色框，设置【角度】数值为 135°，填色为 K=0，【不透明度】数值为 0%至 K=90，【不透明度】数值为 80%至 K=100 的渐变。

(22) 在【透明度】面板中，设置步骤(21)中创建的图形对象混合模式为【正片叠底】，【不透明度】数值为 50%，如图 8-47 所示。

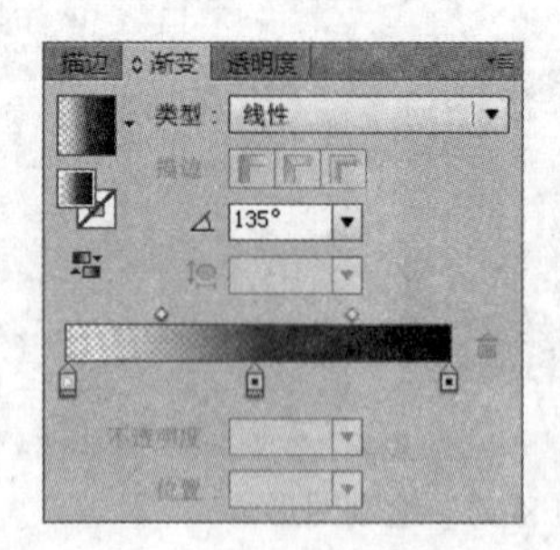

图 8-46　绘制图形

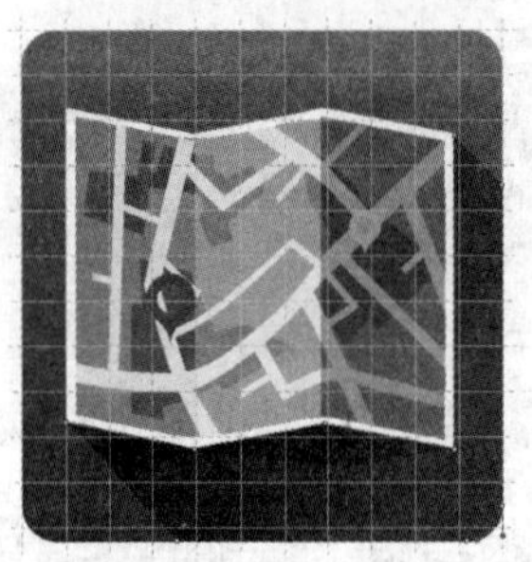

图 8-47　调整图形

8.2.2　编辑封套扭曲

当对象进行了封套编辑后，使用工具箱中的【直接选择】工具或其他编辑工具对该对象进行编辑时，只能选中该对象的封套部分，而不能对该对象本身进行调整。

如果要对对象本身进行调整，选择【对象】|【封套扭曲】|【编辑内容】命令，或单击属性栏中的中【编辑内容】按钮，将显示原始对象的边框，通过编辑原始图形可以改变封套对象的外观，如图 8-48 所示。编辑内容操作结束后，再次选择【对象】|【封套扭曲】|【编辑封套】命令，或单击属性栏中【编辑封套】按钮，结束内容编辑。

图 8-48　编辑内容

8.2.3　设置封套扭曲属性

选择一个封套变形对象后，除了可以使用【直接选择】工具进行调整外，还可以选择【对

象】|【封套扭曲】|【封套选项】命令，打开如图 8-49 所示的【封套选项】对话框控制封套。

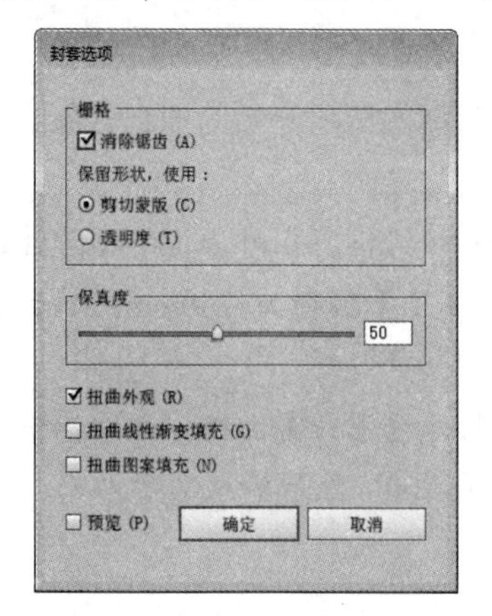

图 8-49　【封套选项】对话框

知识点

【封套选项】对话框底部的【扭曲外观】、【扭曲线性渐变填充】和【扭曲图案填充】复选框，分别用于决定是否扭曲对象的外观、线性渐变和图案填充。

- 【消除锯齿】：在使用封套扭曲对象时，可使用此选项来平滑栅格。取消选择【消除锯齿】选项，可降低扭曲栅格所需的时间。
- 【保留形状，使用】：当使用非矩形封套扭曲对象时，可使用此选项指定栅格应以何种形式保留其形状。选中【剪切蒙版】选项以在栅格上使用剪切蒙版，或选择【透明度】选项以对栅格应用 Alpha 通道。
- 【保真度】选项：调整该选项中的参数，可以指定对象适合封套模型的精确程度。增加保真度百分比会在扭曲路径中添加更多的锚点，而扭曲对象所花费的时间也会随之大大增加。

8.2.4　释放、扩展封套

当一个对象进行封套变形后，该对象可以通过封套组件来控制对象外观，但不能对该对象进行其他的编辑操作。此时，选择【对象】|【封套扭曲】|【扩展】命令可以将作为封套的图形删除，只留下已扭曲变形的对象，且留下的对象不能再进行和封套编辑有关的操作，如图 8-50 所示。

当要将制作的封套对象恢复到操作之前的效果时，选择【对象】|【封套扭曲】|【释放】命令即可将封套对象恢复到操作之前的效果，而且还会保留封套的部分，如图 8-51 所示。

图 8-50　扩展封套扭曲

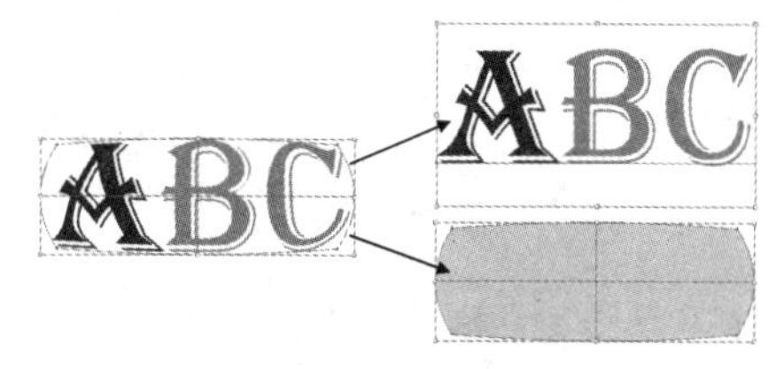

图 8-51　释放封套扭曲

8.3 上机练习

本章的上机练习通过制作促销海报，使用户更好地掌握本章所介绍的混合对象的创建、编辑的基本操作方法和技巧，以及封套扭曲的使用方法。

(1) 选择【文件】|【新建】命令，打开【新建文档】对话框。在对话框的【名称】文本框中输入“促销海报”，设置【宽度】数值为 370mm，【高度】数值为 260mm，然后单击【确定】按钮，结果如图 8-52 所示。

(2) 使用【文字】工具在画板中单击，按 Ctrl+T 键打开【字符】面板。在面板中设置字体系列为方正大黑简体，字体大小为 90pt，字符字距数值为-100，然后输入文字内容，如图 8-53 所示。输入完成后，按 Ctrl+Enter 键结束操作。

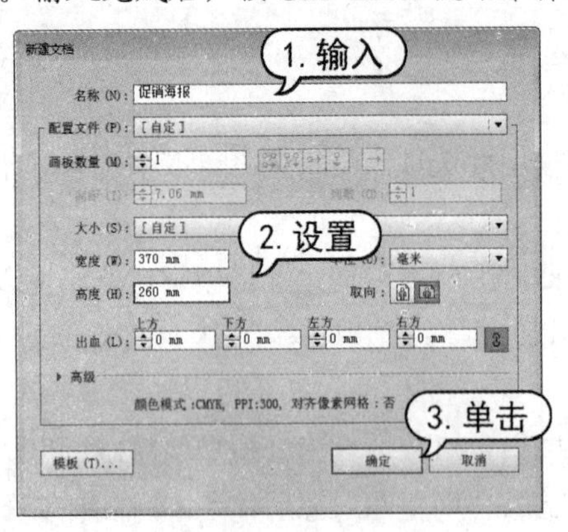

图 8-52　新建文档

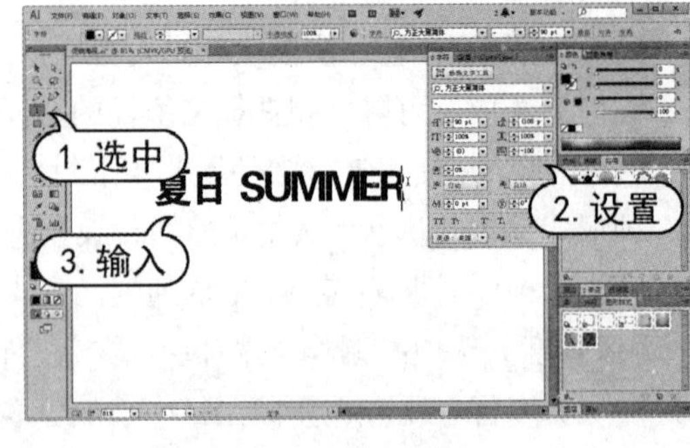

图 8-53　输入文字

(3) 选择【修饰文字】工具选中需要调整的字符，在【字符】面板中更改其字体大小为 77pt，并调整其位置，如图 8-54 所示。

(4) 使用【选择】工具选中文字，在文字上单击鼠标右键，从弹出的菜单中选择【创建轮廓】命令，结果如图 8-55 所示。

图 8-54　调整文字

图 8-55　创建轮廓

(5) 使用【直接选择】工具选中文字图形上的锚点，并调整文字图形形状，如图 8-56 所示。

(6) 使用【选择】工具选中文字图形，并在【颜色】面板中设置描边色为 C=0 M=0 Y=100 K=0，填充色为 C=0 M=30 Y=100 K=0，如图 8-57 所示。

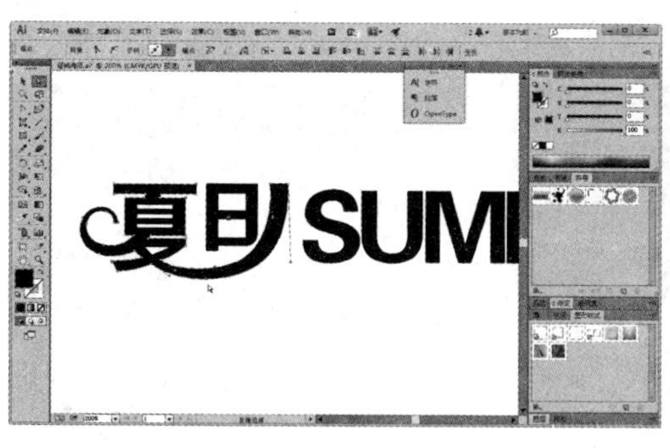

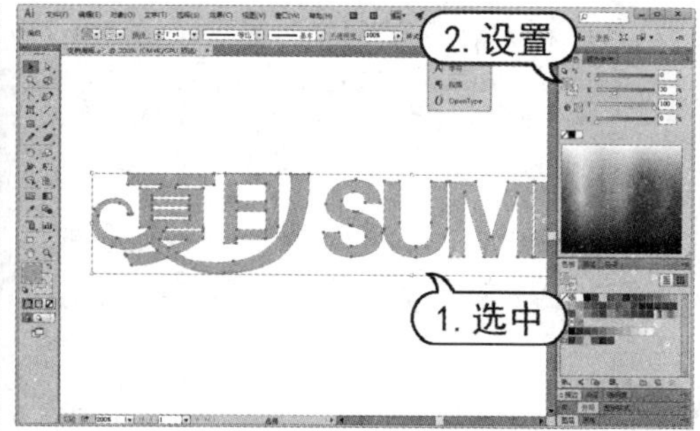

图 8-56　调整文字图形　　　　图 8-57　填充图形

(7) 保持文字图形的选中状态，选择【效果】|【风格化】|【内发光】命令，打开【内发光】对话框。在对话框中，设置发光颜色为 C=7 M=60 Y=90 K=0，设置【模式】为【颜色加深】，【不透明度】数值为 90%，【模糊】数值为 2mm，然后单击【确定】按钮，如图 8-58 所示。

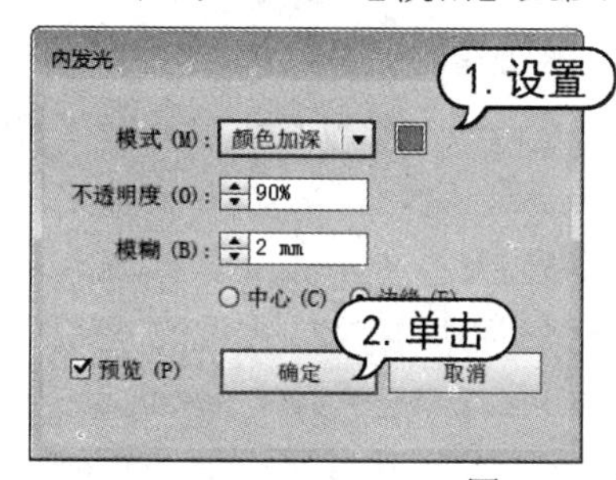

图 8-58　使用【内发光】效果

(8) 按 Ctrl+C 键复制文字图形，按 Ctrl+F 键粘贴。然后在【颜色】面板中设置复制的文字对象描边色为无，填充色为白色。并在【透明度】面板中设置混合模式为【叠加】，【不透明度】数值为 55%，如图 8-59 所示。

(9) 选择【矩形】工具在文字图形上部绘制一个矩形，如图 8-60 所示。

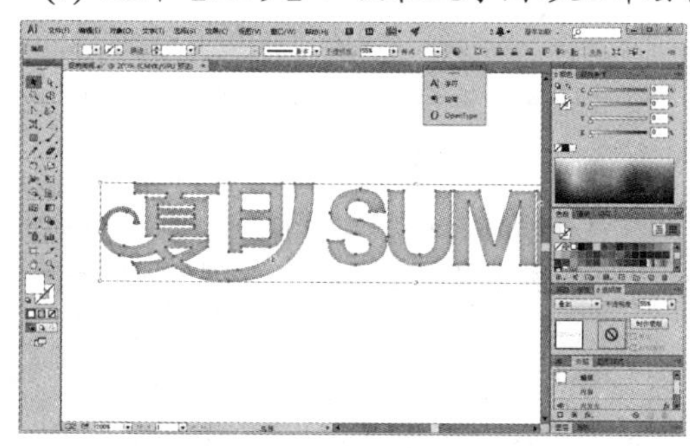

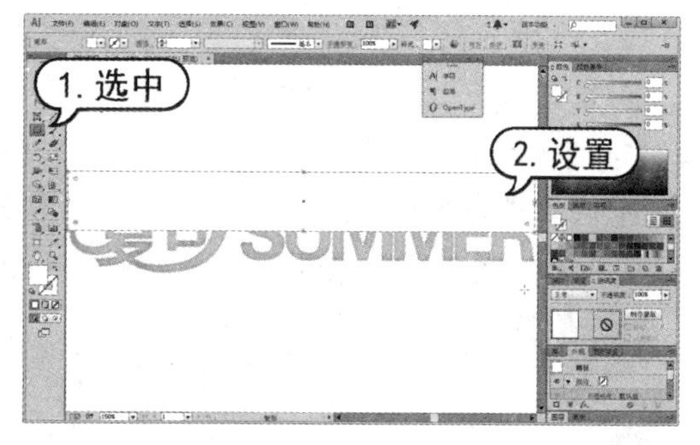

图 8-59　复制、调整文字图形　　　　图 8-60　绘制矩形

(10) 使用【选择】工具选中步骤(8)中复制的文字图形和步骤(9)中绘制的矩形，然后单击鼠标右键，从弹出的菜单中选择【建立剪切蒙版】命令，如图 8-61 所示。

(11) 使用【选择】工具选中步骤(7)创建的文字图形，按 Ctrl+C 键复制文字对象，按 Ctrl+B 键粘贴，并在【颜色】面板中设置填充色为 C=0 M=30 Y=100 K=0。然后选中步骤(7)和步骤(10)

创建的对象，按 Ctrl+2 键锁定对象，如图 8-62 所示

图 8-61　建立剪切蒙版

图 8-62　复制并调整图形

(12) 选中上一步中复制的文字图形，在【外观】面板中删除【内发光】，在【颜色】面板中设置描边色为无。然后单击鼠标右键，从弹出的菜单中选择【变换】|【缩放】命令。在打开的【比例缩放】对话框中，设置【等比】数值为 60%，单击【复制】按钮，如图 8-63 所示。

(13) 在【颜色】面板中，设置缩放复制后的文字对象的填充色为 C=43 M=87 Y=100 K=9，并使用【选择】工具调整文字图形位置，如图 8-64 所示。

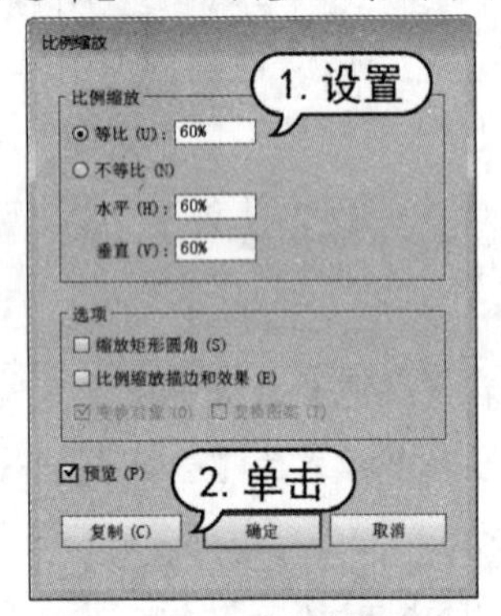

图 8-63　缩放复制图形

图 8-64　调整图形

(14) 按 Shift+Ctrl+[键将缩放复制后的文字置于图层底层，然后使用【混合】工具分别单击步骤(11)和步骤(13)中创建的文字图形，创建文字图形混合，如图 8-65 所示。

(15) 选择【对象】|【混合】|【混合选项】命令，打开【混合选项】对话框。在对话框中，设置【间距】选项为【指定的步数】，数值为 60，然后单击【确定】按钮，如图 8-66 所示。

图 8-65　创建混合

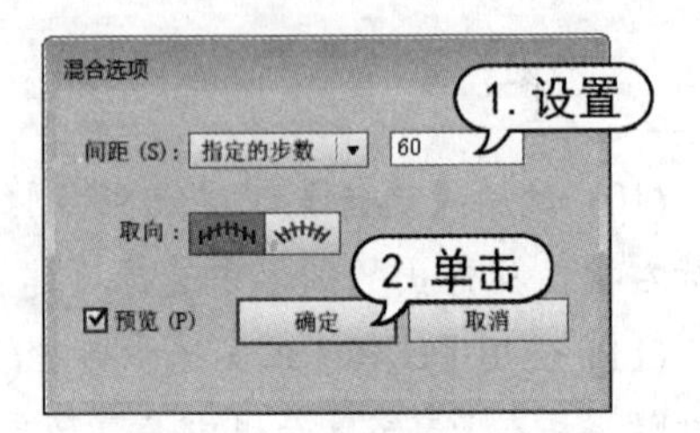

图 8-66　设置混合选项

(16) 按 Alt+Ctrl+2 键解锁步骤(11)中锁定的文字图形对象，按 Ctrl+A 键全选画板中的对象，按 Ctrl+G 键进行编组，如图 8-67 所示。

(17) 选择【对象】|【封套扭曲】|【用变形建立】命令，打开【变形选项】对话框。在对话框中设置【样式】为【弧形】，【弯曲】数值为 10%，【垂直】数值为 7%，再单击【确定】按钮，如图 8-68 所示。

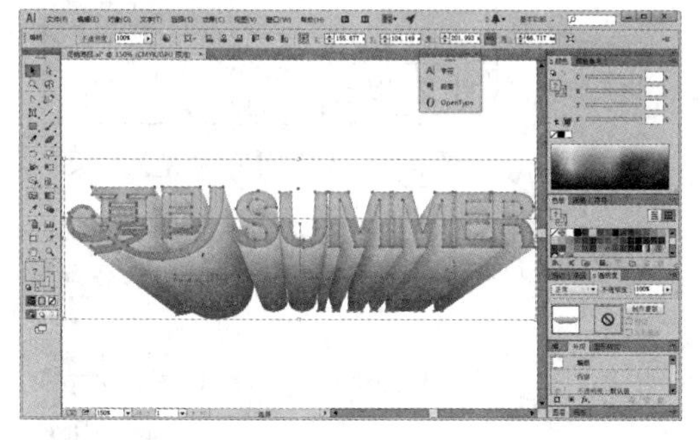

图 8-67　编组对象

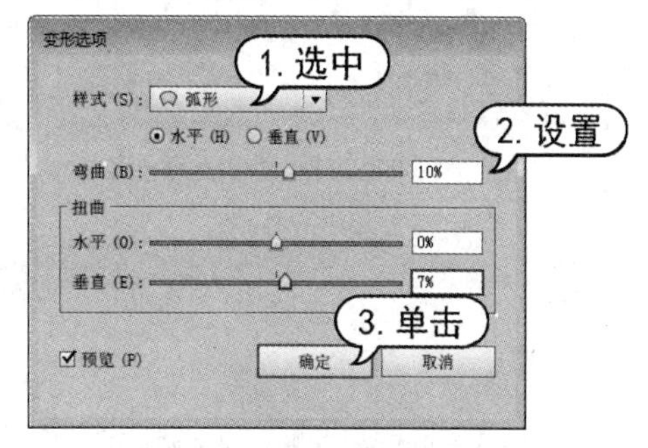

图 8-68　创建封套扭曲

(18) 使用【文字】工具在画板中单击，在【字符】面板中设置字体系列为方正大黑简体，字体大小为 145pt，字符字距数值为 0，然后输入文字内容，如图 8-69 所示。输入完成后，按 Ctrl+Enter 键结束操作。

(19) 使用步骤(4)至步骤(5)的操作方法，将文字转换为文字图形，并调整文字图形形状，如图 8-70 所示。

图 8-69　输入文字

图 8-70　调整文字图形

(20) 在【色板】面板中单击“CMYK 青”色板，按 Ctrl+C 键复制文字图形，按 Ctrl+F 键粘贴，如图 8-71 所示。

(21) 选择【效果】|【风格化】|【内发光】命令，打开【内发光】对话框。在对话框中，设置发光颜色为 C=88 M=64 Y=9 K=0，设置【模式】为【正片叠底】，【不透明度】数值为 85%，【模糊】数值为 2.5mm，然后单击【确定】按钮，如图 8-72 所示。

(22) 按 Ctrl+C 键复制文字图形，按 Ctrl+F 键粘贴。在【颜色】面板中将其填充色设置为白色，在【透明度】面板中设置混合模式为【变亮】，【不透明度】数值为 55%，结果如图 8-73 所示。

(23) 选择【矩形】工具在文字图形上部绘制如图 8-74 所示的矩形。

图 8-71 复制文字图形

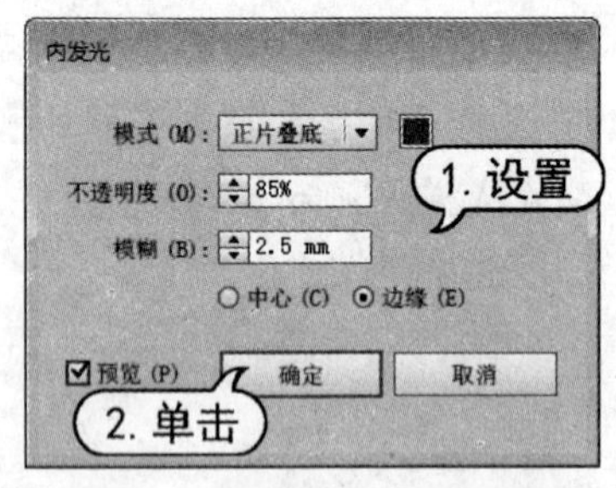

图 8-72 使用【内发光】效果

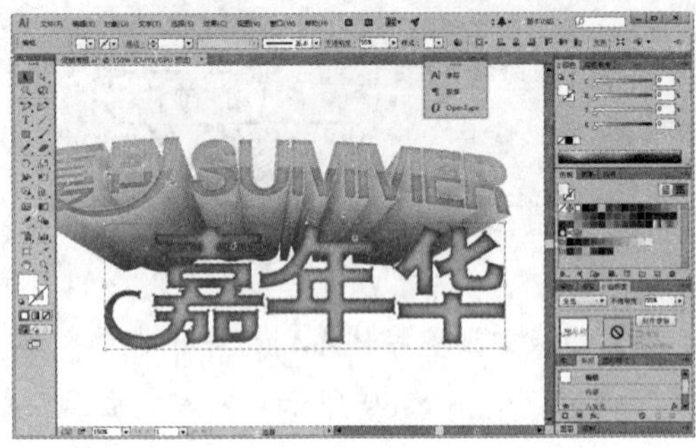

图 8-73 调整图形

图 8-74 绘制矩形

(24) 使用【选择】工具选中步骤(22)至步骤(23)中创建的文字图形和矩形，单击鼠标右键，从弹出的菜单中选择【建立剪切蒙版】命令，如图 8-75 所示。

(25) 选中步骤(20)和步骤(24)创建的文字，按 Ctrl+2 键锁定对象。选中步骤(19)创建的文字对象，将其填充色更改为 C=45 M=0 Y=0 K=0。然后单击鼠标右键，从弹出的菜单中选择【变换】|【缩放】命令，打开【比例缩放】对话框，设置【等比】数值为 40%，再单击【复制】按钮，如图 8-76 所示。

图 8-75 建立剪切蒙版

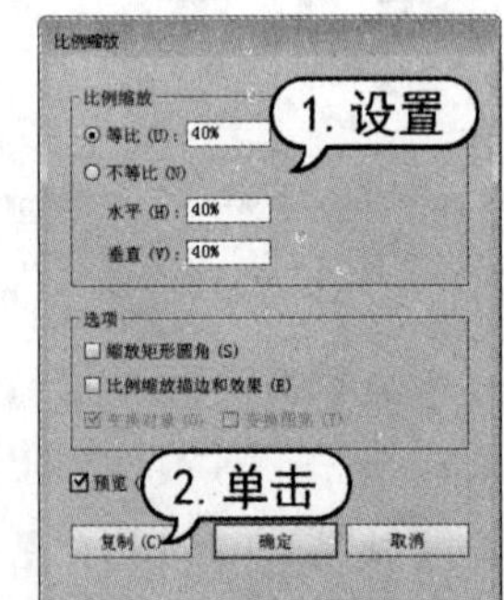

图 8-76 缩放复制图形

(26) 使用【选择】工具调整缩放复制后的文字图形位置，并在【颜色】面板中设置填色为 C=100 M=75 Y=0 K=90，如图 8-77 所示。

(27) 使用【混合】工具分别单击步骤(19)和步骤(26)中创建的文字图形，创建混合效果，如图 8-78 所示。

图 8-77　调整图形

图 8-78　创建混合

(28) 选择【对象】|【混合】|【混合选项】命令，打开【混合选项】对话框。在对话框中，设置【间距】选项为【指定的步数】，数值为 60，然后单击【确定】按钮，如图 8-79 所示。

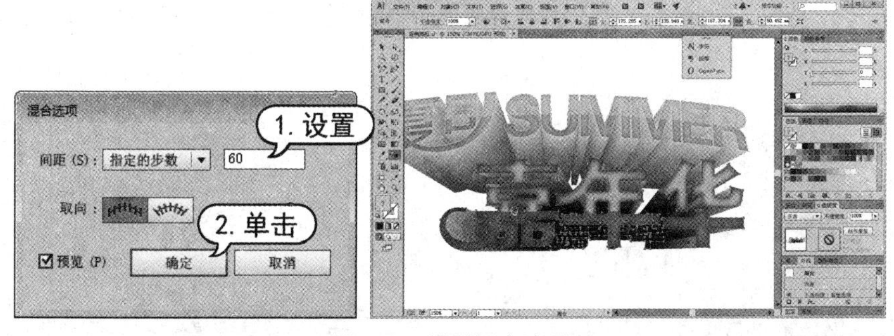

图 8-79　设置混合选项

(29) 按 Alt+Ctrl+2 键解锁步骤(25)中锁定的对象，选中步骤(18)至步骤(28)创建的对象，按 Ctrl+G 键进行编组，如图 8-80 所示。

(30) 选择【对象】|【封套扭曲】|【用变形建立】命令，打开【变形选项】对话框。在对话框中，设置【样式】选项为【凸出】，【弯曲】数值为 7%，【水平】数值为-5%，【垂直】数值为 5%，然后单击【确定】按钮，如图 8-81 所示。

图 8-80　编组对象

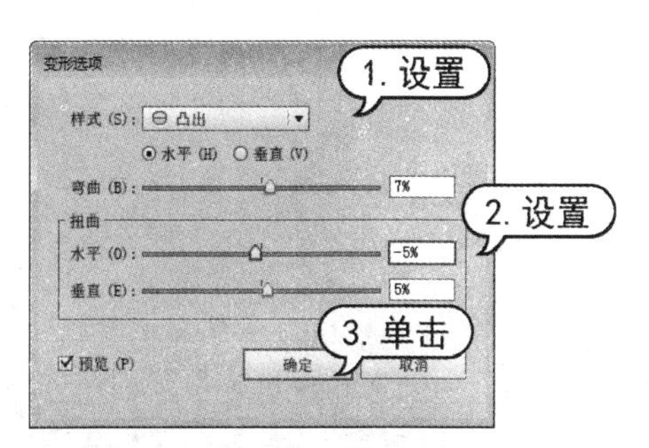

图 8-81　创建封套扭曲

(31) 使用【选择】工具选中两组文字，调整其大小及位置，如图 8-82 所示。

(32) 选择【文件】|【置入】命令，打开【置入】对话框。在对话框中，选中所需的文档，然后单击【置入】按钮。使用【选择】工具在画板中单击置入的图像，并按 Shift+Ctrl+[键置于

底层，如图 8-83 所示。

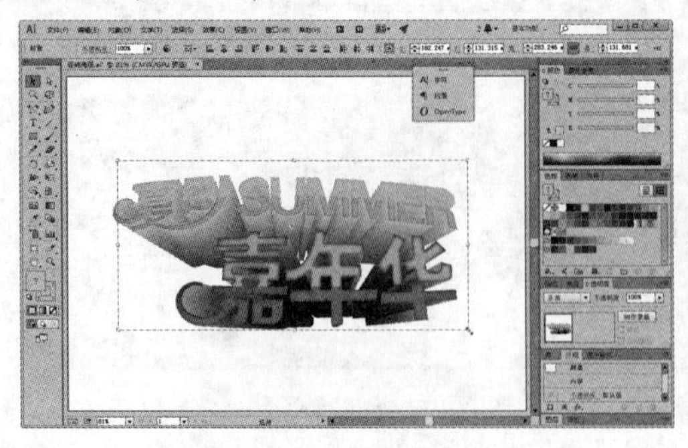

图 8-82 调整编组对象

图 8-83 置入图像

(33) 选择【文件】|【置入】命令，打开【置入】对话框。在对话框中，选中所需的文档，然后单击【置入】按钮。使用【选择】工具在画板中单击置入的图像，调整其大小及位置，如图 8-84 所示。

图 8-84 置入图像

8.4 习题

1. 新建一个文档，制作如图 8-85 所示的名片效果。
2. 新建一个文档，制作如图 8-86 所示的标签效果。

图 8-85 名片效果

图 8-86 标签效果

效果和样式的使用

学习目标

Illustrator 中提供了多种外观效果设置命令，其中包含了 Illustrator 效果和 Photoshop 中的大部分滤镜命令。合理使用这些效果和滤镜命令可以模拟摄影、印刷与数字图像中的多种特殊效果，从而制作更为丰富多彩的画面。用户还可以使用【图形样式】面板中提供的 Illustrator 预置效果快速完成设计需求。

本章重点

- 应用效果
- Illustrator 效果
- 应用样式
- 外观属性

9.1 应用效果

效果是实时的，为图形对象添加一个效果后，该效果会显示在【外观】面板中。用户可以使用【外观】面板随时修改该效果的选项或删除该效果。在【外观】面板中还可以编辑、移动、复制和删除该效果或将它存储为图形样式的一部分。

如果想对一个对象应用效果，可以在选择该对象后，在【效果】菜单中选择一个命令，或单击【外观】面板中的【添加新效果】按钮，然后在弹出的菜单中选择一种效果。如果打开对话框，则设置相应的选项，然后单击【确定】按钮。

【例 9-1】在 Illustrator 中，应用效果命令制作图像效果。

(1) 选择【文件】|【打开】命令，打开图形文档，并使用【选择】工具选中图形对象，打开【外观】面板，如图 9-1 所示。

(2) 单击【外观】面板下方的【添加新效果】按钮，在弹出的菜单中选择【风格化】|【投

影】命令，如图 9-2 所示。

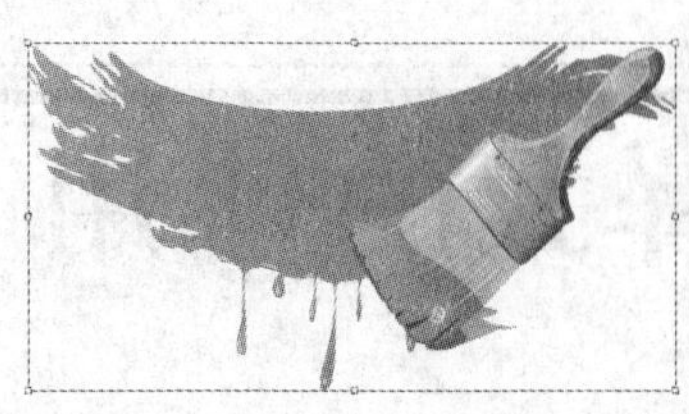

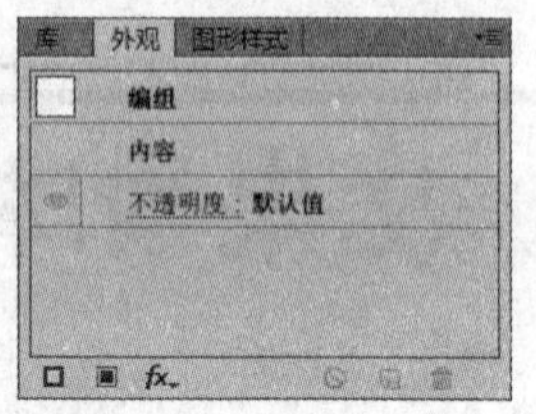

图 9-1　选中图形

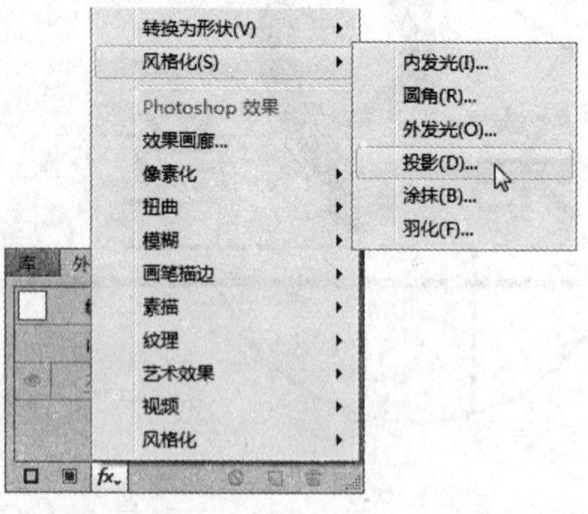

图 9-2　添加效果

(3) 在打开的【投影】对话框中，设置【不透明度】为 65%，【X 位移】为 0.5mm，【Y 位移】为 1mm，【模糊】数值为 0.5mm，单击【颜色】色块，在弹出的【拾色器】对话框中设置投影颜色为 C=50 M=90 Y=100 K=30，然后单击【确定】按钮应用效果，如图 9-3 所示。

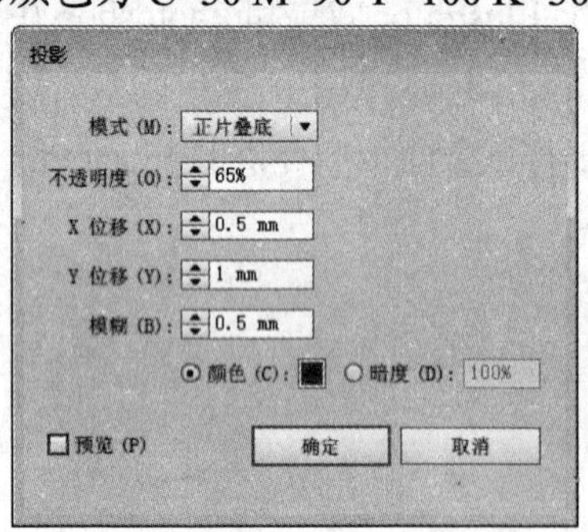

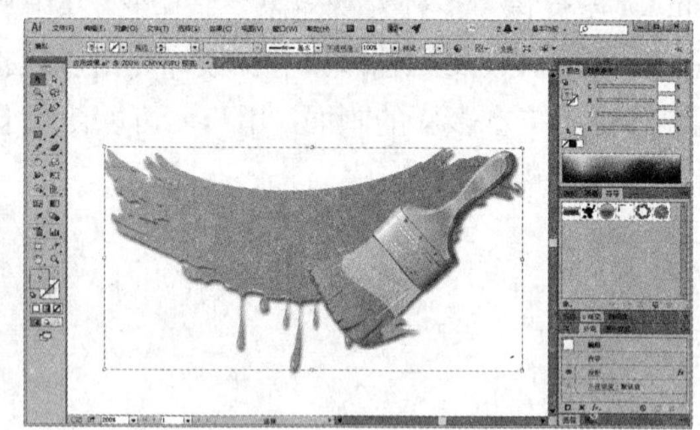

图 9-3　【投影】效果

知识点

如果对链接的位图应用一种效果，则效果将应用于嵌入的位图副本，而非原始位图。如果要对原始位图应用效果，则必须将原始位图嵌入到文档中。

9.2 Illustrator 效果

Illustrator 中的效果主要包含两大类：Illustrator 效果和 Photoshop 效果。Illustrator 效果主要用于矢量对象，但 3D 效果、SVG 效果、变形效果、变换效果、投影、羽化、内发光以及外发光效果也可以应用于位图对象。

9.2.1 【3D】效果

3D 效果可用来从二维图稿创建三维对象，可以通过高光、阴影、旋转及其他属性来控制 3D 对象的外观，还可以将图稿贴到 3D 对象中的每一个表面上。

1. 【凸出和斜角】效果

通过使用【凸出和斜角】命令可以沿对象的 Z 轴凸出拉伸一个 2D 对象，以增加对象的深度。选中要执行该效果的对象后，选择【效果】|【3D】|【凸出和斜角】命令，打开如图 9-4 所示的【3D 凸出和斜角选项】对话框进行设置。

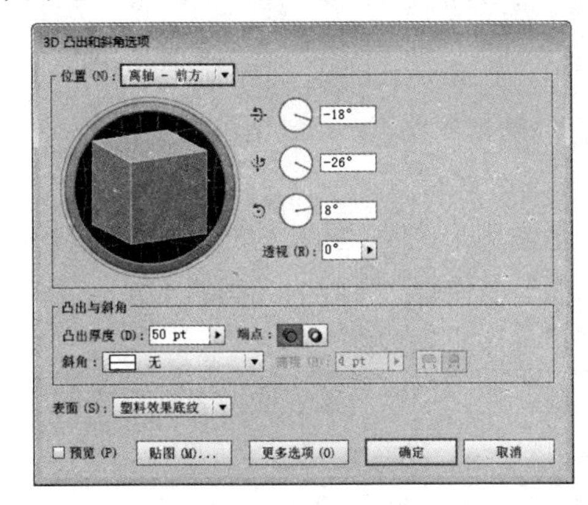

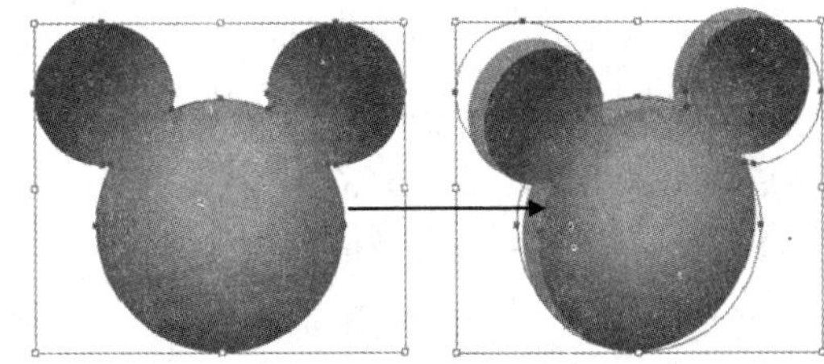

图 9-4　【3D 凸出和斜角选项】对话框

◉ 【位置】：在该下拉列表中选中不同的选项以设置对象如何旋转，以及观看对象的透视角度。在该下拉列表中提供了一些预置的位置选项，也可以通过右侧的 3 个数值框进行不同方向的旋转调整，还可以直接使用鼠标，在示意图中进行拖动，调整相应的角度，如图 9-5 所示。

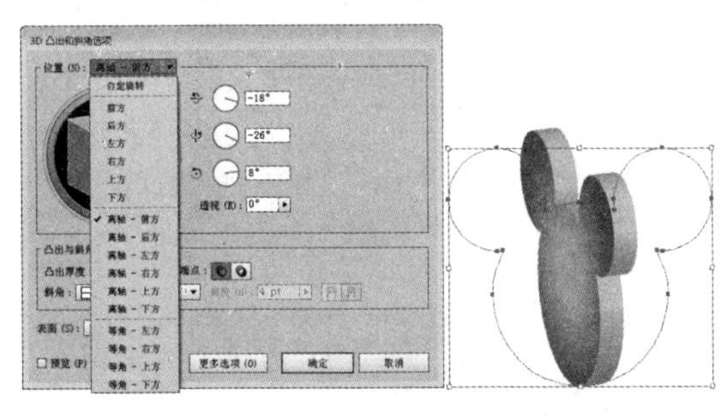

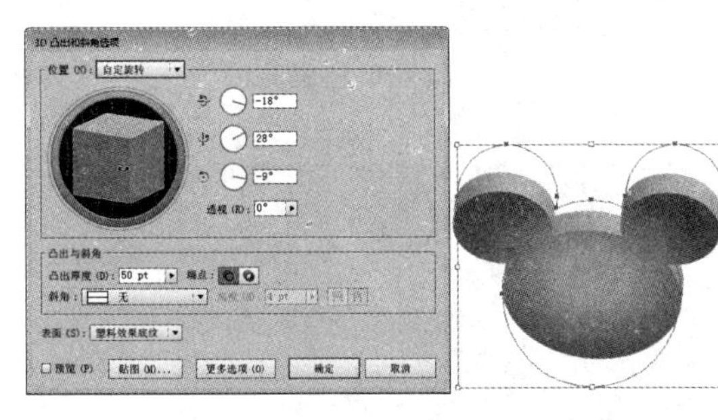

图 9-5　不同位置的效果

◉ 【透视】：通过调整该选项中的参数，调整该 3D 对象的透视效果，数值为 0° 时没有任何效果，角度越大透视效果越明显。

◉ 【凸出厚度】：调整该选项中的参数，定义从 2D 图形凸出为 3D 图形时凸出的尺寸，数值越大凸出的尺寸越大。

- 【端点】：在该选项中单击不同的按钮，定义该 3D 图形是空心还是实心的。
- 【斜角】：在该下拉列表中选中不同的选项，定义沿对象的深度轴(Z 轴)应用所选类型的斜角边缘。
- 【高度】：在该选项的数值框中设置介于 1~100 的高度值。如果对象的斜角高度太大，则可能导致对象自身相交，产生不同的效果。
- 【斜角外扩】：通过单击按钮，将斜角添加至对象的原始形状。
- 【斜角内缩】：通过单击按钮，从对象的原始形状中砍去斜角。
- 【表面】：在该下拉列表中选中不同的选项，定义不同的表面底纹。

当要对对象材质进行更多的设置时，可以单击【3D 凸出和斜角选项】对话框中的【更多选项】按钮，展开更多的选项，如图 9-6 所示。

- 【光源强度】：在该数值框中输入相应的数值，在 0%~100%之间控制光源强度。
- 【环境光】：在该数值框中输入介于 0%~100%的相应数值，控制全局光照，统一改变所有对象的表面亮度。
- 【高光强度】：在该数值框中输入相应的数值，用来控制对象反射光的多少，取值范围为 0%~100%。较低值产生暗淡的表面，而较高值则产生较为光亮的表面。
- 【高光大小】：在该数值框中输入相应的数值，用来控制高光的大小。
- 【混合步骤】：在该数值框中输入相应的数值，用来控制对象表面所表现出来的底纹的平滑程度。步骤数值越高，所产生的底纹越平滑，路径也越多。
- 【底纹颜色】：在该下拉列表中选中不同的选项，控制对象的底纹颜色。

单击【3D 凸出和斜角选项】对话框中的【贴图】按钮，可以打开如图 9-7 所示的【贴图】对话框，用户可以为对象设置贴图效果。

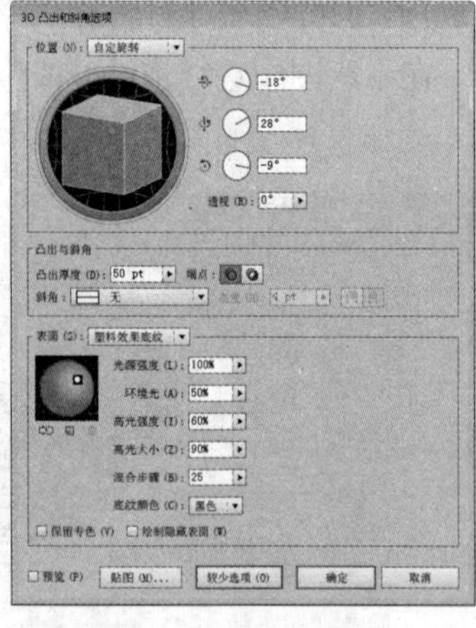

图 9-6　展开更多选项

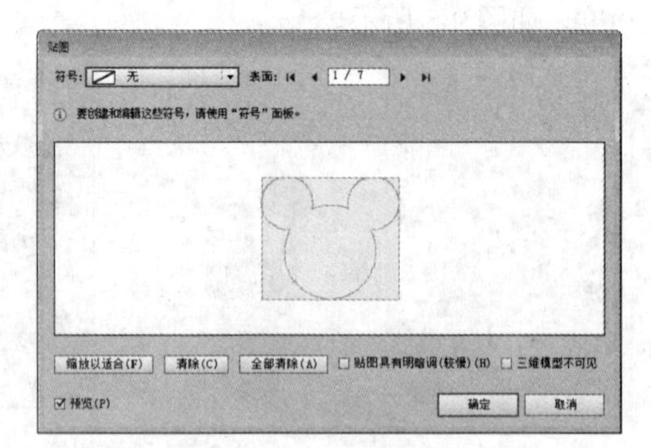

图 9-7　【贴图】对话框

- 【表面】：在该选项中单击不同的按钮，可以查看 3D 对象的不同表面。
- 【符号】：在该下拉列表中选中不同的选项，定义在选中表面上粘贴的图形。
- 【变形】：在中间的缩略图区域中，可以对图形的尺寸、角度和位置进行调整。

- 【缩放以适合】：通过单击该按钮，可以直接调整该符号对象的尺寸至和表面的尺寸相同。
- 【清除】：单击该按钮，可以将认定的符号对象清除。
- 【贴图具有明暗调(较慢)】：当选中该选项时，在符号图形上出现相应的光照效果。
- 【三维模型不可见】：选中该选项时，将隐藏 3D 对象。

【例 9-2】在 Illustrator 中，制作立体感图标。

(1) 选择【文件】|【新建】命令，打开【新建文档】对话框。在对话框中，设置【宽度】和【高度】数值为 90mm，然后单击【确定】按钮，如图 9-8 所示。

(2) 使用【矩形】工具绘制与画板同等大小的矩形，设置描边色为无，并在【渐变】面板中单击渐变填色框，在【类型】下拉列表中选择【径向】选项，设置【长宽比】数值为 113%，填色为 C=0 M=0 Y=0 K=0 至 C=32 M=23 Y=24 K=0 的渐变。然后使用【渐变】工具调整渐变中心位置，如图 9-9 所示。

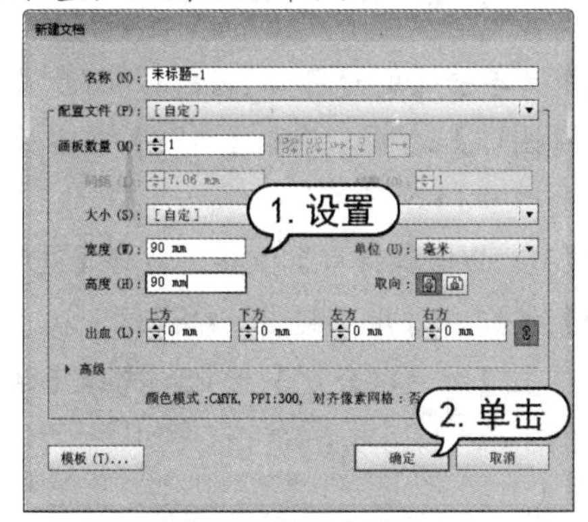

图 9-8　新建文档

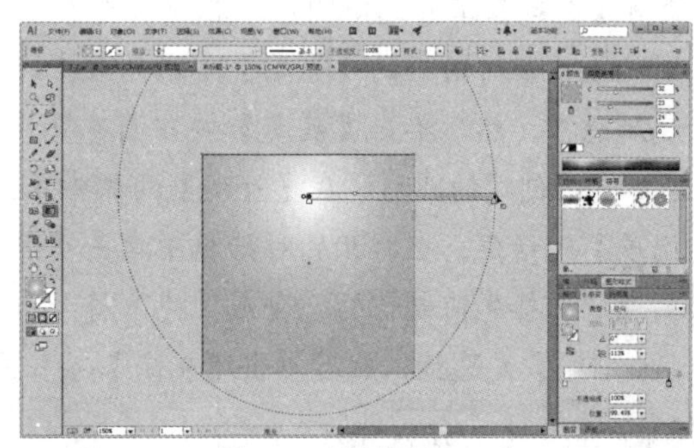

图 9-9　绘制图形

(3) 按 Ctrl+2 键锁定刚绘制的矩形，选择【椭圆】工具在画板中心单击，并按 Alt+Shift 键拖动绘制圆形，再在【颜色】面板中将其填色设置为白色，如图 9-10 所示。

(4) 选择【效果】|【3D】|【凸出和斜角】命令，打开【3D 凸出和斜角选项】对话框。在对话框的【位置】下拉列表中选择【前方】选项，【斜角】下拉列表中选择【经典】选项，设置【高度】数值为 2pt，单击【确定】按钮应用设置，如图 9-11 所示。

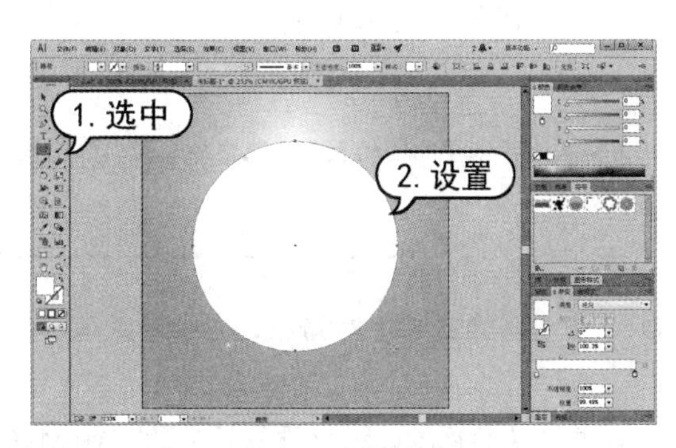

图 9-10　绘制圆形

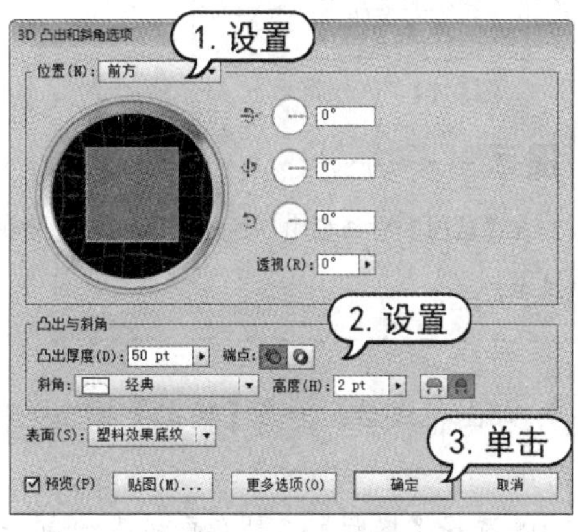

图 9-11　使用【凸出和斜角】命令

(5) 选择【文件】|【置入】命令，在打开的【置入】对话框中选择所需文档，单击【置入】按钮置入图像，如图 9-12 所示。

(6) 在画板外区域单击置入的图像文档，并在属性栏中单击【嵌入】按钮，弹出【TIFF 导入选项】对话框，单击【确定】按钮嵌入图像文档，如图 9-13 所示。

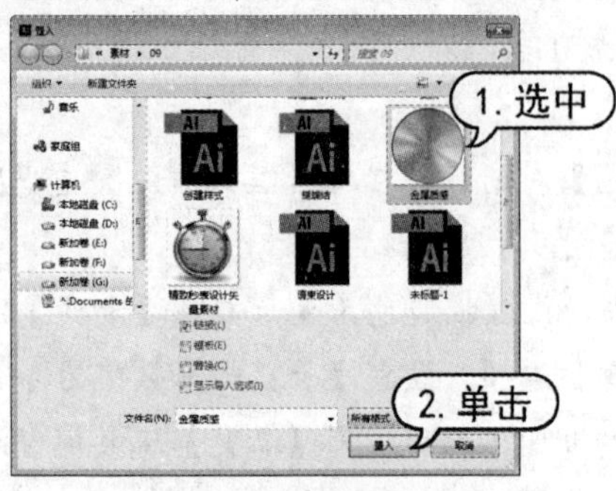

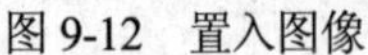
图 9-12 置入图像

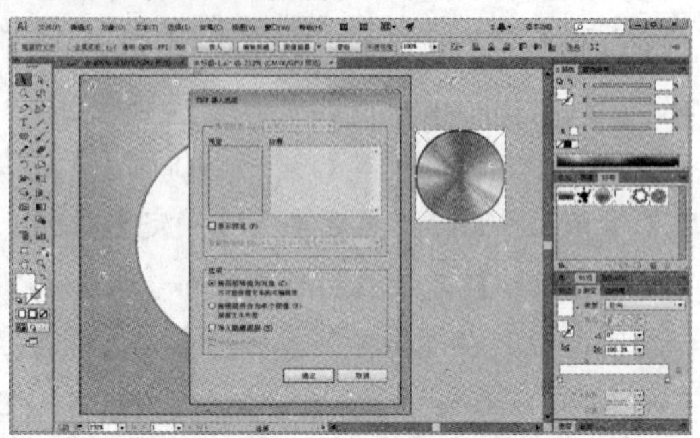
图 9-13 嵌入图像

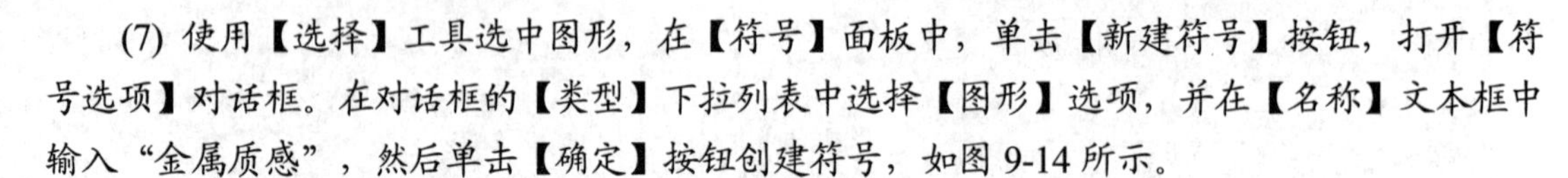
(7) 使用【选择】工具选中图形，在【符号】面板中，单击【新建符号】按钮，打开【符号选项】对话框。在对话框的【类型】下拉列表中选择【图形】选项，并在【名称】文本框中输入“金属质感”，然后单击【确定】按钮创建符号，如图 9-14 所示。

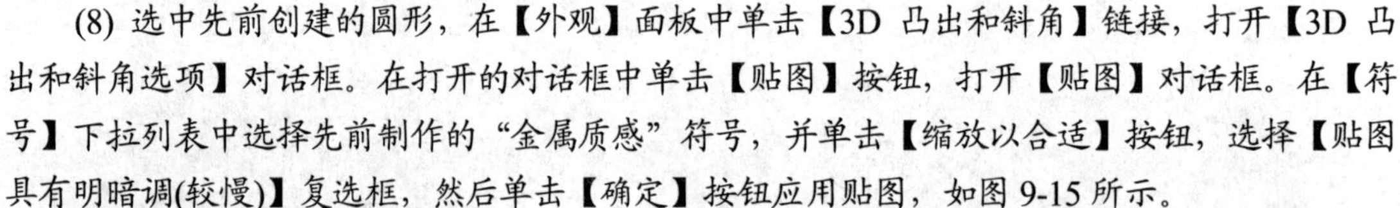
(8) 选中先前创建的圆形，在【外观】面板中单击【3D 凸出和斜角】链接，打开【3D 凸出和斜角选项】对话框。在打开的对话框中单击【贴图】按钮，打开【贴图】对话框。在【符号】下拉列表中选择先前制作的“金属质感”符号，并单击【缩放以合适】按钮，选择【贴图具有明暗调(较慢)】复选框，然后单击【确定】按钮应用贴图，如图 9-15 所示。

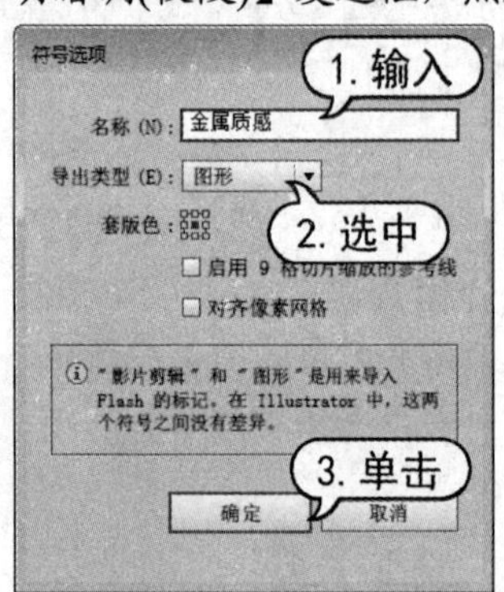

图 9-14 创建符号

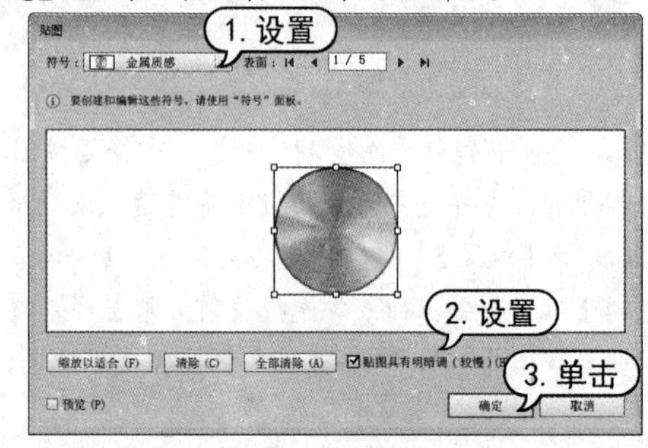

图 9-15 设置贴图

提示

在【贴图】对话框中，通过【表面】选项框旁的三角箭头选择需要贴图的表面，选中的表面以红色线框显示。

(9) 贴图完成后，单击【确定】按钮关闭【3D 凸出和斜角选项】对话框，完成的效果如图 9-16 所示。

(10) 选择【椭圆】工具在画板中绘制一个圆形，并在【颜色】面板中设置填色为 C=0 M=0

Y=0 K=70。然后使用【选择】工具选中绘制的圆形，并按 Ctrl+Alt+Shift 键移动复制圆形，如图 9-17 所示。

(11) 选择【混合】工具分别单击上一步骤中创建的圆形，创建图形混合，如图 9-18 所示。

图 9-16　贴图效果

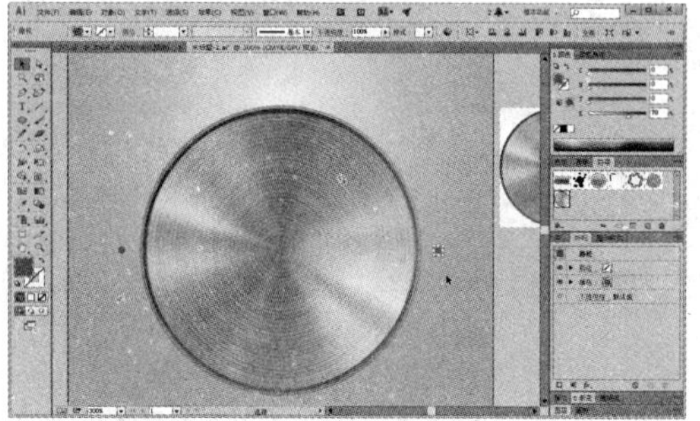

图 9-17　绘制并复制图形

(12) 选择【对象】|【混合】|【混合选项】命令，打开【混合选项】对话框。在对话框中，设置【间距】选项为【指定的步数】，数值为 13，然后单击【确定】按钮，如图 9-19 所示。

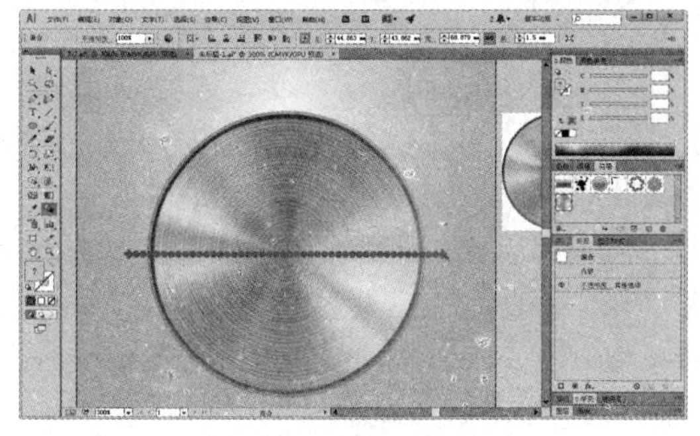

图 9-18　创建混合

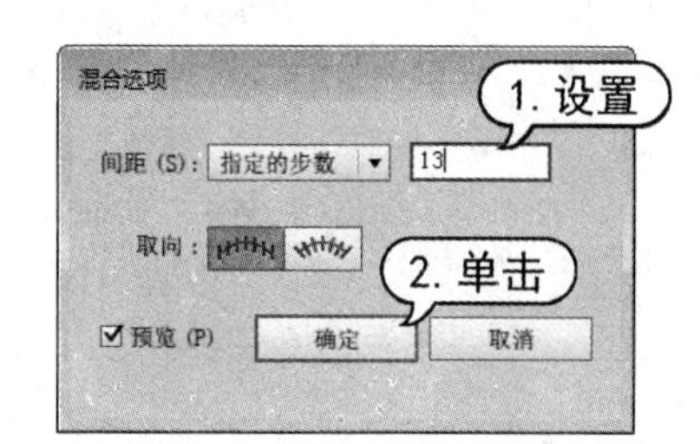

图 9-19　设置混合选项

(13) 选择【直线】工具在画板中绘制如图 9-20 所示的直线段。

(14) 选择【曲率】工具在直线中心单击添加锚点，并拖动添加的锚点调整线段曲率，如图 9-21 所示。

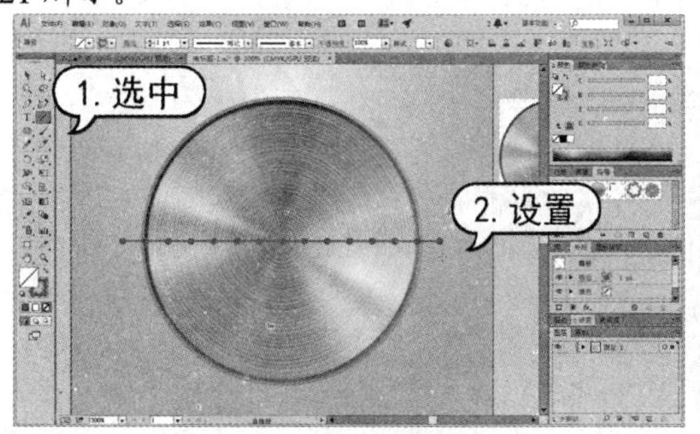

图 9-20　绘制直线

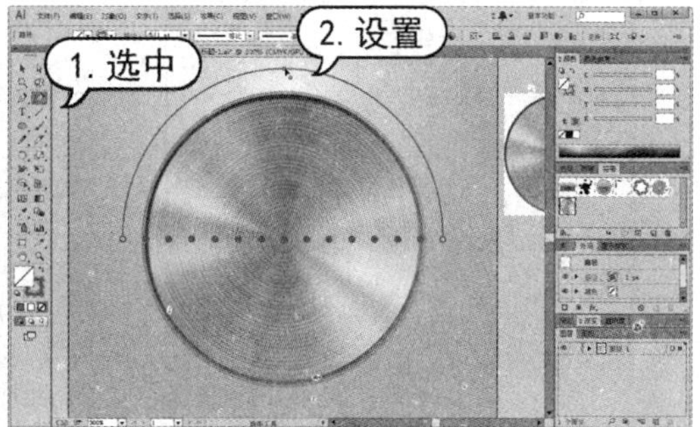

图 9-21　调整线段

(15) 使用【选择】工具选中曲线和混合对象，然后选择【对象】|【混合】|【替换混合轴】命令，结果如图 9-22 所示。

(16) 选择【多边形】工具在画板中单击并拖动，同时按键盘上的↓键减少多边形边数，绘制如图 9-23 所示的三角形，并在【颜色】面板中设置填色为 C=0 M=90 Y=85 K=0。

图 9-22　替换混合轴　　图 9-23　绘制图形

(17) 选择【效果】|【风格化】|【内发光】命令，打开【内发光】对话框。在对话框中，选中【边缘】单选按钮，设置【模式】为【变暗】，【不透明度】数值为 60%，【模糊】数值为 0.4mm，然后单击【确定】按钮，如图 9-24 所示。

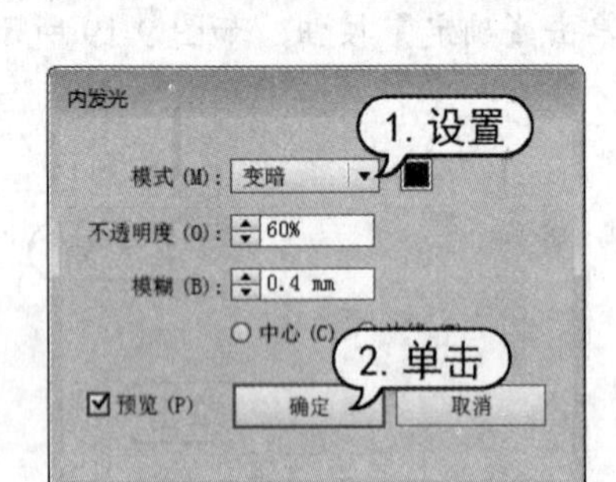

图 9-24　添加内发光效果

(18) 选择【效果】|【风格化】|【投影】命令，打开【投影】对话框。在对话框中，设置【X 位移】数值为 1mm，【Y 位移】数值为 2mm，【模糊】数值为 1.5mm，然后单击【确定】按钮，如图 9-25 所示。

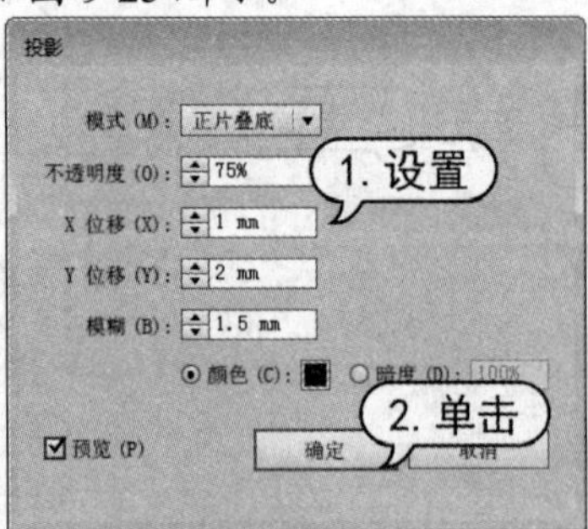

图 9-25　添加投影效果

2. 【绕转】效果

通过【绕转】命令可以将用于绕转的路径围绕 Y 轴做圆周运动以形成立体图形 3D 对象。由于绕转轴是垂直固定的，因此用于绕转的开放或闭合路径应为所需 3D 对象面向正前方时垂

直剖面的一半。选中要执行绕转操作的对象，选择【效果】|【3D】|【绕转】命令，打开如图 9-26 所示的【3D 绕转选项】对话框。

- 【位置】：在该下拉列表中选中不同的选项，设置对象如何旋转以及观看对象的透视角度。在该下拉列表中提供了一些预置的位置选项，也可以通过右侧的 3 个数值框进行不同方向的旋转调整，还可以直接使用鼠标，在示意图中进行拖动，调整相应的角度。

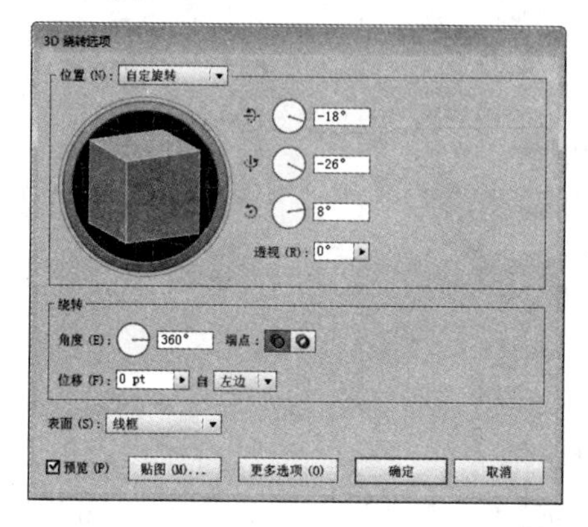

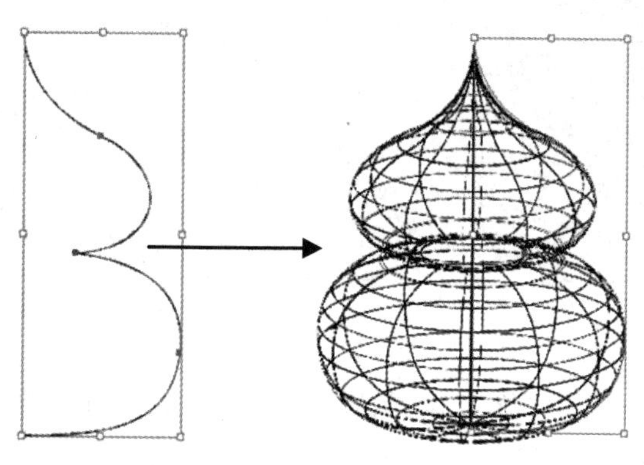

图 9-26　【3D 绕转选项】对话框

- 【透视】：通过调整该选项中的参数，调整该 3D 对象的透视效果，数值为 0° 时没有任何效果，角度越大透视效果越明显。
- 【角度】：在该文本框中输入相应的数值，设置 0°~360° 的路径绕转度数，效果如图 9-27 所示。

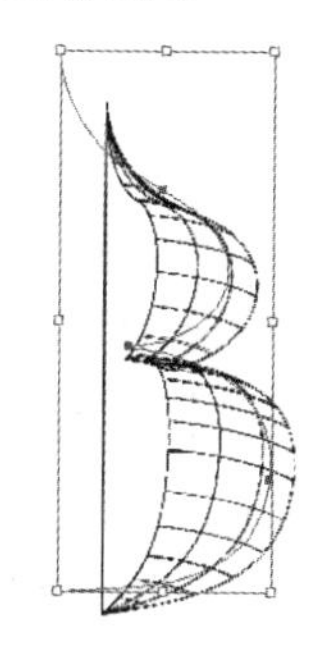
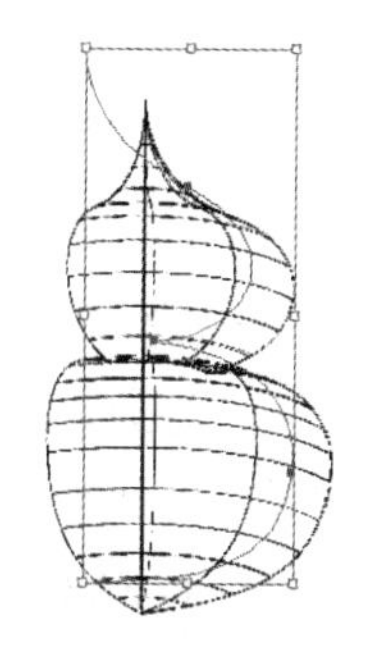
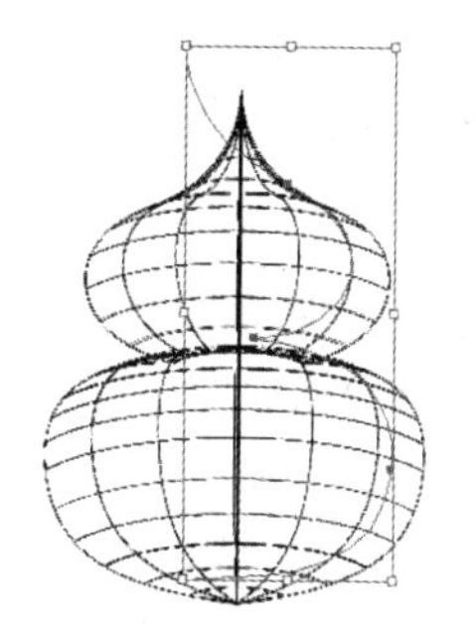

图 9-27　不同的角度效果

- 【端点】：指定显示的对象是实心还是空心对象。
- 【位移】：在绕转轴与路径之间添加距离。例如可以创建一个环状对象，可以输入一个介于 0~1000 之间的值。
- 【自】：设置对象绕之转动的轴，可以是左边缘，也可以是右边缘。

3. 【旋转】效果

使用【旋转】命令可以使 2D 图形在 3D 空间中进行旋转，从而模拟出透视的效果。该命

令只对 2D 图形有效，不能像【绕转】命令那样对图形进行绕转，也不能产生 3D 效果。

该命令的使用和【绕转】命令基本相同。绘制好一个图形，并选择【效果】|【3D】|【旋转】命令，在打开的【3D 旋转选项】对话框中可以设置图形围绕 X 轴、Y 轴和 Z 轴进行旋转的度数，使图形在 3D 空间中进行旋转，如图 9-28 所示。

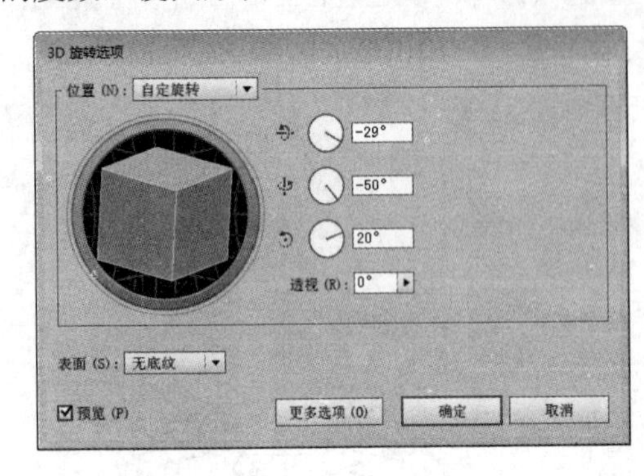

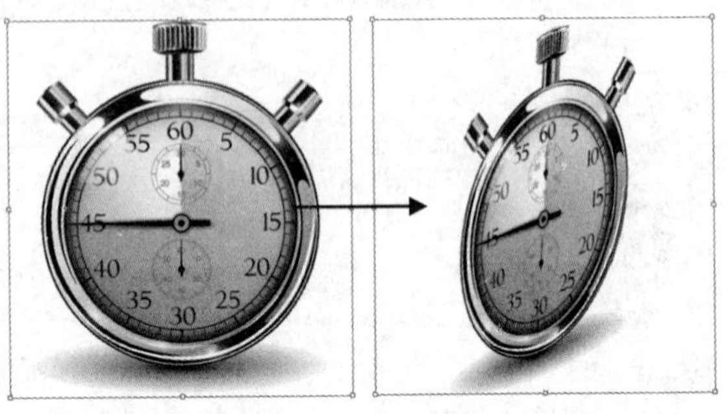

图 9-28　旋转

- 【位置】：设置对象如何旋转以及观看对象的透视角度。
- 【透视】：可以调整图形透视的角度。在【透视】数值框中输入一个介于 0～160 之间的值。
- 【更多选项】：单击该按钮，可以查看完整的选项列表；或单击【较少选项】按钮，可以隐藏额外的选项。
- 【表面】：创建各种形式的表面，从暗淡、不加底纹的不光滑表面到平滑、光亮、看起来类似塑料的表面。

9.2.2　【SVG 滤镜】效果

【SVG 滤镜】命令用于将图像描述为形状、路径、文本和效果的矢量格式。选择【效果】|【SVG 滤镜】命令，可以打开一组滤镜效果命令。选择【应用 SVG 滤镜】命令，即可打开【应用 SVG 滤镜】对话框。在该对话框的列表框中可以选择所需要的效果，选中【预览】复选框可以查看相应的效果，单击【确定】按钮执行相应的 SVG 滤镜效果，如图 9-29 所示。

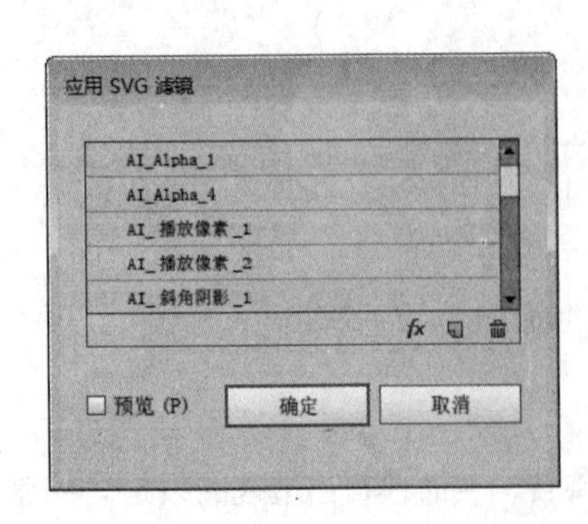

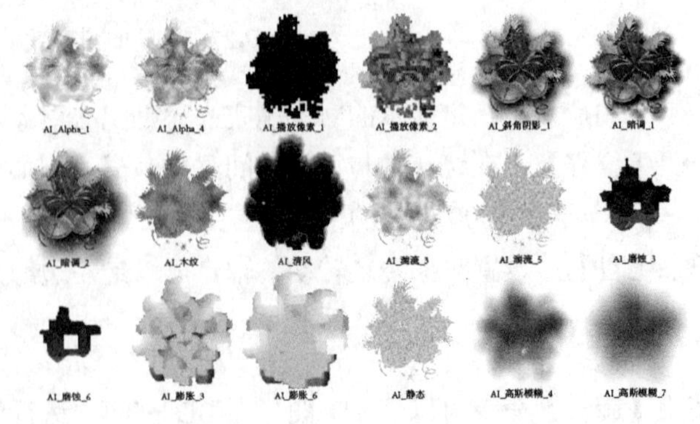

图 9-29　SVG 滤镜

知识点

应用 SVG 滤镜效果时，Illustrator 会在画板上显示效果的栅格化版本，可以通过修改文档的栅格化分辨率设置来控制此预览图像的分辨率。如果对象使用了多个效果，则 SVG 滤镜必须是最后一个效果；如果 SVG 滤镜后面还有其他效果，则 SVG 输出将由栅格对象组成。

9.2.3 【变形】效果

使用【变形】效果可以使对象的外观形状发生变化。变形效果是实时的，不会永久改变对象的基本形状，可以随时修改或删除效果。选中一个或多个对象，选择【效果】|【变形】命令，在菜单中选择相应的选项，打开【变形选项】对话框，对其进行相应的设置，然后单击【确定】按钮，如图 9-30 所示。

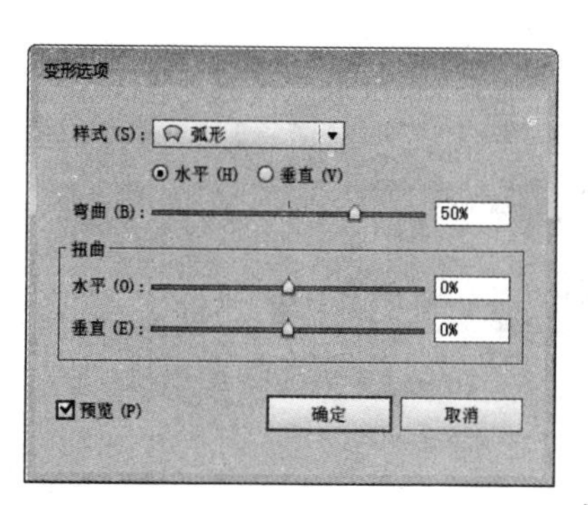

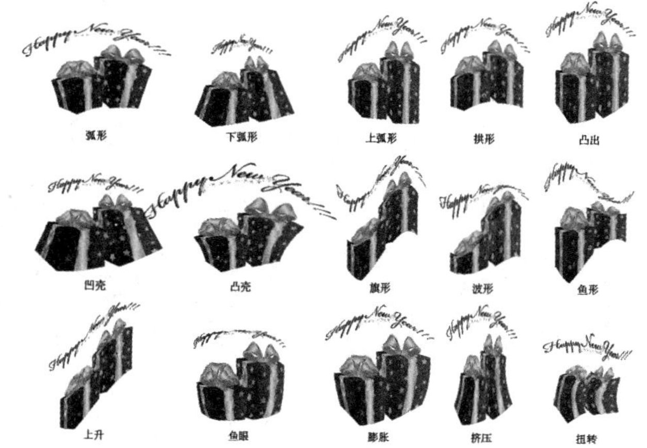

图 9-30　【变形】效果

9.2.4 【扭曲和变换】效果

【扭曲和变换】效果组可以对路径、文本、网格、混合以及位图图像使用一种预定义的变形进行扭曲或变换。在【扭曲和变换】效果组中提供了【变换】、【扭拧】、【扭转】、【收缩和膨胀】、【波纹】、【粗糙化】和【自由扭曲】7 种特效。

1. 变换效果

使用【变换】效果，通过重设大小、旋转、移动、镜像和复制的方法来改变对象形状。选中要添加效果的对象，选择【效果】|【扭曲和变换】|【变换】命令，打开如图 9-31 所示的【变换效果】对话框。

◉ 【缩放】：在该选项区域中分别调整【水平】和【垂直】文本框中的参数，定义缩放的比例。

◉ 【移动】：在该选项区域中分别调整【水平】和【垂直】数值框中的参数，定义移动的距离。

◉ 【角度】：在该数值框中输入相应的数值，定义旋转的角度，正值为顺时针旋转，负值为逆时针旋转，也可以拖动右侧的控制柄，进行旋转调整。

◉ 对称 X、Y：当选中【对称 X(X)】或【对称 Y(Y)】选项时，可以对对象进行镜像处理。

◉ 定位器：在▦选项中，通过单击相应的按钮，可以定义变换的中心点。

◉ 【随机】：当选中该选项时，将对调整的参数进行随机的变换，而且每一个对象的随机数值并不相同。

◉ 【副本】：在该数值框中输入相应的数值，对变换对象复制相应的份数。

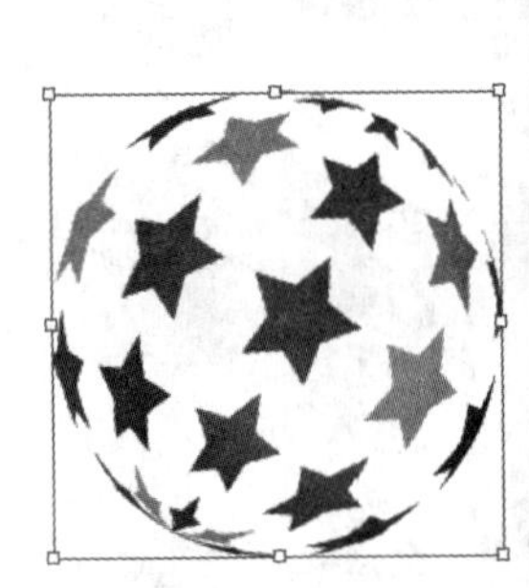

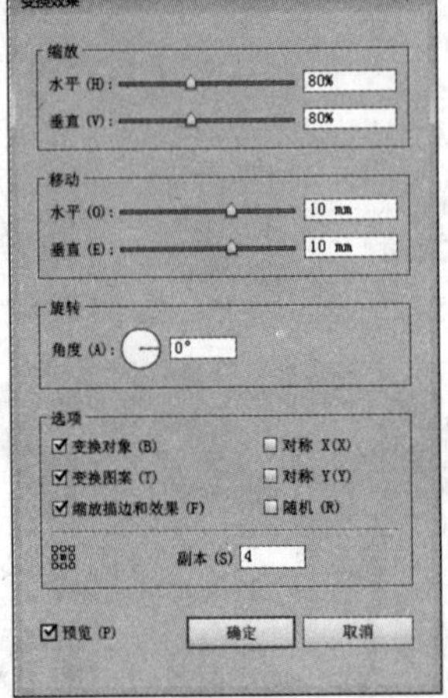

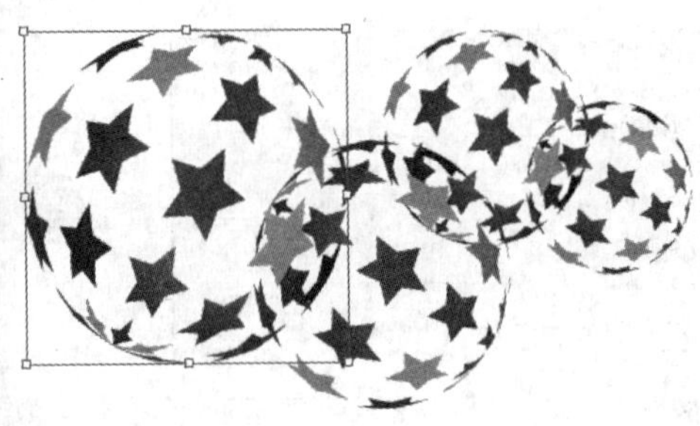

图 9-31　【变换效果】对话框

【例 9-3】在 Illustrator 中，使用【变换】命令创建图案效果。

(1) 在图形文档中，选择【星形】工具在画板中绘制一个星形，并使用【直接选择】工具选中星形尖角锚点，调整其形状控件，如图 9-32 所示。

(2) 在【颜色】面板中将绘制的星形描边色设置为无，在【渐变】面板中单击渐变填色框，设置【类型】为【径向】，渐变填充色为 C=20 M=0 Y=5 K=0 至 C=5 M=60 Y=0 K=0，如图 9-33 所示。

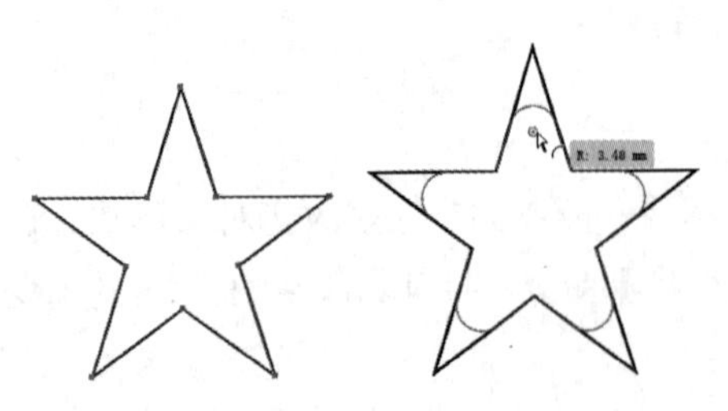

图 9-32　绘制星形

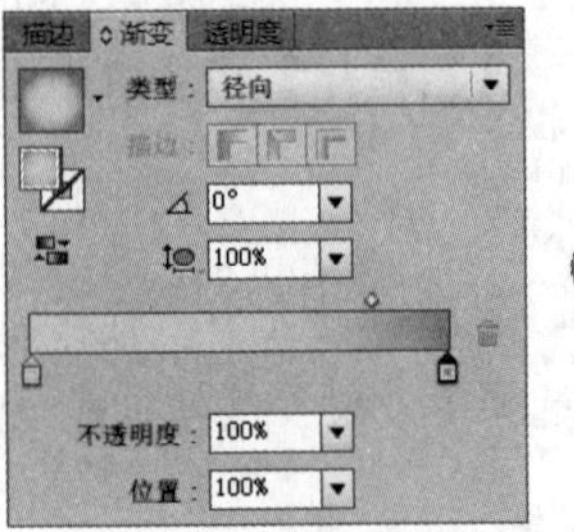

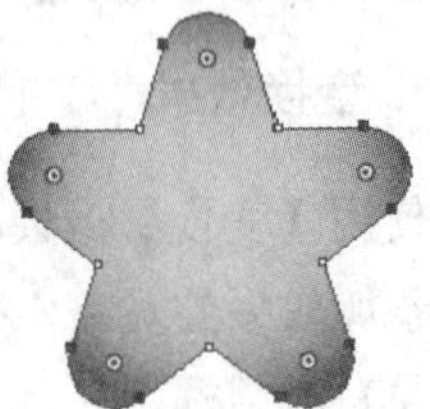

图 9-33　填充星形

(3) 使用【选择】工具在刚绘制的图形上单击鼠标右键，从弹出的菜单中选择【变换】|【缩放】命令，打开【比例缩放】对话框。在对话框中，设置【等比】数值为 50%，然后单击【复制】按钮，如图 9-34 所示。

(4) 在【渐变】面板中，将复制的图形的填充色更改为 C=40 M=0 Y=5 K=0 至 C=5 M=85 Y=0 K=0，如图 9-35 所示。

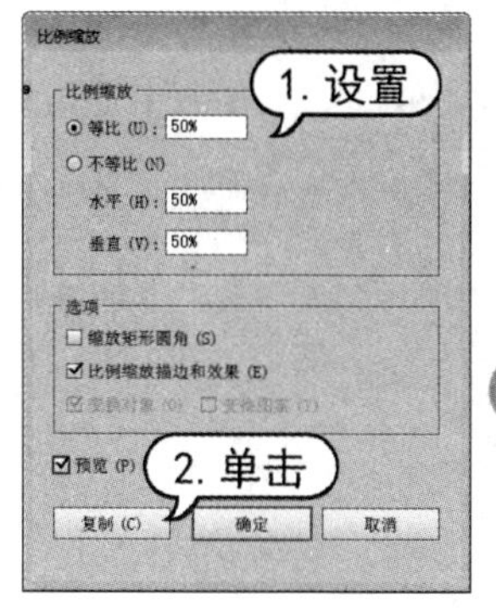

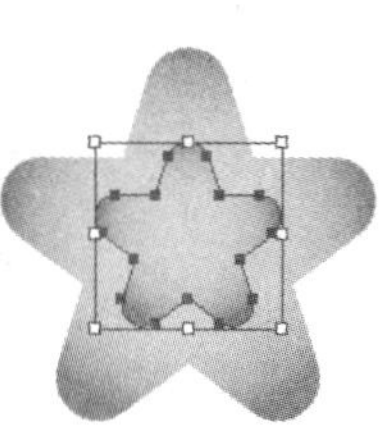

图 9-34　缩放复制图形

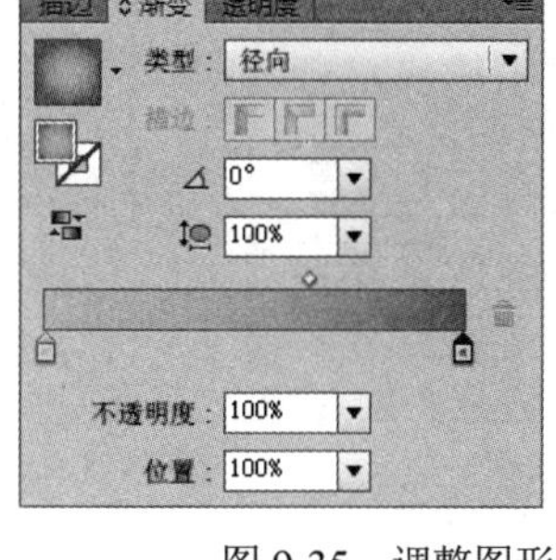

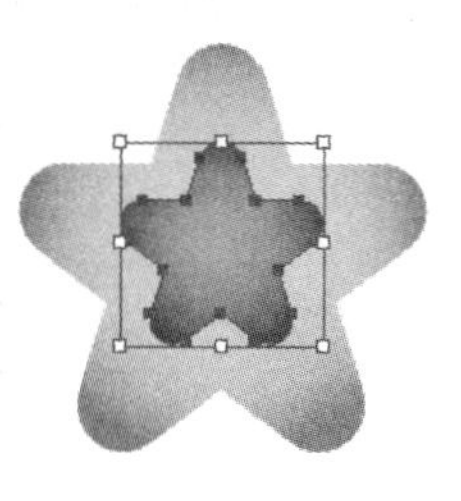

图 9-35　调整图形填充

(5) 使用【选择】工具移动步骤(3)中创建的图形的位置，然后选择【混合】工具分别单击两个图形创建混合，如图 9-36 所示。

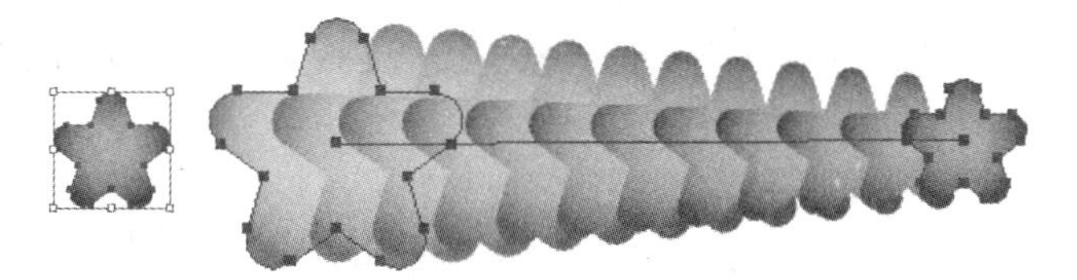

图 9-36　创建混合

(6) 选择【对象】|【混合】|【混合选项】命令，打开【混合选项】对话框。在对话框的【间距】下拉列表中选择【指定的步数】，并设置数值为 2，然后单击【确定】按钮，如图 9-37 所示。

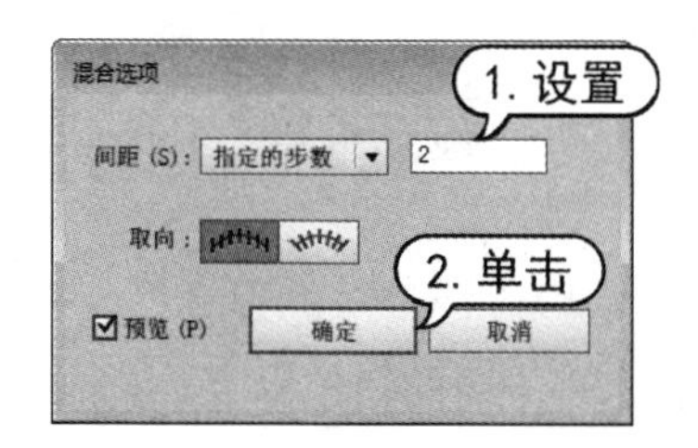

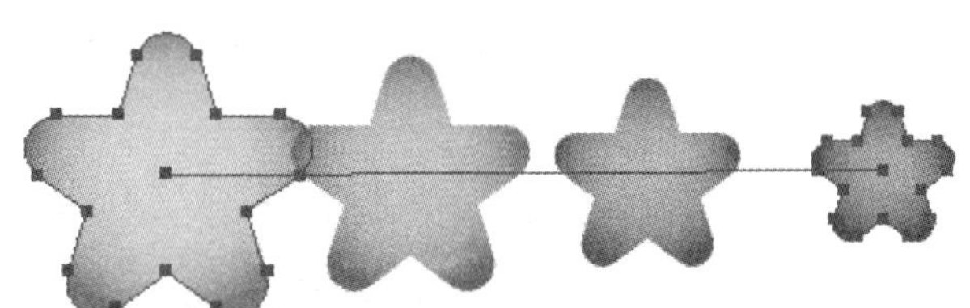

图 9-37　编辑混合

(7) 选择【效果】|【扭曲和变换】|【变换】命令，打开【变换】对话框。在对话框中设置变换的中心点位置，设置移动【水平】为 7mm，旋转【角度】为 30°，【副本】为 11，然后单击【确定】按钮，如图 9-38 所示。

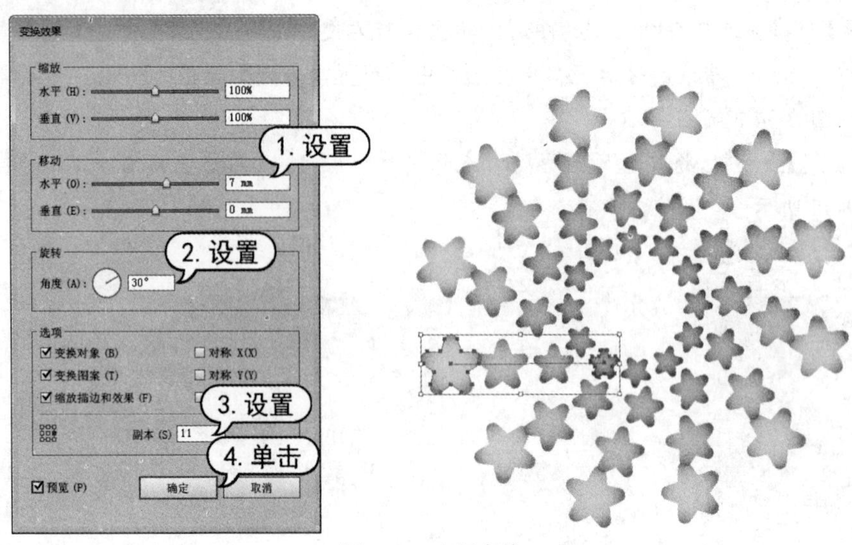

图 9-38　应用变换

2. 扭拧效果

使用【扭拧】效果，可以随机地向内或向外弯曲或扭曲路径段，使用绝对量或相对量设置垂直和水平扭曲，指定是否修改锚点、移动通向路径锚点的控制点(【导入】控制点、【导出】控制点)。选中要添加效果的对象，选择【效果】|【扭曲和变换】|【扭拧】命令，打开如图 9-39 所示的【扭拧】对话框。

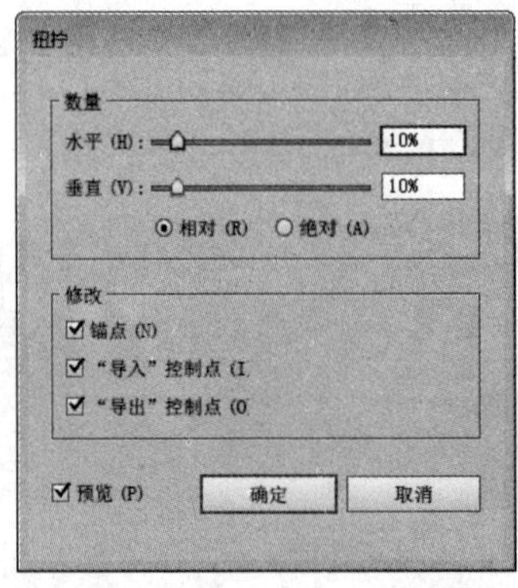

图 9-39　【扭拧】对话框

- 【水平】：通过调整该选项中的参数，定义该对象在水平方向的扭拧幅度。
- 【垂直】：通过调整该选项中的参数，定义该对象在垂直方向的扭拧幅度。
- 【相对】：当选中该选项时，将定义调整的幅度为原水平的百分比。
- 【绝对】：当选中该选项时，将定义调整的幅度为具体的尺寸。
- 【锚点】：当选中该选项时，将修改对象中的锚点。
- 【“导入”控制点】：当选中该选项时，将修改对象中的导入控制点。
- 【“导出”控制点】：当选中该选项时，将修改对象中的导出控制点。

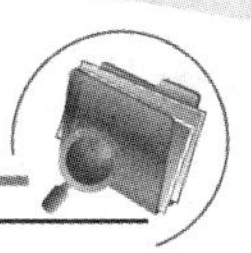

3. 扭转效果

使用【扭转】效果旋转一个对象，中心的旋转程度比边缘的旋转程度大。输入一个正值将顺时针扭转，输入一个负值将逆时针扭转。选中要添加效果的对象，选择【效果】|【扭曲和变换】|【扭转】命令，打开如图 9-40 所示的【扭转】对话框。在对话框的【角度】数值框中输入相应的数值，可以定义对象扭转的角度。

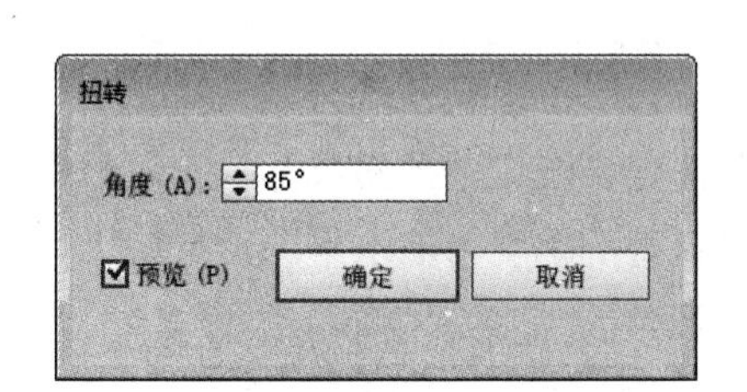

图 9-40　【扭转】对话框

4. 收缩和膨胀效果

使用【收缩和膨胀】效果，在将线段向内弯曲(收缩)时，向外拉出矢量对象的锚点；或将线段向外弯曲(膨胀)时，向内拉入锚点。这两个选项都可相对于对象的中心点来拉伸锚点。选中要添加效果的对象，选择【效果】|【扭曲和变换】|【收缩和膨胀】命令，打开如图 9-41 所示的【收缩和膨胀】对话框。在对话框的【收缩/膨胀】数值框中输入相应的数值，对对象的膨胀或收缩进行控制，正值使对象膨胀，负值使对象收缩。

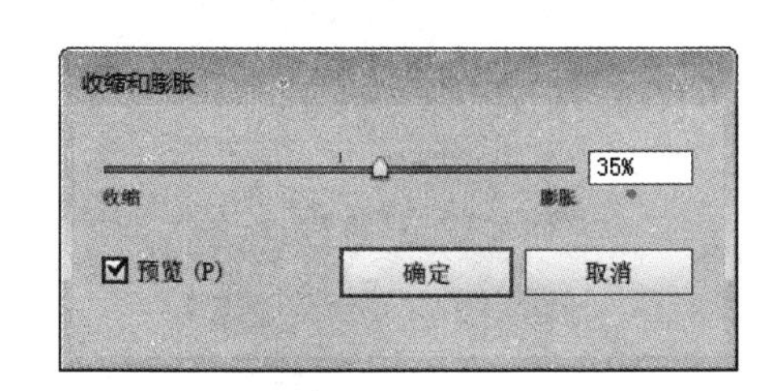

图 9-41　【收缩和膨胀】对话框

5. 波纹效果

使用【波纹】效果，将对象的路径段变换为同样大小的尖峰和凹谷形成的锯齿和波形数组。使用绝对大小或相对大小设置尖峰与凹谷之间的长度。设置每个路径段的脊状数量，并在波形边缘或锯齿边缘之间做出选择。选择【效果】|【扭曲和变换】|【波纹效果】命令，打开如图 9-42 所示的【波纹效果】对话框。

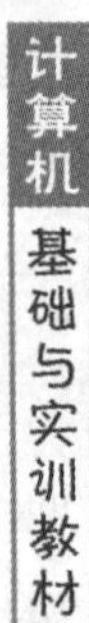

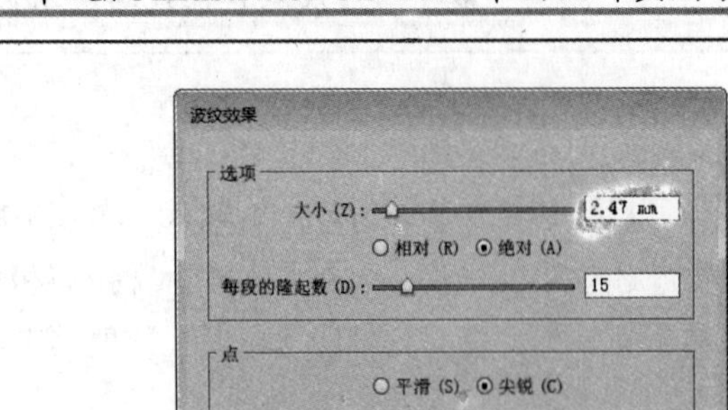

图 9-42　【波纹效果】对话框

- 【大小】：通过调整该选项中的参数，定义波纹效果的尺寸。
- 【相对】：当选中该选项时，将定义调整的幅度为原水平的百分比。
- 【绝对】：当选中该选项时，将定义调整的幅度为具体的尺寸。
- 【每段的隆起数】：通过调整该选项中的参数，定义每一段路径出现波纹隆起的数量。
- 【平滑】：当选中该选项时，将使波纹的效果比较平滑。
- 【尖锐】：当选中该选项时，将使波纹的效果比较尖锐。

6. 粗糙化效果

使用【粗糙化】效果，可将矢量对象的路径段变形为各种大小的尖峰和凹谷的锯齿数组。使用绝对大小和相对大小设置路径段的最大长度。设置每英寸锯齿边缘的密度，并在圆滑边缘和尖锐边缘之间选择。选中要添加效果的对象，选择【效果】|【扭曲和变换】|【粗糙化】命令，打开如图 9-43 所示的【粗糙化】对话框。对话框中的参数设置与波纹效果设置类似，【细节】数值框用于定义粗糙化细节每英寸出现的数量。

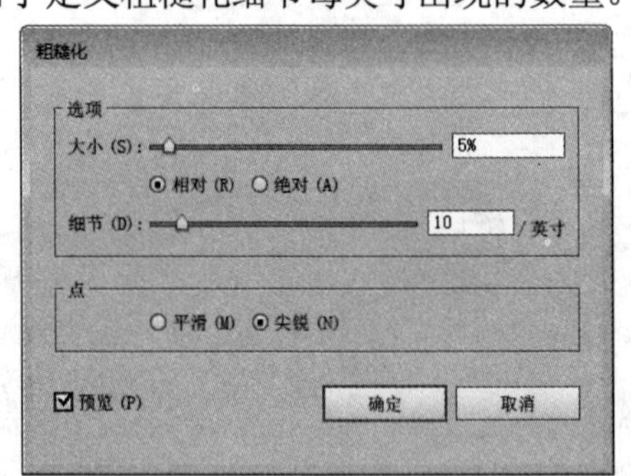

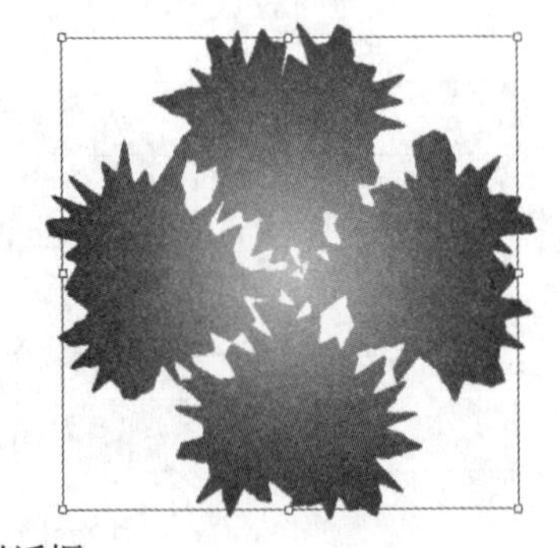

图 9-43　【粗糙化】对话框

7. 自由扭曲效果

使用【自由扭曲】效果，可以通过拖动四个角中任意控制点的方式来改变矢量对象的形状。选中要添加效果的对象，选择【效果】|【扭曲和变换】|【自由扭曲】命令，打开如图 9-44 所示的【自由扭曲】对话框。在该对话框中的缩略图中拖动四个角上的控制点，从而调整对象的变形。单击【重置】按钮可以恢复原始的效果。

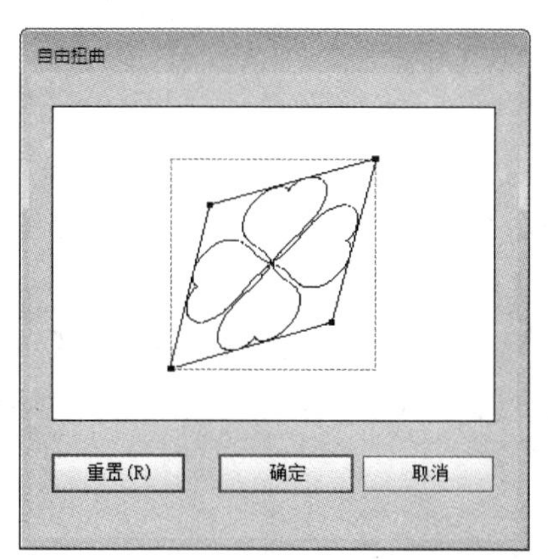

图 9-44　【自由扭曲】对话框

9.2.5　【栅格化】效果

在 Illustrator 中，栅格化是将矢量图转换为位图图像的过程。在栅格化过程中，Illustrator 会将图形路径转换为像素。选择【效果】|【栅格化】命令可以栅格化单独的矢量对象，也可以通过将文档导入为位图格式来栅格化文档。打开或选择需要进行栅格化的图形，选择【效果】|【栅格化】命令，打开如图 9-45 所示的【栅格化】对话框。

- 【颜色模式】：用于确定在栅格化过程中所用的颜色模式。
- 【分辨率】：用于确定栅格化图像中的每英寸像素数。
- 【背景】：用于确定矢量图形的透明区域如何转换为像素。
- 【消除锯齿】：使用消除锯齿效果，以改善栅格化图像的锯齿边缘外观。
- 【创建剪切蒙版】：创建一个使栅格画图像的背景显示为透明的蒙版。
- 【添加环绕对象】：围绕栅格化图像添加指定数量的像素。

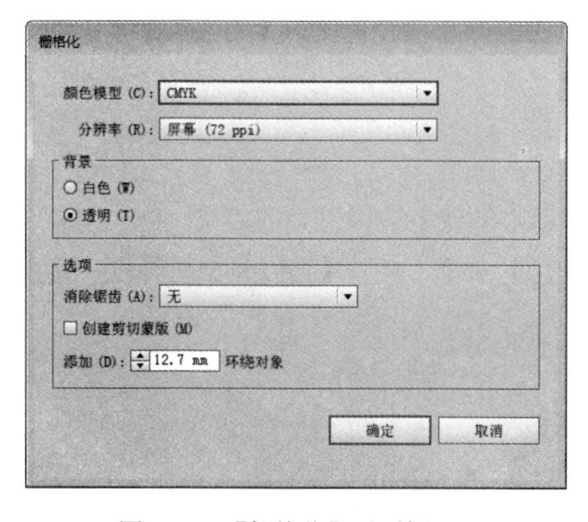

图 9-45　【栅格化】对话框

提示

要应用上次使用的效果和设置，可以选择【效果】|【应用“效果名称”】命令。要应用上次使用的效果并设置其选项，则选择【效果】|【效果名称】命令。

9.2.6 【转换为形状】效果

【转换为形状】命令子菜单中共有 3 个命令，分别是【矩形】、【圆角矩形】、【椭圆】命令。使用这些命令可以把一些简单的图形转换为前面列举的这 3 种形状。

使用【转换为形状】命令，其操作比较简单。创建或选择图形后，在【转换为形状】子菜单中选择一个命令，将会打开如图 9-46 所示的【形状选项】对话框。在该对话框中，可以对要转换的形状进行设置。

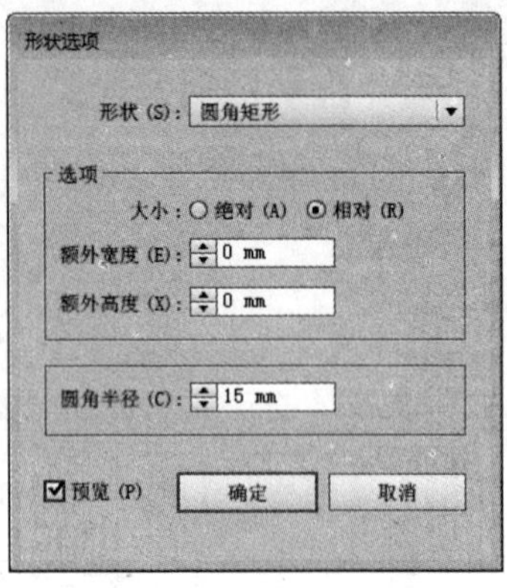

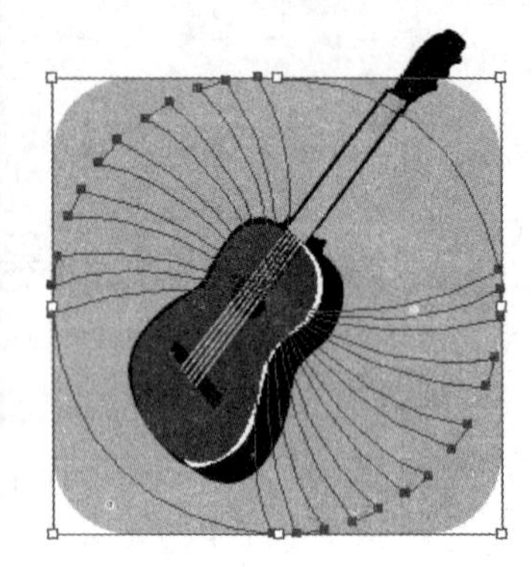

图 9-46　转换为形状

在【形状选项】对话框中设置好参数之后，单击【确定】按钮即可生成需要的形状。需要注意的是，不能把一些复杂的图形转换为矩形或者其他形状。

9.2.7 【风格化】效果

在 Illustrator 中，【风格化】子菜单中有几个比较常用的效果命令，比如【内发光】、【外发光】、【投影】、【羽化】命令等。

1. 内发光与外发光

在 Illustrator 中，使用【内发光】命令可以模拟在对象内部或者边缘发光的效果。选中需要设置内发光的对象后，选择【效果】|【风格化】|【内发光】命令，打开【内发光】对话框，设置好选项后，单击【确定】按钮即可，如图 9-47 所示。

- 【模式】：指定发光的混合模式。
- 【不透明度】：指定所需发光的不透明度百分比。
- 【模糊】：指定要进行模糊处理之处到选区中心或选区边缘的距离。
- 【中心】：使用从选区中心向外发散的发光效果。
- 【边缘】：使用从选区内部边缘向外发散的发光效果。

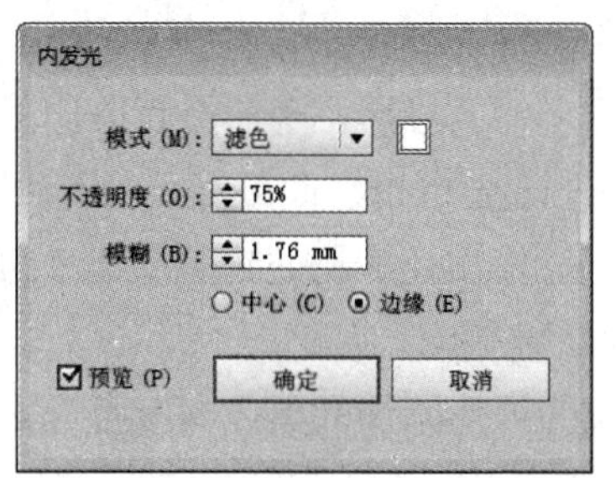

图 9-47　内发光

外发光命令的使用与内发光命令相同，只是产生的效果不同而已。选择【效果】|【风格化】|【外发光】命令，打开【外发光】对话框，设置好选项后，单击【确定】按钮即可，如图 9-48 所示。

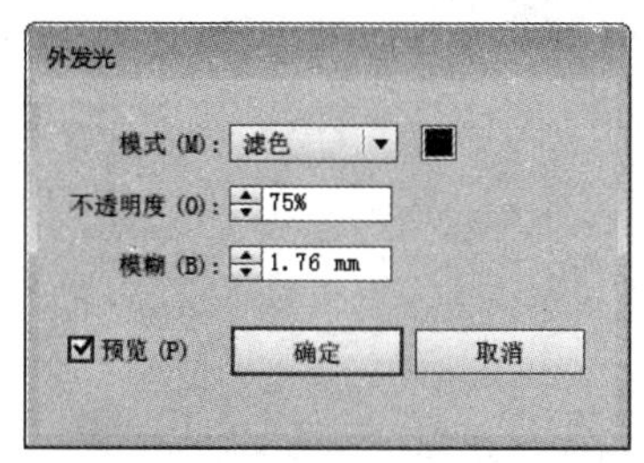

图 9-48　外发光

2. 圆角

在 Illustrator 中，使用【圆角】命令可以使带有锐角边的图形产生圆角效果，从而获得一种更加自然的效果。其操作非常简单，绘制好图形或选择需要修改为圆角的图形后，选择【效果】|【风格化】|【圆角】命令，打开【圆角】对话框，并根据需要设置好参数，如图 9-49 所示。在【圆角】对话框中设置好参数后，单击【确定】按钮即可获得圆角效果。

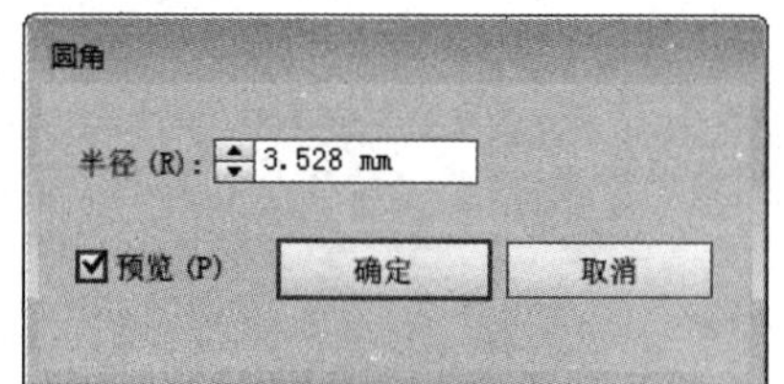

图 9-49　圆角

3. 投影

使用【投影】命令可以在一个图形的下方产生投影效果。其操作非常简单，绘制好图形或选择需要设置投影的图形对象后，选择【效果】|【风格化】|【投影】命令，打开【投影】对话框。在【投影】对话框中设置好参数后，单击【确定】按钮即可获得投影效果，如图 9-50 所示。

- 【模式】：用于指定投影的混合模式。
- 【不透明度】：用于指定所需的投影不透明度百分比。
- X 位移和 Y 位移：用于指定希望投影偏离对象的距离。
- 【模糊】：用于指定要进行模糊处理之处到阴影边缘的距离。
- 【颜色】：用于指定阴影的颜色。
- 【暗度】：用于指定希望为投影添加的黑色深度百分比。

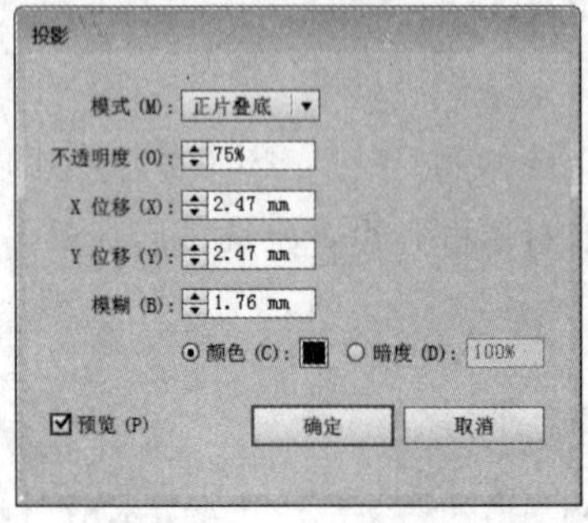

图 9-50　投影

4. 涂抹

在 Illustrator 中，涂抹效果也是经常使用到的一种效果。使用该命令可以把图形转换成各种形式的草图或涂抹效果。添加该效果后，图形将以不同的颜色和线条形式来表现原来的图形。选择好需要进行涂抹的对象或组，或在【图层】面板中确定一个图层。选择【效果】|【风格化】|【涂抹】命令，打开【涂抹选项】对话框。设置完成后，单击【确定】按钮即可，如图 9-51 所示。

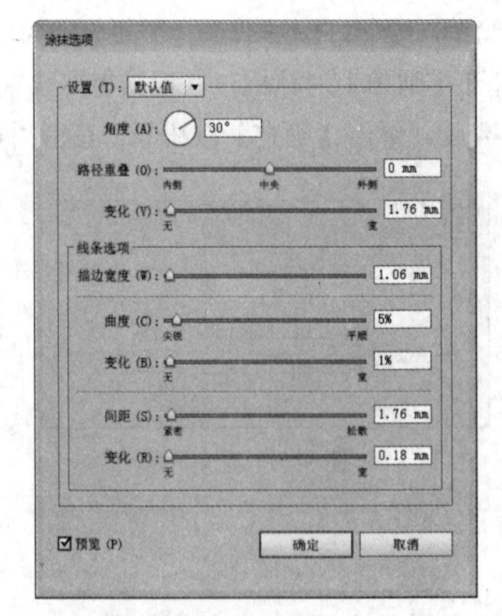

图 9-51　涂抹

- 【角度】：用于控制涂抹线条的方向。可以单击角度图标中的任意点，然后围绕角度图标拖移角度线，或在【角度】文本框中输入一个介于-179°~180°的值(如果输入一个超出此范围的值，则该值将被转换为与其相当且处于此范围内的值)。
- 【路径重叠】：用于控制涂抹线条在路径边界内部距路径边界的量或路径边界外部距路径边界的量。负值表示将涂抹线条控制在路径边界内部，正值则表示将涂抹线条延伸至路径边界外部。
- 【变化】(适用于路径重叠)：用于控制涂抹线条彼此之间的相对长度差异。
- 【描边宽度】：用于控制涂抹线条的宽度。
- 【曲度】：用于控制涂抹曲线在改变方向之前的曲度。
- 【变化】(适用于曲度)：用于控制涂抹曲线之间的相对曲度差异大小。
- 【间距】：用于控制涂抹线条之间的折叠间距量。
- 【变化】(适用于间距)：用于控制涂抹线条之间的折叠间距差异量。

5. 羽化

在 Illustrator 中，使用【羽化】命令可以制作出图形边缘虚化或过渡的效果。选择需要进行羽化的对象或组，或在【图层】面板中确定一个图层，选择【效果】|【风格化】|【羽化】命令，打开【羽化】对话框，如图 9-52 所示。设置好对象从不透明到透明的中间距离，并单击【确定】按钮。

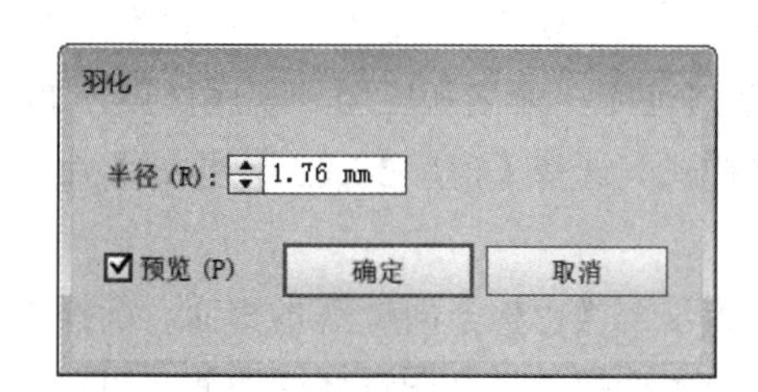

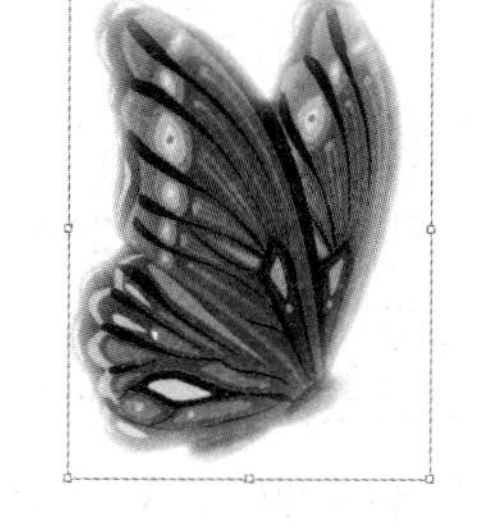

图 9-52　羽化

9.3　Photoshop 效果

Illustrator 中的 Photoshop 效果与 Adobe Photoshop 中的滤镜效果非常相似，而【效果画廊】与 Photoshop 中的【滤镜库】也大致相同。Photoshop 效果的使用可以参考 Adobe Photoshop 中的滤镜使用。

效果画廊是一个集合了大部分常用效果的对话框。在效果画廊中，可以对某一对象应用一个或多个效果，或者对同一图像多次应用同一效果，还可以使用其他效果替换原有的效果。选中要添加效果的对象，选择【效果】|【效果画廊】命令，在打开的对话框中进行相应的设置，然后单击【确定】按钮即可，如图 9-53 所示。

图 9-53　效果画廊

9.4　应用样式

在 Illustrator 中，图形样式是一组可反复使用的外观属性。图形样式可以快速更改对象、组或图层的外观。将图形样式应用于组或图层时，组和图层内的所有对象都具有图形样式的属性。

9.4.1　【图形样式】面板

可以使用【图形样式】命令来创建、命名和应用外观属性集，如图 9-54 所示。创建文档时，此面板会列出一组默认的图形样式。选择【窗口】|【图形样式】命令，或按快捷键 Shift+F5 可以打开【图层样式】面板。

【图形样式】面板的使用方法与【色板】面板基本相似。选择【窗口】|【图形样式库】命令，或在【图形样式】面板菜单中选择【打开图形样式库】，可以打开一系列图形样式库，如图 9-55 所示。

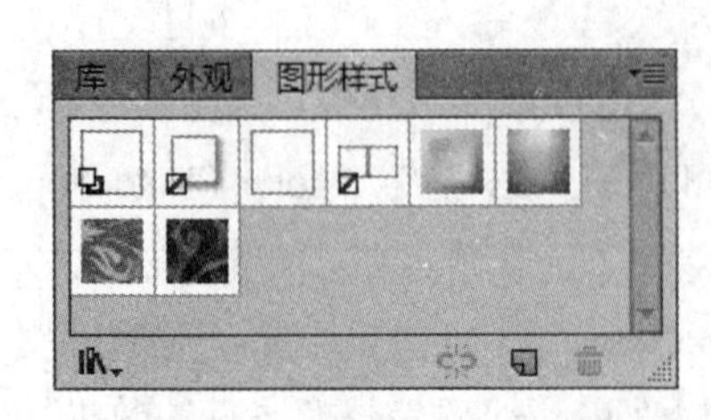

图 9-54　【图形样式】面板

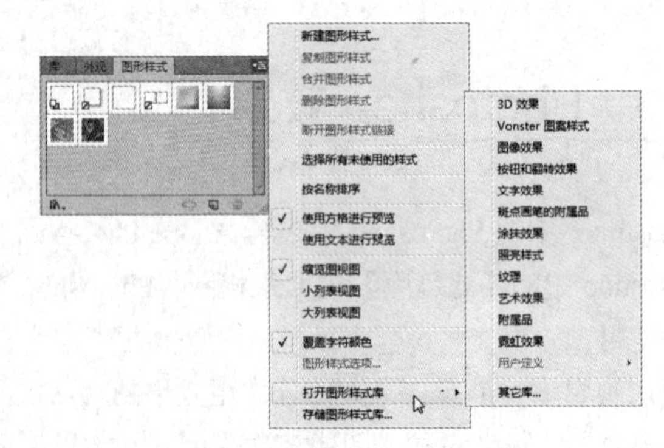

图 9-55　图形样式库

要使用图形样式，选择一个对象或对象组后，单击【图形样式】面板或图形样式库中的样

式，或将图形样式拖动到文档窗口中的对象上即可。

【例 9-4】在 Illustrator 中，使用【图形样式】面板和图形样式库改变所选图形对象的效果。

(1) 选择菜单栏中的【文件】|【打开】命令，在【打开】对话框中选择并打开图形文档，选择【窗口】|【图形样式】命令，打开【图形样式】面板，如图 9-56 所示。

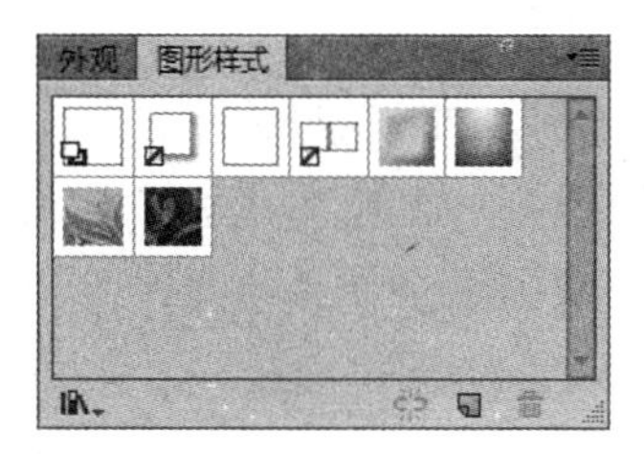

图 9-56　打开图形文档

(2) 在【图形样式】面板中，单击【图形样式库菜单】按钮，在打开的菜单中选择【按钮和翻转效果】图形样式库。并在【按钮和翻转效果】面板中单击【气泡溶剂-正常】样式，将其添加到【图形样式】面板中并应用，如图 9-57 所示。

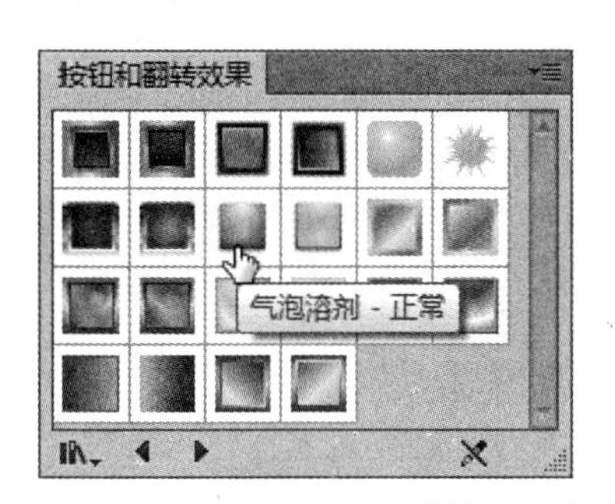

图 9-57　添加图形样式

知识点

【图形样式】面板菜单中包含 3 个可改变图形样式显示方式的命令。选择【缩览图视图】命令，面板中会显示缩览图；选择【小列表视图】命令，会显示带有小缩览图的命名样式列表；选择【大列表视图】命令，会显示带有大缩览图的命名样式列表。

9.4.2　创建图形样式

在 Illustrator 中，用户可以通过向对象应用外观属性从头开始创建图形样式，也可以基于其他图形样式来创建图形样式，还可以复制现有图形样式，并且可以保存创建的新样式。

要创建新图形样式，用户可以选中已设置好外观效果的图形对象，然后单击【图形样式】面板中的【新建图形样式】按钮 直接创建新图形样式，也可以将【外观】面板中的缩览图直接拖动到【图形样式】面板中即可，如图 9-58 所示。

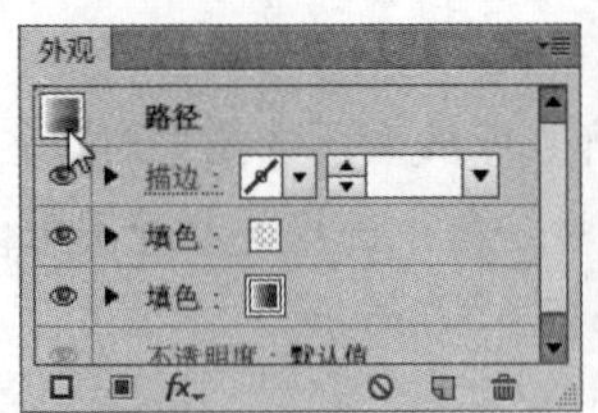

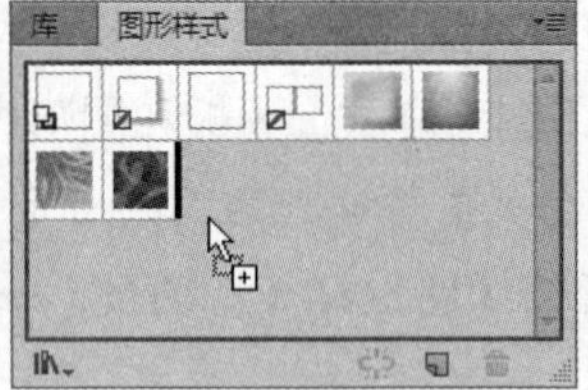

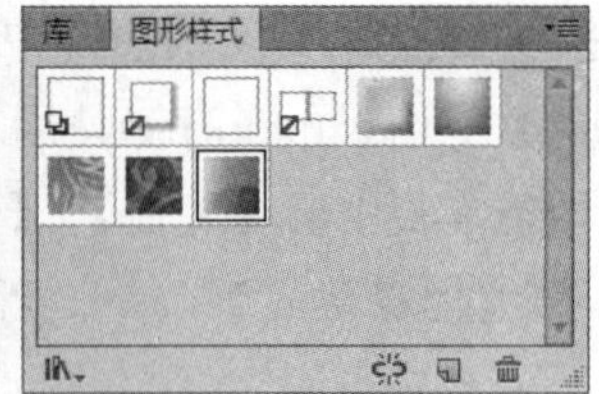

图 9-58　创建新图形样式

【例 9-5】创建新样式和图形样式库。

(1) 在打开的图形文档中，使用【选择】工具选中图形，如图 9-59 所示。

(2) 在【图形样式】面板中，单击【图形样式库菜单】按钮，在打开的菜单中选择【照亮样式】图形样式库。并在【照亮样式】面板中单击【拱形火焰】样式，将其添加到【图形样式】面板中并应用，如图 9-60 所示。

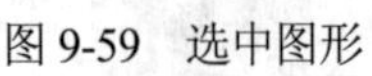

图 9-59　选中图形

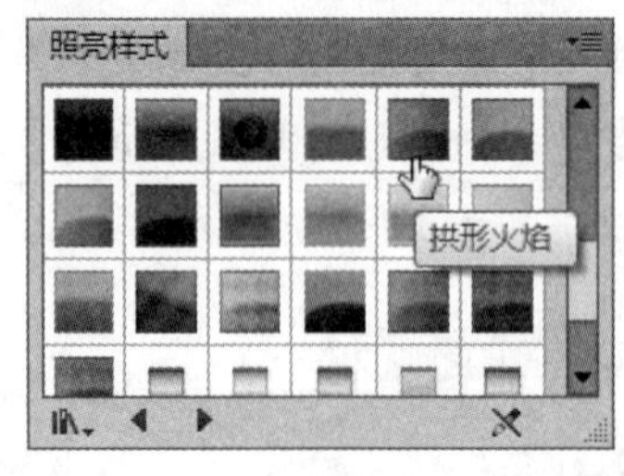

图 9-60　添加图形样式

(3) 在【外观】面板中，选中【填色】属性行。并在【渐变】面板中，选中渐变滑动条左侧色标，将其设置为 C=5 M=0 Y=100 K=0，【位置】设置为 35%，如图 9-61 所示。

(4) 在【外观】面板中，按住 Shift 键单击选中不需要的外观属性，然后单击【删除所选项目】按钮，如图 9-62 所示。

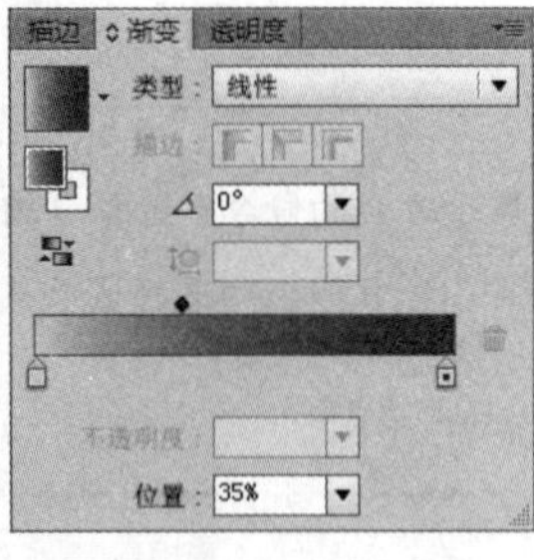

图 9-61　设置填充

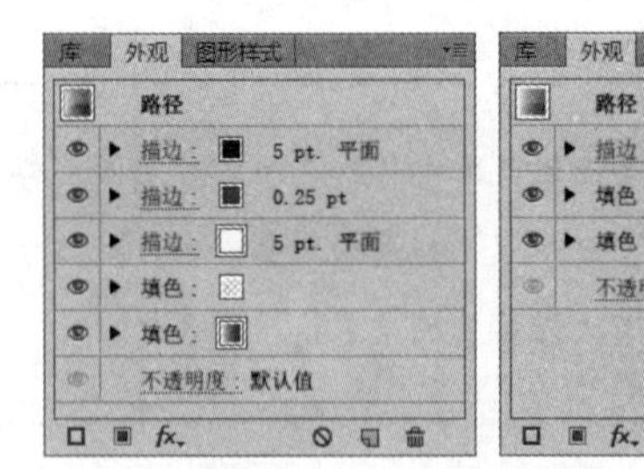

图 9-62　删除外观属性

(5) 在【图形样式】面板菜单中选择【新建图形样式】命令，或按住 Alt 键单击【新建图形样式】按钮，在打开的【图形样式选项】对话框中输入图形样式名称，然后单击【确定】按钮即可，如图 9-63 所示。

(6) 从【图形样式】面板菜单中选择【存储图形样式库】命令，打开【将图形样式存储为库】对话框。在对话框中，将库存储在默认位置，在【文件名】文本框中输入“自定义样式库”，然后单击【保存】按钮，如图 9-64 所示。在重新启动 Illustrator 时，库名称将出现在【图形样

式库】和【打开图形样式库】子菜单中。

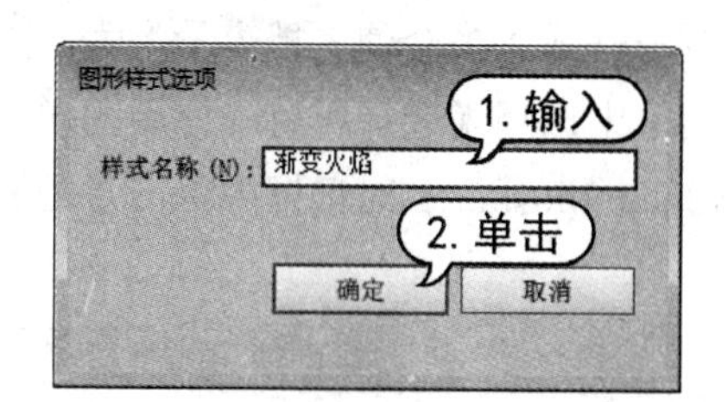

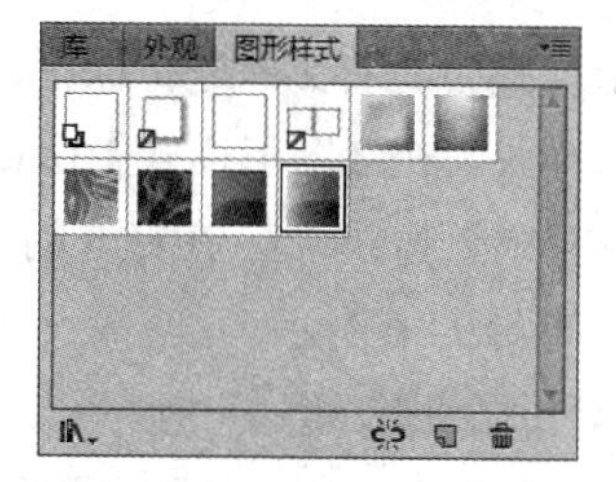

图 9-63　新建图形样式

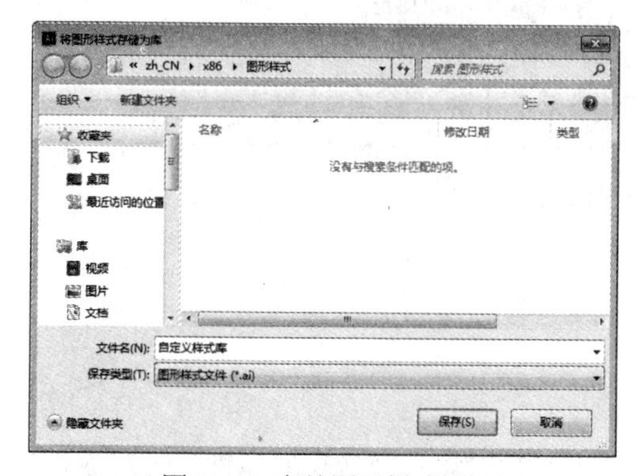

图 9-64　存储图形样式库

知识点

在使用图形样式时，若要保留文字的颜色，那么需要从【图形样式】面板菜单中取消选择【覆盖字符颜色】选项。

9.4.3　编辑图形样式

在【图形样式】面板中，可以更改视图或删除图形样式，断开与图形样式的链接以及替换图形样式属性。

1. 复制图形样式

在【图形样式】面板菜单中选择【复制图形样式】命令，或将图形样式拖动到【新建图形样式】按钮上释放，复制的图形样式将出现在【图形样式】面板中的列表底部，如图 9-65 所示。

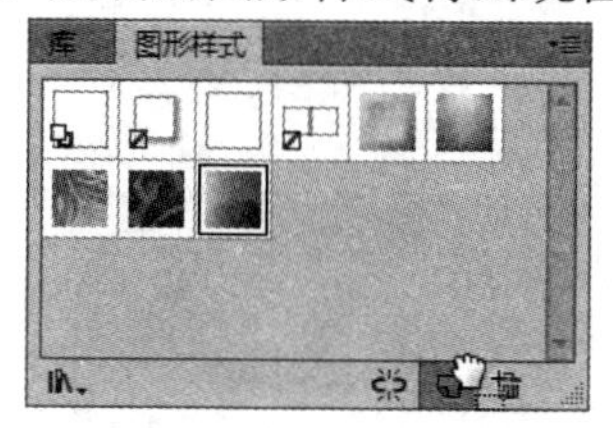

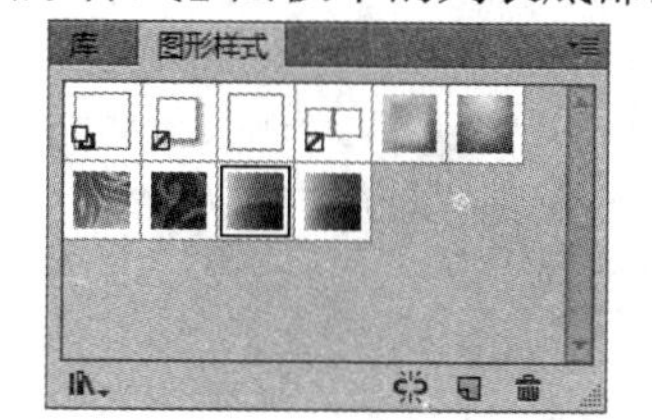

图 9-65　复制图形样式

2. 断开样式链接

选择应用了图形样式的对象、组或图层。然后在【图形样式】面板菜单中选择【断开图形样式链接】命令，或单击面板底部的【断开图形样式链接】按钮，可以将样式的链接断开。

3. 删除图形样式

自定义的图形样式会随着文档进行保存，图形样式增多会使文档容量增大，因此可以删除一些不使用的图形样式。在【图形样式】面板菜单中选择【选择所有未使用的样式】命令，然后单击【删除图形样式】按钮，在打开的 Adobe Illustrator 对话框中单击【是】按钮，将未使用的样式删除，如图 9-66 所示。

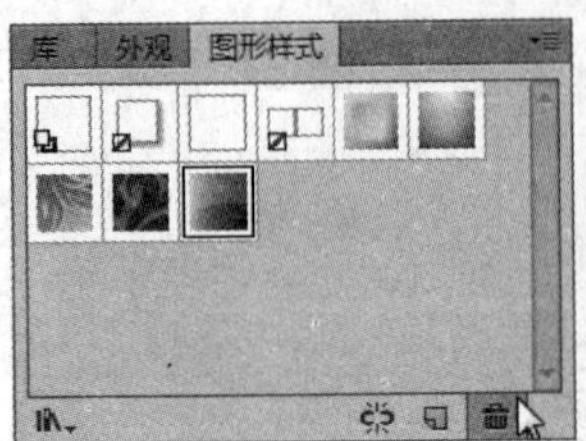

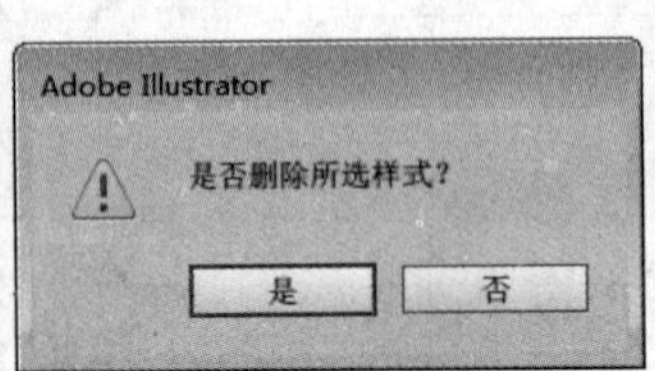

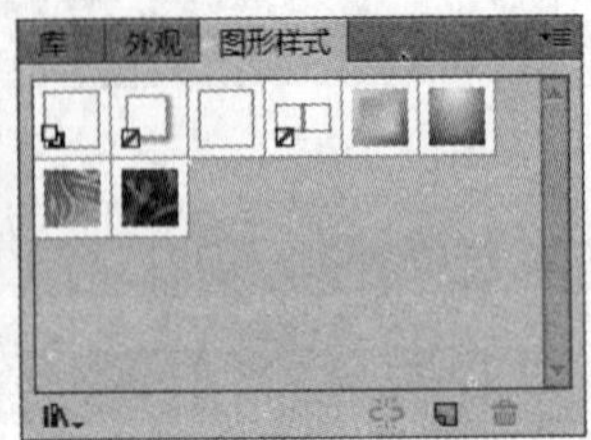

图 9-66　删除图层样式

9.5　外观属性

外观属性是一组在不改变对象的基础结构的前提下影响对象外观效果的属性。外观属性包括填色、描边、透明度和效果。如果把一个外观属性应用于某个对象后又编辑或删除这个属性，则该基本对象以及任何应用于该对象的其他属性都不会改变。

9.5.1　【外观】面板

用户可以使用【外观】面板来查看和调整对象、组或图层的外观属性。在画板中选中图形对象后，选择【窗口】|【外观】命令，打开如图 9-67 所示的【外观】面板。在【外观】面板中，填充和描边将按堆栈顺序列出，面板中从上到下的顺序对应于图稿中从前到后的顺序，各种效果按其在图稿中的应用顺序从上到下排列。

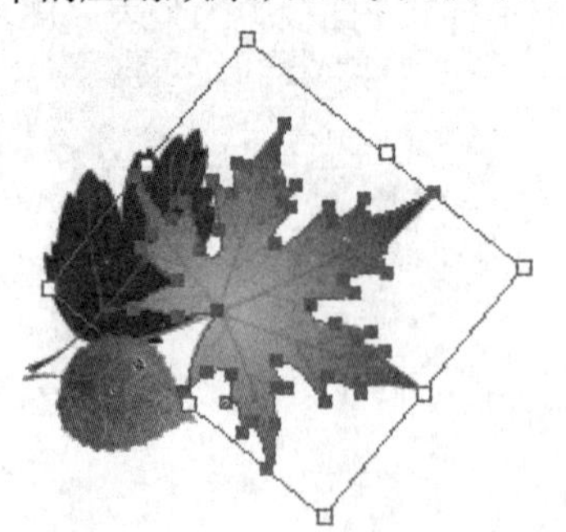
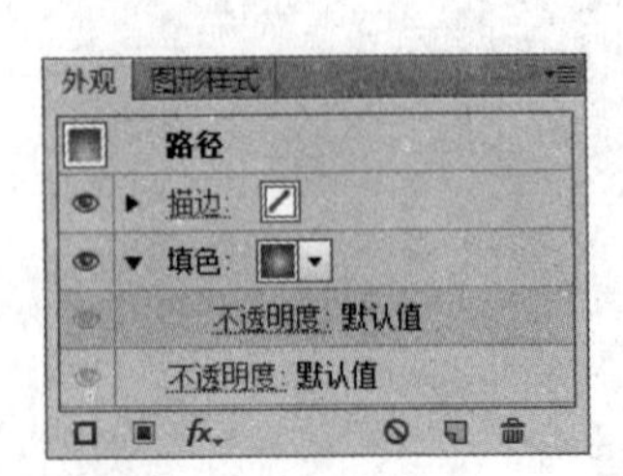

图 9-67　【外观】面板

要启用或禁用单个属性，可单击该属性旁的可视图标。可视图标呈灰色时，即切换到不可视状态。如果有多个被隐藏的属性，要想同时启用所有隐藏的属性，可在【外观】面板菜单中选择【显示所有隐藏的属性】命令。

当在文档中选择文本对象时，面板中会显示【字符】项目。双击【外观】面板中的【字符】项目，可以查看文本属性，如图 9-68 所示。单击面板顶部的【文字】项目，可以返回主视图。

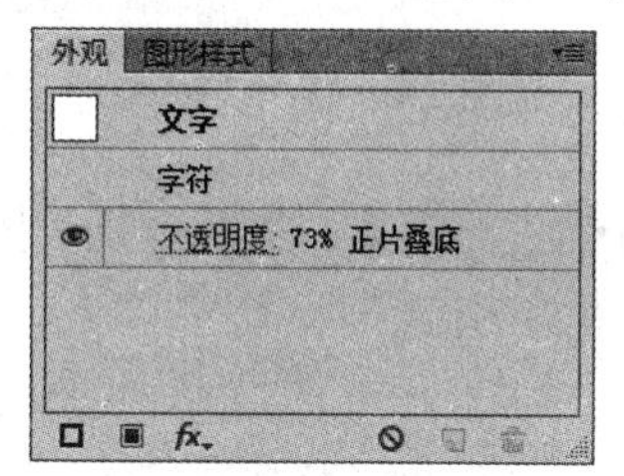

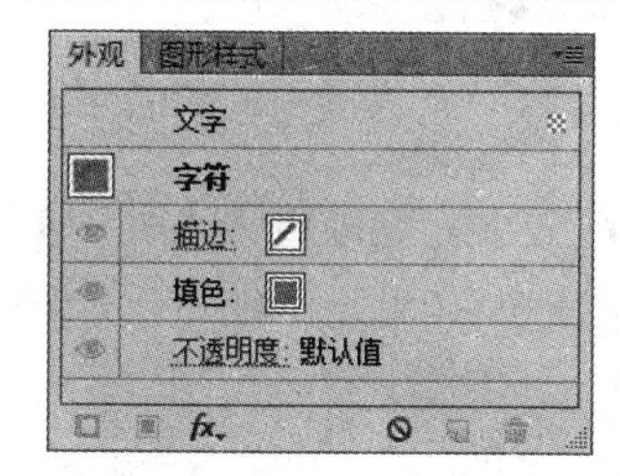

图 9-68　查看文本属性

9.5.2　更改外观属性的堆栈顺序

在【外观】面板中向上或向下拖动外观属性可以更改外观属性的堆栈顺序。当所拖动的外观属性的轮廓出现在所需位置时，释放鼠标即可更改外观属性的堆栈顺序，如图 9-69 所示。

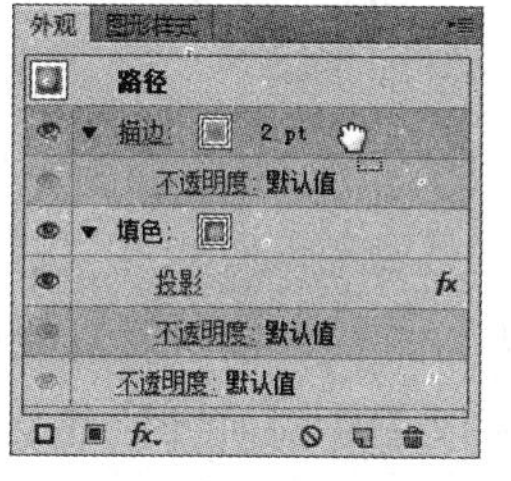

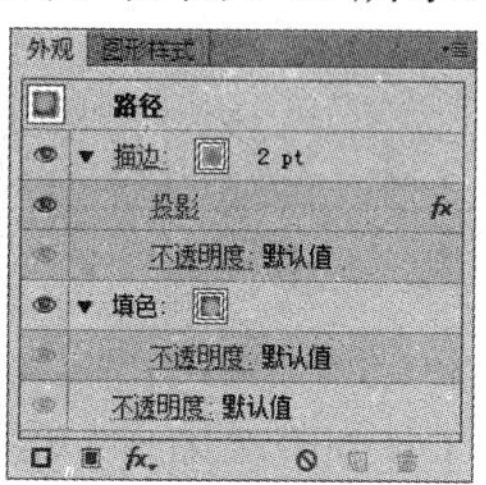

图 9-69　更改外观属性的堆栈顺序

9.5.3　编辑外观属性

在【外观】面板中的描边、不透明度、效果等属性行中，单击带下划线的文本可以打开相应面板或对话框重新设定参数值，如图 9-70 所示。

要编辑填色颜色，可在【外观】面板中单击【填色】选项，然后在【颜色】面板、【色板】面板或【渐变】面板中设置新填色。用户也可以单击【填色】选项行右侧的色块，在弹出的【色板】面板中选择颜色，如图 9-71 所示。

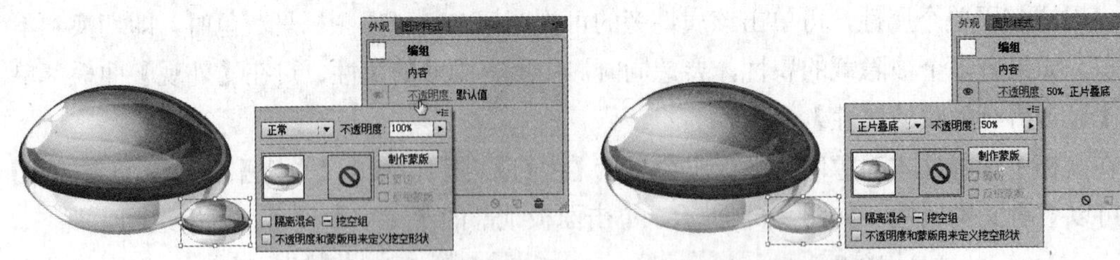

图 9-70　重新设定参数值

如果要添加新外观效果，可以单击【外观】面板底部的【添加新效果】按钮 fx.，然后在弹出的菜单中选择需要添加的效果命令即可，如图 9-72 所示。

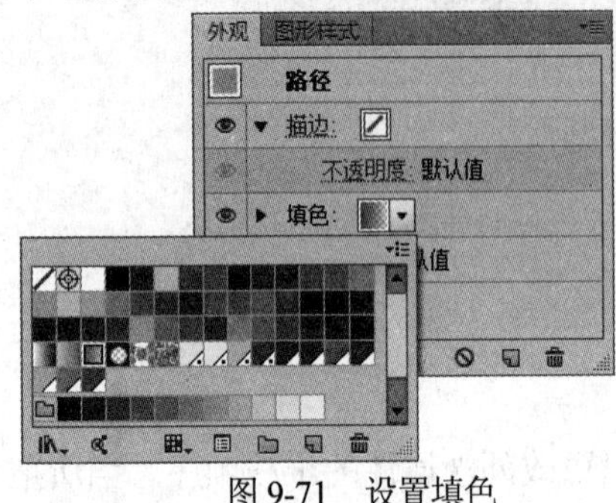

图 9-71　设置填色

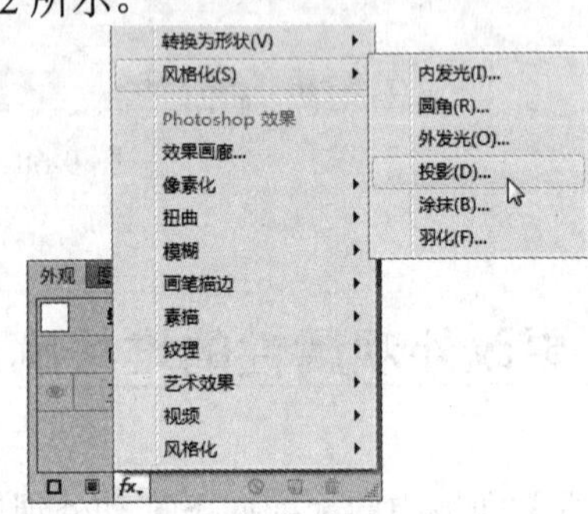

图 9-72　添加新效果

9.5.4　复制外观属性

要在同一图形对象上复制外观属性，在【外观】面板中选中要复制的属性，然后单击面板中的【复制所选项目】按钮，或在面板菜单中选择【复制项目】命令，或将外观属性拖动到面板的【复制所选项目】按钮上即可，如图 9-73 所示。

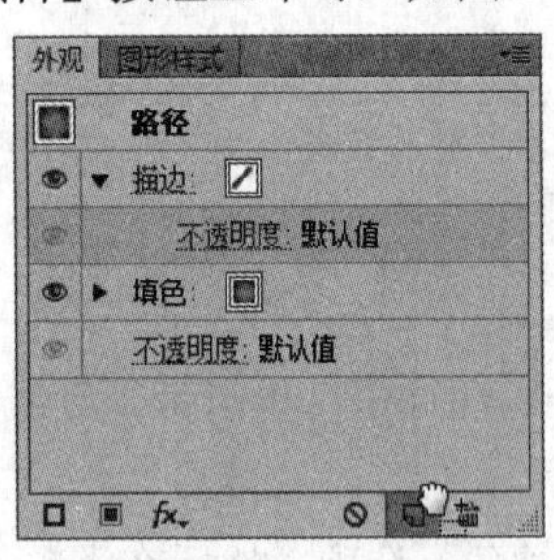

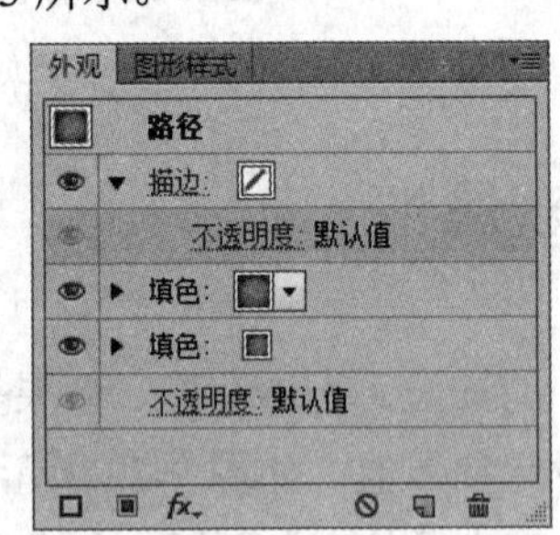

图 9-73　复制外观属性

9.5.5　使用【吸管】工具

如果要在图形对象间复制属性，可以使用【吸管】工具。使用【吸管】工具可以复制包括文字

对象的字符、段落、填色和描边等外观属性。单击【吸管】工具可以对所有外观属性进行取样，并将其应用于所选对象上，如图 9-74 所示。

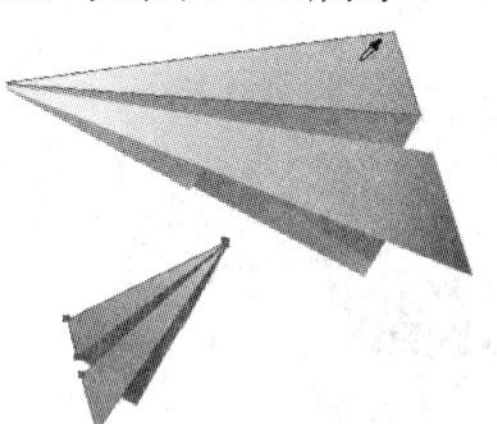

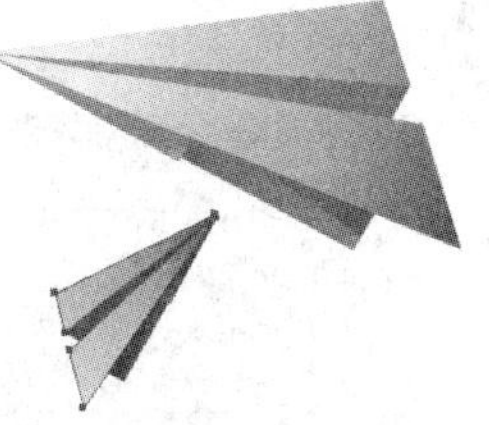

图 9-74　使用【吸管】工具复制外观属性

按住 Shift 键的同时单击鼠标，则仅对渐变、图案、网格对象或置入图像的一部分进行颜色取样，并将所选取颜色应用于所选中对象的填色或描边上，如图 9-75 所示。按住 Shift 键，再按住 Alt 键并单击鼠标，则将一个对象的外观属性添加到所选对象的外观属性中。

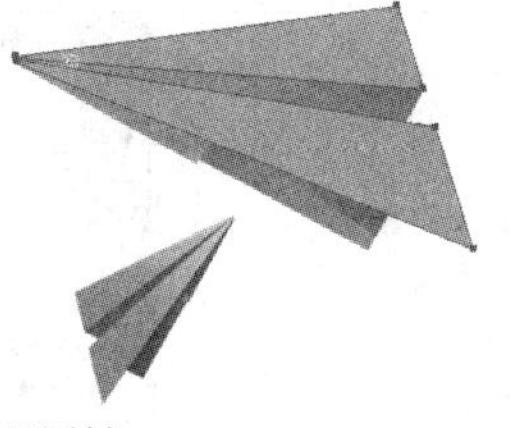

图 9-75　复制部分外观属性

双击【吸管】工具，可以打开如图 9-76 所示的【吸管选项】对话框。在其中可以设置【吸管】工具可取样的外观属性。如果要更改栅格取样大小，还可以从【栅格取样大小】下拉列表中选择取样大小区域。

【例 9-6】使用【外观】面板编辑图形外观。

(1) 选择【文件】|【打开】命令，打开图形文档，打开【外观】面板，如图 9-77 所示。

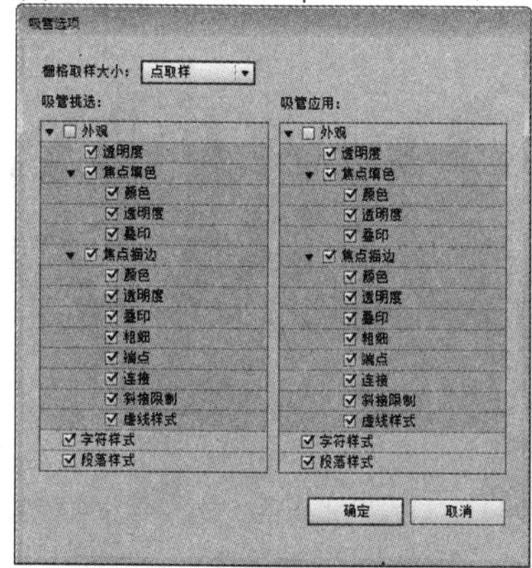

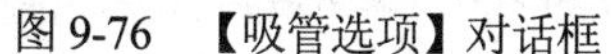

图 9-76　【吸管选项】对话框

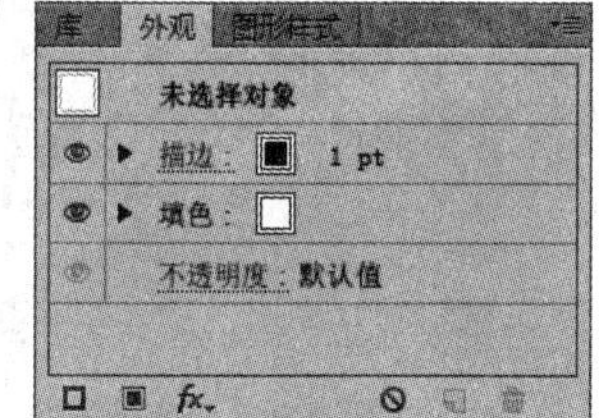

图 9-77　打开图形文档

(2) 使用【选择】工具选中图形对象，在【外观】面板中，单击【填色】选项右侧的色板，打开【色板】面板。在【色板】面板中选中“白色”色板，更改对象外观填色颜色，如图 9-78 所示。

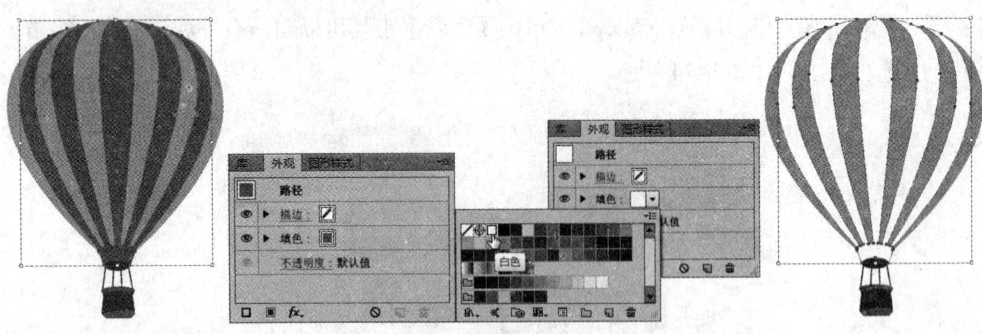

图 9-78　设置填色

(3) 使用【选择】工具选中图形对象，在【渐变】面板的【类型】下拉列表中选择【径向】选项，并设置填色为 C=0 M=50 Y=100 K=0 至 C=15 M=100 Y=90 K=10 的渐变，如图 9-79 所示。

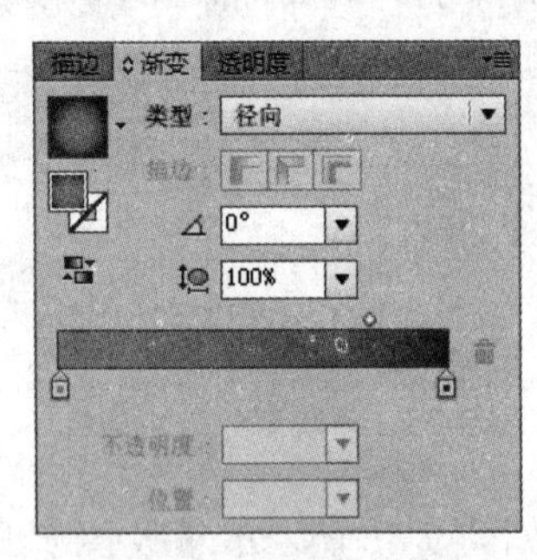

图 9-79　设置渐变

(4) 按住 Shift 键使用【选择】工具选中图形对象，然后选择【吸管】工具单击步骤(3)中更改填色的对象，如图 9-80 所示。

(5) 按住 Shift 键使用【选择】工具选中图形对象，然后选择【吸管】工具单击步骤(3)中更改填色的对象，如图 9-81 所示。

图 9-80　复制属性

图 9-81　复制属性

(6) 在文档中未选中图形对象的情况下，在【渐变】面板的【类型】下拉列表中选择【线性】选项，设置填色为 C=15 M=100 Y=90 K=10 至 C=0 M=50 Y=100 K=0 至 C=15 M=100 Y=90 K=10 的渐变。然后单击渐变填色框，并按住鼠标左键拖动光标至要填充的图形对象上释放，如图 9-82 所示。

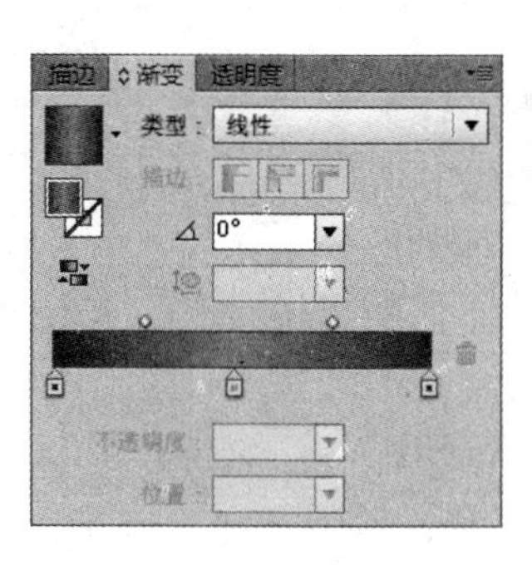

图 9-82　更改外观属性

(7) 使用【选择】工具选中图形对象组中下方最后一个对象。在【外观】面板中，选中【填色】选项，单击【添加新效果】按钮，在弹出的菜单中选择【风格化】|【投影】命令。在打开的对话框中，设置【X 位移】和【Y 位移】数值为 0.8mm，【模糊】数值为 0.8mm，然后单击【确定】按钮，如图 9-83 所示。

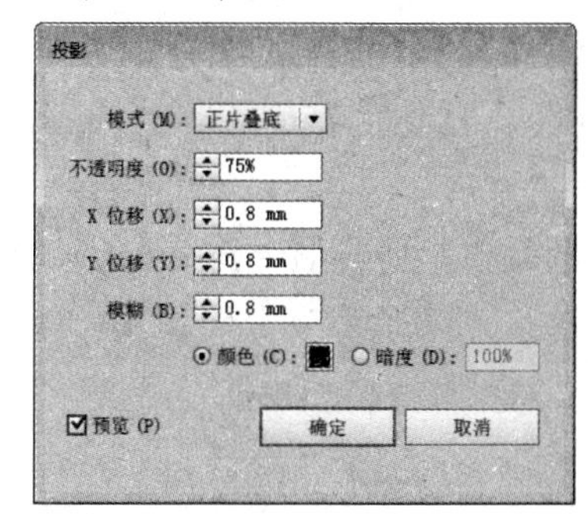

图 9-83　使用投影效果

(8) 在【外观】面板中，选中【描边】选项，在其右侧设置描边填色为白色，粗细数值为 4pt，如图 9-84 所示。

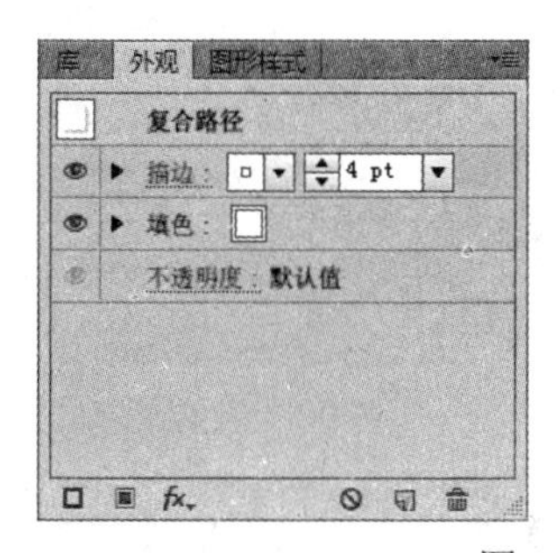

图 9-84　设置描边

9.5.6　删除外观属性

要删除某个外观属性，可在【外观】面板中单击该属性行，然后单击【删除所选项目】按钮 即可，如图 9-85 所示。若要删除所有的外观属性，可单击【外观】面板中的【清除外观】

按钮 ，或在面板菜单中选择【清除外观】命令。

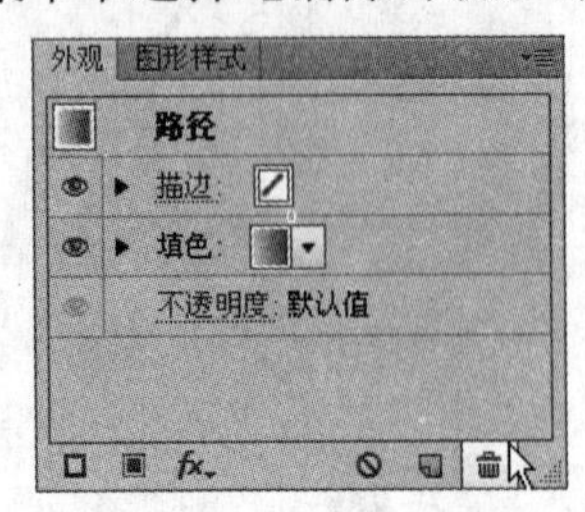

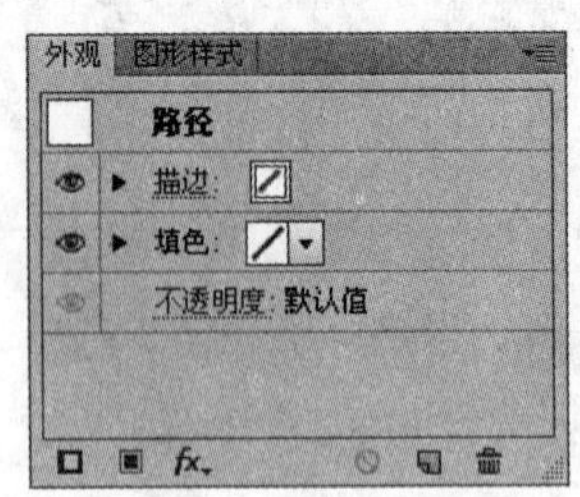

图 9-85　删除外观属性

9.6　上机练习

本章的上机练习通过制作请柬的综合实例，使用户更好地掌握本章所介绍的效果命令的基本操作方法和应用技巧。

(1) 选择【文件】|【新建】命令，打开【新建文档】对话框。在对话框的【名称】文本框中输入“请柬设计”，设置【宽度】数值为 200mm，【高度】数值为 160mm，然后单击【确定】按钮，如图 9-86 所示。

(2) 使用【矩形】工具绘制与画板同等大小的矩形，将其描边色设置为无。在【渐变】面板中，单击渐变填色框，设置【类型】为【径向】，渐变填色为 K=0 至 K=30，结果如图 9-87 所示。

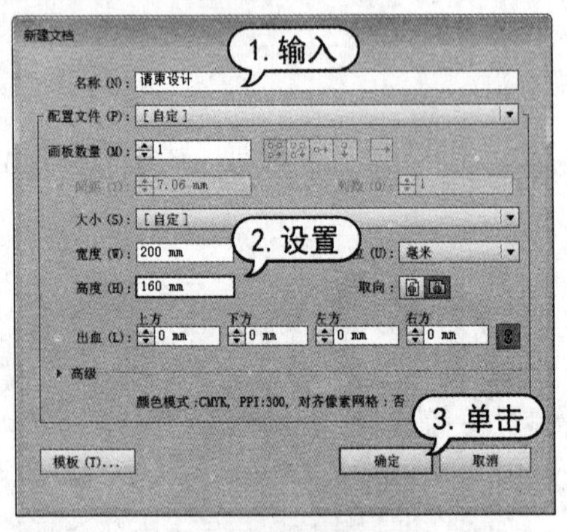

图 9-86　新建文档

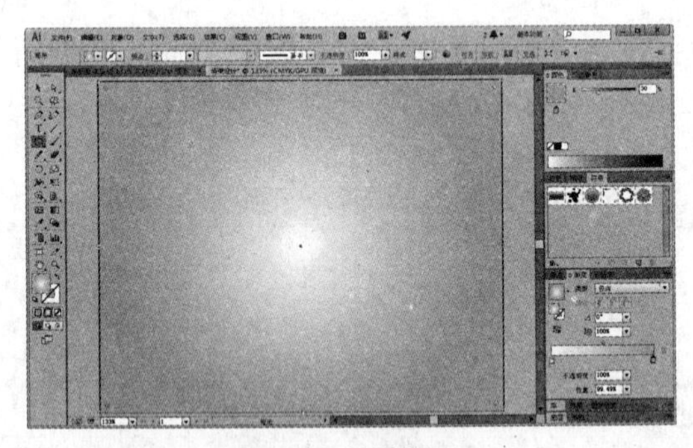

图 9-87　绘制图形

(3) 按 Ctrl+2 键锁定刚绘制的矩形，使用【矩形】工具在画板中单击，在打开的【矩形】对话框中，设置【宽度】数值为 160mm，【高度】数值为 130mm，然后单击【确定】按钮创建矩形，并在【颜色】面板中将其填充色设置为白色，如图 9-88 所示。

(4) 使用【矩形】工具绘制如图 9-89 所示的矩形，并按 Ctrl+[键将绘制的矩形下移一层。在【渐变】面板中单击渐变填色框，设置【类型】为【径向】，单击【反向渐变】按钮，设置【角度】数值为-90°。

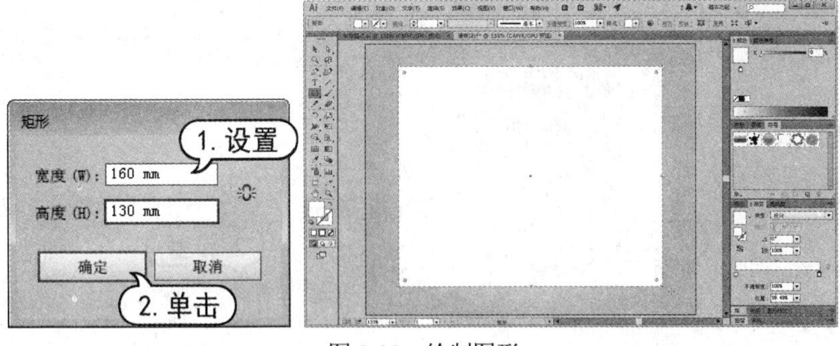

图 9-88　绘制图形

(5) 使用【渐变】工具调整刚填充渐变的中心点位置，以及渐变范围的长宽比，如图 9-90 所示。

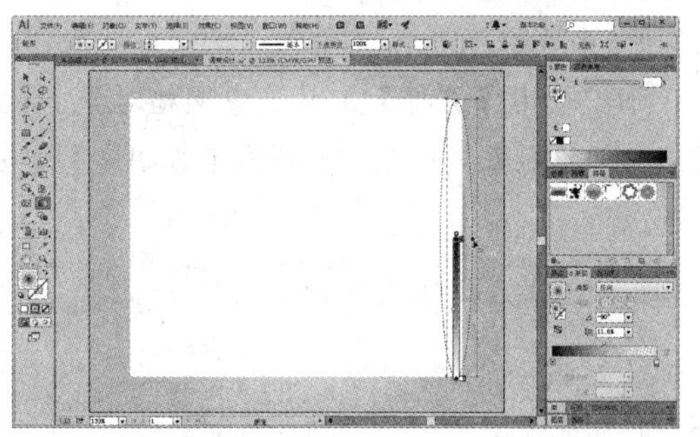

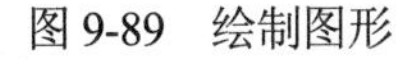

图 9-89　绘制图形　　　图 9-90　使用【渐变】工具

(6) 使用【选择】工具在步骤(4)中绘制的矩形上单击鼠标右键，从弹出的菜单中选择【变换】|【对称】命令，打开【镜像】对话框。在对话框中，选中【垂直】单选按钮，然后单击【复制】按钮。然后使用【选择】工具将复制的矩形移动至步骤(3)绘制的矩形的另一边，如图 9-91 所示。

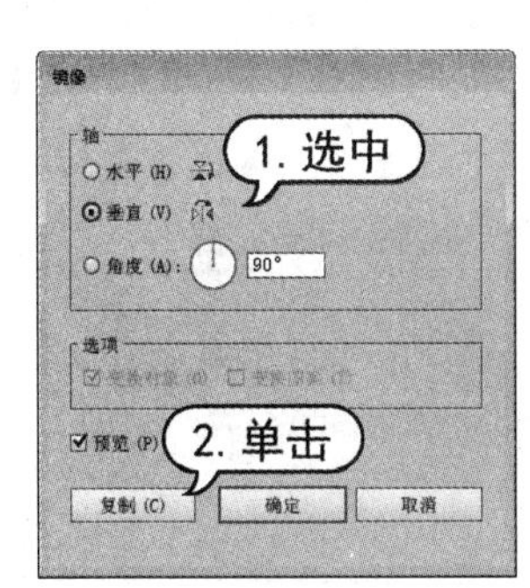

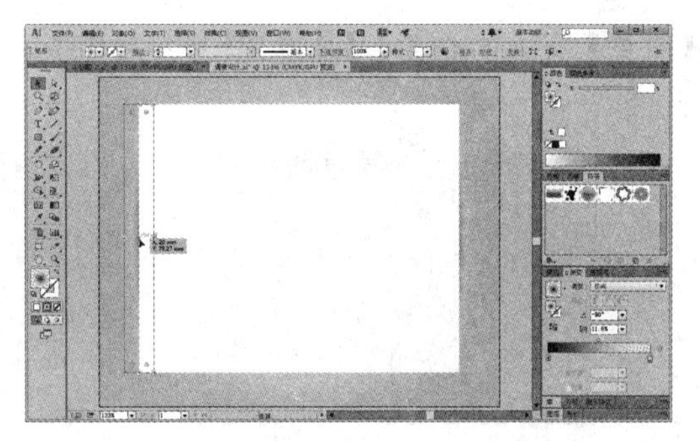

图 9-91　镜像复制图形

(7) 使用【圆角矩形】工具拖动绘制如图 9-92 所示的圆角矩形，并在【颜色】面板中设置填充色为白色。

(8) 选择【网格】工具在圆角矩形中单击添加网格锚点，并在【颜色】面板中设置锚点颜色为 K=65，如图 9-93 所示。

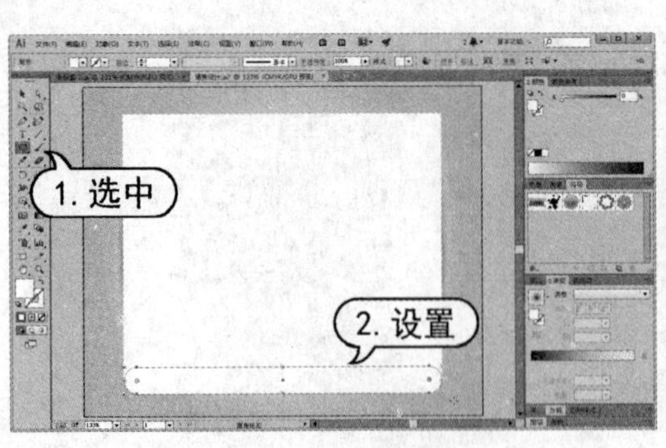

图 9-92　绘制图形

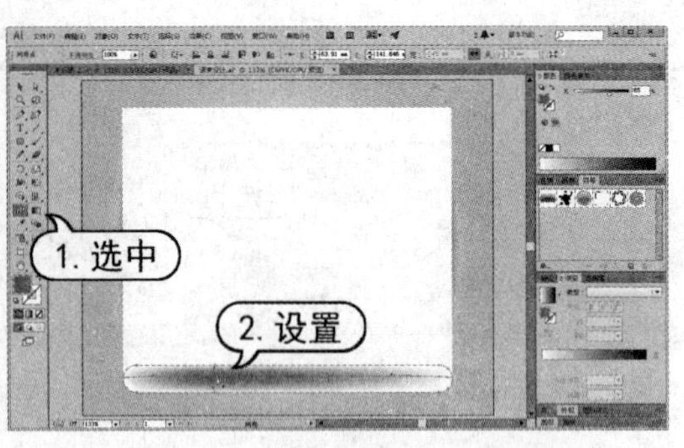

图 9-93　使用【网格】工具

(9) 使用步骤(8)的操作添加网格点，然后使用【直接选择】工具调整锚点位置及网格形状，如图 9-94 所示。

(10) 使用【选择】工具选中网格对象，按 Ctrl+[键将其向后移动一层，并使用【选择】工具调整网格对象的位置。然后在【透明度】面板中，设置其混合模式为【正片叠底】，如图 9-95 所示。

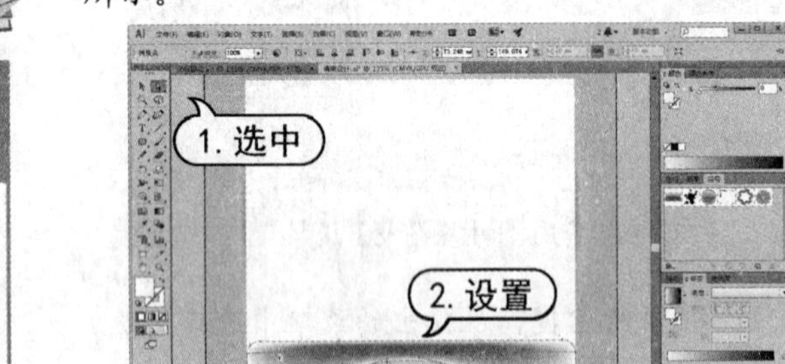

图 9-94　调整网格渐变形状

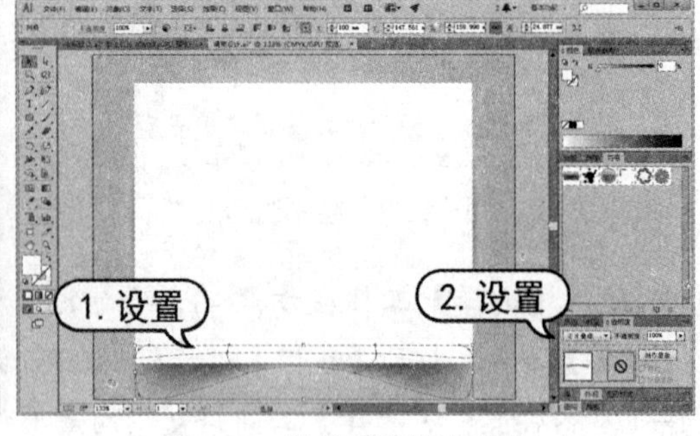

图 9-95　设置网格渐变形状

(11) 在【图层】面板中，锁定【图层 1】。然后单击【创建新图层】按钮，新建【图层 2】，如图 9-96 所示。

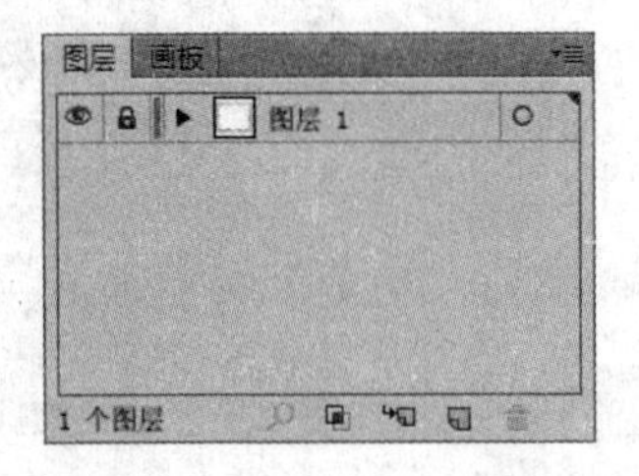

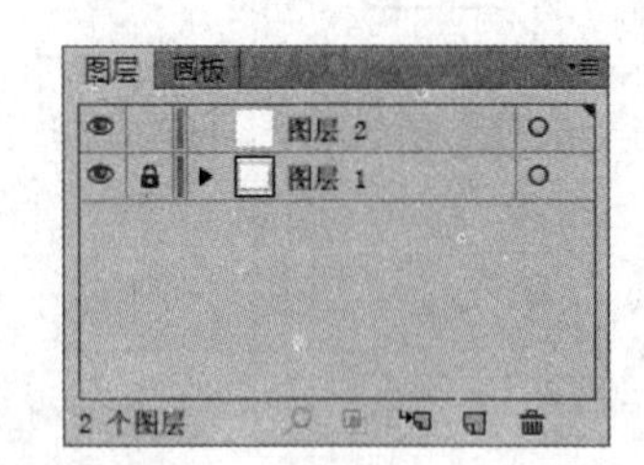

图 9-96　新建图层

(12) 使用【矩形】工具在画板中单击，在打开的【矩形】对话框中设置【宽度】和【高度】数值为 38mm，然后单击【确定】按钮。在【颜色】面板中设置描边色为黑色，在【描边】面板中设置【粗细】数值为 0.5pt，如图 9-97 所示。

(13) 使用【选择】工具选中绘制的矩形，在属性栏中单击【变换】链接，在弹出的【变换】面板中设置【旋转】数值为 45°。在【渐变】面板中单击渐变填色框，设置描边填色为 C=47 M=60

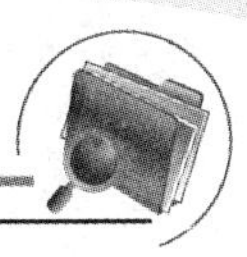

Y=96 K=5 至 C=3 M=29 Y=82 K=0 至 C=30 M=55 Y=90 K=0 至 C=52 M=68 Y=100 K=15，如图 9-98 所示。

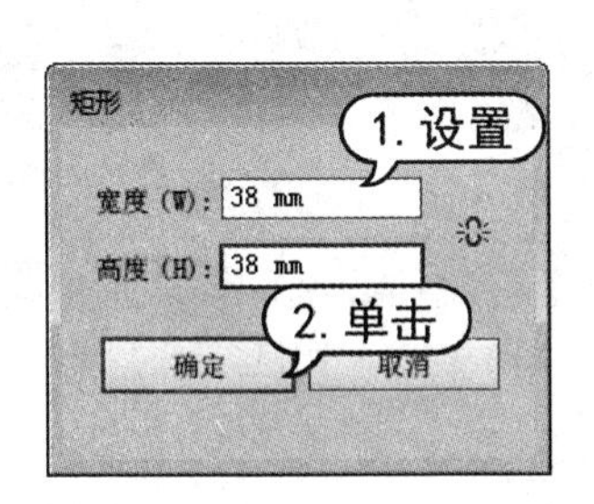

图 9-97　绘制图形

(14) 选择【效果】|【扭曲和变换】|【变换】命令，打开【变换效果】对话框。在对话框中设置【移动】选项组中的【垂直】数值为 2.5mm，设置【副本】数值为 20，然后单击【确定】按钮，如图 9-99 所示。

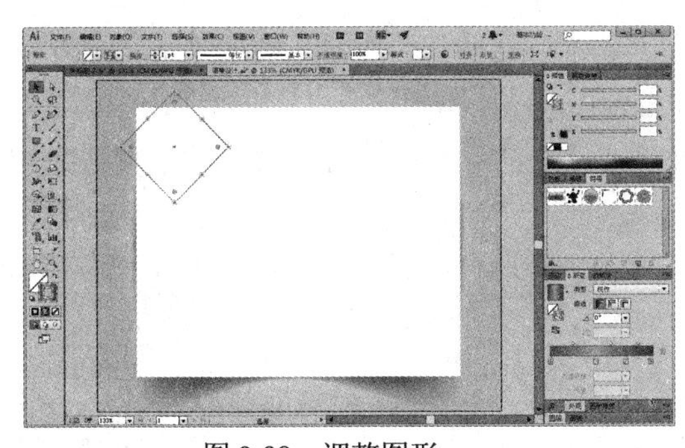

图 9-98　调整图形

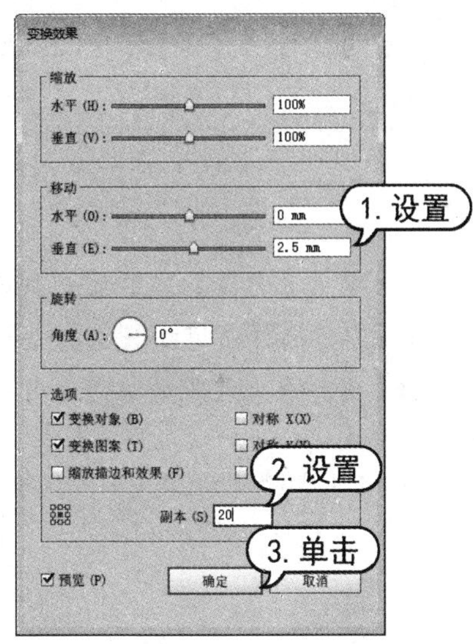

图 9-99　【变换效果】对话框

(15) 在按住 Ctrl+Alt 键的同时，使用【选择】工具移动并复制步骤(14)中创建的对象，如图 9-100 所示。

(16) 使用【选择】工具选中步骤(15)中移动并复制的右侧图形对象，在【外观】面板中单击【变换】链接，重新打开【变换效果】对话框。在对话框中，设置【移动】选项组中的【水平】数值为 2.5mm，【垂直】数值为 0mm，然后单击【确定】按钮，如图 9-101 所示。

(17) 使用【选择】工具选中步骤(15)中移动并复制的左侧图形对象，在【外观】面板中单击【变换】链接，重新打开【变换效果】对话框。在对话框中，设置【移动】选项组中的【水平】数值为-2.5mm，【垂直】数值为 0mm，然后单击【确定】按钮，如图 9-102 所示。

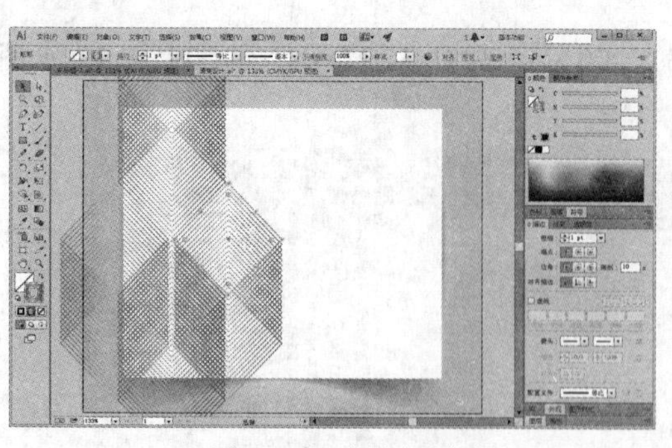
图 9-100 移动复制图形

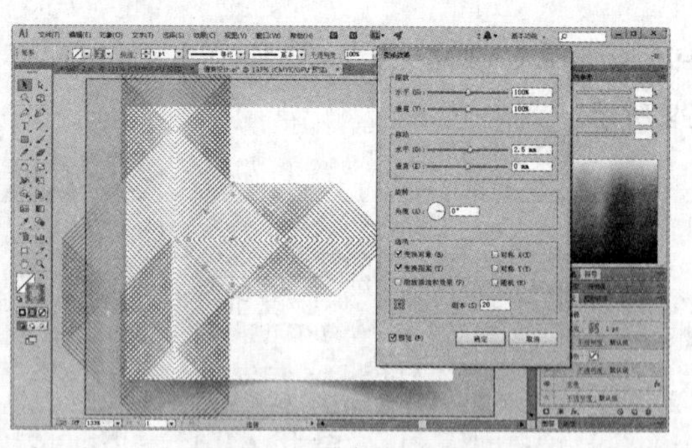
图 9-101 调整图形

(18) 使用【矩形】工具在画板中绘制如图 9-103 所示的矩形。

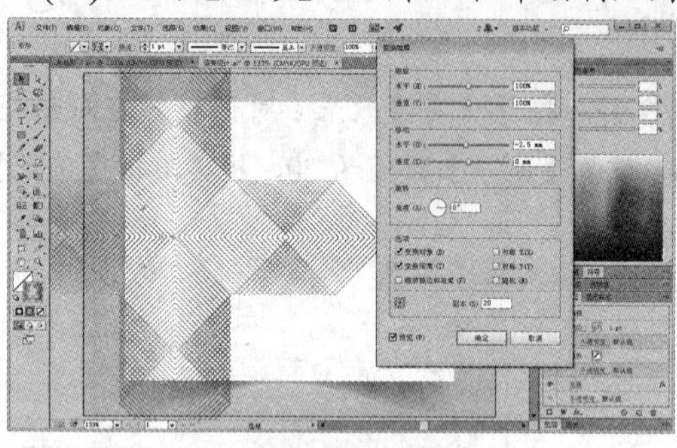
图 9-102 调整图形

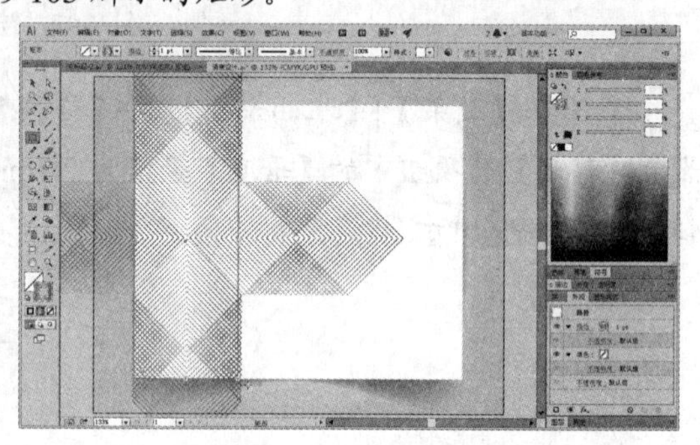
图 9-103 绘制图形

(19) 使用【选择】工具选中步骤(12)至步骤(18)中创建的图形对象，然后单击鼠标右键，从弹出的菜单中选择【建立剪切蒙版】命令，结果如图 9-104 所示。

(20) 保持剪切蒙版对象的选中状态，在【透明度】面板中设置【不透明度】数值为 50%，结果如图 9-105 所示。

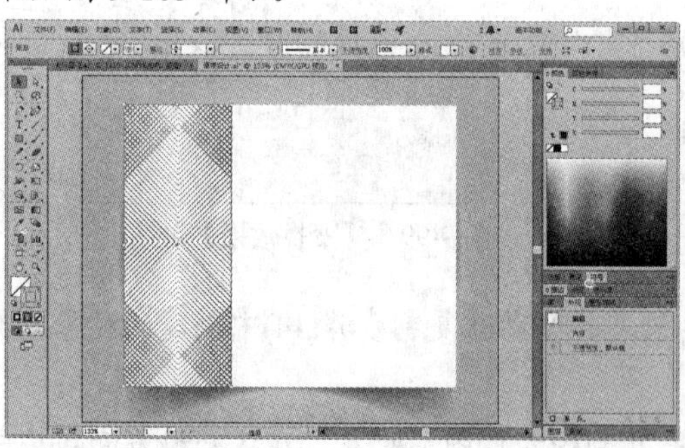
图 9-104 建立剪切蒙版

图 9-105 设置不透明度

(21) 使用【矩形】工具在画板中绘制如图 9-106 所示的矩形，并在【颜色】面板中设置填充色为 C=30 M=97 Y=100 K=0。

(22) 选择【文件】|【置入】命令，打开【置入】对话框。在对话框中，选中所需要的图形文档，然后单击【置入】按钮，如图 9-107 所示。

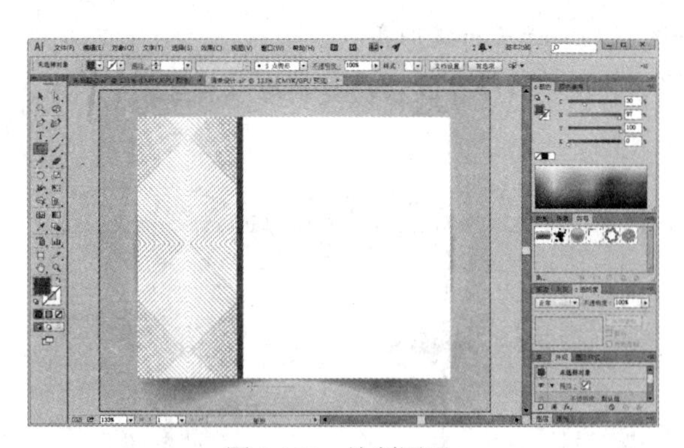

图 9-106　绘制图形

图 9-107　置入图形

(23) 在画板中单击置入的图形文档，并使用【选择】工具调整置入图形的位置及大小，如图 9-108 所示。

(24) 使用【文字】工具在画板中单击，在属性栏中设置字体系列为 Script MT Bold，字体大小为 45pt，然后输入文字内容，如图 9-109 所示。输入结束后，按 Ctrl+Enter 键结束操作。

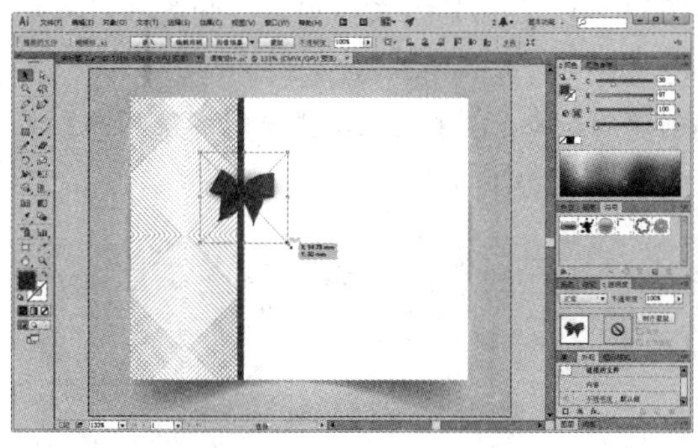

图 9-108　调整置入图形

图 9-109　输入文字

(25) 使用【选择】工具在文字上单击鼠标右键，从弹出的菜单中选择【创建轮廓】命令，如图 9-110 所示。

(26) 在【渐变】面板中单击渐变填色框，设置渐变填充色为 C=47 M=60 Y=96 K=5 至 C=3 M=29 Y=82 K=0 至 C=30 M=55 Y=90 K=0 至 C=52 M=68 Y=100 K=15，如图 9-111 所示。

图 9-110　创建轮廓

图 9-111　填充文字

(27) 使用【矩形】工具在文字上方绘制如图 9-112 所示的矩形条。

(28) 使用【选择】工具选中刚绘制的矩形条，并按 Ctrl+Alt 键移动复制矩形条至文字下方，如图 9-113 所示。

图 9-112　绘制图形

图 9-113　移动复制图形

(29) 使用【文字】工具在画板中单击，在属性栏中设置字体系列为 Calibri，字体大小为 15pt，在【颜色】面板中设置字体颜色为 C=30 M=97 Y=100 K=0，然后输入文字内容，如图 9-114 所示。输入结束后，按 Ctrl+Enter 键结束操作。

(30) 使用【选择】工具选中步骤(24)至步骤(29)创建的对象，在属性栏中设置对齐选项为【对齐所选对象】，然后单击【水平居中对齐】按钮，结果如图 9-115 所示。

图 9-114　输入文字

图 9-115　对齐对象

(31) 选择【效果】|【变形】|【弧形】命令，打开【变形选项】对话框。在对话框中，设置【弯曲】数值为 10%，然后单击【确定】按钮，如图 9-116 所示。

(32) 使用【文字】工具在画板中单击，在属性栏中设置字体系列为 Calibri，字体大小为 25pt，如图 9-117 所示。输入结束后，按 Ctrl+Enter 键结束操作。

(33) 使用步骤(25)至步骤(26)的操作方法，将文字转换为形状，并填充渐变色，如图 9-118 所示。

(34) 使用【文字】工具在画板中单击，在属性栏中设置字体系列为 Calibri，字体大小为 15pt，在【颜色】面板中设置字体颜色为 C=30 M=97 Y=100 K=0，然后输入文字内容，如图 9-119 所示。输入结束后，按 Ctrl+Enter 键结束操作。

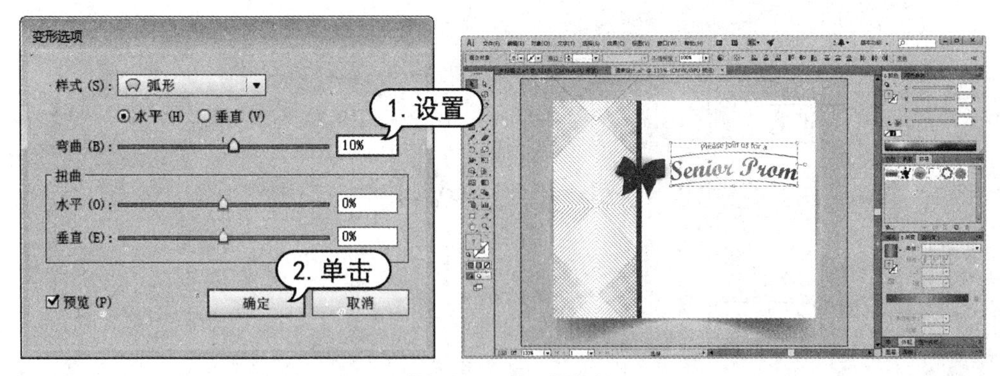

图 9-116　变形图形

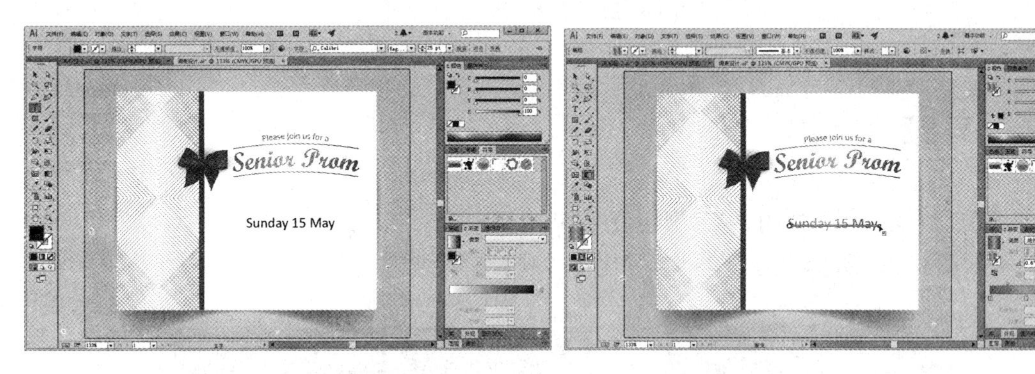

图 9-117　输入文字　　　　图 9-118　填充文字

(35) 使用【选择】工具选中步骤(32)至步骤(34)创建的对象，在属性栏中单击【水平居中对齐】按钮，结果如图 9-120 所示。

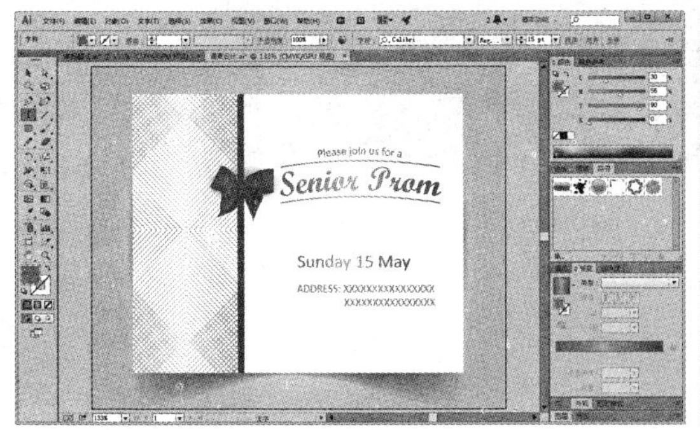

图 9-119　输入文字　　　　图 9-120　对齐文字

(36) 使用【选择】工具选中步骤(24)中创建的对象，选择【效果】|【风格化】|【投影】命令，打开【投影】对话框。在对话框中，设置【不透明度】数值为 65%，【X 位移】和【Y 位移】数值为 2mm，【模糊】数值为 1，然后单击【确定】按钮关闭对话框，完成如图 9-121 所示的请柬效果。

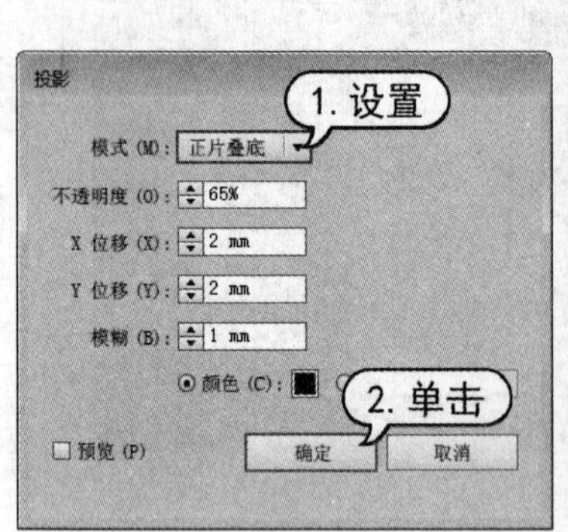

图 9-121　最终效果

9.7　习题

1. 使用 3D 滤镜，制作如图 9-122 所示的效果。
2. 打开如图 9-123 所示的图形文档，使用【外观】面板编辑图形外观。

图 9-122　图形效果

图 9-123　图形文档